FRAUEN IM ALL

Für Anja, Sigrid, Yvonne, Katarina,
Peggy, Franca und Emely

Horst Hoffmann

FRAUEN IM ALL

Visionen und Missionen der Raumfahrt

MIT EINEM VORWORT VON:
Claudie Haigneré

MITARBEIT:
Jacqueline Myrrhe

HERAUSGEBER:
Matthias Gründer

Schwarzkopf & Schwarzkopf Verlag

INHALTSVERZEICHNIS

ABENTEUER FÜR DIE MENSCHHEIT

Vorwort von Claudie Haigneré

Ich freue mich, dass mit dem vorliegenden Buch den Frauen eine besondere Anerkennung zuteil wird, die in der Vergangenheit großen Einfluss hatten, und denjenigen, die diesen in der heutigen Zeit in dem doch sehr speziellen Bereich der Raumfahrt inne haben.

Bis heute bin ich die einzige Frau im Team der insgesamt sechzehn Astronauten der Europäischen Raumfahrtorganisation. Ich hatte das Glück, an zwei Weltraummissionen teilnehmen zu können. Meine erste Mission zur Raumstation MIR im Jahr 1996 dauerte 16 Tage, der jüngste Flug zur Internationalen Raumstation im Herbst 2001 umfasste zehn Tage. Beide Flüge waren folglich Kurzzeitmissionen mit wissenschaftlichen und technischen Aufgabenstellungen, für die hinsichtlich der Eignung sicher keine Unterschiede zwischen Mann und Frau bestehen.

Dennoch ist es eine Tatsache, dass Frauen in der Raumfahrt und in der Weltraumforschung noch deutlich unterrepräsentiert sind. Dafür gibt es keine beruflich objektiven Gründe. Es gibt sehr viele Frauen, die alle erforderlichen Voraussetzungen erfüllen. Auf dem Wege zu mehr Gleichberechtigung behindern uns eher kulturelle Schranken. Daher kann eine gerechtere und ausgeglichenere Beteiligung von Frauen in diesem Bereich nur durch eine entsprechende Unterstützung mit aktiven politischen Maßnahmen vorangetrieben werden.

Die ESA wie auch andere europäische und internationale Organisationen haben verstärkt Initiativen eingeleitet, um den weiblichen Anteil insbesondere in technischen und wissenschaftlichen Berufen sowie in Führungspositionen zu erhöhen. Ich denke, dass meine jüngste Weltraummission ein gutes Beispiel dafür ist, die Möglichkeiten von Frauen in Positionen aufzuzeigen, die ihnen bisher nur begrenzt offen stehen, sowie im politischen und gesellschaftlichen Bereich etwas zu bewegen. Ich habe den Eindruck, dass man in Europa hier durchaus noch einiges tun kann. Um jedoch den heutigen sozialen Realitäten und der Stellung der Frau in der Gesellschaft besser Rechnung tragen zu können, sind entsprechende Strategien zur Förderung der Frauen unabdingbar.

Ich freue mich sehr, dass sich die ESA dieses zum Ziel gesetzt hat. In der Raumfahrt sind die professionellen Anforderungen an Männer und Frauen gleich. Nach dem Erwerb und Abschluss aller Qualifikationen steht für den Astronauten die erfolgreiche Durchführung einer Mission an erster Stelle. Zweifelsohne unterscheiden sich beide Geschlechter in den physischen Voraussetzungen und in der psychologischen Herangehensweise an die Durchführung der Aufgaben. Natürlich kann niemand von einer Frau erwarten, dass sie sich in einen Mann verwandelt. Aber man erwartet von ihr, dass sie ihre Aufgaben ebenso erfolgreich durchführt wie ihre männlichen Kollegen. Daher wird sie jeweils gemeinsam mit der Mannschaft Vorschläge und Lösungen erarbeiten, die zum gemeinsamen Ziel führen.

Die operationellen Aufgaben an Bord einer Raumfähre oder einer Raumstation werden größtenteils von automatischen Systemen unterstützt, und daher werden keine für Frauen unerreichbaren physischen Fähigkeiten abgefragt. Wenn aber doch ein solcher Fall eintritt, wie zum Beispiel bei einem Einsatz außerhalb der Station, bei dem der Astronaut einen sehr schweren und hinderlichen Raumanzug tragen muss, dann gibt es zwei Möglichkeiten: Entweder müssen die spezifischen Unterschiede im Körperbau zwischen Männern und Frauen in der funktionalen Fertigung der Ausrüstung berücksichtigt werden (diese Möglichkeit wird jedoch von den Ingenieuren beim russischen Skaphander nicht betrachtet), oder man muss beim Ablauf der Prozeduren eine entsprechende flexible Aufgabenverteilung unter der Besatzung vorsehen. Beide Lösungen setzen die grundsätzliche Akzeptanz von Frauen an Bord und eine auf den gemeinsamen Erfolg konzentrierte Mentalität voraus, die nicht von sterilem Kräftemessen geleitet wird.

Die Möglichkeiten der gegenseitigen physiologischen und psychologischen Ergänzung von Frau und Mann sowie das Spektrum fachübergreifender Aufgaben bergen ein großes Potenzial zur Bereicherung, und zwar auf allen Gebieten. Entsprechende Studien, die mit Männern und Frauen in einer isolierten und abgeschlossenen Umgebung durchgeführt wurden, haben die positiven Auswirkungen auf die Zusammenstellung von Mannschaften oder Besatzungen, unter denen eine Frau war, bewiesen. Das entspricht auch der Situation, wie wir sie in den Teams unserer Ausbilder, Ingenieure und Wissenschaftler vorfinden, die an der Vorbereitung der Weltraummissionen beteiligt sind. Je ehrgeiziger das Ziel, desto konzentrierter das Engagement der Mannschaft für den Erfolg.

So sieht auch das Umfeld aus, das ich aus meiner Erfahrung kenne, und so werden auch die zukünftigen Missionen zur Erforschung unserer Planeten aus Mannschaften von Männern und Frauen aus unterschiedlichen Kulturkreisen und Disziplinen zusammengestellt werden – denn so sieht die Wirklichkeit aus, deren Mannigfaltigkeit den Reichtum der Menschheit ausmacht. Russland und Frankreich sind seit langem gute Partner auf dem Gebiet der Raumfahrt, und unsere kulturellen Bande sind in der Tat sehr stark. Dennoch sehe ich mich nicht in erster Linie als Französin, wenngleich ich stolz darauf bin, sondern als Europäerin. Russland beweist seit langer Zeit seine Fähigkeit, zuverlässige und leistungsfähige orbitale Systeme herzustellen und zu betreiben. Und so freue ich mich, dass Europa und Russland im internationalen Raumstationsprogramm an der Seite der Vereinigten Staaten, Japans, Kanadas und Brasiliens Partner sind.

Bei meinem zweiten Flug ins All war ich Besucherin auf der Internationalen Raumstation. Nach der Ankopplung gebührt normalerweise dem Kommandanten die Ehre, als erster in die Orbitalstation umzusteigen. Aber dieses Mal durfte ich, allen voran, diesen symbolischen Schritt tun und zuerst durch die Luke schweben. Während des gesamten Aufenthaltes an Bord konnte ich feststellen, dass ich eine privilegierte Position hatte.

Möglicherweise gibt es dafür zwei Gründe. Der erste: Ich war als Europäerin an Bord. Unsere europäische Kultur mit ihren zahlreichen Wurzeln hat uns ohne Zweifel sowohl Flexibilität als auch Anpassungs- und Kommunikationsfähigkeit gelehrt, Fähigkeiten, die gut geeignet sind, um als Brücke und Bindeglied zwischen unseren amerikanischen und russischen Partnern zu dienen. Und diese Rolle habe ich an Bord mit Freude übernommen. Aber dies war sicher nicht der einzige Grund, sondern eben auch die Tatsache, dass ich – eine Frau – an Bord war. Ich glaube, dass ich gleichwohl mit der gleichen Kompetenz und Ideen, gewisse Arbeitsabläufe anders zu organisieren, einfach durch meine Anwesenheit meinen Kollegen ein Stück sozialer Normalität mit ins All gebracht habe.

Die Arbeit ist nur ein Teil unseres Lebens. Soziales Verhalten ist insbesondere in einer feindlichen Umwelt wie dem Weltall noch wichtiger als auf der Erde. Um das zu verdeutlichen, nenne ich nur ein kleines Beispiel: Ich bin sicher, dass es jeder an Bord als positiv empfunden hat, dass sich Mischa (Michail Tjurin) jeden Tag rasierte, seit ich an Bord war, anstatt wie vorher wochenlang unrasiert und stoppelig durch die Station zu schweben.

Frauen haben eindeutig einen positiven Einfluss auf Verhalten, Arbeitsweise und das Wohlbefinden einer Crew. Nicht ein einziges Mal gab es ein Problem, einen Kompromiss zu finden, sei es mit der Bodenstation, meinem Kommandanten oder der Mannschaft. Ich möchte sogar behaupten, dass es einer Frau leichter fällt, zu einem reibungsloseren Ablauf der Aufgaben und damit der Mission beizutragen. Es fällt ihr auch leichter in schwierigen Situationen, in denen vor allem der

Erfolg der Mission das wichtigste Ziel aller ist, die Vermittlerrolle zu übernehmen.

Mein Eindruck ist, dass dies von vielen Menschen genau so empfunden wird. Nach meiner Mission erhielt ich insbesondere von Frauen und jungen Menschen unzählige Glückwünsche und Gratulationen. Die Jugendlichen von heute sind hoch motiviert. Abenteuer der Gegenwart sind Abenteuer, an denen alle Menschen teilhaben. Es gibt so viele interessante Möglichkeiten!

Ich übernehme gern dabei die Aufgabe, sie durch meine Erfahrung auf ihrem Weg zu bestärken und ihnen vor allem auch eine Fürsprecherin zu sein. An erster Stelle aber möchte ich ihnen sagen: Eure Zukunft liegt in euren Händen, alles ist möglich, öffnet die Tür und tretet ein! Allen Frauen, die an ihre Träume geglaubt haben, und die uns später dadurch die Türen öffneten und uns den Weg zeigten, möchte ich an dieser Stelle meinen Dank und meine Hochachtung aussprechen.

Dr. med. Claudie Haigneré, Jahrgang 1957,
ist die erste französische Spationautin,
Forschungskosmonautin mit der Qualifikation
als Bordingenieurin und »Soyuz-Return-Commander«,
Mitglied des ESA-Astronautenteams seit 1999.

VORBEMERKUNG DES AUTORS

Die Idee zu diesem Buch kam mir 1988, als sich der historische Flug von Walentina Tereschkowa zum 25. Mal jährte. Damals gab es erst zehn Raumfahrerinnen, deren mutige Taten ich würdigen wollte. Doch dann kamen die Wirren der Wende und schnell der 30. Jahrestag der ersten Mission einer Frau in den Weltraum. Zu diesem Zeitpunkt waren bereits 22 Amazonen im All. Wenn ich von ihren Abenteuern erzählte, musste ich immer wieder das Erstaunen meiner Gesprächspartner darüber feststellen, dass es bereits so viele waren. Die meisten kannten nur die Kosmonautin Nr. 1 und vielleicht noch die beiden mit der Challenger tödlich verunglückten Astronautinnen. Heute können sogar 37 Frauen auf eine Raumreise zurückblicken, und weitere siebzehn sind startbereit. Der 40. Jahrestag von Walentina Tereschkowas Erstflug steht kurz bevor – im Jahre 2003.

Zuerst wollte ich eigentlich nur die Biographien dieser interessanten Frauen schreiben, die nun im Anhang des Buches zu finden sind. Doch schon bald wurde mir klar, dass es ohne die weiblichen Philosophen, Astronomen, Raketentechniker und Weltraumwissenschaftler nicht geht, die wesentliche Voraussetzungen für die Raumfahrt schufen. Deshalb heißt der erste Teil »Wegbereiterinnen«.

In dem folgenden Abschnitt »Alleinherrscherinnen« ging es mir um die Würdigung der russischen Kosmonautinnen, die 20 Jahre lang mit ihren Pionierleistungen – erster Raumflug, erster Ausstieg und erste Langzeitmission – im All allein blieben. Der Teil »Gruppenbild mit Dame« ist den amerikanischen Astronautinnen gewidmet, zu denen die erste Pilotin und Kommandantin einer Raumfähre und die erste Flugingenieurin der Internationalen Raumstation gehören, und die bis heute das einzige weibliche Korps der Welt bilden. In »Female Internationale« wiederum werden die genutzten und vertanen Chancen für die Teilnahme von Frauen aus anderen Ländern als den beiden klassischen Raumfahrtnationen an kosmischen Expeditionen beschrieben.

Die durch Science Fiction und Sensationsmacherei hochgespielte Problematik »Sex im All« bedurfte einer sachlichen Darstellung. Gerade in diesem Zusammenhang erschien es mir wichtig, im Teil »Zeitzeugen geben zu Protokoll« Wissenschaftler ihre Meinung darlegen zu lassen.

Mein besonderer Dank gilt Jacqueline Myrrhe, ohne deren Ideenreichtum und Einsatzbereitschaft das Buch nicht so zustande gekommen wäre, wie es nun vorliegt. Sie surfte im Internet, studierte Quellen, knüpfte Verbindungen, interviewte Raumfahrerinnen und Kosmosforscher und schrieb obendrein das Manuskript ab. Unterstützung fand sie bei ihrer Lehrerin Frau Helga Suchanowa und ihrer Kollegin Mademoiselle Muriel Poulain, die Übersetzungen aus dem Russischen und Französischen übernahmen.

Wertvoll war die Unterstützung durch Prof. Dr. Anatoli Sotow vom Staatlichen Moskauer Institut für Luft- und Raumfahrt (MAI), durch den international bekannten Raumfahrtmediziner Prof. Dr. Karl Hecht, Berlin, durch Direktor Ansgar Korte von der Hohmann-Sternwarte in Essen und nicht zuletzt durch Diplomingenieur Hartmut Sänger, Stuttgart, Sohn des »idealen Raketenehepaars« Sänger-Bredt.

Kollegial stellte Uwe Schmaling, Chefredakteur der Zeitschrift »Raumfahrt Concret«, seinen technischen und logistischen Apparat für die Arbeit am Buch zur Verfügung. Mein Kollege Gerhard Kowalski von der Nachrichtenagentur ddp half mit Informationen und Illustrationen, ebenso Matthias Gründer von der »Flug Revue«, der gleichzeitig Herausgeber der Raumfahrt-Reihe beim Verlag Schwarzkopf & Schwarzkopf ist und sich der mühevollen Arbeit des Lektorats unterwarf.

Vor allem aber danke ich meiner Frau, die, entgegen allen Widrigkeiten, für eine Arbeitsatmosphäre sorgte, in der das Manuskript entstehen konnte.

Berlin-Weißensee im Frühjahr 2002

Horst Hoffmann

TEIL 1

WEGBEREITERINNEN

Der Mensch muss über die Erde aufsteigen – bis in die oberste Atmosphäre und darüber hinaus; nur dann wird er die Welt, in der er lebt, vollständig erkennen.

SOKRATES
griechischer Philosoph
469–399 v.d.Z.

HYPATIA

Die Weise von Alexandria

»Endlich rasselte ein silberglänzender offener Wagen um die Ecke und hielt ihm gegenüber. Jetzt mußte sie kommen. Die Gruppe war verschwunden. Vielleicht war trotz allem seine Furcht unbegründet. Nein, da waren sie wieder und guckten um die Ecke dicht bei dem Hörsaal, – die Höllenhunde! Eine Sklavin brachte jetzt ein gesticktes Fußkissen heraus, – und dann kam Hypatia selbst, herrlicher denn je, um die Lippen ein wehmütiges Lächeln, einen Ausdruck fester Entschlossenheit, die Augen aufwärts gerichtet, fragend, forschend, aber milde wie in tiefer innerer Bewegung, als sei ihre Seele schon emporgehoben und sähe Gott von Angesicht zu Angesicht ...

Eine dunkle Woge von Menschen stürzte aus dem Hinterhalt und umflutete den Wagen ... und drängte dann weiter vorwärts ... sie war verschwunden, und als Philammon atemlos folgte, stürmten die wild gewordenen Pferde mit dem leeren Wagen an ihm vorbei.

Wo schleppten sie sie hin? Nach dem Cäsareum, dem Gotteshaus? Unmöglich! Warum gerade dorthin? Warum flutete der sich in jedem Augenblick durch Hunderte vergrößernde Pöbel nach dem Strande und kehrte zurück mit Steinen, Muscheln, Scherben bewaffnet?

Sie stand auf den zur Kirche führenden Stufen ehe er sie eingeholt hatte, und er konnte sie in der Menge nicht sehen, doch an den Fetzen ihres Gewandes den Weg verfolgen, den sie genommen hatten: Wo waren ihre vornehmen Schüler geblieben? Ach, sie hatten sich feige im Museum verbarrikadiert bei dem ersten Ansturm, in dem sie von der Treppe des Hörsaals heruntergerissen worden war. Die Memmen! Er wollte sie retten!

Und er kämpfte, wenn auch vergebens, die dichte Masse der Parabolanen (Krankenwärter christlicher Spitäler, wegen ihrer großen Anzahl ein gefährlicher Haufen, H.H.) und Mönche zu durchbrechen, die mit Fischweibern und Hafenarbeitern vermischt, unter wüstem Geschrei ihr Opfer umtobten. Aber was er nicht vermochte, gelang einem anderen und schwächeren, dem kleinen Dienstmanne. Wütend – keiner wußte, wie oder woher er kam, – tauchte dieser plötzlich gleichsam aus dem Boden, mitten in der dichtesten Menge auf und versuchte mit dem Messer, seinen Zähnen und Nägeln, wie eine bissige Wildkatze sich zu seinem Abgott durchzudrängen. Ach, er wurde selbst niedergerissen, wurde die Freitreppe heruntergestürzt und lag halb tot und in

Ermordung durch den Mob in Alexandria.
Illustration von Wilhelm Weimar aus dem Roman von Charles Kingsley

Tränen aufgelöst dort, als Philammon an ihm vorbei in die Kirche stürmte.

Ja! Hinein in die Kirche selbst! In den kühlen dämmernden Schatten der reich verzierten Säulen, der gewölbten Kuppeln, dem Altar mit den strahlenden Kerzen und Weihrauchduft, den großen Bildern, die in feierlicher Pracht von den Wänden herabglänzten. Und gerade vorn vor dem Altar sah der Christus regungslos von der Mauer herunter, die Rechte erhoben zum Segen – oder zum Fluch?

Längs des Hauptschiffes lagen wieder Fetzen ihres Gewandes auf dem heiligen Pflaster – auch auf den nach dem Hauptaltar führenden Stufen – auf dem Altar selbst, gerade unter den großen strengen Christusbilde, und dort blieben die Höllenhunde endlich stehen ...

Sie riß sich von ihren Peinigern los, und zurücktretend richtete sie sich für einen Augenblick zu ihrer vollen Höhe empor, nackt, schneeweiß gegen die dunkle Masse um sie herum, – Scham und Empörung in den weitgeöffneten klaren Augen, aber keinen Anhauch von Furcht. Mit der einen Hand zog sie ihre goldenen Locken um sich, den anderen langen weißen Arm hob sie empor nach dem großen stillen Christusbilde – und wendete sich – wer wagt zu sagen vergebens – von den Menschen zu Gott. Wie zum Reden öffneten sich ihre Lippen, aber die Worte, die ihnen entströmen sollten, erreichten nur Gottes Ohr, denn in diesem Augenblick schlug Peter (einer der Anführer des Mobs, H.H.) sie nieder, und wieder schloß sich die schwarze Masse um sie zusammen; – und dann erscholl ein Klagelaut nach dem anderen, lang anhaltend und herzzerreißend zu den Gewölben hinauf und dröhnte wie die Drommete des Racheengels in Philammons Ohr.

Gegen einen Pfeiler gedrückt, unfähig sich in der dichten Masse vorwärts zu bewegen, preßte Philammon die Hände gegen die Ohren. Wie lange sollte das dauern? Er konnte dieses Geschrei nicht ausschließen. Was, was um Gottes Willen, taten sie ihr an? Rissen sie sie in Stücke? Ja, und Schlimmeres noch! Und noch immer tönte das Schmerzensgeschrei, und noch immer sah der große Christus herab auf Philammon mit dem ruhigen, nicht zu ertragenden Blick und wendete sich nicht ab. Und über seinem Haupt stand geschrieben in dem Regenbogen: ›Jesus Christus gestern und heute und derselbe auch in Ewigkeit.‹ Derselbe, der ehemals in Judäa gewesen war, Philammon! Wer sind dann jene und in wessen Tempel? Und er bedeckte sein Angesicht mit den Händen und sehnte sich zu sterben.

Es war vorüber. Das Geschrei war in Stöhnen, das Stöhnen in Stille verhallt! Wie lange war er hier gewesen? Eine Stunde oder eine Ewigkeit? Gott sei Dank, daß es vorüber war! Für sie – aber auch für die anderen? Doch daran dachten sie selbst nicht, als ein neuer Ruf den Dom durchhallte.

,Nach dem Cinaron! Verbrennt die Gebeine zu Asche! Streut die Asche in das Meer!‹ ... und wieder wogte die Menge an ihm vorbei. Er wendete sich, um zu entfliehen, aber draußen vor der Kirche sank er erschöpft zur Erde und starrte mit dumpfem Entsetzen in die Feuerglut und auf das Gesindel, das mit teuflischem Gebrüll dies Molochsopfer umtanzte.«

Opfer eines Mordkomplotts

Diese Passage über den tragischen Tod der größten Gelehrten des Altertums stammt aus dem historischen Roman »Hypatia oder Neue Feinde mit altem Gesicht«, den der englische Schriftsteller Charles Kingsley, führendes Mitglied der christlich-sozialen Bewegung, 1852 schrieb. Die grausame Ermordung der Hypatia von Alexandria als Ketzerin durch aufgehetzten Mob lässt er seinen fiktiven Helden, den Mönch Philammon (der Name bedeutet: Freund des ägyptischen Sonnengottes Ammon), einen Schüler und Verehrer des Opfers, erzählen.

Historisch verbürgt ist, dass dieses bestialische Verbrechen im März des Jahres 415 u.Z. verübt wurde. Andere Aspekte des Lebens der Hypatia von Alexandria sind hingegen unter Historikern strittig. Zwar gibt der größte Teil von ihnen als ihr Geburtsjahr 370 an; einige jedoch meinen, Hypatia sei zur Zeit ihres Todes um die 60 Jahre alt gewesen, müsse also schon um 355 das Licht der Welt erblickt haben.

Ihr Geburtsort jedenfalls ist die 331 v.u.Z. von Alexander dem Großen am Nildelta gegründete griechische Hauptstadt Ägyptens Alexandria, die 30 v.u.Z. an Rom fiel. In ihrer Blütezeit war sie eine Weltmetropole der Kultur und Wissenschaft und zählte 600.000 Einwohner, von denen die eine Hälfte Freie und die andere Sklaven waren. Die Bevölkerung setzte sich vor allem aus griechischen Kolonisten, Ägyptern und Juden zusammen.

Hypatia war die Tochter des Theon, der als einer der gebildetsten Männer seiner Zeit galt und an der von ihm geleiteten Schule Mathematik und Astronomie lehrte. Über ihre Mutter wissen wir nichts – was für diese Zeit keineswegs ungewöhnlich ist. Ihr Vater wurde insbesondere durch seine Kommentare zu Euklid, dem »Vater der Geometrie«, und zu Ptolemäus bekannt, in dessen bis Kopernikus gültigem Weltsystem die Erde den Mittelpunkt der Welt bildete, der aber auch wissenschaftliche Grundlagen der Geographie schuf. Theon war zugleich

Mentor und Tutor seiner Tochter und sorgte dafür, dass sie eine umfassende Bildung erhielt. Er unterrichtete sie in Kunst und Literatur, Naturwissenschaft und Philosophie, regte sie aber auch zu körperlichen Übungen wie Schwimmen, Rudern und Reiten an. Er, der selbst das Lehrbuch über Rhetorik »Progymnasata« (d.h. Vorübungen) geschrieben hatte, lehrte sie die Kunst der Freien Rede, die es ihr gestattete, das erworbene Wissen verständlich und überzeugend anderen Menschen zu übermitteln.

Das Ziel dieser Erziehung sah Theon offenbar darin, dass sich seine Tochter dem von ihm angestrebten Ideal des vollkommenen Mensch-Seins weitgehendst annäherte. Zu diesem Plan gehörte auch, dass Hypatia längere Zeit im Ausland lebte, um ihren Horizont zu erweitern. So studierte sie in Italien und Griechenland; in Athen besuchte sie die von Plutarch dem Jüngeren und seiner Tochter Asclepigenia geleitete neuplatonische Schule. Dort machte sie sich bereits in jungen Jahren einen Namen als Mathematikerin.

Studenten aus aller Welt

Nach ihrer Rückkehr nach Alexandria wurde Hypatia gebeten, Mathematik und Philosophie am Institut ihres Vaters zu lehren. Wissenschaftshistoriker gehen davon aus, dass sie schon zu dieser Zeit das Wissen ihres Vaters übertraf. Sie dozierte über die »Arithmetica« des Diaphantos, der als Begründer der Unbestimmtheitsanalyse gilt, und verband ihre Vorlesungen mit Gesprächen über die von diesem entwickelten Techniken, über Lösungen zu den von ihm erkannten Problemen und zu den von ihm erdachten Symbolen. Aber auch Vorlesungen über Platon und Aristoteles gehörten zu ihrem Lehrauftrag. Um 400 wurde sie Leiterin der neoplatonischen Schule von Alexandria. Ihr Ruf als brillante Lehrerin verbreitete sich schnell, und aus allen Gegenden der hellenistischen Welt strömten ihr Studenten zu. Sie war aber auch politisch aktiv, »zog durch die Innenstadt und sprach für alle, die zuhören wollten, öffentlich über die Lehren des Platon oder des Aristoteles oder irgendeines anderen Philosophen. Die Magistraten pflegten für alle Staatsgeschäfte zuerst ihren Rat einzuholen«, zitiert Joseph McCabe 1903 eine alte Quelle.

Gemeinsam mit ihrem Vater verfasste sie eine überarbeitete und erweiterte Vision von Euklids »Elementen«. Allein schrieb sie Kommentare zum »Almagest«, dem astronomischen Handbuch des Ptolemäus. In ihrem Werk »Die Kegelschnitte des Appolonius« kommentiert sie dessen Erkenntnisse über Ellipsen, Parabeln und Hyperbeln, die Jahrhunderte überlebten und heute u.a. für die Bahnmechanik der Raumfahrt von großer Bedeutung sind. In ihre Überlegungen flossen Gedanken großer Geister der Antike ein, die erst nach zwei Jahrtausenden allgemeine Anerkennung fanden: die Vision des Aristarchos von Samos aus dem dritten Jahrhundert vor unserer Zeitrechnung, der die Erde für einen die Sonne umkreisenden Planeten und die Sterne für unvorstellbar weit entfernt hielt; die Annahme des Hipparchos von Cos aus dem zweiten Jahrhundert v.d.Z., dass sich die Planeten auf elliptischen Bahnen bewegen; die Erfindung des Heron von Alexandria aus dem ersten Jahrhundert v.d.Z., der einen Aeolusball konstruierte, mit dem er erstmals das Prinzip des Rückstoßes mittels Wasserdampf demonstrierte.

Hypatia betrachtete ihre Schriften als Lehrmaterial zum besseren Verständnis schwieriger mathematischer Zusammenhänge für ihre Studenten. Doch sie leistete weit mehr, war sie doch die erste Frau, die einen tief greifenden Einfluss auf das Überleben der frühesten Konzepte der Mathematik hatte. Darüber hinaus war sie selbst erfinderisch tätig. So entwarf sie ein Astrolabium und ein Planetenmodell für das Studium der Astronomie. Mit dem erstgenannten Gerät konnte man Stern- und Sonnenpositionen, Tierkreiszeichen und Aszendenten bestimmen. Das aus zwei drehbaren Scheiben bestehende »astrolabe« der Hypatia erlaubte sogar Aufgaben der sphärischen Astronomie zu bearbeiten. Ebenso konstruierte sie einen Wasserstandsmesser und ein Hydrometer, mit denen sich auf einfachste Weise die Dichte von Flüssigkeiten messen ließ.

In seinem Roman versucht Kingsley, ein Porträt der Hypatia und ihres Milieus zu zeichnen:

»Im Obergeschoß eines Hauses in der Museumsstraße zu Alexandria, welches nach altathenischer Art gebaut und eingerichtet war, befand sich ein kleines Zimmer. Die Bewohnerin hatte es nicht wegen seiner Stille gewählt, denn lag es auch so ziemlich außer Hörweite der Sklavinnen, welche unter den Säulengängen des südwärts gelegenen Frauenhofes arbeiteten, schwatzten und sich zankten, so war es doch dem Geräusch der Wagen und den Stimmen der Fußgänger in der belebten Straße unten ausgesetzt, sowie dem Gebrüll, Gequieke und den Trompetentönen, die sich stoßweise aus der ein kurzes Stück entfernten, auf der anderen Straßenseite befindlichen Menagerie hören ließen. Der Vorzug des Zimmers bestand vornehmlich in der Aussicht, welche es bot: über die Mauern der Gärten des Museums, auf Blumenbeete, Gebüsche, Springbrunnen, Statuen, Pfade und Lauben, welche seit beinahe siebenhundert Jahren von der Weisheit der alexandrinischen Dichter und Gelehrten widerhallten. Schule auf Schule hatte hier gewandelt, gelehrt und gesungen unter den schattigen Kastanien und Platanen, Feigenbäumen und Dattelpalmen. Der Ort schien ganz erfüllt von dem Reichtum griechischer Gedanken und Töne, seit den Tagen, da Ptolemäus Philadelphus (d.h. der »Schwesterliebende«, so wurde Ptolemäus II. von Ägypten genannt, weil er seine Schwester Arsinoe heiratete, H.H.) hier mit Euklid (dem Mathematiker, H.H.) und Theocritus (dem Dichter, H.H.), Callimachus (dem Verfasser des Katalogs der Alexandrinischen Bibliothek, H.H.) und Lycophron (dem Grammatiker und Bibliothekar, H.H.) lustwandelte.

Das Wunder der Welt

Links von dem Garten stieg die hohe Ostfront des Museums selbst auf, mit ihren Bilder- und Statuengalerien, ihren Speise- und Hörsälen; ein großer Flügel, der die berühmte, vom Vater des Philadelphus gegründete Bibliothek beherbergte, enthielt zu Senecas Zeit, selbst nach der Zerstörung infolge von Cäsars Belagerung, vierhunderttausend Handschriften. Dort ragte es empor, das Wunder der Welt, mit dem weißen Dach hell in den regenlosen blauen Himmel, und hinter ihm, zwischen den Firsten und Giebeln stattlicher Gebäude, bot sich ein weiterer Ausblick auf das leuchtende blaue Meer.

Das Zimmer war im reinsten griechischen Stil ausgestattet, und zwar mit einer gewissen gesuchten Altertümlichkeit in den strengen Formen und gebrochenen Halbtönen der Fresken, welche die Wände mit Darstellungen aus dem alten Athenemythos schmückten. Aber trotz der blendenden Sonne, welche durch die mit Moskitonetzen geschlossenen Fenster der Hofseite hereinschien, war der vorwiegende Eindruck doch der von außerordentlicher Kühle, Sauberkeit und Ruhe. Das Zimmer hatte weder Teppich noch Feuerstätte, und der einzige Hausrat darin waren ein Ruhebett, ein Tisch, ein Lehnstuhl, alles von so zierlichen und anmutigen Formen, wie man sie auf alten Vasen aus sehr viel früherer Zeit findet, als aus derjenigen, von welcher wir schreiben. Aber wäre einer von uns an jenem Morgen in das Zimmer getreten, würden wir weder von den Möbeln, noch dem allgemeinen Eindruck, dem Museumsgarten oder dem glänzenden Mittelmeer draußen einen Blick geschenkt haben, sondern wir würden gemeint haben, daß das Zimmer reich genug für aller Augen sei, um des einen Schatzes willen, den es enthielt und neben dem nichts anderes seines Blickes würdig war.

Denn in dem leichten Lehnsessel, eine auf dem Tisch liegende Handschrift lesend, saß eine Frauengestalt von ungefähr fünfundzwanzig Jahren, offenbar die Schutzgöttin dieses kleinen Heiligtums, deren Kleidung mit dem altertümlichen Stil des Raumes völlig übereinstimmte. Sie trug ein schlichtes, altionisches Gewand von jenem eigentümlich strengen, aber anmutigen Schnitt, bei dem der obere Teil des Kleides wieder vom Nacken bis auf die Taille herabfällt und eine Art Überhang bildet, welcher die Umrisse der Büste ganz verhüllt, während es die Arme und den Ansatz der Schultern frei läßt. Ihr Anzug zeigte keinerlei Verzierung außer den zwei schmalen Purpurstreifen vorn herunter, die ihren Rang als römische Bürgerin bezeichneten, den goldbestickten Schuhen an den Füßen und dem Goldnetz, welches das Haar aus der Stirn nach hinten zurückhielt, dessen Ton und Glanz von dem Metall kaum zu unterscheiden war, und dessen Farbe, Fülle und Wellenlinien selbst Athene hätte neidisch machen können. Ihre Gesichtszüge, Arme und Hände zeigten den erhabensten und großartigsten Typus altgriechischer Schönheit, sowohl in der vollendeten Entwicklung des Kno-

In Gedanken versunken. Illustration von Wilhelm Weimar aus dem Roman von Charles Kingsley

chenbaus, den festen, runden, vollerblühten Umrissen, die ihn bedeckten, und dem wachsartigen milden Glanz der Haut, welchen die alten Griechen nicht nur den Bädern und der Übung der Muskeln, sondern auch dem täglichen Gebrauch von Salben verdankten. Vielleicht hätten wir gemeint, dass in den klaren grauen Augen ein zu schwermütiger Ausdruck, dass zu viel selbstbewusste Zurückhaltung in den festen schöngeschwungenen Lippen liege, dass die Stellung, in der sie las, eine gekünstelte Erhabenheit zeige, denn ihre Haltung schien einem alten Vasenbild oder Basrelief nachgeahmt zu sein. Aber die glorreiche Anmut und Schönheit jeder Linie des Gesichts und der Gestalt hätten diese Fehler entschuldigt oder unmerklich gemacht, und wir hätten nichts gesehen als die entschiedene Ähnlichkeit mit den Idealbildern der Athene, die jedes der Wandfelder schmückte.

Das Schöne kann nicht sterben

Sie hat jetzt die Augen von der Handschrift erhoben; mit leuchtendem Blick schaut sie über die Gärten des Museums; ihre vollen griechischen Lippen, wie wir deren nie bei unseren Frauen und Schwestern sehen, öffneten sich. Sie redet mit sich selbst. Hören wir zu!

›Ja, die Bildsäulen sind gestürzt; die Bibliotheken geplündert. In den Laubengängen ist es still geworden. Die Orakel sind verstummt. Und trotzdem – wer kann sagen, dass der alte Glaube der Helden und Weisen erstorben ist? Das Schöne kann nicht sterben. Haben die Götter auch die Orakel verlassen, sind sie doch nicht den Seelen untreu geworden, die sich zu ihnen erheben. Haben sie aufgehört die Völker zu lenken, so haben sie nicht aufgehört zu ihren Erwählten zu reden. Haben sie den gemeinen Haufen verstoßen – Hypatia haben sie nicht verstoßen.

Ja! ... An dem alten Götterglauben zu hängen, während sich alle von ihm abwenden ... Zu glauben trotz aller Enttäuschungen ... Zu hoffen gegen alle Hoffnung ... Sich der Menge überlegen zu zeigen, indem man unermessliche Tiefen lebendiger Herrlichkeit in Mythen sieht, die für die anderen dunkel und tot sind ... Zu kämpfen mit Aufbietung aller Kräfte gegen die neuen gemeinen und abergläubischen Vorstellungen eines versunkenen Zeitalters, für die Aufrechterhaltung des Glaubens meiner Vorfahren, um der alten Götter, der alten Helden, der Weisen Willen, welche die Geheimnisse der Himmel und Erde durchdrangen ... vielleicht zu siegen – jedenfalls um meinen Lohn zu erhalten! Willkommen geheißen zu werden in den himmlischen Reihen der heroischen Naturen – aufzusteigen zu den unsterblichen Göttern, den unaussprechlichen Kräften, immer aufwärts, vorwärts durch Zeiten und Ewigkeiten, bis ich endlich die Heimat finde und aufgehe in der Herrlichkeit des Namenlosen und des All-Einen!‹«

In dieser Passage wird auf ein traumatisches Erlebnis angespielt, das Hypatia 391 im Alter von einundzwanzig Jahren hatte. Zu dieser Zeit verbot nämlich der römische Kaiser Theodosius I., auch der Große genannt, alle heidnische Kultur, nachdem er zehn Jahre zuvor durch das Konzil von Konstantinopel die katholische Lehre zur Staatsreligion erklärt hatte. Das Verbot betraf in Alexandria auch das dem Gott der Fruchtbarkeit geweihte Serapeion, das den beim Brand im Jahre 47 v.u.Z. verschont gebliebenen Teil der siebenhundert Jahre alten Alexandrinischen Bibliothek enthielt. Diese einmalige Einrichtung war für die Ausbreitung des griechischen Geistes und die Entwicklung der antiken Wissenschaft entscheidend. Sie umfasste alle Kulturen und Sprachen der Welt, denn die Herrscher Ägyptens hatten Agenten ins Ausland entsandt, um ganze Bibliotheken aufzukaufen. Handelsschiffe, die in Alexandria anlegten, wurden von der Polizei durchsucht – nicht etwa auf Schmuggelware, sondern nach Büchern. Diese wurden ausgeliehen, abgeschrieben und dann den Eigentümern zurückgegeben.

Hypatias berühmtester Schüler und Freund war Synesios von Kyrene, der später Bischof von Ptolemais, einer der blühendsten Stadt des Altertums, wurde und dennoch seine philosophischen Ansichten beibehielt. Zu seinen überlieferten Schriften gehören auch Briefe, die er an Hypatia geschrieben hatte. Darin bestärkte er sie, ein »astrolabe« (Winkelmessinstrument) und eine »planesphere« (Planetenmodell) zu bauen. Er und andere Zeitgenossen verehrten Hypatia als eine große moralische Autorität, die bis an ihr Lebensende als Jungfrau lebte. Sie rühmten sie als ein lebendes Beispiel für Wahrhaftigkeit, Rechtschaffenheit und Bescheidenheit, was sich in ihrem Lebensstil und in ihrer Kleidung widerspiegelte.

Im Epizentrum der Konflikte

Hypatia war auch mit Orestes, dem römischen Feldherrn und Statthalter von Ägypten, befreundet, der kein Christ war. Das wurde ihr zum Verhängnis, als die katholische Kirche 412 den Fanatiker Kyrillos als Erzbischof von Alexandria einsetzte, der von Hass gegen Orestes und Hypatia erfüllt war. Da er diesen nicht an dem starken Mann Roms auslassen konnte, fixierte er sich auf die schwache griechische Frau, gegen die er bösartige Gerüchte ausstreute. Er ließ die Ketzer verfolgen und die Juden aus der Stadt vertreiben.

Der bekannte amerikanische Astronom und Pulitzer-Preisträger Carl Sagan schrieb in seinem Buch »Unser Kosmos« über Hypatia:

»Zu einer Zeit geboren, in der Frauen als Eigentum behandelt wurden und wenig zu sagen hatten, bewegte sich Hypatia frei und unbefangen in Domänen, die traditionellerweise Männern vorbehalten blieben. Die Berichte schildern sie übereinstimmend als große Schönheit mit vielen Verehrern, die jedoch alle Heiratsanträge ausschlug.

Alexandria, seit langem schon unter römischer Herrschaft, stand zu diesem Zeitpunkt unter großem Druck. Die Sklaverei hatte der klassischen Zivilisation die Lebenskraft ausgesaugt, und die wachsende christliche Kirche festigte ihre Macht und suchte die heidnische Kultur und ihren Einfluß auszurotten. Hypatia stand im Epizentrum dieser mächtigen sozialen Kräfte. Der Erzbischof von Alexandria, Kyrillos, verachtete sie wegen ihrer engen Freundschaft mit dem römischen Statthalter und als Symbol der von der Urkirche weitgehend mit Heidentum gleichgesetzten Gelehrsamkeit und Wissenschaft. Hypatia jedoch setzte trotz drohender Gefahr für Leib und Leben ihre Lehr- und Publikationstätigkeit fort, bis sich 415 der von Kyrillos aufgehetzte Mob auf dem Weg zur Bibliothek auf sie stürzte, sie vom Wagen zerrte, ihr die Kleider vom Leib riß und mit Muschelschalen das Fleisch von den Knochen schnitt. Ihre Überreste wurden verbrannt, ihre Werke getilgt, ihr Name vergessen und Kyrillos zum Heiligen erhoben.«

Letzte Große der Antike

Lange Zeit nahm Hypatia in der Geschichte einen Platz ein, der vorwiegend durch ihr tragisches Schicksal bestimmt wurde. Der griechische Arzt und Dichter Palladios aus Alexandria besang im fünften Jahrhundert in einem erhalten gebliebenen Lied die Reinheit ihrer Sitten, und der österreichische Historiker Adolf Beer schrieb ein Trauerspiel über die erste Frau, die Philosophie lehrte. Ihr Verhältnis zu den Christen versucht Kingsley durch ihr zugeordnete Gedanken darzustellen:

»Sie sehen die Gottheit als den Verfertiger einer toten Maschine an, die einmal gemacht, sich seitdem bewegt, und sie schelten jeden philosophischen Denker einen Ketzer, gleichwohl ob er Gnostiker oder Platoniker sein mag, der unbefriedigt durch solch eine tote, unfruchtbare und gemeine Auffassung des glorreichen Alls, die Gottheit zu ehren wünscht, indem er ihre Allgegenwart anerkennt und aufrichtig an die

Lehre ihrer eigenen heiligen Schriften glaubt, daß ER lebt und webt, SEIN Wissen hat in dem Weltall.«

In der Wissenschaftsgeschichte der Vergangenheit dominiert eine völlig unberechtigte Abwertung der Leistungen Hypatias. So findet sich in Asimows »Biographischer Enzyklopädie der Wissenschaften und Technik« diese Aussage:

Porträt der Hypatia von unbekannter Herkunft

»Berichte rühmen ihre Schönheit und Tugend, ihr Wissen und die Beliebtheit ihrer Vorlesungen, so daß spätere Zeiten ihre Gestalt in einem verklärten Lichte sahen. Sie brachte nichts Eigenständiges in die Wissenschaften ein, verfaßte aber sehr nützliche Kommentare über so frühe Gelehrte wie Ptolemäus und Diophantos.«

Die machohafte Arroganz dieses vorschnellen Urteils angesichts des Wenigen, das über Hypatia bekannt ist, wird an anderer Stelle der Enzyklopädie noch deutlicher. Dort wertet Asimow die Kommentare des männlichen Mathematikers und Philosophen Pappus von Alexandria als »meisterhafte« Leistung. Dieses durchaus berechtigte Urteil verdient Hypatia jedoch gleichermaßen. Leider schrieb auch einer der führenden Wissenschaftshistoriker des zwanzigsten Jahrhunderts, der Brite John Bernal, nichts über sie – außer über ihr tragisches Ende. Muss eine Frau erst gefoltert und ermordet werden, um den ihr zustehenden Platz in der Geschichte der Menschheit einzunehmen? Nein! Das Bild der Hypatia wird immer mehr ins rechte Licht gerückt. So wird sie im Katalog zur Wanderausstellung »Von der Antike bis zur Neuzeit – der verleugnete Anteil der Frauen in der Physik«, herausgegeben von Cornelia Denz vom Fachbereich Physik der Technischen Hochschule Darmstadt (3. Auflage 1996), »die letzte große Wissenschaftlerin der Antike« genannt, deren »große Schriften Erklärungen und Ergänzungen zu bekannten Büchern sind. Hypatia verfaßte dreizehn Bände zur ›Arithmetic‹ von Diophantos, sie arbeitete an der ›Mathematischen Abhandlung‹, dem ›Almagest‹ (Großes Buch). Hierin werden Verbesserungen zu Euklids ›Elemente‹ vorgenommen. Das ›Große Buch‹ wird bis heute benutzt. Obwohl es auf Grund der Glaubensdifferenzen inzwischen einige Schulen für Christen, Juden und Heiden gab, bot Hypatia ihre Vorlesungen Vertretern aller Religionen an ... Sie stand bis zu ihrem Tode zu ihren Lehren und weigerte sich, ihre Ideale aufzugeben. Ihre brutale Ermordung setzte der Verbreitung von Platons Lehre in Alexandria und im ganzen römischen Reich ein Ende.« Carl Sagan zählte sie zu denjenigen »unserer Vorfahren, deren Namen nicht untergegangen sind«: Demokrit, Aristarch, Hypatia, Leonardo, Kepler, Einstein und den Raketenpionier Goddard in einem Atemzug. »Unsere Errungenschaften bauen auf Leistungen von vierzigtausend Generationen auf, Menschen, die mit Ausnahme eines winzigen Bruchteils als Namenlose längst vergessen sind ... Wie wenig wir doch über unsere eigene Vergangenheit wissen! Inschriften, Papyri und Bücher binden die Menschheit in die Zeit ein, und so ist es uns vergönnt, wenigstens ein paar Stimmen, ein paar schwache Rufe unserer Brüder und Schwestern zu hören, die uns in ferner Vergangenheit voraufgegangen sind. Welch freudiges Erkennen, wenn wir entdecken, wie ähnlich sie uns sind!«

Der amerikanische Komponist Doktor Stanley Friedman hat in seiner Oper »Hypatia« das Leben und den tragischen Tod der charismatischen Wissenschaftlerin dramatisiert. Die konzertante Uraufführung auf dem Internationalen Kulturfestival von Neuseeland 1992 erhielt begeisterten Beifall vom Publikum, Ausführenden und sogar von der Kritik.

Der italienische Philosoph und Schriftsteller Professor Umberto Ecco lässt den Helden seines 2001 erschienenen Romans »Baudolino« der verführerisch schönen, wenn auch ziegenbeinigen Hypatia – halb Frau, halb Tier – verfallen:

»Natürlich hatte ich sie im Sinn. In feministischen Kreisen wird die historische Hypatia übrigens als Kultfigur verehrt. Es gibt eine Zeitschrift dieses Namens, viele Hypatia-Biografien und Internet-Seiten. Für meine Hypatia entflammt Baudolino zunächst ihres Geistes, nicht ihres Hinterns wegen. Dann erst genießt er ihre körperlichen Reize. Beim Schreiben habe auch ich mich regelrecht in sie verliebt.«

Zeittafel Hypatia 370–415

370: (?) Hypatia wird in Alexandria, Ägypten, als Tochter des griechischen Mathematikers und Astronomen Theon geboren.

381: Der römische Kaiser Theodorus I. erklärt nach dem II. Ökumenischen Konzil in Konstantinopel die katholische Lehre zur Staatsreligion.

385: (?) Hypatia reist nach Italien und Griechenland und studiert in Athen an der neuplatonischen Schule von Plutarch dem Jüngeren.

391: Theodorus I. verbietet alle heidnischen Kulte; in Alexandria wird die Bibliothek im Serapeion geschlossen.

395: Nach dem Tod von Theodorus I. erfolgt die Teilung des Römischen Reiches. Ägypten, das bisher eine römische Provinz war, gehört nunmehr zum Oströmischen Reich unter Kaiser Arkadios, dem Sohn des Theodorus, der in Konstantinopel residiert.

400: (?) Hypatia wird Leiterin der neoplatonischen Schule in Alexandria.

412: Kyrillos wird Erzbischof von Alexandria.

415: Ermordung Hypatias durch aufgehetzten Mob; Vertreibung der Juden aus Alexandria.

CAROLINE HERSCHEL

First Lady's Comet

»1. August. Ich habe heute einhundert Nebulae (Nebel, H.H.) berechnet und diesen Abend erblickte ich ein Object, das sich, glaube ich, morgen Nacht als Komet ausweisen wird.

2. August. Heute berechnete ich 150 Nebulae. Ich fürchte, es wird heute Abend nicht klar sein. Es hat den ganzen Tag geregnet, scheint sich aber jetzt ein wenig aufzuhellen.

1 Uhr. Das Object ist ein Komet.

3. August. Ich ging nicht zur Ruhe, bis ich an Dr. Blagdon und Mr. Aubert geschrieben, um ihnen den Kometen anzuzeigen ...«

Das notierte Caroline Herschel in ihrem Arbeitstagebuch des Jahres 1786. Mit ihrem großen Bruder Wilhelm oder William, wie er hier in England genannt wurde, konnte sie sich leider nicht beraten. Er, der zugleich ihr Lehrer und Meister war, weilte in Hannover bei der Familie. Fünf Jahre zuvor hatte er den siebenten Planeten unseres Sonnensystems Uranus entdeckt, den er zunächst für einen Kometen hielt und zu Ehren des britischen Königs Georg III. »Georgious Sidus« – »Georgsstern« taufte. Das machte William Herschel über Nacht berühmt. Er wurde zum Hofastronomen ernannt und mit 200 Pfund im Jahr dotiert. Das ermöglichte dem Berufsmusiker endlich ausschließlich seiner Berufung nachzugehen und der Astronomie zu dienen. Seine Schwester Caroline, von ihm liebevoll »Lina« gerufen, war seine beste und billigste Mitarbeiterin.

Gedenktafel für William und Caroline Herschel an ihrem Wohnhaus in Slough

Sie fanden in Slough nahe Windsor ein geräumiges Anwesen, ihr »Observatory House«, von dem der französische Physiker und Astronom Dominique François Arago später sagte, es sei »der Ort der Welt, an dem die meisten Entdeckungen gemacht werden«. Caroline erhielt ein eigenes kleines Observatorium, das sie aus ihren Wohnräumen über eine Wendeltreppe direkt erreichen konnte. Der Bruder schenkte ihr ein Handteleskop Newtonscher Bauart, das gut als Kometensucher geeignet war. Doch vor lauter Arbeit, mit der sie von William eingedeckt wurde, kam sie kaum zu eigenen Beobachtungen. Sie musste Vermessungen und Berechnungen durchführen, Dokumentationen und Kataloge zusammenstellen, Zeichnungen und Tabellen anfertigen, Spiegel für die Teleskope – insgesamt bauten die Herschels 400 Fernrohre – schleifen und polieren als auch den Haushalt überwachen. Caroline schrieb unmittelbar nach ihrer bedeutsamen Entdeckung an den Sekretär der Royal Society, Dr. Charles Blagdon:

»In Anbetracht der Freundschaft, welche, wie ich weiß, zwischen Ihnen und meinem Bruder besteht, wage ich, Sie in seiner Abwesenheit mit dem folgenden noch unvollständigen Berichte über einen Kometen zu belästigen ...

Da ich, wenn mein Bruder den zwanzigfüßigen Reflector benutzt, damit beschäftigt bin, seine Beobachtungen niederzuschreiben, so habe ich selten Zeit, den Himmel selbst zu observieren. Gegenwärtig besucht mein Bruder indessen Deutschland, und ich habe die Gelegenheit benutzt, in der Nähe der Sonne nach Kometen zu suchen ...«

Es folgen präzise Orts- und Zeitbestimmungen sowie eine Beschreibung des verwendeten Gerätes von 27 Zoll Brennweite und etwa zwanzigfacher Vergrößerung sowie die Bitte, die Astronomen darüber zu informieren. In dem Brief an den Freund ihres Bruders, Alexander Aubert, kommt die Bescheidenheit der Entdeckerin zum Ausdruck:

»Ich hoffe, geehrter Herr, Sie werden entschuldigen, daß ich Sie mit einer so unbestimmten Beschreibung belästige, die davon herrührt, daß ich ein schlechter oder vielmehr gar kein Beobachter bin. Ich habe in den letzten drei Jahren nicht Gelegenheit gehabt, das Telescop auch nur drei Stunden zu benutzen. Schließlich bitte ich Sie, geehrter Herr, diesen Kometen, falls er noch nicht beobachtet sein sollte ... unter Ihren Schutz zu nehmen.«

Schon drei Tage später antwortete Dr. Blagdon aus London, Grower Street, Bedfore Square:

»Ich glaube, daß außer Ihnen bis jetzt in England Niemand den Kometen gesehen hat. Gestern fand der Besuch der Sternwarte Greenwich statt, welchem die meisten bedeutenden Astronomen in und um London beiwohnten. Dadurch war eine gute Gelegenheit geboten, die Nachricht von Ihrer Entdeckung zu verbreiten ...«

Begeistert schrieb Alexander Aubert: »Ich wünsche Ihnen auf's Herzlichste Glück zu dieser Entdeckung. Ich freue mich mehr, als ich Ihnen zu sagen vermag, daß Sie dieselbe gemacht haben und glaube zu sehen, wie Ihr herrlicher, gelehrter und liebenswürdiger Bruder bei der Nachricht eine Freudenthräne vergießt. Sie haben Ihren Namen unsterblich gemacht, und das Wesen, das alle Dinge leitet und regiert, war Ihnen eine solche Belohnung schuldig, sowohl für Ihren beharrlichen Fleiß auf dem Gebiete der Astronomie, wie für Ihre Liebe zu einem so berühmten und verdienstvollen Bruder ...«

Caroline Herschel, die stets im Schatten ihres elf Jahre älteren Bruders Wilhelm stand, geriet durch ihre Entdeckung über Nacht ins Licht der Öffentlichkeit. Englische Zeitungen porträtierten die zierliche Dame, die infolge einer Typhuserkrankung im Kindesalter nur 1,40 Meter groß war, als »very little, very gentle, very modest and very ingenuos« (sehr klein, sehr zart, sehr bescheiden und sehr klug), sowie als »a most exellent, kind-hearted creature« (ein unübertreffliches, gutherziges Geschöpf). Der von ihr gefundene Himmelskörper wurde als »first lady's comet« apostrophiert.

Ihren Namen allerdings erhielt der erste »Damen-Komet« nicht. Vielmehr ist er bis heute unter der Bezeichnung »Enckescher Komet« bekannt. Der deutsche Astronom Johann Franz Encke berechnete die genaue Umlaufzeit des Schweifsternes mit drei Jahren und 115 Tagen und konnte somit seine regelmäßige Wiederkehr vorhersagen. Carolines Neffe John, der Sohn Wilhelms, schrieb vier Jahrzehnte später seiner Tante in einem Brief über »Enckes Komet« und setzte dazu in Klammern »der Deinige«. Encke selbst bedankte sich ein halbes Jahrhundert nach der Entdeckung für eine Zusendung von Caroline Herschel, ohne jedoch den Kometen zu erwähnen:

»Gestatten Sie mir, verehrtes Fräulein, diese Gelegenheit zu ergreifen, um einer Dame meine Hochachtung auszusprechen, deren Name mit den glänzendsten astronomischen Entdeckungen unserer Zeit so innig verwebt ist und deren Anspruch an die Dankbarkeit jedes Astronomen so groß ist, wie es Ihre Bemühungen waren, die Grenzen unseres Wissens zu erweitern, und die Hilfe, die Sie beim Ausarbeiten der Entdeckungen leisteten, welche den Namen Ihres großen Bruders auch auf dem Felde der wissenschaftlichen Literatur berühmt machten ...«.

Mit welchem Humor sie selbst Fragen der Priorität betrachtete, geht aus einem Brief an ihre Nichte Lady Herschel hervor, in dem sie sich über einige Ignoranten lustig machte:

»Ich habe niemals einen Kometen den meinigen genannt, bis einige Posttage vorüber waren, ohne irgend einen Bericht über ihn zu bringen. Und schließlich geht's wie bei jenem Kinderspiele: ›Wer zuerst kick ruft, soll den Apfel haben!‹ Sie rufen dann alle kick! kick!«

Der »Kometenjägerin« gelang es »in gnadenloser allnächtlicher Himmelsdurchmusterung«, innerhalb von neun Jahren insgesamt acht Kometen zu entdecken. Ihrem Bruder hingegen war nicht ein einziger vergönnt. Erst im 20. Jahrhundert wurde ihr Rekord von der amerikanischen Astronomin Carolyn Shoemaker gebrochen, die es auf dreizehn dieser Haarsterne brachte. Das bedeutendste praktische Ergebnis ihrer ersten Entdeckung war für Caroline, dass sie als Assistentin des Royal Astronomer William Herschel mit einem Salär von 50 Pfund im Jahr bestellt wurde. Als sie am 1. Oktober 1787 erstmals eine Zahlung erhielt, notierte sie: »... das erste Geld, das ich mich je in meinem Leben nach eigenem Gutdünken auszugeben berechtigt fühlte.«

Herschels stammten aus Mähren

Als Caroline ihren ersten Kometen entdeckte, war sie 36 Jahre alt und konnte bereits auf ein wechselvolles Schicksal zurückblicken. Am 16. März 1750 wurde sie als achtes Kind und vierte Tochter des Militärmusikers Isaac Herschel und dessen Ehefrau Marie in Hannover geboren. Das Ehepaar hatte zehn Kinder, von denen jedoch vier in frühester Jugend starben. Der Vater diente als Oboist in der Kapelle des kurfürstlichen Garderegiments zu Fuß. Er stammte aus einer protestantischen Familie, die zu Beginn des 17. Jahrhunderts aus religiösen Gründen von Mähren nach Sachsen ausgewandert war. Sein Großvater Hans war Brauer in Pirna, sein Vater Abraham ein geachteter Landschaftsgestalter in den Königlichen Gärten von Dresden. Isaac, der erst elf Jahre war, als sein Vater starb, lernte auf Wunsch der Familie Gärtner, doch seine Leidenschaft galt der Musik. Der junge Mann versuchte sein Glück in Berlin und studierte bei dem bekannten Kapellmeister Pabrich in Potsdam Musik. Nachdem er eine feste Stelle in Hannover gefunden hatte, heiratete er Marie Ilse Moritzen, ein bescheidenes Mädchen, das weder lesen noch schreiben konnte, ihm aber eine gute Frau war.

Caroline wuchs mit fünf Geschwistern auf: der 17 Jahre älteren Schwester Elisabeth, den drei Brüdern Jacob, Wilhelm und Alexander, die fünfzehn, elf und vier Jahre älter waren, und dem um fünf Jahre jüngeren Dietrich. Ihre Kindheit wurde von der schweren Krankheit ihres Vaters und der starken Überlastung ihrer Mutter überschattet. Der Vater litt seit der Schlacht von Dettingen, in der 1743 die verbündeten Engländer, Hannoveraner und Österreicher über die Franzosen siegten, an Asthma, das sich im Siebenjährigen Krieg noch verstärkte. Caroline erlebte als Fünfjährige das schwere Erdbeben, das Lissabon zerstörte und Hannover in Schrecken versetzte; als Sechsjährige sah sie den Vater und die Brüder in den Krieg ziehen, als Siebenjährige die Franzosen in Hannover einmarschieren, und als Elfjährige rang sie während einer schweren Typhuserkrankung mit dem Tode, der ihre einzige Freundin hinwegraffte.

»Meine Schwester war nicht sehr geduldigen Temperaments und mochte nicht gern Kinder um sich leiden«, schrieb sie in ihren Memoiren. »Ich wurde deshalb, wenn ich nicht in der Schule war, mit Alexander hinaus auf den Wall geschickt, um mit ihm oder den Nachbarskindern zu spielen, aber ich konnte mich dem Spiel selten anschließen und stand oft frierend am Ufer, wenn mein Bruder auf dem Stadtgraben Schlittschuh lief, bis es ihm gefiel, heim zu gehen. Kurz, es kümmerte sich eigentlich Niemand so recht um mich.«

Carolines Vater war bei ihrer Geburt bereits 43 Jahre alt, und als er starb, stand sie im 17. Lebensjahr. Trotz aller materiellen Schwierigkeiten, die die Familie zu bewältigen hatte, bemühte er sich, seinen Kindern geistige Anregungen zu geben und sie für die Musik zu begeistern, mit Erfolg, wie ihre Lebensläufe zeigen. Dankbar schrieb seine kleine Tochter als alte Frau:

»Mein Vater war ein großer Bewunderer der Astronomie und besaß einige Kenntnisse in dieser Wissenschaft. Ich erinnere mich, daß er mich in einer kalten Nacht auf die Straße führte, um mich mit einigen unserer schönsten Sternbilder bekannt zu machen, nachdem wir vorher einen Kometen, der eben sichtbar war, beobachtet hatten. Auch erinnere ich mich, mit welcher Freude er meinen Bruder Wilhelm bei seinen Versuchen zum Zwecke wissenschaftlicher Studien zur Hand ging. Unter diesen Versuchen befand sich auch ein sauber gedrehter vierzölliger Globus, auf welchem mein Bruder den Äquator und die Ekliptik eingegraben hatte.«

»Ich vergaß meinen Kummer«

Für ihren Bruder Wilhelm, den begabtesten unter den Geschwistern, dessen Interesse für Wissenschaft keine Grenzen kannte, empfand Caroline schon sehr früh eine schwärmerische Bewunderung und Verehrung. So schilderte sie die lange ersehnte Heimkehr des Vaters und der Brüder Jacob und Wilhelm – die nach England abkommandiert worden waren:

»Meine Mutter, welche eifrig beschäftigt war, das Mittagessen zu bereiten, hatte mir erlaubt, allein nach dem Paradeplatz zu gehen, um meinen Vater aufzusuchen; aber ich konnte ihn nirgends finden, sah auch sonst Niemand, den ich kannte, so daß ich endlich fast erfroren nach Hause zurückkehrte, wo sie Alle bereits zu Tisch saßen. Mein geliebter Bruder Wilhelm legte sogleich Messer und Gabel hin, kam mir entgegen gelaufen und kauerte sich zu mir nieder. Darüber vergaß ich all' meinen Kummer. Die Anderen waren alle so glücklich, daß sie meine Abwesenheit gar nicht bemerkt hatten.«

Einen Einblick in das Familienleben, das geistige Klima der Auseinandersetzungen und Carolines Liebe zu Wilhelm macht auch eine andere Passage ihrer Erinnerungen an die frühe Jugend deutlich:

»Oft hielt ich mich wach, um ihrer Unterhaltung zu lauschen, denn es machte mich glücklich, sie so glücklich zu sehen. Gewöhnlich verbreitete sich aber ihr Gespräch über philosophische Gegenstände, und mein Bruder (Wilhelm, H.H.) und mein Vater stritten sich zuweilen so hitzig, daß das Einschreiten meiner Mutter notwendig wurde, denn die Namen Leibnitz, Newton, Euler flogen für die Ruhe ihrer Kleinen (Caroline und Dietrich, H.H.), die morgens um sieben Uhr nach der Schule mußten, zu laut hin und her. Aber es schien, daß Wilhelm den Brüdern (Jacob und Alexander, H.H.), wenn sie sich in ihr Zimmer, wo sie das selbe Lager teilten, zurückzogen, noch immer sehr viel zu sagen hatte und es geschah häufig, daß er, wenn er eine Pause machte, um ihre Zustimmung oder eine Antwort zu erwarten, seine Zuhörer eingeschlafen fand. Ich glaube, erst dann dachte er daran, dasselbe zu thun. Die Erinnerung an diese glücklichen Zeiten bestärkt mich in dem Glauben, daß, wenn Wilhelm damals nicht in seinem philosophischen Dichten und Trachten unterbrochen worden wäre, wir schon eher Proben seines erfinderischen Genies erhalten hätten.«

Ein roher Klotz

Die Meinungen der Eltern über die Erziehung ihrer kleinen Tochter gingen weit auseinander. Während der Vater sie wie ein Freund ermutigte, sich Wissen anzueignen und ihren Wunsch nach höherer Bildung unterstützte, war die Mutter strikt dagegen und tat alles, um dies zu vereiteln. Zurückblickend schrieb Caroline:

»Als ich die Schule verlassen hatte, wünschte mein Vater, mir eine Art feinerer Erziehung geben zu lassen, aber meine Mutter hatte fest beschlossen, daß ich ein roher Klotz sein und bleiben sollte, allerdings aber ein nützlicher. Dazu war, wie sie meinte, nichts weiter nöthig, als mich zwei oder drei Monate zu einer Weißnäherin zu schicken, bei welcher ich die Anfertigung von Leib- und Hauswäsche erlernen sollte. Hatte ich dieses Talent meinen übrigen Geschicklichkeiten hinzugefügt, so fand ich kaum noch Muße, an etwas anderes zu denken, als für die Familie alles, was sie nur immer brauchte, in jeder denkbaren Form zu ersinnen und anzufertigen.

Auch Französisch wollte mich meine Mutter nicht lernen lassen, und selbst meinem Bruder Dietrich wurde der Tanzunterricht untersagt, weil sie mir nicht gestatten wollten, denselben zu theilen, obgleich der Cursus für uns Beide bezahlt war. So beschränkte sich Alles, was mein Vater für mich thun konnte darauf, mir, was ihm großes Vergnügen machte, und mich erfreute, zuweilen, wenn die Mutter besonders guter Laune oder abwesend war, eine kurze Lection im Violinspiel zu geben. Obgleich der Mangel an jenen Kenntnissen und Kunstfertigkeiten, an deren Erwerbung meine Mutter mich in ihrer irrthümlichen aber wohlgemeinten Ansicht hinderte, mich oft in Verlegenheit gebracht hat, so muß ich doch zugeben, daß sie ihre Gründe hatte, mich das nur für die Familie Nothwendige lernen zu lassen. Es war ihre feste Überzeugung, daß mein Bruder Wilhelm in sein Vaterland zurückgekehrt wäre und mein ältester Bruder nicht so hoch hinaus gewollt hätte, wenn sie weniger geschickt und unterrichtet gewesen wären.

Aber zuweilen fand ich es doch kaum möglich, die Arbeit zu bewältigen, die man von mir verlangte, und fühlte mich sehr unglücklich, daß mir so gar keine Zeit blieb, mich in der Musik oder in feinen Handarbeiten zu vervollkommnen, in welchen letzteren sich mir die Gelegenheit bot, einigen Unterricht zu empfangen, und zwar von einem geschickten jungen Mädchen, dessen Eltern in demselben Hause wohnten. Indessen, die Zeit dazu fehlte, und wir erübrigten nur einige Stunden, indem wir bei Tagesanbruch zusammenkamen, denn um sieben Uhr, wenn die Familie aufstand, mußte ich wieder bei meinen gewöhnlichen Tagesgeschäften sein. Aber während der Sommermonate des Jahres 1766 gingen wenige Morgen vorüber, ohne daß wir einige Stunden beisammen saßen. Meine Freundin pflegte mich durch ein lautes Husten an ihrem Fenster zu benachrichtigen, wenn sie bereit war. Sie konnte nicht schlafen und war froh, wenn ich kam, um ihr Gesellschaft zu leisten. Ich verlor sie bald darauf an den Tod; sie starb an Schwindsucht.

Obgleich ich weder Zeit noch Mittel hatte, irgend etwas Nützliches und Hübsches zu fertigen, war ich zufrieden, Proben von allen möglichen Mustern und Nadelarbeiten in Perlen, Schmelz, Roßhaar etc. zu nähen, denn ich sorgte mich zuweilen um meine Zukunft. Ich vermochte den Gedanken, daß ich eine Abigail (Schwester Davids, H.H.) oder Hausmagd werden sollte, nicht zu ertragen und glaubte mit den obigen und andern ähnlichen Fähigkeiten, sowie meinen geringen musikalischen Kenntnissen, vielleicht eine Stelle als Gouvernante in einer Familie bekommen zu können, wo der Mangel der französischen Sprache kein Hindernis wäre.«

Knebel zwischen den Zähnen

Obwohl Caroline ihr Leben lang eine Abneigung gegen Hausarbeit hatte, übertraf sie in ihrer Sorge um den Vater und die Brüder selbst die höchsten Erwartungen ihrer Mutter. Doch trotz ihrer ausgezeichneten hausfraulichen Fähigkeiten sahen ihre Aussichten keineswegs rosig aus. Illusionen, in einer eigenen Familie Erfüllung zu finden, machte sie sich nicht. Ihr Vater hatte sie vor Heiratsträumen gewarnt, weil sie »weder hübsch noch reich« sei. Mit der damals üblichen Mitgift konnte sie nicht rechnen. So erschien es ihr wie eine Erlösung, als der geliebte Bruder Wilhelm in seinen Briefen vorschlug, »Lina« solle doch zu ihm nach England kommen:

»... um einen Versuch zu machen, ob ich mich nicht unter seiner Leitung zu einer nützlichen Sängerin für seine Winterconcerte und Oratorien ausbilden könne. Er empfahl meinem Bruder Jacob, mir, um immer einen Anfang zu machen, einige Stunden zu geben, versprach aber, falls sich nach Verlauf von zwei Jahren seine Erwartungen nicht erfüllten, mich zurückzubringen. Dieser Vorschlag schien anfänglich allen Theilen angenehm, sobald ich aber anfing, mich dieser Veränderung meiner Lage zu freuen, begann Jacob den ganzen Plan in‘s Lächerliche zu ziehn – und in der That hat er, außer beim Sprechen, niemals den Ton meiner Stimme gehört. Ich blieb in der quälendsten Ungewißheit, ob ich gehen dürfe oder nicht und beschloß endlich, mich, soweit es in meinen Kräften stand, für beide Fälle vorzubereiten. Für den ersten Fall benutzte ich jede Gelegenheit, wenn die anderen ausgegangen waren, um mit einem Knebel zwischen den Zähnen die Solopartien aus Conzerten mit Thrillern und allen Cadenzen, so wie ich sie auf der Violine hatte spielen hören, nachzusingen, und so hatte ich bereits eine ziemliche Kehlfertigkeit erworben, ehe ich noch das Geringste vom Singen verstand. Dann begann ich zunächst ein Paar Pulswärmer zu stricken, welche, im Fall ich daheim blieb, mein Bruder Wilhelm haben sollte, im entgegengesetzten Falle sollte sie Jacob bekommen. Für meine Mutter und Bruder Dietrich strickte ich so viel baumwollene Strümpfe, daß sie wenigstens zwei Jahre damit ausreichten.«

Alexander und Wilhelm, die in England als Musiker wirkten, setzten sich schließlich gegen die Vorbehalte ihrer Mutter und des Bruders Jacob durch, die keine kostenlose Haushaltshilfe verlieren wollten. Sie sicherten der Mutter eine jährliche Geldsumme zu, damit sie zu ihrer Entlastung ein Dienstmädchen halten konnte.

Im Sommer 1772 holte Wilhelm seine überglückliche Schwester in Hannover ab. Obwohl schon zweiundzwanzig Jahre alt, war Caroline noch ein scheues und unerfahrenes Mädchen. Die beschwerliche Reise führte sechs Tage und sechs Nächte lang im offenen Postwagen durch Holland. Auf der stürmischen Überfahrt wäre das Fährschiff bald leckgeschlagen worden. Im Hafen von Yarmouth kamen die Reisenden an, um sich »... wie Warenballen durch zwei englische Matrosen an Land werfen zu lassen, denn das Schiff war bald ein Wrack und besaß keinen einzigen seiner Maste mehr.«

Doch endlich war das Ziel erreicht, Bath, die größte Stadt der Grafschaft Somerset unweit von Bristol am Avon River. Der Kurort mit seinen schon von den alten Römern benutzten warmen Quellen war damals ein Tummelplatz der eleganten Welt. Die beiden Herschel-Brothers wirkten dort als Musiker und Lehrer, Chorleiter und Kapellmeister, und William sogar als Konzertdirektor. Für die nächsten zehn Jahre war dieses Luxusbad auch die Wirkungsstätte von Lina. Dass sie ihre Heimatstadt Hannover erst in fünfzig Jahren wieder sehen sollte, ahnte keines der Geschwister.

Geführt und unterrichtet von Wilhelm entwickelte sich das unscheinbare Mädchen bald zur gefragten ersten Sängerin und trat in öffentlichen Konzerten auf. Das Angebot für ein Engagement als Sopranistin für die Musikfeste in Birmingham lehnte sie ab, weil sie nur unter der Leitung ihres Bruders singen wollte. Was dieser alles von ihr forderte, machen Carolines Erinnerungen deutlich:

»Da er mit meiner Stimme sehr zufrieden war, so empfing ich jeden Tag zwei oder drei Lectionen, und die Stunden, die ich nicht am Clavier zubrachte, wurden dazu verwendet, mich in die Führung des Haushaltes einzuweihen. Am zweiten Morgen (nach der Ankunft in England, H.H.), als ich mit meinem Bruder beim Frühstück zusammentraf, begann er sogleich, mir Stunden im Englischen und in der Arithmetik zu geben, und zeigte mir, wie man die Haushaltungsbücher führt ... Zur Erholung sprachen wir von Astronomie und den herrlichen Sternbildern, die ich Nachts, während der Reise durch Holland im Postwagen gesehen hatte.«

Nachdem die Geschwister schon fünf Jahre in Bath zusammenlebten, erschreckte sie aus Hannover die Nachricht, dass der jüngste Bruder Dietrich durchgebrannt sei, um sein Glück in Indien zu suchen. Als der Ausreißer schließlich krank in einem Londoner Gasthof gefunden wurde, holten sie ihn nach Bath, wo ihn Caroline gesund pflegte. Für die Männer ihrer Familie wurde sie ihr ganzes Leben lang wie selbstverständlich als der gute dienstbare Geist betrachtet. Sie kommentierte dies ironisch: »Nach der alten hannoverschen Gewohnheit war ich wieder diejenige, von der man alle häusliche Behaglichkeit erwartete.«

Beim Polieren gefüttert

Caroline Herschel war mit Mitte zwanzig auf dem besten Wege, eine anerkannte und gefragte Sängerin zu werden. Mit verhaltenem Stolz notierte sie in ihrem Tagebuch: »Daß meine Stimme keine schlechte war, schließe ich daraus, daß Mr. Palmer, der Eigenthümer des Theaters von Bath, mir sagte, sie würde eine Zierde der Bühne sein.« Selbstironisch hingegen kommentierte sie den Unterricht bei der berühmten Musik- und Tanzlehrerin Miss Fleming, »die mich zur Dame abrichten sollte. Gott weiß, wie es ihr gelungen sein mag.«

Doch die Interessen ihres geliebten Bruders Wilhelm wandten sich gerade in dieser Zeit immer stärker von der Musik zu den Naturwissenschaften, insbesondere der Astronomie und dem Bau von Teleskopen. Das führte bei Caroline zunächst zu einem Zwiespalt der Interessen. Am Tage machte sie Gesangsübungen und kopierte Noten, in der Nacht beobachtete sie den Sternenhimmel und notierte die Ergebnisse. Doch letzten Endes führte das zur Aufgabe ihrer gerade erfolgreich begonnenen Karriere als Sopranistin. Damit verzichtete sie darauf, ihren Unterhalt selbst zu verdienen und finanziell unabhängig zu werden. Ihre Begeisterung für die Astronomie und die Intensität ihrer Beobachtun-

William und Caroline Herschel
in ihrem Wohnhaus in Slough

gen nahmen derart zu, dass sie allein in einem Jahr drei Kometen entdeckte. Wie besessen die Geschwister von der Urania, der Muse der Sternenfreunde, waren, geht aus folgender Passage ihrer Memoiren hervor:

»Außerdem hatte ich meinen Bruder zu pflegen, dem ich, wenn er polierte, die Speisen bissenweise in den Mund geben mußte, um ihn am Leben zu erhalten. Dies war namentlich der Fall, als er in der Vollendung seines siebenfüßigen Spiegels begriffen, denselben sechzehn Stunden lang nicht aus der Hand legte. Auch bei Mahlzeiten war er fast immer beschäftigt; er benutzte diese Zeit, um Zeichnungen von den Dingen zu machen, die ihm in den Sinn kamen. Gewöhnlich musste ich ihm vorlesen, während er an der Drehbank saß oder Spiegel polierte, z.B. den Don Quixote, Tausend und eine Nacht, die Novellen von Sterne, Fiedling u.s.w., und ihm den Thee und das Abendbrot servieren, ohne dass er die Arbeit, mit der er gerade beschäftigt war, unterbrach ... ja, zuweilen hatte ich selbst mit Hand anzulegen. Mit der Zeit wurde ich ein so nützliches Mitglied der Werkstätte, wie es etwa ein Bursche im ersten Jahr seiner Lehrzeit ist ...«

Teleskop im Garten des Hauses in Slough, 1783

Selten jedoch lässt Caroline in den Erinnerungen etwas über ihre ureigensten Träume, Wünsche und Empfindungen durchblicken. Nur manchmal gibt es bittere Worte, die halb entschuldigend, halb klagend klingen: »Ich tat für meinen Bruder nichts anderes, als was ein gut dressierter Schoßhund getan hätte. Ich führte seine Befehle aus. Ich war sein Instrument. Die Mühe es zu schärfen, hatte er ... Ich bin in meinem Wunsche, mich in irgend einem Zweige des Wissens soweit auszubilden, um dadurch eine ehrenhafte und achtbare Existenz zu gewinnen, immer und überall behindert und gestört worden.«

Nachdem William für seine Entdeckung des Planeten Uranus zum Königlichen Astronomen berufen worden war, und Caroline für das Auffinden ihrer ersten Kometen offiziell als seine Assistentin bestellt wurde, war beider beruflicher Wechsel von der Kunst zur Wissenschaft endgültig vollzogen. Ihre fruchtbarste Zeit hatten die Geschwister in den mehr als drei Jahrzehnten zwischen dem Umzug nach Slough, wo es ideale Arbeitsbedingungen gab, und dem Tod Wilhelms.

Eitelkeit oder Ehrgeiz

Hätten schon allein die Entdeckungen der acht Kometen Caroline Herschel einen ehrenvollen Platz in der Geschichte der Astronomie gesichert, so kamen noch viele andere wissenschaftliche Leistungen hinzu. So entdeckte sie vierzehn Nebelflecken und 561 neue Fixsterne, darunter eine Vielzahl von Doppelsternen. Die deutsche Wissenschaftshistorikerin Cornelia Denz schrieb dazu: »Kurz nach Entdeckung ihres letzten Kometen 1797 begann Caroline mit einem neuen Projekt, für das sie durch ihre Qualitäten der Beharrlichkeit, Geduld, Genauigkeit und Aufmerksamkeit für Details perfekt geeignet war. Der Sternenkatalog des ersten Königlichen Astronomen, John Flamsteed, war schwer zu gebrauchen, da die Originalbeobachtungen und der Katalog selbst in verschiedenen Bänden ohne Referenzsystem veröffentlicht waren. Als Wilhelm Herschel zahlreiche Diskrepanzen zwischen dem Katalog und seinen eigenen Beobachtungen entdeckte, brauchte er einen Referenz-Index zur Untersuchung dieser Unterschiede. Da er nicht gewillt war, Zeit und Arbeit zu opfern, die die Zusammenstellung eines solchen, ordentlichen Index verlangten, empfahl er seiner Schwester die schwierige Aufgabe.‹«

Sein Wunsch war ihr Befehl. Schon ein Jahr später legte sie das Resultat ihrer Arbeit vor. Der »Katalog der 860 von Flamsteed beobachteten, im britischen Katalog jedoch nicht enthaltenen Sterne« und das

»Generalverzeichnis sämtlicher Beobachtungen der im Britischen Katalog aufgeführten Sterne« wurden von der Royal Society 1798 herausgegeben. Das war weit mehr als eine Fleißarbeit – Caroline Herschel schuf damit den ersten großen Sternenkatalog der Neuzeit.

Der Brief, den Caroline nach der Veröffentlichung an den Königlichen Astronomen Dr. Nevil Maskelyne im September diesen Jahres schrieb, zeigt, dass sie sich als Frau fühlte und durchaus ironisch sein konnte.

»Daß Sie es des Drucks werth halten, schmeichelt meiner Eitelkeit nicht wenig. Sie sehen, ich gestehe zu, daß ich eitel bin, denn ich wünsche durchaus keine Ausnahme von der Regel zu sein, und was wäre eine Frau ohne Eitelkeit? Ja was wäre ein Mann ohne diese? Der Unterschied ist nur der, daß man sie bei Männern gewöhnlich Ehrgeiz nennt.«

Die wissenschaftliche Bedeutung ihrer Arbeit macht ein Brief von Edward Pigott aus Bath, einem Freund ihres Bruders, deutlich:

»Wäre Flamsteed noch am Leben, wie dankbar würde er Ihnen dafür sein, daß Sie die Arbeit, an die er sein ganzes Leben gesetzt, für die Nachwelt um so viel nützlicher und brauchbarer gemacht ...«

Das gelehrte Fräulein

In Slough verfaßte Caroline auch den größten Teil ihrer 63 wissenschaftlichen Arbeiten, die in den »Philosophical Transactions«, der Zeitschrift der Royal Society, veröffentlicht wurden. Das Gästebuch der Herschels enthält die Namen vieler berühmter Zeitgenossen:

Joseph Jérôme de Lalande, genannt »Le Français« (Der Franzose), ein Schüler Eulers, der als Direktor des Pariser Observatoriums durch seine Berechnungen des Halleyschen Kometen und der Venusdurchgänge bekannt wurde. Bewundernd nennt er in seinen Briefen Caroline »la savante Miss« (das gelehrte Fräulein) und »l'aimable Caroline« (die liebenswürdige Caroline).

Guiseppe Piazzi, Direktor der Sternwarte von Palermo, entdeckte am 1. Januar 1801, mit dem das 19. Jahrhundert begann, den ersten Planetoiden (Planetenähnliche) und gab ihm den Namen Ceres – nach der altitalienischen Göttin des Wachstums der Ackerfrüchte. Heute wissen wir, dass er mit einem Durchmesser von 740 Kilometern der Größte unter den Kleinen ist.

Alexander Wilson, Professor der Astronomie im schottischen Glasgow, lieferte mit seiner Theorie von den Sonnenflecken Wilhelm Herschel die Grundlage für seine Ansichten von der Struktur der Sonne.

James Watt, der erfinderische Autodidakt, baute die erste direkt wirkende Niederdruckdampfmaschine und später die doppelt wirkende mit Drehbewegung, die als Antriebskraft in Textilbetrieben verwendet wurde und damit wesentlich zur industriellen Revolution beitrug. Von ihm stammt auch der Fliehkraftregler, der in vielen technischen Bereichen, einschließlich der Raumfahrt, Verwendung findet.

Neben den prominenten Gästen aus Wissenschaft und Technik, deren Namen auch heute noch Klang haben, gehörten dazu auch Leute vom Hof. Die gesellschaftliche Anerkennung Wilhelm Herschels war perfekt, als er von Seiner Majestät König Georg III. geadelt und als Sir William Herschel empfangen wurde. Sein Glanz fiel auch auf Caroline, die Gast der Royals, der Angehörigen der königlichen Familie, wurde.

Zehn Jahre Tagebuch vernichtet

Eine einschneidende Veränderung im Leben der Caroline Herschel trat durch die Heirat ihres Bruders Wilhelm ein. Dieser schloss am 8. Mai 1788 die Ehe mit Mary Pitt, der einzigen Tochter des wohlhabenden Kaufmanns James Baldwin aus der Londoner City und Witwe von John Pitt, Esq. (Esq. – Abkürzung für Esquire, was wörtlich Schildträger bedeutet und in England ein Höflichkeitstitel des niederen Adelsstands ist, der allen zusteht, die ein hohes Amt bekleiden. Entspricht dem deutschen Hochwohlgeboren). Von diesem hatte sie einen gemeinsamen Sohn, der jedoch früh starb. Die neue Mrs (Mistress) Herschel wurde von Zeitgenossen als sanfte und liebenswürdige Frau beschrieben – mit angenehmen Umgangsformen und einer Vorliebe für Häuslichkeit und heitere Gesellschaft. Sie besaß zwar keine überdurchschnittlichen Geistesgaben und brachte der wissenschaftlichen Arbeit ihres Mannes niemals ein tiefer gehendes Interesse entgegen, doch verfügte sie über eine gute Allgemeinbildung und die Fähigkeit zu repräsentieren, sowie einem Haus vorzustehen, in dem fast täglich Besucher ein- und ausgingen, darunter eben viele von Rang und Namen.

Es fehlte nicht an bösen Zungen die behaupteten, Herschel habe sie nur des Geldes wegen geheiratet. Ohne Zweifel war er für den Rest seines Lebens finanziell unabhängig. Doch auch zuvor hatten ihm Bau und Verkauf von Teleskopen beträchtliche Einnahmen neben seinem Gehalt als Königlicher Astronom eingebracht. Seine Motive für die Ehe mit der lebensfrohen Frau sind vor allem darin zu sehen, dass er die Fünfzig bereits überschritten hatte und sich nach der Geborgenheit einer Familie sehnte. Diese wurde durch die Geburt des einzigen Sohnes und späteren Sir John Herschel gekrönt, der das Werk seines Vaters fortsetzte.

Für Caroline hingegen, die als Trauzeugin auftrat, stürzte eine Welt zusammen. Eine andere Frau nahm nunmehr im Leben ihres geliebten Bruders – zur Unterscheidung von der übrigen Familie nannte sie Wilhelm nur »mein Bruder« – die erste Stelle ein. Sechzehn Jahre lang hatte Caroline ihm alles geopfert – ihre Jugend, ihr Talent, ihre Karriere. Sie verließ das gemeinsame Haus und nahm sich eine eigene Wohnung. Mit Bitterkeit vermerkte sie in ihrem Tagebuch nur, dass sie ihren »Posten als Haushälterin« aufgegeben habe.

Die wissenschaftliche Zusammenarbeit der Geschwister wurde jedoch nicht unterbrochen. Caroline lebte zwar in einer Mietwohnung, ging jedoch regelmäßig zur Arbeit ins Observatorium:

»Mein Telescop bleibt auf dem Dache, und ich habe dazu ebensowohl unbeschränkten Zutritt wie zu dem Zimmer mit den Suchern und den Beobachtungs-Apparaten, in dem ich beinahe täglich mehrere Stunden zubringe, um die Arbeiten zu verrichten, vorzubereiten, die ich mit nach Hause nehme.«

Wenn Wilhelm mit seiner Familie auf Reisen war, fand Caroline sogar mehr Zeit für eigene Beobachtungen, war sie doch von häuslichen Pflichten befreit – sie stand bei ihren Wirtsleuten in Kost und Logis –, und konnte sich ausschließlich der astronomischen Forschung widmen. So wurden denn auch die folgenden zehn Jahre zu den ergiebigsten ihres Lebens. Durch ihre Entdeckungen und Veröffentlichungen machte sie sich in ganz Europa einen Namen als hervorragende Astronomin.

Doch wie es im Innern der Caroline Herschel aussah, darüber ist nichts bekannt. Bezeichnenderweise gibt es vom Tage der Hochzeit an zehn Jahre lang keine Tagebucheintragungen. Mary Herschel, die Frau ihres Neffen John, die später die Memoiren von Caroline herausgab, vermutete, dass ihre Tante die Aufzeichnungen vernichtete, um keinem mit ihren traurigen Gedanken weh zu tun.

Die Schwägerin verstand es mit der Zeit, durch ihre freundliche und herzliche Art, die Sympathie von Caroline zu erringen. Ihre Schwiegertochter schrieb später: »Sie, die das Haus ihres Gatten mit Frohsinn erfüllte, gewann rasch die völlige Zuneigung der spröden, kleinen, deutschen Schwester.« Diese jedoch übertrug ihre ganze Liebe auf Wilhelms Sohn John. Obwohl sie viele Neffen hatte, sprach sie nur von ihm als »mein Neffe«.

Zeit heilt alle Wunden

Nach zehnjährigem Schweigen über ihr Privatleben machte Caroline wieder Notizen in einem kleinen Heft mit der Aufschrift »Auszüge aus meinem Tagebuch während der Jahre 1797 bis 1821«.

Dass Caroline die räumliche Trennung von ihrem Bruder noch immer nicht vollständig überwunden hatte, geht aus einer Notiz hervor, die die Achtundvierzigjährige am letzten Tag des Jahres 1798 machte:

»Ungewöhnlich ermüdet und ärgerlich sowohl in Folge des Zeitverlustes, welcher durch die Hin- und Herwege verursacht wird, wie dadurch, daß ich nicht jedes Buch und Papier, wenn ich es brauche, sofort zur Hand habe.«

Das zu Ende gehende achtzehnte Jahrhundert sah Caroline Herschel inmitten des wissenschaftlichen und gesellschaftlichen Lebens Englands, dem industriell führenden Land, der »Fabrik der Welt«, wie Friedrich Engels es nannte. So notierte sie, die den abwesenden Bruder vertrat, unter dem 29. März 1899: »Der Prinz von Oranien kam, um einige Fragen über Planeten u.s.w. zu stellen«, und am 1. April: »Lord Kirkwall und ein anderer Herr kamen, um Instrumente zu besichtigen.« Im August hielt sie sich eine Woche auf der Königlichen Sternwarte von Greenwich als Gast der Familie Maskelyne auf und traf mit führenden Astronomen zusammen.

Haydn und Paganini zu Gast

Zu den illustren Gästen der Herschels in Slough gehörte auch Joseph Haydn. Die Werke des österreichischen Komponisten erfreuten sich seit Mitte der sechziger Jahre des siebzehnten Jahrhunderts auch in England zunehmender Beliebtheit. In den neunziger Jahren wurde der Freund Mozarts und Lehrer Beethovens zweimal für längere Zeit nach London berufen, um seine eigenen, neuen Sinfonien aufzuführen. Der Erfolg war so groß, dass ihn die Universität Oxford mit einem Doktortitel ehrte. Erläuterungen, die ihm Caroline zum wunderschönen nächtlichen Sternhimmel gab, beeindruckten das musikalische Genie zutiefst. Haydn soll damals von der Unendlichkeit des Universums so ergriffen gewesen sein, dass ihm der Gedanke zu einem seiner großen Werke kam – dem 1798 vollendeten, unsterblichen Oratorium »Die Schöpfung«.

Bei der erstmaligen Aufführung mit vollständigem Orchester in Wien rief er unter Tränen und mit emporgestreckten Armen: »Nicht von mir, von dort kommt alles!«, um dann von Rührung überwältigt zusammenzubrechen.

Anfang des neunzehnten Jahrhunderts besuchte auch der italienische Violinenvirtuose Nicolo Paganini die Herschels. Den von den Damen umschwärmten Geiger, dessen dämonisch wirkendes Spiel die Menschen verzauberte, und dessen kapriziöse Kompositionen Schumann, Brahms, Liszt und Rachmaninow zu Etüden und Rhapsodien inspirierten, zog die kleine, unscheinbare, aber leidenschaftliche Caroline in ihren Bann.

Viele der Besucher waren Kunden des Familienunternehmens »Herschel & Geschwister«, einer der besten optischen Werkstätten des auslaufenden achtzehnten und beginnenden neunzehnten Jahrhunderts. Sie oder ihre Abgesandten kamen, um komplette Teleskope oder einzelne Spiegelscheiben zu kaufen: Astronomen wie John Pond aus London, Alexander Wilson aus Glasgow, Johann Bode aus Berlin, Guiseppe Piazzi aus Palermo und Friedrich von Hahn aus Remplin in Mecklenburg; Fürsten wie der russische Zar, der österreichische Kaiser, der spanische König, der Bruder von Napoleon, Lucien Bonaparte, und der Herzog der Toskana nutzten Herschel-Teleskope.

Der Musiker Wilhelm Herschel gelangte über die Theorien der Harmonien zur Optik und zur Astronomie. Da die handelsüblichen Fernrohre nicht besonders leistungsfähig waren, begann er mit seinen Geschwistern eigene Teleskope zu bauen. Heute würde man sagen »learning by doing« (Lernen durch Tun). Mit welcher Ausdauer und Zielstrebigkeit dies geschah, davon zeugen vier Manuskriptbände mit 2.160 Versuchen und Kunstbegriffen zur Spiegelherstellung.

Nach eigenen Angaben stellten die Herschels insgesamt mehr als 430 Spiegel allein in den drei Standardgrößen her: 200 siebenfüßige, 150 zehnfüßige und 80 zwanzigfüßige, was Brennweiten von 2,13 Meter, 3,05 Meter und 6,10 Meter bedeutete. Eine unvollständige Verkaufsliste weist einen Wert von etwa 15.000 Pfund aus, was damals 300.000 Goldmark oder 60 Jahresgehältern von Wilhelm und Caroline entsprach. Mit welcher Intensität gearbeitet wurde, machte Caroline in ihren Aufzeichnungen deutlich:

»In den langen Sommertagen wurden viele zehn- und siebenfüssige Spiegel vollendet; man sah und hörte nichts als Schleifen und Polieren. In meinen Mußestunden schliff ich siebenfüssige und mittlere Spiegel von dem ersten rohen Zustande bis zur höchsten Feinheit, und ich durfte sogar einem sehr schönen Spiegel für Sir William Watson die letzte Vollendung geben.«

In zahllosen Nächten assistierte Caroline Herschel ihrem Bruder bei seinen astronomischen Beobachtungen.

Die Besessenheit Wilhelms für den Bau der Fernrohre und die Behelfsmäßigkeit der Arbeitsorganisation führten zu einer Reihe von Zwischenfällen, die den Geschwistern hätten verderblich werden können, die allerdings an persönliche Gefahr am allerwenigsten dachten. So erinnerte sich Caroline an solch eine heikle Situation während einer Beobachtung in der Silvesternacht vom 31. Dezember 1782.

»Mein Bruder, der vor dem Telescop stand, hieß mich in der Bewegung seitwärts etwas ändern, was durch die Maschinerie geschah, auf welcher der vordere Theil des Rohrs und der Spiegel ruhten. An jeder Seite der Maschine befand sich ein eiserner Haken, wie ihn die Fleischer zum Aufhängen des Fleisches benutzen, und indem ich im Finstern im fußtiefen, schmelzenden Schnee hinlief, fühlte ich plötzlich, wie ich mir einen dieser Haken oberhalb des Knies ins Fleisch stieß. Ich konnte meines Bruders Zuruf: ›Mach schnell!‹ nur durch den kläglichen Schrei: ›Ich bin eingehakt!‹ erwiedern. Er und der Arbeiter waren augenblicklich bei mir, aber sie konnten mich nicht befreien ohne daß mir etwa zwei Loth (altes Handelsgewicht, ein Lot gleich 16,6 Gramm, H.H.) Fleisch aus dem Bein gerissen wurde. Man rief die Frau des Arbeiters, aber diese war zu ängstlich, um etwas zu thun, und so sah ich mich genöthigt, mein eigener Wundarzt zu sein. Ich legte Arkebusade (Wundwasser mit Spiritus, H.H.) auf und band ein Tuch darum, bis endlich Dr. Lind, der von dem Unfall hörte, mir eine Salbe und Charpie (altes Verbandsmittel aus gezupften Leinwandstreifen, H.H.) brachte und mir sagte, wie ich es anwenden sollte. Nach Verlauf von sechs Wochen fing ich an, für mein Bein zu fürchten und holte noch einmal Dr. Linds Rath ein. Er sagte mir, daß ein Soldat, der eine solche Verwundung davon getragen, jedenfalls auf sechs Wochen ins Hospital geschickt worden wäre. Ich hatte indessen die Beruhigung, daß mein Bruder durch diesen Zufall keine Störung in seinen Arbeiten erlitt, denn der Rest der Nacht blieb trübe; mehrere folgende Nächte boten nur kurze, für die Beobachtung günstige Momente, und so war es bis zum 16. Januar nicht nöthig, mich eine ganze Nacht der Strenge der Jahreszeit auszusetzen.«

Das Riesenteleskop

Das kühnste Projekt, das die Herschels verwirklichten, war ein Riesenteleskop von vierzig Fuß, also fast zwölf Metern Brennweite. Der Spiegel besaß einen Durchmesser von 1,22 Metern und ein Gewicht von zwanzig Zentnern. Das Stativ stand auf einem fest gemauerten Fundament und wies einen Durchmesser von zwölf und eine Höhe von achtzehn Metern auf. Trotz verschiedener Probleme, die bei diesem einzigartigen Instrument auftreten mussten, war es ein Meisterwerk seiner Zeit. Caroline kommentierte:

»Wäre nicht zuweilen eine bewölkte Nacht oder Mondschein eingetreten, so wüßte ich nicht, wann mein Bruder und ich hätten schlafen sollen, denn am Morgen kamen die Arbeiter, deren Zahl sich auf nicht weniger als dreißig bis vierzig belief.«

Georg III., der erste englisch sprechende König von Großbritannien aus dem Hause Hannover, besuchte 1789 das nach vier Jahren Bauzeit fertig gestellte Wunderwerk. In seiner Begleitung befand sich der Erzbischof von Canterbury, Oberhaupt der anglikanischen Kirche. Dem alten Herrn fiel es sichtlich schwer, seiner Majestät zu folgen. Der King drehte sich um, reichte dem Primas die Hand und sagte: »Kommen Sie, Mylord Bishop, ich will Ihnen den Weg zum Himmel zeigen.«

Caroline erkannte frühzeitig die Gefahr der Werkstattarbeit für die Forschungstätigkeit und schrieb über ihren Bruder:

»Er war jetzt fünfundvierzig Jahre alt, und ich fühlte, wie großes Unrecht er sich selbst und der Sache der Astronomie zufügen würde, wenn er seine Zeit damit hinbrächte, Telescope für Andere anzufertigen.« Ihr Neffe John nahm 1840 das große Fernrohr aus seiner Holzkonstruktion und brachte es in eine feste horizontale Lage. Die Familie zog in feierlicher Prozession hindurch, und der Hausherr deklamierte ein von ihm verfasstes Gedicht, das Minna, die Frau des Astronomen Johann Heinrich Mädler, ins Deutsche übersetzte. Darin gedachte er an einer Stelle auch seiner Tante Caroline:

»Hier wacht' unser Vater in eisiger Nacht,
hier hat ihm vorweltlicher Lichtstrahl gelacht.
Hier half ihm die Schwesterlieb' treulich und mild,
sie zogen vereint durch das Sternengefild.«

Mit dem »vorweltlichen Lichtstrahl« spielt Sir John auf die Erkenntnis seines Vaters an, dass man mit dem Fernrohr nicht nur räumlich weit entfernte Himmelsobjekte sichtbar machen kann, sondern auch einen Blick in die Vergangenheit des Universums wirft. »Herschel-Prinzip« heißt die Methode, die vom beobachtbaren Nebeneinander auf ein entwicklungsbedingtes Nacheinander schließt und sich bis heute bewährt. Wilhelm Herschel vermutete auch als erster einen Einfluss der Sonnenaktivität, die sich durch Flecken auf der Oberfläche des Sterns bemerkbar macht, auf das irdische Wetter. Daraus ging später die solarterrestrische Physik hervor. Im Jahre 1800 entdeckte er die Infrarotstrahlung, die Grundlage vieler moderner Technologien ist.

Wilhelms einziger Sohn John setzte das Werk seines Vaters fort, und seine Frau Margaret Stewart gab Carolines Memoiren heraus. Ihre Ehe war mit zwölf Kindern gesegnet, von denen zwei in die Geschichte eingingen: Alexander Stewart setzte die »Herschel-Dynastie« in der Astronomie fort; William James begründete die kriminalistische Methode der Personenidentifizierung durch Fingerabdrücke.

Ein Jahr vor seinem Tode wurde Wilhelm Herschel die für ihn wohl höchste wissenschaftliche Ehrung zuteil: Die Royal Astronomical Society wählte den selfmade scientist zu ihrem Präsidenten, nachdem der König ihn fünf Jahre zuvor geadelt hatte. In seinen letzten Lebensjahren kränkelte er. So notierte Caroline am 1. Januar 1814:

»Der Winter war ungewöhnlich hart. Mein Bruder war leidend, und ich meinestheils hatte die Empfindung, nichts mehr zu sein, als ein Invalide. Aber ich behielt die Gedanken für mich, denn ich wünschte meinem Bruder so lange nützlich zu sein, als es nur immer anging.«

Am 4. Juli 1819 erhielt die »Liebe Lina!« eine mit zittriger Hand geschriebene Einladung ihres Bruders, mit ihm gemeinsam einen Kometen zu beobachten. Darunter vermerkte Caroline: »Ich hebe diesen Zettel als Reliquie auf. Jede Zeile von der Hand meines geliebten Bruders ist jetzt ein Schatz für mich.«

Porträt Caroline Herschels unbekannter Herkunft

Zwei Jahre später schrieb sie am 22. Mai 1821:

»Meine hauptsächliche Sorge war darauf gerichtet, daß er nicht durch zu viele Besuche ermüdet wurde und nicht zuviel schlief, zu welchem Zweck ich ihm vorlas.«

Zwei Wochen darauf erinnerte sich die Einundsiebzigjährige an ihre schwere Typhuserkrankung vor sechzig Jahren, »... die mich dergestalt schwächte, daß ich noch Monate lang nachher nur auf Händen und Füßen wie ein kleines Kind die Treppen hinauf kriechen konnte; aber ich will gleich hier vermerken, daß ich von jener Zeit bis heute mich nicht erinnere, je wieder einen ganzen Tag im Bett gelegen zu haben.«

Carolines Eintragungen schlossen im Oktober 1821 mit der Bemerkung: »Hier endet mein Tagebuch, denn ein Tag ging dahin wie der andere. Nur daß ich von meinem Bruder jeden Tag mit gesteigerter Besorgniß für den nächsten in mein einsames, freudloses Daheim zurückkehrte.«

Der Tod Wilhelms am 25. August 1822 in Slough war ein furchtbarer Schlag für Caroline, hatte der Bruder doch das Zentrum ihres Lebens gebildet. Sie schien aller Kraft und jeden Wunsches beraubt, bis auf einen einzigen eigensinnigen Gedanken – England für immer zu verlassen und nach einem halben Jahrhundert Abwesenheit nach Hannover, der Stadt ihrer gemeinsamen Kindheit, zurückzukehren. Hier setzte sie am 15. April 1823 ihre Notizen über Wilhelms letzte Tage fort:

»Achtzehn Monate sind vergangen, ehe ich die Kraft fand, einige der herzbrechenden Vorgänge in meinem Tagebuch aufzuzeichnen, die ich während der letzten neun Monate meines fünfzigjährigen Aufenthalts in England erlebte. Ich glaube nicht, daß jemals eine Zeit für mich kommt, in der ich ruhiger bei den interessanten, aber traurigen Stunden verweilen könnte, die ich noch mit dem besten und theuersten Bruder verlebte, aber wenn ich es unterließe, meine Erinnerungen an jene für mich so wichtige und ereignisvolle Zeit aufzuzeichnen, würde ich mich noch mehr als das fühlen, was ich bin, als ein Wesen, das zu nichts in der Welt mehr taugt.«

Mit dem Mut der Verzweiflung rekapitulierte Caroline die letzten Monate im Leben Wilhelms. Ihr Bericht machte deutlich, wie sie unter dessen immer mehr überhandnehmender Entkräftung gelitten hatte, und dass sie am liebsten vor ihm gestorben wäre:

»Ich verwendete jede Stunde, die ich fern von ihm zubrachte, dazu, meine Angelegenheiten zu ordnen, so daß mein Neffe, John Herschel, als mein Testamentvollstrecker möglichst wenig Mühe haben sollte.« In Klammern machte sie einen Vermerk, der ahnen läßt, daß sie ein weiteres Geheimnis mit in das Grab nahm:

»Wäre ich vor meinem Bruder gestorben, so hätte man neben meinem letzten Willen einen achtzehn Seiten langen Brief gefunden. Nach den traurigen Ereignissen der beiden letzten Jahre hielt ich es für nöthig, Testament und Brief zu vernichten.«

Vier Wochen vor dem Tod ihres Bruders erkrankte Caroline an einem Gallenfieber. Sie stand aber trotzdem auf, um zu der gewohnten Zeit bei ihm zu sein. Entschuldigend vermerkte sie nachträglich: »Einen Tag lag ich ganz zu Bett, was Lady Herschel und die Familie, um meines Bruders willen, sehr beunruhigte.« Der Neffe John besuchte sie auf ihren Wunsch hin: »Er bat mich, um seines Vaters willen, jede Aufregung zu vermeiden, denn er meinte, es könne der augenblickliche Tod seines Vaters sein, wenn mir etwas zustöße.«

Die Eintragungen wurden immer kürzer: »8. August. Ich fand meinen Bruder so schwach, daß ich es für besser hielt, ihm anscheinend sorglos gute Nacht zu wünschen ...

15. August. Nachdem er eine halbe Stunde vergeblich versuchte, sich aufrecht zu halten, mußte mein Bruder gestatten, daß ich ihn zu Bett brachte ... bis mir am 25. August nur noch der eine und letzte Trost blieb, mich in die Totenkammer zu setzen und über die Einsamkeit, in der ich zurück blieb nachzudenken. Am 7. September wurde ich auch dieses letzten Trostes beraubt – die theure Hülle wurde dem Grabe übergeben.«

Heimkehr nach 50 Jahren

Dann hatte sie nur noch eines im Sinn: Slough, England so schnell wie möglich zu verlassen. Sie verkaufte ihre Möbel, packte ihre Aufzeichnungen und Bücher zusammen und verabschiedete sich von allen Freunden. Besonders schwer fiel ihr die Trennung von der Bibliothek des Bruders, »von der ich für immer scheiden mußte.« Ihr jüngerer Bruder Dietrich holte sie ab. Wieder erlitt der Postdampfer auf der Themse einen Schiffbruch, und die Überfahrt nach Rotterdam war sehr stürmisch.

Mit zweiundsiebzig Jahren begann für Caroline Herschel ein neues Leben. »Warum verließ ich mein glückliches England?«, seufzte sie oft. In einem Brief an ihren Neffen John schrieb sie, dass sie »gefühlt hätte, daß es vergeblich gewesen wäre, länger gegen Alter und Schwäche anzukämpfen, obgleich ich nicht erwartete, daß die Übersiedlung aus der reinen Landluft, in welcher ich den besten Theil meines Lebens zugebracht, in den engsten Theil meiner Vaterstadt von Vorteil für meine Gesundheit und mein Glück sein könnte, so zog ich dies doch dem längeren Verbleiben dort vor, wo ich nur die Unfähigkeit zu beklagen gehabt hätte, mich länger nützlich zu machen.« Doch als der Herzog von Cambrigde sie als Landsmännin ansprach, schrieb sie an ihre Nichte: »Das ist's, was ich brauche; ich will keine Hannoveranerin sein!«

Caroline lebte sich nur schwer in der Stadt an der Leine ein. In den ersten zehn Jahren nach ihrer Heimkehr führte sie kein Tagebuch. Zum Glück war auch ihre Jugendfreundin Miss Beckedorff, die in Windsor als Hofdame gedient hatte, nach dem Tode der englischen Königin nach Hannover übergesiedelt. Zwischen den beiden Frauen gab es eine rührende Altersfreundschaft. Caroline verbrachte ihren Lebensabend ebenso bescheiden wir ihr gesamtes Leben. Von den einhundert Pfund jährliche Pension, welche der Bruder ihr ausgesetzt hatte, verbrauchte sie nur den kleineren Teil für sich selber. Ihre eigenen Bedürfnisse waren äußerst gering, ihre Freigebigkeit hingegen unendlich groß. Den Neffen John, dessen Frau und Kinder überschüttete sie mit Geschenken.

Ihm hatte sie frühzeitig geraten: »Begegnest Du aber einem hübschen, guten, liebenswürdigen jungen Mädchen, so warte mit dem Heirathen nicht, bis Du alt und grau bist.« Glücklich war sie über die Geburt der nach ihr benannten Großnichte Caroline: »Pathe soll ich sein! Von Herzen gern! Ich bin jetzt in meinen alten Tagen so daran gewöhnt, Ehren zu empfangen, daß ich dieselbe annehme ohne zu erröthen.«

Ihr wissenschaftliches Interesse blieb bis zu ihrem Tode ungebrochen. Das geht aus dem ständigen Briefwechsel mit ihrem Neffen John hervor: »Du mußt mir gestatten, Dir dann und wann eine Arbeit einzusenden, ohne mich dafür bezahlen zu wollen. Es ist nothwendig, daß ich zuweilen etwas von meinem kärglichen Schatze zur Schau stelle, um meine Reputation als gelehrte Frau (das ist für Dich!) aufrecht zu erhalten, denn man betrachtet mich nicht nur als solche, man starrt mich sogar hier in Hannover als solche an.«

Als Sir John Herschel sich auf seine mehrjährige astronomische Forschungsreise zum Kap der Guten Hoffnung vorbereitete, schrieb ihm seine dreiundachtzigjährige Tante: »Ja, wenn ich dreißig oder vierzig Jahre jünger wäre und mitgehen könnte, in Gottes Namen!«

Der »Fürst der Mathematiker« besuchte sie

In den ersten Jahren nach der überstürzten und oft bereuten Rückkehr in die Geburtsstadt vollendete Caroline Herschel eine Arbeit, die ihr seit langem am Herzen lag. Sie fasste die Resultate aller Beobachtungen ihres Bruders über ein halbes Jahrhundert zusammen – ein ebenso umfangreiches wie anspruchsvolles Unterfangen, handelte es sich doch um einige Tausend Himmelsobjekte. Das nicht veröffentlichte Manuskript trug den Titel: »Die Reduction und Ordnung aller von Wilhelm Herschel beobachteten Sternenhaufen und Nebelflecke in Form eines Catalogs und nach Zonen.«

Dafür wurde sie 1828 mit der Goldmedaille der Royal Astronomical Society ausgezeichnet. Die Generalversammlung dieser Königlichen Astronomischen Gesellschaft beschloss einstimmig eine Adresse, die Caroline Herschel als »selbständigen Entdecker« würdigte, ihre Schrift »in Bezug auf Größe und Wichtigkeit in den Annalen astronomischer Arbeiten wahrscheinlich ohne Beispiel« bezeichnete und versicherte, »daß seit Gründung unserer Gesellschaft diese Medaille niemals für Verdienste, wie die ihrigen, ertheilt wurde.«

Der britische Physiker Sir David Brewster, der das nach ihm benannte Gesetz über den Zusammenhang zwischen Reflexion und Polarisation von Lichtstrahlen gefunden sowie das Kaleidoskop und das Spiegelstereoskop ersonnen hatte, würdigte Carolines Leistung als ein Spätwerk, »welches den außerordentlichen Fleiß bekunde«, als »einen seltenen Beweis des unverminderten Eifers einer fünfundsiebenzigjährigen Frau auf dem Gebiet abstrakter Wissenschaften.«

Ihr Neffe John, dem die Arbeit den meisten Nutzen brachte, hatte sich als Präsident der Royal Astronomical Society wegen verwandtschaftlicher Beziehungen hartnäckig der Verleihung der Medaille an seine Tante widersetzt. Doch er nahm die Auszeichnung für sie in Empfang und übermittelte diese nach Hannover. In ihrem Antwortschreiben vom 21. August 1828 machte sie ihrem Ärger Luft:

»Was Du von der Medaille sagst, hat mir die Freude gänzlich verleidet. Um die Wahrheit zu sagen, ich fühlte mich vom ersten Augenblick an durch die Auszeichnung mehr erschreckt als erfreut, denn ich weiß zu gut, wie gefährlich es für eine Frau ist, die Aufmerksamkeit zu sehr auf sich zu ziehen.«

In Hannover erhielt Caroline Besuch von Carl Friedrich Gauß, der schon zu Lebzeiten als »Fürst der Mathematiker« galt. Er wirkte als Professor für Astronomie und als Direktor der Sternwarte im benachbarten Göttingen, deren Akademie einst Wilhelm Herschel eines seiner zehnfüßigen Teleskope als Geschenk König Georgs III. persönlich überbrachte. Der große Gelehrte schrieb am 28. September 1825 an die »kleine Dame«:

»Ich kann gar nicht aussprechen, wie glücklich mich die persönliche Bekanntschaft mit einer Frau gemacht hat, deren Eifer und hervorragende Begabung für die Wissenschaft mit gleicher Liebenswürdigkeit des Charakters gepaart sind, und gebe mich der schmeichelhaften Hoffnung hin, daß mir, wenn ich wieder einmal nach Hannover komme, die Erlaubnis zu Theil wird, persönlich die Versicherung der hohen Achtung zu wiederholen.«

Zwölf Jahre später vermerkte Caroline am 25. September 1837 in ihrem Tagebuch:

»Heute war ich so glücklich, Alexander von Humboldt bei mir zu sehen. Der Besuch war, obgleich der interessante Mann mir so viel Zeit widmete, als er nur erübrigen konnte, leider zu kurz für Alles, was ich zu hören wünschte und zu sagen hatte.«

Zu diesem Zeitpunkt hatte der große Naturforscher und Geograph bereits seine Forschungsreisen nach Amerika und Asien hinter sich, er hatte die später nach ihm benannte Meeresströmung gemessen und gemeinsam mit Gauß ein weltweites Netz erdmagnetischer Beobachtungsstationen aufgebaut. Nun arbeitete er an seinem Werk »Kosmos«, mit dem er das gesamte Wissen der Menschheit über die Erde darstellen wollte.

Mit der »Königin der Naturwissenschaften«

Die höchste wissenschaftliche Weihe empfing Caroline Herschel, als sie und Mary Sommerville als erste Frauen zu Ehrenmitgliedern der Royal Astronomical Society gewählt wurden. In seiner Empfehlung schrieb der Rat der Gesellschaft dazu, »daß die Beurtheilung astronomischer Verdienste auf keinen Fall für die Werke einer Frau weniger streng sein darf, als für die eines Mannes – das Geschlecht der Ersteren auch kein Hinderniß sein kann, dieselbe Anerkennung zu erlangen, welche Letzterem zu Theil wird.«

Die aus Schottland stammende Mary Sommerville war dreißig Jahre jünger als Caroline, hatte das Standardwerk für höhere Mathematik und Astronomie »Himmelsmechanik« verfaßt und galt als »Königin der Naturwissenschaften«.

Am 16. April 1835 schrieb sie aus dem Royal Hospital in Chelsea an Caroline Herschel über die Wahl, dass

Altersporträt von Caroline Herschel

sich »diese Ehre noch erhöht hat, indem sie (die Juroren, H.H.) meinen Namen dem Ihrigen, zu dem ich mit so vieler Bewunderung emporsehe, zusammenstellte.«

Drei Jahre darauf vermerkte Caroline Herschel über eine weitere Ehrung:

»Aber die Prämie, welche der König von Dänemark auf die Entdeckung telescopischer Kometen gesetzt hat, wurmt mich über die Maaßen, denn sie kommt mir jetzt nicht mehr zu Gute. Das eine Auge ist beinahe ganz blind, und ich kann beim Schreiben die Linie kaum noch festhalten, indem ich mit dem Finger nachfahre.«

Kurz vor ihrem Tode entschloss sich auch Preußen – nach England, Irland und Dänemark – die verdienstvolle Wissenschaftlerin zu ehren. Am 25. September 1846 schrieb kein Geringerer als Alexander von Humboldt an die »Geehrteste Frau und Freundin!« im Namen des nach Schlesien gereisten Königs Friedrich Wilhelm IV., der ihr die Goldene Medaille für Wissenschaft verlieh:

»Er hatte gewünscht, daß Sie die kleine Anerkennung an Ihrem sechsundneunzigsten Geburtstage empfangen sollten, aber durch ein unglückliches Mißverständnis war der 16. März mit dem 16. Oktober verwechselt worden, und ich bin der Schuldige, welcher sich durch diesen Druckfehler in einer französischen Geschichte der Astronomie irre führen ließ. Aber ich weiß, daß ich auf Ihre Verzeihung hoffen darf, sowie auf die Ihrer hochverdienten Familie in England, und bitte um diese Milde.«

In den letzten beiden Lebensjahren war Caroline nicht mehr in der Lage selbst Briefe zu schreiben. Dies erledigte Frau Beckedorff. Im Dezember 1846 vermerkte diese über die greise Freundin: »Sie sagt, daß sie, während sie so müßig auf dem Sopha liegt, in einer Ecke des Zimmers – mit den geistigen Augen – ein ganzes Sonnensystem eingerichtet hat, und jedem neu entdeckten Stern seinen Platz anweist.«

Vier Tage vor dem Tod von Caroline Herschel notierte ihre Gefährtin: »Als ich sie fragte, ob sie etwas an ihren Neffen zu bestellen hätte, sagte sie: ›Bestellen Sie ihm nur, daß ich zu gar nichts mehr tauge. Darauf drehte sie sich um und schlief ein.«

Auf dem Gottesacker

Wer heute das Grab von Caroline Herschel auf dem Gottesacker der Gartengemeinde an der Marienkirche besucht, findet einen winzigen Ort, den man schnell übersehen könnte. Beschattet von hohen, alten

Bäumen, aufgelockert von Sträuchern und mitten in der City von Hannover gelegen, mutet der Fleck oasenhaft an. Die Autos fahren links und rechts vorbei, als wenn sie mit Nachdruck demonstrieren möchten, dass der Rhythmus der Zeit keine Minuten des Innehaltens duldet. Zwei Fußwege führen von rechts über den Friedhof, vereinen sich kurz vor der Gartenkirche und entlassen die Passanten nach links in den städtischen Trubel. Die auf der Parkbank vor der Kirche Sitzenden lassen sich weder von der stillen Atmosphäre der Stätte noch von dem ehrfurchteinflößenden Blick auf die imposanten Grabstellen beeindrucken. Hier, im Herzen der heutigen Landeshauptstadt von Niedersachsen, hat, trotz der Hektik ringsherum, Caroline Herschel ihre letzte Ruhe gefunden. Der Gartenfriedhof von Hannover läßt ihrem Grab genug Raum. Es ist flankiert von denen anderer, ruhmvoller und ehrwürdiger Bürger der Stadt aus dem neunzehnten Jahrhundert. Wer die horizontal liegende Grabplatte aufmerksam betrachtet, wird ein schwaches Schmunzeln nicht unterdrücken können. Selbst noch im Tode präsentiert sich die von Wuchs kleine Frau durch Größe. Die Steinplatte ist solide gearbeitet. Doch frei von jeglicher Zier und Schnörkel wirkt sie durch die schlichte Ausstrahlung des Materials und die gediegenen Abmaße. Nie im Leben bedurfte es Caroline an mehr. Der von ihr entworfene Text mit feiner Handschrift in den Stein gesetzt sagt alles über die Gründe aus, die wir auch mehr als einhundertfünfzig Jahre nach

Grabstätte Caroline Herschels auf dem Gartenfriedhof in Hannover

ihrem Tod noch haben, um dieser großartigen Dame Achtung, Respekt und Ehre zu erweisen. Möge sich die Stadt Hannover, wirtschaftliches, wissenschaftliches und kulturelles Zentrum im Norden Deutschlands, ein Herz fassen und die verwitterte Grababdeckung mit der kaum noch zu entziffernden Schrift in naher Zukunft restaurieren! Es wäre so einfach, einem Stein neues Leben einzuhauchen, der verkündet:

> Hier ruhet die irdische Hülle von
> CAROLINE HERSCHEL
> geb. zu Hannover den 16. März 1750
> gestorben den 9. Januar 1848.
> Der Blick der Verklärten war hienieden
> dem gestirnten Himmel zugewandt,
> die eigenen Cometen Entdeckungen und die
> Theilnahme an den unsterblichen Arbeiten
> ihres Bruders Wilhelm Herschel zeugen davon
> bis in die späte Nachwelt. Die Königliche
> Irländische Akademie zu Dublin und die
> Königliche Astronomische Gesellschaft in
> London zählten sie zu ihren Mitgliedern.
> Im Alter von 97 Jahren, 9 Monaten, 24 Tagen
> entschlief sie mit heiterer Ruhe und bei
> völliger Geisteskraft ihrem zu einem besseren Leben
> vorangegangenen Vater Isaak Herschel folgend,
> der ein Lebensalter von 60 Jahren, 2 Monaten und
> 17 Tagen erreichte und seit dem 25. März 1767
> hieneben begraben liegt.

Posthum wurde 1889 zu Ehren von Caroline Herschel der Planetoid (Planetenähnliche) 281 nach ihrem zweiten Vornamen Lucretia benannt. Er hat einen Durchmesser von gut dreizehn Kilometern. Den Namen Caroline Herschel trägt auch ein Mondkrater im Sinus Iridium (Bucht der Regenbögen). Er hat einen Durchmesser von dreizehneinhalb Kilometern und die Koordinaten fünfunddreißig Grad Nord und einunddreißig Grad West. Die amerikanische Sonde Lunar Orbiter 4 schoss 1967 brillante Aufnahmen des Kraters, und das sowjetische Mondauto Lunochod 1 operierte 1970 südlich der Bucht. Auf unserem natürlichen Trabanten ist Caroline vereint mit ihrem Bruder Wilhelm und ihrem Neffen John, nach denen ebenfalls Krater benannt sind.

Im Jahre 2000 gab die Europäische Weltraumorganisation ESA ihrem Projekt FIRST –Fernes InfraRot- und Submillimeter-Teleskop – einen

Der Krater Caroline Herschel im Sinus Iridium auf dem Mond.

neuen Namen: »Herschel-Weltraumobservatorium«, kurz »Herschel«. Damit soll Wilhelm Herschel geehrt werden, der vor genau zweihundert Jahren das Infrarotlicht entdeckt hatte. Mit dem modernsten Himmelsteleskop, dessen Start für den Februar des Jahres 2007 vorgesehen ist, soll die Suche nach Wasser im Weltraum fortgesetzt und der Ursprung von Sternen und Galaxien erforscht werden. »Herschel« wird es uns gestatten, einen Blick in die »kosmische Kinderstube« zu werfen und die »Geburt« unseres eigenen Sonnensystems zu verstehen. Das für diese Aufgaben geradezu ideale Instrument ist mit einem Spiegel von dreieinhalb Metern das größte Teleskop, das jemals im Weltraum eingesetzt wird. Der Gigant, ausgerüstet mit einem Spektrographen und zwei Infrarotkameras, wird auf eine Umlaufbahn gebracht, die anderthalb Millionen Kilometer von der Erde entfernt verläuft.

An diesem kühnen astronomischen Projekt arbeiten im Geiste von Caroline Herschel viele Wissenschaftlerinnen aus vierzig verschiedenen Einrichtungen mit. Die niederländische Expertin für Weltraumchemie, Dr. Ewine van Dishoek von der Universität Leiden, ist überzeugt, dass »Herschel unser Verständnis der Chemie des Universums erheblich verbessern wird.« Ihre französische Kollegin Dr. Thérèse Encrenaz vom Observatorium Paris-Meudon unterstrich: »Die geplanten ausführlichen Beobachtungen von Planeten, die noch aus dem ›Rohstoff‹ bestehen, aus dem vor 4,6 Milliarden Jahren unser Sonnensystem entstand, werden dazu beitragen, seine Geschichte zu rekonstruieren.«

Zeittafel Caroline Lucretia Herschel 1750–1848

1750: Am 16. März in Hannover als Tochter des Militärmusikers Isaac Herschel und dessen Ehefrau Marie Ilse Moritzen geboren.

1753: Bruder Wilhelm tritt in die Militärkapelle der Hannoverschen Garde ein.

1755: Am 1. November erschüttert das Erdbeben, das Lissabon zerstört, auch Hannover.
1756: Ausbruch des Siebenjährigen Krieges.
1757: Übersiedlung Wilhelms in das Königreich England, das in Personalunion mit dem Kurfürstentum Hannover regiert wird. Besetzung Hannovers durch die Franzosen.
1760: Rückkehr des schwer kranken Vaters aus dem Krieg. Beginn der industriellen Revolution in England. Georg III. aus dem Hause Hannover wird zum König von Großbritannien und Irland gekrönt.
1761: Caroline erkrankt schwer an Typhus.
1767: Nach dem Tod des Vaters arbeitet sie als Haushälterin und Näherin.
1772: Übersiedlung nach England zu ihrem Bruder Wilhelm, der sie zur Sopranistin ausbildet. Beginn einer erfolgversprechenden Karriere als Sängerin.
1773: Die Geschwister Herschel beginnen Teleskope zu bauen.
1775: Hilfskraft für die Himmelsbeobachtungen ihres Bruders Wilhelm, der sie in Mathematik und Astronomie unterrichtet.
1781: Am 13. März entdeckt Wilhelm Herschel den siebenten Planeten Uranus.
1782: Beginn der systematischen Aufzeichnung aller Himmelsbeobachtungen.
1785: Caroline beginnt mit eigenen planmäßigen Observationen.
1786: Am 1. August entdeckt sie als erste Frau einen Kometen. Tod Friedrichs des Großen.
1787: Offizielle Berufung zur Assistentin des Königlichen Astronomen William Herschel als erste Frau in England.
1789: Fertigstellung des 40-Fuß-Teleskops. Beginn der Großen Französischen Revolution.
1792: Geburt des Neffen John Frederick William Herschel.
1795: Entdeckung des achten Kometen.
1798: Veröffentlichung des »Index to Flammsteed‘s Observations of the Fixed Stars« nebst »Collection of Errats«, die den ersten großen Sternenkatalog der Neuzeit verkörpern. Caroline bereichert ihn durch 561 neu entdeckte Sterne.
1813: Beginn der Befreiungskriege gegen Napoleon.
1814: Auf dem Wiener Kongress wird Hannover zum Königreich unter einem Vizekönig erhoben.
1815: Niederlage Napoleons bei Waterloo.
1816: Friedrich Wilhelm Herschel wird zu »Sir William« geadelt.

1820: Tod Georgs III.
1821: Sir William Herschel wird zum Präsidenten der Royal Astronomical Society gewählt.
1822: Nach dem Tod ihres Bruders Wilhelm kehrt Caroline nach 50 Jahren Abwesenheit in ihre Heimatstadt Hannover zurück.
1828: Verleihung der Goldmedaille der Royal Astronomical Society.
1833: Beginn der fünfjährigen Expedition von John Herschel zum Kap der Guten Hoffnung.
1835: Ehrenmitglied der Royal Society als erste Frau, gemeinsam mit Mary Sommerville.
1837: Absetzung der »Sieben Göttinger Professoren« wegen ihres Protestes gegen die Aufhebung der Verfassung durch Ernst-August von Hannover.
1838: Ehrenmitglied der Royal Irish Academy. Medaille für Wissenschaft durch den König von Dänemark.
1842: Beginn der Niederschrift der Familiengeschichte.
1846: Große Goldmedaille der Preußischen Akademie der Wissenschaften durch König Friedrich Wilhelm IV.
1848: Am 9. Januar stirbt Caroline Herschel friedlich in Hannover. Im März bricht die bürgerliche Revolution in Deutschland aus.

THEA VON HARBOU

Die Frau im Mond

»Der rechte Nebeneingang zeigt eine gewaltige Erdkugel, die plastisch ausgebildet ist und auf der westlichen Küste Südamerikas eine famos gemachte Wolkenkratzer-Großstadt zeigt, deren Bauten von innen erleuchtet sind. Diese Stadt ist aber als Krater gebaut, daß eine blitzblanke Rakete aus ihr herausschießen und später wieder zurücklaufen kann. Sie läuft zuerst rasch schräg nach oben und verschwindet hinter einem Transparent, kommt dann ebenso zurück. Das Transparent ist der Titel des Films ›Die Frau im Mond‹, der riesig groß und plastisch über dem Hausportal steht. Über dem Eingang steht noch einmal im blanken Neonlicht der Titel ›Ein Film von Fritz Lang‹.«

Das berichtete der Berliner »Film-Kurier« über die Premiere am 15. Oktober 1929 im »Ufa-Palast am Zoo«, der zehn Jahre zuvor eröffnet worden war. Alles, was in der Reichshauptstadt Rang und Namen besaß, gab sich zu dieser Welturaufführung ein Stelldichein – selbst Albert Einstein, der sich großer Popularität erfreute, obwohl die wenigsten seine Relativitätstheorie verstanden.

Porträt der Thea von Harbou

Die Universum Film Aktiengesellschaft wusste, was sie an den beiden Filmemachern hatte. Die Drehbuchautorin Thea von Harbou und ihr Ehemann, der Regisseur Fritz Lang, hatten schon viele Kassenschlager produziert. Davon kündeten die Filmereignisse der vergangenen Jahre »Das indische Grabmal«, »Dr. Mabuse, der Spieler«, »Nibelungen« und »Metropolis«. Dass jedoch der erste deutsche Raumfahrtfilm und letzte große Stummfilm ein Welterfolg werden und acht Millionen Reichsmark Reingewinn einspielen würde, überstieg selbst die kühnsten Träume der Ufa-Direktoren. Anteil am Gelingen des einhundertfünfzig Minuten langen Streifens hatte als Dritter im Bunde der wissenschaftliche Berater, Hermann Oberth. Sein 1923 erschienenes Hauptwerk »Die Rakete zu den Planetenräumen« wurde in den goldenen zwanziger Jahren zur »Bibel der wissenschaftlichen Astronautik«, wie der französische Raumfahrtpionier Robert Esnault-Pélterie das Standardwerk nannte. Seinen Autor machte es zum deutschen »Vater der Raumfahrt« und brachte ihm in der Öffentlichkeit die Bezeichnungen »Raketenprofessor« und »Weltraumprofessor« ein. Im Nachwort zu ihrem Zukunftsroman »Die Frau im Mond«, der ein Jahr vor dem Film erschienen war, dankte Thea von Harbou ausdrücklich dem »verehrten Professor Oberth«. Auf ihre Veranlassung holte Fritz Lang den Gymnasiallehrer aus Siebenbürgen als Fachberater nach Berlin und nannte seinen Namen im Vorspann des Films.

Die Story, die der Film erzählt, ist ein Mix aus Science Fiction, Sex and Crime, wie man heute auf Neudeutsch sagen würde. Ein wunderlicher Professor, dessen seltsame Theorien von den Fachkollegen verhöhnt werden, vermutet auf dem Mond riesige Goldvorkommen. Mit wenigen Getreuen bereitet er eine Expedition zu unserem natürlichen Trabanten vor. Zunächst sollen nur vier Menschen fliegen: der Spiritus rector, der Konstrukteur des Raumschiffes und Chefingenieur einer Flugzeugfirma, sein Assistent sowie dessen Verlobte. Doch dann kom-

Zwei Filmplakte für den Film »Die Frau im Mond«

men zwei ungebetene Gäste hinzu. Der Agent eines internationalen Finanzsyndikats in der New Yorker Wall Street, das die Goldwirtschaft kontrolliert, stiehlt die Konstruktionspläne für das Mondschiff und erpresst seinen Mitflug. Ein aufgeweckter Schuljunge schleicht sich als blinder Passagier ein.

Der Start von der Erde und die Landung auf dem Mond glücken, allerdings auf dessen Rückseite. Was dann folgt, entspricht dem Klischee des konventionellen Abenteuerfilms:

Der Professor findet mit einer Art Wünschelrute das Gold, stürzt aber – von dem Bösewicht überrascht – in ein tiefes Mondloch. Der Unhold wiederum endet bei einem Schusswechsel mit dem Assistenten, wobei obendrein die Sauerstoffversorgung der Rakete zu Schaden kommt. Einer der Männer muss auf dem Mond zurückbleiben. Das Los fällt auf den Assistenten. Doch der Konstrukteur, der sich in die junge Frau verliebt hat, will sich opfern. Er betäubt die beiden Verlobten und unterweist den Schuljungen, damit er das Raumschiff zur Erde zurücksteuern kann. Die Frau jedoch, die sich ihrerseits in den Konstrukteur verliebt hat, durchschaut dessen Absichten. Sie versteckt sich auf dem Mond und kommt erst wieder zum Vorschein, als die Rakete bereits abgehoben ist. Die Liebenden schließen sich in die Arme ... und wenn sie nicht gestorben sind, dann warten sie noch heute auf eine Rettungsrakete. Die weibliche Hauptrolle spielte die liebliche Blondine Gerda Maurus, mit der Fritz Lang eine zeitweilige Liasion hatte. Mit Bubikopf, Knickerbockern, Hemdbluse und Krawatte verkörperte sie damals das Bild der modernen, sportlichen Frau. Für den männlichen Helden wurde der Publikumsliebling Willy Fritsch gewonnen, der ursprünglich einmal Ingenieur werden wollte. Gustav von Wangenheim spielte den Assistenten, Tilla Darieux, die eigentlich Ottilie Godefroy hieß, verkörperte »Gehirn und Scheckbuch«, und Peter Igelhoff schrieb die Musik.

Der Weltraumprofessor

Die Hauptursache für den Welterfolg des Films lag jedoch in der schnellen Entwicklung der Luftfahrt und der Raketentechnik, die auch für die Raumfahrt alles erreichbar scheinen ließ. 1927 flog Charles Lindbergh als erster von Amerika nach Europa und landete just zum Pariser Aerosalon in Le Bourget. 1928 legten Flugzeuge Strecken von mehr als siebentausend Kilometern zurück, erreichten Höhen von zwölftausend Metern und Geschwindigkeiten von über fünfhundert Kilometern in der Stunde. Zum ersten Mal wurde ein Blindflug, nur von Instrumenten gesteuert, ausgeführt. Vierzehn Tage vor dem Filmereignis der Saison erprobte Fritz von Opel das erste Raketenflugzeug. Die Berliner sangen den Schlager »Mein Schatz, der dreht beim Küssen einen Looping«. Die Begeisterung für die Weltraumfahrt war so groß, dass sogar Gerda Maurus Mitglied des zwei Jahre zuvor gegründeten Vereins für Raumschifffahrt wurde.

»Bei diesem Film habe ich als wissenschaftlicher Mitarbeiter gewirkt«, erklärte Professor Oberth in seiner kurzen Ansprache anlässlich der Premiere. »Der Film ist mehr als ein bloßes Phantasiegebilde. Wir waren bestrebt, alles möglichst so darzustellen, wie es nach den Lehren der Wissenschaft in Wirklichkeit aussehen wird. Die Rakete, die Sie hier sehen werden, habe ich so durchkonstruiert, als ob man sie wirklich bauen und fliegen lassen sollte. Auch die Fahrtrouten sind genau durchgerechnet worden, die Mondlandschaften haben wir auf Grund der besten Mondkarten gebaut, und auch bei den Erlebnissen der Raumfahrer haben wir peinlich auf wissenschaftliche Richtigkeit geachtet.«

Allerdings konnte sich der Fachmann trotz aller Proteste gegen einige Unsinnigkeiten der Filmleute nicht behaupten. So bei der falschen Voraussetzung, dass es auf dem Mond eine Atmosphäre und Schnee gibt – damit die Expeditionsteilnehmer ohne Raumanzüge dramatischer agieren konnten. Oder bei der durchgesetzten Forderung, dass im Raumschiff nur kurzzeitig Schwerelosigkeit herrschen durfte – damit die Helden nicht andauernd in der Luft hängen mussten.

Wenn Oberth von »wir« sprach, so meinte er seine Helfer, die sich während der Filmarbeiten in den Werkstätten von Babelsberg um ihn scharten. Dazu gehörten der Publizist Willy Ley, der später in die USA ging, der Pilot und Ingenieur Rudolf Nebel, nach dem Geschosswerfer der Wehrmacht »Nebel-Werfer« benannt wurden, der Raketentechniker Klaus Riedel, der während des Zweiten Weltkrieges an der »Vergeltungswaffe« V 2 mitarbeitete und der Student Wernher von Braun, der in den Vierzigern die erste Großrakete A4 in Peenemünde entwickeln sollte und nach dem Krieg in den USA die Mondrakete Saturn V baute.

Zu den Besuchern des »Weltraumprofessors« in den UFA-Ateliers von Babelsberg gehörten auch der legendäre Erfinder Hermann Ganswindt, von den Berlinern liebevoll »Edison von Schöneberg« genannt, der schon 1891 in der Philharmonie sein »Weltenfahrzeug« für den Marsflug vorgestellt hatte, sowie der Flugzeugkonstrukteur Johannes Winkler, Vorsitzender des Vereins für Raumschifffahrt, dem 1931 in Dessau der erste Start einer europäischen Flüssigkeitsrakete gelungen war.

Die Erfindung des Countdowns

Die Raketenleute wunderten sich immer wieder, mit welchen Tricks die Traumfabrikanten das Kinopublikum begeisterten. So gehörte zu den eindrucksvollsten Szenen des Films »Die Frau im Mond« der Start des gewaltigen, Feuer speienden Raumschiffs, umwallt von Rauchschwa-

Das Miniaturszenario für den Film »Die Frau im Mond«

Porträt des Fritz Lang

den, umringt von einer unübersehbaren Menschenmasse, mit einem leuchtenden Mond im Hintergrund. Thea von Harbou hatte in ihrem Roman geschrieben: »... es hätte nur eines geringen Anstoßes bedurft, und Hunderttausende Menschen hätten sich trunken auf ihre Knie geworfen, um den Mond mit schluchzender Inbrunst anzubeten ...«

In Wirklichkeit jedoch war alles winzig klein. Die Blechrakete, die Oberth mit einem Klempner bastelte, hatte nur ein Höhe von zwanzig Zentimetern. Der eingebaute Azetylenbrenner erzeugte eine wirkungsvolle Stichflamme. Die Volksmenge bestand aus nichts anderem als aus hunderttausend Stecknadeln, in den Boden gespießt und mit Pech beklebt. Die Rauchschwaden erzeugten dreißig Bühnenarbeiter, die Zigarren paffen mussten. Für den Start wurde der heute übliche Countdown erfunden, was sich Fritz Lang zuschreibt:

»Als ich das Abheben der Rakete drehte, sagte ich: Wenn ich eins, zwei, drei, vier, zehn, fünfzig, hundert zähle, weiß das Publikum nicht, wann es losgeht. Aber wenn ich rückwärts zähle, zehn, neun, acht, sieben, sechs, fünf, vier, drei, zwei, eins, NULL! – dann verstehen sie.«

Das mag schon stimmen, doch ist generell anzumerken, dass vielen Regisseuren, mit denen Thea von Harbou zusammenarbeitete, »filmische Errungenschaften« in Bezug auf Kameratechnik, Architektur, Licht und Schatten zugeschrieben wurden, die nachweisbar der Phantasie der Autorin entsprungen und in ihren Drehbüchern präzise und detailliert vorgeschrieben waren.

Der Gymnasialprofessor für Physik und Mathematik Oberth aus Mediasch in Siebenbürgen, der Urlaub auf unbegrenzte Zeit genommen hatte, versprach sich von seiner Mitarbeit zum ersten Mal Geld für Experimente. Zudem betrachtete er den Film als ideales Medium für eine massenwirksame Propagierung der Idee vom Weltraumflug. Zunächst wohnte er im Hotel »Russischer Hof«, dann zur Untermiete in der Kantstraße 56/II in Charlottenburg. Das monatliche Fixum von siebenhundert Reichsmark, das ihm die UFA zahlte, hielt er für fürstlich.

Die UFA-Rakete

Neben ständiger Fachberatung der »Filmfritzen« um Fritz Lang und Thea von Harbou bestand seine Aufgabe zunächst darin, die einige zwanzig Zentimeter großen Miniaturmodelle der Rakete, der Montagehalle und der Startrampe zu bauen, wobei er von einem zweiundvierzig Meter hohen realen Mondschiff ausging. Als Kulisse diente den Filmhelden die Attrappe des unteren Teils der Rakete ebenso wie die aus dreißig Waggonladungen märkischen Sandes modellierte Mondlandschaft.

Doch bald wurde aus dem Filmspaß bitterer Raketenernst. Dem beredten Willy Ley gelang es nämlich, die UFA-Bosse dafür zu gewinnen, anlässlich der Premiere von »Die Frau im Mond« den Start einer richtigen Rakete zu finanzieren. Die Filmgewaltigen versprachen sich davon ein Riesenreklamespektakel mit internationalen Auswirkungen. In einem verklausulierten Vertrag mit einer Laufzeit bis zum Jahre 2020 wurde vereinbart, dass die Filmgesellschaft, die zehntausend Reichsmark zur Verfügung stellte, an allen Gewinnen beteiligt sein, Professor Oberth aber allein das Risiko tragen sollte.

Dieser in praktischen Dingen unerfahrene Mann, der in die Geschichte als deutscher »Vater der Raumfahrt« einging, konstruierte ein kleines Aggregat von zwei Metern Länge. In dessen Motor, den er wegen der Form Kegeldüse nannte, würden sechzehn Liter Benzin und flüssiger Sauerstoff verbrennen und die Rakete bis auf eine Gipfelhöhe von maximal vierzig Kilometern befördern. An einem Fallschirm sollte das Vehikel dann zur Erde zurückkehren. Die Werbeabteilung der UFA jedoch gab trotz des Protestes des Professors immer größere Abmessungen an und sprach von mehr als fünfzehn Metern Länge und über siebzig Kilometern Flughöhe. Die Oberth-Truppe baute ein Holzmodell der Kegeldüse und führte damit aerodynamische Versuche durch, in dem sie es von einem hohen Fabrikschornstein frei fallen ließ und fotografierte. In den Zeitungen erschienen Beiträge mit Schlagzeilen wie »Erster Probestart der UFA-Rakete«. Sensationslüsterne PR-Leute hatten die Fotos einfach auf den Kopf gestellt, so dass es wie ein Aufstieg aussah.

Der Start der UFA-Rakete sollte ursprünglich von der Greifswalder Oie, einer kleinen Insel in der Ostsee, erfolgen. Doch das erlaubten die örtlichen Behörden nicht, weil sie um den dortigen Leuchtturm bangten. Deshalb fiel die Wahl auf den kleinen Küstenort Horst.

Obwohl der »Weltraumprofessor« bis zur Erschöpfung arbeitete, reichten die wenigen Monate bis zur Uraufführung nicht aus, um auch nur eine kleine Flüssigkeitsrakete zu entwickeln und zu erproben. Dafür wären in diesem Stadium Jahre notwendig und Rückschläge unvermeidlich gewesen, wie die weitere Entwicklung zeigte. Bei einem der Experimente entstand aus dem Benzinstrahl und dem flüssigen Sauerstoff eine »Flüssigkeitsbombe«, deren Explosion Oberth durch die Werkstatt schleuderte und verletzte. Der Arzt diagnostizierte einen Nervenschock, Abschürfungen und Verstauchungen; ein Trommelfell war geplatzt, die Sehkraft des linken Auges bedroht.

Das UFA-Abenteuer des Professor Oberth endete mit Beschädigungen und Enttäuschungen, Verlusten und Schulden. Doch umsonst war es nicht. Am 16. Oktober 1929, einen Tag nach der Premiere des Films »Die Frau im Mond«, erhielt Hermann Oberth das Deutsche Reichspatent DRP Nummer 549222 für eine Kegeldüse mit spezifischer Brennstoffeinspritzung. Neun Monate später, am 23. Juli 1930 erlebte der Raumfahrtpionier seinen bis dahin größten Erfolg: Auf dem Gelände der Chemisch-Technischen Reichsanstalt am Tegeler Weg in Berlin-Plötzensee arbeitete seine Kegeldüse einwandfrei. So einfach dieser Test auch war, trug er doch wesentlich dazu bei, dass vierzig Jahre später der erste Mensch den Mond betreten konnte.

Thomas Manns Urteil

Thea von Harbou beschäftigte sich während ihrer Arbeit an Buch und Drehbuch zu »Die Frau im Mond« intensiv mit Fragen der Astronomie und Astronautik sowie mit der utopischen Literatur und dem phantastischen Film. So las sie »Von der Erde zum Mond« von Jules Verne, »Auf zwei Planeten« von Kurt Laßwitz, »Das Erbe der Uraniden« von Hans Dominik und »Auf silbernen Gefilden« von Jerzy Zulawsky. Letzteres brachte ihr sogar von einer polnischen Zeitung den unberechtigten Vorwurf des Plagiats ein. Sie sah auch den sowjetischen Stummfilm »Aëlita – Der Flug zum Mars«, der 1924 nach einem Roman von Alexej Tolstoi gedreht und von Alexander Exter exzellent mit Spezialeffekten ausgestattet worden war. Thea von Harbou selbst erzählte 1929 über ihre Aktivitäten:

»Wir haben auf der Sternwarte Professor Loudendorffs gestanden, ehe wir mit der Arbeit am Film begannen, als wir mitten drin waren. Die Wunder nahmen kein Ende, es wurden mehr und mehr in jeder Nacht. Will die Rakete, die in den nächsten Tagen in die Stratosphäre brausen wird, an diese Wunder tasten? Nein, sie ist nur ein neues, wenn auch im Verhältnis zu jenen anderen kleines Wunder, Geschöpf eines

Gehirns, das Zahlen und Stoffe zusammenschweißte zu einer Einheit, die ein Wesen sein kann, wenn man es glaubt – wie an ein Wunder. Das ist es, was mich am stärksten an unserem Film interessiert: Ob es gelungen ist, diesen Glauben zu erwecken, die Technik so zu beleben oder so belebt erscheinen zu lassen, daß der Glaube Wirklichkeit geworden ist. Kinder glauben nicht an Märchen; sie leben in der Wirklichkeit. Sie erfassen die Kunst in ihrem Wesen. Für einen Künstler gibt es kein größeres Ziel, als sein Publikum Kinder werden zu lassen!«

Dass dieses Credo ebenso ehrenwert wie problematisch ist, machen auch die Kritiken an »Die Frau im Mond« deutlich. In der cineastischen Fachpresse waren sie zwar widersprüchlich, aber überwiegend negativ. So befand die »Deutsche Filmzeitung«, dem Film fehle der Gehalt, und von irgendeiner Ethik könne nicht die Rede sein; »alles Menschliche wirkt künstlich, verkrampft, karikiert«; der Stoff sei »kurzum Hintertreppenliteratur«. Das »Reichsfilmblatt« erkannte »allzu viele Bestandteile einer abgestandenen, vergangenen und ganz und gar unaktuellen Filmdramatik«; das Drehbuch müsse »rund heraus gesagt als Kitsch« bezeichnet werden. Die »Lichtbildbühne« schließlich kritisierte Thea von Harbou, dass ihr Versuch, »mit dem technisch-sensationellen Element das Spannend-Kriminelle und das Seelisch-Erotische zu kombinieren«, die Geschlossenheit der Handlung und die Brisanz des dramatischen Stils zerstörte.

Der »Film-Kurier« hingegen schwärmte: »Welch Größe dieses Filmentwurfs ... ein Startplatz für Ideen, Märchen, Legenden und Möglichkeiten ... in seinem großen Wurf und seinen kleinen Winkelzügen.« Das »Film-Magazin« attestierte Thea von Harbou, sie habe »Herrenmenschen« gegeneinander gestellt, »die das Leben auf ihre Art zu zwingen wissen.« Der faschistische »Der Angriff« schrieb enthusiastisch, die Hauptfigur sei ein echter Deutscher »aus faustischem Geschlecht, nach dem Unendlichen strebend, ein ewiger Sucher.«

Differenziert fiel das Urteil von Thomas Mann aus, der die brisante Geisteshaltung des Films als »hochtechnizierten Romantizismus« charakterisierte und von einer Mischung aus »leistungsfähiger Fortgeschrittenheit und Vergangenheitstraum« sprach. Der amerikanische Soziologe Jeffrey Herf fand für den Streifen aus Neubabelsberg die Kennzeichnung »reaktionäre Modernität«.

Ungeachtet aller Kritik wurde »Die Frau im Mond« laut Statistik in der Saison 1929/1930 der größte Kassenschlager unter den Stummfilmen. Die UFA erwog sogar eine nachträgliche Vertonung, was jedoch an den Streitigkeiten mit Fritz Lang scheiterte. Neun Tage nach der Berliner Premiere brach mit dem »Schwarzen Freitag« am 24. Oktober

1929, dem ersten Kurssturz an der New Yorker Börse, die große Weltwirtschaftskrise aus, die auch in Deutschland sechs Millionen Arbeitslose auf die Straße warf. Rainer Eisfeld, Professor für Politikwissenschaft an der Universität Osnabrück, schrieb in seinem 1996 erschienenen Buch »Mondsüchtig – Wernher von Braun und die Geburt der Technik aus dem Geist der Barbarei«:

»Während nach dem Ausbruch der Weltwirtschaftskrise die Arbeitslosigkeit rapide hochschnellte; während große Teile des Mittelstandes, von Proletarisierungsfurcht getrieben, sich der NSDAP in die Arme warfen; während Reichspräsident Paul von Hindenburg und seine Umgebung den autoritären Staat ansteuerten; während auf diese Weise Deutschland dem Abgrund der Barbarei ein Stück näher rückte, strömten Zehntausende in die Kinos, um sich einfangen zu lassen von der atemberaubenden Illusion eines deutschen Raumschiffes, das erstmals zum Mond flog.«

Ein Menschenalter danach hat »Die Frau im Mond« auf der Erde längst ihren verdienten Platz in der internationalen Filmgeschichte gefunden: als der erste Raumfahrtfilm, gedreht auf der Grundlage von Erkenntnissen der modernen Raketentechnik und Weltraumwissenschaft. Auch der Zuschauer aus dem dritten Jahrtausend ist immer noch verblüfft von den Ähnlichkeiten des Traumfabrikats mit den Raumfahrtrealitäten der Apollo-Missionen im zwanzigsten Jahrhundert.

Ich küsse Ihre Hand, Madame

Im Jahre 1929 als die Quarzuhr erfunden wurde, stand die vierzigjährige Thea von Harbou im Zenit ihres Schaffens. Die ersten zehn Jahre ihres Wirkens als Filmautorin waren auch ihre produktivsten, hatte sie doch zwanzig Drehbücher geschrieben und die Grundideen für Stummfilme geliefert. Aber auch nach dem Übergang zum Tonfilm nahm sie wesentlichen Einfluss auf den deutschen Film. Ihre Arbeit war mit der bedeutender Regisseure verknüpft, die stark vom Expressionismus beeinflusst waren: Friedrich Wilhelm Murnau, der eigentlich Plumpe hieß, Joe May und vor allem Fritz Lang, der nach 1933 in die USA ging und dort Meisterwerke des expressionistischen Filmstils schuf. Zeitgenossen beschrieben Thea von Harbou als eine kühle Blonde mit leicht gebogener Nase und etwas streng anmutendem Gesicht, aristokratisch und damenhaft wirkend. Wer sie sah, musste unwillkürlich an das vielgesungene Lied der »Goldenen Zwanziger Jahre« denken: »Ich küsse Ihre Hand, Madame«, das in einem der eleganten Lokale Berlins, der »Villa d'Este«, der Zigeunerprimas Dajas Béla hinreißend spielte. Das Geschlecht derer von Harbou – ursprünglich Harbo – stammt aus Jütland und lässt sich bis ins frühe fünfzehnte Jahrhundert zurückverfolgen. Es brachte vorwiegend Grundbesitzer und Gutsverwalter, Offiziere und Beamte hervor. Auch Theas Vater, Theodor, war erst Forst- und Gutsverwalter und kaufte sich dann ein kleines Rittergut. Doch weder seine Ausbildung noch seine Eignung entsprachen den Anforderungen der beginnenden Mechanisierung der Landwirtschaft. Das führte zum Ortswechsel von Posen nach Bayern und Sachsen.

Thea von Harbou war ein frühreifes, hoch begabtes und übersensibles Kind. Die ländliche Abgeschiedenheit, in der sie aufwuchs, und ihr reiches Innenleben erklären sowohl ihre Tierliebe, der sie bis an ihr Lebensende treu blieb, als auch ihre frühzeitige literarische Aktivität. Der Tod ihres geliebten Bernhardiners gab der Neunjährigen den Impuls für die erste literarische Arbeit:

»Ich schloß mich ein, ließ mich nirgends mehr sehen«, erinnerte sie sich später. »Immer waren in meiner Einsamkeit meine Gedanken bei den Tieren, und ich nahm mir ein Stück Papier und schrieb darauf eine Geschichte, in dessen Mittelpunkt eine Katze stand, um deretwillen ein Mann von einem anderen tüchtig verhauen wurde, weil er das Tier mißhandelt hatte ... Es war wirklich ›mein erstes Werk‹ und gelangte auch in die Öffentlichkeit. Denn keck schickte ich es einer Zeitung, natürlich unter Verschweigung meines Alters. Die Geschichte wurde für gut befunden, gedruckt und zu meiner größten Überraschung und Freude trudelten dann auch fünfundzwanzig Mark als Honorar ein.«

Ihre Nichte Birgit von Puttkamer berichtete, dass Thea schon mit elf Jahren »Faust, erster Teil«, mit zwölf Jahren »Don Carlos« und mit dreizehn »Faust, zweiter Teil« rezitieren konnte, sowie die englische und französische Sprache beherrschte. Sie besaß ein ausgezeichnetes musikalisches Gehör und konnte gut Klavier und Geige spielen. Zum dreizehnten Geburtstag überraschten sie einige Freunde mit einer im Selbstverlag erschienenen Ausgabe ihrer bis dahin verfassten Gedichte. Ihre Cousine, Dr. Anne-Marie Durand-Weber, die sie als Teenager anlässlich eines Familienfestes erstmals traf, erinnerte sich:

»Als wir uns kennen lernten, war sie bereits eine junge Dame. Sie spielte Geige, und was mir besonders imponierte, sie dichtete, und zwar nicht etwa Liebesgedichte, wie das ihrem Entwicklungsstadium entsprochen hätte, sondern solche, die sogar kunstverständigen Erwachsenen Eindruck machten. Sie imponierte mir maßlos!«

Kein Wunder, wenn Thea von Harbou schon mit dreizehn Jahren vorzeitig »auf Grund ihrer Klugheit und schnellen Auffassungsgabe«

aus dem Dresdner Luisenstift entlassen und konfirmiert wurde. Dabei hasste sie die Schule wie die Pest, gestand sie im Alter. Aus Trotz und zum Trost habe sie stets einen Band Karl May, zwischen ihren Schulbüchern versteckt, mitgeschleppt. Bei ihrem ersten Roman, den sie mit sechzehn Jahren schrieb und der in der »Deutschen Roman-Zeitung« veröffentlicht wurde, handelte es sich denn auch um eine Abenteuergeschichte. Nach eigenen Angaben zog Thea von Harbou »das Beseelte der Maschinen, das Lebende, das Lebendige in den Werken der Technik« von klein auf an. Als Mann wäre sie Ingenieur geworden, denn Maschinen wiesen »in der vollendeten Zweckmäßigkeit auch eine vollendete Schönheit« auf. Diese mythische Haltung findet sich auch in ihren Filmen wieder, insbesondere in »Die Frau im Mond«. Die Weltanschauung der jungen Thea von Harbou wurde wie die der meisten Kinder ihrer Klasse durch die Männerwelt der »Alldeutschen« geprägt – ein abstruses Konglomerat von rassistischen, pangermanistischen und expansionistischen Ideologien. Doch der Einfluss der Mutter und Großmutter, der ihre Kindheit bestimmte, entwickelte auch Güte und Hilfsbereitschaft gegenüber Mitmenschen, was ihren Charakter für das ganze Leben prägte. Auf einer Reise nach Deutsch-Ostafrika, an der das junge Ding teilnahm, entschloss sie sich spontan, als Krankenschwester dort zu bleiben. Das wusste ihre Familie jedoch zu verhindern.

Ihren mit achtzehn Jahren gefassten Entschluss, Schauspielerin zu werden, ließ sie sich jedoch nicht ausreden. Das führte zum fast vollständigen Bruch mit der Familie, die ihr sogar untersagen wollte, den Namen von Harbou am Theater zu führen. Mit ihrem Debüt als Volontärin am Düsseldorfer Schauspielhaus hatte Thea von Harbou ausgesprochenes Glück, denn diese Bühne war ein Jahr zuvor von der berühmten Schauspielerin Louise Dumont, die eigentlich Heynen hieß, gegründet worden. Aus deren Schule ging auch Gustav Gründgens hervor. Auf Gastspielen trat die junge Thea, die eine besondere Liebe zu Kleist entwickelte, mit berühmten Schauspielern wie Josef Kainz und Paul Wegener auf. Am Aachener Stadttheater lernte sie den Schauspieler und Spielleiter Rudolf Klein-Rogge kennen, den sie mit fünfundzwanzig Jahren heiratete.

Das indische Grabmal

Doch schon früh erkannte Thea von Harbou, dass ihre eigentliche Berufung nicht das Spielen, sondern das Schreiben war. Der Beruf als Schauspielerin bot ihr jedoch die materielle Grundlage für ihre schriftstellerische Arbeit, der sie vor allem während der Theaterferien nachging. Am Anfang waren es klischeehafte Märchendichtungen und Heimatgeschichten wie »Von Engeln und Teufelchen« und »Die nach uns kommen«. Während des Ersten Weltkrieges dominierten vaterländische Novellen und Kriegsromane, so »Der unsterbliche Acker« und »Die junge Wacht am Rhein«. Ausgehend von der unsinnigen Behauptung, »der August 1914 war der Geburtstag der neuen deutschen Frau«, verherrlichte sie den weiblichen Anteil in Erzählungen wie »Die deutsche Frau im Weltkrieg« und »Deutsche Frauen – Bilder stillen Heldentums«.

Bessere Verdienstmöglichkeiten gaben den Ausschlag, dass Thea von Harbou gegen Ende des Krieges ihre Zusammenarbeit mit den bisherigen Verlagen beendete, um einen Vertrag mit dem Berliner Verlag Ullstein & Co. abzuschließen. Ihre danach entstandenen Unterhaltungsromane waren genau das, was die »Berliner Illustrirte Zeitung« damals brauchte: schwülstig-pathetische Seelenschilderungen verbunden mit einer spannenden Handlung, die sich womöglich noch in einem exotischen Land abspielten. Paradebeispiel ist der Roman »Das indische Grabmal«, der später auch verfilmt wurde.

Thea von Harbous Freigebigkeit kannte keine Grenzen. Sie unterstützte Verwandte und Bekannte, Freunde und Fremde, die sich Hilfe suchend an sie wendeten. Im Hause Klein-Rogge gingen die Gäste ein und aus, darunter der einflussreiche Theateragent Eugen Frankfurter und der Charakterschauspieler Emil Jannings, dessen steile Karriere am Berliner Deutschen Theater und beim Film während des Ersten Weltkrieges begann und 1930 mit »Der blaue Engel« seinen Höhepunkt erreichte. Im Alter von dreißig Jahren erlebte Thea von Harbou den wohl tiefsten Einschnitt in ihrer beruflichen Laufbahn. Sie fand endlich im Film das ihrem Talent am meisten entsprechende Medium, bediente sich doch der monumentale Stummfilm eines phantasievollen Gepränges, starker Gefühle und großer Gesten. Ihr erstes Drehbuch basierte auf einer erdichteten Sammlung von »Legenden«. Der von der May-Film-Gesellschaft produzierte Streifen »Die Legende der heiligen Simplicia« gehörte zur Gattung der damals sehr beliebten Balladenfilme. Im folgenden Dezennium schrieb sie im Jahr durchschnittlich zwei Drehbücher, die nach Meinung des Kritikers Gerd Eckert durchaus den Anspruch einer literarischen Gattung erheben konnten, zumal sie »eine eigene, künstlerisch geformte Sprache« besaßen. Die gesellschaftlichen Hintergründe erhellte der Historiker Reinhold Keiner in seiner Arbeit »Thea von Harbou und der deutsche Film bis 1933«:

»Die deutsche Filmindustrie, mittlerweile zur drittgrößten nationalen Industrie aufgestiegen und unter dem Einfluß der deutschen Schwerindustrie und Banken stehend, versuchte mit diesen ›tiefdeutschen‹ Filmen die Zuschauer im Sinne einer nationalen Propaganda zu beeinflussen und von den Problemen des Alltags abzulenken.«

So findet denn auch das Happyend der beiden Liebenden des Films über die Simplicia im Jenseits statt. Das Drehbuch vermerkt: »Im Volk aber heißt es: Nun sind wir im Himmel beisammen.« Angefangen mit ihrem Erstlingswerk zieht sich die Gestalt der ewig liebenden und duldenden Frau durch alle Filme der Thea von Harbou.

Die Cosima von Babelsberg

Ein Jahr darauf folgte die erste gemeinsame Arbeit mit dem österreichischen Filmregisseur und Drehbuchautor Fritz Lang für »Das indische Grabmal«. Hierbei lernte Thea von Harbou die Filmarbeit von der Pike auf, und es begann eine Kooperation, die wohl bis heute in der deutschen Filmgeschichte ihresgleichen sucht. Er war zu dieser Zeit noch mit einer Russin verheiratet, die sich wenig später seinetwegen das Leben nahm. Jedenfalls heirateten Thea Gabriele von Harbou und Friedrich Christian Anton Lang am 26. August 1922 in Berlin-Schmargendorf.

Sie verehrte den zwei Jahre Jüngeren als den erfolgreichen Filmemacher, den weit gereisten Globetrotter, den welterfahrenen Bonvivant, der wegen seines Wiener k.u.k. Charmes von den Frauen umschwärmt wurde. Für ihn war sie eine unschätzbare und selbstlose Mitarbeiterin, die ihm die gewünschten Drehbücher schrieb, und mit der man in jeder Gesellschaft glänzen konnte. Wie Siegfried Kracauer, einer der bedeutendsten Kulturkritiker der ersten Hälfte des zwanzigsten Jahrhunderts, schrieb, repräsentierten die beiden in der Gesellschaft abends »bei Horche, bei Forster im Adlon, bei den Sechstagerennen, bei den Boxkämpfen, bei den Reinhardt-Premieren.«

Ihre gemeinsame Wohnung am Berliner Hohenzollerndamm Nummer zweiundfünfzig, in der auch Hermann Oberth zu Gast weilte, war ausgestattet mit einer prächtigen orientalischen Kunstsammlung.

Das Appartement diente ihnen jedoch nur als Refugium und Residenz für große Feten, auf denen die exquisitesten Speisen und Getränke für die Gäste angeboten wurden. Lil Dagover (eigentlich: Marie Antonia Sieglinde Martha Seubert), die in den dreißiger Jahren als »Dame des deutschen Films« in die Kinogeschichte einging, erinnerte sich:

»Für mich war Fritz Lang eine der elegantesten Figuren der damaligen Szene. Wenn er – groß, sportlich, immer das Monokel im Auge –

neben der schönen, gescheiten und witzigen Thea einen Ballsaal betrat, dann standen beide sofort im Mittelpunkt, sie waren ein Paar, das man einfach nicht übersehen konnte.«

Da auch ihre zweite Ehe kinderlos blieb, »verschwendete sie ihre Mütterlichkeit und ihre Güte an ihre weitere und nähere Umgebung«, berichtete Cousine Anne-Marie Durand-Wever. Im Laufe der Zeit behandelte Lang, der viele Affären hatte, sie immer schlechter und ungerechter. Bei Auseinandersetzungen im Atelier, die seine schroffe Art provozierten, griff sie stets schlichtend ein. Das dankten ihr die Kollegen mit dem Spitznamen »Cosima von Babelsberg«. Hans Feld, damals Kritiker des Berliner »Film-Kurier«, kommentierte das so: »Sie wollte eben Cosima Wagner sein, und Richard Wagner war auch nicht zu zähmen.« Zum endgültigen Scheitern der Ehe kam es, als Lang eine Liaison mit der wesentlich jüngeren Schauspielerin Gerda Maurus einging, und diese sogar in die eheliche Wohnung am Hohenzollerndamm einzog. Die offizielle Trennung erfolgte im Frühjahr 1933. Dazu sagte Thea von Harbou später: »Wir waren elf Jahre verheiratet, weil wir zehn Jahre keine Zeit hatten, uns scheiden zu lassen.« Der Macho Lang fühlte sich zutiefst in seiner Eitelkeit verletzt, weil sie ihn verließ, um dann auch noch mit dem jungen, gut aussehenden Inder Ayi Tendulkar zusammen zu leben.

Mischung aus Wagner und Krupp

Doch die Zusammenarbeit der »Siamesischen Zwillinge«, wie das Verhältnis von Autorin und Regisseur in Fachkreisen ironisch genannt wurde, hielt bis zur Emigration von Fritz Lang an. Danach allerdings gab es keinerlei Kontakte mehr zwischen den beiden, auch nicht schriftlich. Ansätze für eine ähnliche fruchtbare Arbeitsgemeinschaft in der jüngeren deutschen Filmgeschichte gibt es nur bei Margarethe von Trotta und Volker Schlöndorff, allerdings mit völlig anderem Inhalt. Thea von Harbou gehörte zu den erfolgreichsten und bestbezahltesten Drehbuchautoren ihrer Zeit. Zweitausend Reichsmark für eine Idee, dreitausend für

Privataufnahme der Thea von Harbou

eine Regieanweisung und fünfundzwanzigtausend für ein Drehbuch galten damals als absolute Spitzengage in Deutschland. Dennoch hatte sie ständig finanzielle Schwierigkeiten, denn alles, was sie verdiente, gab sie sofort wieder aus. Sie verschenkte und verlieh Geld, ohne es je zurückzufordern, machte Stiftungen für Menschenhilfe und Tierschutz. Rücklagen gab es nie.

Thea von Harbou arbeitete schnell und zielgerichtet, intensiv und exzessiv. Der Idee für einen Film folgte zunächst ein gründliches Quellenstudium, wobei sie ständig Stichworte in ihrem Notizbuch vermerkte. Dann ordnete sie das Material zu einem chronischen Szenenablauf, der im Korsett eines sieben- bis zehnseitigen Exposés zusammengefasst wurde. Der nächste Schritt war ein Treatment mit ausführlichen Darlegungen von Dialogen und Handlungsabläufen. Am Ende diktierte sie das kurbelfertige Drehbuch in die Schreibmaschine. Um sich besser konzentrieren zu können, strickte sie dabei, was sie übrigens auch bei Dreharbeiten im Atelier und während eleganter Gesellschaften in ihrem Heim tat.

Nach Meinung des amerikanischen Filmhistorikers Dr. Kurt Mühsam stellten Thea von Harbous Drehbücher »die denkbar größten Anforderungen an den technischen Erfindergeist des Kameramanns, an die Genialität des Architekten, an die künstlerische Intuition des Regisseurs und der Darsteller.« Ihr wohl bestes Drehbuch war das für »M (Mörder unter uns)«, den ersten Tonfilm, den sie mit Fritz Lang drehte. Dieser Klassiker besticht bis heute durch seine Milieutreue und Suggestivkraft. »Die Frau im Mond« wiederum revolutionierte trotz der kitschigen Handlung den internationalen utopischen Film. Andere Arbeiten wie »Nibelungen« riefen im Ausland jedoch Unbehagen hervor. Wie der Soziologe und Literat Siegfried Kracauer, bis 1933 Redakteur der »Frankfurter Zeitung«, schrieb, »zeigten sich die Franzosen von einem Film, der ihnen wie die Mischung aus Wagner und Krupp und im Ganzen als alarmierendes Zeichen deutscher Vitalität erschien, beunruhigt.«

In der Tat entsprach der Inhalt ihrer Filme den Interessen der herrschenden bürgerlichen Klasse, der sie sich zugehörig fühlte. Der Filmhistoriker Arthur Maria Rabenalt bemerkte dazu: »Sie war weniger ein politischer als ein kinematographischer Mensch. Man konnte bei Thea von Harbou von keiner Weltanschauung sprechen, sondern von einer Volksanschauung, die sich für preußisch-konservativ bis preußisch-liberal hielt, keineswegs aber für nationalistisch. Sie war wahrscheinlich gemäßigt deutsch-national, wie auch das gesamte kunst- und kulturfreudige jüdische Großbürgertum des kaisertreuen Berlins.«

Hierbei darf nicht die verhängnisvolle Rolle vergessen werden, welche die Ufa spielte. 1917 auf Veranlassung der Reichsregierung gegründet und mit dem Stammkapital ausgerüstet, bestand ihre erklärte Aufgabe darin, die Kampfmoral der deutschen Truppen im ersten Weltkrieg zu stärken. Nach der Niederlage hatte die Deutsche Bank das Sagen in der Universum Film Gesellschaft mit ihren einundsiebzig Töchtern. Als 1927 der Konkurs drohte, wurde die Ufa vom reaktionären Medienkonzern des Alfred Hugenberg übernommen. Dieser Alt-Alldeutsche, erbitterte Republikfeind und Wegbereiter der Hitlerdiktatur übernahm persönlich den Vorsitz im Aufsichtsrat. Goebbels brauchte den Laden dann nur noch zu verstaatlichen.

Königin im Schenken

Weder Thea von Harbou noch Fritz Lang hatten Probleme mit den neuen Machthabern; von einer antifaschistischen Haltung kann überhaupt keine Rede sein. Sie wurde Anfang 1933 Vorsitzende des Verbandes der Deutschen Tonfilmautoren, er Mitglied der NSBO, der National-Sozialistischen Betriebszellen-Organisation, die als Stoßtrupp der Faschisten unter den Filmschaffenden wirkte. Goebbels hätte den weltbekannten Regisseur gern zum Filmbevollmächtigten des »Dritten Reiches« gemacht. Doch Fritz Lang, der zwar hoch dekorierter Offizier, aber »Halbjude« war, emigrierte zuerst nach Frankreich und später in die USA. Seine Motive dafür waren vorwiegend im privaten Bereich zu finden.

Für Thea von Harbou bedeutete der nationalsozialistische Film keinerlei Umstellung, hatte sie die verlogenen Vorstellungen von Volksgemeinschaft und Führerprinzip, Herrenrasse und Lebensraum doch längst verinnerlicht – und das, obwohl sie klug und kreativ, belesen und gebildet war. Hinzu kommt noch, dass es in der Filmwelt der dreißiger Jahre nur einen verschwindend kleinen Kreis politisch Engagierter gab. Ihre erste Regiearbeit zu »Elisabeth und der Narr« wurde zwar zunächst von den Nazis wegen »Erschütterung des Vertrauens in die Staatsautorität« verboten, dann aber dennoch, nach vielen Änderungen und starker Beschneidung, zugelassen. Mit ihren weiteren Drehbüchern nahm die Autorin in den zwölf Jahren des »Tausendjährigen Reiches« Anteil an der Entwicklung jenes ihrem Wesen entsprechenden, sentimentalen und pathetischen, gigantomanischen und realitätsfernen Filmstils, der auch »Kitsch-as-Kitsch-can« einschloss. Doch während die meisten Filmgrößen der Ufa in der Zeit der Braunen Barbarei Treuebekenntnisse zur faschistischen Ideologie abgaben, erfolgte eine solche von Thea von Harbou nicht. Offensichtlich wirkten hier auch dünkelhafte Vorbehalte der preußischen Offizierstochter aus altem Adel gegen den unbekannten österreichischen Gefreiten mit seinem chaplinesken Auftreten. Der Drehbuchautor Felix Lützkendorff jedenfalls meinte: »Sie wußte überhaupt nicht, was Nationalsozialismus war. Sie war keine Antisemitin und hatte keine Angst, ihre Meinung zu sagen.« Zivilcourage bewies sie durch ihre Teilnahme an der Beerdigung des beliebten Schauspielers Joachim Gottschalk, was nicht ungefährlich war. Dieser hatte mit seiner Familie Selbstmord begangen, weil das Propagandaministerium von ihm die Scheidung von seiner jüdischen Frau verlangte.

Die Engländer internierten Thea von Harbou nach Kriegsende nur für wenige Wochen. Danach arbeitete sie als Trümmerfrau und Hilfsarbeiterin. Obwohl sie schon auf die Sechzig zuging, empfand sie das als eine Bereicherung ihrer Lebenserfahrungen. Nachdem sie von den britischen Besatzungsbehörden eine Arbeitsgenehmigung erhalten hatte, synchronisierte sie zunächst Filme für die »Deutsche London Film«. Auch wenn das Neuland für die Autorin war, lieferte sie perfekte Arbeit, wie die Titel beweisen, von denen hier nur einige genannt werden können: »Der dritte Mann«, »Der Fall Winslow«, »Der Dieb von Bagdad«, »Lord Nelsons letzte Liebe« und »Anna Karenina«. In ihren letzten Lebensjahren litt sie unter Bluthochdruck, Migräneanfällen und Neuralgien. Sie diktierte aber selbst noch aus ihrem Bett heraus Drehbücher. Während der Berliner Festspiele 1954 hielt sie anlässlich der Wiederaufführung von »Der müde Tod«, einem der ersten Harbou-Lang-Filme, einen Vortrag. Beim Verlassen der Veranstaltung stürzte sie in der Aufregung und musste ins Krankenhaus eingeliefert werden, wo sie wenige Tage später an den Folgen des Unfalls starb. Der Filmregisseur Ludwig Berger würdigte Thea von Harbou in seiner Gedenkrede mit den Worten: »Sie war eine Königin im Schenken«.

Zeittafel Thea Gabriele von Harbou 1888–1954

1888: Am 27. Dezember als Tochter des Rittergutsbesitzers Theodor von Harbou und dessen Ehefrau Clotilde Constance d'Alinge in Tauperlitz bei Hof geboren. Bald darauf Umzug der Familie nach Vogelsang in der Sächischen Schweiz und Niederlössnitz bei Dresden.

1901: Vorzeitiger Schulabschluss am Luisenstift in Dresden. Veröffentlichung des ersten Gedichtbandes.

1905: Veröffentlichung ihres ersten Romans.
1906: Debüt als Sentimentale am Düsseldorfer Schauspielhaus.
1908: Engagement als Naive, erste Liebhaberin und Salondame am Hoftheater in Weimar.
1911: Wechsel zum Stadttheater Chemnitz.
1913: Wechsel zum Stadttheater Aachen.
1914: Eheschließung mit dem Schauspieler und Regisseur Rudolf Klein-Rogge.
1917: Autorenvertrag mit dem Ullstein-Verlag.
1919: Beginn der Arbeit als Drehbuchautorin.
1920: Drehbuch für »Das indische Grabmal«, gemeinsam mit Fritz Lang.
1921: Scheidung von Klein-Rogge.
1922: Eheschließung mit dem Regisseur Fritz Lang. Drehbuch für »Dr. Mabuse, der Spieler«.
1927: Am 10. Januar Uraufführung von »Metropolis«.
1928: Veröffentlichung des Romans »Die Frau im Mond«.
1929: Drehbuch zu »Die Frau im Mond«; Premiere am 15. Oktober im Ufa-Palast am Berliner Zoologischen Garten.
1931: Drehbuch für »M (Mörder unter uns)« gemeinsam mit Fritz Lang.
1933: Am 20. April Scheidung von Fritz Lang. Lebensgemeinschaft mit dem indischen Studenten und Gandhi-Anhänger Ayi Tendulkar bis 1939. Drehbuch für »Das Testament des Dr. Mabuse«. Vorsitzende des Verbandes Deutscher Filmautoren.
1934: Drehbuch und Regie für »Hanneles Himmelfahrt«.
1937: Drehbuch zu »Der Herrscher«.
1945: Kurzfristige Internierung durch die britische Besatzungsmacht, danach Arbeit auf dem Bau und in einer Fabrik. Synchronisationen; Mitglied des Vorstandes der Filmschaffenden im Deutschen Gewerkschaftsbund DGB und der URANIA.
1954: Am 1. Juli in Berlin an den Folgen eines Sturzes bei den Berliner Filmfestspielen gestorben.

IRENE SÄNGER-BREDT

Das ideale Raketenpaar

»Als Abiturientin sah ich 1930 in Köln den Ufa-Stummfilm ›Die Frau im Mond‹, der mich sehr beeindruckte. Vor allem gefiel mir der technisch raffiniert gestaltete Start der Rakete. Allerdings fielen mir auch einige Ungereimtheiten auf; beispielsweise, dass die Helden auf dem Mond keine Schutzanzüge trugen und sich völlig normal fortbewegten. In der Schule aber hatte ich gelernt, daß unser natürlicher Trabant keine Atmosphäre besitzt und die Schwerkraft an seiner Oberfläche nur ein Sechstel der irdischen beträgt.«

Das erzählte mir en passant Irene Sänger-Bredt, die Mitarbeiterin und Lebensgefährtin des weltbekannten Pioniers der Raketentechnik und der Raumfahrt Eugen Sänger, im Frühjahr 1970 bei einem Besuch in ihrem Stuttgarter Heim »Eulenhof«. Doch im Mittelpunkt unseres langen Gesprächs standen Fragen der deutsch-deutschen Zusammenarbeit – zwischen der Deutschen Gesellschaft für Luft- und Raumfahrt (DGLR) der BRD und der Deutschen Astronautischen Gesellschaft der DDR – der gemeinsamen Mitarbeit in der Internationalen Astronautischen Föderation (IAF) sowie grundsätzliche Probleme und aktuelle Ereignisse der noch jungen, aber sehr aktiven Raumfahrt. Immerhin waren kurz zuvor der erste japanische Erdsatellit Osumi (benannt nach der Halbinsel, von der er aufstieg) und der erste chinesische Raumflugkörper Dong Fang Hong (d.h. Der Osten ist rot) gestartet worden sowie der Unglücksflug von Apollo 13 glücklich zu Ende gegangen.

»Mein Mann und ich waren stets der Meinung, dass das Hauptziel der Raumfahrt die Erde selbst ist«, erklärte mir die damals neunundfünfzigjährige Witwe des 1964 verstorbenen Professors Sänger. »Die moderne Weltraumtechnik ermöglicht es uns, den alten christlichen Traum – Friede auf Erden und dem Menschen ein Wohlgefallen – endlich zu verwirklichen. Künstliche Satelliten erlauben es, die Vorbereitungen von Kriegen rechtzeitig zu entlarven und abgeschlossene Abrüstungsvereinbarungen effektiv zu kontrollieren, die reichen Ressourcen unseres Planeten aufzuspüren und die natürliche Umwelt zu schützen.«

Bis heute blieb mir die charmante und temperamentvolle Grande Dame der deutschen Raumfahrt, die 1983 zweiundsiebzigjährig verstarb, lebendig in Erinnerung. Ihre Aussagen waren kurz und klar, ihre Fragen ebenso zielgenau wie ihre Antworten treffend, so wie man es von einer Naturwissenschaftlerin, die sich in ihrer Freizeit als Sportschützin betätigte, nicht besser erwarten konnte. Vergessen habe ich auch nicht ihren wunderschönen »Eulenhof« mit seiner großen und hellen Halle, die mir wie ein Vorhof zum Himmel erschien. Das ganze Anwesen spiegelte das Interesse der Hausherrin an Innen- und Gartenarchitektur sowie an Antiquitäten wider. Erstaunt stellte ich im Arbeitszimmer des Professors fest, dass er nicht nur alle seine ersten kleinen Raketentriebwerke gesammelt hatte, sondern auch eine Gesamtausgabe von Karl May besaß – Traum meiner Kindheit. Das Gästebuch erwies sich als ein internationales »Who is who in space?«.

Am Abend lud mich Dr. Sänger-Bredt in die Liederhalle der Stadt ein, wo die Deutsche Verlags-Anstalt, mit ihrem Autor Erich von Däniken eine Werbeveranstaltung durchführte. Dort wurde ich Zeuge, wie ein kleiner Kreis von Wissenschaftlern der Universität Stuttgart, der die »Sängerin« umschloss, sehr zum Missfallen der überwiegenden Fans scharfe Kritik an deren Guru übte. Wenige Monate später traf ich Dr. Sänger-Bredt in Konstanz am Bodensee wieder, wo sie auf dem XXI. Internationalen Astronautischen Kongress den Vortrag »The Silverbird Story« (Die Geschichte vom Silbervogel) hielt.

»Einer meiner Lehrer war Hans Spemann.« Mit diesen lapidaren Worten drückte Dr. Sänger-Bredt ihre Hochachtung und Dankbarkeit für einen Gelehrten aus, bei dem sie in Freiburg Vorlesungen gehört hatte, die ihre weitere Entwicklung als Naturwissenschaftlerin nachhaltig beeinflussten. Der Zoologe Spemann wirkte bis 1919 als Direktor am Kaiser-Wilhelm-Institut für Biologie in Berlin-Dahlem, dem heutigen Fritz-Haber-Institut, und wurde dann zum Direktor des Zoologischen Instituts der Universität Freiburg im Breisgau berufen. Während der Studienzeit Irene Bredts erhielt ihr Lehrer 1935 den Medizinnobelpreis für die Entdeckung des »Organisator-Effektes« im embryonalen Stadium. Spemann konnte nachweisen, dass dieser Differenzierungsprozess durch Ausstoß aktiver Substanzen aus dem Zentralnervensystem bestimmt wird. Für seine Experimente entwickelte er völlig neue mikrochirurgische Methoden und führte gezielte Transplantationen durch.

»Sie machen Raketen!«

Die aus einer sehr alten rheinländischen Familie von Wissenschaftlern stammende Irene Bredt war schon als Kind vielseitig interessiert. Als Schulmädchen las sie »Peterchens Mondfahrt«, und als Oberschülerin bewunderte sie in einem alten Hangar unter der Kölner Hängebrücke das Raketenauto »Opel-Rak-1«. Dieses von Max Valier entwickelte Vehikel wurde von dem Rennfahrer Kurt Volkhardt am 12. März 1928 auf der Versuchsstrecke von Opel in Rüsselsheim erstmals erprobt. Angetrieben durch zwei Pulverraketen der Firma Sander wurde das Gefährt innerhalb von acht Sekunden auf mehr als einhundert Kilometer in der Stunde beschleunigt. Irene Bredt war so begeistert, dass sie sofort ein Buch über Feuerwerksraketen kaufte. Wenige Wochen später konnte sie in den Zeitungen lesen, dass Fritz von Opel mit dem

Die Sängers bei der Arbeit

»Opel-Rak 2«, der von vierundzwanzig Raketen angetrieben wurde, am 23. Mai auf der Berliner Avus eine Spitzengeschwindigkeit von 230 km/h erreichte. Die Buchhandlungen boten im gleichen Jahr von Hermann Nordung (Pseudonym für den polnischen Kapitän Potocnik) den Titel »Das Problem der Befahrung des Weltraums« und von Willy Ley »Die Möglichkeiten der Weltraumfahrt« an. Im Jahr darauf folgte Hermann Oberths Buch »Wege zur Raumschiffahrt«, und Fritz von Opel führte in Frankfurt am Main den ersten Raketenflug über 3.000 Meter durch. Der Antrieb erfolgte mit Hilfe von sechs Pulverraketen, die eine Beschleunigung auf 120 km/h bewirkten.

Doch zunächst konzentrierten sich die Studien der Irene Bredt an den Universitäten in Köln, Freiburg und Bonn auf andere Forschungsgebiete. 1937 promovierte sie mit der Dissertation »Die Röntgenspektren seltener Erden« zum Dr. rer. nat. (rerum naturalium – Naturwissenschaften). Ihre Doktorväter an der Friedrich-Wilhelm-Universität in Bonn, die Professoren Fürchtbauer und Konen, waren von der Leistung der Doktorandin so angetan, dass sie diese mit »magna cum laude« (mit großem Lob) bewerteten.

Für eine wissenschaftliche Arbeitsstelle erhielt Dr. Bredt drei interessante Angebote. Doch sie wählte ein viertes, das ihr von der »Flugzeugprüfstelle Trauen« in der Lüneburger Heide gemacht wurde. Was sie noch nicht wusste, war, dass diese Bezeichnung eine Tarnung für die geheime »Raketenversuchsstelle Trauen« des Reichsluftfahrtministeriums darstellte. Allerdings hatten ihr Kollegen zugeflüstert, dass es dort möglicherweise um Raketen geht – ihren alten Traum. Ihre Partner beim Einstellungsgespräch überraschte sie mit der naiven Erklärung: »Ich weiß, was Sie hier machen – Raketen!«

Der Chef der Einrichtung, Dr. Eugen Sänger, ein österreichischer Ingenieurwissenschaftler, entschied sich für die hochintelligente und bildschöne junge Naturwissenschaftlerin – zum Glück für seine Arbeit und sein Leben. Von diesem Augenblick an hatte er eine begeisterungsfähige und hingebungsvolle Mitarbeiterin. Der Dritte im Bunde war der überdurchschnittlich begabte Ingenieur Helmut Graf von Zborowski, der sich durch die Entwicklung von Hochleistungsflugmotoren und Raketentriebwerken international einen Namen gemacht hatte.

Ein erstes Resultat der fruchtbaren Zusammenarbeit von Dr. Sänger und Dr. Bredt wurde im Mai 1938 mit dem gemeinsamen technischen Report über thermodynamische und gaskinetische Probleme von Flüssigkeitsraketen vorgelegt. Weitere Forschungsarbeiten bezogen sich auf Projekte für ein großes Raketentriebwerk mit 1.000 kN Schub und für ein Raketenflugzeug, sowie die Erprobung verschiedener Varianten von Raketentriebwerken.

Das geheime Raketeninstitut des jungen »Dr. S.«, wie Eugen Sänger verschwörerisch von seinen Mitarbeitern genannt wurde, lag im äußersten Winkel der Lüneburger Heide, in Trauen-Fassberg. Ein größeres Gebiet, auf dem einst Schafe weideten, war fest eingezäunt und der bewachte Zugang für Unbefugte gesperrt worden. Nach den Vorschlägen und Plänen von Dr. Sänger entstand dort in der zweiten Hälfte der dreißiger Jahre für acht Millionen Reichsmark eine der modernsten und bestausgestatteten Forschungseinrichtungen Deutschlands.

Ein Leben für die Raumfahrt

Dem jungen »Sänger-Chor« stand in Trauen ein Horizontal-Prüfstand für Raketentriebwerke mit einem Schub von bis zu einhundert Tonnen sowie die bisher größte Anlage zur Erzeugung von flüssigem Sauerstoff mit einem Tank von sechsundfünfzig Tonnen Fassungsvermögen zur Verfügung. Bei Modell-Brandversuchen mit Flüssigsauerstoff und Aluminium-Öl-Dispersionen kam es am 16. Juli 1938 zu einem dramatischen Unfall. Darüber berichtete später Frau Friedeburg Rust, geborene Herrs, deren Onkel das Institutsgelände früher gehört hatte, und die mit Irene Bredt und Eugen Sänger befreundet war, auf rührende Art und Weise:

»Eines Tages rief Herr von Zborowski an und bat mich, einen Freundschaftsdienst zu übernehmen. Der Wagen käme mich gleich abholen. Ich ahnte nichts. Der Wagen hielt vor Dr. Sängers Haus. Dort fand ich ihn schwer verletzt zu Bette liegend, für einige Tage transportunfähig. Ein Rest Flüssigsauerstoff war in einer Büchse detoniert, hatte ihm ein Trommelfell zerrissen, ein gutes Dutzend Splitter beigebracht und Kreislaufschäden zugefügt. Dr. Bredt und ich pflegten ihn, so gut wir konnten. Wir waren beide so erschüttert von seinem Zustand, daß wir darüber fast sein leibliches Wohl vergaßen. Als er uns Anderentags gegen Abend um etwas zu essen bat, fanden wir in der Küche ein einziges Ei, und zwar nicht mehr ganz frisch, das wir ihm backen konnten. Die Läden waren geschlossen. Bevor wir ihn zur Nacht allein ließen, sangen wir auf seinen Wunsch an der Tür sein Lied: ›Guten Abend, gute Nacht!‹ Ich fühlte zwischendurch etwas im Halse und konnte kaum singen, aber Irene sang tapfer und riß mich mit bis zum Ende, als es vom Bett leise herüberklang, ganz ungewohnt gerührt und beklemmend: ›Lumpenpack, geht's!‹ Wir waren betroffen und glücklich zugleich und wußten, dass wir ihm eine große Freude gemacht hatten. Irene hat ihm sein Lied noch einmal singen lassen – als man ihn ins Grab legte.«

Der rumänische Weltraumwissenschaftler Prof. Nicolae Zaganescu, Mitglied der Internationalen Astronautischen Akademie in Paris, legte dem 50. Internationalen Astronautischen Kongress 1999 in Amsterdam eine Biografie vor, die den Titel trägt: »Irene Sänger-Bredt – Ein Leben für die Raumfahrt«. Diese enthält viele Einzelheiten über die fruchtbare wissenschaftliche Zusammenarbeit zwischen Eugen Sänger und Irene Bredt, deren Arbeitszimmer direkt nebeneinander lagen.

So entstand im Oktober 1938 in Trauen ein stählernes Modell für ein Überschall-Gleitflugzeug im Verhältnis 1:100. Wegen seines kuppelförmigen Körperprofils und der ebenen Unterseite erhielt es von den jungen Konstrukteuren den Spitznamen »Bügeleisen«. Der Flugkörper sollte eine Geschwindigkeit von 7.000 m/s – 25.200 km/h – erreichen. Dr. Sänger schlug vor, den Gleiter mit Hilfe eines von Raketen angetriebenen Schlittens auf einer mehrere Kilometer langen Schiene horizontal zu starten. Dr. Bredt oblag es, die bei den enormen Beschleunigungs- und Bremskräften auftretende hohe dynamische Reibung zwischen Schlitten und Schiene zu berechnen und ein geeignetes Schmiermittel zu finden. Da es sich jedoch um absolutes Neuland handelte, wussten selbst die Experten vom Institut für Technische Strömungsforschung in Berlin keinen Rat. Die junge Physikerin löste das Problem auf ihre Art und Weise. Sie empfahl eine spiralförmige Testanlage und rostfreie Kugeln, was sogar Geschwindigkeiten bis zu 800 m/s – 2.880 km/h – erlaubte. 1939 durchgeführte Experimente bewiesen die Möglichkeit eines horizontalen Starts. Über diese Zeit schrieb Professor Zaganescu:

»Die Beziehungen zwischen Dr. Sänger und der jungen Dr. Irene Bredt gestalteten sich immer enger – sowohl in der Forschungsarbeit als auch in der Freizeit, die sie gemeinsam in dem abgelegenen Tal des Flüßchens Oertze verbrachten. Sie schufen sich ihre eigene Traumwelt, die nichts mit der Wirklichkeit des Zweiten Weltkrieges zu tun hatte, der im September 1939 ausbrach. Aus den Tagebuchaufzeichnungen geht hervor, daß sie sich noch bis 1942 siezten.«

Frau Herrs bezeichnete ihn als »großen Träumer, der die Welt und den Himmel erobern wollte und am Wanderhut ein Sträußchen trug«, und sie als »die märchengläubige junge Doktorin«. Die Idylle wurde ergänzt durch eine Schar von Tieren, mit denen sie zusammenlebten: Die zahme Hirschkuh »Hella«, die auf Zuruf hörte, neben ihnen hertrottete, Treppen stieg, Papier fraß und die uniformierten Wachposten mit den Hinterhufen betrommelte; das Storchenpaar »Gretchen« und

»Karl«, deren gebrochene Flügel sie kuriert hatten, und nicht zuletzt ihr geliebter Foxterrier »Tatzli«.

Der Silbervogel

Begünstigt wurde das gute Verhältnis der beiden dadurch, dass sich Eugen Sänger im Sommer 1939 von seiner ersten Ehefrau Maria, geborene Hasslinger, trennte. Irene Sänger-Bredt schrieb im Alter auf diese Zeit zurückblickend:

»In unserer Freizeit wanderten wir durch die wunderschöne Heide- und Moor-Landschaft mit ihrem verträumten Zwielicht, hörten den Waldtauben und den Heidehühnern zu, sammelten Pilze, verschlangen Zukunftsromane von Hans Dominik und tranken Wein aus Zinnbechern – wenn wir nicht freiwillig Überstunden machten, um die Arbeit an unserem ›Silbervogel‹ voranzutreiben.« Die Mitarbeiter berichteten, dass das Licht im Büro von »E.S.« nie vor Mitternacht ausging.

So hatten sie ihr kühnes Projekt eines erdumkreisenden Raketenflugzeuges getauft, von dem weder in Trauen noch in der Versuchsabteilung des Reichsluftfahrtministeriums in Berlin jemand etwas wusste. International bekannt hingegen war Dr. Sängers 1933 erschienenes Buch »Raketentechnik«, in dem er seine Vorstellungen bezüglich eines Überschallflugzeuges mit Raketenantrieb darlegte. Die Fachwelt ließ

Projektzeichnung des zweistufigen, wieder verwendbaren Raumgleiters Sänger

der Theoretiker und Experimentator in Wien aber auch durch seine in Österreich, Deutschland, Japan, Frankreich und England erteilten Patente aufhorchen. Darunter befand sich das Deutsche Reichs-Patent Nr. 716175 für einen »Raketenofen mit zwangsläufiger Kühlmittelführung«. Das in dieser und anderen Patentschriften beschriebene Prinzip der von Turbopumpen getriebenen Umlaufkühlung für Brennkammern wird noch heute allgemein angewandt.

In den dreißiger Jahren des vorigen Jahrhunderts eilte die Idee eines aerodynamischen Weges in den Weltraum, einer Mischung aus Flugzeug und Rakete, der Zeit weit voraus. Moderne Versionen des Raketenflugzeuges beruhen alle auf den von Eugen Sänger und Irene Bredt durchdachten und berechneten Konzeptionen. Das auf Anregung von Professor Roger E. Lo von der Technischen Universität Berlin ihnen zu Ehren »Sänger« benannte Projekt eines bemannten zweistufigen Raumgleiters mit einem viermotorigen Airbus als Unterstufe stellten Wissenschaftler und Techniker der Bundesrepublik 1986 der ESA vor. Doch wegen angeblichen Geldmangels wurden die Entwicklungsarbeiten leider voreilig eingestellt. Das gleiche Schicksal erlitt die britische Version HOTOL (**HO**rizontal **T**ake **O**ff and **L**anding – waagerechter Start und Landung). Von den amerikanischen Projekten im Rahmen des Programms Future-X, die das Space Shuttle ablösen sollten, fand der experimentelle Raumtransporter X-33 ausgerechnet zu Beginn des dritten Jahrtausends sein vorläufiges Ende, als er wegen finanzieller Probleme gestrichen wurde. Was aus der hoffnungsvollen japanischen Variante HOPE (**H** steht für die Rakete H-II, **O**rbital **P**lane bedeutet Erdumlaufflugzeug) wird, steht noch in den Sternen. Ludwig Bölkow, der Dirigent des »Sänger-Chors« bei MBB (Messerschmitt-Bölkow-Blohm) in Ottobrunn bei München schrieb über die Vision des Forscherpaares vom »Silbervogel«: »Das Ziel war – über 30 Jahre hinweg – das einstufige Raumflugzeug als die letzte und optimale Lösung des Transportproblems. Die technischen Probleme (sehr geringes Strukturgewicht und/oder der neuartige Staustrahl-Kombinationsantrieb mit Überschallverbrennung) lassen dieses Vorhaben auch heute noch als technisch ehrgeiziges Ziel für das 21. Jahrhundert erscheinen.«

Das fliegende Ofenrohr

Doch damals, im Kriegsjahr 1940, erschien in Trauen eine Gruppe von Generalstabsoffizieren zur Inspektion. Sie machten Dr. Sänger und seinen Mitarbeitern eindringlich klar, dass die deutsche Luftherrschaft im

Schwinden begriffen sei. Die Gegner setzten an der Front Kampfflugzeuge ein, gegen die es auf deutscher Seite keine ausreichende Abwehr gäbe. Deshalb müssten vordringlich schnelle und schlagkräftige Waffensysteme entwickelt werden. Raketen wurden nicht erwähnt, weil Hitler diese ausschließlich dem Heer unterstellt hatte. Wernher von Braun trieb in der Heeresversuchsanstalt (HVA) Peenemünde den Bau der großen Flüssigkeitsrakete A4 (Aggregat 4) voran, die Goebbels später als V2 (Vergeltungswaffe 2) und kriegsentscheidende »Wunderwaffe« propagierte.

Aus Dokumenten des Heereswaffenamtes (HWA) und des Reichsluftfahrtministeriums (RLM) geht übrigens hervor, dass von Braun in Sänger einen ernsthaften Rivalen witterte, was durchaus berechtigt war. Deshalb hatte er auch empfohlen, den exzellenten österreichischen Raketenspezialisten nicht einzustellen, weil das lediglich Parallelarbeit bedeuten würde. Das hinderte allerdings die Forschungsabteilung des RLM nicht daran, zuzugreifen und Dr. Sänger den Aufbau ihres geheimen Forschungsinstituts zu übertragen, der dafür den Standort Trauen wählte. Persönlich lernte er Dr. von Braun erst kennen, als dieser ihn besuchte, weil er für Peenemünde ein spezielles Zündsystem benötigte.

Angesichts der prekären Situation Deutschlands im Luftkrieg schlug Dr. Sänger als Ausweg Staustrahljäger vor. Staustrahltriebwerke gehören zu den einfachsten und wirkungsvollsten Antrieben für Flugzeuge. Der französische Ingenieur René Lorin hatte sich die Grundidee für diese Triebwerksart 1913 patentieren lassen, weshalb sie auch als »Lorin-Düse« oder »Lorin-Rohr« bezeichnet wird. Jedenfalls akzeptierten die Herren mit den Biesen an den Hosen den Vorschlag und kehrten befriedigt nach Berlin zurück.

In Trauen wurde sofort mit der Arbeit begonnen, und es kam unter dem militärischen Zeitdruck zu waghalsigen Improvisationen mit dem »fliegenden Ofenrohr«, wie die Mitarbeiter die Staustrahltriebwerke wegen ihres Aussehens spöttisch nannten. Die modernen Nachfahren werden heute international als Ramjet (vom englischen »ram« wie hineinstoßen und »jet« wie Strahl) oder Scramjet (supersonic combustion ramjet – Überschallverbrennungs-Ramjet) bezeichnet, je nachdem, ob die Verbrennung im Unter- oder Überschallbereich erfolgt. Zunächst setzte das Sänger-Team auf den »Blitzbomber« Dornier Do 17Z huckepack ein Staustrahltriebwerk von einem halben Meter Durchmesser und fünfeinhalb Metern Länge. Bei der zweimotorigen Do 217E2, die als Bomber, Nachtjäger und Fernaufklärer eingesetzt wurde, war das Rohr schon anderthalb Meter stark und über zehn Meter lang. Die Startmasse der Maschine betrug zwölf Tonnen. Flugkapitän Paul Spremberg vom Rüstungsunternehmen Rheinmetall erreichte bei einem Versuchsflug zum ersten Mal in der Geschichte der Luftfahrt mit einem Staustrahlflugzeug die Geschwindigkeit von 720 km/h oder Mach 0.6. Nach dem Start vom Flugplatz Faßberg in der Lüneburger Heide stieg die Do 217E2 sehr schnell auf 7.000 Meter Höhe und erzielte beim Abstieg zwischen 4.000 und 1.500 Metern die Spitzengeschwindigkeit. Nie zuvor hatten die Ruderflächen einer Do einen derartigen Strömungsdruck aushalten müssen. Testpilot Spremberg schien es, als seien Steuerknüppel und Leitwerk eingefroren. Mit zitterndem Krampf in Händen und Schenkeln erklärte er nach der Landung: »Herr Doktor, ich glaube, wir fallen doch mal auf den Pinsel!«

Gleichzeitig arbeiteten Eugen Sänger und Irene Bredt aber auch an einer Hochdruck-Flüssigkeitsrakete für ihren »Silbervogel« weiter. Den Realitäten des Krieges gehorchend, nicht dem eigenen Willen, gaben sie dem Weltraumtransporter die Gestalt eines Fernbombers. Sie entwickelten Turbopumpen für seine Raketentriebwerke und bauten die erste aerodynamische Schlittenversuchsbahn der Welt. Ihre Untersuchungen galten gaskinetischen Strömungen und Erscheinungen beim Überschallflug. Sie studierten die Wirkung extrem dünner, ungepfeilter Flügel mit scharfen Profilnasen und plankonvexen Rumpfformen. Und sie kombinierten und prüften Brennstoffe und Brennstoffmischungen, insbesondere Verbindungen von Bor, Lithium, Aluminium, Metall-Äthyle, atomaren Treibstoffen und Ozon.

Die militärischen Vorgesetzten in Berlin, die aus Trauen Berichte über die ersten Ergebnisse der Flüge mit der Do 217E2 erhielten, waren über Sängers Selbständigkeit empört, der seine Versuche ohne ihre ausdrückliche Genehmigung durchgeführt hatte. Als er diese auch noch trotz Verbot fortsetzte, drohte die Forschungsabteilung des RLM mit disziplinarischen Maßnahmen. Sängers Feinde verspotteten das »fliegende Ofenrohr«, obwohl die nur im Fluge zu erzielenden Testergebnisse vielversprechend waren. Trotz aller Kontroversen und Missstimmungen setzten Eugen Sänger und Irene Bredt ihre Arbeit an dem Raketenantrieb für Fernbomber gedanklich fort. Sie wollten wenigstens auf dem Papier die geleistete Vorarbeit dokumentarisch rechtfertigen. Ihr Sohn Hartmut Sänger schrieb 1996 über die damalige Situation seiner Eltern:

»Die beiden Verfasser ahnten nicht, daß sie mit ihrem umfangreichen Programmwerk über den ›Raketenfernbomber‹ mitten im Kriege gefährlichen Boden betreten hatten. Sie waren des Glaubens, durch ihr Werk dem neuen Institut sozusagen den Text für die kommenden Arbeiten angewiesen zu haben: Weiterentwicklung der Luftfahrt bis an die äußerste Grenze, bis an die Außenstation der Erde, mit Start und Landung von normalen Plätzen aus.

Daß das Programm einen unheimlichen Entwurf für einen Bomber bezeichnete, das konnte im Kriege nicht anders sein. Im Frieden würde man weiter sehen. In Wirklichkeit hatten die beiden Verfasser, was einer gewissen Tragik nicht entbehrt, einer ganzen Weltindustrie die Partitur aufs Pult gelegt.«

Die programmatische Studie mit dem Titel »Über einen Raketenantrieb für Fernbomber« mit einem Umfang von 900 Seiten wurde Ende 1941 abgeschlossen, dem Luftwaffen-Forschungsamt »Hermann Göring« unterbreitet und in Druck gegeben. Die Pressen liefen schon, als das Reichsluftfahrtministerium den Druck und jede Art der Vervielfältigung verbot. Die Ignoranz und Arroganz der Mächtigen, aber auch ihre Dummheit, kommt in dem Kommentar eines Verantwortlichen zum Sänger-Projekt zum Ausdruck: »Das ist doch Idiotie, bei solchen Geschwindigkeiten ist es gar nicht möglich zu fliegen, geschweige denn auch noch zu zielen!«

Nach diesem Gewaltakt war Trauen als Arbeitsplatz für das ideale Forscherpaar in der Geschichte der Raketentechnik und Raumfahrt unmöglich geworden. Heute unterhält dort in der Eugen-Sänger-Straße 52 von Faßberg das im Jahre 2000 gegründete Raumfahrtunternehmen Astrium eine Versuchsstelle. Es ging aus der Fusion der Raumfahrtbereiche der deutschen DaimlerChrysler Aerospace und der französischen Matra Marconi Space hervor und ist mit 7.500 Mitarbeitern und einem Jahresumsatz von zwei Milliarden Euro das größte Unternehmen der Branche in Europa und das drittgrößte in der Welt. Hauptauftraggeber ist die ESA; zu den wichtigsten Produkten gehören Triebwerke und Stufen für die Trägerrakete Ariane, Forschungs- und Nutzanwendungssatelliten, sowie das Labormodul Columbus als europäischer Hauptbeitrag für die Internationale Raumstation ISS.

Geheimsache UM 35 38

Eugen Sänger, der ruhige, wuchtige Böhme mit den buschigen Brauen, den widerspenstigen blonden Haaren und den träumerischen Augen, und Irene Bredt, die temperamentvolle Rheinländerin mit dem unwiderstehlichen Charme, fanden für die letzten zweieinhalb Jahre des Zweiten Weltkrieges bescheidene Arbeitsplätze, und zwar in der Deutschen Forschungsanstalt für Segelflug in Ainring, einer kleinen Gemeinde am Westrand des Salzburger Kessels – er als Leiter des Instituts für Sondertriebwerke, sie als seine Erste Assistentin, verantwortlich für die Betreuung und Auswertung von Staustrahl-Flugschleppversuchen.

Im August 1944, neun Monate vor Kriegsende, wurde schließlich hier das umfangreiche Manuskript »Über einen Raketenantrieb für Fernbomber« durch Auszüge auf 376 Seiten gekürzt und unter dem Etikett »Deutsche Luftfahrtforschung UM 35 38« als Geheimbericht in 70 Exemplaren gedruckt und mittels Sonderkurieren den Entscheidungsträgern der deutschen Luftkriegsführung persönlich zugestellt.

Eugen Sänger und Irene Bredt projektierten ihren nunmehr Bomben tragenden »Silbervogel« mit einer Länge von 28 Metern, einer Spannweite von 15 Metern und einer Startmasse von 100 Tonnen. Das Fluggerät sollte mit einem Startschlitten auf einer Strecke von 3.000 Metern auf die Anfangsgeschwindigkeit von 500 m/s oder Mach 1.5 beschleunigt werden, in 150 Kilometern Höhe Mach 20 erreichen und auf eine Gipfelhöhe von 285 Kilometern steigen. Die Reichweite wurde je nach Nutzlast mit 20.000 bis 40.000 Kilometern errechnet. Daher rührt gelegentlich auch die Bezeichnung »Antipoden-Bomber«, was bedeutet, dass jeder Punkt auf der Erde innerhalb von zwei Stunden erreichbar wäre. Die Triebwerksleistung sollte 600.000 PS betragen, der Brennkammerdruck 100 Atmosphären und der spezifische Impuls 400 Sekunden. Dr. Bölkow schrieb ein halbes Jahrhundert später über dieses erste Konzept eines Hyperschallflugzeuges:

»Um diese Flugleistung mit Gasöl und Flüssigsauerstoff zu realisieren, war ein Treibstoffanteil an der Gesamtmasse von 90 Prozent notwendig, bzw. für Nettomasse und Nutzlast blieben 10 Prozent oder gerade 10 Tonnen der 100 Tonnen Startmasse, eine auch noch heute technisch außerordentliche Herausforderung.«

Mit seiner flachen Unterseite erinnerte der Fernbomber an ein Bügeleisen. Der Pilot sollte diese glatte Unterfläche der Maschine auf die Oberschicht des irdischen Luftmeeres so aufprallen lassen, dass sie nach denselben physikalischen Gesetzen, die einen flach über das Wasser geworfenen Stein nicht sofort untertauchen, sondern zunächst mehrmals hochhüpfen lassen, wieder in den luftleeren Raum hinausgeschleudert worden wäre. Dr. Sänger und Dr. Bredt rechneten mit einer acht- bis zehnmaligen Wiederholung dieses Vorgangs und schätzten, dass sich die Geschwindigkeit dann so weit reduziert haben würde, dass der Raumgleiter nach einer Erdumkreisung mit annähernd 400 km/h in die unteren Schichten der Erdatmosphäre eintauchen und zur Landung ansetzen könnte. Für den militärischen Einsatz durch die deutsche Wehrmacht kam dieses Projekt glücklicherweise zu spät, war doch die Niederlage Deutschlands bereits besiegelt. Die Sängers hatten einen Entwicklungszeitraum von 20 Jahren angesetzt. Doch wurde es zur Grundlage für ähnliche Entwicklungen wie die X-15 von North American Aviation in den USA und die T-4A von Mjasischtschew in der UdSSR.

Stalins Sohn suchte sie

Der Sänger-Bredtsche Geheimbericht über den Raketenfernbomber fiel den Alliierten als Kriegsbeute zu. Die Amerikaner und Briten versahen ihn mit dem Stempel »top secret«, die Russen, die erst später darauf aufmerksam wurden, setzten den Geheimdienstoffizier Oberstleutnant Sergej Tokajew auf das vielversprechende Interkontinentalwaffenprojekt an. Der Befehl soll von Stalin persönlich gekommen sein, keinen Aufwand zu scheuen, um Eugen Sänger und Irene Bredt aufzuspüren und – freiwillig oder mit Gewalt – in die Sowjetunion zu bringen. Sollten sie die Unterschriften verweigern, dann war Entführung vorgesehen. Tokajew reiste mit der Legitimation eines Rückführungskommissars drei Monate durch Westdeutschland und durchkämmte alle drei Besatzungszonen. Doch vergeblich, die beiden waren unauffindbar.

Tokajew setzte sich nach Großbritannien ab und schrieb das Buch »Stalin Means War« (Stalin bedeutet Krieg), was den Einpeitschern des Kalten Krieges gerade recht kam. Er zitierte die Worte seines unmittelbaren Chefs, Generaloberst Serow: »Niemand wird Ihnen dazwischen funken, aber denken Sie daran: Genosse Stalin verläßt sich darauf, daß Sie Ergebnisse bringen!«

Der misstrauische Generalissimus entsandte zusätzlich sogar seinen Sohn, um das Forscherpaar Sänger-Bredt nach Moskau zu schaffen. Wassili Jossifowitsch Dshugaschwili, der als Zwanzigjähriger in den Krieg gezogen war, hatte es dank der Protektion bis zum Generalleutnant der sowjetischen Luftstreitkräfte gebracht, für die er bis 1947 in Deutschland stationiert war. Doch auch er kam zu spät. Dr. Sänger hatte sich, wie auch andere führende Wissenschaftler, die in Waffenprojekten involviert waren, Verhören der westlichen Alliierten unterziehen müssen und war mit seiner Mitarbeiterin Dr. Bredt vom Pariser Luftfahrtministerium nach Frankreich eingeladen worden.

Das geschah bereits am 30. November 1945 auf Vermittlung von Professor Walter Georgii, des ehemaligen Chefs der Deutschen Forschungsanstalt für Segelflug in Ainring, und durch Major Pariot vom Ministère de l'Air. Ihr Auftrag lautete zunächst, die in Deutschland begonnenen Arbeiten fortzuführen. Am 17. Juli 1946 trafen sie in Paris ein und wohnten wie andere deutsche Spezialisten am Boulevard Raspail im Hotel »Carlton-Palace«, einem relativ ruhigen und anfänglich preiswerten Domizil.

Acht Jahre lang wirkte das Forscherpaar in Frankreich, er als beratender Ingenieur bei der Direction Technique et Industrielle (Verwaltung für Technik und Industrie) des Ministère de l'Armement (Rüstungsministerium) sowie bei den Rüstungsunternehmen Société MTR und Nord Aviation in Paris, wo er unter anderem am Vorentwurf des bekannten Staustrahlflugzeuges »Griffon« (Greif) mitarbeitete. Sie arbeitete als Forscherin am Arsenal de l'Aéronautique (Luftfahrtrüstkammer) in Paris-Châtillon und als freie wissenschaftliche Beraterin bei der Matra in Paris-Billancourt. Im Januar 1947 formulierten beide gemeinsam ein Forschungsprogramm und entwarfen einen Prüfstand für Flüssigkeits-Raketentriebwerke im Arsenal. Otto Holfelder, ein deutscher Ingenieur, der sie aus enger Zusammenarbeit in dieser Zeit kannte, berichtete:

»Eugen Sänger genoß, ebenso wie seine Mitarbeiterin Irene Bredt, durch ihre früheren Arbeiten bei den französischen Kollegen eine betonte Hochachtung. Ihr Rat wurde gesucht, und, soweit er in die Planung der französischen Entwicklungsarbeiten paßte, beachtet.

Während unsere Kameraden in England und den USA in den ersten Jahren ihrer dortigen Tätigkeit praktisch wie Kriegsgefangene bewacht wurden, mit Postzensur und Bewegungsbeschränkung sowie minimalem Taschengeld, genossen alle nach Frankreich gekommenen Wissenschaftler und Ingenieure von der ersten Stunde des Betretens französischen Bodens an praktisch volle Bewegungsfreiheit und wurden als vollwertige Mitarbeiter in den Betrieben und Laboratorien mit allen auch den Franzosen gewährten Sozialleistungen bezahlt.«

Im Herbst 1947 zogen Dr. Sänger und Dr. Bredt zusammen nach Courcelle sur Yvette, einem kleinen mit der Metro erreichbaren Arbeitervorort von Paris, in die »Villa Uzan«. Hinter dem pompös klingenden Namen verbarg sich ein kleines gemütliches Wochenendhaus mit drei Zimmern, einem Kamin und Gasanschluss, aber ohne Ofen, Schornstein und Wasserleitung. Dennoch waren die drei Bewohner in diesem Heim sehr glücklich. Als Dritter im Bunde hatte sich ein großer schwarzer Hund dazugesellt, der auf den Namen »Vobi« hörte. Es handelte sich um einen Bouvier Flammand, der dem Riesenschnauzer ähnelt.

Kurz vor Weihnachten 1948 veröffentlichte die Pariser Zeitung »Aurore« eine Artikelserie über die Flucht des sowjetischen Geheimdienstlers Tokajew nach England und seinen Auftrag, Dr. Sänger und Dr. Bredt in die Sowjetunion zu entführen. Das machte die beiden international angesehenen Forscher auch einer breiten Öffentlichkeit in Frankreich bekannt. Auf Initiative des französischen Journalisten Alexandre Ananoff und Dr. Sängers sowie mit Unterstützung von Dr. Bredt kam es 1950 in Paris zur Gründung der Internationalen Astronautischen Föderation, zu der sich achtzehn nationale Gesellschaften mit 6.000 Mitgliedern zusammen fanden. Heute, ein halbes Jahrhundert danach, gehören der IAF sechzig Vereinigungen mit 60.000 Einzelmitgliedern an. Dr. Sänger wurde zum ersten Präsidenten gewählt und blieb es bis 1953. Dr. Sänger-Bredt wirkte bis an ihr Lebensende als Mitglied der Internationalen Astronautischen Akademie, einer Tochter der IAF. Sie war auch Vorsitzende des Publikationskomitees und Mitglied des Nominierungskomitees sowie des Komitees für die Geschichte der Entwicklung von Raketen und Raumflugkörpern der IAA.

Nach fünfzehn gemeinsam erlebten dramatischen Jahren heirateten der sechsundvierzigjährige Eugen Sänger und die vierzigjährige Irene Bredt am 2. Oktober 1951 in der Mairie (Bürgermeisterei) von Gif; am 15. März 1952 wurde ihr Sohn Hartmut Egon in Paris geboren, der seinen zweiten Namen nach dem im Krieg gefallenen Bruder seiner Mutter erhielt. Er folgte den Fußstapfen seiner Eltern mit dem Vorbehalt, die Berufswahl sollte Distanz zur Raumfahrt bewahren. Er studierte Bauingenieurwesen in Stuttgart und ist seitdem als Bauingenieur und in der Industrieberatung tätig.

Vision der Photonenrakete

Als die Sängers 1954 heimkehrten, war die Spaltung Deutschlands besiegelt – sowohl die BRD als auch die DDR begingen bereits ihr fünfjähriges Bestehen. Bonn unterzeichnete die Pariser Verträge und damit den Beitritt zur NATO, Ostberlin signierte im Jahr darauf den Warschauer Vertrag. Auf der Berliner Außenministerkonferenz der großen Vier wurde über den österreichischen Vorschlag verhandelt, durch dauernde Neutralität die entscheidende Voraussetzung für den Abschluss eines Staatsvertrages und den Abzug der Besatzungstruppen zu schaffen. In Obninsk nahm das erste Atomkraftwerk der Welt seinen Betrieb auf, und von Kopenhagen nach Los Angeles begann der erste planmäßige Flugbetrieb über den Nordpol. In der Welt der Wissenschaft wurde das Internationale Geophysikalische Jahr für 1957/58 vorbereitet, in dessen Verlauf die ersten künstlichen Erdsatelliten starteten.

Das Sänger-Paar widmete sich in den ersten Jahren nach der Heimkehr mit all seiner Kraft dem Aufbau des Instituts für Physik der Strahlantriebe in Stuttgart – ansässig zuerst am Flughafen, dann im Pfaffenwald. Dazu gehörte vorrangig die Planung der Forschungsarbeit dieses ersten Zentrums für Grundlagenforschung auf dem Gebiet der Raumfahrt in Deutschland. Er arbeitete als wissenschaftlicher Direktor, sie als Stellvertreterin der Einrichtung, die sich als eingetragener Verein zum großen Teil mit Hilfe privater Forschungsaufträge finanzierte. Als sich das Institut 1956 der Öffentlichkeit vorstellte, war das internationale Interesse sehr groß. Der Name Sänger wirkte auf die Raketenexperten, die aus West und Ost anreisten, wie ein Magnet. Das galt besonders für die Sowjetunion, hatte doch nach dem Tode Stalins hinter dem Eisernen Vorhang vorübergehend ein politisches Tauwetter eingesetzt.

Das Forscherpaar war davon besessen, am Vorabend des Weltraumfluges seinen wissenschaftlichen Beitrag zu leisten. Als Mittler zwischen Luft- und Raumfahrt verstanden sie wie nur wenige die Logik der technischen Entwicklung. In knapp fünfzig Jahren hatte diese vom Kolbenmotor zum Turbinenantrieb für den Unterschallflug, vom Turbinen-Staustrahltriebwerk über das Staustrahltriebwerk und die Flüssigkeitsrakete zum Überschallflug geführt. Doch die Sängerschen Visionen eilten der Zeit weit voraus – bis in das dritte Jahrtausend: Der Flüssigkeitsrakete würden der Atomantrieb, das Ionen- und Plasmatriebwerk und schließlich die Photonenrakete folgen. Beim Planen und Rechnen gingen die beiden bis an die physikalisch und technisch denkbaren Grenzen.

In ihren französischen Jahren hatten sie theoretischen und experimentellen Vorlauf gewonnen. Dr. Sänger veröffentlichte 1949 – acht Jahre vor dem Start des ersten Sputniks – eine Abhandlung »Die Bewegungsgesetze der Raumfahrt«, in der er Probleme des Transports in die Erdumlaufbahn, der natürlichen Lebensdauer künstlicher Satelliten und ihrer Verbindungen mit den Bodenstationen behandelte. Zwei Jahre später folgte ein »Atlas konkreter Bahnen von Raketenflugzeugen bis zu den Außenstationen«. Dr. Bredt legte 1949 die Studie »Ionisation und Lumineszens in Flammen« und zwei Jahre darauf »Wasserstoff bei hohen Temperaturen« vor.

1953 hielten beide Sängers auf dem 4. Internationalen Astronautischen Kongress in Zürich Vorträge über Zukunftsprojekte der Raumfahrt, die damals sensationell wirkten und bis heute Enthusiasten begeistern als auch Experten beschäftigen. Sie sprach »Zur Thermodynamik von Arbeitsgasen für Atomraketen« und prägte damit den Fachbegriff »Arbeitsgas« für das impulsliefernde Medium in den Antriebssystemen, in denen die energie- und die impulsliefernden Massen nicht identisch sind. Gleichzeitig publizierte sie die numerischen Ergebnisse einer erstmaligen strengen Berechnung der – bei der Aufheizung von Arbeitsgasen durch Kernenergie und anschließender thermodynamischer Entspannung – erreichbaren Ausströmgeschwindigkeiten von Raketentriebwerken.

»Zur Theorie der Photonenrakete« hieß sein Beitrag, in dem erstmals eine Systematik der hypothetischen Triebwerke sowie eine Übersicht über ihre mögliche technische Bedeutung vorgelegt wurde. Bei dieser Antriebsart für Raumflugkörper soll ein gerichtetes Bündel elektromagnetischer Wellen, zum Beispiel Lichtteilchen (Photonen), ausgestrahlt werden, deren Rückstoß den Schub erzeugt. Theoretisch könnte damit die Lichtgeschwindigkeit von 300.000 Kilometern in der Sekunde erreicht werden. Die Sängers gingen von den Theorien Albert Einsteins und Jakob Ackerets aus, die beide an der Eidgenössischen Technischen Hochschule ETH Zürich gelehrt hatten, wo nunmehr erstmals eine Raumfahrtkonferenz stattfand. Damals gab es noch nicht die begründete Vermutung, dass die serbische Mathematikerin und Physikerin Mileva Maric, erste Ehefrau Einsteins, bedeutenden Anteil an den Arbeiten zur Relativitätstheorie hatte. Sie selbst begründete den Verzicht auf die Nennung ihres Namens bei der Veröffentlichung damit, dass »wir beide ja nur ein Stein sind.«

Verlust ihres Stuttgarter Instituts

Ende 1957 – im Jahr des Sputniks – ernannte die Technische Hochschule Stuttgart Eugen Sänger in Anerkennung seiner außerordentlichen Verdienste um die Flugzeug- und Raketentechnik zum Honorarprofessor. 1960 erhielt Professor Sänger über seine unmittelbaren Vorgesetzten von der ägyptischen Regierung das Angebot, an der Universität Kairo Vorlesungen zu halten und als Berater für die Entwicklung einer ungelenkten Höhenforschungsrakete zu wirken. Er und einige seiner Mitarbeiter folgten dem Ruf. Dieser war jedoch nicht an seine Gattin ergangen, was wohl auf Vorbehalte der islamischen Fundamentalisten gegenüber Frauen zurückzuführen war. Sänger entschied über die Offerte keineswegs allein, sondern holte die Zustimmung seiner Vorgesetzten ein. Die Motive der engagierten Wissenschaftler waren doppelter Natur: Zum einen erhielten sie Gehälter, von denen sie zu Hause nicht einmal zu träumen wagten, zum anderen wurden ihnen unbeschränkte Arbeitsmöglichkeiten auf ihrem Fachgebiet versprochen, die es in der Bundesrepublik zu dieser Zeit noch nicht gab. Eugen Sänger selbst benötigte seine Beraterhonorare, wie schon zuvor, zur Drittmittelfinanzierung seines Instituts.

Die gespannte politische Lage ließ jedoch ahnen, dass es Kairo nicht um »ungelenkte Höhenforschungsraketen«, sondern um ballistische Raketenwaffen ging, wobei die Sänger-Gruppe für den Bau von lenkbaren Raketen nicht kompetent war. Ägypten und Syrien hatten sich zeitweilig mit Oberst Gamal Abd el-Nasser als Staatspräsident zur Vereinigten Arabischen Republik zusammengeschlossen, die dem hoch gerüsteten Israel gegenüber stand und den Kampf Algeriens um seine Unabhängigkeit unterstützte. Deshalb holte sich Kairo ausländische Waffenspezialisten in die Stadt am Nil, das Zentrum der Forschung und Entwicklung auf diesem Gebiet.

Darunter befand sich auch der bekannte Konstrukteur von Kampfflugzeugen für die deutsche Luftwaffe, Professor Willy Messerschmitt, der Ende der sechziger Jahre zu den Gründern des größten Luft- und Raumfahrtunternehmens der Bundesrepublik, Messerschmitt-Bölkow-Blohm MBB gehörte, das später in die Daimler Benz Aerospace (Dasa) aufging und heute Teil des globalisierten Konzerns Astrium ist.

Diskrete Demarchen aus Paris und Tel Aviv ließen denn auch nicht lange auf sich warten. Die Franzosen baten Bonn, den Einsatz von mit Hilfe deutscher Wissenschaftler in Ägypten entwickelten Raketen an der Algerienfront zu verhindern. Das Schreiben wurde nach Stuttgart

Das Ehepaar Sänger mit Sohn Hartmut auf dem Killesberg

weitergeleitet und führte zur sofortigen Entlassung Sängers und seiner Gattin aus ihrem Arbeitsverhältnis am Institut für Physik der Strahlantriebe, obwohl von der Arbeit an solchen Raketen überhaupt nicht die Rede war. Die Franzosen nahmen das viel gelassener. Sie luden das Ehepaar sogar zu ihrem Nationalfeiertag auf Schloss Ermich bei Rolandseck ein, und die Association Français pour la Recherche et l'Invention (Französische Vereinigung für Forschung und Entwicklung) verlieh ihnen den Verdienstorden für Forschungs- und Erfindungsleistungen.

Professor Sänger wurde an die Technische Universität Berlin (TUB) berufen, um dort den ersten europäischen Lehrstuhl für Raumfahrt einzurichten. Hier verstarb er, erst 58 Jahre alt, während eines Vortrages. Aus der Feder von Irene Sänger-Bredt stammt Folgendes:

Requiem für Eugen Sänger

Ich war noch jung und voller Märchenglauben
und wähnte, daß die Welt voll goldener Äpfel hinge,
die man nur pflücken müsse.

Und dann kamst Du und wolltest mit mir gehen ...

Du bautest Brücken aus geflochtnem Licht
und Türme, die bis in den Himmel ragten.
und warst gewiß, daß wir die Welt gewännen.

Ich nahm's für Alltag, was doch Wunder war
und nur für Wunder, daß die anderen, vielen,
nicht dachten so wie wir.

So lebten wir dahin, teils gut, teils schlecht,
doch täglich vollgefüllt bis an den Rand
von farbigem Geschehen und Dingen, die sich sonst
dem Lebenden nur selten bieten ...

Doch kam der Tod!

Ich blieb allein und sah, daß ich die vielen Jahre
getanzt auf einem Himmelsregenbogen,
der mich nur hielt, solang die Sonne strahlte.

Nach dem Tode ihres Mannes wurde Dr. Sänger-Bredt wieder die Leitung des Stuttgarter Instituts für Physik der Strahlantriebe angeboten. Doch sie zog es vor, bis an ihr Lebensende als freie beratende Ingenieurin für Raumfahrtfragen bei den Firmen Junkers, Bölkow und MBB sowie als freie Schriftstellerin zu arbeiten. 1964 erschien ihr Buch »Entwicklungsgesetze der Raumfahrt – Mythos – Wunschbild – Wirklichkeit«, in dem sie, den Versuch machend, die Kluft zwischen Religion und Naturwissenschaften zu überwinden, zu folgender Erkenntnis gelangt:

»Die merkwürdige Tatsache, daß sich neue Erkenntnisse nicht einmalig durchsetzen, sondern in einer bestimmten Ära wie Pilze an allen möglichen Stellen und in stark ähnlicher Form hervorsprießen, läßt sich einfach nicht leugnen und deutet auf das Vorhandensein einer Gesetzmäßigkeit hin. Diese bisher nicht erklärbare Gesetzmäßigkeit der Entwicklung ist auch aus den Bereichen der reinen Geistes- und Naturwissenschaft bekannt und erscheint so zwingend, daß namhafte Philosophen der Naturwissenschaft wie Bernhard Bavnik zu dem Schluß kamen, der einzelne Forscher oder Ingenieur, der das ›Neue‹ als erster der Menschheit schließlich bekannt gibt, nichts anderes als ein zufälliges Werkzeug in der zum Fortschritt reifen Zeit ist, das bei seinem Ausfall durch irgendein anderes ersetzt worden wäre.

Sollte eine solche Meinung zu Recht bestehen – und es sprechen viele Anzeichen dafür – so würde sie den Menschen der Entscheidung entheben, für oder gegen die Raumfahrt Stellung zu nehmen. Ich persönlich glaube, daß unsere individuellen Wünsche, ob wir Raumfahrt wollen oder nicht, die Entwicklung nicht entscheidend beeinflussen werden, weil unter Umständen zwar nicht die Mehrheit der Menschen, wohl aber die Zeit dafür reif scheint. Die Natur hat in der ihr eigenen Verschwendungssucht die Entwicklungskeime dafür in die Seelen so vieler einzelner Individuen gepflanzt, daß eine hinreichende Anzahl davon trotz aller Hindernisse zu starken, fruchttragenden Bäumen anwachsen werden – genau so, wie sie jeden Apfelbaum über und über mit Blüten bedeckt, damit ein paar Dutzend Äpfel daran reifen können.

Wenn Raumfahrt oder irgendein anderer Fortschritt in ihrem Entwicklungsplan liegt, wird kein Widerstand sie an ihrer Verwirklichung hindern können. Wir überschätzen unsere Möglichkeiten, wenn wir uns anmaßen wollen, Schicksal zu spielen, ohne die Gesetze zu beachten, denen wir unterworfen sind.«

Dr. Sänger-Bredt beschäftigte sich in diesem Buch aber auch mit der Verantwortung des Menschen und insbesondere des Wissenschaftlers:

»Viele halten Raumfahrt zwar für möglich, aber aus geistesgesetzlichen Gründen für verderblich. Man sollte es sich nicht zu leicht machen, gegen solche Ansichten Sturm zu laufen, denn tatsächlich kann die Folgen einer Weltraumfahrt für die menschliche Entwicklungsgeschichte heute noch niemand voraussehen. Sollen wir aber eine Technik und ihre Konsequenzen deshalb von vornherein ablehnen, weil sie unter Umständen verderbliche Folgen für die ganze Menschheit haben könnte, oder sollten wir nicht lieber versuchen, die Menschen rechtzeitig zu erziehen und für die rechte Anwendung dieser Technik reif zu machen?! – Hier liegt eine Aufgabe im Rahmen der Weltraumforschung für jeden einzelnen von uns, auch für den Nichtfachmann ...

Nach den Erfahrungen mit früheren technischen Neueinführungen und nach dem Prinzip der Permanenz dürften die Auswirkungen aber sowohl angenehmer als auch unangenehmer Natur sein. Welcher Faktor in Zukunft überwiegen wird, liegt nicht am Wesen der Raumfahrt, sondern ganz allein an unserem eigenen, menschlichen Wesen, an unserer Fähigkeit, unsere unsozialen Triebe unter Kontrolle zu halten.«

Das wurde geschrieben, als das Raumfahrtzeitalter noch nicht einmal sieben Jahre alt war, und erst zehn Menschen – eine Frau und neun Männer die Erde im Kosmos umkreist hatten.

Warnungen einer Biologin

Zwei Jahre vor ihrem Tod veröffentlichte Irene Sänger-Bredt ihr hochaktuelles Buch »Die geopferte Intelligenz – Warnungen einer Biologin«. Damit kehrte die Frau, die ihr ganzes Leben der Raumfahrt gewidmet hatte, zu ihren Ursprüngen zurück. Ihr kurzes Vorwort gleicht einem Vermächtnis:

»Dieses Buch wurde von keinem Politiker geschrieben, sondern von einem Naturwissenschaftler, der eingesehen hat, daß er am besten wegkommt, wenn er die Gesetze der Natur beachtet und sich ihnen unterordnet.

Dieses Buch wurde nicht für Menschen geschrieben, die gemäß dem Prinzip ›Nach mir die Sintflut!‹ leben wollen, sondern für solche, die wünschen, auch noch ihren Enkeln und Urenkeln ein lebenswertes Dasein auf einer bewohnbaren Erde zu erhalten.

Es wurde geschrieben in der Überzeugung, daß die Erkenntnis einer Gefahr schon den ersten Schritt zu ihrer Überwindung darstellt. Es wurde geschrieben in der Hoffnung, daß die Menschheit ihren Verstand und ihre Entscheidungsfreiheit, die sie vor allen anderen Lebewesen auszeichnen, einmal nicht nur zur Befriedigung kurzsichtiger Gelüste und zur Zerstörung ihrer Umwelt anwendet, sondern zur Verbesserung ihrer Überlebenschancen.«

Ebenso ernsthaft wie humorvoll weist die Autorin auf die Tragikomik unserer Gegenwart anhand der Vergangenheit hin und zieht Schlußfolgerungen für die Zukunft.

»So erfinderisch lebende Substanz alles aufbaut, was benötigt wird, so rigoros baut sie ab, was nicht mehr gebraucht wird. Es scheint dabei, daß ungenutzte Fähigkeiten nicht nur im individuellen Organismus zu Grunde gehen, sondern auch im Erbgang verlöschen, wenn sie hinreichend viele Generationen lang brachgelegen haben. So vermutet man, daß die eidechsenartigen Vorfahren der heutigen Schlangen ihre Gehwerkzeuge vor rund sechzig Millionen Jahren einbüßten, nachdem sie ihrer bei einer unterirdischen Lebensweise als Wühler nicht mehr bedurft hatten. Welch tröstliche Aussichten für die Enkel der unentwegten Motorfans, die heute selbst auf dem Weg zum Briefkasten noch das Auto benutzen.«

Angesichts von E-Mail, Fax und Internet hört sich das heute schon wieder antiquiert an. Doch ihre Warnungen sind brandaktuell:

»Die genetischen Entwicklungsreserven der Lebewelt – insbesondere die der Menschheit – sind höchstwahrscheinlich nicht unerschöpflich, und die Zukunft des Menschengeschlechts hängt mindestens teilweise davon ab, wie bedacht und sparsam der Mensch mit seinen begrenzten Erbvorräten wirtschaftet. In letzter Instanz droht sein gleichgewichtsstörendes Verhalten binnen erschreckend kurzer Frist die Ausrottung fast aller anderen größeren Tiere, die Zerstörung seines Lebensraums und seine eigene Vernichtung zu bewirken.

Lebewesen, die bei allen ihren Unternehmungen eine so unbesonnene Hektik an den Tag legen wie der Mensch, die Veränderungen, zu deren Vollzug im natürlichen Ablauf der Dinge Jahrmillionen benötigt wurden, in wenigen Jahrhunderten durchpeitschen möchten, haben es auch eilig mit dem Aussterben der eigenen Art.«

Dr. Sänger-Bredt stellte in diesem Buch fest, dass die kultivierten Menschen der Neuzeit nun keine Kriege, Krankheiten oder Katastrophen mehr wollen, weil sie erkannt haben, dass die drei großen »K« ausnahmslos Leiden und Vernichtung bedeuten, die jeden von ihnen – auch den nachdenklichen Beobachter des Geschehens selbst – treffen können. Um Überbevölkerung, Umweltveränderung, Rohstoff- und Energieverknappung entgegenzuwirken und dem eigenen Teufelskreis zu entkommen, muss der Mensch »auf alle die umsatzsteigernden Lieblingskinder der Profitgesellschaft verzichten, die dem Verbraucher bisher unter Spekulation auf seine Bequemlichkeit und sein Prestigestreben von der Werbung pausenlos eingehämmert wurden.« Die sieben Gebote, die sie zu diesem Zweck aufstellte, sollten beitragen, die Gesellschaft aus einer konsumbeherrschten zu einer konsumkritischen zu wandeln, damit sie überleben kann:

- Verzicht auf äußerste Automatisierung aller Arbeitsvorgänge, auf übertriebenen Heizungs- und Beleuchtungskomfort.
- Verzicht auf künstlich entfachten Konsumhunger und krankhafte Neuerungssucht.
- Verzicht auf die Produktion von Verschleißartikeln mit kurzer Serienlaufzeit.
- Verzicht auf künstliche Verschleißbeschleunigung von Gebrauchsartikeln.
- Verzicht auf übermäßigen Verpackungsluxus und Einwegbehälter.
- Verzicht auf äußerliche Perfektion von Lebensmitteln, wenn sie auf Kosten der Qualität künstlich erzeugt wird.
- Verzicht auf langfristig wirksame Schädlingsbekämpfungs- und Düngemittel beziehungsweise deren allmählicher Ersatz durch natürliche biologische Produkte und Verfahren.

Dieses Programm würde angesichts von Tierseuchen und Müllüberflutung jedem Minister für Umwelt- und Verbraucherschutz zur Ehre gereichen. Auch ihre Warnung, dass man den Siegeszug der Elektronik in allen Lebensbereichen nicht ohne sorgfältiges Studium möglicher, unbeabsichtigter Folgen und Sekundäreffekte hinnehmen sollte, ist angesichts Handysucht und Online-Schwemme höchst aktuell. Die Autorin rief dazu auf, den gesunden Menschenverstand zu benutzen:

»In der modernen Massengesellschaft ist die überwiegende Mehrheit der Menschen gar nicht so dumm, sondern wird nur durch ununterbrochene und fade Informationsabrieselung seitens der Massenmedien, durch raffiniert-primitive Werbemethoden der Wirtschaft, durch vorgekaute Weltanschauungen und Billigparolen der Politiker zur Denkfaulheit erzogen.«

Wenn die Internationale Astronomische Union (IAU) 1970 auf ihrer Generalversammlung im britischen Brighton einen Krater auf der Rückseite des Mondes »Sänger« nannte, so ehrte sie damit auch die Frau, die mit ihm gemeinsam den Weg zu den Sternen ging.

Irene Sänger-Bredt mit einem Modell des Raumgleiters Sänger

Zeittafel Irene Reinhild Agnes Elisabeth Sänger-Bredt
1911–1972

1911:	Am 24. April als Tochter einer alten rheinländischen Wissenschaftlerfamilie geboren.
1930–1936:	Studium der Naturwissenschaften an den Universitäten Köln, Freiburg und Bonn.
1937:	Promotion mit magna cum laude zum Dr. rer. nat. mit der Dissertation »Die Röntgenspektren seltener Erden« an der Friedrich-Wilhelm-Universität in Bonn.
1937–1942:	Forschungstätigkeit in der Raketenversuchsstelle Trauen unter Leitung von Dr. Eugen Sänger, Bearbeitung thermodynamischer und gaskinetischer Probleme von Flüssigkeitsraketen.
1941:	Leiterin der physikalischen Abteilung des Instituts.
1942–1945:	Wissenschaftliche Mitarbeiterin im Institut für Sondertriebwerke der Deutschen Forschungsanstalt für Segelflug in Ainring.
1944:	Gemeinsam mit Dr. Sänger Studie »Über einen Raketenantrieb für Fernbomber«.
1946–1954:	Forschungs- und Beratertätigkeit am Arsenal de l'Aéronautique (später SFECMAS bzw. SNCA du Nord) in Paris-Chàtillon und freie beratende Ingenieurin beim Unternehmen Matra in Paris-Billancourt.
1950:	Gemeinsam mit Dr. Sänger Entwurf eines unbemannten Versuchsflugzeugs mit aufgebautem Staustrahltriebwerk.
1951:	Am 2. Oktober Eheschließung mit Eugen Albert Sänger (1905–1964).
1952:	Am 15. März Geburt des einzigen Sohnes Hartmut Egon.
1953:	Studie zur Thermodynamik von Arbeitsgasen für Atomraketen; Darstellung optimaler Verhältnisse bei lotrecht im Schwerefeld aufsteigenden Raketen beliebiger Stufenzahl.
1954–1962:	Stellvertretende Leiterin des Forschungsinstituts für Physik der Strahlantriebe in Stuttgart-Pfaffenwald.
1958:	Mitglied des Gründungskomitees der Internationalen Astronautischen Akademie (IAA), Vorstandsmitglied der Deutschen Gesellschaft für Raketentechnik und Raumfahrt (DGRR), External Examiner der Aeronautischen Fakultät des Madras Institute of Technology in Südindien.
1960:	Kuratoriumsmitglied der DGRR.

1961:	Membre associée der Europäischen Industriegruppe für Raumfahrtstudien (Eurospace).
1963–1972:	Beraterin der Unternehmen Junkers und Messerschmitt-Bölkow-Blohm (MBB).
1964:	Gemeinsam mit Prof. Dr. Eugen Sänger Erarbeitung von Grundsätzen des Photonenstrahlantriebes; Veröffentlichung des Buches »Entwicklungsgesetze der Raumfahrt – Mythos-Wunschbild-Wirklichkeit«.
1965:	Beitrag zur Bedeutung eines europäischen Raumtransporters für die deutsche Luft- und Raumfahrtindustrie und -forschung.
1967:	Mitglied des Vorstandsrates der Deutschen Gesellschaft für Luft- und Raumfahrt (DGLR).
1970:	Verleihung der Hermann-Oberth-Medaille in Gold.
1972:	Freie Schriftstellerin.
1981:	Veröffentlichung des Buches »Die geopferte Intelligenz – Warnungen einer Biologin«.
1982:	Am 22. Oktober in Stuttgart gestorben.

ALLA MASSEWITSCH

Die Hüterin des Sputniks

»Wir Astronomen lieben das Gebirge, gehört es doch zu unserem Beruf wie die Fernrohre, mit denen wir die Sterne beobachten. Viele der bedeutendsten Observatorien liegen auf Bergen – Mount Palomar in Kalifornien, Selentschukskaja auf dem Hirtenberg des Kaukasus, unser heutiges Reiseziel Pic du Midi, das wir in den Pyrenäen besuchen und auch Tautenburg und Effelsberg bei Ihnen. Eine Ausnahme machen eigentlich nur die Kollegen, die versuchen, die Neutrinostrahlung der Sonne zu messen, indem sie ihre ›Sternwarten‹ in Bergwerken unter der Erde errichten.«

Das sagte mir Frau Professor Alla Massewitsch, selbst eine leidenschaftliche Skifahrerin, in Grenoble angesichts der französischen Alpen, die den malerischen Hintergrund der XVI. Generalversammlung der Internationalen Astronomischen Union (IAU) 1976 bildeten. Die damals achtundfünfzigjährige Wissenschaftlerin stand auf dem Gipfel ihrer Laufbahn. In ihrer sowjetischen Heimat wurde sie als Stern erster Größe am Gelehrtenhimmel verehrt, und die Fachkollegen aus aller

Welt achteten sie als bedeutende Astrophysikerin. Freundlich erläuterte mir die charmante und elegante Frau mit den haselnussfarbenen Augen und dem braunen Haar die Bedeutung der Veranstaltung:

»Wichtig an den alle drei Jahre stattfindenden IAU-Kongressen ist der wissenschaftliche Meinungsaustausch mit den Kollegen aus aller Welt, beispielsweise so nahmhaften Gelehrten wie Sir Bernard Lovell aus Großbritannien, Audouin Dollfus aus Frankreich und Carl Sagan aus den USA. Mit Ihrer Delegation unter Leitung von Professor Gerhard Ruben vom Zentralinstitut für Astrophysik in Potsdam-Babelsberg verbindet uns eine langjährige, herzliche Freundschaft.

An der diesjährigen Konferenz erscheinen mir besonders drei Dinge bemerkenswert: Mit mehr als zweitausend Teilnehmern und Gästen ist sie wohl die bisher größte Veranstaltung dieser Art; der Anteil der jungen Kollegen war meines Erachtens noch niemals so hoch; die neuen Methoden der Forschung – Infrarot-, Radar- und Röntgenstrahlenbeobachtung sowie der Einsatz von Höhenforschungsraketen, Erdsatelliten und Tiefraumsonden – also der ›Außerirdischen Astronomie‹ tritt immer stärker in den Vordergrund. In knapp zwei Jahrzehnten Raumfahrt gewannen wir mehr Wissen über den Weltraum als in fast vier Jahrhunderten Forschungen mit dem Fernrohr und als in den davor liegenden Jahrtausenden astronomischer Beobachtungen und Berechnungen.«

Um die Nutzung der Astronautik für die Astronomie hat sich Professor Massewitsch große Verdienste erworben, wurde doch unter ihrer Leitung mit dem Start des ersten Sputniks ein nationales und internationales Netz der Bahnverfolgung künstlicher Erdsatelliten aufgebaut. Die »Saturday Review« bezeichnete sie in einer Titelgeschichte als »The Erudite Shepherdess of Home-Made Moons« – Die gelehrte Schäferin hausgemachter Monde.

Alla Massewitsch wurde 1918 in Tiflis geboren, in dem Jahr, da sich Georgien zur Demokratischen Republik erklärte. Sie war das erste Kind eines Rechtsanwaltes und einer Krankenschwester polnischer Abstammung und lernte schon in der Grundschule Deutsch. Ihr Bruder Caesar wurde später Arzt und praktizierte in Leningrad, ihre Schwester Margaret leistete juristische Forschungsarbeit. Als dreizehnjährige Schülerin las Alla die populärwissenschaftlichen Arbeiten von Professor Perelman vom Polytechnischen Institut in Leningrad. Ihre Phantasie beflügelte sie, dem nahmhaften Wissenschaftler zu schreiben. Es entwickelte sich eine lebhafte Korrespondenz, die ihre gesamte Schulzeit über anhielt und den weiteren Lauf ihres Lebens beeinflusste. Beeindruckt durch ihre Fragen, begann der Professor mit dem Mädchen eine

Art zwanglosen Fernunterricht, förderte ihr Interesse an Astronomie, Physik und Mathematik.

Nach ihrem Abitur wollte sie unbedingt an die Newa, um bei ihrem geliebten Lehrer zu studieren. Doch die Eltern befürchteten, dass Leningrad für einen achtzehnjährigen Teenager zu weit von Hause entfernt sei. Deshalb schlug Alla einen Kompromiss vor und begann ihr Studium an der Moskauer Universität. Schon in der festen Absicht, in der Kosmosforschung zu arbeiten, belegte sie als Hauptfach Physik und erwarb 1940 ihren ersten akademischen Grad. Doch ihr postgraduales Studium in Astrophysik wurde schon im Jahr darauf jäh unterbrochen, als Hitlers Armeen die Sowjetunion überfielen.

Sir Bernard und der Rote Riese

An einem Novembertag, als die bezaubernde Alla vor den deutschen Bomben in einen Moskauer Luftschutzkeller flüchtete, lernte sie den jungen, gut aussehenden Metallurgen Joseph Friedländer kennen. Während die Universität nach Zentralasien evakuiert wurde, zog das Institut für Physik und Metalle, an dem er arbeitete, nach Kuibyschew an die Wolga. Da beide nicht bereit waren die Möglichkeit zu akzeptieren, sich vielleicht nie wieder zu sehen, heirateten sie neun Tage nach ihrer ersten Begegnung. Alla Massewitsch, die ihren russisch klingenden Mädchennamen aus verständlichen Gründen beibehielt, verließ die Universität und begleitete ihren Mann nach Kuibyschew. Dort arbeitete sie gemeinsam mit ihm am Institut für Physik und Metalle und lehrte Astronomie am Lehrerseminar. Sie schloss Freundschaften mit Ballerinen des Bolschoi Theaters, das in dieselbe Stadt evakuiert worden war. An der Abendschule erwarb Alla die Grundlagen für ihre exzellenten Englischkenntnisse. Ihre Liebe zur Kunst übertrug sie auf ihre einzige Tochter Natalia und die drei Enkelkinder. Natascha zum Beispiel wird von Bekannten als Schönheit mit der Figur einer Ballerina beschrieben.

Der Sieg der Roten Armee vor Stalingrad führte die Wende des Zweiten Weltkrieges herbei und beendete den militärischen Druck auf Moskau. Das Institut für Physik und Metalle konnte in die Hauptstadt zurückkehren, und Alla begann am Sternberg-Institut für Astronomie mit der Arbeit an ihrer Dissertation, betreut von Professor Sewernej.

Ihre Forschungsarbeit konzentrierte sich auf die Struktur und die inneren Energiequellen roter Riesensterne. Nachdem sie ihren Doktor der Philosophie mit Auszeichnung erworben hatte, blieb sie am Sternberg-Institut, um ihre Untersuchungen fortzusetzen und mit einer der ersten nichtstatischen Annäherungen an die Entwicklung der Sonne zu beginnen. Zu dieser Zeit veröffentlichte Professor Sir Bernard Lovell, einer der Väter des Radars und Direktor des radioastronomischen Observatoriums der Universität Manchester in Jodrell Bank, einen Artikel in der »Saturday Review«, in dem er erklärte, dass die sowjetischen Wissenschaftler nach dem Zweiten Weltkrieg wenig Erfahrungen bei der Erarbeitung von Sternenmodellen hätten, weil sie keine automatischen Computer besäßen. Dr. Massewitsch rechnete in der Tat, allein vertrauend auf ihre intellektuellen Ressourcen, wochenlang daran, was ein Computer in Sekunden vollendete. Sie entwickelte ein Modell des Roten Riesen Beteigeuze, des östlichen Schultersterns im Sternbild Orion. Er hat mehr als die zehntausendfache Leuchtkraft und den vierhundertfachen Durchmesser unserer Sonne; die Bahn der Erde um unser Zentralgestirn hätte also in Beteigeuze Platz. Alla beschäftigte sich so intensiv mit diesem Superstern, dass sie nachts von ihm träumte. Als sie ihre Arbeit erfolgreich abgeschlossen hatte, bemerkte Professor Sewernej zu Sir Bernard: »Hier haben Sie einmal einen echten Wissenschaftler!«

Nachdem Professor Lovell Alla Massewitsch bei der gemeinsamen internationalen Forschungsarbeit kennen gelernt hatte, schrieb er in der »Saturday Review«:

»›Frag die Massewitsch!‹ – ›Das mußt du mit der Massewitsch besprechen!‹ – ›Die Massewitsch wird das regeln!‹ – Das ist der gemeinsame Nenner für alle von uns, die an der kooperativen astronomischen und interplanetaren Erforschung des Weltraums teilnehmen.«

Sir Bernard, der Anfang der fünfziger Jahre in England das erste voll bewegliche Radioteleskop mit einem Parabolspiegel von 76,2 Metern Durchmesser errichtete und seit Beginn des Raumfahrtzeitalters mit seinen sowjetischen Kollegen zusammenarbeitete, lobte an Alla Massewitsch ihre »offensichtlich unerschöpfliche Energie«. Sie sei »unverwüstlich« und ihr Erfolg »durch angeborene Intelligenz und starken Willen bestimmt«. Zusammenfassend meinte er:

»Jedes Land würde sich glücklich schätzen, eine Alla Massewitsch als Bürgerin zu haben. Die Sowjetunion ist besonders stolz darauf, über eine so dynamische und charmante Person als ihren Botschafter auf dem Gebiet der Astronomie und Weltraumforschung zu verfügen, wo internationale Zusammenarbeit lebenswichtig ist.«

Seit ihrer ersten Auslandsreise im Jahre 1952 zur Generalversammlung der Internationalen Astronomischen Union (IAU) in Rom nahm Professor Massewitsch an unzähligen wissenschaftlichen Konferenzen in allen Teilen der Welt teil, führte Vortragsreisen und Beratungen in vielen Ländern durch und arbeitete in Gremien der UNO, des COSPAR, der IAU und IAF sowie von INTERKOSMOS mit. Vier Sprachen fließend beherrschend, ist sie eine geistreiche, unterhaltende und humorvolle Partnerin, die sich mit ihrer Begeisterung für die internationale Kooperation auf allen Kontinenten Bewunderer und Freunde erwarb. Der georgische Gelehrte Viktor Ambarzumjan, einer der führenden Astronomen des zwanzigsten Jahrhunderts, Direktor des von ihm gegründeten Astrophysikalischen Observatoriums Bjurakan auf dem Aragaz, gab Anfang der siebziger Jahre das Sammelwerk »Probleme der modernen Kosmogonie« heraus. Darin wird das Wirken von Alla Massewitsch gewürdigt:

»Auf Grund von Arbeiten sowjetischer Astronomen nehmen gegenwärtig viele Wissenschaftler an, daß die wesentliche Ursache für die Massenveränderung eines Sterns die Korpuskularstrahlung ist, der direkte Ausstoß von Materie, der im Anfangsstadium der Entwicklung besonders kräftig ist. ... Massewitsch entwickelte die Theorie der Sternentwicklung längs der Hauptreihe (schmales Gebiet im Hertzsprung-Russel-Diagramm, in dem die meisten Sterne liegen, H.H.) als Folge der Korpuskularstrahlung. ... Sie zeigte, daß man zur beobachteten Leuchtkraftfunktion gelangen kann, wenn man annimmt, daß die Geschwindigkeit des Massenverlustes der Leuchtkraft proportional ist, und wenn man ferner die Masse-Leuchtkraft-Beziehung verwendet. ... Später zeigte Massewitsch, daß es nur dann gelingt, theoretisch verhältnismäßig einfach die beobachtete Leuchtkraftfunktion der massenreichen Sterne auf der Hauptreihe im Einklang mit der Theorie der stetigen Sternbildung in O-Assoziationen (lokale Anhäufung von einander ähnlichen Sternen, H.H.) zu erhalten, wenn man annimmt, daß die Entwicklung dieser Sterne unter Massenverlust durch Korpuskularstrahlung vor sich geht.«

Alla Massewitschs theoretische Arbeiten, die in der Mitte des vorigen Jahrhunderts begannen, trugen dazu bei, dass die Menschheit einen Blick in die Kinderstube der Sterne werfen und deren weitere Entwicklung besser verstehen konnte. Das gilt auch für die verschiedenen Modelle von Sternen – Zwergen und Riesen – sowie von Doppelsternen und Sternenansammlungen, die sie berechnete. Bereits mit vierunddreißig Jahren wurde Dr. Massewitsch in den Astronomischen Rat der Akademie der Wissenschaften, das höchste Gremium auf diesem Gebiet, als Vizepräsidentin berufen. Mit achtunddreißig Jahren war sie eine der jüngsten Professorinnen ihres Fachgebietes, das gleichermaßen höchste astronomische, physikalische und mathematische Anforderungen an sie stellte.

Professor Massewitsch teilte ihre Zeit korrekt zwischen der Lehr- und Forschungstätigkeit an der Lomonossow-Universität und der organisatorischen und koordinierenden Arbeit im Astronomischen Rat auf. Zu dessen Präsidium gehörten die ordentlichen und korrespondierenden Mitglieder der Akademie der Wissenschaften aus den Disziplinen der Kosmosforschung sowie die Direktoren aller astronomischen Einrichtungen des Landes.

Ballkönigin in Barcelona

Im Frühling des Jahres 1957 wurde Alla Massewitsch mit einer völlig neuen, verantwortungsvollen Aufgabe betraut – dem Aufbau eines landesweiten Beobachtungsnetzes für die Bahnverfolgung künstlicher Erdsatelliten, deren Start im Internationalen Geophysikalischen Jahr zu erwarten war. Dafür gab es keinen Präzedenzfall, und es standen nur sechs Monate zur Verfügung. Professor Massewitsch gewann diesen

Alla Massewitsch an einer Maschine zur Analyse von Satellitendaten

Wettlauf mit der Zeit. Sie gab Spezialteleskope in Auftrag, die als »Sputniksucher« weltbekannt wurden, setzte Flugzeuge ein, um die Bahn von Raumflugkörpern zu simulieren und bildete die zukünftigen Leiter der Bodenstationen aus.

Am 4. Oktober, als Sputnik 1 vom kasachischen Kosmodrom Baikonur aufstieg und seine Bahn zwischen 227 und 947 Kilometern bei einer Neigung von 65,1 Grad und mit einer Umlaufzeit von 96,17 Minuten erreichte, verfolgten ihn vom Territorium der Sowjetunion flächendeckend mehr als 60 Stationen. In der Nähe von Moskau hatte Professor Massewitsch eine Experimentalstation eingerichtet, in der ständig neue Techniken der Bahnverfolgung und –berechnung entwickelt wurden. Sie sorgte auch dafür, dass ihre Kollegen in den verbündeten sozialistischen Ländern an der optischen und funktechnischen Beobachtung von Satelliten sowie an der Auswertung der Weltraumunternehmungen teilhaben konnten. Die Erstausstattung dafür, kleine Astronomische Teleskope AT-1 – »Sputniksucher« – und einfache elektronische Rechner – »Bahnrechner« –, stellte Moskau seinen Satellitenstaaten zur Verfügung. Die Beobachtungs- und Messergebnisse gingen an das Zentrum der Akademie der Wissenschaften – kurz »Kosmoskau« genannt, das Professor Massewitsch leitete.

Die »Mutter der Sputniksucher« erzählte mir, wie sie selbst den historischen Tag erlebte, an dem der erste Mond von Menschenhand das Zeitalter der Raumfahrt eröffnete. Sie nahm zu diesem Zeitpunkt am VIII. Internationalen Astronautischen Kongress teil, der in Barcelona, der Metropole Kataloniens, tagte. Plötzlich kam tags darauf der weltberühmte Pionier der Luft- und Raumfahrt, Theodore von Kármán, Mitglied der USA-Delegation, mit einigen anderen Herren auf sie zu und sagte: »Gnädige Frau, gestatten Sie mir, Ihnen die neueste Kreation katalanischer Hutmacher als Geschenk zu überreichen. Das Modell ist über Nacht entworfen und gefertigt worden und trägt den Namen Sputnik. Wir alle möchten Ihnen damit unsere Bewunderung und den Glückwunsch für diese großartige Leistung ausdrücken.«

Und der große alte Mann der Aerodynamik krönte mit ungarischem Charme die junge Frau mit einer glutroten halbkugelförmigen Kappe, die vier lange »Antennenstäbe« zierten. Gerührt dankte Alla Massewitsch, die in diesem Kreis ehrwürdiger Weltraumwissenschaftler als Stern des Ostens bewundert wurde. Auf dem Abschlussball, als der Kongress tanzte, war sie die unbestrittene Königin, die sich vor Aufforderungen zum Tanz kaum retten konnte. Jeder kannte die »First Lady of Space«, die unmittelbar nach Bekanntwerden des Starts, umringt von Kollegen aus aller Welt, den Aufbau und die Funktionsweise des Satelliten immer wieder erläutert und seine optische Bahnverfolgung an einem »Sputniksucher« demonstriert hatte. Die AT-1-Teleskope gestatteten es, Satellitendurchgänge über ein Fadenkreuz zu registrieren. Zur Zeitmessung dienten zunächst Stoppuhren in Verbindung mit Kurzwellenempfängern für das Zeitzeichen; später wurden Chronographen zur Steigerung der Messgenauigkeit eingesetzt. Zusätzlich zu den optischen Messungen kamen Astrokameras mit Zeitkontakten zum Einsatz, bei denen eine größere Genauigkeit der Position erreicht wurde. Grundlage der Vermessungstätigkeit waren die vom Rechenzentrum »Cosmos Moscow« an alle Beobachter versandten Ephemeriden-Telegramme auf der Basis der Horizontalkoordinaten. Unter Ephemeriden, was im Griechischen »Tagebücher« bedeutet, versteht man in der Astronomie die für einen längeren Zeitraum und für zeitlich konstante Abstände vorausberechneten Gestirnsörter an der Himmelskugel. Sie ermöglichen es, auch einen Raumflugkörper am Himmel aufzufinden, oder dienen dazu, beobachtete mit berechneten Örtern zu vergleichen, um eine genaue Bahnbestimmung durchzuführen.

Gespräch mit dem »Vater der Wostok«

Die wissenschaftliche Intuition von Alla Massewitsch, ihre großen Erfahrungen im Forschungsmanagement und ihr Sachverstand bei der Ausarbeitung optimaler Varianten zur Lösung komplizierter Probleme ließen sie sehr früh erkennen, dass die Raumfahrttechnik für die Zukunft der Astronomie von entscheidender Bedeutung sein wird. Deshalb stellte sie 1958 in einem Gespräch mit Sergej Koroljow, dem legendären »Vater der Wostok«, als erste die Frage nach den Möglichkeiten der Himmelsbeobachtung an Bord von Erdsatelliten. Das geschah zu einer Zeit, da erst drei sowjetische Sputniks gestartet waren. Im September des darauf folgenden Jahres, in dem die ersten beiden Luna-Sonden den Mond erreichten, wandte sie sich gemeinsam mit Viktor Ambarzumjan erneut an Koroljow mit der Frage, unter welchen Bedingungen ein schwerer Erdsatellit für die astronomische Forschung möglich sei. Dass der Chefkonstrukteur schon auf diesen Vorschlag gewartet hatte, geht aus seinem Antwortschreiben hervor:

Hochverehrte Alla Massewitsch!

Vielen Dank für Ihre Anfrage im Brief vom 16. September 1959. Schon im vergangenen Jahr führten wir gemeinsam mit Akademiemitglied

Ambarzumjan an der Moskauer Universität ein Gespräch über das Projekt eines schweren Erdsatelliten, der für astronomische Beobachtungen in den höheren Schichten der Erdatmosphäre und darüber hinaus geeignet ist. Beim System Wostok stehen vier bis fünf Tonnen zur Verfügung, die eine Nutzlast in der Größenordnung von zwei Tonnen einschließen.

Wir sind der Meinung, daß es nicht an uns, sondern an den Astronomen liegt, diese Frage zu beantworten. Ich kann nicht verstehen, warum so viel Zeit versäumt wird und noch nicht einmal ein Projektauftrag für einen ersten astronomischen Satelliten existiert.

Wir schlagen vor, daß diese Arbeit unter Leitung des Astronomischen Rates unverzüglich beginnt. Unser Konstruktionsbüro ist bereit, sich zum notwendigen Zeitpunkt daran zu beteiligen.

Außerdem wäre es unserer Meinung nach wichtig, einen hinreichend breiten gemeinsamen Aktionsplan auszuarbeiten, der auch die zukünftigen Aufgaben auf diesem Gebiet berücksichtigt. Es ist offensichtlich, daß sich in den nächsten zwei bis vier Jahren das Gewicht der schweren Satelliten um ein Vielfaches erhöhen wird. Die Nutzlasten der Trägerraketen wachsen in der Größenordnung einiger Tonnen.

Wichtig ist auch die Frage, wie eine automatische interplanetare Sonde gestaltet werden soll, die für längere Zeit funktionieren muß und wie eine automatische Station auf dem Mond arbeitet.

Es ist schwierig, alle Fragen in nur einem Brief zu erörtern, die Interessen auf dem Gebiet der außeratmosphärischen astronomischen Forschung energisch wahrzunehmen und das Für und Wider dieser Aufgabe abzuwägen. Es wäre schön, wenn sich diese Angelegenheit vom toten Punkt fortbewegt und nicht zurückgeblieben verharrt.

Wenn es so weit ist, daß es nützlich wäre, irgendwelche Erörterungen auf diesem Gebiet anzustellen, so ersuchen wir Sie, die Initiative zu ergreifen.

Mit aufrichtiger Hochachtung
S. Koroljow

Die Zusammenarbeit zwischen den Raketentechnikern und den Naturwissenschaftlern, insbesondere zwischen dem Rat der Chefkonstrukteure und dem Astronomischen Rat, entwickelte sich Dank der Initiative von Professor Massewitsch mit hohem Tempo und großer Dynamik. Seit 1962 kamen im Rahmen der Satelliten mit der Bezeichnung Kosmos Raumflugkörper mit spezieller geo- und kosmoswissenschaftlicher Aufgabenstellung zum Einsatz. Drei Jahre später dienten vier Erdsatelliten des Typs Proton mit Massen zwischen zwölf und siebzehn Tonnen Untersuchungen der solaren und kosmischen Strahlung.

Ideengenerator und Doktormutter

Frau Dr. Dluschnewskaja, die jahrzehntelang mit Professor Massewitsch zusammenarbeitete, erinnert sich:

»Das erste Mal sah ich Alla Massewitsch im Lichtschein einer Lampe am Rednerpult im Konferenzsaal des Sternberg-Instituts. Der Andrang war sehr groß, und auch die Presse war stark vertreten. Das Fernsehen zeichnete den Vortrag auf. Ich, damals noch Studentin an der Moskauer Universität, hatte von meinen Kommilitonen schon viel über sie und ihre Vorlesungen gehört. Einige waren regelrecht verliebt in die schöne Professorin. Sie dozierte fakultativ über die Physik und die Evolution von Sternen. Alla Genrichowna wirkte sehr jung und war geschmackvoll gekleidet – ich erinnere mich noch genau daran, was sie anhatte. Den Hintergrund bildete eine farbige astronomische Darstellung, auf der die himmelblauen Kugeln der Überriesensterne entlang der Hauptreihe abwärts wandern und sich nach und nach in die weinroten Kügelchen der Roten Zwerge verwandeln. Diese Szenerie hat sich fürs ganze Leben in mein Gedächtnis eingeprägt.

1959 erhielt ich die Stelle des Oberlaboranten im Astronomischen Rat, dem damals gerade drei Zimmer im Gebäude des Instituts für Physik der Erde am Leninprospekt 61 zur Verfügung standen. Die neu geschaffene Abteilung ›Bahnverfolgung von künstlichen Erdsatelliten‹ hatte einige Räume im Kellergeschoß erhalten. Seitdem bin ich Augenzeuge und oftmals auch Teilnehmer der Entwicklung des Astronomischen Rates, dem heutigen Institut für Astronomie der Russischen Akademie der Wissenschaften gewesen, deren Triebkraft Alla Genrichowna mit ihrer außergewöhnlichen Arbeitsfähigkeit und Energie war ...

1961 wurde eine Aspirantur zum Problem ›Physik und Evolution von Sternen‹ ausgeschrieben, und ich hatte das Glück, sie zu erhalten und Schülerin von Professor Massewitsch zu werden. Sie legte das Fundament für eine wissenschaftliche Schule, durch die viele junge Astronomen aus verschiedenen Sowjetrepubliken und dem Ausland gingen. Hier wurden Hunderte wissenschaftlicher Arbeiten geschrieben, deren Ideengenerator Alla Genrichowna war, und mehr als vierzig Dissertationen verteidigt. Viele ihrer Schüler haben inzwischen längst ihre eigenen Schüler.

1968 wurde ich wissenschaftliche Sekretärin des Astronomischen Rates und arbeitete fast achtzehn Jahre in einem Kabinett mit Alla Genrichowna zusammen. Zu meinem Arbeitsbereich gehörten neben den allgemeinen Verpflichtungen einer wissenschaftlichen Institution – Planungen, Rechenschaftsberichte, Korrespondenz, Anleitung der Aspiranten, Verlagsangelegenheiten, internationale Verbindungen – auch die Organisation der Arbeit des Präsidiums und die Durchführung seiner Plenartagungen. Der Umfang der Arbeit, die wirkliche Verpflichtungen waren, wuchs schnell an. Aber welch eine Arbeitslast und Verantwortung übernahm die Vizepräsidentin, Professor Massewitsch, die wahre Leiterin all dieser Angelegenheiten! In diesen vielen Jahren war ich über ihre Arbeitsfähigkeit und ihr Organisationstalent erstaunt.

Im Astronomischen Rat herrschte zu dieser Zeit eine sachliche und schöpferische Atmosphäre: Regelmäßig wurden wissenschaftliche Sitzungen und Seminare sowie Schulungen in Moskau und anderen Städten durchgeführt, wo wir alle mit Mitteilungen und Vorträgen auftraten. Wir fühlten uns wie eine große Familie, begingen gemeinsam die Festtage unseres Landes oder feierten die wichtigsten Ereignisse des persönlichen Lebens. Sehr oft fanden diese Begegnungen bei Alla Massewitsch zu Hause oder in ihrem Gästezimmer im Institut statt.

Die nicht übermäßig große, aber sehr gemütliche Wohnung mit einem großen Balkon im sechzehnstöckigen Hochhaus am Platz des Aufstandes ist Astronomen aus vielen Ländern vertraut. Nicht allzu häufig, jedoch so oft es ging – es war ja nicht einfach, immer alles unter einen Hut zu bringen –, lud Alla Genrichowna die ausländischen Kollegen zu sich nach Hause ein. Bei diesen Begegnungen ging es immer auserlesen und gastfreundlich zu. Hier wurden die Ansichten der internationalen Gäste über unser Leben und das Wesen unserer Menschen geprägt. Ich bin überzeugt, daß gerade diese Zusammenkünfte wesentlich zu den erfolgreichen Abschlüssen von internationalen Übereinkommen beitrugen.«

So war sie maßgeblich am Aufbau eines internationalen Netzes von Bodenstationen zur ständigen Beobachtung von künstlichen Erdsatelliten beteiligt, die sich über den ganzen Erdball verteilen – von Spitzbergen bis zur Antarktis, von Alaska bis Neuseeland. Im Mai 1961 wurden unter ihrer Leitung erstmals synchrone Bahnverfolgungen von Satelliten für die kosmische Triangulation, das heißt für die präzise Bestimmung der Koordinaten von geographischen Punkten, durchgeführt. In vielen bilateralen und multilateralen Programmen vertrat Professor Massewitsch ihr Land auf allen fünf Kontinenten. Ihre besondere Aufmerksamkeit richtete sie darauf, dass den Entwicklungsländern die Nutzung der Raumfahrttechnik zugänglich gemacht wird, da diese ihrer am meisten bedürfen. Die Akademien vieler Länder, so auch die Indiens, nahmen Alla Massewitsch als Mitglied auf.

Planetoid erhielt ihren Namen

Im September 1962 gab sie der Zeitschrift »This Week« ein Interview, in dem sie erklärte: »Ich bin überrascht, daß so wenige Frauen im Raumfahrtprogramm der USA tätig sind. Bei uns ist der weibliche Anteil in der Kosmosforschung und Raketentechnik relativ groß. Meiner Meinung nach sind Frauen für viele Arbeiten auf diesem Gebiet besser geeignet als Männer. Deshalb trainieren in meinem Land auch Kosmonautinnen, von denen eine bald in den Weltraum fliegen wird.«

Neun Monate später erfüllte sich diese Prognose: Walentina Tereschkowa weilte als erste Frau der Welt drei Tage im All.

Dank der Initiative von Professor Massewitsch erhielt der Astronomische Rat 1974 ein eigenes großes Gebäude in der Pjatnizkaja 48, wo er heute noch sein Hauptquartier hat. Unter ihrer Leitung entstanden ein eigenes Rechenzentrum, zwei wissenschaftliche Stationen und eine Druckerei, die vier periodisch erscheinende Journale und viele Sonderdrucke fertigte. Sie hatte Anteil an der Wiedereröffnung des Hauptobservatoriums der Russischen Akademie der Wissenschaft in Pulkowo

Alla Massewitsch und Nobelpreisträger Pjotr Kapiza auf einem Weltraumkongress

bei Sankt Petersburg, deren Nikolai-Sternwarte 1835–1839 auf einer Anhöhe, 77 Meter über dem Meeresspiegel, erbaut worden war, und durch die bis 1917 der Nullmeridian für russische Kartenwerke verlief. Sie wirkte auch an den Konzeptionen für die modernen Observatorien im kaukasischen Selentschukskaja auf dem 2.069 Meter hohen Pik Pastuchow, dem Hirtenberg des Karaschewa-Tscherkessen-Gebirges mit, der 1966 als optimaler Standort für astronomische Großgeräte ausgewählt wurde.

Das wohl bekannteste Instrument ist das BTA 6 (Bolschoi Teleskop Azimutalnij – Großes Azimutteleskop) mit einem Sechs-Meter-Spiegel. Dieser besteht aus Borsilikatglas mit extrem geringer Wärmeausdehnung, und seine Oberfläche ist auf den Bruchteil eines tausendstel Millimeters genau poliert. Das Gerät, das in jahrelanger Arbeit im optischmechanischen Werk Lomo in Leningrad entstand, übertrifft mit einem Gesamtgewicht von 840 Tonnen die Startmasse einer Trägerrakete Proton.

Nicht weit entfernt vom BTA 6 wurde das Ratan 600 (Radioastronomitscheskij Teleskop Akademii Nauk – Radioastronomisches Teleskop der Akademie der Wissenschaften, eine Antennenanlage mit einem Durchmesser von 600 Metern) errichtet. Dieser Kaukasische Kosmoskreis besteht aus 895 rechteckigen und parabolisch gekrümmten Aluminiumtafeln von je 1,50 mal 4,05 Metern, die um zwei Achsen drehbar sind. Die Gesamtauffangfläche beträgt maximal 10.000 Quadratmeter und kommt damit der Größe eines Fußballfeldes gleich.

Professor Massewitsch beteiligte sich auch an der Entwicklung vieler kleiner Instrumente. So schufen unter ihrer Leitung Wissenschaftler und Techniker aus der Sowjetunion, der Tschechoslowakei, Polen und der DDR einen Laser-Entfernungsmesser für das INTERKOSMOS-Programm.

In ihrem mehr als fünfzigjährigen Berufsleben veröffentlichte Alla Massewitsch 150 wissenschaftliche Arbeiten über Astrophysik und kosmische Geodäsie, die in viele Sprachen übersetzt wurden. Dabei verlor sie keine ihrer weiblichen Eigenschaften. Freunde preisen ihre fürsorgliche Mütterlichkeit und ihre vollendeten Kochkünste. Alle, die ihr begegneten, erinnern sich an ihr gutes Aussehen, ihr erlesenes Parfüm und ihre elegante Kleidung. Sie bewundern aber vor allem die tiefe Menschlichkeit und große Professionalität, die ihre Persönlichkeit harmonisch vereint.

Auch nach ihrer Emeritierung blieb sie als Forscherin und Beraterin aktiv. Seit Mitte der neunziger Jahre des vorigen Jahrhunderts wirkt sie als Vertreterin Russlands an der Erarbeitung astronomischer Programme und Projekte für die Internationale Raumstation ISS mit. Die wohl schönste Ehrung, die ihr zuteil wurde, bestand darin, dass ein Planetoid den Namen Alla Massewitsch erhielt.

Zeittafel Alla Genrichowna Massewitsch

1918:	Am 9. Oktober als Tochter des Rechtsanwaltes Genrich Massewitsch und der Krankenschwester Natalie Zbgenty in Tblissi (Tiflis), Georgien, geboren.
1925–1935:	Besuch der deutschsprachigen Zehnklassenschule in Tblissi.
1936–1940:	Studium der Physik am Liebknecht-Institut der Moskauer Universität.
1940–1941:	Postgraduales Studium der Astrophysik in Moskau.
1941:	Eheschließung mit dem Metallurgen Joseph Friedländer.
bis 1943:	Gemeinsam mit ihrem Mann Arbeit am Institut für Physik und Metalle, das von Moskau nach Kuibyschew evakuiert worden war.
1943–1946:	Abschluss des postgradualen Studiums und Promotion zum Dr. phil. in Astrophysik.
1946–1950:	Wissenschaftliche Mitarbeiterin am Sternberg-Institut für Astronomie.
1949:	Dozentin für Astrophysik an der Lomonossow-Universität von Moskau. Publikation über den Massenverlust von Sternen durch Korpuskularstrahlung.
1951:	Dokumentation über die Beziehung Masse und Leuchtkraft von Sternen.
1952–1988:	Vizepräsidentin des Astronomischen Rates der Akademie der Wissenschaften der UdSSR in Moskau.
1956:	Berufung zur Ordentlichen Professorin am Lehrstuhl für Kosmische Geodäsie des Instituts für Geodäsie und Kartographie der Moskauer Universität, Veröffentlichung über den Massenverlust von Riesensternen durch Korpuskularstrahlung.
1957:	Leiterin des auf ihre Initiative aufgebauten Satellitenbeobachtungsnetzes der Akademie der Wissenschaften der UdSSR mit 66 nationalen Bodenstationen.
1961–1970:	Vorsitzende der Arbeitsgruppe »Beobachtung von künstlichen Erdsatelliten und Telemetrie« des Internationalen Komitees für Weltraumforschung (COSPAR).

1963: Wahl zum Mitglied der Britischen Royal Astronomical Society in London.

1964: Wahl zum Mitglied der Internationalen Astronautischen Akademie (IAA) in Paris.

1965–1989: Vorsitzende der Sektion »Einsatz von künstlichen Erdsatelliten für Geodäsie und Geophysik« der Arbeitsgruppe Kosmische Physik der INTERKOSMOS-Kooperation.

1967–1970: Präsidentin der Kommission »Innerer Aufbau von Sternen« bei der Internationalen Astronomischen Union (IAU).

1974–1990: Vorsitzende der Problemkommission »Physik und Evolution der Sterne« für die multilaterale Zusammenarbeit der Akademien der Wissenschaften der sozialistischen Staaten.

1979: Koautorin der Monographie »Erdbeobachtungssatelliten für die Geodäsie«.

1979–1991: Vizepräsidentin des Sowjetischen Komitees zum Schutz des Friedens.

1981–1983: Stellvertretende Generalsekretärin des Organisationskomitees für die zweite Weltraumkonferenz der Vereinten Nationen UNISPACE'82 in Wien.

1983–1986: Mitglied des Internationalen Komitees zur Beobachtung des Kometen Halley.

1988: Koautorin der Monographie »Physik und Evolution von Sternen«.

1995: Beginn der Mitarbeit an Programmen für astronomische Forschungen auf der Internationalen Raumstation ISS.

LAIKA

Die erste Kosmonautin war vierbeinig

»Der Hund spielt in unserem Land schon seit längerer Zeit eine wichtige Rolle in der Forschung. Er ist eines der ältesten Haustiere, und wir haben viele Angaben über ihn gesammelt. Sein Blutkreislauf und seine Atmung sind der des Menschen ähnlich. Außerdem ist er gelehrig, geduldig und widerstandsfähig, was ihn für länger dauernde Experimente besonders geeignet macht. Der große russische Gelehrte Iwan Petrowitsch Pawlow konnte durch Versuche mit Hunden Erkenntnisse über bedingte und unbedingte Reflexe gewinnen, für die er 1904 als erster Physiologe mit einem Medizin-Nobelpreis ausgezeichnet wurde. Dieser Tradition folgend, setzten wir von Anfang an auch an Bord von Höhenforschungsraketen und Raumflugkörpern Hunde ein.«

Das erzählte mir Akademiemitglied Oleg Gasenko, jahrzehntelang Direktor des Moskauer Instituts für medizinische und biologische Probleme auf dem 18. Internationalen Astronautischen Kongress 1967 in Belgrad. Dort wurde beschlossen, den 4. Oktober 1957, an dem der erste Sputnik startete, für immer als Beginn des Zeitalters der Raumfahrt festzuschreiben. Professor Gasenko berichtete weiter, dass schon 1949 »Pawlowsche Hunde« in den Köpfen sowjetischer Höhenforschungsraketen mitflogen. Sie hatten sich als ideale Versuchstiere erwiesen, weil sie relativ leicht durch bedingte Reflexe für ihr Verhalten bei den Experimenten dressiert werden können. Auf Schüttelrosten und Vibrationsanlagen wurden sie mit den Startbelastungen vertraut gemacht; in Zentrifugen erlebten sie die Beschleunigungskräfte; in Raumanzügen und Druckkammern gewöhnten sie sich an die Flugbedingungen; akustische und optische Signale aktivierten sie für die Nahrungsaufnahme zu bestimmten Zeiten. Bereits 1951 stieg ein Hund mit einer Rakete bis zu einer Höhe von achtundsiebzig Kilometern auf und landete wohlbehalten in seiner Kabine am Fallschirm. Spätere Missionen ballistischer Raketen führten zwei Hunde mit und erreichten

Zurück aus dem All. Kopfteil einer Höhenforschungsrakete mit Hunden an Bord

Höhen von bis zu 446 Kilometern. Bei diesen Raketenaufstiegen erfolgten während der drei- bis sechsminütigen Schwerelosigkeit Messungen des Blutdrucks und Aufzeichnungen des Elektrokardiogramms, die keine wesentlichen Abweichungen aufwiesen. Die Aufnahmen der Filmkameras zeigten, dass die Hunde bei Nahe-Null-Gravitation den Kopf zurückwerfen. Das war eine Folge der Diskrepanz zwischen der Stärke der Nackenmuskeln und der Schwere des Schädels. Doch die Spannkraft der entsprechenden Muskulatur des Hundes blieb erhalten. Insgesamt bewiesen die Experimente, dass hoch entwickelte Säugetiere die Belastungen eines Raumfluges – insbesondere den Beschleunigungsandruck und die Schwerelosigkeit – kurzfristig ohne gesundheitliche Schäden überstehen.

Auf den Hund gekommen

In Moskau, Leningrad und Kiew entstanden Schulen, in denen Physiologen Gruppen von Versuchstieren auf ihre Missionen vorbereiteten. Zusammen bildeten sie das Korps der vierbeinigen Kosmonauten.

Die Auswahl der Versuchstiere erwies sich als gar nicht so einfach, mussten doch die Forderungen der verschiedensten wissenschaftlichen Disziplinen berücksichtigt werden:

- Die Zoologen plädierten für eine so genannte Promenadenmischung, weil die Erfahrung bewies, dass Bastarde besonders robust sind.
- Die Raketentechniker bestanden auf einem Leichtfuß, der nicht mehr als sechs Kilogramm wiegen sollte, weil die Nutzlasten der damaligen Forschungsraketen sehr begrenzt waren.
- Die Biologen wiederum wünschten ein Weibchen, da sich der Raumanzug mit seinen sanitären Einrichtungen für eine Hündin besser maßschneidern ließ.
- Die Nachrichtentechniker benötigten unbedingt einen Hund mit hellem Fell, weil das günstiger für Film- und Fernsehaufnahmen war.
- Die Psychologen schließlich forderten einen Ausgeglichenen, da zu ruhelose oder zu träge Tiere für Experimente nicht geeignet waren.

Unzählige Hunde wurden ausgesucht und untersucht, gemessen und getestet. Endlich waren die ersten Aspiranten fürs All beisammen: Alba (Weißling), Kosjawka (Käferchen), Malyschka (Kleine) und Zyganka (Zigeunerin). Als die Miss-Kosmos-Wahl abgeschlossen war, meinte einer der Betreuer, Professor Pokrowski: »Es ist gar nicht so einfach, richtig auf den Hund zu kommen!« Ähnliche Namen erhielten auch die Hündinnen, die im den Raumkapseln des Typs Korabl (Schiff) unmittelbar vor den ersten bemannten Missionen zum Einsatz kamen: Bjelka (Eichhörnchen), Strjelka (Pfeilchen), Tschornuschka (Mohrchen), Ptscholka (Biene) und Mucha (Fliege).

Am 20. August 1960 flogen Bjelka und Strjelka an Bord von Korabl 2 als erste höhere Lebewesen einen Tag lang im Weltraum um die Erde und kehrten wohlauf zurück. In der Kabine, die einen kleinen Zoo beherbergte, herrschten hinsichtlich Druck und Luftzusammensetzung irdische Verhältnisse. Die Temperatur betrug zwanzig Grad Celsius. Strjelka wurde fünf Monate nach ihrer Rückkehr Mutter von fünf Welpen. Ihre Nachkommen leben wie die anderer Weltraumhunde heute noch. Nikita Chruschtschow ließ es sich übrigens nicht nehmen, John F. Kennedy nach dessen Wahl zum Präsidenten einen Welpen der Hündin Strjelka zu schenken, den diese nach ihrem Raumflug geworfen hatte. Von den Amerikanern wurde die Geste allerdings als »Pfeil« auf ihr Selbstbewusstsein verstanden.

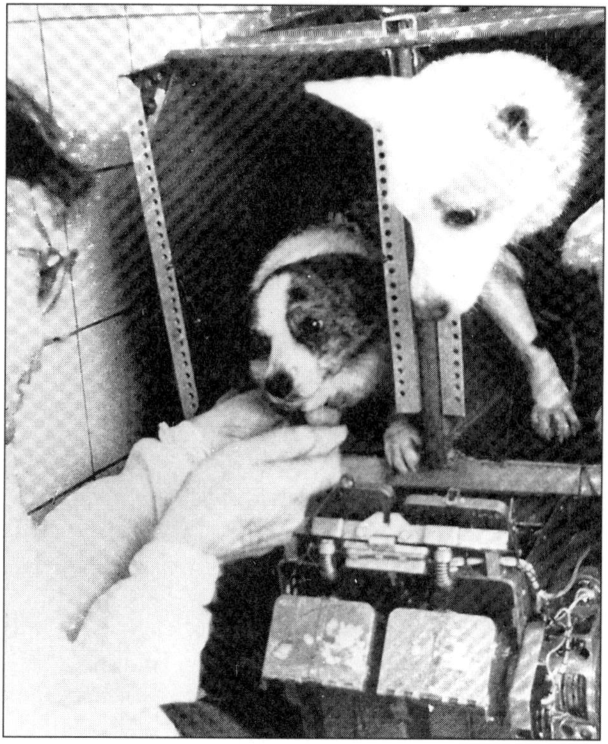

Vorbereitung der Versuchshunde Bjelka und Strjelka auf ihren Flug mit Korabil 2

Als die zukünftigen Kosmonauten das Wostok-Raumschiff und dessen Trägerrakete besichtigten, zeigte man ihnen auch ihre letzte weibliche Vorgängerin, die gerade für den Start vorbereitet wurde.

»Wie heißt sie?«, wollten die Weltraumflieger wissen.

»Ich glaube Tutschka (Wölkchen) oder Dymka (Nebel)«, antwortete der Techniker, der sie führte.

»Was für ein Name!«, meinte Juri Gagarin. »Sie fliegt in den Kosmos, und ihr nennt sie ›Nebel‹. Das paßt doch gar nicht!«

»Dann schlagt doch einen besseren Namen vor«, forderte der Ingenieur die Kosmonauten auf.

Von allen Seiten kamen die Empfehlungen: Kosmitscheskaja (Kosmische), Laskowaja (Zärtliche), Geroiskaja (Heldin) ...

»Swjosdotschka«, (Sternchen) schlug Gagarin vor, und alle waren einverstanden. Nomen est omen! Sternchens Stunde schlug am 25. März 1961. In 110 Minuten umrundete sie einmal unseren Globus und kehrte schließlich wohlbehalten zur Erdoberfläche zurück. Drei Wochen später hatte die Menschheit ihre Sternstunde, als Juri Gagarin am 12. April 1961 als erster Erdenbürger auf der gleichen Bahn flog.

Chruschtschow forderte ein Lebewesen

Die erste vierbeinige Kosmonautin flog jedoch bereits dreieinhalb Jahre zuvor und trug den Namen Laika (Beller). Einzelheiten über die Vorgeschichte dieses Unternehmens erfuhr ich durch Akademiemitglied Boris Rauschenbach und Professor Boris Tschertok, beide Stellvertreter des legendären Chefkonstrukteurs Sergej Koroljow. Mit der gewaltigen internationalen Wirkung des ersten künstlichen Erdsatelliten Sputnik 1 (Weggefährte) hatte in der Sowjetunion niemand gerechnet. Während die Amerikaner unter dem »Sputnik-Schock« litten, erfasste die Russen ein regelrechter »Sputnik-Rausch«. Das ganze Land feierte, war ihm doch niemals so viel Anerkennung aus aller Welt zuteil geworden. Da bestellte Chruschtschow Koroljow und einige andere in den Kreml. Er forderte von ihnen, zu Ehren des 40. Jahrestages der Oktoberrevolution einen weiteren Satelliten zu starten. Dieser Paukenschlag sollte den ersten noch übertreffen und erstmals ein Lebewesen mit an Bord führen. Koroljow widersprach, denn es stand nicht einmal ein Monat zur Verfügung. Er wusste, dass es unmöglich war, in dieser kurzen Zeit einen neuen Raumflugkörper zu schaffen, und er befürchtete einen Misserfolg, der der Raumfahrt Schaden zufügen würde. Doch er musste sich dem offiziellen Beschluss beugen, der am 12. Oktober gefasst wurde – zweiundzwanzig Tage vor dem Start. Für die Hündin »Laika«, die zu diesem Zeitpunkt noch gar nicht ausgewählt worden war, bedeutete diese Entscheidung den Tod. Zähneknirschend erklärte Koroljow: »Wir sind doch keine Militärkapelle, die auf Befehl Parademärsche spielt!« Dennoch ging er mit seinen Kollegen ans Werk.

Die Raumfahrtmediziner begannen sofort mit dem Training einer Gruppe von Versuchshunden, die sich an die Ausrüstung und den Aufenthalt in der Kabine gewöhnen mussten. Außerdem war es zu Vergleichszwecken erforderlich, ihre normalen und individuellen, erdgebundenen Körperreaktionen und medizinischen Indikationen aufzuzeichnen. Laika schnitt wenige Tage vor dem Start als Beste ab und war damit dem Tode geweiht, denn es gab zu diesem Zeitpunkt noch keine Technik, die eine wohlbehaltene Rückkehr zur Erde ermöglicht hätte.

Die sechseinhalb Kilogramm schwere Laika war ein schwarz-weiß gefleckter Bastard. Im Hohen Norden Russlands gibt es eine Rasse von Jagd- und Hütehunden mit dem Namen Laiki, unter denen Laika wohl einen ihrer Vorfahren hatte. Sie haben eine Widerristhöhe von 40 bis 48 Zentimetern und werden vor allem zur Jagd auf kleine Pelztiere, aber auch auf Bären, Rot-, Schwarz- und Federwild eingesetzt. Die Weltraumhündin Laika glich in Größe und Aussehen verblüffend jenem Hund, der auf einer Illustration zu dem Buch Jules Vernes »Von der Erde zum Mond« zu sehen ist, das hundert Jahre zuvor erschienen war.

Beim Bau von Sputnik 2 wurden alle Regeln über den Haufen geworfen, die in der Entwicklung der Raketentechnik gelten. Der Raumflugkörper entstand innerhalb von drei Wochen nach mündlichen Anweisungen und Handskizzen der Konstrukteure unmittelbar in der Produktions-

Laika in ihrer »Hundehütte«
Modellfoto von Sputnik 2

abteilung, wo Tag und Nacht gearbeitet wurde. Der kegelförmige Satellit blieb mit der Raketenendstufe verbunden, besaß eine Masse von mehr als einer halben Tonne und eine Länge von dreißig Metern. Ein Druckbehälter in der Spitze sollte die Insassin sechs Tage lang am Leben erhalten. Im offenen Zustand glich die Kabine einem länglichen, ellipsenförmigen Nest, dessen Wände mit weichem Material ausgepolstert waren. Ein kleiner elektrischer Ventilator hatte die Aufgabe, die Luft zirkulieren zu lassen, nachdem sie von ihrem Kohlendioxid- und Wasserdampfgehalt chemisch gereinigt und wieder mit Sauerstoff durchsetzt worden war. Die Temperatur sollte ein hitzeabsorbierender Schutzschirm regeln. Durch einen automatisch arbeitenden Trog erhielt das Tier Nahrung und Wasser in Gelatineform. Die Körperausscheidungen wanderten in einen Gummibehälter, der am Becken der Hündin befestigt wurde.

Tod durch Überhitzung

Da es praktisch unmöglich war, in der kurzen Zeit ein zuverlässiges System der Lebenserhaltung und Wärmeregulierung zu entwickeln, sahen die beteiligten Wissenschaftler die schmerzlose Tötung des Tieres nach einigen Tagen vor. Vor dem Flug wurde Laika mit einer schwachen Alkohollösung besprengt und ihr Fell gekämmt. Die Stellen, an denen die silbernen Elektroden unter der Haut angebracht waren, wurden mit Jod eingepinselt und mit einem Desinfektionsmittel bestäubt. Von hier aus führten Drähte zu einem Miniaturgerät für die Ableitung des Elektrokardiogramms und zu einem potentiometrischen Sensor für Bewegungsmessungen. Zum Schluss bekam Laika ein Geschirr angezogen und wurde in die Kabine gesetzt. Leinen schränkten ihre Bewegungen ein, erlaubten ihr es aber, zu stehen, sich hinzulegen oder zu sitzen. Versuche in der Zentrifuge hatten zu der Erkenntnis geführt, dass Tiere am wenigsten belastet werden, wenn die Beschleunigungskräfte transversal, das heißt im rechten Winkel zur Wirbelsäule auftreffen.

Zur wissenschaftlichen Instrumentierung von Sputnik 2 gehörten Messgeräte für Druck und Temperatur sowie zur Erforschung der kosmischen und solaren Strahlung im Kurzwellen-, Ultraviolett- und Röntgenstrahlenbereich. Die Übertragung der gewonnenen Beobachtungsdaten erfolgte über zwei Sender, die auf den gleichen Wellenlängen arbeiteten wie die von Sputnik 1.

Mediziner, Biologen und Zoologen verfolgten aufmerksam alle eingehenden Telemetriedaten über Laikas Herz- und Kreislauftätigkeit, Atemfrequenz, Pulsschlag und Blutdruck.

Während des Aufstiegs wurde der Rhythmus von Puls und Atmung zunächst schneller. Doch mit zunehmender Beschleunigung verlangsamte er sich wieder. Als die Umlaufbahn erreicht wurde, waren die physiologischen Funktionen fast wieder normal. Aber dann trat früher als erwartet das ein, was die Weltraumtechniker befürchtet hatten: Laika starb qualvoll an Überhitzung. Der Biomediziner Dr. Abram Genin, einer der Experimentatoren, berichtete Jahrzehnte später:

»Eine Vielzahl von Überprüfungen überzeugte uns, daß der Tod tatsächlich auf Überhitzung und nicht auf andere Ursachen, einschließlich der Schwerelosigkeit, zurückzuführen war.«

Und Professor Gasenko bestätigte:

»Offensichtlich gab es ein Isolierungsproblem, das rasch die Temperatur in der Hundekabine auf über vierzig Grad ansteigen ließ.«

Allerdings wurden diese Tatsachen fünfunddreißig Jahre lang geheim gehalten. Sputnik 2 lieferte nur sieben Tage lang Daten, dann brach die Lagestabilisierung zusammen, und der Raumflugkörper taumelte auf seiner Bahn noch fünf Monate lang um die Erde, bis er in der Atmosphäre verglühte.

Chruschtschow jedenfalls konnte den zweiten Sputnik als »Geschenk« zu den Feierlichkeiten am 7. November präsentieren. Eisenhower hingegen hatte das Nachsehen. Der nur anderthalb Kilogramm schwere amerikanische Satellit mit dem anspruchsvollen Namen Vanguard (Vorhut) explodierte am 7. Dezember 1957 nach dem Zündbefehl auf Cape Canaveral und kreierte die fatalen Begriffe »Kaputtnik« und »Floppnik«.

Trotz alledem bewies Laika beim Aufstieg und Einflug in die Umlaufbahn, wenn auch nur für kurze Zeit, dass sich ein höheres Lebewesen physiologisch der Schwerelosigkeit anpasst und somit einem Raumflug gewachsen ist. Das allerdings hätte auch Zeit gehabt, bis die Versuchstiere wohlbehalten wieder zur Erde zurückgeführt werden konnten, was drei Jahre später der Fall war. Laika teilte das Los von Millionen Versuchstieren, die im vergangenen Jahrhundert im Namen des wissenschaftlichen Fortschritts geopfert wurden.

Datentafel SPUTNIK 2

Erster Biosatellit mit der Hündin Laika an Bord

Astronomische Bezeichnung:	1957ß1
Trägerrakete:	modifizierte R 7
Startdatum:	3. November 1957
Startort:	Baikonur
Masse:	508,3 kg
Form:	Kegel
Basisdurchmesser:	1,2 m
Länge (mit letzter Raketenstufe):	30 m
Perigäum (erdnächster Bahnpunkt):	225 km
Apogäum (erdfernster Bahnpunkt):	1.671 km
Bahnneigung (zum Äquator):	65,3 Grad
Umlaufzeit:	103,75 min
Flugdauer:	162 d
Erdumläufe:	2.370
Verglühdatum:	14. April 1958

TEIL 2

ALLEINHERRSCHERINNEN

Ich glaube, daß die naturwissenschaftliche Befähigung von Männern und Frauen völlig gleich ist.

IRÈNE JOLIOT-CURIE
Nobelpreisträgerin für Chemie
1897–1956

WALENTINA TERESCHKOWA

»Tschaika« war die Erste

Von den vierzig Raumfahrerinnen aus sechs Ländern, die sich in den vergangenen vier Jahrzehnten zusammengerechnet vier Jahre lang im Weltraum aufhielten, bin ich ihr am meisten begegnet: Walentina Wladimirowna Tereschkowa, die erste Frau im All, die am Sonntag, dem 16. Juni 1963, mit ihrem Raumschiff Wostok 6 vom kasachischen Kosmodrom Baikonur startete und in drei Tagen achtundvierzigmal die Erde umkreiste, um dabei zwei Millionen Kilometer zurückzulegen. Ich traf sie in Berlin und Moskau, auf der ersten Weltraumkonferenz der Vereinten Nationen UNISPACE 1968 in Wien und an vielen anderen Orten der Erde, wo Raumfahrtveranstaltungen stattfanden. Ich sah sie als Mädchen, als junge Mutter, als reife Frau, als Großmutter und in den letzten Jahren besonders häufig als First Lady der Raumfahrt, die im Jahre 2002 ihren fünfundsechzigsten Geburtstag begeht.

Im letzten Jahrzehnt wirkte sie vor allem als Leiterin des »Russischen Zentrums für internationale wissenschaftliche und kulturelle Zusammenarbeit bei der Regierung der Russischen Föderation« und damit auch als Herrin des Russischen Hauses der Wissenschaft und Kultur in der Berliner Friedrichstraße, dessen Direktor früher ihr kosmischer Zwilling, Waleri Bykowski, war. Ihrer Initiative ist es zu verdanken, dass dort im Herzen der Berliner Republik seit 1998 alljährlich internationale Konferenzen zum Thema »Raumfahrt zum Nutzen der Menschheit« stattfinden, an denen Raumfahrer und Weltraumwissenschaftler aus aller Welt teilnehmen.

Ihr erster Auslandsbesuch führte »Tschaika« (Möwe) – so ihr kosmischer Funkcodename, mit dem sie bis heute von Freunden gerufen wird – in die DDR. Vier Monate nach ihrem historischen Flug traf sie gemeinsam mit Juri Gagarin in Berlin ein. Was sie uns damals über ihre Erlebnisse während des Raumfluges erzählte, machte deutlich, wes Geistes Kind sie ist:

»Den stärksten Eindruck machte auf mich der Blick aus dem Weltraum auf die Erde, die ich in zweihundert Kilometern Höhe in anderthalb Stunden einmal umrundete. Sechzehnmal am Tag sah ich die Sonne auf- und untergehen. Deutlich waren die Kontinente und Meere, die großen Städte und Flüsse, die Wälder und Wüsten zu erkennen. Die Schönheit unseres Blauen Planeten, wie Juri Gagarin ihn nannte, ist überwältigend. Die Erde erscheint zugleich aber auch klein und ver-

Der Erste und die Erste – Juri Gagarin und Walentina Tereschkowa 1963 in Berlin

wundbar in der Unendlichkeit des Universums. Ihr Anblick vertieft die Erkenntnis, wie wichtig es ist, den Frieden im Himmel und auf der Erde zu erhalten.

Wichtig war für mich aber auch das Gefühl, mit der Hand am Steuer die Lage des Raumschiffes in seiner Bahn zu bestimmen. Das ›schwache Geschlecht‹ mit seinen zarten Händen kann also nicht nur auf der Erde, sondern auch im Weltraum seinen Mann stehen.«

Über den ersten Menschen im All, ihr großes Vorbild, berichtete Walentina:

»Die Gagarins wohnen immer noch in dem selben Haus ohne Fahrstuhl, in der selben Zweizimmerwohnung in der dritten Etage. Gleich nach seinem Flug hatte der Moskauer Stadtsowjet Gagarin eine geräumige Vierzimmerwohnung in einem mit Komfort ausgestatteten Haus auf dem Kutusow-Prospekt angeboten. Aber Juri wollte nichts davon hören, das Sternenstädtchen zu verlassen. Bei den Gagarins ist fast immer Besuch, die Verwandten aus Gshatsk oder aus Orenburg, frühere und jetzige Kollegen, bekannte Journalisten. Einmal lud Gagarin auch mich ein. Er sprach über die Zukunft der Raumfahrt – leidenschaftlich, ernsthaft und begeistert, aber gleichzeitig auch fröhlich. Damals wußte ich noch nicht genau, daß gerade ich zu beweisen haben würde, daß eine Vertreterin des ›schwachen Geschlechts‹ auch im Weltraum mit den Männern konkurrieren kann. Juri ermunterte mich und versicherte mir, daß ich mit der Aufgabe ausgezeichnet fertig werden würde.

Und wie könnte ich den Abend vor meinem Flug vergessen!? Sergej Koroljow besuchte mich damals gemeinsam mit Juri Gagarin, wie er sagte: ›Auf einen Tee‹. Juri war an diesem Tag besonders aufgeräumt, aber ich verstand recht gut, daß sowohl der Chefkonstrukteur als auch der Kosmonautenkommandeur nicht deswegen ihre wichtigen Angelegenheiten im Stich gelassen hatten, um in Damengesellschaft Tee zu trinken, sondern sie sorgten sich um mein Befinden.

Am Morgen, als ich dann in der Kabine des Raumschiffes saß, hörte ich die ruhige Stimme Gagarins, der einer der Flugleiter war: ›Tschaika, Tschaika, hier ruft die Erde.‹ Jetzt gab es in seiner Stimme keinen scherzenden Unterton mehr.«

Der »Kolumbus des Kosmos«, wie britische Journalisten Juri Gagarin nannten, sagte über die erste »Amazone des Alls«:

»Sie ist eine in ihrer Art schöne Frau, obgleich sie keine auffallende Schönheit ist. Schön sind ihre gütigen Augen, das liebe Lächeln, die Bescheidenheit und Innigkeit. Sie wirkt auf den ersten Blick vielleicht schmal und zerbrechlich, aber sie besitzt große Kraft, Energie und Willensstärke.«

Der Senior der russischen Raumfahrtpublizisten, Jewgenij Rjabtschikow, schrieb in seinem 1971 erschienenen Buch »Rote Raketen – keiner kennt Baikonur« über die »Möwe«:

»Walentina ist eine ungewöhnlich entschlossene, willensstarke Frau. Als wir sie in der Abgeschiedenheit der Isolierzelle fotografierten, wurde ich von scheinbar nebensächlichen Einzelheiten stark beeindruckt. Es war der zwölfte Morgen, wenn ich mich recht erinnere. Sie wachte auf und lächelte, obwohl sie niemanden sehen konnte. Welch ein zauberhaftes, kindliches Lächeln!

Dann warf sie rasch die Decke zurück, reckte sich, prüfte den Sitz der Sensoren an ihrem Körper. Danach zog sie die Tischschublade auf und nahm einen Spiegel heraus. Während ich sie durch den Sehschlitz beobachtete, gingen mir mancherlei Gedanken durch den Kopf. Noch vor kurzem waren viele Psychologen in manchen Ländern der Erde der Ansicht, die ›Einzelzelle‹ sei für eine Frau unerträglich, denn sie könne die nervenaufreibende Einsamkeit und bedrückende Stille nicht aushalten. Walentina widerlegte diese Theorie. Wir waren überzeugt, sie würde die Zweifel der Skeptiker zerstreuen und beweisen, daß eine Frau zu allem fähig ist.«

Das tat sie denn ja auch, obwohl die Belastungen des Raumfluges nicht spurlos an ihr vorbei gingen. Zunächst verzögerte sich der Start

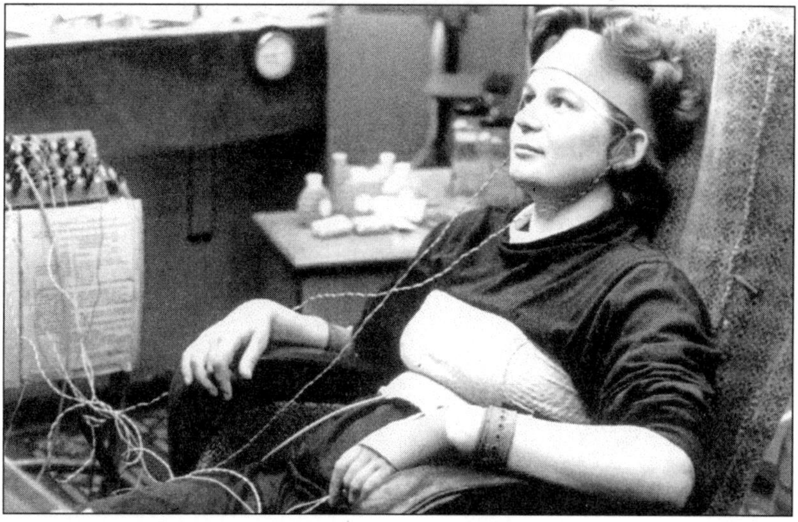

Walentina Tereschkowa während der Tests in der Isolierzelle

von Wostok 6 um einen Tag, dann wurde auch noch ein lebensgefährlicher Defekt im Raumschiff während des Fluges entdeckt. Der für die Kommunikation verantwortliche Spezialist Iwan Spitsa erinnert sich:

»Die arme Frau geriet in einen solchen Zustand, daß ihr Funkverkehr beinahe unverständlich war. Ihr wurde häufig schwindelig, und sie schlief ein. Koroljow war völlig außer sich und fragte mich: ›Was unternehmen wir jetzt mit ihr?‹ Wir schalteten per Funkbefehl das Kabinenlicht ein und aus. Sie erwachte und rief sofort ihr Kennwort: ›Hier ist Tschaika, hier ist Tschaika ...‹«. Die psychologische Instabilität, von der einige Autoren schreiben, kann jedoch nicht all zu groß gewesen sein, wurde der ursprünglich für vierundzwanzig Stunden geplante Flug doch um zwei Tage verlängert. Es handelte sich wohl eher um eine zeitweilige Erschöpfung infolge Überanstrengung.

Wenn Walentina in der Vergangenheit über Zwischenfälle während ihres Fluges schwieg, so nicht zuletzt deswegen, weil sie die Schwierigkeiten mit der Wahrheit von ihren Vorgängern kannte. So wurde erst

Bereit zum Start!

Jahrzehnte später offiziell bekannt gegeben, dass sich die Landekapsel von Wostok 1 nicht rechtzeitig vom Geräteteil getrennt hatte, was Juri Gagarin in Lebensgefahr brachte. Zwar erfolgte unmittelbar nach der Mission die Mitteilung, dass bei German Titow zum ersten Mal die Raumkrankheit in Erscheinung trat, nicht aber, dass er ab dem fünften Erdumlauf unter starker Übelkeit und Gleichgewichtsstörungen litt. Pawel Popowitschs Probleme mit den Lebenserhaltungssystemen von Wostok 3, die zum Abfall der Temperatur auf zehn Grad Celsius und der Luftfeuchtigkeit auf fünfunddreißig Prozent führten, fielen ebenso unter den Tisch. Das gilt auch für Tereschkowas Rendezvouspartner Waleri Bykowski, in dessen Raumschiff Wostok 5 Störungen in der Energieversorgung auftraten. Da die erreichte Umlaufbahn zu niedrig war, stieg die Temperatur in der Kabine. Außerdem streikte zeitweilig das Assanierungssystem. Statt der vorgesehenen acht Tage blieb der Kosmonaut deshalb nur knapp fünf Tage im All. Walentina selbst antwortete in einem Interview mit der »Moskowskije Nowosti« 1999 auf eine

Die »Möwe« und der »Habicht«: Walja und Waleri bereiten sich auf ihr Rendezvous im All vor.

entsprechende Frage: »Was negative Äußerungen über meinen Flug angeht, so kann ich nur eines sagen: Die ganze Expedition ist bis ins Detail festgehalten und mitgeschnitten worden. Wer die Wahrheit erfahren will, möge sich den Mitschnitt anhören. Es gibt keine Geheimhaltung.« Die Kosmonautin Nummer Eins, international registriert unter UdSSR-6/1963-23 (sechste bemannte Mission der Sowjetunion/dreiundzwanzigster Raumflugkörper des Jahres) war zugleich der zehnte Mensch im Weltraum überhaupt. Die »Tschaika« traf sich zweihundert Kilometer über der Erde mit dem »Jastreb« (Habicht), Waleri Bykowski, der zwei Tage zuvor mit Wostok 5 gestartet war. Bei diesem ersten kosmischen Rendezvous zwischen Mann und Frau im Orbit näherten sich beide mit ihren Raumschiffen bis auf eine Sichtweite von viereinhalb Kilometern, bevor sie getrennt zur Erde zurückkehrten. Walentina Tereschkowa hielt sich länger im Kosmos auf, als ihre zuvor geflogenen männlichen amerikanischen Kollegen zusammengerechnet.

Das war für die USA ein erneuter Schock, nachdem in den ersten sechs Jahren des Raumfahrtzeitalters die Sowjetunion zwölf Erstleistungen für sich verbuchen konnte:

- Start des ersten künstlichen Erdsatelliten Sputnik 1 am 4. Oktober 1957.
- Start des ersten Lebewesens in eine Erdumlaufbahn – Laika auf Sputnik 2 am 3. November 1957.
- Start der ersten Mondsonde Lunik 1 am 2. Januar 1959.
- Erste harte Landung einer Sonde auf dem Mond – Lunik 2 am 14. September 1959.
- Erste Aufnahmen von der Rückseite des Mondes durch Lunik 3 am 6. Oktober 1959.
- Erste Rückkehr von Lebewesen aus dem Weltraum mit Korabl 2 am 20. August 1960.
- Start der ersten Raumsonde in Richtung Venus – Venera 1 – am 12. Februar 1961.
- Erster Raumflug eines Menschen – Juri Gagarin mit Wostok 1 am 12. April 1961.
- Erster eintägiger Raumflug eines Menschen und erste Farbfotos von der Erde durch German Titow auf Wostok 2 am 6. August 1961.
- Erster Gruppenflug von Andrijan Nikolajew und Pawel Popowitsch mit Wostok 3 und Wostok 4 am 12. August 1962.
- Start der ersten Raumsonde in Richtung Mars – Mars 1 am 1. November 1962.
- Erster Raumflug einer Frau – Walentina Tereschkowa mit Wostok 6 am 16. Juni 1963.

Eine Pilotin und vier Springerinnen

Die Idee, bei einem Raumflug weibliche Piloten einzusetzen, kam in der Sowjetunion bereits im Oktober 1961 auf – unmittelbar nach der ersten Erdumkreisung von Gagarin und der eintägigen Mission von Titow, noch bevor der erste amerikanische Astronaut John Glenn startete. Sowohl Chefkonstrukteur Sergej Koroljow als auch Kremlchef Nikita Chruschtschow waren daran interessiert. Der eine, weil es technisch kein Problem war, in eine Wostok-Kapsel eine Frau zu setzen und wissenschaftliche Antworten auf offene Fragen zu erhalten, der andere, weil ein solches Unternehmen politisches Prestiges versprach. Eine Rolle spielte auch die Tatsache, dass die NASA mit einigen Pilotinnen Vorversuche durchgeführt hatte. Jedenfalls entschied das Zentralkomitee der Kommunistischen Partei der Sowjetunion am 30. Dezember 1961 die Auswahl von sechzig neuen Weltraumkandidaten, darunter fünf weiblichen.

Da die Altersobergrenze mit dreißig Jahren festgelegt wurde, waren die wirklich erfahrenen Flugzeugführerinnen meist zu alt. Andere entsprachen nicht den Vorstellungen der Apparatschiks oder den speziel len medizinischen Anforderungen. Das traf auch auf die exzellente Testpilotin Maria Popowitsch, Ehefrau des Kosmonauten Pawel Popowitsch, zu. Deshalb wurde die DOSAAF (Dobrowolnoje Obschtschestwo Sodejstwija Armii, Awiazii i Flotu – Freiwillige Gesellschaft zur Förderung der Armee, der Luftfahrt und der Flotte), eine Wehrsportorganisation, eingeschaltet. Deren Funktionäre durchkämmten die Aeroklubs, die es überall im Lande gab.

Innerhalb von nur zwei Monaten wurden mehr als vierhundert Anwärter ausgewählt und im ZWNIAG (Zentralnyj Wojennyj Nautschno-Issledowatjelskij Awiazionnyj Gospital – Zentrales Militärisches Luftfahrtforschungshospital) umfangreichen und strengen physiologischen und psychologischen Tests unterzogen. Eine medizinische Kommission, der führende Ärzte der Akademie der Wissenschaften, des Ministeriums für Gesundheitswesen und der Streitkräfte angehörten, führte die Auswahl durch. Doch die letzte Entscheidung fällte eine staatliche Kommission, für die ideologische und moralische Wertungen ausschlaggebend waren. Diese höchste Instanz machte von ihrem absoluten Ablehnungsrecht Gebrauch, wenn ein Kandidat Verwandte im Ausland hatte, und wenn es Emigranten oder Dissidenten in der Familie gab.

Zehn Frauen überwanden alle diese Hürden und gingen Anfang 1962 in die abschließenden Tests. Die fünf schließlich Auserwählten nahmen am 3. April 1962 ihre Grundausbildung im ZPK (Zentr Podgotowki Kosmonawtow – Kosmonauten-Ausbildungszentrum) bei Moskau auf. Sie wurden mit dem Sonderstatus einer Frauengruppe der WWS (Wojenno-Wosdushnyje Sily – Luftstreitkräfte) geführt. Die jüngste von ihnen war 20, die älteste 28 Jahre alt, das Durchschnittsalter lag bei 24 Jahren:

Shanna Dimitrijewna Jerkina, geboren am 6. Mai 1939 in Solzy im Nowgoroder Gebiet, hatte das Pädagogische Institut in Rjasan absolviert, arbeitete als Englischlehrerin und betrieb in ihrer Freizeit Fallschirmspringen. Sie gehörte der Unterstützungsgruppe für die Missionen Wostok 6 und Woschod 2 an und wurde als Double-Kommandantin für das geplante, aber nicht durchgeführte Unternehmen Woschod 4 aufgestellt. Später heiratete sie den Offizier Waleri Sergejtschick von der Technischen Abteilung des ZPK und blieb als Mitarbeiterin der Abteilung Flugsimulation im Sternenstädtchen.

Tatjana Dimitrijewna Kusnezowa, geboren am 14. Juli 1941 in Moskau, ist von Beruf Stenotypistin als auch technische Ingenieurin und stellte mehrere Weltrekorde im Fallschirmspringen auf. Sie war als Double-Pilotin von Woschod 4 und für einen Ausstieg in den freien kosmischen Raum vorgesehen. Nach ihrer Kosmonautenkarriere heiratete sie den Offizier Lado Pizchelauri vom Fliegerregiment des ZPK und wurde später Leiterin des Geophysikalischen Labors im Kosmonauten-Ausbildungszentrum.

Walentina Leonidowna Ponomarjowa, geboren am 18. September 1933 in Moskau, absolvierte das berühmte Moskauer Luftfahrtinstitut MAI und arbeitete danach im Institut für Höhere Mathematik der Akademie der Wissenschaften der UdSSR. Sie besaß als einzige der fünf Kandidatinnen eine Pilotenlizenz und Flugerfahrung auf den Flugzeugtypen Jak-18 und Po-2. Bereits vor ihrer Auswahl heiratete sie den Flugzeugingenieur Juri Ponomarjow, der ebenfalls am MAI studiert hatte. Walentina Leonidowna wurde als Kommandantin für Woschod 4 nominiert und arbeitete nach der Streichung dieser Frauenmission im Sternenstädtchen auf dem Gebiet der Flugdynamik und Flugkontrolle. Später kehrte sie an die Akademie zurück. Ihr Mann war im Flugzeugmotorenwerk Tuschinsk und im Konstruktionsbüro Koroljow tätig, das ihn in die Kosmonautengruppe delegierte. Dort war er zehn Jahre nach seiner Frau Double-Bordingenieur für Sojus 13, Sojus 18 und Salut 6. Später kehrte auch er an seinen alten Arbeitsplatz in die Raketenschmiede »Energija« zurück.

Irina Bajanowna Solowjowa, geboren am 6. September 1937 in Kirejewsk bei Tula, hatte das Uraler Polytechnische Institut in Swerdlowsk

(Jekaterinenburg) als Maschinenbauingenieurin absolviert und arbeitete in einem Werk für Energieanlagenbau. Als Mitglied der Nationalmannschaft für Fallschirmspringen stellte sie mehrere Weltrekorde auf und führte bis ins Alter von 55 Jahren 2.300 Sprünge aus. Sie war Double von Walentina Tereschkowa für Wostok 6 und als Pilotin von Woschod 4 sowie für den ersten Ausstieg einer Frau ins All vorgesehen. Als Wissenschaftlerin blieb sie im ZPK, heiratete den Instrukteur für Fallschirmsprung Sergej Kisseljow und nahm 1988 an einer Arktis-Expedition sowie einer Hochgebirgstour auf Skiern teil.

Walentina Wladimirowna Tereschkowa, geboren am 6. März 1937 in Maslennikowa bei Jaroslawl, war Textiltechnologin und hatte 120 Fallschirmsprünge ausgeführt. Sie flog als einzige der fünf Frauen in den Weltraum und absolvierte von 1964 bis 1969 gemeinsam mit den anderen – außer Walentina Ponomarjowa, die bereits ihr Diplom besaß – das MAI mit dem Abschluss einer Luft- und Raumfahrtingenieurin.

Als die fünf Kandidatinnen im Swjosdnij Gorodok eintrafen, existierte das Sternenstädtchen gerade erst anderthalb Jahre. In der Rekordzeit von nur acht Monaten war das Kosmonauten-Ausbildungszentrum mit seinen Testanlagen, Laboratorien und Wohnstätten aus dem Boden gestampft worden. Das streng abgeschirmte Militärobjekt liegt vierzig Kilometer nordöstlich von Moskau in der Nähe der Bahnstation Tschkalowskaja mitten im Wald. Auf halbem Wege befanden sich die Werkstätten des Konstruktionsbüros von Sergej Koroljow, des »Vaters der Wostok«. Von den zwanzig jungen Männern der ersten Ausbildungsgruppe, die später »Gagarin-Garde« genannt wurde, waren damals erst zwei im Kosmos – Gagarin und Titow –, bei den Amerikanern nur Glenn.

An einem Sonntagnachmittag, die Kosmonauten duschten gerade nach einem Hockeyspiel, läutete das Telefon. Einer der Männer, der an den Apparat ging, brachte aufgeregt die Nachricht mit: »Die Mädchen kommen!« Nach dem Abendessen betraten die Neuankömmlinge die Klubräume, wo die »alten Hasen« vor dem Fernseher saßen oder Billard spielten. Die Herren erhoben sich und boten den Damen Sessel an. Dann musterte man sich schweigend. Major Gagarin, der Leiter der Kosmonauten-Abteilung, hatte seine Mannen vorher zusammengerufen und sie instruiert:

»Fünf Kosmonautinnen sind unterwegs und stoßen zu uns. Wir wollen rücksichtsvoll und hilfsbereit zu ihnen sein. Wir dürfen sie nicht verspotten oder sonstwie beleidigen, haben wir doch ohnehin mehr als genug Spaßvögel und Witzbolde.« Nun brach der Kosmonaut Nummer eins den Bann und begrüßte die »weibliche Verstärkung« mit warmen

Worten. Hauptmann Popowitsch breitete die Arme aus und erklärte mit freundlicher Miene: »Also, Mädchen, ihr werdet es nicht leicht haben, aber wir wollen euch gerne helfen. Auch wir mußten anfangs manche Schwierigkeiten überwinden. Ich will im Namen von uns allen sagen: Wir sind sicher, daß bei euch alles klappen wird. Hauptsache ist, daß

Drei von zahlreichen Briefmarken, die weltweit dem ersten Weltraumflug einer Frau gewidmet wurden

ihr nicht den Mut verliert, das Ziel nicht aus den Augen und den Kopf nicht hängen laßt und nicht aufgebt, auch wenn mal etwas schief geht. Und wenn es wirklich scheußlich wird, wollen wir singen, Lieder bringen Freude. Alles klar?«

Man stellte sich gegenseitig vor und kam ins Gespräch. Zwar waren die Mädchen, denen man den Rang eines Unterleutnants gegeben hatte, zunächst etwas schüchtern gegenüber den höheren Chargen. Doch dann siegte die gemeinsame Jugend, denn nur vier der fünfundzwanzig Auserwählten waren älter als dreißig Jahre.

Von Anfang an fiel auf, dass sich der dunkelhaarige und samtäugige Andrijan Nikolajew besonders um die hübsche und lebhafte Walentina Tereschkowa bemühte. Die dunkelblonde »Walja« mit ihren grauen Augen hatte beim Lächeln Grübchen in den Wangen und besaß eine gewisse Ähnlichkeit mit der schwedischen Schauspielerin Ingrid Bergman. Jedenfalls trug der Oberleutnant schon am ersten Tag für den Unterleutnant den Reisekoffer aufs Zimmer. Bald wurde er ihr »Privatlehrer«, der beim Studium half und in der Kabine des Wostok-Simulators regelrechte Prüfungen veranstaltete. Popowitsch kommentierte das humorvoll: »Sie kommen beide von der Wolga. Andrijan stammt aus der Tschuwaschen-Region, Walentina aus Jaroslawl. Und alle Menschen aus den Wolgagebieten fühlen sich als Landsleute. Außerdem sind sie beide ledig, das macht auch etwas aus.«

Vier Monate später startete Nikolajew als Kosmonaut Nummer drei und wurde zum begehrtesten Junggesellen der Sowjetunion. Heute ist er der dienstälteste russische Raumfahrer und hat schon die Siebzig überschritten. Die Grundausbildung der Frauen dauerte nur acht Monate, in denen ihnen jedoch nichts geschenkt wurde. Sie wurden in der Zentrifuge bis zum Zwölffachen ihres Gewichts beschleunigt, auf dem »Teufelsstuhl« in alle Richtungen herumgewirbelt und mussten »Zitterpartien auf dem Rüttelstand« durchstehen. In »Einzelzellen« lebten sie bis zu drei Wochen völlig abgeschnitten von der Außenwelt ohne Zeitbezug, extremem Druck und hohen Temperaturen ausgesetzt. Durch Parabelflüge mit einer Tu-104 lernten sie, sich für jeweils dreißig Sekunden an die Schwerelosigkeit zu gewöhnen. Auch die Steuerung von Flugzeugen verschiedener Typen gehörte zur Ausbildung, ebenso wie Zielsprünge mit dem Fallschirm. Das Überlebenstraining führte die Weltraumkandidatinnen auf die Krim ans Schwarze Meer, wo Notlandungen auf dem Wasser geübt wurden, sowie in die Taiga, Tundra und Wüste. Nicht zu vergessen sei der ebenso umfangreiche wie vielseitige theoretische Unterricht, der von der Astronavigation bis zum Zweikörperproblem reichte.

Chruschtschows Favoritin Walja

Ab Januar 1963 waren die fünf Aspirantinnen raumflugbereit. Zu dieser Zeit wurde im Sternenstädtchen noch der Doppelflug zweier Kosmonautinnen nach dem Vorbild ihrer männlichen Kollegen Nikolajew und Popowitsch mit Wostok 3 und Wostok 4 diskutiert. Doch dann fiel die Entscheidung zu Gunsten des Alleinfluges einer Frau, kombiniert mit dem Rendezvous mit einem Mann. Als Einsatzkandidatin für Wostok 6 wurde Walentina Tereschkowa, als ihr Double Irina Solowjowa nominiert. Auf diese Wahl gab es unterschiedliche Reaktionen, hatte doch jeder der Verantwortlichen seine eigene Vorstellung und Vorliebe. Die einen meinten, die einzige Luftfahrtingenieurin und Flugzeugführerin Walentina Ponomarjowa sei die Geeignetste, die anderen hielten die Weltrekordlerin im Fallschirmspringen, Irina Solowjowa, dafür.

Doch Nikita Chruschtschows Favoritin war eindeutig Walentina Tereschkowa. Er votierte persönlich für Walja, was letzten Endes ausschlaggebend war, weil sie ihm am besten geeignet erschien, in der Weltöffentlichkeit aufzutreten. Dabei spielte ohne Zweifel die Vita der jungen Frau eine Rolle, die schon ein entbehrungs- und arbeitsreiches Leben hinter sich hatte.

Ihr Vater Wladimir genoss als bester Traktorist des Ortes hohes Ansehen. Er fiel in den ersten Tagen des Zweiten Weltkrieges, der in Russland als Großer Vaterländischer Krieg bezeichnet wird, an der Front, als sie erst vier Jahre alt war. Ihre Mutter, Jelena Fjodorowna, wurde mit siebenundzwanzig Jahren Kriegswitwe und musste sich mit ihren drei Kindern, Walja, der älteren Schwester Ludmilla und dem jüngeren Bruder Wolodja, als Fabrikarbeiterin durchschlagen. Mit dreiundvierzig Jahren erlitt sie einen Schlaganfall und war lange Zeit unfähig, sich zu bewegen und zu sprechen.

Walentina konnte infolge der schweren Nachkriegszeit erst ab dem zehnten Lebensjahr die Siebenklassenschule besuchen und arbeitete von klein auf in dem mehr als bescheidenen Haushalt mit. Als ungelernte Arbeiterin in einem Reifenwerk schloss sie auch noch die Zehnklassenschule ab. Dann begann sie eine Lehre in der Baumwollspinnerei des Textilkombinates »Krasny Perekop« in Jaroslawl, wo auch ihre Mutter arbeitete. Im Sommer 1960 erwarb sie nach einem anstrengenden Fernstudium am Technikum für Leichtindustrie das Diplom einer Textiltechnologin und wurde im Betrieb zur Sekretärin des Kommunistischen Jugendverbandes (Komsomol) gewählt. Neben Arbeit und Studium fand Walentina noch morgens oder abends Zeit, im Aeroklub Fallschirmspringen zu trainieren. Bei einem ihrer ersten Sprünge fiel sie ins Wasser und wäre fast ertrunken. Ihre Universitäten waren die harten Schulen des Lebens. Vom Raumflug Juri Gagarins erfuhr Walja am Webstuhl ihrer Fabrik. Wegen ihrer Begeisterung für die Kosmonautik nannte eine Freundin sie scherzhaft »Gagarin im Rock«. Ihre Mutter kommentierte das historische Ereignis mit den Worten: »Jetzt ist ein Mann in den Weltraum vorgedrungen, demnächst wird es ihm eine Frau gleichtun.« Die über Nacht weltberühmt gewordene Tochter sagte später einmal: »Von allen Menschen auf der Welt ist mir Mama der nächste und liebste. Sie setzte ihre Kraft und Gesundheit ein, um meine ältere Schwester, meinen Bruder und mich aufzuziehen. Seit ich volljährig bin, versuche ich, ihr mit meiner Zuneigung und Fürsorge zu danken.«

Vom ersten selbst verdienten Geld kaufte Walja ihrer Mutter ein blumenbedrucktes Kopf- und Schultertuch sowie einige Süßigkeiten. Als Jelena Fjodorowna die Geschenke sah, brach sie in Tränen aus. Während die Tochter im Weltraum über die Wolga, fast über Jaroslawl, flog, bat sie die Bodenstation: »Sagen Sie bitte meiner Mutter, sie soll sich keine Sorgen machen.« Gefragt nach ihren persönlichen Eindrücken beim Blick aus dem Weltraum auf die Erde, antwortete sie: »Auf unserem schönen Blauen Planeten gibt es viele Mütter, doch meine ist die beste. Ich bin bereit, alles zu tun, damit es keine Kriegswitwen mehr gibt so wie meine Mutter, und keine Kinder wie mich, die niemals ihren Vater kennenlernten.«

Walentina Tereschkowa war begeistert, als sie hörte, dass Juri Gagarin bei seinem Besuch in Großbritannien auf eine Frage der Königin Elisabeth antwortete: »Majestät, ich bin sicher, daß schon bald eine Frau in den Weltraum fliegen wird!« Sie erinnert sich:

»Mit einigen Freundinnen habe ich einen Brief nach Moskau geschrieben und darum gebeten, uns in die Kosmonautengruppe aufzunehmen. Wir haben aber niemals daran gedacht, eine Antwort zu erhalten, weil natürlich sehr viele solche Wünsche hatten. Doch Ende 1961 kam ein Vertreter aus der Metropole, und ich wurde eingeladen, zusammen mit einigen Mädchen aus dem Fallschirmklub, zur medizinischen Untersuchung nach Moskau zu kommen. Und ich wurde angenommen!«

Akadememitglied rettet Kosmonautin das Leben

Das Unternehmen »Tschaika« als reine Propagandaschau zu betrachten, ist jedoch falsch. Der wissenschaftliche Hauptgrund dafür, dass die Sowjetunion relativ früh eine Frau in den Kosmos entsandte, war ein biomedizinischer. Der weltbekannte Physiologe Akademiemitglied Wassili Parin erklärte damals:

»Frauen sind anders als Männer. Sie sind verschieden gebaut, haben anders geartete Organe, unterliegen der Menstruation. Sie reagieren manchmal auch anders. Wir wollten einfach herausfinden, wie die Bedingungen eines Raumfluges auf diese Hälfte des Menschengeschlechts wirkt. Zuvor hatten wir ausgiebig experimentiert, indem wir weibliche Säugetiere, Fische und Vögel in den erdnahen Weltraum sandten. Nun waren wir der Meinung, daß es nützlich sein würde, eine Frau dieser Bewährungsprobe zu unterziehen.«

Die wissenschaftliche Aufgabenstellung der Mission, die drei Hauptkomplexe umfasste, wurde erfüllt:

- Zum ersten Mal war es möglich, über einen seinerzeit relativ langen Zeitraum gleichzeitig Analysen und Analogien der Einwirkung kosmischer Stressfaktoren auf Mann und Frau anzustellen. Waleri Bykowski und Walentina Tereschkowa kreisten gemeinsam drei Tage lang im Gruppenflug um die Erde.
- Zum ersten Mal wurde mit Wostok 6 ein Raumschiff erprobt, das speziell für einen weiblichen Kosmonauten abgeändert worden war. Das betraf insbesondere den Konturensessel, den Raumanzug und die Hygieneeinrichtungen.
- Zum ersten Mal konnte durch vor, während und nach der Mission laufend durchgeführte physiologische und psychologische Untersuchungen nachgewiesen werden, dass auch eine Frau die Belastungen eines Raumfluges ohne dauernde Schäden übersteht.

Aus den telemetrischen Daten ergab sich kein prinzipieller Unterschied zwischen dem Verhalten von Mann und Frau. Was die erste Kosmonautin als störend empfand, war das Summen oder besser gesagt, das Dröhnen eines Ventilators, der bei 2000 Hertz 76 Dezibel abgab. Das entspricht immerhin der Lärmbelästigung durch einen schweren Lastkraftwagen in einigen Metern Abstand. »Etwas ungewöhnlich war es, mit frei schwebenden Armen zu schlafen«, erklärte Walja. »Darum machte ich mir die Erfahrung German Titows zu Nutze und steckte die Arme zum Schlafen unter die Sitzgurte.« In den Mitteilungen der Akademie der Wissenschaften der UdSSR über die medizinisch-biologischen Ergebnisse des ersten Fluges einer Frau in den Weltraum hieß es:

»Das Unternehmen hat bewiesen, daß der Organismus der Frau hinsichtlich seiner Konstitution in keiner Weise dem des Mannes unterlegen ist. Ihre besonderen physiologischen Merkmale beschränken nicht

Die Wostok-Raumkapsel auf der Spitze der Trägerrakete

ihre Fähigkeit, in den Weltraum zu fliegen. Der dreitägige Flug brachte keine Schädigung für die Hauptfunktionen des weiblichen Organismus mit sich, die mit dem Kindergebären zusammenhängen.«

Allerdings blieben noch viele Fragen offen. So war schon vor dem ersten Raumflug einer Frau bekannt, dass die weiblichen Hormone das Sympathikussystem im Organismus beeinflussen. Doch wie wirkte sich das in der Schwerelosigkeit aus? Nach der Rückkehr der ersten Kosmonautin zur Erde wurde beobachtet, dass sich leichtere Schwindelanfälle, jedoch mit abnehmender Tendenz, bemerkbar machten. Walentina zog es daher in der ersten Zeit nach der Landung vor, lieber einen Treppenaufgang als einen Fahrstuhl zu benutzen. Weitere wichtige Faktoren in der medizinisch-biologischen Forschung waren die Strahlungsgefährdung, die unterschiedlich zwischen männlichen und weiblichen Organismen ist, sowie die daraus resultierenden Nachwirkungen. Die Gesamtdosis der Strahlung während des Fluges betrug für Bykowski 40 Millirad und für Tereschkowa 25 Millirad.

Durch Erinnerungen beteiligter Wissenschaftler und Techniker sowie durch die Öffnung von Geheimarchiven in Russland wurden im letzten Jahrzehnt des zwanzigsten Jahrhunderts eine Reihe interessanter Einzelheiten bekannt, die neues Licht auf die technischen Entwicklungsprobleme der Raumfahrt werfen. So berichtete Akademiemitglied Boris Rauschenbach 1997 in einem Interview mit der »Podmoskownyje Iswestija«;

»Die Geschichte ohne Dramatik voranzutreiben, ist wohl kaum jemanden gelungen! Der beeindruckendste Fall, den ich kenne, betrifft das Lageregelungssystem für unsere ersten Raumschiffe und ist verbunden mit dem Flug der ersten Kosmonautin auf Wostok 6. Während der Überprüfungen vor dem Start – wir sagten dazu ›Durchschaukeln‹ – passierte es. Das in der Montage- und Testhalle frei aufgehängte Raumschiff, das mit einer bestimmten Winkelgeschwindigkeit überprüft wurde, wies einen Ausfall im Lageregelungssystem auf. Das Raumschiff drehte sich nicht in die erwartete, sondern in die entgegengesetzte Richtung. Ich muß dazu ergänzen, daß es mir nur mit großem Aufwand gelungen war, diese Art von Tests, die natürlich die Startvorbereitungen in die Länge zogen, zu einer im Ablauf fest verankerten Prozedur zu machen. Jedenfalls gelang es uns, sofort die Ursache des Fehlers festzustellen: Die Sensoren für die Winkelgeschwindigkeit reagierten sozusagen verkehrt herum. Der Sensorblock hatte vom Herstellerwerk aus eine Abweichung von 180 Grad.«

Wäre diese Schlamperei übersehen worden, so hätte sie während des Fluges bei einer Beschleunigung oder Bremsung des Raumschiffes tödliche Folgen gehabt. Der Professor rettete mit seiner »akademischen Arroganz«, die ihm einige vorwarfen, Walentina Tereschkowa das Leben.

Woschod 4 ganz ohne Männer

Die internationale politische Wirkung der Mission Wostok 6 war enorm. Die Reaktionen waren zustimmender, als sogar Chruschtschow das hätte voraussehen können. Die Walja von der Wolga wurde von französischen Journalisten als »Jeanne d'Arc des Alls« gefeiert; italienische Kollegen bezeichneten den Gruppenflug des »Habichts« und der »Möwe« als die Geschichte von »Romeo und Julia im Weltraum«. Der Londoner »Daily Express« schrieb über Walentina Tereschkowa: »Für Millionen benachteiligter Frauen der ganzen Welt ist sie ein hohes Symbol der weiblichen Emanzipation«. Die Schweizer Zeitung »Die Tat« stellte fest: »Die Russen verstanden es, das apathische Nervensystem der Menschen von heute zu treffen.« Auch das Timing stimmte: Eine Woche nach der Mission tagte in Moskau der Internationale Frauenkongress.

Dass die Begeisterung für die historische Tat bis heute anhält, macht ein Album des kanadischen Pop-Musikers Kurt Swinghammer aus dem Jahre 2000 deutlich, welches den Titel »Vostok 6« trägt. Es enthält unter anderem die Songs: »Valentina«, »Seagull« (Seemöwe), »The First« (Die Erste) und »Star City« (Sternenstadt). Darin heißt es:

Got a ticket for a trip
Get your kicks on Vostok VI
Val, Val, Val, Val, Valentina
Tereshkova
Circling the Earth tonight
She was the first
To leave the Earth.

Erhielt ein Ticket für eine Reise
Bekomm' deine Kicks auf Wostok 6
Wal, Wal, Wal, Wal, Walentina
Tereschkowa
Umkreist die Erde heute Nacht
Sie war die Erste
um die Erde zu verlassen.

Den sechs Wostok-Missionen folgte das Woschod-Programm. 1964 flogen mit Woschod 1 erstmals drei Männer in einem Raumschiff, und 1965 vollführte Alexej Leonow aus Woschod 2 heraus seinen ersten »Salto Orbitale« in den freien kosmischen Raum. Die fünf Frauen trainierten zu dieser Zeit für ein zehntägiges Unternehmen mit Woschod 4 ganz ohne Männer und verbunden mit einer weiblichen EVA (Extra Vehicular Activity – Außenbordtätigkeit), wie die Bezeichnung heute lautet.

Zur ersten Wahl gehörten die Flugzeugführerin Walentina Ponomarjowa als Kommandantin und die Weltrekordlerin im Fallschirmspringen Irina Solowjowa als Aussteigerin. Die Ersatzmannschaft bildeten zunächst Männer, doch im September 1965 wurden Shanna Sergejtschik und Tatjana Pizchelauri offiziell als Doubles nominiert. In einem Interview, das Walentina Tereschkowa 1999 der »Moskowskije Nowosti« (Moskauer Neuigkeiten) gab, erklärte sie:

»1965 bis 1966 wurde eine rein weibliche Weltraummission für drei Kosmonautinnen vorbereitet. Neben mir wurden dafür Irina Solowjowa, mein Double für Wostok 6 – sowie Shanna Sergejtschik, Tanja Kusnezowa und Walja Ponomarjowa ausgebildet. Wir waren bereit, ohne Männer ins All zu fliegen. Der Chef unseres Raumfahrtprogramms, Sergej Koroljow, unterstützte leidenschaftlich die Idee. Aber er starb im Januar 1966, und im April 1967 verunglückte während der Erprobung des neuen Raumschifftyps Sojus Wladimir Komarow tödlich. Das Projekt Woschod 4 wurde daraufhin im Mai 1966 abgebrochen und unsere Frauengruppe im Oktober 1969 offiziell aufgelöst.«

Von der NASA drohte zu diesem Zeitpunkt keine weibliche Konkurrenz. Eine weitere »Mutter Courage« im Weltraum war deshalb nicht mehr gefragt. Wohl aber lief in den USA das Apollo-Mondprogramm auf Hochtouren. Wenn Walentina Tereschkowa bei ihrem Besuch auf Kuba in Havanna erklärte, dass die erste sowjetische Mondmannschaft von Juri Gagarin geleitet werde und sie mit von der Partie sei, so war das wohl mehr Wunschdenken als Missionsplanung. Die Frauen traf der plötzliche Tod Juri Gagarins am 27. März 1968 besonders hart, war er doch ihr tatkräftigster Verbündeter, der sie unterstützte, wo er nur konnte. Von ihm stammt die Aussage:

»Es ist medizinisch und biologisch erwiesen, daß der weibliche Organismus sehr große potentielle Kräfte besitzt. Sie müssen nur herausgefordert werden. Das Leben bietet viele Beispiele für das Durchhaltevermögen und die Leistungsfähigkeit von Frauen. Im Krieg vollbrachten sie wahre Wunder, und im Weltraum werden sie sich gleichermaßen auszeichnen. Davon bin ich überzeugt. Ehe wir es uns versehen, werden sie ein Himmelsmatriarchat gründen!« Das blieb jedoch eine schöne Vision, denn die eine »Möwe« machte noch keinen Frühling. Zwei Jahrzehnte lang blieb sie die einzige, und vierzig Frauen unter rund vierhundert Raumfahrern sind noch weit von wirklicher Gleichberechtigung entfernt. Walentina Tereschkowa und den vier »kosmischen Mauerblümchen«, die auf dem Blauen Planeten sitzen gelassen wurden, ist jedoch eines gemeinsam: Sie hielten der Raumfahrt ihr Leben lang die Treue. Irina, die Ersatzfrau von »Tschaika«, erinnerte sich: »Als ich auf der Erde zurückbleiben mußte, fühlte ich mich furchtbar einsam und niedergeschlagen.« Doch die Diplomingenieurin gab nicht auf, sondern widmete sich der Vorbereitung von Kosmonauten, zum Beispiel auch der Britin Helen Sharman, auf Arbeiten unter extremen Bedingungen. Tanja hielt sich acht Jahre lang an das Gebot des verehrten »Vaters der Wostok«, Sergej Koroljow: »Entweder in den Kosmos starten oder im Kreißsaal landen!« Ein Standpunkt, der angesichts der bevorstehenden Strapazen durchaus verständlich war. Shanna, die noch vor Walentina Tereschkowa schwanger wurde, erklärte hingegen: »Ich habe Koroljows Rat nicht befolgt. Mein 1964 geborener Sohn absolvierte längst eine Fliegerschule.« Inzwischen haben die »Ruhmreichen Fünf« ein Alter zwischen sechzig und siebzig Jahren erreicht und sind nicht nur »Mamuschkas«, sondern auch »Babuschkas«.

Walentina Tereschkowa und ihr Double Irina Solowjowa beim Eintreffen auf dem Kosmodrom Baikonur

Wie allen Prominenten dieser Welt wurden der ersten Frau im All ebenfalls Affären, Romanzen und Skandale nachgesagt, so auch ein Verhältnis mit Juri Gagarin. Bei ihrem Besuch in Berlin konnte ich nur beobachten, mit welch brüderlicher Fürsorge der welterfahrene Jura die Walja auf das internationale Parkett einführte. Einmal allerdings hat sie tatsächlich in Gagarins Bett geschlafen: In der letzten Nacht vor dem Start vom kasachischen Kosmodrom Baikonur schlief sie, wie alle Kosmonauten vor und nach ihr, gemeinsam mit ihrem Double in dem kleinen legendären »Gagarin-Haus«. Die Betreuerin, eine grauhaarige Frau, begrüßte die beiden: »Es freut mich, euch zu sehen, Mädchen!« Dann deutete sie auf ein einfaches, eisernes Bettgestell und sagte zu Walentina gewandt: »Nimm Gagarins Bett, Waljuschka. Du bist auch die erste!« Erfreut bemerkte die Kosmonautin Nummer Eins, dass die alte Frau, die auch ihre fünf Vorgänger versorgte, ihre Lieblingsblumen, weiße Gladiolen, auf den Tisch gestellt hatte.

Als sie zur Startrampe fuhr, trug Walentina einen orangefarbenen Raumanzug, auf dem über der linken Brust als etwas Neues eine schneeweiße Taube gestickt war. In der Hand trug sie einen roten Wimpel, den ihre Mutter extra für sie, zum Mitnehmen in den Weltraum, selbst genäht hatte. Bevor sie mit dem Fahrstuhl an der Rampe zur Spitze der Rakete mit Wostok 6 hinauffuhr, küsste sie die ersten drei Kosmonauten – Juri Gagarin, German Titow und ihren zukünftigen Mann Andrijan Nikolajew.

Gagarin war auch Trauzeuge, als sie fünf Monate nach ihrem Jungfernflug in den Weltraum, am 3. November 1963, dessen Freund Andrijan zum Mann nahm. Das ganze Land verfolgte die erstmals öffentlich durchgeführten Feierlichkeiten im Moskauer »Hochzeitspalast« mit größter Anteilnahme. Normalerweise erfolgte in der Sowjetunion bei Eheschließungen nur eine amtliche Registrierung. Doch an diesem nationalen Ereignis nahm alles teil, was Rang und Namen hatte: Nikita Chruschtschow und das ganze Politbüro, Verteidigungsminister Rodion Malinowski und seine Marschälle, Akademiepräsident Mstislaw Keldysch und Chefkonstrukteur Sergej Koroljow, sowie alle Kosmonauten. Chruschtschow ließ es sich nicht nehmen, einundzwanzig Toasts auf das junge Paar auszubringen. Seine Wunschträume allerdings gingen nicht in Erfüllung: »Wenn ihr ein Baby bekommt, wird das fünfte nicht ausbleiben!« und auch: »Das Paar wird noch weitere Raumflüge unternehmen!«, war eine leere Versprechung. Nur Nikolajew allein flog 1970 noch ein zweites Mal für drei Wochen mit Sojus 9.

Das erste Kosmonautenehepaar – Walentina Tereschkowa und Andrijan Nikolajew

Die Ehe sei im Parteiauftrag geschlossen worden, behaupteten Sensationsreporter, und deshalb musste sie scheitern. Dagegen spricht die Tatsache, dass der Bund zwei Dekaden hielt. Dr. Eugene Konecci, Raumfahrtberater des US-Präsidenten, zog eine Gruppe sowjetischer Kollegen damit auf, dass dies »die erste der Wissenschaft zuliebe vom Staat verfügte Eheschließung« sei. Die Russen lachten und wiesen auf die Daten der Heirat und der Geburt, sowie das Gewicht des Kindes hin, »die nicht von Staats wegen angeordnet werden konnten. Vielmehr hatte die Liebe ihre Hand im Spiel.« Tatsächlich lebten Walja und Andrijan, wie in der Sowjetunion üblich, in »wilder Ehe« zusammen, bevor sie zum Standesamt gingen.

Das bedeutendste Ereignis neben ihrem Raumflug war für Walentina Tereschkowa die Geburt der einzigen Tochter Jelena. Am 7. Juni 1964, sieben Monate nach ihrer Heirat, schenkte sie einem sechseinhalb Pfund schweren, gesunden Mädchen das Leben. Zum ersten Mal in der Geschichte der Menschheit erblickte ein Kind das Licht der Welt, dessen Vater und Mutter sich ein ganzes Jahr beziehungsweise drei Monate vor seiner Zeugung vier respektive drei Tage im Weltraum aufgehalten hatten. Die junge Mutter erklärte: »Ich bin sehr glücklich, daß ich eine Tochter habe. Die seltenen freien Stunden verbringe ich natürlich mit ihr. Wir gehen spazieren, Pilze sammeln, im Sommer Schwimmen und im Winter Ski laufen oder treiben anderen Sport. Gern lesen wir gemeinsam Bücher und gehen, wenn es die Zeit erlaubt, auch ins Theater. Zu Ehren meiner Mutter habe ich meine Tochter Jelena ge-

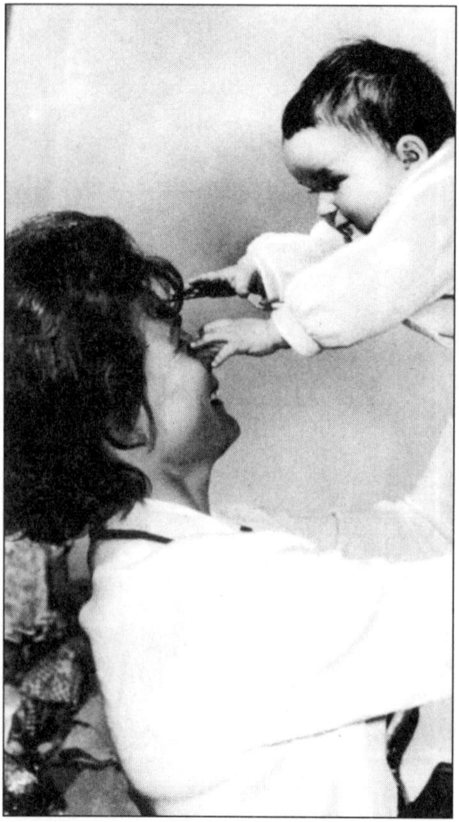

Das erste Weltraumbaby – Jelena mit ihrer glücklichen Mutter

nannt. Wenn ich auf Reisen ging, war sie am liebsten bei ihrer Babuschka. Schon als Kind wollte Lenotschka Ärztin werden, weil die Frau von Juri Gagarin – wir sind sehr befreundet mit seiner Familie – Medizinerin ist.« Heute ist Jelena Nikolajewa-Tereschkowa eine junge Frau von Ende Dreißig, quicklebendig und kerngesund, erfolgreich als Chirurgin tätig.

Walentina wurde nach ihrem Raumflug mit Ehren und Ämtern überhäuft – zum Mitglied des Zentralkomitees der Kommunistischen Partei, zum Mitglied des Präsidiums des Obersten Sowjets, zur Präsidentin der Freundschaftsgesellschaften der UdSSR und zur Vorsitzenden des Komitees der Sowjetfrauen gewählt. Propagandareisen führten sie um die ganze Welt. In 18 Städten rund um den Erdball ist sie Ehrenbürgerin. Ein Krater auf dem Mond erhielt ihren Namen, und der Kleinplanet Nr. 1671 heißt »Tschaika«.

Klatschkolumnisten wussten zu berichten, sie leide nach Ehekrise und Karriereknick unter Einsamkeit und Depressionen. Nichts davon ist wahr. Vielmehr wurde die Ehe 1982 geschieden. Die Tereschkowa promovierte zum Doktor der Kosmonautik und widmete ihr Leben wissenschaftlichen Fragen der Raumfahrt, insbesondere der internationalen Kooperation im Kosmos. In ihrem privaten Leben fand sie auch ein

Indiens Premier Jawaharlal Nehru beglückwünscht das »Ehepaar des Jahres« 1963 bei einem Empfang in der sowjetischen Botschaft in Delhi

neues Glück. Sie heirate zum zweiten Mal. Ihr Mann, der Generalmajor und Arzt Juri Schaposchnikow, starb leider schon 1999.

Walentina Tereschkowa zählte nach dem Trainingsabbruch für eine künftige reine Frauencrew im Oktober 1969 auch weiterhin als aktives Mitglied zur Kosmonautenabteilung. Offiziell schied sie erst am 30. April 1997, nach ihrem sechzigsten Geburtstag und nach fünfunddreißig Jahren Dienst, aus. Einsam war sie insofern, als sie jahrzehntelang die einzige Frau blieb, die ein »Weltraumkind« geboren hatte.

SWETLANA SAWIZKAJA

Der dritte Mann war eine Frau

Eine Frau mit zwei Männern – das sei die ideale Zusammensetzung einer ersten gemischten Raumschiffbesatzung, meinten Psychologen zu jener Zeit, da Walentina Tereschkowa gerade als erste Vertreterin des zarten Geschlechts in den Weltraum flog. Am besten wäre es, so erklärten die Experten, wenn der »dritte Mann« eine kluge und mutige, aber

Die gemischte Besatzung von Sojus T-7: Leonid Popow, Swetlana Sawizkaja und Alexander Serebrow

auch attraktive junge Frau wäre. Sie gingen davon aus, dass die durch die weiblichen Reize entstehende erotische Spannung in einem solchen kosmischen Dreiecksverhältnis die Leistungsfähigkeit aller Beteiligten steigere. Die in jeder Frau schlummernde Mütterlichkeit würde Gegensätze und Widersprüche ausgleichen. Ein sehr junges Mädchen wiederum könnte väterliche Gefühle wecken, eine ältere Frau Mutterkomplexe entstehen lassen.

Die erste Expedition einer solchen Troika, die im August 1982 mit dem sowjetischen Raumschiff Sojus T-7 unternommen wurde, bestätigte diese psychologische Prognose vollauf. Das traf ebenso auf das kosmische Quintett von einer Frau und vier Männern zu, das nach der Kopplung eine Woche lang an Bord der Orbitalstation Salut 7 arbeitete. Die zweite Frau im All, die russische Forschungskosmonautin Swetlana Jewgenijewna Sawizkaja, war vierunddreißig Jahre jung; ihr Kommandant Leonid Popow und der Bordingenieur Alexander Serebrow sowie die Mitglieder der Stammbesatzung der Station, Anatoli Beresowoi und Dr. Walentin Lebedew, waren drei bis sechs Jahre älter.

»Frauen sind akkurater, genauer, besonders bei Experimenten, die feine präzise Arbeiten verlangen«, erklärte damals der dreifache Weltraumflieger und Kommandeur des Kosmonautenkorps, der inzwischen verstorbene Generalleutnant Dr. Georgi Beregowoi. Auch die Methodiker des Flugleitzentrums in Kaliningrad bei Moskau bestätigten, dass »Sweta« bestimmte Versuche an Bord von Salut 7 mit besonderer Sorgfalt und Effektivität ausführte. Das traf beispielsweise auf die medizinischen Untersuchungen zu, die sie als »Arzthelferin« an ihren männlichen Kollegen in der Schwerelosigkeit vornahm. Diese Erfahrungen entsprachen denen, die auf der Erde in den so genannten Frauenberufen gewonnen wurden.

Die Kosmonautin Nummer Zwei mit dem Funkkodenamen »Dnjepr 3« war zugleich der einhundertundelfte Mensch im Weltraum; die internationale Registriernummer der Mission lautete UdSSR-51/1982-080A – einundfünfzigstes bemanntes Unternehmen der Sowjetunion/achtzigster Raumflugkörper des Jahres.

Die Wissenschaftler und Techniker hatten sich große Mühe gegeben, um an Bord von Salut 7 spezifische Lebensbedingungen für eine Frau zu schaffen. So erhielt Swetlana den besten Schlafplatz, abgeschirmt von den vier Männern, deren Schlafsäcke sich an den Wänden unter der Decke befanden. Während die Duschkabine in Salut 6 noch durchsichtig war, ließ die von Salut 7 höchstens noch Silhouetten erkennen. Der gesamte Hygienetrakt wurde so angelegt, dass jederzeit eine Separierung erfolgen konnte. Das galt auch für die bislang nur von Herren benutzte Toilette mit dem Namen »Veilchen«. Nicht zuletzt wurden der Kosmonautin Raumanzug und Konturensessel maßgeschneidert, hat doch die weibliche Figur ihre besonderen Kurven. Sweta selbst kommentierte den konstruktiven Fortschritt gegenüber Salut 6:

»Wir hatten in der Station mehrere Ruheplätze, an denen die Schlafsäcke befestigt werden konnten, die tagsüber zusammengerollt wurden. Wie in der Seemannssprache nannten wir die Schlafstellen Kojen. Ich hatte auch mein Separée an Bord, gab es doch im Orbitalkomplex mit zwei angekoppelten Raumschiffen ein halbes Dutzend Sektionen. Natürlich war Salut 7 kein Hotel oder Sanatorium. Aber wir fühlten uns trotz der vielen Geräte nicht wie in einem Maschinensaal. Alles war sinnvoll angeordnet. Und zur Ruhezeit herrschte Funkstille; nur die erforderlichen Aggregate blieben eingeschaltet. Die Ventilatoren summten ununterbrochen, damit die für die Atmung wichtige Kabinenluft nicht unbeweglich in der Schwerelosigkeit stehen blieb, sondern umgewälzt wurde. Ich schlief sehr gut und fest im Orbit und erholte mich schneller und besser als im Schwerkraftschlaf auf der Erde. Während ich zu Hause nach einem anstrengenden Arbeitstag acht Stunden Schlaf brauche, um wieder ausgeruht und völlig arbeitsfähig zu sein, genügten mir in der Umlaufbahn dafür höchstens sechs Stunden. Überhaupt ist schwerelos für mich kein schweres, sondern ein schönes Los.«

Dass es aber auch Dissonanzen gab, geht aus Briefen von Anatoli Beresowoi an seine Frau hervor, die 1993 in Sotheby's New Yorker Auktionshaus versteigert wurden. Darin heißt es:

»Ich will nichts über Swetlana Sawizkaja sagen. Sie ist eine Frau und das sagt alles ... Die Anwesenheit einer Frau begrenzt die Freiheit in der Station und kompliziert das tägliche Leben ... Wir hatten ihr eines der beiden Transportraumschiffe für die persönliche Nutzung zugedacht, doch sie schlief so wie wir innerhalb der Station ... Alexander Serebrow und Swetlana Sawizkaja waren wie Hund und Katz. Sascha meint, Sweta halte sich nicht an das vorgeschriebene Programm, sondern gehe weit darüber hinaus ...«.

7000 Tage Enthaltsamkeit

Zwischen den Raumflügen von Walentina Tereschkowa und Swetlana Sawizkaja vergingen fast zwei Jahrzehnte, in denen überhaupt kein weiblicher Kosmonaut zum Einsatz kam. Für die rund siebentausend Tage Enthaltsamkeit gab es sowohl wissenschaftlich-technische, als auch politische Gründe.

Die Dauer der bemannten Missionen erhöhte sich in dieser Zeit relativ schnell und überschritt das Zeitintervall der weiblichen Menstruation. So erreichten die USA mit der dritten Skylab-Crew 1973 drei Monate und die UdSSR auf der Station Salut 6 1980 sogar ein halbes Jahr Aufenthalt im All. Über die Auswirkungen von solchen mittelfristigen Raumflügen auf den Organismus der Frau ließen sich jedoch noch keine wissenschaftlich gesicherten Aussagen machen. Außerdem blieben bis Anfang der siebziger Jahre die bemannten Raumfahrtunternehmen auf zwei- bis dreisitzige Raumschiffe beschränkt. Mit einem Volumen von zweieinhalb Kubikmetern – das ist etwa vergleichbar mit einer Telefonzelle – bieten die Sojus-Besatzungskapseln bis heute einem weiblichen Mitglied der Crew keine individuellen Möglichkeiten für Arbeit und Schlaf, Erholung und Hygiene. Der zwei Tage dauernde Aufstieg zur Orbitalstation ist eine Tortur.

Die Situation änderte sich zwar 1971 mit den Salut-Stationen, die einen nutzbaren Rauminhalt von mehr als achtzig Kubikmetern aufwiesen, doch standen im ersten Jahrzehnt ihres Betriebes sowohl Langzeitflüge und körperlich schwere sowie gefahrvolle Arbeiten, als auch militärische Missionen im Vordergrund.

Es sei nur an die vielen Ausstiege in den freien Raum, die Montage und Demontage großer Geräte, das manuelle Ent- und Beladen der Progress-Frachtraumschiffe sowie an die Almas-Stationen der Streitkräfte erinnert. All das machte die ersten Orbitalstationen zu ausgesprochenen »Männerwohnheimen«.

Doch inzwischen wurden viele anstrengende Tätigkeiten an Bord automatisiert. Bereits die 1982 gestartete Station Salut 7 entsprach hinsichtlich Sicherheit und Komfort den hohen Anforderungen, die Raumfahrtmediziner an ein »Mädchenpensionat« im Weltraum stellten. Sie verfügte über Elektroherd und Kühlschrank, fließendes Wasser und Sitzklosett, Diagnosecomputer und Gemüsegarten, Hometrainer und Heimkino. Dennoch hatten die Techniker einiges zu tun, damit die Station zum »Orbitel« für die erste gemischte Gästecrew wurde.

Zu den politischen Gründen der langen Pause für Frauen gehörte, dass der Flug von Walentina Tereschkowa 1963 wegen der Priorität und wegen des Prestiges sein musste. Eine zweite Mission konnte sein, war aber für Moskau zunächst keine zwingende Notwendigkeit. Das änderte sich allerdings, als die NASA im Januar 1978 bekannt gab, dass sie sechs Amerikanerinnen darauf vorbereitete, an Bord von Space Shuttles mitzufliegen, die ab 1981 einsatzbereit seien.

Da alle amerikanischen Kandidatinnen Zivilisten waren, wurde auch die neue sowjetische Frauengruppe aus Mitarbeiterinnen von Forschungs- und Entwicklungseinrichtungen der Akademie der Wissenschaften und des Gesundheitsministeriums rekrutiert. Die folgenden acht Frauen wurden im Sommer 1980 bestätigt und nahmen ihre Ausbildung auf:

Die zweite Generation

Galina Wassiljewna Amjolkina (26) erblickte das Licht der Welt in Ostberlin, wo ihr Vater als Offizier der Gruppe Sowjetischer Streitkräfte in Deutschland (GSSD) diente. Sie absolvierte in Moskau das Medizinisch-Stomatologische Institut »N. A. Semaschko« und arbeitete danach im Institut für Medizinisch-Biologische Probleme (IMBP) des Ministeriums für Gesundheitswesen der UdSSR, das sie als Ärztin in das Kosmonautenkorps delegierte. Weil sie nach Abschluss ihrer Ausbildung für keinen konkreten Raumflug nominiert wurde, kehrte sie 1983 als Assistenzprofessorin in ihr Institut zurück.

Jelena Iwanowna Dobrokwaschina (32) studierte am I. Moskauer Medizinischen Institut »I. M. Setschenow«, der führenden Ausbildungsstätte des Landes, und wirkte im Stab des IMBP mit, das sie in das Kosmonauten-Ausbildungszentrum entsandte. Nachdem sie alle Prüfungen bestanden hatte, wurde sie für die reine Frauencrew der Mission Sojus T-14 zu Salut 7 bestätigt, die jedoch nicht zustande kam. Deshalb kehrte sie 1993 in ihr Forschungsinstitut zurück.

Natalja Dmitrijewna Kuleschowa (24) absolvierte das Moskauer Luftfahrt-Institut (MAI), und arbeitete in der Wissenschaftlichen Produktionsvereinigung Energija (NPOE) als Ingenieurin der Elektromechanik. Von hier wurde sie in die Frauengruppe des sowjetischen Kosmonautenkorps delegiert. Ursprünglich war sie als Double für den Flug von Swetlana Sawizkaja mit Sojus T-12 zu Salut 7 vorgesehen, schied aber 1992 aus gesundheitlichen Gründen aus.

Irina Dmitrijewna Latyschewa (27) studierte am Moskauer Energetischen Institut für Radiotechnologie und Elektronik und arbeitete danach an der Akademie der Wissenschaften der UdSSR, von der sie auch für die Gruppe der Kosmonautinnen vorgeschlagen wurde. Sie bestand im Sternenstädtchen zwar alle Examen, doch bei der in Frage kommenden reinen Frauencrew für Sojus T-14 / Salut 7 fiel die Entscheidung zu Gunsten einer Ärztin als Forschungskosmonautin. Die Ingenieurin wechselte zum Institut für Kosmosforschung (IKI) der führenden Einrichtung der Sowjetunion auf diesem Gebiet, stand aber noch bis 1994 für Weltraumeinsätze zur Verfügung.

Larissa Grigorjewna Posharskaja (33) war ebenfalls Absolventin des Moskauer Medizinisch-Stomatologischen Instituts und war Mitarbeiterin des IMBP sowie Leitungsmitglied des Moskauer Klinischen Wissenschaftlichen Forschungsinstituts »M. F. Wladimirsk«, bevor sie als Ärztin in die Frauengruppe aufgenommen wurde. Sie verließ 1993 das Kosmonautenkorps, ohne jemals für einen konkreten Raumflug trainiert zu haben.

Irina Rudolfowna Pronina (27) arbeitete nach ihrem Ingenieursstudium an der Moskauer Technischen Hochschule »N. E. Bauman« im Wissenschaftlichen Forschungsinstitut für Wärmeprozesse. Später wechselte sie zur NPO Energija, die sie für die Gruppe von Kosmonautinnen vorschlug. Beim Flug von Sojus T-7 war sie Double von Swetlana Sawizkaja. Danach trainierte sie gemeinsam mit Wladimir Titow und Gennadi Strekalow für die Mission Sojus T-8, doch infolge von technischen Problemen mit der Raumstation Salut 7 und den sich daraus ergebenden Veränderungen der Starttermine und der Umstellungen in den Besatzungen verlor sie diese Einsatzmöglichkeit. 1992 schied sie aus der Kosmonautinnengruppe aus und nahm ihre Tätigkeit bei NPOE wieder auf. Vorübergehend arbeitete sie auch im Flugkontrollzentrum Kaliningrad (heute Koroljow) bei Moskau.

Tamara Sergejewna Sacharowa (28) studierte am I. Moskauer Medizinischen Institut und arbeitete danach im Allunionszentrum für Klinische und Experimentelle Chirurgie. Sie wurde vom IMBP als Ärztin für die Frauengruppe vorgeschlagen und absolvierte eine komplette Grundausbildung. Aus Mangel an Einsatzchancen schied sie 1995 wieder aus und ging in die Forschungsarbeit zurück. Tamara ist mit einem ehemaligen Piloten der Raumfähre Buran, Juri Scheffer, verheiratet.

Swetlana Jewgenjewa Sawizkaja (32) war Absolventin des Moskauer Luftfahrt-Instituts, Weltrekordlerin im Fallschirmspringen und Weltmeisterin im Motorkunstflug. Die »Verdiente Meisterin des Sports« konnte 500 Absprünge und 1.500 Flugstunden für sich verbuchen. Sie arbeitete als Testpilotin des Konstruktionsbüros »A.S. Jakowlew« und wurde von der NPO Energija übernommen, wo sie zeitweilig Stellvertreterin des Generaldirektors war. Als einzige der Frauengruppe kam sie im Weltraum zum Einsatz, und das gleich zweimal: 1982 als Forschungskosmonautin der Mission Sojus T-7 / Salut 7 / Sojus T-5 und 1985 als Bordingenieurin des Unternehmens Sojus T-12 / Salut 7, bei dem sie als erste Frau Arbeiten im freien kosmischen Raum ausführte. Danach erwarb sie die Lizenz, ein Raumschiff des Typs Sojus TM zu führen. 1993 schied sie aus dem Kosmonautenkorps aus und wurde zwei Jahre später als Abgeordnete in die russische Duma gewählt.

Swetlana Sawizkaja während der Ausbildung

Pech für die weibliche Crew

Die zweite Gruppe sowjetischer Frauen im Sternenstädtchen wurde 1983 um eine Nachzüglerin mit hoher wissenschaftlicher Qualifikation erweitert:

Jekaterina Alexandrowna Iwanowa (31), die am Leningrader Mechanischen Institut (LMI) studierte und promovierte. Sie spezialisierte sich auf Probleme der Dynamik sowie Leitung des Raumfluges und arbeitete im IMBP an einem Projekt zur Erforschung der Hypokinese mit, die für die so genannte Raumkrankheit verantwortlich ist. Die NPO Energija delegierte Dr. Iwanowa in das Kosmonauten-Ausbildungszentrum, wo sie alle Examen »mit Auszeichnung« bestand. Für die Mission Sojus T-12 war sie Double von Swetlana Sawizkaja. Gemeinsam mit dieser und JJelena Dobrokwaschina trainierte sie für den Einsatz einer ersten reinen Frauencrew, der jedoch nicht zu Stande kam. Später qualifizierte sich Dr. Iwanowa als Kommandantin für Sojus-TM-Raumfahrzeuge und wurde als Forschungskosmonautin für die Mission Sojus TM-6 / MIR / Sojus TM-5 nominiert. Sie musste ihren Platz jedoch kurzfristig für den afghanischen Kosmonauten Abdul Mohmand räumen. Schließlich verließ sie das Kosmonautenkorps, weil weder die Luftstreitkräfte noch die zivilen Einrichtungen an ihrer dauerhaften Übernahme interessiert waren. Danach ging sie als Assistenz-Professorin zurück an ihr altes Petersburger Institut, das nunmehr den Namen Baltische Staatliche Technische Hochschule (BGTU) trägt.

Nach den beiden erfolgreichen Raumflügen von Swetlana Sawizkaja standen die Chancen für eine erste Raumschiffbesatzung, die nur aus Frauen bestehen sollte, zunächst sehr gut. Vorgesehen für eine solche dreiköpfige Crew weiblicher Kosmonauten war die siebentägige Mission von Sojus T-14 im November 1985 zu Salut 7. Als Kommandantin wurde Swetlana Sawizkaja nominiert, als Bordingenieurin Dr. Katja Iwanowa und als Forschungskosmonautin die Ärztin Jelena Dobrokwaschina.

Doch am 11. Februar 1985 brach plötzlich der Funkkontakt zur zeitweilig unbemannt fliegenden Orbitalstation Salut 7 ab. Ein defekter Geber hatte die Nachladung der Batterien von den Solarzellen aus unterbrochen. Nach und nach fielen alle wichtigen Systeme – für Lebenserhaltung, Kopplungsmanöver und Lagestabilisierung – aus. Diese lebensbedrohliche Situation machte dringend den Einsatz einer Havariecrew aus erfahrenen Kosmonauten notwendig. Ausgewählt wurden als Kommandant Wladimir Dshanibekow, der schon viermal zu Salut-Stationen geflogen war und im freien kosmischen Raum gearbeitet hatte, und als Bordingenieur Wiktor Sawinych, der zweieinhalb Monate Dienst auf Salut 6 leistete. Nachdem sich die beiden Veteranen ein Vierteljahr lang intensiv vorbereitet hatten, machten sie sich auf den Weg zur Raumstation und meisterten die schwierige Aufgabe. Weibliche Doubles gab es nicht, weil keine weiteren ausgebildeten und einsatzfähigen Kosmonautinnen zur Verfügung standen, die schon im Weltraum waren. Walentina Tereschkowa gehörte zwar noch zum Kosmonautenkorps, wurde aber für dieses Programm nicht einbezogen.

Durch die nicht vorhersehbare Rettungsaktion geriet der gesamte Flugplan durcheinander. Sowohl die Starttermine als auch die Zusammensetzung der Besatzungen wurden verändert. Die Frauen erhielten zum Ende des Programms Salut 7 noch einmal eine Chance. Sie sollten am 4. März 1986 mit Sojus T-15 zur Raumstation starten – vier Tage vor dem Internationalen Frauentag. Doch wieder gab es einen folgenschweren Zwischenfall, der urplötzlich alle Hoffnungen zunichte machte. Der Kommandant von Sojus T-14 / Salut 7, Wladimir Wasjutin, erkrankte während der Mission so schwer, dass der Flug abgebrochen werden musste. Er litt an einer fiebrigen Entzündung der Nasennebenhöhlen und hatte einen Nervenzusammenbruch. Zu Salut 7 erfolgten keine weiteren bemannten Flüge mehr. Pech für die Frauengruppe im Sternenstädtchen. Professor Walentin Gluschko, der damalige Chef der Raketenschmiede Energija, setzte sich für weitere Missionen mit Kosmonautinnen ein, die nach dem ersten Pendelverkehr zwischen den beiden Raumstationen Salut 7 und MIR erfolgen sollten. Intensiv bereiteten sich die Kandidatinnen auf die beiden neuen Raumflugkörper Sojus TM und MIR vor. Als erste erwarb Dr. Iwanowa die Lizenz einer Kommandantin; wenig später qualifizierten sich auch Walentina Tereschkowa und Swetlana Sawizkaja, ein Raumschiff vom Typ Sojus TM zu führen. Doch im Mai 1987 wurde der selbstständige Flug einer weiblichen »Mannschaft« ersatzlos gestrichen.

Im Vordergrund des sowjetischen Raumfahrtprogramms standen weitere gemischte Gastmannschaften mit ausländischen Forschungskosmonauten zur MIR. Nach dem zweiten Raumflug von Swetlana Sawizkaja kamen zehn Jahre lang keine weiteren sowjetischen und russischen Kosmonautinnen mehr zum Einsatz, und eine reine Frauencrew gibt es bis heute nicht – weder in Ost noch in West.

Von Swetlana Sawizkaja wird behauptet, sie sei nur deshalb ausgewählt und zweimal eingesetzt worden, weil sie die Tochter eines hohen Militärs war. Ihr Vater, Jewgeni Sawizki, ein legendäres Flieger-Ass des Zweiten Weltkrieges, kommandierte sowjetische Jagdfliegerverbände von Moskau bis Berlin an vielen Fronten. Der zweifache Held der Sowjetunion ging aus vierundzwanzig Luftkämpfen als Sieger hervor. Er stieg bis zum Luftmarschall auf, war der älteste aktive Überschallpilot des Landes und erhielt den Leninpreis.

Ohne Zweifel spielten die Vergangenheit und das Vorbild des Vaters für die Zukunft der Tochter eine wichtige Rolle. Doch das Leben der Swetlana Sawizkaja, deren Bruder und Ehemann übrigens auch Piloten sind, beweist, wie zielstrebig und hartnäckig sie ihren eigenen Weg ging. Sie entsprach wie kaum eine andere den hohen Anforderungen an eine Kosmonautin. Die Moskauer Korrespondentin der »Frankfurter Rundschau«, Elfie Siegel, beschrieb die hübsche und zierliche junge Frau:

Sowjetische Sonderbriefmarke zum Flug von Sojus T-7

»Verlegen lächelnd, die braunen Haare zu einem Zopf zusammen gebunden, so gar nicht sportlich wirkend, beantwortete Swetlana Sawizkaja kurz vor ihrem Start ins All Fragen sowjetischer Journalisten.« Auf eine davon, die ihrer beruflichen Entwicklung galt, gab sie am Vorabend ihres Jungfernfluges folgende Antwort:

»Noch vor meinem Schulabschluß wußte ich, daß ich Pilotin werden wollte. Damals war ich sechzehn, zu früh für die Fliegerei. Also begann ich mit dem Fallschirmspringen.«

Ein knappes Jahr nach ihrem ersten Sprung gehörte sie mit siebzehn Jahren zu einer Neunergruppe Moskauer Mädchen, die drei Weltrekorde aus stratosphärischen Höhen erzielten. Genauer genommen waren es vier, denn eine dieser Höchstleistungen wurde auch als »Männerrekord« anerkannt, weil noch nie zuvor jemand ein solches Ergebnis erzielt hatte. Swetlana stürzte aus einer Höhe von 14.252 Metern herunter und öffnete erst 536 Meter über der Erdoberfläche ihren Fallschirm. Sie bewegte sich 13.716 Meter, fast vierzehn Kilometer, im freien Fall!

Mit achtzehn Jahren erreichte sie ihr eigentliches Ziel und saß erstmals hinter dem Steuerknüppel eines Sport- und Schulflugzeuges vom Typ Jak-18. Innerhalb von nur zwei Jahren schaffte Sweta neben dem Studium den Sprung in die Kunstflug-Nationalmannschaft der UdSSR. 1970 nahm sie erstmals an einem internationalen Wettbewerb teil, an den VI. Weltmeisterschaften im Motorkunstflug auf dem englischen Airport Hullavington. Unumstrittene Favoritin war die Amerikanerin Mary Gaffaney, die mit 15.000 Flugstunden über die größten Erfahrungen verfügte. Doch die unbekannte sowjetische Studentin, bei der nur 300 Flugstunden zu Buche standen – Beobachter fragten nach, ob nicht eine Null vergessen worden sei –, übertrumpfte die Altmeisterin durch kühnste und könnenische Figuren. Britische Journalisten gaben dem Shooting Star am Himmel des Kunstfluges den Beinamen: »Miss Sensation«, und eine englische Zeitung schrieb: »Die junge Moskauerin ließ viele der männlichen Piloten wie Altherren-Luftkutscher aussehen.«

Schnellste Frau der Welt

Mit vierundzwanzig Jahren machte Swetlana zwei Berufsabschlüsse: Am Moskauer Luftfahrtinstitut (MAI) verteidigte sie erfolgreich ihr Diplom als Ingenieurin für Flugzeugbau, und an der Zentralen Technischen Fliegerschule der DOSAAF erwarb sie die Lizenz einer Fluginstrukteurin. Ihr selbst gestecktes Ziel jedoch war nicht das einer Konstrukteurin, sondern das einer Testpilotin. Sie wusste um das Credo: »Ein richtiger Pilot muss jedes Flugzeug steuern können. Aber ein Testpilot muß fähig sein, Maschinen zu meistern, die nicht fliegen können.«

Zunächst blieb Sweta noch ein Jahr lang als Fluglehrerin an der Schule in Tuschino. Dann begann sie mit dem Training auf Strahlflugzeugen und drang mit der MiG-17 bis an die Schallmauer vor. Schließlich wurde sie – zunächst nur auf Probe – in die Testpilotenschule aufgenommen, die bisher nur wenige Frauen absolviert hatten. Hier machte sie sich mit den verschiedensten Typen von Transport- und Verkehrsflugzeugen der Konstruktionsbüros Tupolew, Iljuschin und Antonow, sowie den Überschallmaschinen von Mikojan, Suchoj und Jakowlew vertraut. Als die Sawizkaja die Akademie mit dem Prädikat eines »Testpiloten zweiter Klasse« verließ, galt sie mit ihrem Weltrekord von mehr als doppelter Schallgeschwindigkeit auf der E-133 als schnellste Frau der Welt. Im Abschlusszeugnis wurde ihr bestätigt:

»Überdurchschnittliches technisches Wissen. Bereitet sich gründlich auf jeden Flug vor. Geeignet, schwierige Testprogramme in hoher fliegerischer Qualität durchzuführen.«

»Als Testflieger muß man pedantisch sein«, schrieb sie später selbst. »Kleinigkeiten gibt es in diesem Beruf nicht. Jedes Versäumnis kann zu

Erschöpft, aber glücklich nach der Landung

einer komplizierten Situation und sogar zu einer großen Unannehmlichkeit führen. Als ich mit der Fliegerei ernsthaft begann, stellte ich fest, daß ich, um Fortschritte zu machen, vor allem Selbstkontrolle und Selbstanalyse benötige. Besonders gründlich muß man alles durchdenken, wenn etwas nicht gelungen ist. Diese Gewohnheit, zu analysieren, um sich ständig zu verbessern, ist natürlich auch bei der Vorbereitung eines Raumfluges nötig. Eine strenge Grenze zwischen Aeronautik und Kosmonautik habe ich nie gezogen. Die Raumfahrt ist mit ihren Besonderheiten die Fortsetzung der Luftfahrt.«

Trotz ihrer überragenden Leistungen gelang es Swetlana Sawizkaja jedoch nicht, als Testfliegerin in das Konstruktionsbüro Mikojan aufgenommen zu werden. Aus dieser Einrichtung kamen die schnellsten Flugzeuge der Sowjetunion. Der Gründer und Gestalter, Artjom Mikojan, war 1970 verstorben. Die für Kader verantwortlichen Macho-Apparatschiks erklärten kategorisch:

»Bei uns gab es keine Frauen, und bei uns wird es auch keine Frauen in der Flugerprobung geben.«

Ein anderer Generalkonstrukteur, nämlich Alexander Jakowlew, nahm die Weltmeisterin dafür mit offenen Armen auf. Er wusste, dass Swetlana aus dem richtigen Holz geschnitzt war. Sie selbst hat die arrogante Absage schwer getroffen. In diesem Zusammenhang ist auch diese Erklärung von ihr zu verstehen: »Bis heute wird häufig die Meinung vertreten, daß Luft- und Raumfahrt nichts für Frauen sei. Mitunter wird man mit folgender Denk- und Verhaltensweise konfrontiert: Solange alles gut geht, schweigen alle. Tritt aber plötzlich ein Mißgeschick ein, heißt es: ›Na ja, wenn man Frauen 'ranläßt!‹ Obwohl womöglich der Mann, der das sagt, ebenfalls Fehlschläge hätte haben können. Deshalb muß man als Frau alles besonders sorgfältig ausführen.«

Jedenfalls konnte Swetlana Sawizkaja, als sie für die Kosmonautinnengruppe vorgeschlagen wurde, mit einem einzigartigen persönlichen Startkapital ins Sternenstädtchen einziehen: Achtzehn Flugweltrekorde, zwanzig getestete Flugzeugtypen, 500 Fallschirmsprünge und 1.500 Flugstunden. Kein Wunder, wenn Leonid Popow, ihr Kommandant beim Erstflug mit Sojus TM-7 meinte:

»Swetlana ist so oft in höchsten Höhen geflogen, daß es für sie wirklich nur noch ein kleiner Schritt vom Blau des Himmels in das Schwarz des Weltraums war.«

Und ihr Bordingenieur Alexander Serebrow erklärte:

»Über Sweta braucht man nicht viel zu sagen – sie ist Fliegerin, Weltrekordlerin, eine sehr gute Kameradin. Der Flug in den Kosmos ist für sie die logische Fortsetzung ihrer Erstürmung des Himmels.«

Die ihr von allen Seiten zuteil werdende Hochachtung für die wissenschaftlichen und technischen Leistungen veranlassten die Sawizkaja zu einer Bemerkung, die später so ähnlich auch Eileen Collins, die erste Pilotin und Kommandantin eines Space Shuttle, verlauten ließ:

»Manche glauben, daß ich ein Mensch ohne Gefühle bin. Das stimmt nicht. Ich finde nur, daß sie beim Fliegen überflüssig sind.«

Welchen Reichtum an Empfindungen sie besitzt, beweisen unter anderem ihre Schilderungen über den Raumflug:

»Wir näherten uns dem Ende unserer Expedition. Bis zur Rückkehr auf die Erde waren es nur noch wenige Stunden. Plötzlich kam mir in den Sinn, daß es für mich all das vielleicht nicht mehr geben wird: Das berauschende Gefühl der Schwerelosigkeit, die im Fenster schimmernde Erde, die, von den Sonnenstrahlen beleuchtet, aussieht wie ein großer, bunter Schulzimmer-Globus, das phantastische Aufflammen von Gewittern und die leuchtenden Spinnennetze großer Städte mit ihrer Umgebung vor dem Hintergrund des kohlschwarzen nächtlichen Planeten. Man möchte sich erinnern und im innersten Winkel des Gedächtnisses bewahren, was man nur im Weltraum sehen und fühlen kann, um es für den ganzen Rest des Lebens zu behalten.«

Für 20 Sekunden schwerelos – die Besatzung von Sojus T-7 beim Training

Erste Aussteigerin

Zu Beginn der bemannten Raumfahrt entstand das Bild vom Kosmonauten, der in seiner Kapsel, wie ein ungeborenes Kind im Mutterleib geborgen, vor einer feindlichen Umwelt Schutz findet, der er nicht gewachsen ist. Die ersten Ausstiege in den freien kosmischen Raum wurden mit dem Geburtsvorgang verglichen, und der Schlauch, der den Weltraumspaziergänger mit allem Lebensnotwendigen aus dem Mutterschiff versorgte, hieß folgerichtig Nabelschnur. Die eigenartigen Purzelbäume vorwärts, rückwärts und seitwärts, die ein Aussteiger in der Schwerelosigkeit vollführt, werden bis heute treffend Salto Orbitale genannt.

Doch schon längst hat sich der Mensch im Kosmos abgenabelt. Die Skaphander verfügen in ihren Rucksäcken über autonome Lebenserhaltungssysteme. Seile werden nur noch als Sicherheitsleinen benötigt, damit ein Außenbordmonteur nicht abtreibt. Sowohl amerikanische als auch russische Raumfahrer nutzten bereits automobile Raketensitze, um sich im erdnahen Raum ungebunden fortzubewegen. Allerdings führten Probleme mit der Stabilisierung dazu, Ausflüge mit solchen Selbstfahrstühlen vorerst einzuschränken.

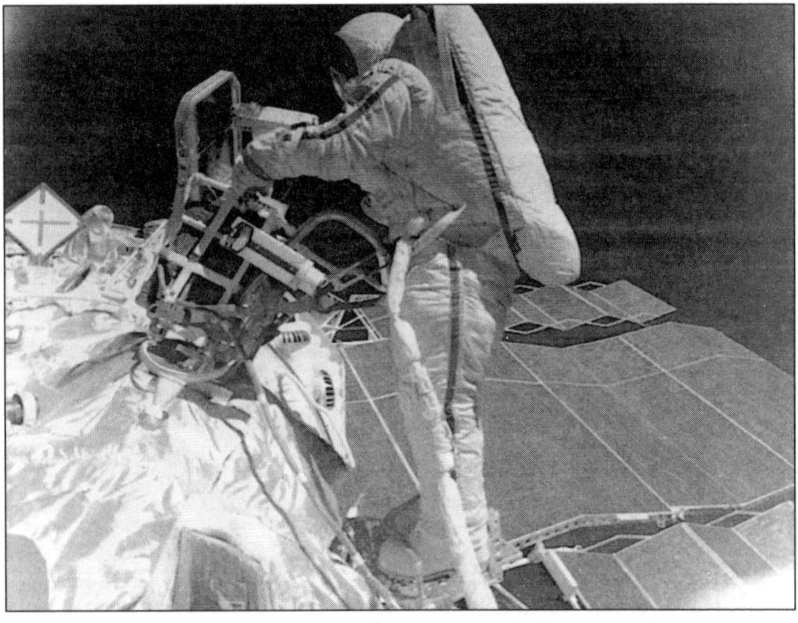

Die erste EVA einer Eva – Swetlana Sawizkaja bei Schweißarbeiten im freien Raum

Seit Alexej Leonow im Frühjahr 1965 als erster Mensch einen Sprung in die Unendlichkeit des Universums wagte, hielten sich bis zum Sommer 1984 vierzig Männer zusammengerechnet vierzehn Tage lang schwerelos im freien Raum auf. Die Ausflüge auf dem Mond sind dabei nicht berücksichtigt, weil es dort zwar Luftleere gibt, aber etwa ein Sechstel der irdischen Schwerkraft herrscht.

Der sechsunddreißigjährigen sowjetischen Kosmonautin Swetlana Sawizkaja blieb es vorbehalten, als erste Frau wie ein lebender Sputnik ihre Bahn um unseren Planeten zu ziehen. Am 25. Juli 1984 verließ sie dreihundert Kilometer über Nordafrika den Orbitalkomplex Sojus T-11 / Salut 7 / Sojus T-12. Ihr zur Seite schwebte der erfahrene Kosmonaut und Kommandant Wladimir Dshanibekow als Berater und Kameramann. Er assistierte ihr bei der komplizierten Arbeit und filmte sie. Dreieinhalb Stunden hielten sich »Pamir 1« und »Pamir 2« – so ihre Funkkodenamen – außenbords auf und machten mehr als zwei volle Runden um die Erde, ehe sie jenseits von Südamerika über dem Äquator wieder in die Raumstation einstiegen.

Swetlana Sawizkaja vollbrachte in dieser Zeit auf dem fast einhunderttausend Kilometer langen Weg eine weitere Pionierleistung: Sie arbeitete als erster kosmischer Schweißer mit einem heißen Werkzeug im freien Raum. Ihr Landsmann Dr. Waleri Kubassow hatte zwar 1969 als erster Mensch Schweißarbeiten im Weltraum ausgeführt, doch erfolgten diese von der Kommandokapsel mittels Fernbedienung in der enthermetisierten Orbitalsektion des Raumschiffes Sojus 6.

Swetlana jedoch arbeitete mit einem Elektronenstrahl-Schweißgerät, das die Bezeichnung URI (Abkürzung für Universalhandinstrument) trug. Es bestand aus einem »Korb« von mehr als dreißig Kilopond Masse, der die Anlage selbst enthielt, und einer »Pistole« von anderthalb Kilopond für die einzelnen Arbeitsgänge. Letztere war zweiläufig: Der linke Lauf diente je nach Betriebsstufe dem Schneiden, Schweißen und Löten, der rechte zum Aufdampfen von Silber und anderen Metallen auf Werkstoffe. Den »Korb« befestigte Dshanibekow an einer Halterung der Außenwand, die »Pistole« hielt Sweta in den Händen. Über die Qualität ihrer Arbeit urteilte Alexej Leonow, der erste Mensch im freien Raum: »Brillant und präzise«.

Zu den Risiken der Arbeit mit einem heißen Werkzeug im kalten Kosmos erklärte sie selbst:

»Die Erprobung der elektronischen Schweißapparatur im freien Weltraum erhöhte nicht nur theoretisch die Gefahr bei Außenbordarbeiten. Deshalb wurde von uns ein vorsichtiges, aber zügiges Vorgehen verlangt, so wie wir es trainiert hatten. Es galt zu verhindern, daß bei der

Hitzeentwicklung den Skaphandern, unserem einzigen Schutz, etwas passierte. Wir mußten aufpassen, daß nichts ›anbrennt‹, wie man auf Russisch sagt.«

Der Ausgehanzug, den sie während dieser Arbeiten trug, war ebenso maßgeschneidert, wie die dazu gehörenden Handschuhe. »Thermosflasche« nannten die Kosmonauten den Skaphander, in den sie von hinten hineinstiegen, weil in seinem »Unterkleid« vierzig Liter Wasser durch Röhren zirkulierten. Das gewährleistete ständig normale Temperaturen im Innern, obwohl außen auf der Schattenseite minus 136 Grad und auf der Sonnenseite plus 140 Grad Celsius herrschten. Ironisch verglichen die Aussteiger ihre behandschuhte Fingerfertigkeit mit dem Versuch, in Boxhandschuhen eine Uhr aufzuziehen.

Swetlana hatte sich gründlich auf die Operation »Wychod« (Ausstieg) vorbereitet: Zu Lande lernte sie im Kiewer Institut für Schweißtechnik »Paton« das dort entwickelte Elektronenstrahlgerät in allen Einzelheiten kennen. Unter Wasser übte sie im Simulationsbassin des Sternenstädtchens die Handhabung des Universalinstruments URI. In der Luft führte sie während der Parabelflüge, bei denen jeweils eine gute halbe Minute Schwerelosigkeit herrschte, verschiedene Arbeiten mit der Laserpistole aus.

Dennoch war das Schneiden, Schweißen, Löten und Galvanisieren im freien komischen Raum etwas völlig Neues. Es erwies sich als Schwerstarbeit, bei der vom menschlichen Körper in wenigen Stunden so viel Energie verbraucht wurde, dass ein Gewichtsverlust von bis zu drei Kilogramm auftrat. Dagegen ist jede »Big Diet« auf der Erde Stümperei. Aber würden die von den Massenmedien manipulierten Frauen, die so viel wie möglich abnehmen möchten, auch bereit sein, die gleichen Strapazen auf sich zu nehmen?

Die graziöse Sweta, die das überhaupt nicht nötig hatte, war jedenfalls die erste Eva, die eine EVA (Extra Vehicular Activity – Außenbordtätigkeit) ausführte. Mit ihrer Pionierleistung erschloss sie den Frauen ein weiteres Betätigungsfeld im Weltraum, den wir neben Land, Wasser und Luft als unsere vierte Umwelt verstehen. Inzwischen führten sieben Frauen neun Ausstiege aus und hielten sich summa summarum zwei Tage im freien kosmischen Raum auf.

Doch nicht nur »vor der Tür« von Salut 7 leistete Swetlana Sawizkaja ganze Arbeit; sie erfüllte auch im Innendienst eine ganze Reihe komplizierter Aufgaben, die von großer wissenschaftlicher und technischer Bedeutung waren. Zu den insgesamt vierundzwanzig vorbereiteten Experimenten, die sie restlos ausführte, gehörte auch die Arbeit mit der Elektrophoreseanlage »Taurus«, die ihr schon seit dem ersten Raumflug vertraut war. Darin konnte aus den Membranen von Grippeviren hochreines Eiweiß isoliert werden, das als Basis für Impfstoffe dient. Erfolgreich erprobte Swetlana neue Systeme, die zugleich Prototypen für moderne halbautomatische Anlagen im Bereich der kosmischen Biotechnologie waren.

Ihr Meisterstück

Mit ihrem Jungfernflug als Forschungskosmonautin legte die Sawizkaja ihr kosmisches Gesellenstück als erste Frau einer gemischten Besatzung in einem Raumschiff und einer Orbitalstation ab. Die zweite Mission, bei der sie die Funktion einer Bordingenieurin hatte und als erste Frau

Swetlana Sawizkaja und Wladimir Dshanibekow beim Training im Sternenstädtchen

in das Weltall ausstieg, um dort als erster Mensch Schweißarbeiten auszuführen, stellte ihr Meisterstück dar.

Dementsprechend wurde sie von ihren fünf Männern bei der Rückkehr in die Raumstation auch gefeiert: Von Stationskommandant Leonid Kisim, Bordingenieur Wladimir Solowjow und Bordarzt Dr. Oleg Atkow sowie von ihrem Begleiter beim Weltraumspaziergang Wladimir Dshanibekow und vom Forschungskosmonauten Igor Wolk. Letzterer führte zwar seinen Erstflug in den Kosmos aus, war aber einer der erfahrensten Testpiloten des Landes und für die bemannten Flüge mit der sowjetischen Raumfähre Buran (Schneesturm) vorgesehen gewesen. Er hatte besonderen Grund stolz zu sein, war doch Swetlana damals seine Schülerin an der Testpilotenschule. Diese erklärte später:

»Nach meinem ersten Flug im Jahre 1982, der mit acht Tagen um vier Tage kürzer als mein zweiter war, und bei dem ich nicht solch schwierige Aufgaben wie beim zweiten zu erfüllen hatte, verlief die Rückanpassung langsamer als nach der zweiten Expedition 1984, bei der die physische und psychische Beanspruchung größer war.« An Dr. Atkow, der ein besonderes Auge auf die Kosmonautin geworfen hatte, allerdings ein streng wissenschaftliches, erinnerte sie sich:

»Bei meinem ersten Flug führten wir medizinisch-biologische Experimente durch, die mit Fachleuten einstudiert worden waren. Es ist aber etwas ganz anderes, wenn ein richtiger Arzt das macht und die Untersuchungen übernimmt. Erstens ist das gründlicher, zweitens nimmt das weniger Zeit in Anspruch, und drittens können komplizierte Versuche gemacht werden. So war es möglich, Venenblut zu entnehmen und an Bord zu analysieren. Oleg Atkow hatte uns ständig unter Kontrolle. Was er tat, das war wichtig, um den Flug so erfolgreich zu beenden. Von seinem Urteil hing vieles ab. Er trug praktisch die Verantwortung, daß die längere Schwerelosigkeit keine negativen Spuren hinterließ. Und dann führte er viele Forschungen durch, die bisher einmalig sind und die gesamte Herz-Kreislauf-Medizin voranbringen werden.«

Dr. Atkows Aufgabe war es, vor allem vergleichende Untersuchungen an Mann und Frau unter den selben Bedingungen des Raumfluges wie Schwerelosigkeit, Strahlung und Stress vorzunehmen. Von Waleri Bykowski und Walentina Tereschkowa gab es zwar schon analoge Studien, die sich jedoch auf telemetrische Daten und subjektive Aussagen stützten. Nunmehr war es möglich, unmittelbar vor Ort in der geschlossenen Station und im freien Raum an einer Frau und fünf Männern, beziehungsweise an einem weiblichen und männlichen Aussteiger gleichzeitig, die körperliche und seelische Verfassung zu untersuchen. Die Besonderheit dieser Situation charakterisierte Swetlana so:

»Der Patient ist gesund, und der Arzt befindet sich in derselben Lage wie er. Der Mediziner ist sein eigenes ›Diagnosegerät‹ und weiß aus eigener Erfahrung, wie man sich fühlt. Das ist wohl einmalig.«

Das Betriebsklima und die Arbeitslust erhöhten sich allein durch die Anwesenheit einer Vertreterin des schönen Geschlechts an Bord. Auffallend war auch die Höflichkeit der Angehörigen des starken Geschlechts. So empfing Stationschef Kisim seine Kollegen bei ihrer Ankunft mit einer Marguerite. Sweta revanchierte sich mit Fotos von Leonids Tochter Tanja, die wenige Tage zuvor geboren worden war.

Während das gemischte Trio nach zwölf Tagen zur Erde zurückkehrte, stellte die dreiköpfige Stammbesatzung mit 237 All-Tagen einen neuen Weltrekord im Weltraum auf. Die Kosmonautin Nummer zwei wurde von ihrer Luft- und Raumfahrtfamilie in Moskau sehnlichst erwartet, insbesondere von ihrem Mann, Wiktor Chatkowskij, einem Piloten und Flugzeugkonstrukteur des berühmten Entwurfsbüros Iljuschin. Für Swetlana hatte sich der Kreis geschlossen, der ihr so erschien: »Der Himmel beginnt auf der Erde, und im Himmel beginnt der Weltraum.«

JELENA KONDAKOWA

Der lange Marsch

»Vom medizinischen Standpunkt aus gesehen hat zumindest in meinem Fall der Aufenthalt an Bord der Raumstation besser auf den Organismus gewirkt als die normalen Bedingungen auf der Erde.« Das erfuhr ich von der russischen Kosmonautin Nummer Drei, Jelena Wladimirowna Kondakowa, die als erste Frau der Welt ein halbes Jahr im All lebte und arbeitete.

»Wir hatten auf der MIR ein strenges Arbeitsregime. Alles war genau festgelegt, so auch das Verhältnis zwischen Arbeit und Erholung. Aufstehen um acht Uhr und Zapfenstreich um dreiundzwanzig Uhr. Es gab praktisch keinerlei Störungen dieses Rhythmus‹, wie das gewöhnlich zu Hause der Fall ist. Hier auf der Erde muß man am Wochenende mal zu einer Hochzeit, mal zu einem Geburtstag, mal zu einem Jubiläum oder zu Besuch bei Verwandten und Bekannten. Für den weiblichen Organismus, oder gerade für mich war es im Weltraum günstiger als auf der Erde.

Meine Gynäkologen sind überrascht gewesen. Sie hatten das nicht erwartet. Es gab bei mir, was den Menstruationszyklus angeht, keinerlei Veränderungen. Ob ich dabei eine Ausnahme bin, vermag ich nicht zu sagen. So weiß ich nicht, wie das etwa bei Shannon Lucid war, die ebenfalls ein halbes Jahr flog. Ich weiß auch nicht, ob sie vielleicht schon in den Wechseljahren ist. Und da unsere anderen Kosmonautinnen nur kurze Flüge von bis zu zwölf Tagen Dauerabsolvierten, bin ich sozusagen das einzige Exemplar in unserem Lande mit solchen Erfahrungen.«

Wenn nach Tereschkowas Erstflug fast zwei Jahrzehnte lang keine weiteren weiblichen Kosmonauten zum Einsatz kamen, so vor allem deswegen, weil noch keine wissenschaftlich gesicherten Aussagen über die Auswirkungen von Langzeitmissionen auf die Eierstöcke und die Gebärmutter möglich waren. Deshalb hielt sich bis zum 1995 abgeschlossenen Rekordflug der Kondakowa über 169 Tage keine der raumreiselustigen Damen während eines Fluges länger als zwei Wochen im Weltraum auf. Aber erst Einsätze über eine Dauer von mehr als achtundzwanzig Tagen können Antwort darauf geben, welchen Einfluss Schwerelosigkeit und Weltraumstrahlung, Stress, Monotonie und Isolation auf den Menstruationszyklus haben, und ob hier vielleicht irgendwo eine Art biologischer Barriere für die Frau existiert. Mit ihrem Raumflug, der genau sechs solcher Perioden umfasste, bewies Jelena,

Unterwassertraining im Sternenstädtchen

dass dies nicht der Fall ist. Die amerikanische Astronautin Susan Helms, die als Mitglied der zweiten Stammbesatzung der internationalen Raumstation ISS im Jahre 2001 fünf Monate lang im Weltraum arbeitete, unterstrich diese Erkenntnis. Damit steht dem ständigen Aufenthalt von Frauen im All nichts mehr im Wege, zumal die durchschnittliche Missionsdauer diesen Zeitraum nicht überschreitet.

Zwanzig Jahre lang blieben die Russinnen Alleinherrscherinnen im All – neunzehn Jahre lang Walentina Tereschkowa, dann ein weiteres Jahr gemeinsam mit Swetlana Sawizkaja. Noch einmal ein Jahrzehnt verging bis zum Weltrekordflug von Jelena Kondakowa. Nach den ersten beiden Frauengruppen der frühen sechziger und achtziger Jahre wurde bisher keine dritte im Sternenstädtchen aufgestellt. Die »schöne Jelena« war einunddreißig Jahre alt, als sie 1989 zusammen mit drei männlichen Kollegen von der NPO Energija ihre Nominierung erhielt, wo sie als Ingenieurin arbeitete. Als interne Regel gilt hier für die Auswahl zum Kosmonauten eine mindestens dreijährige Betriebszugehörigkeit. Sicher spielte auch eine gewisse Rolle, dass sich Jelenas Ehemann, Waleri Rjumin, bei vier Raumflügen über ein Jahr lang im Weltraum aufhielt und danach zum stellvertretenden Chef der Raketenschmiede Energija avancierte.

Arbeiten wie ein Mann

Kondakowas Ausbildung war zunächst auf eigenen Wunsch ausgesetzt worden und begann erst im Oktober 1990 gemeinsam mit zwei weiteren männlichen Zivilkosmonauten. Im März 1992 erhielt sie ihren Flugstatus, war Mitglied der Double-Besatzung von Sojus TM-19 und startete am 3. Oktober 1994 als Bordingenieurin von Sojus TM-20 zur MIR. Ihr Kommandant war Alexander Wiktorenko, und als Forschungskosmonaut nahm für die ESA der Deutsche Ulf Merbold teil, der jedoch nach einem Monat mit der alten Stammbesatzung der Station zurückkehrte.

Jelena sollte »an Bord Arbeiten wie ein Mann verrichten«, was sie denn ja auch mit vollem Einsatz tat. Als sich das Raumschiff der Station automatisch bis auf 150 Meter angenähert hatte, übernahm sie zusammen mit Wiktorenko die Handsteuerung und führte die Kopplung durch. Nach den üblichen Überprüfungen legten die Neuankömmlinge ihre Druckanzüge ab und wechselten eine Stunde später zur MIR, wo sie von der Stammbesatzung, dem russischen Kommandanten Juri Malentschenko und dem kasachischen Bordingenieur Talgat Mussabajew sowie dem Bordarzt Dr. Waleri Poljakow, herzlich begrüßt wurden. Der nunmehr neuen gemischten Besatzung gehörten eine Frau und fünf Männer aus drei Ländern an.

Am 11. Oktober 1994 kam es zu einem Zwischenfall an Bord: Die Video-Kamera und die TV-Scheinwerfer ließen sich nicht mehr einschalten. Offensichtlich war das Stromversorgungssystem infolge zu vieler Experimente, des Aufladens der Akkumulatoren, häufiger Fernsehübertragungen und zu hohen Stromverbrauchs des Lebenserhaltungssystems für jetzt sechs Personen überlastet worden. Nachdem auch die automatische Lageregelung ausfiel, musste die Station mit den Triebwerken des angekoppelten Raumschiffes Sojus TM-19 auf die Sonne ausgerichtet werden. Der Kontakt des Flugleitzentrums zur MIR fiel für viereinhalb Stunden – drei Erdumkreisungen – völlig aus.

Dank der intensiven Arbeit der Kosmonauten gelang es schon einen Tag darauf, sechs der insgesamt zwölf Batterien wieder aufzuladen. Nach dem Hochfahren eines Reservecomputers ließ sich die Station erneut automatisch auf die Sonne ausrichten. Zwei Tage nach der Havarie erreichte die Stromversorgung sechzig Prozent des Sollwertes, und nach einer Woche war sie wieder normal. Allerdings wurde es notwendig, den Zeitplan für die verschiedenen Versuche zu überarbeiten. Kondakowa widmete sich vor allem Strahlungsmessungen, geophysikalischen Experimenten und astrophysikalischen Beobachtungen.

Hinlänglich ist bekannt, dass der deutsche Astronaut Ulf Merbold seit der gemeinsamen kosmischen Zeit eine große Zuneigung für die

Das Ziel im Orbit – die Raumstation MIR

elegante Russin im Herzen trägt. Der Zufall wollte es, dass Ulf Merbold und Jelena Kondakowa gleichzeitig zu der internationalen Raumfahrttagung »Tag der Raumfahrt« im Nordosten Deutschlands, nach Neubrandenburg, eingeladen wurden. Merbold kam per Privatflugzeug. Als ihn das offizielle Empfangskomitee überschwänglich begrüßte, war seine erste Frage mit einem kleinen Augenzwinkern: »Wo ist denn Jelena?« Nach der Konferenz, die er wegen weiterer Termine vorzeitig verlassen musste, resümierte Merbold das Wiedersehen mit seiner Kollegin: »Gerne möchte ich sagen, wie sehr mich die Begegnung mit Jelena Kondakowa erfreute. Ich hatte sie längere Zeit nicht gesehen. Gemeinsam haben wir einen Start vom Kosmodrom Baikonur erlebt und mehr als zwei Tage in der winzigen Sojus-Kapsel ausgehalten, bis wir schließlich an der MIR andocken konnten. Hinzu kommen dreißig Tage gemeinsamer Arbeit auf der Station. Es tut gut, einem Menschen zu begegnen, mit dem man Wochen im All unterwegs war. Daß Jelena zudem eine schöne Frau ist, machte alles natürlich noch amüsanter. ... Ich wäre gerne länger geblieben.« Merbold hat nicht nur guten Geschmack, sondern auch mehr als Recht. Jelena Kondakowa besitzt das, was nicht jeder vorweisen kann: Charisma. Ihre Erscheinung erzeugt eine Ausstrahlung, die man zu spüren glaubt, wenn man in ihrer Nähe weilt.

Doch zurück zur Mission: Ein großes Erlebnis für alle neun Beteiligten war das erste Rendezvous zwischen einer russischen Orbitalstation und einer amerikanischen Raumfähre am 3. Februar 1995. Die Disco-

Jelena Kondakowa und Ulf Merbold im Gespräch mit Gerhard Kowalski beim Tag der Raumfahrt in Neubrandenburg

very näherte sich der MIR mit sechs Besatzungsmitgliedern, darunter zwei Frauen, bis auf elf Meter und entfernte sich nach fünfminütigem Formationsflug wieder.

»Es ist gar nicht so einfach, Vorgesetzter einer Frau zu sein«, meinte Jelenas Kommandant Alexander Wiktorenko und fügte humorvoll hinzu: »Aber wenn sie die Befehle ihres Kapitäns nicht befolgt, dann werde ich mich beim Bordarzt über sie beschweren. Der kann sie dann aus gesundheitlichen Gründen vom Flug suspendieren. Doch Jelena hat bewiesen, daß eine Frau die Arbeit an Bord genauso leisten kann wie ein Mann.«

Psychologen und Mediziner unterscheiden bei Langzeitmissionen drei Phasen der Anpassung an die Weltraumbedingungen, die gleichermaßen für Männer und Frauen gelten:

- Die akute Anfangsphase der physischen, psychischen und emotionalen Gewöhnung an die neue ungewohnte Umwelt kann bis zu sechzig Tage dauern. In dieser »Bewährungsfrist« führt starke Motivation zu besonders hohen Leistungen.
- Die Hauptphase, die nach etwa zwei Monaten beginnt, ist durch zunehmende Ermüdung und abnehmende Motivation für die Tätigkeit in einer isolierten, monotonen, aber lärmvollen Umgebung gekennzeichnet. Wegen des Entzuges der von zu Hause gewohnten Sinneseindrücke – Tagesgespräche, Spaziergänge, Kinderlachen, Vogelgesang, Blumenduft, Sonnenuntergang – entwickelt sich sensorischer Hunger. Die Raumfahrtmediziner stellen, individuell unterschiedlich, ein Erschlaffen des Zentralnervensystems, Reizbarkeit, Schlafschwierigkeiten und auch unangemessene Reaktionen fest, die stärker sind als die auslösenden Faktoren.
- Die Endphase umfasst die letzten beiden Wochen einer Mission, in denen die Besatzungsmitglieder hyperaktiv werden. Sie versuchen, alle unerledigten Arbeiten abzuschließen und sind emotional voller Erwartungen auf die Rückkehr zur Erde.

Für männliche Raumfahrer liegen bei den Russen Erfahrungen über Flüge von bis zu vierzehn Monaten Dauer vor. Durch Jelena Kondakowa, Shannon Lucid und Susan Helms gibt es nunmehr auch vergleichbare Aussagen über Missionen von bis zu sechs Monaten. Bisher einzigartig ist es jedoch, dass eine Frau wie die Kondakowa ein halbes Jahr lang im Weltraum unter der medizinischen Kontrolle eines Arztes stand, der unmittelbare Untersuchungen und Messungen vornehmen konnte. Dr. Poljakow machte deutlich, dass es dabei auch zu Konflikten kommen kann: »Ich hatte eine Kontroverse mit Jelena. Ihr schien es, daß ich ihrer Arbeit an Bord nicht genügend Aufmerksamkeit entgegen brachte. Ich wiederum war ein bißchen beleidigt, weil sie meinen medizinischen Empfehlungen nicht ausreichend Folge leistete. Doch schon nach wenigen Tagen erkannte ich, daß es nicht richtig war, ihr Angebot zu einem Gespräch über unser Problem zu ignorieren. Nach der Aussprache verhielten wir uns wieder wie Freunde.«

Auf meine Frage, inwieweit die technischen Einrichtungen an Bord einer Raumstation auf Frauen ausgerichtet seien, antwortete mir die attraktive Jelena Kondakowa mit einer Gegenfrage:

»Ist Ihr Auto, das Sie sicher lieben, männlich oder weiblich? Eine Maschine ist eine Maschine, Technik eben. Bei uns auf der MIR gab es im Basismodul spezielle Kajüten, in die man sich als Frau – aber auch als Mann – zurückziehen konnte. In meiner Kajüte war zum Beispiel ein Spiegel angebracht worden, in dem ich mich betrachten konnte. Dafür gab es keinen Anschluß für einen Rasierapparat. Ich habe mir meine Kajüte wohnlich eingerichtet und ein Andenken aufgehängt, das mir meine Tochter Jewgenija mitgegeben hatte. Dort brachte ich auch einige Fotografien und Talismane an. Aber das macht wohl jeder. Übrigens: Bilder von Lenin und Breshnew gab es auf der MIR nicht mehr. Aber Juri Gagarin blieb dort von Anfang bis Ende.

Ich kann nicht sagen, daß mir an Bord der MIR irgend etwas gefehlt hätte, denn ich wußte, worauf ich mich einlasse, nämlich auf einen Langzeitflug. Ich war moralisch darauf vorbereitet. Und wenn du dich auf das Schlimmste vorbereitest, und es kommt dann alles viel besser, dann bist du zufrieden mit dem, was ist. Du bist einfach mit dem Leben zufrieden. Mich hat die Halbjahresmission mit Genugtuung erfüllt. Am meisten gefiel es mir, nächtliche Städte zu beobachten. Das gehörte natürlich nicht zum Flugauftrag, sondern geschah, um meine persönliche Neugier zu befriedigen. Vor allem aber hatte ich Glück mit der Mannschaft, die mir half, meine Aufgaben zu erfüllen.«

Mit Sojus starten und mit dem Shuttle landen

Zwei Jahre nach ihrem Jungfernflug 1994 startete Jelena zum zweiten Mal in den Weltraum, dieses Mal zu einem neuntägigen Flug mit der amerikanischen Raumfähre Atlantis zur MIR. Zur siebenköpfigen Crew gehörte auch die erste weibliche Pilotin eines Space Shuttles, Eileen Collins. Die Russin Kondakowa arbeitete gemeinsam mit dem Franzosen Jean-François Clervoy, dem Amerikaner chinesischer Abstammung

Vor dem Einstieg in die Raumfähre Atlantis

Edward Lu und dem gebürtigen Peruaner Carlos Noriega viele Stunden im Spacehab-Modul, wo sie die wichtigste wissenschaftliche Nutzlast, das Biorack der ESA, bedienten. Diese bereits mehrfach eingesetzte multifunktionelle Einheit erlaubt das Studium der Wirkung von Mikrogravitation und kosmischer Strahlung auf Pflanzen, Gewebe, Zellen und Bakterien.

In der Tat waren dies willkommene Aufgaben für die passionierte Pflanzenliebhaberin. Während der oben schon zitierten Raumfahrtkonferenz in Deutschland schlenderte Jelena in der Tagungspause an einem Blumenhof vorbei. Eigentlich war bereits geschlossen, doch der Inhaber wurde noch im Gewächshaus ausfindig gemacht. Bereitwillig öffnete er die Ladentür, fühlte sich auch angesichts des seltenen, hohen Besuchs geschmeichelt, und die Kosmonautin durfte im Sortiment nach Herzenslust herumstöbern. Mehr noch, der Chef war so angetan davon, wie die bescheidene und bemerkenswert schöne Frau mit Fachkenntnis und liebevoller Behutsamkeit mit den Topfpflanzen umging, dass er der Raumfahrerin für ihren umfangreichen Einkauf nur einen Freundschaftspreis von 10,– DM abnahm. Jelena nun ihrerseits verdutzt, freute sich in ihrer unnachahmlich sympathischen und stillen Art über diese Geste und dankte mit einer Autogrammkarte und den Worten: »Es ist noch immer besser, einen guten Freund auf dieser Welt zu haben, als

Die schöne Jelena in Neubrandenburg

eine Tasche voller Dollars.« Die Autogrammkarte ziert bis heute das Schaufenster des Pflanzenhofs. Außer den Experimenten am Biorack nahm Jelena in der Station Luft- und Wasserproben, die später auf der Erde ausgewertet wurden. Über ihre Eindrücke von dieser Mission erzählte sie mir:

»Beim Shuttle hat mir die Landung sehr gut gefallen, nicht so sehr aber der Aufstieg. Deshalb würde ich bei einem möglichen weiteren Flug zur Internationalen Raumstation am liebsten mit unserem Transportraumschiff Sojus starten und mit dem Shuttle landen. Jean-François hat den Unterschied zwischen der Raumfähre und der Orbitalstation sehr schön ausgedrückt, als er sagte, daß das Shuttle ein Zubringer sei, die MIR aber ein bewohntes Haus, in dem die Leute wirklich leben. Die Raumfähre ist ein zeitweiliges Gefährt. Man geht an Bord, arbeitet sein Pensum ab und geht dann wieder. In der MIR fühlte man sich dagegen geborgen wie zu Hause. Da gab es Musikkassetten, Videobänder, Fotoapparate. Die gibt es natürlich im Shuttle auch, aber in der Station war alles so angeordnet, daß es gemütlich ist, nicht bei der Arbeit behindert. Die Raumfähre ist eben für einen kurzzeitigen Flug ausgelegt. Das einzige, was mir bei der MIR nicht gefiel, war, daß man mich so schnell wieder heruntergeholt hat. Der Kosmonautenberuf wird derzeit noch als Männerberuf angesehen. Leider! Weil die Welt angeblich

West-östliches Zwiegespräch zwischen den Missionsspezialisten Jelena Kondakowa und Michael Foale

männlich ist. So wird auch der Beruf eines Piloten vorwiegend von Männern ausgeübt.

Es gibt dort nur sehr wenige Frauen. In meinem Land sind in vier Jahrzehnten nur drei Russinnen und zwei Ausländerinnen von Baikonur aus in den Weltraum gestartet – ein Engländerin und eine Französin. Da gibt es in den USA mit mehr als dreißig Astronautinnen schon eine andere Tendenz. Aber mir ist es immerhin gelungen, zweimal ins All zu fliegen. Was will ich mehr? Der dritte Flug, so es dazu kommt, würde zur ISS führen.

Dann aber würde ich, wie schon betont, lieber mit unserem Raumschiff starten. Daß das Shuttle kein Rettungssystem besitzt, hat die Katastrophe der Challenger ja gezeigt. Natürlich habe ich Angst. Das Shuttle ist ein Pulverfaß. Das wird angezündet und ist durch nichts mehr zu stoppen. Zwar sind auf der Rampe in Cape Canaveral Rettungsmöglichkeiten vorgesehen, doch die sind meiner Meinung nach rein theoretisch. Eine praktische Chance besteht nicht. Bei uns gibt es dagegen das Havariesystem SAS, das schon einige Male funktionierte. Mit der russischen Technik ist es nicht überall zum Besten bestellt, aber dennoch haben wir auf einigen Gebieten, wie auch der Raumfahrt, hervorragende Lösungen gefunden. Mit etwas Hilfe könnten wir uns sicher auch bei anderen Technologien dem Welthöchststand nähern.«

Blumen vom Ehemann Waleri Rjumin nach der Rückkehr vom Raumflug auf der Piste 334 des Kennedy Space Centers

Die Kondakowa ist die einzige Kosmonautin, die russische und amerikanische Raumfahrttechnik aus eigener Erfahrung als Konstrukteurin und Ingenieurin kennt. Das prädestiniert sie dazu, an Missionen zur Internationalen Raumstation teilzunehmen. Da sie so alt ist wie das kosmische Zeitalter, welches 1957 mit dem Start von Sputnik 1 begann, hat sie noch zwei Jahrzehnte aktiver Berufszeit vor sich. Sie selbst sieht das so:

»Wie jeder, der schon im Weltraum war, möchte auch ich erneut dort hin. Die Schwerelosigkeit ist eben ein zu schöner Zustand und die ›Weltanschauung‹ unseres Blauen Planeten, die sich einem in der Erdumlaufbahn eröffnet, unvergleichlich. Wenn ich noch einmal fliegen dürfte, würde ich jede Aufgabe in der Internationalen Raumstation mit all meinen Kräften erfüllen. Die ISS, an der sich heute schon sechzehn Länder beteiligen, dient dem Wohlergehen der gesamten Menschheit.«

Befragt nach ihrem einzigen Kind und den Problemen der Fortpflanzung des Menschen im Weltraum, meinte die Bahnbrecherin »beweibter« Langzeitflüge:

Jelena Kondakowa mit ihrer Tochter Jewgenija

»Meine Tochter Shenja steht nicht unter medizinischer Beobachtung wie ich. Warum auch? Ich habe sie zur Welt gebracht, als ich noch keine Kosmonautin war. Und auch die Tatsache, daß ihr Vater Kosmonaut ist, spielt da keine Rolle. Unser Kind wurde sechs Jahre nach seinem Flug gezeugt. Sergej Krikaljow hingegen hat unmittelbar nach einer Weltraummission ein Kind gezeugt. Das ist ein ganz normales Mädchen. In unserem Land gibt es mehrere Kinder, die nach Raumflügen entstanden, so bei Swetlana Sawizkaja, Sergej Awdejew und Alexander Kaleri. Sie weisen keinerlei Besonderheiten oder Abweichungen auf. Absolut! Das sind normale Kinder! Ich bin der Meinung, daß die Zeugung und Geburt menschlichen Lebens an Bord eines Raumschiffes möglich ist – vorausgesetzt natürlich, daß es dort Frauen und Männer gibt. Das, was dabei herauskommt, könnte auch in der Schwerelosigkeit leben. Aber ein solches Wesen dürfte nicht auf die Erde gebracht werden, weil es deren Verhältnissen nicht angepaßt ist. Niemand weiß, wohin das führen würde. Ich denke dabei nicht an die Überbelastung bei der Landung, die übrigens beim Shuttle nicht so groß ist. Vielmehr macht mir die ständige Erdanziehungskraft Sorgen. Ein Mensch, der in der Schwerelosigkeit geboren wurde, kennt diese Erscheinung von Anfang an nicht. Sie ist ihm nicht angeboren. Dieses Wesen könnte auf der Erde nicht stehen und nicht gehen. Es ist einfach für das Leben dort nicht gemacht. So sind die Extremitäten eben den Bedingungen für ein Leben in der Schwerelosigkeit angepaßt, sie sind atrophiert. Gerade aus diesem Grund müssen Raumfahrer täglich Sport treiben, ihren Körper belasten und auf dem Laufband gewissermaßen eine künstliche Schwerkraft herstellen, um zu verhindern, daß sich ihre Muskeln zurückbilden.«

Die biologische und medizinische Forschung auf der langlebigen Raumstation steht ebenso wie die praktische Tätigkeit von Frauen- und Kinderärzten vor großen Herausforderungen, die angesichts der Pläne von Stationen auf dem Mond und Reisen zum Mars in den nächsten Jahrzehnten gemeistert werden müssen. Frauen wie Jelena Kondakowa sind ihnen dabei unentbehrlich.

NADJESHDA KUSCHELNAJA

Die Hoffnungsträgerin

»Mein Interesse für die Raumfahrt begann schon früh. Ich ging in die fünfte Klasse. Das war in einem Alter, wo Kinder die phantastische Literatur nur so aufsaugen. Mir jedenfalls ging es so. Ich liebte utopische Bücher und Filme wie ›Moskau – Kassiopeia‹ oder ›Kinder des Weltalls‹. Sie beeindruckten mich ungemein. Letzterer wurde übrigens für mein Schicksal entscheidend, für meinen Wunsch in den Kosmos zu fliegen.«

Das erzählte Nadjeshda Wassiljewna Kuschelnaja, die erste und bislang einzige russische Frau, die für eine Mission zur Internationalen Raumstation ISS nominiert wurde, dem Magazin für Luft- und Raumfahrt »Fliegerrevue«.

Als die Tochter einer russischen Mutter und eines belorussischen Vaters am 6. November 1962 in Alexejewskoje, das zur Tatarischen Autonomen Wolgarepublik gehörte, das Licht der Welt erblickte, trainierte Walentina Tereschkowa im Sternenstädtchen für ihren historischen Flug. Als die kleine Nadja ABC-Schützin war, betraten die ersten

Nadjeshda Kuschelnaja im Sojus-Simulator des Sternenstädtchens

Nadjeshda Kuschelnaja mit Töchterchen Jekaterina

Menschen den Mond, und als sie ihr Studium als Bauingenieurin begann, startete Swetlana Sawizkaja mit der ersten gemischten Raumschiffbesatzung.

»Von diesem Moment an hatte ich nur noch einen Wunsch: Fliegen! Swetlana, die ich später kennenlernte, erteilte mir wichtige Ratschläge. Für Frauen, die fliegen wollten, gab es nur einen Weg, und dieser führte über die DOSAAF. So begann ich neunzehnjährig mit dem Segelflug. Nach zwei Jahren beschloß ich dann, die Studienrichtung zu wechseln und begann am Moskauer Luftfahrtinstitut MAI ein Grundlagenstudium in der Luft- und Raumfahrttechnik. ›Nebenbei‹ flog ich weiter.«

Nadja sammelte zwei Dekaden lang Erfahrungen auf Maschinen verschiedener Flugzeugtypen. Sie begann auf der Jak-52, einem zweisitzigen Schulflugzeug. Nachdem sie zum Fliegerklub nach Serpuchow gewechselt hatte, trainierte sie auf der Jak-55, einem Einsitzer für Kunstflug, der größere Anforderungen an den Piloten stellt. Nadjeshda verbrachte ihre gesamte Freizeit und auch den Urlaub im Fliegerklub. Sie nahm an der Internationalen Air-Show in Shukowski teil und erhielt die Chance, eine Su-26 zu fliegen, was nur ausgewählten Piloten des Landes erlaubt wurde. Selbst während der Ausbildung im Sternenstädtchen nutzte sie jede Möglichkeit, um mit dem tschechischen Strahltrainer L-39 »Albatros« zu starten. Nach Beendigung ihres Studiums ging die junge Diplomingenieurin in die Raketenschmiede Energija nach Kaliningrad bei Moskau, das heute Koroljow heißt. Dort beschäftigte sie sich mit der Konstruktion von Navigations- und Kontrollsystemen für bemannte Raumflugkörper. Sie stellte sofort einen Antrag auf Aufnahme in die Kosmonautenabteilung. Doch auch sie musste die strenge Vorbedingung von mindestens dreijähriger Betriebszugehörigkeit erfüllen. Ausgerechnet am 1. April 1994 wurde die Kuschelnaja von der Staatlichen Kommission als Kosmonauten-Kandidatin berufen, und im Oktober begann sie ihre Ausbildung gemeinsam mit zwei männlichen Kollegen. Schließlich erhielt sie zwei Jahre später ihren roten Spezialausweis, der ihr erlaubt, den Titel »Fliegerkosmonautin« zu führen.

Ende 1996 wurde sie zusammen mit sieben Männern als einzige Frau für den Einsatz auf der ISS ausgewählt. Am 17. November 1997 erhielt sie das begehrte Ticket. Sie sollte als Bordingenieurin mit dem kasachischen Kommandeur Talgat Mussabajew 1999 die erste Besuchs-Crew bilden, die zur ISS fliegt. Doch wieder einmal wurde aus dem Einsatz einer Frau nichts. Aus finanziellen und technischen Gründen verzögerten sich der Aufbau der Internationalen Raumstation und somit die Starttermine um zwei Jahre. Als dann der erste »Taxiflug« zum Auswechseln des Rettungsraumschiffes der ISS am 28. April 2001 erfolgte, saß in Sojus TM-32 nicht die Kuschelnaja neben Mussabajew, sondern der ehemalige Jelzin-Berater für Raumfahrt, Juri Baturin, und der zahlende amerikanische Multimillionär Dennis Tito. Doch »Nadjeshda« heißt Hoffnung. Die jung verheiratete, äußerst hübsche Nadja, Mutter einer kleinen Tochter, steht weiter im aktiven Dienst. Beim zweiten Taxiflug mit Sojus TM-33 zur ISS war sie Double von Claudie Haigneré. Für den dritten mit Sojus TM-34 wurde sie danach nominiert, doch muss sie möglicherweise auch hier für einen zahlenden ausländischen Weltraumtouristen zurück treten.

SWETLANA OMELTSCHENKO

Journalistin für den Orbit

Schon 1965 erwog der sowjetische Chefkonstrukteur Sergej Koroljow, einen Journalisten aus dem Weltraum berichten zu lassen. Doch unter den drei in die engere Wahl gezogenen Reportern der Tageszeitung des Jugendverbandes »Komsomolskaja Prawda« (Wahrheit des Komsomol), der Nachrichtensendung »Wremja« (Zeit) des Zentralen Fernsehens und des Fachmagazins »Awiazija i Kosmonawtika« (Luft- und Raumfahrt) befand sich keine Frau. Nachdem Koroljow im Jahr darauf verstarb und es im Sojus-Programm mehrere Fehlschläge gab, erloschen auch die Chancen der drei potenziellen Kandidaten.

Erst ein Vierteljahrhundert später, Ende 1989, wurde eine offizielle Auswahl der KKSSh (Kosmitscheskaja Komissija Sojusa Shurnalistow – Raumfahrtkommission der Journalistenunion) für einen Flug zur Orbitalstation MIR gebilligt. Das war die Folge eines Vertrages zwischen der UdSSR-Regierung und der privaten japanischen Fernsehgesellschaft TBS (Tokyo Broadcasting System) über die Teilnahme eines japanischen Reporters an einer sowjetischen Mission. Durch die Medien des Landes ging eine Welle der Entrüstung. Ein ausländischer Journalist sollte live aus der MIR-Station berichten, die bisher für russische Kollegen verschlossen geblieben war.

Die offizielle Ausrede, mit Witali Sewastjanow sei doch bereits 1970 ein Journalist im Kosmos gewesen, beruhigte die erregten Gemüter nicht. Dr. Sewastjanow hatte zwar die Fernsehserie »Tschelowek – Semlja – Wselennaja« (Menschen – Erde – Weltall) moderiert und einige Bücher veröffentlicht, doch war er als Ingenieur und nicht als Journalist ausgewählt worden. Die Union der Journalisten der UdSSR bildete eine Raumfahrtkommission, um Kandidaten auszuwählen und Sponsoren zu gewinnen, die das Unternehmen finanzieren sollten. Der Appell an den Nationalstolz fand angesichts von »Glasnost und Perestroika« landesweit Gehör. Nachdem die beiden japanischen Kandidaten im Sternenstädtchen ihr Vorbereitungstraining aufgenommen hatten, sah sich Staatschef Michail Gorbatschow gezwungen, in der Parteizeitung »Prawda« (Wahrheit) Zusicherungen für den Raumflug eines sowjetischen Journalisten abzugeben, der noch vor dem japanischen zur MIR fliegen sollte. Ein zweiter Reporter der UdSSR war für die Teilnahme an einer Mission der Raumfähre Buran (Schneesturm) vorgesehen.

Siebenundzwanzig Bewerber ließen sich im Institut für medizinisch-biologische Probleme des Ministeriums für Gesundheitswesen und im Zentralhospital der Luftstreitkräfte untersuchen. Die sechs Auserwählten begannen im Februar 1990 mit ihrem Lehrgang im Kosmonauten-Ausbildungszentrum »Juri Gagarin«. Unter den vier Zivilisten befand sich auch eine Frau.

Swetlana Oktjabrewna Omeltschenko, geborene Jeremejewa, erblickte am 20. August 1951 in einer Kosakensiedlung bei Slepzowsk, Tschetschenisch-Inguischische Autonome Sozialistische Sowjetrepublik, das Licht der Welt. Ihre journalistische Tätigkeit begann sie bei der lokalen Tageszeitung »Primanytscheskie Stepi« (Lockende Steppe) in der Nähe von Stawropol. In Moskau studierte sie an der Technischen Hochschule und absolvierte die Journalistikfakultät der Universität. Danach arbeitete Sweta als Redakteurin bei den Zeitungen »Wosdushni Rejis« (Luftfahrt) und »Wosdushni Transport« (Lufttransport), wo sie sich auf Fragen der Flugsicherheit spezialisierte. Nach ihrem kosmonautischen Zwischenspiel ging sie zur Zeitung »Delowoji Mir« (Geschäftswelt). Seit 1997 ist sie Freie Konsultantin und Korrespondentin.

Der Einsatz des japanischen Fernsehreporters erfolgte, wie vertraglich vereinbart, im Dezember 1990. Da für ein zusätzliches Raumschiff das Geld fehlte, blieb für einen sowjetischen Journalisten als einzige Fluggelegenheit davor der Besatzungswechsel auf der MIR Ende Juli. Dafür wurden die Kandidaten Pawel Muchortow und Swetlana Omeltschenko nominiert. Doch technische Probleme mit der Raumstation – die Schleuse ließ sich nach einem unplanmäßigen Ausstieg nicht mehr richtig verschließen – machten eine Havariemission erforderlich. Der Flug eines sowjetischen Journalisten vor seinem japanischen Kollegen wurde gestrichen.

Zum Trost sicherte man allen sechs Kandidaten eine komplette Kosmonautenausbildung zu, die auch im Oktober 1990 begann und im Februar 1992 erfolgreich abgeschlossen wurde. In dieser Zeit mussten die startbereiten russischen Reporter zusehen, wie zahlende Ausländer zur MIR flogen: der Japaner Tovehiro Akivama, die Engländerin Helen Sharman und der Österreicher Franz Viehböck. Nachdem Präsident Boris Jelzin im Sommer 1992 auch das Buran-Programm abbrach, war auch die letzte Chance für die Journalisten verspielt.

Unter den 94 russischen Raumfahrern gibt es nur drei Frauen – das sind etwa drei Prozent. Demgegenüber sind von 253 US-Astronauten 29 Frauen – das sind mehr als elf Prozent. Über diese negative Bilanz kann auch nicht die unbestreitbare Tatsache hinweg täuschen, dass russische Kosmonautinnen mehrere Pionierleistungen vollbrachten: den ersten Raumflug einer Frau, den ersten Ausstieg und die ersten Schweißarbeiten im freien kosmischen Raum sowie den ersten halbjährigen Langzeitflug. Das unterstreicht jedoch nur die auf Propagandaeffekte und Prestigegewinn orientierte Einsatzplanung der Politiker und Militärs, in deren Führungsgremien es Frauen weder gab noch gibt.

TEIL 3

GRUPPENBILD MIT DAME

Wenn sich ein Mann erhebt und das Wort ergreift, hören ihm die Leute zu, dann schauen sie auf. Ergreift eine Frau das Wort, dann schauen die Leute zuerst – und sie hören ihr nur zu, wenn ihnen gefällt, was sie sehen.

PAULINE FREDERICK
amerikanische Journalistin
1908–1990

JERALDINE COBB

Die Machos der NASA

Seit den achtziger Jahren des vorigen Jahrhunderts ist beim Start eines Space Shuttles das Gruppenbild mit Dame schon selbstverständlich geworden. Glänzende Farbfotografien der NASA zeigen häufig Crews, zu denen neben vier bis sieben »Herren der Schöpfung« auch eine oder zwei – in seltenen Fällen sogar drei – Angehörige des »schwachen Geschlechts« zu sehen sind. In den beiden Jahrzehnten davor war die amerikanische Raumfahrt jedoch ausschließlich »bemannt«.

Wie bitter mag es für die jungen Pilotinnen Jeraldine Cobb, Jean Hixon und Mary Funk gewesen sein, als sie den Erstflug von Walentina Tereschkowa erleben mussten. Sie hatten sich innerhalb des Programms WISE (Woman in Space Education – Frauen in der Weltraumausbildung) bewährt und vergeblich gehofft, innerhalb des Mercury-Programms eingesetzt zu werden. Ein Jahr vor dem historischen Raumflug ihrer sowjetischen Kollegin erklärte Jerry Cobb aus Poneca City in Oklahoma auf einem Fliegermeeting in Las Vegas:

»Wir waren fünfundzwanzig Pilotinnen, die sich 1959 für das Programm WISE meldeten. Die Eignungsprüfung bestanden neunzehn von uns. Drei Frauen wurden für den letzten und schwersten Kontrollversuch zugelassen und bestanden ihn. Ich war die einzige, die in der militärischen Testzentrale weiteren Prüfungen unterzogen wurde. Plötzlich war aber alles aus. Das Thema Frauen im Weltraum durfte nicht einmal mehr berührt werden. Wer bei der NASA gut angesehen bleiben wollte, musste zu dieser Frage schweigen. Auch vor dem Kongress haben wir unseren Anspruch geltend gemacht. Die Astronauten John Glenn und Malcolm Carpenter (die ersten beiden US-Raumfahrer, H.H.) wurden als Zeugen geladen. Beide erklärten, dass es keinerlei Gründe gegen den Einsatz von Frauen als Astronauten gibt. Glenn sagte: ›Wir werden sie mit offenen Armen empfangen!‹ Aber man hat uns keine Chance gegeben.«

Eine andere der neunzehn Kandidatinnen, Jeane Hart, die Frau des ehemaligen Senators Philip Hart aus Michigan, hatte sich 1961 gemeinsam mit elf anderen Fliegerinnen in der Lavelace Klinik in Albuquerque, New Mexiko, auf ihre astronautische Tauglichkeit untersuchen lassen und bestand alle Prüfungen. Nach dem Start von Walentina Tereschkowa erklärte sie erbittert:

»Diese Tatsache zeigt, dass die USA hundert Jahre im Hintertreffen sind, in ihrer Verantwortung, die Fähigkeiten der Frauen voll zu nutzen. Die NASA will offenbar warten, bis die Russen das gesamte Leningrader Sinfonieorchester auf dem Mond gelandet und wieder zurückgebracht haben, bevor sie an die Möglichkeit des Starts einer amerikanischen Astronautin denkt.«

Die Ursache für dieses Verhalten analysierte der amerikanische Raumfahrthistoriker William Roy Shelton in seinem 1968 erschienenen Buch »Soviet Space Exploration – The First Decade« (Sowjetische Weltraumforschung – Das erste Jahrzehnt):

»Da an die USA zu jener Zeit keine andere große Herausforderung gestellt wurde, außer ›der Landung von Menschen auf dem Mond noch in diesem Jahrzehnt‹, war nie einem verantwortlichen NASA-Bevollmächtigten der Gedanke gekommen, dass ›Vive la différence!‹ (Es lebe der Unterschied!) außerirdisch gemeint sein könnte. Die NASA verhielt sich immer ablehnend hinsichtlich dieses Themas, wenn auch Astronauten privat sagen, sie würden Frauen ›mit offenen Armen‹ willkommen heißen. Die in hohem Grade selbstherrliche Einstellung der NASA im Hinblick auf die Weltraumdomäne hat ihr viele Feinde in der wissenschaftlichen Welt eingetragen, aber sie fand auch bald heraus, dass ihr Ausschluß der weiblichen Elemente und die unvermeidliche und muffige Folgerung, dies sei eine ›Männerangelegenheit‹, ihr schließlich die gesamte amerikanische Frauenwelt entfremdete.«

Obwohl die Machos der NASA den an der Raumfahrt interessierten Frauen Schwierigkeiten machten, wo sie nur konnten, ließen diese in ihren Bemühungen nicht nach. So bewarben sich 1967 Jean Godfrey, Kay Jones und Terry London als Kosmoskandidatinnen und bestanden die Examina, kamen aber nicht zum Einsatz. 1973 stellte die vierundzwanzigjährige Judith Ann Neuffer, Leutnant der Marineflieger, einen Antrag auf Astronautenausbildung bei der NASA – doch vergebens. Im Jahr darauf nahmen Doris Chandler, Carolyn Griner, Mary Johnson und Ann Whitaker im Marshall Space Flight Center der NASA in Huntsville, Alabama, erfolgreich an einem fünftägigen Test teil, bei dem sie in einer imitierten Spacelab-Sektion Experimente ausführten. Wissenschaftler führten 1977 im Ames Research Center der NASA Untersuchungen über die physiologische Belastbarkeit von weiblichen Versuchspersonen im Alter zwischen fünfunddreißig und vierzig Jahren hinsichtlich eines Raumfluges durch.

Doch fünfzehn Jahre nach dem ersten Raumflug einer Russin mussten im »Land der unbegrenzten Möglichkeiten« vergehen, bis die erste Gruppe von sechs Frauen ausgewählt wurde: Anna Fisher, Shannon

Lucid, Judith Resnick, Sally Ride, Margaret Seddon und Kathryn Sullivan. Alle Kandidatinnen waren promovierte Wissenschaftlerinnen und standen 1978 im Alter zwischen sechsundzwanzig und fünfunddreißig Jahren. Sie kamen zwischen 1983 und 1985 an Bord von Space Shuttles zum Einsatz – im Unterschied zu ihren fünf sowjetischen Kolleginnen der ersten Stunde, von denen nur eine flog. Die Ärztin Dr. Ride, erste Amerikanerin im All, meinte nach ihrem Jungfernflug: »Ich finde es schlimm, daß unsere Gesellschaft noch nicht weiter ist und so viel Wind um mich gemacht wird.« Und die Biochemikerin Dr. Lucid, heute mit fünf Raumflügen und 223 All-Tagen absolute Spitzenreiterin, erklärte damals nach ihrer Auswahl:

»Aller Anfang ist überall schwer, auch bei der NASA. Trotzdem stellte sich schnell heraus, daß wir Frauen geistig und körperlich genauso in der Lage sind, alle Anforderungen zu erfüllen wie die Männer. Immerhin wurden wir acht (die Ärztin Dr. Mary Cleave und die Ingenieurin Dr. Bonnie Dunbar stießen 1981 zur ersten Gruppe. H.H.) aus über zehntausend hoch qualifizierter Kandidaten ausgesiebt. Es war ein dreiwöchiger geistiger und körperlicher Hürdenlauf mit Fragen, von denen wir nicht wussten, welche echt und welche Fangfragen waren. Beim Psychotest mussten wir alles über uns ergehen lassen, was Psychiater und Psychologen in den letzten hundert Jahren an Fallstricken erfunden haben.«

SALLY RIDE

Die Kinderbuchautorin

Die hübsche junge Frau ließ die Universitätszeitung sinken und sann vor sich hin. Diese Notiz der amerikanischen Weltraumbehörde NASA, die Wissenschaftler suchte, die Astronauten werden wollten, interessierte sie. Die genannten Bedingungen erfüllte die Siebenundzwanzigjährige allemal, war sie doch zweifacher Baccalaureus (erster akademischer Grad in Frankreich,

30 Jahre später: Tamara Jernigan montiert bei ihrem fünften Raumflug den russischen Kran »Strjela« an die ISS

USA, GB und Kanada) für Physik und für Künste, Magister (zweiter akademischer Grad) der Wissenschaften in Physik und verteidigte gerade erfolgreich ihren Doktor der Philosophie in Astrophysik an der Eliteuniversität in Stanford. Außerdem war sie eine anerkannte Sportlerin. Astronautin?

Bisher gab es nur eine Frau im Weltraum, die Russin Walentina Tereschkowa, die vor fünfzehn Jahren zu ihrem historischen Flug gestartet war. Nunmehr sollte offensichtlich auch eine Amerikanerin folgen. Die NASA-Aufforderung bot eine einzigartige Chance, unter geradezu idealen Bedingungen ohne die störenden Einflüsse der Erde und ihrer Atmosphäre Sonne, Mond und Sterne aus dem Kosmos zu beobachten. Auf der Stelle musste sie ihren Antrag um Aufnahme in das Astronautenkorps stellen!

Sally Kristen Ride – der Familienname steht auch für Ritt und Reiten – wurde am 26. Mai 1951 in Encion, nahe Los Angeles, der Stadt der Engel, geboren. 27 Jahre später gehörte sie zu jenen fünfunddreißig Auserwählten – darunter sechs Frauen – die von der NASA unter 1.251 Bewerbern ausgewählt wurden. Ironischer Weise hatte diejenige, die Amerikas erste Frau im All werden sollte, niemals ein brennendes Verlangen nach dem Traumberuf Astronautin gehabt. Sie war zwar ein Kind des Raumfahrtzeitalters, doch es interessierten sie zunächst nur die astronomischen Aspekte. Als der erste künstliche Erdsatellit Sputnik 1 startete, war sie ABC-Schützin; als der erste Mensch, Juri Gagarin, in den Weltraum flog, zählte sie gerade erst zehn Jahre; als Neil Armstrong den Mond betrat, bezog sie die Universität. Da ihre Lieblingsfächer Mathematik und Physik hießen, interessierten sie vor allem Astrosatelliten wie Astra und Elektron, Mondsonden wie Ranger und Luna und Tiefraumsonden wie Pioneer und Mariner, Viking, Voyager, Mars und Venera.

Sally Ride war ein stilles, aber glückliches Kind, das sehr viel las und den Sternenhimmel beobachtete. In ihrem Elternhaus wurde der typische südkalifornische Lebensstil der Fünfziger gepflegt. Die vier Rides bildeten eine freigeistige Familie. Vater Dale Burdell war Professor für politische Wissenschaften am Santa Monica Community College, Mutter Joyce wirkte als Anwältin für die Frauenrechtsbewegung, und Schwester Karen mit dem Spitznamen »Bear« (Bär) wurde Geistliche bei den Presbyterianern, einer reformiert-evangelischen Religionsgemeinschaft, benannt nach den gewählten Presbytern (Älteren), die in den USA mehr als fünf Millionen Gläubige vereinigt. Sally selbst erhielt später wegen ihres temperamentvollen Tennisspiels den Beinamen »Mustang«, nach dem wilden Pferd der nordamerikanischen Prärien.

Zwischen Tennisschläger und Teleskop

Als Sally zehn Jahre alt war, machte sie mit ihrer ganzen Familie eine einjährige Reise durch Europa. In dieser Zeit wurde ihr Talent für den Tennissport entdeckt. In der Tennismetropole Wimbledon bei London trainierte sie bei dem berühmten Champion Alice Marble. Eine sportliche Karriere begann, die ihr achtzehn Preise bei nationalen Turnieren einbrachte. Ihr Traum war es damals, für die Los Angeles Dodgers zu spielen. Sie besaß alle Voraussetzungen, ein erfolgreicher Tennisprofi zu werden, doch in ihren Passionen war sie hin und her gerissen zwischen Tennisschläger und Teleskop. Humorvoll kommentierte sie diesen Zwiespalt später: »Meine Mutter nahm mir die Entscheidung ab, indem sie ironisch bemerkte: ›Du schaffst es nicht, den Ball genau dorthin zu schlagen, wo du ihn hinhaben willst.‹«

Jedenfalls siegte ihre Berufung für die Wissenschaften. Aber auch hier war die Liebe geteilt: auf der einen Seite zur Mathematik und den Naturwissenschaften, auf der anderen Seite zur Kunst und Literatur, insbesondere zu Shakespeare. Sie trug beidem Rechnung, indem sie gleichzeitig ihre ersten akademischen Grade in Physik und Englisch erwarb. Doch dann fiel die endgültige Entscheidung für die Astrophysik, in der sie heute noch theoretisch tätig ist – als Hochschullehrerin und -forscherin auf dem Gebiet der Wechselbeziehungen zwischen relativistischen hochenergetischen Elektronenstrahlen und intensiver Lichtstrahlung.

Heiratsurkunde und Pilotenschein

Dr. Ride gehörte neun Jahre lang der Astronautenabteilung der NASA an. Ihre Auswahlgruppe war die achte und vereinigte sowohl Piloten als auch Missionsspezialisten. Über das Verhältnis zwischen den Geschlechtern sagte sie:

»Ich persönlich hatte keine Probleme mit den männlichen Kollegen. Im Team mit neunundzwanzig Männern und fünf anderen Frauen kam ich nach Houston. Wir wurden völlig gleichberechtigt behandelt und von den Männern sehr unterstützt.«

Sally verliebte sich während der Ausbildung gleich zweimal: in den gleichaltrigen Kandidaten Dr. Steven Hawley aus ihrer Gruppe und in das Fliegen. Die erste Liebe mündete im Hafen der Ehe, die jedoch nach fünf Jahren geschieden wurde. Die zweite brachte ihr die Lizenz als Privatpilotin ein, die sie heute noch mit Leidenschaft ist.

Dr. Ride war der erste weibliche CAPCOM (Capsule Communicator), der für die Verbindung zwischen dem Cockpit des Space Shuttles und dem Flugkontrollzentrum in Houston verantwortlich zeichnet. Sie übte diese verantwortungsvolle Funktion bereits beim zweiten und dritten Einsatz der Columbia aus.

Am 18. Juni 1983 – zwanzig Jahre und zwei Tage nach dem Start von Walentina Tereschkowa – begann der achttägige Jungfernflug von Sally Ride. Sie flog nicht nur als erste Amerikanerin ins All, sondern auch mit zweiunddreißig Jahren als jüngster US-Astronaut, was bis heute noch nicht unterboten wurde. Über ihre Gedanken und Gefühle beim Start vom Kennedy Space Flight Center auf Cape Canaveral berichtete sie: »Ängstlich war ich eigentlich nicht, aber sehr aufgeregt, gespannt und auch etwas besorgt. Immerhin sitzt man beim Start eines Space Shuttles auf einem großen Pulverfaß, das explodieren kann. Die meisten Astronauten sind in diesen ersten Sekunden besorgt darüber, daß irgendetwas schief geht und sie nichts dagegen tun können. Der Start einer Raumfähre ist das aufregendste Erlebnis, das man auf der Erde haben kann und unterscheidet sich von jedem anderen. Die Landung hingegen erinnert an die mit einem Flugzeug. Aber die Astronauten wissen um das Risiko, das sie eingehen.«

Dr. Ride nahm während ihrer beiden Raumflüge jeweils zwei Funktionen wahr, die einer Missionsspezialistin und die einer Flugingenieurin. In letzter Eigenschaft war sie neben dem Kommandanten und dem Piloten der Raumfähre das wichtigste Mitglied der Crew und saß demzufolge bei Start und Landung zwischen den beiden im Cockpit des Oberdecks.

Gruppenbild mit Dame – die erste Amerikanerin in All

Raumfahrt macht Spaß!

»Die beiden stärksten Erlebnisse eines Raumfluges waren für mich das unvergleichliche Gefühl der Schwerelosigkeit und der einzigartige Blick aus dem Weltraum auf unseren Planeten Erde und in die Unendlichkeit des Universums. Es gibt nichts Vergleichbares. Die Schwerelosigkeit ist ein ausgesprochenes Vergnügen. Man kann völlig unbeschwert umher schweben, Purzelbäume schlagen und Saltos drehen. Durch die Sichtfenster sind die großen Städte und Flüsse, aber auch einzelne Schiffe auf den Weltmeeren zu erkennen. Und erst der Himmel über der Nachtseite! Er ist sehr dunkel, mit Sternen, die zwar nicht größer, aber sehr viel strahlender sind, als von der Erde aus gesehen. Ich habe jede Minute meiner freien Zeit für solche Beobachtungen genutzt, die nicht zum offiziellen Forschungsprogramm gehörten. Raumfahrt macht Spaß! Davon bin ich fest überzeugt. Für mich jedenfalls war der Raumflug der größte Spaß, den ich in meinem Leben hatte.«

Während ihrer ersten Weltraummission war Dr. Ride auch als Kranführerin tätig. Zum ersten Mal in der Geschichte der Raumfahrt setzte sie mit dem von ihr mit entwickelten Roboterarm der Challenger die Nachrichtensatelliten Anık C-2 für Kanada und Palapa B-1 für Indonesien aus. Die deutsche Forschungsplattform SPAS–01, die frei fliegend erprobt wurde, holte sie wieder an Bord.

»Die Arbeit mit dem Roboterarm erfolgte mittels zweier Steuerknüppel, einem für die Bewegung nach oben und unten, dem anderen für die Drehung. Ich benötigte also beide Hände zur gleichen Zeit, um den Roboter dorthin zu bewegen, wo ich ihn hin haben wollte.«

Vertrauensverlust und Ehekrise

Schon fünfzehn Monate nach ihrem Jungfernflug startete Sally Ride erneut mit der Challenger, dieses Mal für neun Tage. Während dieser dreizehnten Mission eines Space Shuttles erfolgten drei Pionierleistungen: Zum ersten Mal flogen zwei Frauen in einem Raumflugkörper – neben Dr. Ride war die US-Astronautin Nummer Drei, Kathryn Sullivan aus der selben Auswahlgruppe, mit an Bord. Zum ersten Mal kam eine Amerikanerin ein zweites Mal im Weltraum zum Einsatz. Zum ersten Mal in der Geschichte der Raumfahrt demonstrierte die Crew das Nachfüllen von Treibstoff in der Erdumlaufbahn mittels des Orbital Refueling Systems (ORS). Sally setzte wiederum mit dem Robotarm Nutzlasten aus: den Earth Radiation Budget Satellite (ERBS) zur Mes-

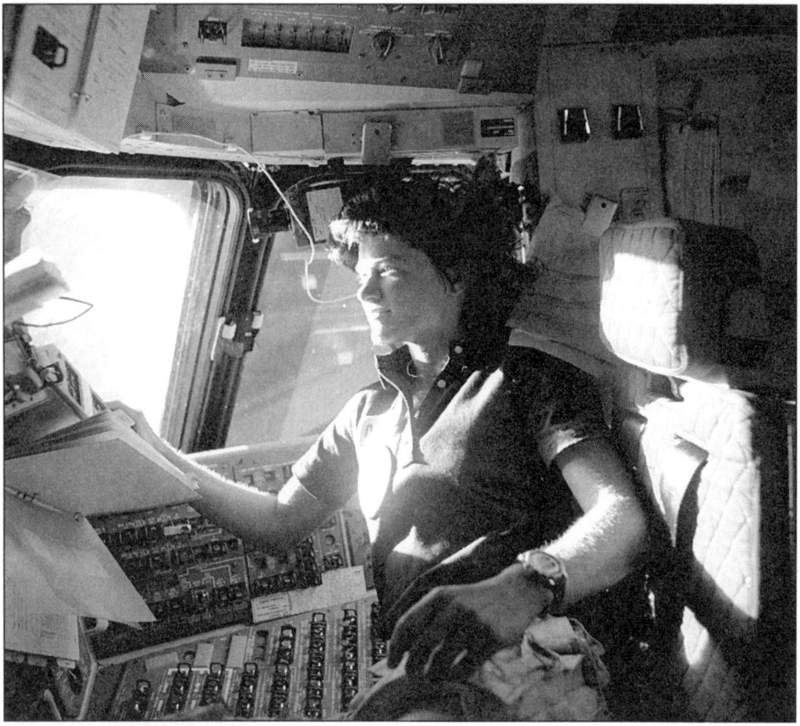

Sally Ride überwacht auf dem Pilotensitz Monitore an Bord

sung des Strahlungshaushaltes der Erde und die Versuchsplattform OSTA-2 (Office of Space and Terrestrial Applications – Büro für kosmische und irdische Anwendungen). Letztere, die materialwissenschaftlichen und pharmazeutischen Forschungen diente, wurde wieder eingeholt und zur Erde zurückgebracht.

Danach trainierte Dr. Ride für einen dritten Flug mit der Challenger, der für den Sommer 1986 geplant war und bei dem ein neuer Datenübertragungssatellit ausgesetzt werden sollte. Doch nach der Challenger-Katastrophe vom 28. Januar desselben Jahres, bei der sieben Astronauten, darunter zwei Frauen, den Tod fanden, wurde diese Mission gestrichen. Das Unglück hatte auch für Sally Ride ernste persönliche Auswirkungen: Ihr Vertrauen in die NASA schwand, und ihre Ehe geriet in eine Krise, die mit der Scheidung endete. Wie das Desaster auf die einhundert hinterbliebenen Mitglieder des Astronautenkorps wirkte, schilderte sie kurz danach so:

»Die Challenger-Katastrophe übte eine starke Wirkung auf alle Astronauten aus, starben doch sieben ihrer Gefährten auf einen Schlag. Mit vier von ihnen – Judith Resnik, Francis Scobee, Eillison Onizuka und Ronald McNail – gehörte ich zur selben Ausbildungsgruppe. Acht Jahre lang haben wir vor dem Unglück gemeinsam Freude und Leid geteilt. Gegenwärtig bin ich jedenfalls nicht bereit, wieder mit dem Space Shuttle zu fliegen, und ich glaube, nur sehr wenige Astronauten würden das tun. Die Menschen täuschen sich, wenn sie glauben, der Flug mit einer Raumfähre sei eine Routineangelegenheit und so sicher wie der an Bord eines Verkehrsflugzeuges. Aber dem ist nicht so!«

Dr. Ride wurde von Präsident Ronald Reagan gemeinsam mit zwölf anderen Experten in die Kommission zur Untersuchung des Unglücks berufen, die unter Leitung des ehemaligen Außenministers William Rogers stand. Die Rogers-Kommission fand als Ursachen des Desasters verheerende technische und organisatorische Mängel, insbesondere an den Feststoffraketen, und forderte ihre sofortige Beseitigung:

»Für uns alle war es äußerst wichtig, daß die NASA mit großem Nachdruck an der Verbesserung der Sicherheit des Space Shuttles arbeitete und wir vertrauten darauf, daß sie es tat. Deshalb gab es auch keine zusätzlichen Ängste, als die Raumfähre wieder eingesetzt wurde. Meine Rückkehr in die Lehre und Forschung hat damit nichts zu tun. Ich habe von Anfang an geplant, etwa sieben Jahre im Astronautenkorps zu bleiben, zwei bis drei Raumflüge zu machen und dann an die Universität zurück zu gehen. Ich unternahm zwei Flüge und war nominiert für einen dritten. Die Ausbildung wurde jäh unterbrochen durch die Challenger-Katastrophe. Nach dem Unglück gab es drei Jahre lang keine Mission mit dem Space Shuttle. Das war gerade die Zeit, in der ich mir vorgenommen hatte, in die Wissenschaft zurückzukehren.

Sally Ride an der Ausstiegsluke im Mitteldeck der Challenger

Visionen und Spekulationen

Doch zuvor leistete Dr. Ride gemeinsam mit anderen Mitarbeitern der NASA einen wichtigen programmatischen Beitrag mit dem offiziellen Titel »Führerschaft und Amerikas Zukunft im Weltraum«. Dieses auch »Ride-Report« genannte Dokument enthält interessante Visionen für die USA und die 20.000 Mitarbeiter der Weltraumbehörde für den Übergang vom zwanzigsten zum einundzwanzigsten Jahrhundert:

- Die »Mission Erde«, die später auch in Angriff genommen wurde, sah den konzentrierten Einsatz von Forschungs- und Anwendungssatelliten zur Erkundung unseres Planeten und zur Nutzung der Weltraumtechnik vor.
- Die systematische Erforschung unseres Sonnensystems sollte mit einer neuen Generation von Raumsonden fortgesetzt werden, was teilweise auch geschah.
- Für die Rückkehr zum Mond und den Aufbau einer ständigen Basis auf unserem natürlichen Trabanten kam jedoch keine konkrete Planung zustande.
- Für eine bemannte Expedition zu unserem äußeren Nachbarplaneten Mars gibt es bisher nur den vagen Vorschlag, dies im Jahre 2019 anlässlich des fünfzigsten Jahrestages der ersten Mondlandung zu tun.

Bis heute sind Spekulationen nicht verstummt, dass diese Vorschläge Sally Rides von der Reagan-Administration nicht besonders wohlwollend aufgenommen wurden und diese ihre Arbeit nicht unterstützte. Tatsache ist, dass zu jener Zeit die Sternenkriegspläne des SDI-Programms im Vordergrund standen und die meisten Mittel verschlangen. Jedenfalls verabschiedete der damalige NASA-Direktor James Fletcher die erste amerikanische Astronautin mit den Worten:

»Sie haben wesentlich dazu beigetragen, daß die Ziele und Richtungen der zivilen nationalen Raumfahrtaktivitäten für das nächste Jahrhundert erarbeitet wurden.«

Mit Büstenhalter in den Orbit?

Nachdem Dr. Ride die NASA verlassen hatte, hielt sie sich sehr zurück und gab nur selten Interviews, so etwa Mitte der neunziger Jahre in den Wochen vor dem Flug von Eileen Collins, der ersten Pilotin und Kommandantin eines Space Shuttles. Einige Fragen männlicher Reporter ärgerten sie, wie aus ihren ironischen Antworten hervorgeht:

»Tragen Sie auch im Weltraum einen Büstenhalter?«

»In der Schwerelosigkeit hängt nichts durch!«

»Was macht eine Frau, wenn sie in der Umlaufbahn ihre Regel bekommt?«

»Dasselbe wie auf der Erdoberfläche!«

»Weinen Sie, wenn Ihnen etwas schief geht?«

»Lachen Sie in einem solchen Fall?«

Sally Ride bemüht sich, ihre Privatsphäre zu schützen: »Ich wünschte und suchte niemals die Öffentlichkeit, habe keinerlei Interesse daran, Aufsehen zu erregen. Ich bin nicht Astronautin geworden, um eine historische Figur oder ein Symbol für die Gleichberechtigung der Frau zu werden. Meine Persönlichkeit ist die eines Physikers, der zeitweilig Astronaut sein wollte. Es ist doch nicht zu viel verlangt, daß ich meine Ruhe haben will. Ich möchte in den Supermarkt gehen wie jeder andere Mensch, meinen Unterricht und meine Forschungen betreiben, ohne dabei gestört zu werden. Freude bereitet es mir jedoch, wenn nach einem Gespräch an einer Schule ein achtjähriges Mädchen die Hand hebt und mich fragt, was sie machen muß, um Astronautin zu werden.«

In Germantown, Maryland, wurde eine Elementarschule nach ihr benannt. Diese hat es sich zur Aufgabe gemacht, sowohl das intellektuelle als auch das emozionale Potenzial der Kinder voll zu entwickeln. Lehrer und Eltern arbeiten gemeinsam mit allen Interessierten daran, in jedem Schüler Selbstvertrauen und Sicherheitsgefühl wachsen zu lassen.

Sally Ride wirkt an diesem Bestreben als Kinderbuchautorin mit. Nach ihren Raumflügen schrieb sie das Buch »To Space & Back« (In den Weltraum und zurück), in dem sie ihre Erlebnisse, Eindrücke und Erfahrungen vermittelt. Es folgten »Voyager: An Adventure to the Edge of the Solar System« (Voyager: Eine Unternehmung bis zum Rande des Sonnensystems) und »The Third Planet: Exploring the Earth from Space« (Der dritte Planet: Erforschung der Erde aus dem Weltraum), mit denen sie ihre Visionen Kindern nahe bringt.

Gerade mit ihrer Bescheidenheit gewann die Astronautin Nummer Eins die Achtung vieler Menschen. George Abbey, der stellvertretende NASA-Direktor für Flugoperationen, charakterisierte die heutige Physikprofessorin folgendermaßen: »Dr. Ride ist auf ganz besondere Weise klug. Es gibt Leute, die im Labor sitzen und wie Einstein denken, aber sie können damit nichts anfangen. Sally aber kann alles, was sie weiß, so zusammenführen, daß es nutzbar ist.«

Der Rock'n'Roll-Musiker Billy Joel verewigte die von ihm Verehrte neben vielen anderen in seinem Song »We didn't Start The Fire« (Wir eröffneten nicht das Feuer), der schon heute zu den Oldies zählt.

Dieses Lied ist eine schlaglichtartige Aufzählung von Ereignissen der Weltgeschichte nach dem Zweiten Weltkrieg. Zwischen den Schlagworten »Rad des Glücks« und »Heavy Metal« sowie »Selbstmord« platzierte er Sally Ride. Das lässt Spielraum für zweideutige Interpretationen:

> Wheel of Fortune, Sally Ride,
> Heavy Metal, Suicide, ...

CHRISTA MCAULIFFE

73 Sekunden bis zum Tod

Zehntausende von Menschen waren nach Cape Canaveral auf der Halbinsel Florida geströmt, um an dem als Jubiläumsfeier vorbereiteten Raumfahrtereignis teilzunehmen: dem fünfundzwanzigsten Start eines Space Shuttles und gleichzeitig zehnten des Orbiters Challenger (Herausforderung). Mächtig ragte das fast sechzig Meter hohe und fünfundzwanzig Meter breite Raumtransportsystem auf Rampe 39B des Kennedy-Raumflugzentrums südlich von Playalinda Beach in den klaren blauen Himmel. An diesem Dienstag, dem 28. Januar 1986, machte das Wetter mit strahlender Sonne und leichter Meeresbrise dem Namen Sonnenscheinstaat für Florida alle Ehre. Allerdings war es für das Ferienparadies verhältnismäßig kalt; dicke Eiszapfen hingen an den Gerüsten der Startanlage.

Die Public Relations Manager der NASA hatten sich große Mühe gegeben, die Öffentlichkeit zu mobilisieren, benötigte die Weltraumbehörde doch dringend ein Erfolgserlebnis. Ihre Blütenträume von jährlich etwa fünfzig Missionen des Space Shuttles waren nicht gereift. In den vergangenen fünf Jahren lag die durchschnittliche Jahresrate bei nur fünf Einsätzen, obwohl alle vier Orbiter – Columbia, Challenger, Discovery und Atlantis flogen. Unter den 125 Mitgliedern des NASA-Astronautenkorps gab es acht Frauen und acht Ausländer.

Die Jubiläumscrew war besonders sorgfältig zusammengestellt worden. Kommandant Francis Scobee und Pilot Michael Smith, bewährte Astronauten und Offiziere, vertraten die Air Force und die Navy, jene

Teilstreitkräfte, die am meisten auf den militärischen Einsatz von Raumfähren drängten, denn Reagans Sternenkriegsprogramm lief zu dieser Zeit auf Hochtouren. Der Missionsspezialist Gregory Jarvis trat zu seinem Erstflug in den Weltraum an. Sein Kollege Ellison Onizuka, ein auf Hawaii gebürtiger Japaner, kam ebenfalls von der Air Force, und der afroamerikanische Wissenschaftler Dr. Ronald McNair vom elitären Massachusetts Institute of Technology (MIT). Die Krönung jedoch bildeten die beiden Damen: die Wissenschaftlerin, Berufsastronautin und bekennende Jüdin Dr. Judith Resnik, die 1984 als zweite Amerikanerin im All ihren Jungfernflug absolviert hatte, und die Lehrerin und Mutter zweier Kinder Christa McAuliffe, die als erster »Spaceflight Participant« (Raumflugteilnehmer), also als Fluggast, startete.

Mit dieser Auswahl wollte die NASA ihre Toleranz in ethnischen, religiösen und professionellen Fragen sowie die Gleichberechtigung der Frau im »Land der unbegrenzten Möglichkeiten« demonstrieren. Als massenwirksame Hauptattraktion der Mission war das Programm »Teacher in Space« (Lehrer im Weltraum) gedacht. Sein Anliegen: Millionen von Menschen durch die Worte einer »Frau von nebenan« direkt aus dem Kosmos am Abenteuer Raumfahrt teilhaben zu lassen.

Statt Bilderbuchstart Absturz

Auf dem Stundenplan für den »Classroom Earth« (Klassenraum Erde) standen zwei Lektionen, die Christa McAuliffe am vierten Flugtag abhalten sollte. In der ersten »Die außerordentliche Reise« ging es darum, die einzelnen Mitglieder der Crew und ihre Aufgaben an Bord vorzustellen, zu zeigen wie sie in der Schwerelosigkeit leben, essen, schlafen und arbeiten. Es galt auch, im Cockpit die Funktionen der 1.300 Schalter und Anzeigetafeln zu erläutern. In der zweiten Lektion »Wo wir stehen, wohin wir gehen und warum?« sollten die Erdenmenschen damit vertraut gemacht werden, wie die Raumfähre fliegt und darüber diskutieren, warum der Mensch den Weltraum erforscht und welchen Nutzen die Raumfahrt für das Leben auf der Erde bringt.

In Tausenden von Schulen aller fünfzig Bundesstaaten der USA saßen Hunderttausende vor den Fernsehapparaten, um Countdown und Start der Challenger mitzuerleben und am Unterricht aus dem All teilzunehmen. 1.200 Schüler – die besten des großen Landes – waren nach Cape Canaveral eingeladen worden. Zu den Ehrengästen gehörten die Angehörigen der sieben Besatzungsmitglieder, darunter auch die Familie von Christa McAuliffe. Sechsmal musste der Start wegen der üblichen technischen Probleme und wegen schlechten Wetters verschoben werden. Doch an diesem Tag wollte die NASA endlich die von ihr heraufbeschworenen Erwartungen erfüllen. Um 11.38 Uhr Ortszeit zündeten die Triebwerke, und das zweitausend Tonnen schwere Gespann von zwei Feststoffraketen, einem Außentank und dem huckepack darauf sitzenden Orbiter Challenger hob sich grollend und dröhnend von der Rampe ab. Begleitet wurde der Aufstieg vom Geschrei der jubelnden Menschenmenge, dem Getöse Tausender Trillerpfeifen und dem Geknatter Hunderter Partyknaller. Den Zuschauern schien es ein Bilderbuchstart zu sein.

Doch der Schein trog. Wie später ausgewertete Kameraaufnahmen zeigten, trat schon in der ersten Sekunde eine weiße Rauchwolke, die dann ins Schwarze überging, seitlich aus dem rechten Feststoffbooster aus. Nach sechzig Sekunden erschien an der gleichen Stelle eine intensive Flamme, die sich verstärkte. Schließlich kam es 73 Sekunden nach dem Start zu einer gewaltigen Explosion des Außentanks – in sechzehn Kilometern Höhe über dem Atlantik, acht Kilometer vor der Küste Floridas. Zuerst war eine Rauchwolke sichtbar, die sich zunehmend vergrößerte. Daraus ging ein gelb-rot-brauner Feuerball hervor, aus dem die beiden Booster ziellos im Zickzack weiterrasten – ein Bild, das bis heute die Challenger-Katastrophe charakterisiert. Die Trümmer stiegen bis in die Stratosphäre auf und regneten fast eine Stunde lang auf Cape Canaveral und Umgebung nieder.

Ziellos rasen die beiden Feststoffraketen nach der Explosion der Challenger davon

Sauerstoffmasken waren aktiviert

Die Augenzeugen vor Ort wurden vom Entsetzen gepackt, die Verwandten der sieben Opfer brachen zusammen, die Verantwortlichen der NASA waren sprachlos, die Menschen im ganzen Land fassungslos. Die Bestürzung im Lande hatte Ähnlichkeit mit der Situation, die zwanzig Jahre zuvor nach den Schüssen von Dallas auf Präsident Kennedy geherrscht hatte.

Die genaue Todesart der einzelnen Astronauten blieb bis heute ungeklärt. Die Explosion riss zwar die Druckkabine der Challenger ab, doch blieb diese erhalten und stürzte, nachdem sie noch 4.000 Meter hochschoss, aus etwa zwanzig Kilometern Höhe in die Tiefe. Der freie Fall dauerte knapp drei Minuten, und der Aufprall auf die aus dieser Höhe betonharte Meeresoberfläche erfolgte mit einer Geschwindigkeit von etwa dreihundert Kilometern in der Stunde. Die Auswertung der Tonbänder mit dem Funkverkehr ergab, dass die Crew die Detonation noch miterlebt hatte. Doch wer war infolge des Druckabfalls im Cockpit in Ohnmacht gefallen und wer musste den 165 Sekunden dauernden Todessturz noch bei vollem Bewusstsein miterleben? Drei der vier im Atlantik wiedergefundenen Sauerstoffmasken waren jedenfalls aktiviert und drei Viertel ihres Sauerstoffvorrats verbraucht worden. Sechs Wochen nach der Katastrophe wurden die sterblichen Überreste der Besatzungsmitglieder vierzig Kilometer vor der atlantischen Meeresküste aus dreiunddreißig Metern Tiefe geborgen.

Präsident Reagan wandte sich schon fünf Stunden nach dem schrecklichen Unglück in einer Fernsehansprache an die zutiefst erschütterte Nation. Er suchte nach tröstenden und ermutigenden Worten:

»Vielleicht haben wir nur vergessen, daß wir gerade erst begonnen haben. Wir sind immer noch Pioniere – sie, die Mitglieder der Challenger-Besatzung waren Pioniere ... Die Zukunft gehört nicht den Zaghaften, sondern den Mutigen ... Wir werden unsere Erforschung des Weltraums fortführen. Es wird weitere Shuttle-Flüge geben, weitere Shuttle-Besatzungen und – ja – auch weitere Freiwillige, weitere Zivilisten und weitere Lehrer im Weltraum. Nichts endet hier. Unsere Hoffnungen und Reisen gehen weiter.«

Drei Tage später ging der »Große Kommunikator«, wie Reagan von amerikanischen Journalisten genannt wurde, bei der Gedenkfeier im Johnson Space Center in Houston auf die Persönlichkeit der einzelnen Opfer ein:

»Wir erinnern uns an Christa McAuliffe, die die Phantasie einer ganzen Nation begeisterte – mit ihrer Kühnheit und ihrem rastlosen For-

Christa hält für ihre Schüler alles mit der Kamera fest

scherdrang, eine Lehrerin nicht nur ihrer Schüler, sondern eines ganzen Volkes ... Jedes Familienmitglied, mit dem ich sprach, hat mich ausdrücklich gebeten, daß wir unser Raumfahrtprogramm fortsetzen.«

Inzwischen hatten die Suchmannschaften Teile von Christa McAuliffes Notizen für ihre Lektionen, die lose im Wasser schwammen, gefunden. Noch heute kommt es vor, dass die Wellen des Atlantiks versengte Trümmer der Raumfähre an den Strand von Cocoa Beach schwemmen.

Eine Woche nach dem Desaster setzte Reagan eine Untersuchungskommission ein, die innerhalb von 120 Tagen einen Abschlussbericht über die Ursachen des Unglücks sowie Vorschläge zur Vermeidung künftiger Katastrophen vorlegen sollte. Sie stand unter Leitung des ehemaligen Aussenministers William Rogers. Stellvertreter war Neil Armstrong, der erste Mensch auf dem Mond. Mitglieder waren Experten und Astronauten, darunter auch Sally Ride, die erste Amerikanerin im All.

Watergate im Weltraum

»Die Nation fühlte sich an Watergate erinnert«, schrieb die »New York Times« über die Unterlassungen, welche die »Rogers-Kommission« zu Tage förderte. Ursache des Unglücks waren eindeutig die beiden Kunststoff-Dichtungsringe zwischen den unteren Segmenten des rechten Feststoffboosters, die ihre Dehnbarkeit so weit verloren hatten, dass 3.200 Grad heiße Gase austraten und sich entzündeten. An diesen O-Ringen traten später wiederholt Probleme auf – so 1995 bei einem Start der Atlantis. Bei der Challenger wirkte die zwölf Meter lange Stichflamme wie ein Schweißbrenner, der zunächst die untere Halterung zwischen dem Booster und dem großen Außentank durchtrennte. Wenig später schwenkte dann die Rakete um ihre obere Halterung und bohrte sich mit der Spitze in den Tank – ausgerechnet an der Stelle, wo die Behälter von Sauerstoff und Wasserstoff aneinander grenzen. Zu diesem Zeitpunkt enthielt der Außentank noch 470.000 Liter flüssigen Sauerstoff und 1,2 Millionen Liter flüssigen Wasserstoff. Diese beiden energiereichsten Raketentreibstoffe entzündeten sich in einer gewaltigen Knallgasexplosion, deren Detonationsstärke der einer kleinen Atombombe gleichkam.

Die Untersuchungen ergaben ferner, dass es bei keinem Start eines Space Shuttles so kalt gewesen war, wie bei dem zehnten der Challenger – minus vier Grad –, und dass US-Raketen noch nie vorher so lange Wind und Wetter ausgesetzt gewesen waren, nämlich 37 Tage. Die Kommission kam zu dem Schluss: »Die Leitung der NASA beging einen Fehler, als sie den Startbefehl erteilte!«

Der damalige Chefastronaut John Young, der als einziger sechsmal geflogen war, wies nach, dass bei zwölf von vierundzwanzig Starts des Space Shuttles die Besatzungen katastrophalen Risiken ausgesetzt waren: »Es gibt nur einen Beweggrund, solch einem potentiell gefährlichen System dennoch Fluggenehmigung zu erteilen – der Druck des Flugplanes. Wir standen unter ständigem Druck zu starten, ohne vollständige Avionik, von Sensoren bis Computern ...«

Druck hatte vor allem das Pentagon ausgeübt, denn von den dreizehn Missionen, die 1986 noch geplant waren, sollten vier ausschließlich dem Sternenkriegsprogramm mit dem Schwindeletikett SDI (Strategic Defense Initiative – Strategische Verteidigungsinitiative) dienen. Für 1987 waren fünf und für 1988 sogar zehn bis fünfzehn militärische Einsätze des Space Shuttles vorgesehen.

Doch zunächst gab es nach dem großen Desaster eine zweieinhalbjährige Zwangspause. Die Analyse der Challenger-Katastrophe hatte 220 Schwachstellen, die eine Mission beeinträchtigen konnten, und 30 neuralgische Punkte erkannt, von denen ein Totalverlust des Raumtransportsystems drohte. 400 kleinere und 56 größere Änderungen an den Systemen wurden durchgeführt. Doch die Hauptgefahr, vor der schon Wernher von Braun gewarnt hatte, blieb: Nach wie vor sitzen die Astronauten beim Start eines Space Shuttles auf dem größten Pulverfass der Welt, und es gibt vom Abheben bis zum Aufstieg in eine suborbitale Bahn keine Rettungsmöglichkeiten im Fall einer ernsten Havarie. Nach jüngsten NASA-Berechnungen besteht eine ein- bis dreiprozentige Wahrscheinlichkeit für eine Explosion der Raumfähre beim Start. Gott sei Dank gab es bei mehr als einhundert Missionen des Space Shuttles bisher nur diesen einen Todesflug.

Die »Heilige Mutter Christa«

Von den sieben Opfern der Challenger-Katastrophe blieb Christa McAuliffe der Nachwelt am stärksten in Erinnerung. In den Vereinigten Staaten wird sie geradezu mythisch als eine Art »Heilige Mutter Christa« verehrt. Der Kongress führte die »Christa McAuliffe Fellowship« als ehrenvolle Mitgliedschaft in einer Gemeinschaft ein, und die NASA benannte nach ihr einen Planetoiden, zu dem sie später die Sonde Deep Space 1 (Tiefer Weltraum) entsandte. Ihre zeitweilige Heimatstadt Concorde in New Hampshire baute das »Memorial Christa McAuliffe Planetary«, und ihr früheres College Framingham gründete das »Christa McAuliffe Center for Education and Teaching Excellence« (Zentrum für hervorragende Bildung und Lehre).

Der bekannte Musiker John Denver schuf zu ihrem Start den Song »And the Stars Go With You« (Die Sterne sind mit dir), und die Dramatikerin Jane Anderson schrieb nach Christas Tod das Stück »Defying Gravity« (Überwindung der Schwerkraft), das am 11. Juni 2000 im »Merrimack Repertory Theatre« in Lowell uraufgeführt wurde. Hollywood arbeitet an einer Verfilmung des Unglücks. Die Akademie der Wissenschaften der UdSSR benannte unmittelbar nach dem Absturz einen von sowjetischen Sonden entdeckten Krater auf der Oberfläche der Venus nach Christa McAuliffe und einen zweiten nach Judith Resnik – Balsam für die verwundete amerikanische Seele.

Ein Grund dafür, dass Christa McAuliffe in den USA zu einer Kultfigur wurde, ist wohl, dass der liebenswürdige, lebhafte Lockenkopf dem Wunschbild von der modernen amerikanischen Frau entsprach. Sharon Christa wurde am 2. September 1948 in Boston, Massachusetts, als ältestes von fünf Kindern des Ehepaars Edward und Grace Corrigan geboren. Sie stammte aus einer typischen Mittelklassenfamilie Neuenglands. Der Vater verdiente als Angestellter eines Kaufhauses den Unterhalt, die Mutter zog die Kinder auf und betätigte sich sozial. Christa besuchte die Highschool, als Juri Gagarin in den Weltraum flog, und studierte auf dem College amerikanische Geschichte, als Neil Armstrong und Edwin Aldrin den Mond betraten. In ihrer Bewerbung bei der NASA schrieb sie später: »Ich bin ein Kind des kosmischen Zeitalters und würde mich gern an der Raumfahrt beteiligen.«

Christa heiratete früh ihren langjährigen Jugendfreund Steven McAuliffe und folgte ihm nach Washington, wo er als Staatsanwalt arbeitete. Neben der Erziehung ihrer beiden Kinder Scott und Caroline widmete sie sich weiter ihrem geliebten Beruf als Lehrerin, in dem sie sich auch auf Sozialstudien spezialisierte. Sie engagierte sich weit über ihre Pflich-

Auf der »Tretmühle« bei der Flugvorbereitung in Houston

ten hinaus als Leiterin der örtlichen Pfadfinderorganisation für Mädchen »Girl Scouts«, als Beraterin des Christlichen Vereins Junger Männer YMCA (Young Men Christian Association), im Kommunalhospital, im Tennisclub und in der Laienspielgruppe.

Ihre Schüler erinnern sich an sie als »einen einfallsreichen Menschen, eine gute Erzählerin und eine wundervolle Lehrerin«. Auf ihre Initiative wurde ein neuer Kursus ins Leben gerufen: »Die amerikanische Frau«. Gemeinsam mit ihren Schülern verfolgte sie aufmerksam alle Aktivitäten in der Raumfahrt: »Ich war begeistert und wollte unbedingt an diesem modernen Abenteuer teilhaben, ohne jedoch jemals ernsthaft daran zu denken, selbst in den Weltraum zu fliegen.«

»Geh für uns!«

Das änderte sich schlagartig, als Vizepräsident George Bush 1985 das Programm »Teacher in Space« ankündigte. Christa McAuliffe gehörte zu den 11.500 US-amerikanischen Lehrern, die den Sprung aus dem Klassenzimmer in den Weltraum wagen wollten. Gedrängt von ihren Kollegen und Schülern: »Geh für uns!«, sandte sie in letzter Minute ihr elfseitiges Bewerbungsschreiben ab. Große Hoffnungen hatte sie allerdings nicht, waren doch viele ihrer Mitbewerber weitaus höher qualifiziert als sie, besaßen gar Titel wie Doktor und Professor. Doch ihr leidenschaftlich vorgetragener Standpunkt verfehlte nicht seine Wirkung:

»Eine Menge Leute meinten, mit der Landung auf dem Mond sei alles vorbei und legten den Rückwärtsgang ein. Doch die Menschen haben Beziehungen zu ihren Lehrern. Nun, nachdem ein Lehrer für den Raumflug ausgewählt wird, sind sie bereit durchzustarten. Der Weltraum ist unsere neue Herausforderung, und jeder will mehr darüber wissen.«

Christas Traum erfüllte sich am 19. Juli 1985, als sie und ihre Kollegin Barbara Morgan von der NASA ausgewählt wurden. Im September begann ihre Grundausbildung im Manned Spacecraft Center in Houston, Texas. 114 Stunden trainierte Christa McAuliffe gemeinsam mit den Mitgliedern der Einsatzcrew, von denen sie kameradschaftlich aufgenommen wurde. Ihr persönliches Motto beeindruckte alle: »I touch the future, I teach!«, was sinngemäß soviel bedeutet wie: »Ich berühre die Zukunft, ich lehre!«

Steven McAuliffe wandte sich im Sommer 1986, nur sieben Monate nach dem Tod seiner Frau, auf der Jahrestagung der National Education Association an die Lehrer des Landes:

»Falls Sie diese Arbeit nicht fortführen, wenn Sie nicht Ihre Energien in die Erfüllung dessen stecken, was sie gewollt hat, dann glaube ich, waren ihre Mühen vergebens.«

»A Journal for Christa« ist der Titel eines rührenden Buches von Grace Corrigan über ihre Tochter. Der Tenor lautet: »Christa lebt in unseren Herzen weiter!«. Die Mutter bemüht sich, das Vermächtnis von Christa McAuliffe zu erfüllen: »Sie hat immer vollendet, was sie begonnen hat und alles getan, wozu sie fähig war; sie setzte sich selbst neue Grenzen.« Und sie erinnert daran, dass es für ihre Älteste bei der Mission um »den besten Schulausflug aller Zeiten« ging.

Die Ersatzfrau

Unermüdlich kämpfte die Grundschullehrerin Barbara Morgan aus dem kleinen Wintersportort McCall in Idaho darum, das Programm »Lehrer im Weltraum« endlich zu verwirklichen. Als Double lebte sie von der Auswahl bis zum Unglücksstart der Challenger auf Tuchfühlung mit Christa McAuliffe, wurde zu ihrer Freundin. Das »Familienalbum« der NASA-Astronauten ist voll von Fotos der beiden fröhlichen jungen Frauen: beim Kosten von Weltraumnahrung, beim Proben mit einer Filmkamera, beim Training in der Schwerelosigkeit während des Parabelfluges mit einer Transportmaschine. In der Ausbildung gab es keiner-

Freundinnen: Christa McAuliffe und Barbara Morgan

lei Unterschiede, denn die Ersatzfrau Barbara hätte die Einsatzfrau Christa – etwa bei einer plötzlichen Erkrankung – nahtlos ersetzen müssen.

Barbara Morgan erlebte den Schock, ihre Freundin Christa McAuliffe am Himmel von Florida sterben zu sehen. Das motivierte sie alles zu unternehmen, um das »Teacher-In-Space-Program« (TISP) wiederzubeleben. Die Notwendigkeit dafür sah sie auch in der Misere des amerikanischen Bildungssystems. So sank die Produktivität von Schulen und Ausbildungsstätten seit 1960 auf nur noch ein Drittel. Die von den Medien verherrlichte »Spaßgesellschaft« zeitigte verheerende Folgen. Der Wirtschaft droht eine der wichtigsten Ressourcen – das »Humankapital«, wie es zynisch genannt wird – wegzubrechen. Nun soll der bewunderte Lehrer im Weltraum, insbesondere für die Naturwissenschaften, als Bildungsanimateur des Zeitalters von Multimedia und Internet einspringen. Vizeadmiral Richard Truly, zweifacher Astronaut, ehemaliger NASA-Direktor und Mentor von Christa McAuliffe und Barbara Morgan, sieht das so:

»Wir nutzen das Medium Weltall, um die Ausbildung in vielen Bereichen zu verbessern. Der nächste Schritt werden Routine-Lehrprogramme aus dem All sein. Später werden wir von der Internationalen Raumstation aus unterrichten und, wie ich schon jetzt sage, auch vom Mond und vom Mars.«

Barbara Morgan hat seit der Katastrophe hart gearbeitet. Neben ihrer Lehrtätigkeit widmet sie eine Woche im Monat der PR-Arbeit für das Programm »Lehrer im Weltraum«. Jährlich unterwarf sie sich den strengen medizinischen Kontrollen im NASA-Zentrum für bemannte Raumfahrt in Houston. Unmittelbar nach dem Desaster hatte sie sich bereit erklärt, jederzeit in den Weltraum zu fliegen.

»Wir hätten sofort wieder auf das Pferd springen sollen, das uns abgeworfen hat, weil die meisten Dinge im Leben, die es wert sind zu tun, ein Risiko beinhalten. Dabei meine ich ein gerechtfertigtes Risiko beim Streben nach Wissen. Manchmal ist im Preis für das Lernen und Wachsen eben auch das Risiko enthalten.«

Doch nach der Wiederaufnahme der Flüge des Space Shuttles 1988 verging Jahr für Jahr, ohne dass sich etwas bewegte. 1992, nach dem zweiten Start des neuen Orbiters Endeavour und dem fünfzigsten einer Raumfähre, mahnte Richard Truly:

»Es ist an der Zeit, daß die NASA das Teacher-In-Space-Program verwirklicht. Barbara Morgan ist bereit, das Space Shuttle ist bereit, und die amerikanische Öffentlichkeit ist bereit!«

Im Juni 1998 wurde Barbara Morgan, inzwischen sechsundvierzigjährig, erneut für die Astronautenabteilung der NASA nominiert, diesmal als Missionsspezialistin. Dieser siebzehnten Auswahlgruppe gehören fünfundzwanzig Kandidaten an. Für die »Lehrer im Weltraum« ist das eine Anerkennung, aber wohl auch die letzte Chance für einen Einsatz. Sie selbst sieht ihre Aufgabe so:

»Das ›Lehrer-im-Weltraum-Programm‹ ist längst zu einem viel größeren Programm, genannt ›Lehren aus dem Weltraum‹, geworden und das ist ein gewaltiges nationales Erziehungsprogramm. Ich sehe den Flug eines Lehrers in das Weltall in Wirklichkeit als den Anfang von etwas viel Größerem an. Der Flug selbst ist zwar wichtig, aber das, was nachher geschieht und wie es dann weitergeht, das ist der wichtigste Teil meiner Mission ... Christa McAuliffe war und wird immer unsere Lehrerin im All sein, und ich bin stolz auf sie. Das ist etwas, das niemals vergessen werden sollte.«

SHANNON LUCID

»Mutter Courage« auf MIR

»Bei den Russen gibt es eine schöne alte Sitte. Bevor jemand eine Reise antritt oder eine neue Tätigkeit aufnimmt, setzt er sich schweigend mit den Seinen zusammen, um die Gedanken zu sammeln. Das taten auch wir drei, bevor die Männer in die Schleuse stiegen, um die Raumstation zu verlassen. Wir saßen für einige Minuten ruhig im Basisblock von MIR. Dann sagte der eine Juri: ›Los geht's!‘, und beide Juris flogen im wahrsten Sinne des Wortes über meinen Kopf hinweg – wie zwei Leitgänse nach Süden – und verschwanden in der Luftschleuse. Einige Zeit später hörte ich, wie die Ausstiegsluke zuschlug. Ich war allein in der Station.«

Das berichtete die amerikanische Astronautin Shannon Lucid, die von März bis September 1996 auf dem russischen Orbitalkomplex MIR arbeitete – davon fünf Monate mit dem Kommandanten Juri Onufrijenko und dem Bordingenieur Juri Usatschow und fünf Wochen mit deren Ablösung Waleri Korsun und Alexander

Juri Onufrijenko und Juri Usatschow bei Außenbordarbeiten am Orbitalkomplex MIR

Kaleri. Gut zwei Wochen waren sie sogar zu sechst an Bord, weilte doch auch die französische Spationautin Claudie André-Deshays als Gast auf MIR. Ihren Platz in der Geschichte der Raumfahrt errang Dr. Lucid durch eine Serie außergewöhnlicher Leistungen:

- Mit einer Gesamtflugzeit von 233 Tagen gehört sie als einzige Frau zur Spitzengruppe der Raumfahrer, die länger als ein halbes Jahr im Weltraum arbeiteten. Diese besteht ansonsten nur aus Russen sowie aus zwei Kasachen und einem Franzosen.
- Mit 188 All-Tagen stellte sie den absoluten Rekord für Frauen während eines Raumfluges auf, gefolgt von der Russin Jelena Kondakowa.
- Mit 53 Jahren war sie die älteste Frau, die in den Weltraum startete, und zwar zu ihrem fünften und längsten Flug.
- Sie ist die einzige Frau unter den sieben NASA-Astronauten, die während ihres fast tausendtägigen Aufenthaltes an Bord von MIR einzigartige Erfahrungen für Langzeitmissionen auf Raumstationen sammeln konnten.

Als einzige Frau wurde Shannon Lucid sowohl vom amerikanischen als auch vom russischen Präsidenten mit höchsten Auszeichnungen geehrt: Bill Clinton verlieh ihr als erster Amerikanerin die »Congressional Space Medal of Honor« und Boris Jelzin den »Orden der Freundschaft«. Von den russischen Kosmonauten wird sie wie kein anderer amerikanischer Astronaut verehrt. Auf der MIR erwies sie sich als eine wahre »Mutter Courage«, die immer frohen Mutes und guter Stimmung war, der keine Arbeit zu schwer oder zu viel wurde. Wo immer auch ihr markanter Wuschelkopf auftauchte, ertönte bald ein herzliches Lachen. In einem Brief an ihre Familie beschreibt sie eine charakteristische Episode:

»Vor ihrem ersten Ausstieg in den freien kosmischen Raum während meines Aufenthaltes an Bord von MIR spaßten die beiden Juris, was ich wohl machen würde, wenn sie draußen sind. Immerhin sei ich als Einziger an Bord dann auch der Kommandant der Station. Sicher würde ich zu ihrer Begrüßung bei der Rückkehr das große Sternenbanner, das es an Bord gab, hissen. Aber ich tat

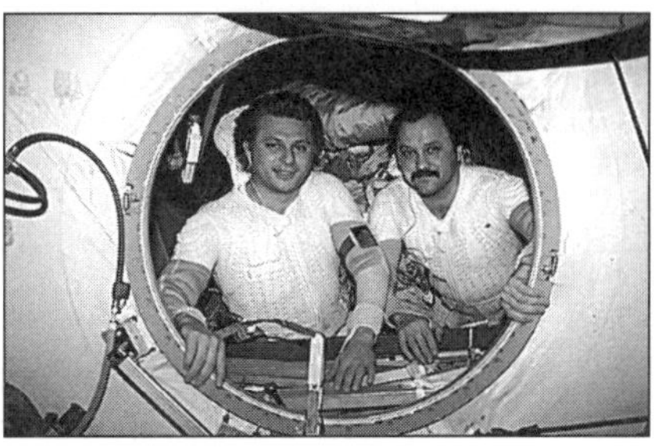

Shannon Lucids »Juris« Onufrijenko (links) und Usatschow

das nicht, weil ich mir nicht sicher war, wie weit ihr Sinn für Humor gehen würde. Hingegen fällte ich eine andere Entscheidung als Kommandeur. In den vorangegangenen Wochen hatten wir nur gegessen, was in den angebrochenen Lebensmittelcontainern noch vorhanden war, aber keinen neuen geöffnet.

Wir Ihr richtig vermutet, war durch unsere Selektion keine unserer Lieblingsspeisen übrig geblieben. Da ich mich wie Kapitän Kirk fühlte, wußte ich auch: Die erste Pflicht eines guten Kommandeurs besteht darin, für das Wohlergehen seiner Truppe zu sorgen. Deshalb öffnete ich einen neuen Container und bereitete mit den Lieblingsgerichten meiner beiden Jungs und einer Schüssel Kartoffeln ein Festmahl für ihre Rückkehr vor. Sie aßen mit großem Genuß, aber keiner fragte, wo ich die Speisen her hatte. Das einzige, was sie sagten, war: ›Herzlichen Dank!‹

Nach dem Mahl war es an der Zeit einige Stunden zu schlafen. Wir wachten erholt auf und begannen über die Vorbereitungen des nächsten Ausstieges zu sprechen. Ich begann zu träumen, daß die Jungs mich einladen würden, mit ihnen gemeinsam auszusteigen. Ja, die Sterne leuchten heller auf der anderen Seite der Luke.«

»Warum das alles?«

Dr. Lucid gehörte mit fünf anderen Frauen zur achten NASA-Auswahlgruppe für Missionsspezialisten. Sie musste bis zu ihrem siebentägigen Jungfernflug mit der Discovery sieben Jahre lang warten. Von den sechs Frauen war sie die letzte, die zum Einsatz kam, doch dafür flog sie in den folgenden Jahren fünfmal.

Shannon Matilda Wells wurde am 14. Januar 1943 in Shanghai geboren, wo sich ihre Eltern zeitweilig aufhielten. Das war fünf Monate, nachdem General Douglas MacArthur als Oberbefehlshaber der amerikanisch-australischen Streitkräfte auf der von den Japanern besetzten Pazifikinsel Guadalcanal landete, und zwei Wochen vor der endgültigen Niederlage der deutschen Wehrmacht in Stalingrad, die zur Wende des Zweiten Weltkrieges wurde.

Als Shannon 1963 ihren ersten akademischen Grad als Chemikerin an der University of Oklahoma erwarb, startete die Russin Walentina Tereschkowa als erste Frau in den Weltraum. Als sie zehn Jahre später ihren Doktor der Philosophie in Biochemie erfolgreich verteidigte, lief das Skylab-Programm für die erste amerikanische Raumstation. Danach arbeitete Dr. Lucid, inzwischen verheiratet mit Michael Lucid, fünfzehn Jahre lang in der Forschung und Lehre an ihrer Universität und im Gesundheitswesen. Über ihre Einbeziehung in das Programm MIR-Space Shuttle als erste Phase der Vorbereitung auf die Internationale Raumstation 1994 berichtete sie:

»An einem späten Freitagnachmittag erhielt ich einen Anruf von meinem Boss Robert Gibson, Leiter des Astronautenbüros der NASA. Er fragte mich, ob ich daran interessiert sei, intensiv Russisch zu lernen, um eventuell nach Rußland zu gehen und an einer MIR-Mission teilzunehmen. Meine Antwort lautete sofort: »Ja!«. Doch »Hoot« (Heuler), wie wir ihn nannten, dämpfte meinen Enthusiasmus. Er wies darauf hin, daß es zunächst nur darum ging, Russisch zu lernen. Das bedeutete jedoch nicht, daß ich auch wirklich nach Moskau fahren und zur MIR fliegen würde. Andererseits seien aber die Sprachkenntnisse unabdingbare Voraussetzung dafür, und es wäre klug für mich, damit zu beginnen.

Ich legte den Telefonhörer auf und schaute einen Augenblick den Tatsachen ins Antlitz. Die Mission, an der ich teilnehmen wollte, bedeutete anderthalb Jahre Abwesenheit von zu Hause. Ich mußte eine mir völlig fremde Sprache erlernen, mit den unbekannten russischen Mitgliedern der Crew auskommen, die andersartigen Systeme des Raumschiffes Sojus und der Orbitalstation MIR beherrschen können, sowie eine Vielzahl von Experimenten vorbereiten, die ich im Weltraum auszuführen hatte. Jeder wird verstehen, daß ich mich an diesem Punkt fragte: ›Warum das alles? Warum willst du auf MIR leben und arbei-

Die MIR – eine einmalige Chance

ten? Warum haben sich so viele Länder vereinigt, um eine neue Raumstation aufzubauen?‹ Ein Grund ist sicherlich, daß Langzeitmissionen in der Schwerelosigkeit der Forschung völlig neue Perspektiven eröffnen und dem Leben der Menschen auf der Erde Nutzen bringen. Die ständige Anwesenheit von Wissenschaftlern und Technikern im Weltraum führt aber auch zu Erkenntnissen, die als Voraussetzung für bemannte Flüge zu anderen Planeten wichtig sind.

Ich persönlich betrachte MIR aber auch als eine einmalige Chance, zwei meiner Leidenschaften miteinander zu verbinden: Flugzeuge zu steuern und in Laboratorien zu arbeiten. Meine private Pilotenlizenz erwarb ich mit zwanzig Jahren, und seitdem bin ich regelmäßig geflogen; bevor ich zur NASA kam, war ich Biochemikerin. Was kann für einen Wissenschaftler, der das Fliegen liebt, schöner sein, als in einem Labor zu arbeiten, das ohne Schwere mit mehr als 27.000 Kilometern in der Stunde um die Erde rast?!«

MIR – das war die Zukunft

Nach drei Monaten intensiven Studiums der russischen Sprache nahm Dr. Lucid im Januar 1995 ihr fünfzehnmonatiges Vorbereitungstraining im Sternenstädtchen bei Moskau auf. Die hohen Anforderungen, die sie in dieser Zeit an sich selbst stellte und erfüllte, überstiegen selbst die Doppelbelastung, der sie als Chemiestudentin und junge Mutter – sie hat zwei Töchter und einen Sohn – ausgesetzt war:

»Mein Aufenthalt begann im tiefsten russischen Winter. Jeden Morgen stand ich um fünf Uhr auf und begann mit den Studien. Wenn ich zum Ausbildungszentrum lief, war ich mir immer bewußt, daß ein Ausrutschen auf dem Eis mit einem gebrochenen Bein enden könnte, und es dann mit meinem Traum von einem Flug zur MIR aus wäre. Den größten Teil des Tages verbrachte ich im Unterrichtsraum, hörte Lektionen über die Systeme des Raumschiffes Sojus und des Orbitalkomlexes MIR – natürlich alles in Russisch. An den Abenden setzte ich die Sprachstudien fort und bemühte mich, die technischen Arbeitsanleitungen im Originaltext zu lesen. Gegen Mitternacht fiel ich endlich erschöpft ins Bett.

Ich arbeitete in diesem Jahr härter als zu irgend einer anderen Zeit in meinem Leben. Die Universitätszeit war dagegen ein Kinderspiel. Glücklicherweise waren meine drei Kinder schon erwachsen, und mein Ehemann ermöglichte es, mich in Russland zu besuchen, zuletzt im Februar 1996. Zu diesem Zeitpunkt hatte ich alle meine medizinischen und technischen Examina hinter mir und war von der russischen Raumflugkommission als Mitglied der MIR-Besatzung bestätigt worden.«

Shannon Lucid war Zeugin des Starts von Juri Onufrijenko und Juri Usatschow mit Sojus TM-25 auf dem kasachischen Kosmodrom Baikonur. Dann kehrte sie für drei Wochen in die USA zurück, um sich mit der Crew der Atlantis auf die Mission zur russischen Raumstation vorzubereiten. Deren Start erfolgte am 22. März 1996 vom Kennedy Space Flight Center auf Cape Canaveral in Florida. Drei Tage später legte die Raumfähre an die MIR an und Dr. Lucid wechselte offiziell zur Stammbesatzung der Raumstation:

»Mein erster Gedanke war: Die Zukunft hat schon begonnen! Das ist wirklich eine Raumstation! In den vergangenen Jahren habe ich viele künstlerische Darstellungen von der geplanten Internationalen Raumstation gesehen, aber das hier war das wirkliche Leben – eine real existierende Raumstation im Routinebetrieb. Und ich spielte darin eine kleine Rolle. Wie konnte ein Mensch nur so viel Glück haben?«

Das Leben an Bord von MIR verlief nach Moskauer Zeit, und die Umgangssprache war Russisch. Die beiden Männer schliefen in Kojen des Basisblocks, Shannon hatte das Forschungsmodul Spektr (Spektrum) als ihr Schlafzimmer gewählt. Während ihres Aufenthaltes koppelte als letztes Anbaumodul der Station Priroda (Natur) an, in dem sie die meisten ihrer Experimente ausführte. Viel Zeit verbrachte sie auch im Forschungsmodul Kwant 1 (Quant), wo es ein großes Beobachtungsfenster gab, durch das sie mit Vergnügen auf die Erde herab und in den Weltraum hinein schaute.

Alle Mahlzeiten wurden gemeinsam an einer »Tafel« im Basisblock eingenommen. Dabei lernte jeder die Vorzüge und Feinheiten der Küche des anderen kennen. Aus Mischungen entstanden neue schmackhafte Speisen:

»Vor dem Flug hatte ich angenommen, daß die sich wiederholenden Menüfolgen meinen Appetit zügeln würden. Doch zu meiner Überra-

Mit der Arbeit auf der MIR hatte für Shannon Lucid die Zukunft begonnen

schung war ich zu jeder Mahlzeit hungrig. Wir aßen dehydratisierte Nahrung, die wir mit heißem Wasser wieder aufbereiteten. Dabei experimentierten wir mit verschiedenen Gerichten, um neue Geschmacksnoten zu kreieren. Ich bevorzugte schon zum Frühstück die unvergleichliche Suppe Borschtsch und zum Mittag oder Abend einen russischen Schmortopf. Die Russen wiederum begeisterten sich für amerikanische Mayonnaise, mit der sie fast jedes Gericht ergänzten.«

Teatime und Tretmühle

Das alltägliche Leben an Bord wurde durch einen Plan geregelt, den die Russen »Schema 24« nannten, und den das Flugkontrollzentrum in Koroljow bei Moskau jeweils für den nächsten Tag zusammenstellte. Doch im Unterschied zu einem Flug mit dem Space Shuttle, bei dem für jede Minute genau festgelegt ist, was jedes Besatzungsmitglied zu tun hat, gab es für die Bewohner von MIR Spielraum für die Gestaltung ihres All-Tages. So legten sie je nach Lust und Laune auch eine »Teatime« ein, um bei Tee, Gebäck und Süßigkeiten zu plauschen.

Außerdem gab es ein Ritual, das die Crew – ob nun zu dritt oder zeitweilig sogar zu sechst – regelmäßig zusammenführte: Während jeder der jeweils neunzig Minuten dauernden Erdumkreisungen, wenn für jeweils etwa zehn Minuten Funkverbindung mit der Bodenstation bestand, versammelten sich alle Mitglieder:

»Diese Routine hatte Vorteile, weil sie im Laufe des Tages kleine Pausen bot«, urteilt Dr. Lucid. »Wir trafen uns im Basisblock und konnten vor und nach den Gesprächen mit dem Flugleitzentrum ein wenig plaudern.«

Das setzte allerdings voraus, dass die ausländischen Gäste Russisch einigermaßen beherrschten, was bei Shannon gegeben war. Ihr Vor-

Teatime an Bord der MIR

gänger an Bord von MIR, Norman Thagard, fühlte sich hingegen isoliert, weil die russischen Kollegen Probleme hatten, seinen starken amerikanischen Akzent zu verstehen. Die fehlende Möglichkeit mit den Kameraden zu schwatzen und zu scherzen, belastete ihn psychisch sehr.

Wie alle Mitglieder von Langzeitmissionen empfand auch Shannon Lucid die täglichen Leibesübungen als lästig. Aber sie sind nun einmal absolut notwendig, um Muskelschwund und Schwierigkeiten bei der Wiederanpassung an die Schwerkraft der Erde vorzubeugen. So musste sie noch kurz vor der Heimkehr eine Runde auf dem »Tretmühle« genannten Laufrad zurücklegen:

»Erstens war es wirklich anstrengend und zweitens langweilig; denn das Laufen im Gestell verursachte einen solchen Lärm, daß eine Unterhaltung unmöglich war. So setzte ich während des Joggens meinen Walkman auf, mußte aber bald feststellen, daß ich zu wenig Bänder mit schnellen Rhythmen mitgenommen hatte. Glücklicherweise gab es auf MIR eine große Auswahl von Musikkassetten. Ich werde wohl mein ganzes Leben nie wieder joggen!«

Das Forschungsprogramm der NASA für die zweite Langzeitmission auf der MIR konzentrierte sich auf Erdbeobachtung, Werkstofferprobung und biologische Experimente. So beobachtete die Biochemikerin Dr. Lucid sechzehn Tage lang die Entwicklung der Embryos in dreißig befruchteten japanischen Wachteleiern und das Wachstum von Weizen im Gewächshaus des Forschungsmoduls Kristall. Während der Tierversuch normal verlief, waren die Pflanzenkeime leer. Das wurde auf den niedrigen Anteil von Äthylen in der Kabinenatmosphäre zurückgeführt.

Nach dem »Kabinenwetter« befragt, antwortete Dr. Lucid: »Die Temperaturen waren gleichbleibend angenehm. Die Feuchtigkeit entsprach einem durchschnittlichen Tag in Houston. Mein Maßstab dafür war, ob ich den Lippenstift benutzte oder nicht. Die Luft war sauber und hatte keinen Geruch.«

Nach ihrer Heimkehr berichtete Dr. Lucid humorvoll, dass sie im Weltraum auch »UFOs« gesichtet habe. Dabei handelte es sich jedoch um die Reste eines Sechserpacks »Bud Light«, Budweiser Bier, das amerikanische Astronauten ihren russischen Kollegen als Geschenk mitgebracht hatten. Sechs Flaschen und fünf Kronkorken waren durch die Abfallschleuse der Station in den freien kosmischen Raum gelangt. Mit dem sechsten Verschluss hatte die Besatzung von MIR eine undichte Stelle in der Klimaanlage repariert.

Der unfreiwillige Weltrekord

Eigentlich sollte die Raumfähre Atlantis am 1. August 1996 zum Rendezvous mit MIR starten, um Shannon Lucid durch John Blaha abzulösen. Doch die Technik machte wieder einmal einen Strich durch die Rechnung. Beim vorangegangenen Aufstieg der Columbia hatte es Probleme mit den berüchtigten O-Ringen gegeben, die zehn Jahre zuvor zur Challenger-Katastrophe geführt hatten. Erneut traten heiße Gase an den Dichtungsringen der Feststoffraketen aus. Um die Sicherheit zu erhöhen, waren die Ringe nach dem Unglück mit dem Klebstoff Morstik 132 verklebt worden. Doch die Umweltbehörde der USA untersagte dessen weitere Verwendung, weil er den umweltschädigenden Bestandteil Trichloräthan enthielt, der zwar schwer brennbar, jedoch sehr toxisch ist. Der daraufhin eingesetzte umweltfreundlichere Kleber Morstik 227 wirkte auf Wasserbasis, hielt aber ungenügend.

Aus diesem Dilemma ergab sich die Notwendigkeit, die Booster aller vier Raumfähren zu kontrollieren und zu reparieren. Doch das zog sich über sechs Wochen hin. Shannon Lucid erinnerte sich:

»Als ich von der Verzögerung hörte, war mein erster Gedanke: ›Oh nein, nicht noch anderthalb Monate auf der Tretmühle laufen!‹ Doch dann fand ich mich damit ab und betrachtete die zusätzliche Flugzeit als eine weitere Chance. So war ich noch auf MIR, als eine neue russische Stammbesatzung anflog und meine Juris heimkehrten.«

Die Verlängerung der Flugdauer machte Shannon Lucid mit einem unfreiwilligen Langzeitrekord von 188 All-Tagen zur Nummer Eins unter den amerikanischen Astronauten. In dieser Zeit umrundete sie mehr als dreitausendmal die Erde und legte rund 125 Millionen Kilometer zurück. Das entspricht mehr als 150 Flügen zum Mond und zurück, oder bei günstiger Konstellation einer Reise zum äußeren Nachbarplaneten Mars. Danach befragt, was sie an dem russisch-amerikanischen Raumflug am meisten beeindruckt habe, erzählte Shannon:

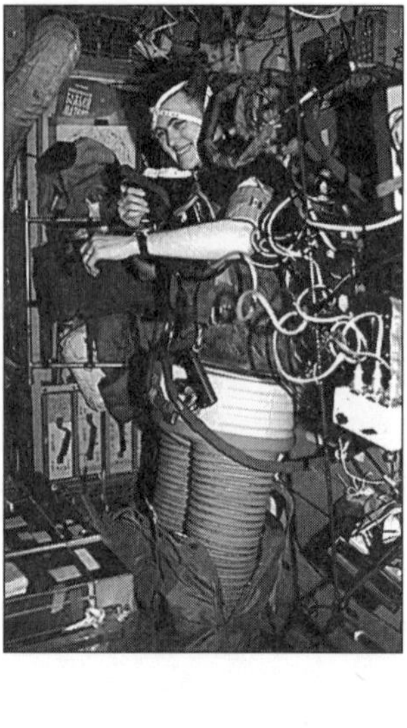

Fit halten für den Langzeitflug – Shannon Lucid in der Unterdruckhose Tschibis

»Zurückblickend auf meine sechs Monate an Bord von MIR erinnere ich mich an viele schöne Erlebnisse. Doch das erstaunlichste für mich, ein Kind des Kalten Krieges, war, daß ich gemeinsam mit einem Luftwaffenoffizier und einem Raumfahrtingenieur aus der ehemaligen Sowjetunion auf einer russischen Raumstation zusammen lebte und arbeitete. Noch vor zehn Jahren wäre das für nichts anderes als eine Science-Fiction-Story gehalten worden. Wie ein Vermächtnis des Shuttle-MIR-Programms erscheint mir folgende Episode:

Eines Abends schwebten die beiden Juris und ich an unseren gemeinsamen Tisch. Wir tranken Tee, aßen Gebäck und plauderten über Gott und die Welt. Die Jungs wollten wissen, wie meine Kindheit in Texas und Oklahoma verlaufen sei. Juri Onufrijenko erzählte von seinem ukrainischen Dorf, in dem er aufgewachsen war, und Juri Usatschow von seinem russischen Heimatort. Nach einer Weile begriffen wir, daß wir alle drei mit der gleichen Furcht vor einem Atomkrieg zwischen unseren beiden Ländern aufgewachsen waren. Ich hatte in meiner Schulzeit Angst vor der Sowjetunion. In unserem Klassenzimmer machten wir als Kinder Atomkriegsübungen und krochen unter unsere Schreibpulte. Doch keiner fragte: ›Warum?‹ Ähnlich wuchsen Juri und Juri mit dem Wissen auf, daß amerikanische Bomber und Raketen auf ihre Heimat zielten. Noch vor ein paar Jahren waren unsere Länder eingeschworene Feinde, und nun lebten wir als Freunde in Harmonie und Frieden.«

Marathonlauf statt Hundertmetersprint

Aus ihren halbjährigen Erfahrungen auf der MIR-Raumstation zog Dr. Lucid drei wichtige Schlussfolgerungen für die Arbeit auf der ISS, wo die durchschnittliche Aufenthaltsdauer etwas darunter liegt. In allen drei Fällen geht es dabei um psychologische Faktoren:

Erstens müssen die einzelnen Mitglieder der Besatzung sorgfältig ausgewählt werden, damit sie zueinander passen, gut miteinander auskommen und erfolgreich zusammen arbeiten. Es kann nämlich leicht passieren, dass Sprache und Geschlecht, Charakter und Mentalität trennend wirken. Dazu Dr. Lucid:

»Selbst wenn die Raumstation über die modernste Technik verfügt, die Crew aber nicht harmoniert, wird die Mission kein voller Erfolg. Meine russischen Partner sorgten dafür, daß ich in alle Gespräche einbezogen wurde. Immer wenn es möglich war, arbeiteten wir eng zusammen. Wir verschwendeten keine Zeit, uns gegenseitig zu kritisieren.

Im Kreise der Familie – Ehemann Michael, Tochter Kawai, Sohn Michael jun., Schwiegersohn Jeff Richeson und Tochter Shandara (von links)

Wenn ein Fehler gemacht wurde, suchten wir nach den Ursachen, beseitigten sie und vergaßen danach die Angelegenheit. Das wichtigste aber: Wir lachten viel miteinander!«

Sicherlich spielten die Mütterlichkeit von Shannon und die Jungenhaftigkeit der beiden Juris dabei eine nicht unbedeutende Rolle. Denn die Übereinstimmung aller Teilnehmer von russisch-amerikanischen Langzeitmissionen auf der MIR war keineswegs selbstverständlich. Nicht nur bei ihrem Vorgänger Norman Thagard, sondern auch bei Männern, die nach ihr kamen, gab es psychologische Probleme. John Blaha, ein mit vier Flügen erfahrener Astronaut, war nach eigenem Bekenntnis vor der Mission der Meinung, es gäbe keinen Unterschied zwischen kurz- und langzeitigen Raumflügen. Er vermisste Möglichkeiten für eine individuelle Separation und litt zeitweise unter Depressionen. Auch Jerry Linenger hatte infolge von Heimweh, charakterlichen Gegensätzen zu den anderen Besatzungsmitgliedern und wegen gegenseitiger Sprachschwierigkeiten depressive Phasen.

Zweitens muss die Selbständigkeit der Besatzungsmitglieder bei Langzeitmissionen wesentlich größer sein als für Crews von kurzen Raumflügen. Dementsprechend ist auch eine andere Planung und Organisation der Arbeit an Bord erforderlich. Dr. Lucid bemerkte:

»Die NASA muß endlich begreifen, daß sich der Aufenthalt auf einer Raumstation zu einem Flug mit der Raumfähre so verhält wie ein Marathonlauf zu einem Hundertmetersprint. Während eines typischen Einsatzes des Space Shuttles von ein bis zwei Wochen gibt es keinen Augenblick, für den das Kontrollzentrum nicht eine Aufgabe vorgeschrieben hat. Doch bei einem monatelangen Flug gilt es, die Astronauten wie Wissenschaftler in einem Laboratorium zu behandeln, die über ihre Tätigkeit weitgehend selbst bestimmen. Ein geistig engagiertes Crewmitglied ist ein glückliches Crewmitglied!«

Drittens ist es von lebenswichtiger Bedeutung, dass der Langzeit-Astronaut eine starke Unterstützung durch seine Familie erhält. Das wird durch regelmäßigen Verkehr per Funk und Fernsehen, Telefon und Telefax gewährleistet. Dr. Lucid, die fast jeden Tag eine E-Mail von zu Hause erhielt, erklärte:

»Meine Familie hat mich auf dem ganzen Weg im Weltraum begleitet. Das war außerordentlich wichtig für mein Wohlbefinden. Meine Kinder schrieben sogar ein Buch – mit einer Seite für jeden Tag der Mission. Auf dem Computer stellten sie Bilder von zu Hause für mich zusammen.«

Jeden Sonntag gab es einen Familientreff per Video. Die Angehörigen saßen in einem Konferenzraum des Johnson Space Flight Centers in Houston, und Shannon schwebte im Orbitalkomplex MIR umher. Am Muttertag, den die Amerikaner jährlich am zweiten Sonntag im Juni begehen, übermittelte Dr. Lucid ihre Grüße aus der MIR über das Fernsehen:

»Hier ist Shannon Lucid. Ich lebe seit Monaten auf der russischen Raumstation MIR und freue mich, allen Müttern der Welt ›Glückwunsch zum Muttertag!‹ zu sagen. Ich nutze die Gelegenheit, um meiner eigenen Mutter in Oklahoma alles Liebe und Gute zu wünschen. Ich bin traurig, heute nicht bei Dir sein zu können, Mutter, aber ich werde Dich besuchen, sobald ich zurück bin. Von allen Müttern dieser Welt würde ich Dich auswählen, wenn ich könnte. Ich sage auch: ›Glückwunsch zum Muttertag!‹ zu meinen Kindern, mit Dank dafür, daß sie mich zu einer Mutter machten.«

Am lebendigsten wurde die Atmosphäre an Bord von MIR in den vielen Briefen eingefangen, die Shannon Lucid an ihre Lieben daheim sandte. Den nachfolgenden schrieb sie nach knapp zweimonatigem Aufenthalt an Bord:

Sonntag, 19. Mai 1996

Ihr Lieben!

So, jetzt ist's wieder so weit – wieder ein Sonntag an Bord von MIR!!! Und woher weiß ich, werdet ihr fragen, daß Sonntag ist? Ganz einfach!!! Ich habe meine rosa Socken an, und Juri (Onufrijenko), Juri (Usatschow) und ich haben uns gerade einen Beutel »Jello« (Götterspeise) geteilt!!!

Wenn alle 45 Minuten auf Dunkelheit Helligkeit folgt, ist es wichtig, daß ich auf simple Weise den Ablauf der Zeit festhalten kann. Die rosa Socken fanden sich an Bord von STS-76 (Atlantis), und Kevin (Chilton), der Kommandant sagte, sie wären sicher als eine Überraschung für mich mit verstaut worden, und so habe ich sie mit zur MIR herübergebracht und beschlossen, sie immer sonntags anzuziehen. Und das »Jello«? Das ist der größte Fortschritt in der Raumfahrt seit meinem ersten Flug vor über zehn Jahren. Als ich erfuhr, daß es an Bord von MIR einen Kühlschrank gibt, fragte ich die Nahrungsspezialisten im Johnson Space Center, ob sie »Jello« in einen Trinkbeutel tun könnten. Wenn wir dann in MIR seien, bräuchten wir nur heißes Wasser hinzugeben, den Beutel in den Kühlschrank zu tun und hätten dann später etwas Superleckeres zum Schmausen. Nun, die Speiseleute haben genau das gemacht und eine ganze Auswahl von verschiedenem Geschmack für mich zum Ausprobieren mitgeschickt. Wir versuchten das »Jello« zuerst als etwas Besonderes zum Osterfest. Es schmeckte so herrlich, dass wir übereinkamen, es hinfort für die MIR-21/NASA-2-Besatzung zur Tradition zu machen, daß wir uns jeden Sonntagabend einen Beutel »Jello« teilen. (Manchmal kommt Juri zu mir herübergeschwebt und fragt: »Ist heute nicht Sonntag?« und ich sage dann: »Nein, noch nicht. Kein »Jello« heut'abend!!!) Seit meiner Ankunft auf der MIR hat's hier eine Menge Veränderungen gegeben. Aber nein, mit meinem Hiersein haben die Veränderungen nichts zu tun!!! Die erste große Änderung war das Eintreffen von Priroda, dem letzten an MIR angefügten Bauteil. Das Element heißt deswegen Priroda, weil dies das russische Wort für »Natur« ist, und an seiner Außenwand Sensorinstrumente zum Studium der Erde angebracht sind. Die amerikanische Wissenschaftsausrüstung befindet sich im Innern dieses Moduls.

Als graduierte Studentin habe ich mir vor Jahren in meinen Phantasien vorgestellt, über ein eigenes Laboratorium zu verfügen. Aber ich muß zugeben, in keiner jener Phantasien jemals aus dem Fenster einer Raumstation geblickt und »mein Laboratorium« herankommen gesehen zu haben, wie es ähnlich einem gewaltigen silbernen Geschoß im Zeitlupentempo auf das Herz der Station zuhielt!!! Die Wirklichkeit ist wirklich seltsamer als die Fiktion!!!

An Bord von Priroda hatte es kurz nach seinem Start ein Energieproblem gegeben, so daß man sich ziemliche Sorge darüber machte, daß SO_2 (Schwefeldioxid) aus den Batterien in die Kabinenatmosphäre ausgetreten sein könnte. Als das Modul eintraf, mußten wir erst warten und vor dem Öffnen der Verbindungsluke die Luftqualität prüfen. Juri untersuchte die Kabinenluft und erklärte sie für gut. Wir hörten das Zischen der Luft beim Druckausgleich zwischen Priroda und MIR, und dann wurde der Lukendeckel geöffnet. Und ja, es war ein dramatischer Augenblick! Da lag es vor uns, strahlend, hell, glänzend und neu.

Die eingebaute amerikanische Handschuhbox, die in den Gang hineinragte, gab allem ein echt »wissenschaftliches« Aussehen. Der hellorangene Überzug über der Handschuhbox fügte den graublauen und staubig-rosafarbenen Flächen von Boden und Wänden ein bißchen Farbe hinzu. An Wänden und Decke waren Ersatzteile für die Station und andere Ausrüstungsgegenstände befestigt. Direkt hinter der Luke saßen auf den ersten paar Bodenplatten Reihen über Reihen von großen orangenen und grauen Batterien, die für Priroda während des Aufstiegs zum Orbit den Strom geliefert hatten. Wir mußten fast augenblicklich

Shannon Lucid an ihrem Arbeitsplatz im Modul Priroda

mit der Arbeit beginnen, die Akkus loszuschrauben und in Beutel zu verpacken, weil man im Flugleitzentrum wegen der SO^2-Lecks besorgt war.

Nach einer Menge Schufterei waren die Akkus von den Bodenplatten losgeschraubt, und ich dachte, die Sache sei damit erledigt. Doch da entfernte Juri eine darunter liegende Verkleidung und enthüllte weitere Reihen von festgeschraubten Batterien, die herauszuholen waren. Eine zweite Abdeckung wurde geöffnet, und noch mehr Batterien kamen zum Vorschein. Die Batterien nahmen kein Ende!!! Und jeder Akku mußte losgeschraubt werden, über seine vier »Füße« waren Plastikkappen zu stülpen, und dann mußte jeder von ihnen in einen Beutel getan und fest verschnürt werden. Eine Riesenarbeit war das!!! Um überhaupt an die Batterien heranzukommen, mußten manche der Gerätschaften losgeschraubt und ihre metallenen Tragegestelle auseinandergenommen werden.

So schwebten wir also zu dritt in Priroda, umringt von schwebenden Batterien, in Beuteln verpackte Batterien, Ersatzteilen und massenweise Metallschrott. Manchmal dachte ich, daß da genügend Schrott herumschwebte, um die ganze Raumstation Alpha (ISS) zu bauen!!! Von Zeit zu Zeit stießen frei schwebende Metallstücke zusammen und erzeugten dabei im Modul klare metallische Töne wie Kirchenglocken, und wir spaßten miteinander über die »kosmische Musik«, die wir da hörten. Wir erfanden einen regelrechten Fließbandbetrieb, um den Schlamassel aufzuräumen, und wurden darin so gut, daß wir die Aufgabe in einem Sechstel der Zeit erledigten, die das Bodenkontrollzentrum veranschlagt hatte, und uns damit einen Feiertag verdienten.

Die andere große Veränderung, wenn auch nicht so dauerhaft wie Priroda, war die Ankunft eines Progress-Nachschubraumschiffs. Gewöhnlich alle sechs Wochen wird eines davon zu MIR geschickt mit Nahrung, Ausrüstung, Kleidungsstücken – mit all dem, was man auf der Erde im Laden einkaufen muß, um leben zu können. Weil Progress

Solarzellenflächen ausgefahren hatte, war es bei der Annäherung an die Station leichter zu sehen als Priroda.

Ich entdeckte es als erste. Über dem ganzen Atlantik erstreckten sich gewaltige Gewitter, mit einer blendenden Schau von Blitzentladungen wie visuelle Paukenwirbel. Entlang der Küste lagen die Städte aufgereiht wie Weihnachtslichter – und da kam Progress wie ein heller Morgenstern dicht über der Wolkendecke entlanggeglitten!!! Plötzlich nahm seine Helligkeit dramatisch zu, und Juri sagte: »Da hat gerade das Triebwerk gezündet.« Bald war es nahe genug, daß wir die entfalteten Sonnenflächen sehen konnten. Für mich sah es so aus, als ob ein großes fremdartiges Insekt geradewegs auf uns zuhielt. Und auf einmal fühlte ich mich wirklich wie jemand, der aus einem »kosmischen Außenposten« hinausstarrte und begierig auf Nachschub wartete, und dabei hoffte ich inbrünstig, daß meine Familie auch nicht vergessen hatte, ein paar Bücher und Süßigkeiten mitzuschicken!!!

Bald nachdem Progress angedockt hatte, gingen wir drei daran, die Luke aufzumachen. Als Juri ein kleines Ventil öffnete, konnten wir die Luft in dem Frachtraumschiff riechen. Juri sagte: »Riech' das frische Essen!« Ich gebe es zu, es roch nach Früchten, aber ich fand, daß es eher so roch, wie wenn man nach zwei Wochen Urlaub erstmals den Kühlschrank aufmacht und feststellen muß, daß man vergessen hatte, das Gemüsefach auszuräumen.

Die ersten Sachen, die wir ausluden, waren unsere persönlichen Pakete und, ja, ich guckte ganz schnell hinein, um zu sehen, ob meine Familie auch an die von mir gewünschten Bücher und Schokolade gedacht hatte. Natürlich hatte sie es! Dann machten wir uns an die Auspackerei. Wir fanden die frischen Lebensmittel und legten sofort erst mal eine Essenspause ein. Wir hatten frische Tomaten und Zwiebeln, und ich habe noch nie ein so gutes Mittagsmahl gehabt. Die ganze nächste Woche futterten wir dreimal täglich frische Tomaten. Und es war ein trauriges Mahl, als wir die letzten verspeisten!!!

Nach unserem improvisierten Mittagessen nahmen wir uns den Rest des Nachmittags frei, schauten uns unsere Post an, die in den Paketen gekommen war, und genossen die Äpfel und Orangen, die ebenfalls an Bord gewesen waren. Juri stellte fest, daß jetzt zum ersten Mal alle sechs Andockstutzen von MIR besetzt waren – ein Guinness-Book-Rekord!

Wie ich sagte, brachte mir Progress einen wunderbaren Beutel mit neuen Büchern. Meine Töchter hatten jedes davon eigens von Hand ausgesucht – daher wußte ich, daß sie mir gefallen würden. Ich wählte erst eines aus und las es geschwind. Ich kam zur letzten Seite, und der Held, dem eine wütende Menschenmenge auf den Fersen war, entkam

Bücher von den Kindern für die Mama im All

dadurch, daß er durch den Spiegel sprang. Ende. Fortsetzung siehe Band Zwei. Und war Band Zwei in meinem Bücherbeutel? Nein! Konnte ich schnell zum Buchladen an der Ecke rennen? Nein! Das war mal ein Gefühl von totaler Isolation und Frust!!! Man würde niemals auf die Idee kommen, daß einen erwachsene Kinder mit ihren guten Absichten zur totalen Weißglut bringen können, wenn man sich in der niederen Erdumlaufbahn befindet. Aber glaubt's mir, sie können's durchaus. Plötzlich schienen der August und die Heimat in ganz weiter Ferne zu liegen!!!

Shannon

EILEEN COLLINS

Königin der Nacht

In vier Jahren drei Raumflüge mit drei Nachtstarts und einer Nachtlandung auf Cape Canaveral, zwei lebensgefährliche Zwischenfälle beim Aufstieg des Space Shuttles, erstes Rendezvous einer Raumfähre mit dem Orbitalkomplex MIR bis auf elf Meter, Aussetzen der mit zweiundzwanzig Tonnen schwersten Nutzlast aus einem Orbiter! Diese Leistungen, von denen eine allein einem erfahrenen Astronauten zur Ehre gereichen würde, vollbrachte Eileen Collins, die als erste Frau 1995 und 1997 Pilotin der Raumfähren Discovery und Atlantis und 1999 Kommandantin der Columbia war. Bis heute ist sie unter den 255 Astronauten der USA die einzige Frau, die bei drei der 105 Missionen eines Space Shuttles als Steuermann oder Kapitän ihren Mann stand. Während der Anteil der 55 Raumfähren-Kommandanten an der

Gesamtzahl der NASA-Raumfahrer bei mehr als einundzwanzig Prozent liegt, beträgt jener der Frauen unter ihnen aber nur knapp zwei Prozent.

Zwischen dem Erstflug von John Glenn und dem Jungfernflug von Sally Ride vergingen noch einundzwanzig Jahre, zwischen dem ersten Start eines Space Shuttles und dem Mitflug eines weiblichen Astronauten nur noch zwei Jahre. Doch bei Führungspositionen sieht es mit der Gleichberechtigung der Frauen nicht so gut aus. So dauerte es bis zum ersten Einsatz einer Pilotin vierzehn Jahre und bis zu dem einer Kommandantin sogar achtzehn Jahre. Bisher wurden nur drei Damen als Pilotinnen ausgewählt, von denen erst zwei – Eileen Collins und Susan Still – zum Einsatz gekommen sind. Die Dritte im Bunde, Pamela Melroy, ist für die Mission STS-112 im Juli 2002 zur ISS vorgesehen.

Im internationalen Wettbewerb hingegen nahmen Tempo und Dynamik weiblicher Aktivitäten in der Astronautik der Vereinigten Staaten erstaunlich zu. Dauerte es noch zwanzig Jahre, bis Sally Ride der Russin Walentina Tereschkowa in den Weltraum folgte, so betrug der Abstand zwischen dem ersten Ausstieg in den freien kosmischen Raum von Swetlana Sawizkaja und von Kathryn Sullivan nur noch zehn Wochen.

Nachtstart der Atlantis im Mai 1987 mit Eileen Collins und Jelena Kondakowa

»Eileen Collins repräsentiert das Allerbeste dieses Landes. Sie war ruhig und gelassen und hat die Probleme, die es gab, bewältigt.« Das erklärte der damalige Direktor der amerikanischen Weltraumbehörde NASA, Daniel Goldin, nach ihrem dritten Raumflug.

Eileen Marie Collins wurde am 19. November 1956 – ein Jahr vor Beginn des Raumfahrtzeitalters – in Elmira, Bundesstaat New York, geboren. Der Name ihrer Heimatstadt stammt aus dem Spanisch-Arabischen und bedeutet »Die Fürstin«, ist aber gleichzeitig auch ein beliebter Frauenname. Eileen war ABC-Schützin, als die erste Frau in den Weltraum flog, und schloss ihr erstes Studium in Mathematik ab, als die NASA die erste Gruppe weiblicher Astronauten aufstellte. Den ersten Raumflug einer Amerikanerin erlebte sie als Pilotin der US Air Force. Nach ihrem Studium von Operationsforschung und Weltraumsystem-Management machte Eileen Collins Karriere in den amerikanischen Luftstreitkräften und brachte es bis zum Oberst und Assistenzprofessor an der Air Force Academy in Colorado.

Auf der Luftwaffenbasis Travis in Kalifornien lernte sie ihren zukünftigen Ehemann Pat Youngs kennen. Gemeinsam saßen die beiden im Cockpit des Schulflugzeuges Cessna 172 und des Militärtransporters C-141. Später ging Pat als Flugkapitän zu einer kommerziellen Luftverkehrsgesellschaft. Ihre Tochter wurde nach dem ersten Einsatz von Eileen als Pilotin eines Space Shuttles geboren. Für die Auswahl durch die NASA im Jahre 1990 waren neben ihrer physischen und psychischen Eignung vor allem ihre hohen technischen und wissenschaftlichen Qualifikationen maßgebend: als Pilotin und Testpilotin mit 4.700 Flugstunden auf dreißig verschiedenen Flugzeugtypen und als Operationsforscherin, die sich mit großen analytischen Systemen beschäftigt. Kein anderer amerikanischer Astronaut hat auf diesem speziellen Gebiet

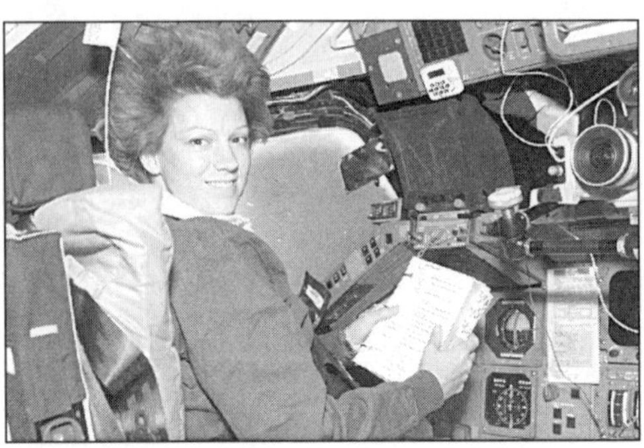

Eileen Collins als Kommandantin im Cockpit der Columbia

eine akademische Ausbildung. Vor ihrem kosmischen Jungfernflug lernte Eileen am Boden die Raumfähre von der Pike auf kennen. Sie gehörte in den neunziger Jahren zu verschiedenen Teams: technische Unterstützung, Kontrolle vor dem Start, endgültige Startvorbereitung, Einstieg und Ausstieg der Astronauten, Landung und Rückkehr, Verbindung zwischen dem Flugleitzentrum und der Raumfähre. Die unterschiedlichen Aufgaben eines Piloten und eines Kommandanten des Space Shuttles beschrieb Colonel Collins folgendermaßen:

»Der ›Steuerknüppel‹ und die Fluginstrumente, die beide im Cockpit benutzen, sind dieselben. Der Pilot, der den rechten Sitz inne hat, bedient am vorderen Paneel alle elektrischen und hydraulischen Systeme sowie die Hilfstriebwerke. Am hinteren Paneel überwacht er einige Schalter für die Haupttriebwerke.

Der Kommandant auf dem linken Sitz übt die Kontrolle über die fünf Bordcomputer, die Astronavigation, den Radar-Höhenmesser und das Trägheitsmeßgerät sowie über den Stromkreisregulator für die Pumpen, Ventilatoren und Kühlanlagen aus. Er allein führt alle Landungen aus. Der Pilot darf diese nur übernehmen, wenn der Kommandant ausfällt. Ein Pilot kommt zunächst zwei- bis dreimal zum Einsatz, bevor er auf den Kommandantensitz wechselt.«

Eileen Collins steuerte zweimal erfolgreich ein Space Shuttle, und zwar beide Male zur russischen Raumstation MIR – beim ersten Rendezvous ohne Kopplung und beim sechsten Andocken einer Raumfähre an den Orbitalkomplex. Jedes Mal gehörte eine zweite Frau zur Besatzung – die Amerikanerin Janice Voss und die Russin Elena Kondakowa, jedes Mal auch Ausländer – der Russe Wladimir Titow und der Franzose François Clervoy. Das galt auch für ihre dritte Mission, an der die amerikanische Missionsspezialistin Catherine Coleman und der französische Spationaut Michel Tognini teilnahmen.

Knapp an einer Katastrophe vorbei

Allerdings stand diese am Anfang unter keinem guten Stern. Ursprünglich sollte der Start der Columbia bereits am 20. Juli 1999, zum 30-jährigen Jubiläum der ersten Mondlandung, erfolgen. Doch knapp sieben Sekunden vor dem Zünden der Feststoffraketen musste der Countdown abgebrochen werden, weil ein Gasdetektorsystem falsche Daten lieferte, die eine gefährlich hohe Wasserstoffkonzentration an einem der drei Haupttriebwerke vortäuschten. Sechs Jahre zuvor war bei einem Start der Discovery zur gleichen Zeit der Ablauf gestoppt worden. Deshalb musste geklärt werden, ob tatsächlich die Detektoren fehlerhaft waren, oder schon 1993 undichte Kühlrohre für den Abbruch verantwortlich gezeichnet hatten. Der zweite Startversuch der Columbia am 22. Juli scheiterte ebenfalls. Dieses Mal jedoch war das Wetter schuld. Während des für 46 Minuten geöffneten Startfensters tobte ein Gewittersturm über Cape Canaveral. Für Aufsehen sorgten auch »angefressene« Kabel. Die NASA widersprach Spekulationen, dass diese die Folge von »Schmorvorgängen« seien. Ursache dafür waren angeblich mechanische Abreibungen. Inspektionen ergaben, dass mehr als sechzig defekte Kabelisolierungen bei allen vier Raumfähren gefunden wurden. Am 23. Juli war es dann schließlich so weit. Die Columbia hob zu ihrem 26. Flug vom Pad 39B des Kennedy Space Centers auf Florida unter dem Kommando von Eileen Collins ab. Doch fünf Sekunden nach dem Start entdeckten die Flugkontrolleure einen Spannungsabfall in einer elektrischen Leitung, wodurch je einer der redundanten Sensoren für die Kontrolle der Haupttriebwerke an zwei der Antriebe ausgefallen war. Glücklicherweise funktionierten aber die beiden anderen Messwertgeber. Diese empfangen Computersignale und senden daraufhin Steuerbefehle an die Haupttriebwerke.

Letzte Vorbereitung für den Start

Neun Sekunden nach dem Abheben gab es allerdings einen weitaus dramatischeren Zwischenfall, denn eines der Haupttriebwerke lieferte zu wenig Schub. Die Startkontrollkameras zeigten einen kleinen hellen Streifen in einer der kegelförmigen Ausströmdüsen. Ursache dafür waren drei defekte Wasserstoff-Kühlrohre im Innern der Düse des Haupttriebwerkes Nummer drei. Rund 300 Kilogramm Treibstoff gingen verloren, so dass die Triebwerke etwa eine Sekunde früher abschalteten. Infolge dessen betrug die Geschwindigkeit der Columbia fünf Meter in der Sekunde weniger als vorgesehen, und die Bahnhöhe lag elf Kilometer niedriger. Wären die Abweichungen nur etwas größer gewesen, so hätte das Notlandeszenario eintreten müssen, das Colonel Collins wie folgt beschrieb:

»Die Raumfahrt ist nun einmal ein riskantes Geschäft, und wir wissen das. Innerhalb der ersten Minuten nach dem Start kann der Orbiter bei einem Versagen der Haupttriebwerke zum Startplatz zurückkehren. Es ist aber auch möglich, den Atlantik zu überqueren und eine Notlandung außerhalb der USA vorzunehmen. Dafür stehen drei Landepisten zur Verfügung: Moron in Spanien, Dakar in Senegal und Ben Guerur in Marokko. Der Abbruch kann aber auch nach einer Erdumkreisung und die Landung auf der kalifornischen Luftwaffenbasis Edwards erfolgen. Schließlich kann die Crew versuchen, doch noch die Umlaufbahn zu erreichen.«

Dank der Kaltblütigkeit und Professionalität der Kommandantin und ihrer Crew gelang es, knapp an einer Katastrophe vorbeizukommen. Der fünftägige Flug selbst gestaltete sich zu einem vollen Erfolg. Schon am ersten Tag, sieben Stunden und vierzehn Minuten nach dem Start, wurde die Hauptaufgabe der Mission – das Aussetzen des Röntgenstrahlenteleskops Chandra – gemeistert.

Schwarzes Loch im Herzen unserer Galaxie

Das Teleskop wurde nach dem indisch-amerikanischen Astrophysiker Subrahmanyan Chandrasekhar benannt, der 1983 für seine grundlegenden Arbeiten über die Entstehung der Sterne den Nobelpreis erhalten hatte. Das Wort »Chandra« bedeutet soviel wie »Mond« oder »leuchtend« und »klar«.

Chandra ist das dritte der »Großen Teleskope« aus den Vereinigten Staaten von Amerika – nach dem Hubble-Weltraumteleskop (HST – Hubble Space Telescope) und dem Gammastrahlenteleskop Compton (GRO – Gamma Ray Observatory). Mit einer Länge von 13,8 und einer

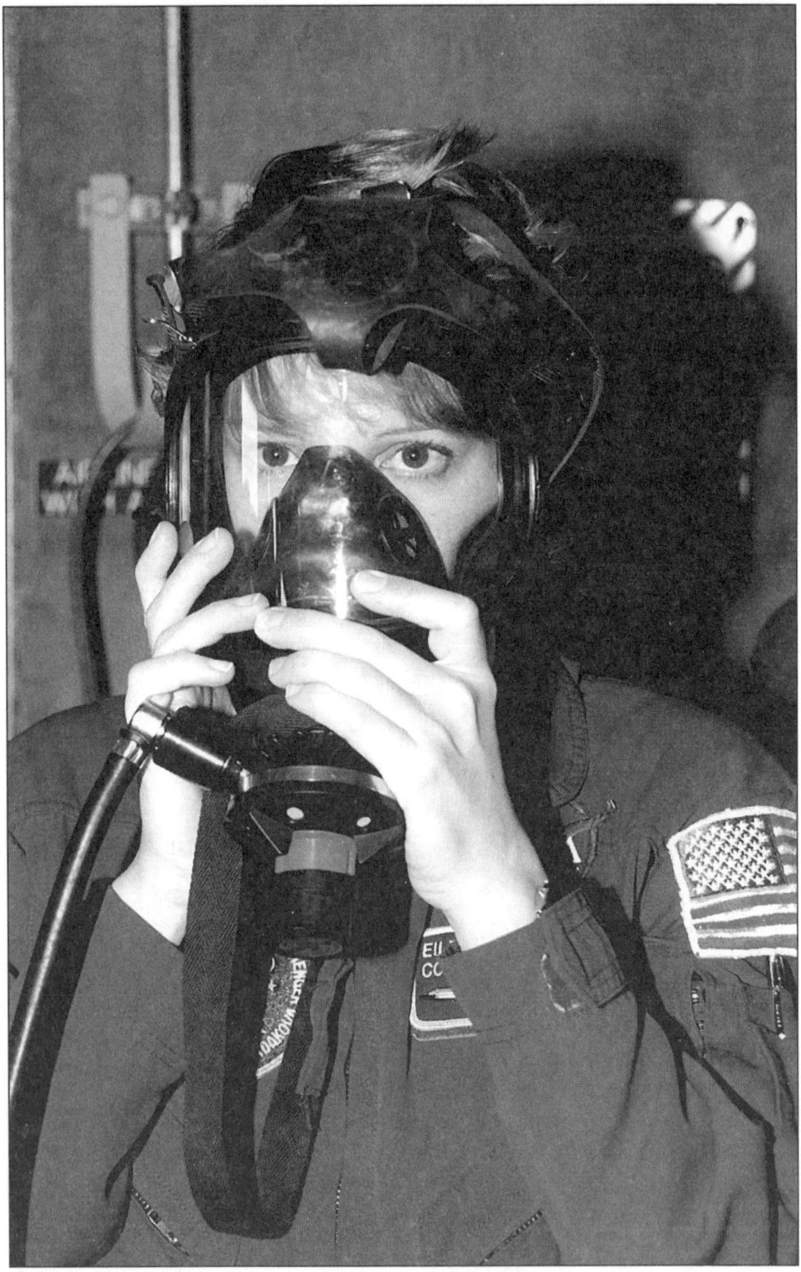

Auch das muss geübt werden: Handhabung der Sauerstoffmaske

Breite von 19,5 Metern bei entfalteten Sonnenbatterien sowie einer Masse von 22,5 Tonnen einschließlich der Antriebseinheit IUS (Inertial Upper Stage – Trägheitsoberstufe), bildete es die größte und schwerste Nutzlast, die je von einem Space Shuttle in den Weltraum transportiert worden war.

Nach dem Öffnen der Ladebucht der Columbia bediente die Erste Missionsspezialistin Catherine Coleman die Vorrichtung für das Ausladen des Teleskops und seine Trennung von der Raumfähre. Dann steuerte Eileen Collins den Orbiter unterhalb von Chandra hinweg. Eine Viertelstunde später zündete sie die Manövriertriebwerke, um die Columbia weit genug auf einen Sicherheitsabstand zu entfernen. Schließlich wurde eine Stunde nach der Trennung der Apogäumsmotor von Chandra gezündet, und durch weitere Steuermanöver gelangte das Teleskop auf eine exzentrische Erdumlaufbahn zwischen 10.000 und 140.000 Kilometern Höhe. Das entspricht einem Drittel der Entfernung Erde–Mond. Für einen Umlauf um unseren Planeten benötigt der große Astrosatellit 64 Stunden und 18 Minuten. Seine geplante Einsatzdauer beträgt fünf Jahre. Cady Coleman kommentierte das Unternehmen wie folgt:

»Ich arbeite gern mit Eileen zusammen und bin stolz darauf, an einer Mission teilnehmen zu dürfen, die von solch historischer Bedeutung ist.«

Das anderthalb Milliarden Dollar teure Observatorium besteht aus drei Sektionen: dem Röntgenstrahlenteleskop, dessen Spiegel die Strahlung von Himmelskörpern einfängt, den wissenschaftlichen Instrumenten, welche die Röntgenstrahlung aufzeichnen, so dass Bilder hergestellt werden können, sowie dem so genannten Satellitenbus, der das Teleskop und die Geräte versorgt. Die »Sehschärfe« von Chandra ist etwa 25-mal größer als die aller bisherigen Röntgenstrahlenteleskope. Die Wissenschaft erwartet nach Meinung von Eileen Collins von diesem neuen »Himmelsauge«:

»Wir hoffen mehr über die Welt zu erfahren, in der wir leben und einige der Geheimnisse des Universums zu entschleiern. Deshalb wird Chandra insbesondere Schwarze Löcher, Neutronensterne, Quasare und andere hochenergetische Himmelsobjekte erforschen. Vielleicht gelingt es uns mit seiner Hilfe, eine fehlende ›Karte‹ des Universums zu erstellen.«

Zu den Entdeckungen, die Chandra bereits machte, zählt ein starker Röntgenstrahlenausbruch im Zentrum unserer Galaxie, der Milchstraße, an deren äußerem Rand unser Planetensystem rotiert. Da sich die Helligkeitsänderungen dieses Phänomens innerhalb weniger Minuten vollzogen, kann die strahlende Quelle – eine extrem heiße Gaswolke – kaum größer gewesen sein als der Durchmesser der Erdbahn. Würde ein Haufen massereicher Sterne auf einen solch engen Raum zusammengepfercht, müsste es ständig zu Zusammenstößen und damit verbundenen heftigen Strahlungsereignissen kommen. Weil dies jedoch nicht beobachtet wurde, bleibt als Erklärung nur ein Schwarzes Loch, das mehr als zweieinhalb Millionen Sonnenmassen in sich vereint. Der Lichtblitz im Herzen unseres Sonnensystems flammte vor rund 25.000 Jahren auf – so lange brauchte die Strahlung von dort bis zur Erde.

Nach heutigen Erkenntnissen sind Schwarze Löcher die besten Kraftwerke des Universums. Sie »fressen« Gas und Staub und erzeugen Strahlung. Dabei wandeln sie Materie hundertmal effektiver in Energie um als jeder andere Himmelskörper.

Auf die oft gestellte Frage, ob sie während ihrer Raumflüge UFOs oder gar dem Lieben Gott im Weltraum begegnet sei, antwortete Eileen Collins:

»Der Weltraum ist ein Ort. Die Erde ist ein Ort. Kalifornien, Florida und Texas sind Orte. Oben im Weltraum ist man an einem ganz besonderen Ort und bewegt sich sehr schnell um die Erde herum – mit einer Geschwindigkeit von rund 28.000 Kilometern in der Stunde. Wenn man auf die Erde schaut, kommt es einem allerdings nicht so vor, daß man derart schnell ist. UFOs habe ich dort nie gesehen, auch keine ungewöhnlichen und übersinnlichen Erscheinungen, obwohl der

Nachtlandung der Columbia

Raumflug etwas ganz Besonderes ist. Man weilt in einer einzigartigen Umgebung und der Blick auf die Erde ist atemberaubend! Diese Farben: Das Blau und das Weiß, die Wüstenfarben sind wunderschön! Wenn man auf die Erde schaut, auf den Mittleren Osten, Europa oder die Vereinigten Staaten von Amerika, und dabei an die Geschichte denkt, die in diesen Regionen ablief, dann entsteht eine Art von Verbundenheit. Das nachhaltigste Erlebnis aber ist, daß man an einem Ort ist, an dem man nie zuvor war. Dieses kann man durchaus als eine spirituelle Erfahrung betrachten.«

Die Kommandantin Collins und der französische Missionsspezialist Tognini beaufsichtigten an Bord der Columbia auch eine Reihe biologischer und biomedizinischer Versuche. So untersuchten sie die Auswirkungen des Raumfluges auf kleinere Gliederfüßer und die der Schwerelosigkeit auf menschliche Zellen. Kommerzielle Experimente bezogen sich auf die Bearbeitung von biologischen Proben und deren Lagerung in klimatisierter Umgebung.

Über Funk nahmen sie Verbindung mit der Besatzung der russischen Raumstation MIR auf, wo der Spationaut Jean-Pierre Haigneré seit über einen halben Jahr arbeitete. Am fünften Flugtag setzte Eileen Collins die Columbia pünktlich und punktgenau auf der Piste von Cape Canaveral auf. Virtuos vollführte sie die zwölfte Nachtlandung eines Space Shuttles.

Eine reine Frauen-»Mannschaft«

Nach dem Flug von Eileen Collins als Kommandant der Columbia flammte in den USA erneut die Diskussion über den Einsatz einer »Mannschaft« des Space Shuttles auf, die nur aus Frauen bestehen sollte, denn nunmehr standen erstmals in der zwanzigjährigen Geschichte der Raumfährenflüge weibliche Astronauten für alle Funktionen an Bord zur Verfügung: Kommandantin und Pilotin, Missions- und Nutzlastspezialistinnen. Unter den 119 aktiven Mitgliedern des Astronautenkorps der NASA gab es zu dieser Zeit 29 Frauen, was einem Anteil von fast fünfundzwanzig Prozent entsprach. Im September 1999 erklärte Daniel Goldin, der Direktor der amerikanischen Weltraumbehörde:

»Die NASA wird nicht eigenmächtig über eine nur aus Frauen bestehende Crew für eine Mission des Space Shuttles entscheiden, aber sehr wohl die Bedeutung eines solchen Unternehmens prüfen. Wenn wir das nicht tun, würden wir nicht nur Kritik verdienen, sondern auch unethisch handeln. Jüngere medizinische Studien über den weiblichen

Organismus im Weltraum brachten nämlich neue Erkenntnisse für die Diagnose und Therapie bei zukünftigen Raumflügen zu Tage.«

Bei Langzeitmissionen auf der MIR stellte sich heraus, dass die Osteoporose, der Knochenschwund aufgrund von Kalziummangel, eine Gefahr darstellt. Frauen tragen hierbei genetisch bedingt ein größeres Risiko. Dem kann nicht einfach durch die Einnahme größerer Mengen Kalzium im Weltraum entgegengewirkt werden, weil dies wiederum das Risiko der Bildung von Nierensteinen erhöht.

Millie Hughes-Fulford, Professorin am Medizinischen Zentrum der Universität von Kalifornien in San Francisco, die 1991 als Nutzlastspezialistin auf der Columbia das erste lebenswissenschaftliche Laboratorium im Weltraum betreute, setzte sich zwar für eine reine Frauencrew ein, musste aber bekennen:

»Wenn Frauen eine größere Rate an Kalziumverlust und Knochenschwund im Weltraum haben, so würde das wahrscheinlich das stärkste Argument gegen weibliche Mitglieder einer Mars-Mission sein.«

Selbst unter den Damen der NASA sind die Meinungen in dieser Frage kontrovers. So meinte die Dreifach-Astronautin und erste amerikanische Aussteigerin in den freien kosmischen Raum, Kathryn Sullivan, Geologieprofessorin an der Rice University in Houston, Texas:

»Ich sehe keinen Grund dafür, daß alle Besatzungsmitglieder an Bord Frauen sein sollten. Wichtiger wäre es, mehr Astronautinnen bei gemischten Crews einzusetzen.«

Dem wird natürlich mit Recht entgegengehalten, dass reine Männer-Crews selbstverständlich sind. Andere wiederum geben zu bedenken, ob denn nicht zu viel Emanzipation amazonenhaft wirkt, was ja die Kehrseite des Machotums wäre. Die Chefetage der NASA fällte zunächst eine salomonische Entscheidung: Ihr oberster Chef, Daniel Goldin, beauftragte seinen Stellvertreter für Lebenswissenschaften, Dr.

Eileen Collins frei schwebend an Bord der Columbia

Arnauld Nicogooian, zugleich Chefarzt der Weltraumbehörde, in den nächsten beiden Jahren das Problem zu untersuchen. Dieser wiederum erklärte:

»Erst nach einer ausführlichen Studie werden wir entscheiden, ob es sinnvoll ist, eine reine Frauen-Crew einzusetzen, und wie oft wir derartige Missionen fortsetzen müssen.«

Colonel Collins ist als Kommandantin für die Mission STS-114 vorgesehen, die im November 2002 die siebente Stammbesatzung zur ISS bringen und die sechste zurückholen wird. Sie, die prädestiniert wäre, eine Mission »For Ladies Only« zu kommandieren, erklärte:

»Den Frauen wurden in der Geschichte der Luft- und Raumfahrt nicht dieselben Gelegenheiten gegeben wie den Männern. Heute bemüht sich die NASA zwar ernsthaft, allen weiblichen Astronauten eine Chance zu bieten, in den Weltraum zu fliegen. Doch jetzt, wo die Barrieren zu fallen beginnen, müßten mehr Mädchen wissenschaftliche und technische Berufe ergreifen, denn je größer die Anzahl junger Frauen ist, die sich bei der NASA bewerben, desto stärker werden sie im Weltraum vertreten sein.«

SUSAN HELMS

Miss ISS

In den ersten vier Jahren des Auf- und Ausbaus der Internationalen Raumstation wurde diese von zwölf amerikanischen Space Shuttles und drei russischen Sojus-Raumfahrzeugen angeflogen. In dieser Zeit hielten sich insgesamt 76 Menschen an Bord auf – einige sogar zweimal. 56 der Raumreisenden kamen aus den USA, dreizehn aus Russland, drei aus Kanada sowie je einer aus Japan, Italien, Kasachstan und Frankreich. Elf von ihnen waren Frauen – neun Amerikanerinnen, eine Kanadierin und eine Französin. Leider startete noch keine Russin.

Die meisten Besucher der ISS machten allerdings nur eine Stippvisite von einigen Tagen, doch zwölf hielten sich als Mitglieder der vier Stammbesatzungen, die als Expedition Crews bezeichnet werden, mehrere Monate an Bord auf. Nach dem zwischen Washington und Moskau vereinbarten Modus – der Kommandant kommt jeweils aus einem der Länder, die beiden Flugingenieure aus dem anderen – gehörten bisher sechs Amerikaner und sechs Russen dazu. Susan Helms war die erste und bisher einzige Frau in einer Expedition Crew auf der orbitalen Station und errang damit den Titel »Miss ISS«. Als Flugingenieurin nahm sie an der zweiten Expedition vom März bis August 2001 teil. Doch sie wird nicht mehr lange allein bleiben: Nach den Planungen der NASA wird der Expedition Crew Sechs, die im August 2002 an Bord der Raumstation geht, Dr. Peggy Whitson als Flugingenieurin angehören.

Zwischen Pisten und Pianos

Susan Helms wurde am 26. Februar 1958 in der Elektronikstadt Charlotte in North Carolina geboren – vier Wochen nach dem Start des ersten amerikanischen Erdsatelliten Explorer 1 (Forscher). Sie wuchs zwischen Pisten und Pianos auf, war doch ihr Vater Pat damals aktiver Luftwaffenoffizier und ihre Mutter Dori eine Musikliebhaberin. Susan erinnerte sich:

»Ich war nicht immer ein Single. In meinem Leben gab es verschiedene Menschen, die mich auf den richtigen Weg brachten. Das meiste habe ich meinen Eltern zu verdanken. Sie behinderten mich niemals, wenn ich etwas tun wollte und haben mir nichts verboten. Ich hatte auch sehr gute Lehrer, besonders in Mathematik und Naturwissenschaften. Die meisten von ihnen waren Frauen. Außerdem gehörte ich zu einer Gruppe von Freunden, mit denen ich mich herumtrieb ...«

Während ihrer Zeit auf der High School in der Hafen- und Universitätsstadt Portland, Oregon, die sie als ihre Heimat betrachtet, erlebte sie das erste amerikanisch-russische Raumfluguntemehmen Apollo-Sojus-Test-Project, das jedoch zwei Jahrzehnte lang ohne Fortsetzung blieb. Später, als sie an der Luftwaffenakademie studierte, erfolgten die bemannten Gleitflüge mit dem Shuttle-Orbiter Enterprise (Unternehmung). Ihre Entscheidung für den Beruf eines Flugzeugingenieurs begründete Susan Helms folgendermaßen:

»Meine Sehkraft ist nicht besonders gut und für einen Piloten unzureichend. Während meines Dienstes in der Air Force merkte ich, daß es dort auch Jobs gibt, die Ingenieure ausfüllen können. Sie fliegen zwar nicht auf dem Pilotensitz, nehmen aber andere wichtige Plätze ein. Innerhalb von sieben Jahren begriff ich, daß ich für die Rolle des Flugtestingenieurs geboren wurde ...«

Und so flog sie denn als Ingenieurin auf dreißig verschiedenen Typen von amerikanischen und kanadischen Flugzeugen, darunter die Überschalljäger F-15, F-16 und F-18 sowie CF-18. Als Susan Helms an der Stanford University ihren Doktorhut in Luft- und Raumfahrttechnik erwarb, gab es bereits eine Flotte von vier Space Shuttles. Die steile

Susan Helms im Cockpit eines Strahltrainers T-38A

Karriere der jungen Frau führte sie bis zur Assistenzprofessorin an der Luftwaffenakademie und zum Colonel der US Air Force.

Der Beruf des Ingenieurs ist für Susan eine wahre Berufung. Dem Ruf der Musik folgte sie aus Liebe – bis in die bekannte Rock'n'Roll-Band MAX-Q, wo sie virtuos Jazzpiano und Keyboard spielt. Nach dem Besuch der Testpilotenschule der US Air Force wurde sie als Austauschoffizier nach Kanada entsandt, wo sie ebenfalls als Flugtestingenieurin arbeitete. 1990 wählte die NASA die hoch qualifizierte, damals Zweiunddreißigjährige als Astronautin aus. Zu diesem Zeitpunkt gab es zehn Amerikanerinnen, die mit Raumfähren geflogen waren. Zurückblickend meinte Dr. Helms:

»Wenn ich sagen würde, ich hätte das brennende Verlangen gehabt, Astronaut zu werden, so wäre das gelogen. Vielmehr wuchs diese Idee bei mir über viele Jahre. Im Verlauf meiner Arbeit als Flugtestingenieur mußte ich immer höher und schneller fliegen. Das führte zu der Erkenntnis, daß ich als Astronautin meine Arbeit kontinuierlich fortsetze, indem ich nun noch höher und noch schneller fliege.«

Weltrekord für EVA

Innerhalb von acht Jahren nahm Susan Helms an fünf Weltraummissionen teil – zweimal als Missionsspezialistin, zweimal als Flugingenieurin und einmal als Nutzlastkommandantin. Sie arbeitete an Bord aller vier Orbiter und der Raumstation mit russischen, kanadischen, französischen und italienischen Kollegen zusammen. Mit einer Gesamtflugzeit von sieben Monaten rangiert sie hinter Shannon Lucid und vor Jelena Kondakowa an der Spitze der weiblichen Raumfahrer. Bei ihrem Ausstieg aus der ISS stellte sie gemeinsam mit ihrem Landsmann James Voss mit fast neun Stunden einen neuen absoluten EVA-Weltrekord für den Aufenthalt im freien kosmischen Raum auf. Ursprünglich waren für diese Montagearbeiten nur siebeneinhalb Stunden vorgesehen, doch ein Bauteil der Arbeitsplattform, die befestigt werden sollte, schwebte von dannen. Deshalb musste ein Ersatzteil aus dem Lager an der Außenhülle geholt werden.

In der Astronauten-Abteilung der NASA war der Begriff Langzeitflug lange Zeit nicht besonders beliebt. Zwar hatten 1973/1974 im Rahmen des Post-Apollo-Programms drei Skylab-Missionen zwischen vier Wochen und drei Monaten stattgefunden; doch dann gab es eine Pause von mehr als zwanzig Jahren. Der längste Flug eines Space Shuttles in dieser Zeit war der der Columbia über knapp siebzehn Tage im Sommer 1996, an dem Susan Helms als Nutzlastkommandantin und Flugingenieurin teilnahm. Erst die Zusammenarbeit mit Russland für die Vorbereitung auf die Internationale Raumstation mittels vorheriger Langzeitmissionen auf der MIR eröffnete auch für amerikanische Astronauten neue Möglichkeiten.

Anfänglich fiel es der NASA gar nicht so leicht, die sieben geeigneten und bereiten Anwärter dafür zu finden. Gegenüber den Kurzzeitflügen mit dem Space Shuttle bedeutete die Arbeit an Bord der russischen Raumstation und die Vorbereitung darauf viele Monate Abwesenheit von zu Hause, ein Leben in einer fremden Umwelt, Umgang mit Menschen anderer Mentalität und die Verständigung in einer schwer erlernbaren Sprache. Etwa 50 Prozent der aktiven amerikanischen Astronauten ziehen die kurzen, bequemeren Shuttle-Flüge einer mehrmonatigen Expedition vor. Um Vorurteile abzubauen und ihre Erfahrungen weiterzugeben, führte Susan Helms nach ihrer Rückkehr von der ISS im Auftrag der NASA eine Kampagne an, die für Langzeitaufenthalte wirbt. Nur zu gut erinnert sie sich noch daran, wie sie den Vorschlag erlebte, an der zweiten Expedition zur ISS als Fluginge-

Training auf dem Katapultsitz

nieur teilzunehmen: »Ich war gerade dabei, mich auf einen neuen Raumflug vorzubereiten, als mich meine Chefs fragten, ob ich bereit sei, auf der Internationalen Raumstation zu arbeiten. Ehrlich gesagt, hatte ich kein besonderes Verlangen danach, meine gewohnte Umwelt für mehrere Monate zu verlassen. Ich bat um einen Tag Bedenkzeit und rang mit mir, ob ich es tun sollte oder nicht. Doch dann überwand ich die Zweifel und fällte die richtige Entscheidung – ich sagte zu. Das war ein schicksalhafter Tag für mich, der mir eine große Verpflichtung auferlegte.«

Das Vorbereitungstraining erfolgte zu einem Drittel im Kosmonauten-Ausbildungszentrum »Juri Gagarin« bei Moskau und zu zwei Dritteln im Manned Spacecraft Center in Houston, Texas. Susan Helms hatte das Glück, in Juri Usatschow einen russischen Kommandanten zu bekommen, mit dem Shannon Lucid ein halbes Jahr auf der MIR zusammen gelebt und mit dem sie selbst einen Versorgungsflug auf der Atlantis zur ISS ausgeführt hatte. Auch der dritte im Bunde, ihr Landsmann James Voss, war schon bei dieser Mission dabei gewesen.

»Schnell, schließt die Luke!«

Gern erinnert sich Colonel Helms an das gemeinsame Training in Russland:

»Wir drei, Juri, Jim und ich, krochen durch das reale russische Servicemodul Swjesda, noch bevor es startete. Diese Zeit, als das Modul in der Halle stand, wurde genutzt, damit wir uns mit der Technik vertraut machen konnten, die uns dann oben erwartete. Die Ingenieure und Techniker, die uns unterweisen sollten, waren jedoch, aus welchem Grund auch immer, verhindert. Und so sprangen wir drei allein in das Modul. Plötzlich sahen wir uns einander an und riefen. ›Das ist es! Das ist unser zukünftiges Heim! Nur wir drei sind hier! Das ist wirklich cool!‹ Dann befahl der Kommandant: ›Schnell, schließt die Luke, laßt keinen anderen herein!‹ Wir fühlten uns prächtig, wie drei Verschwörer in ihrem geheimen Versteck. Obendrein wußten wir, daß es im Orbit noch prächtiger werden würde.

Dieses Erlebnis erschien uns wie ein Vorbote für das, was wir oben im Weltraum erleben würden. Dabei stand unser zukünftiges Orbitalheim auf dem Fußboden einer Werkhalle. Die Russen haben ihre Hardware wirklich gut gestaltet, und wir hatten keine Probleme sie zu nutzen. Juri war für uns der bestmögliche Experte, den wir jederzeit fragen konnten und der uns stets bereitwillig half.«

Susan Helms und Juri Usatschow an Bord der ISS

Als sich die zweite Expedition zur Internationalen Raumstation auf den Weg machte, war das einundzwanzigste Jahrhundert erst zehn Wochen alt. Susan Helms gehörte als zweite Amerikanerin nach Shannon Lucid und als sechste Frau der Welt überhaupt – nach den Russinnen Swetlana Sawizkaja und Jelena Kondakowa, der Engländerin Helen Sharman und der Französin Claudie Haigneré – zur Besatzung einer Raumstation.

Alle drei Teilnehmer der zweiten ISS-Expedition waren erfahrene Raumfahrer. Der Kommandant Oberst Usatschow hatte drei Flüge hinter sich und gehörte zu den sechzehn Männern – fünfzehn Russen und ein Kasache – die länger als ein Jahr im Weltraum weilten. Den Flugingenieuren Colonel Voss und Colonel Helms standen je vier Raumflüge mit 34 beziehungsweise 43 All-Tagen zu Buche. Susan meinte kurz vor ihrem Start zur ISS: »Wir sind mehr eine Familie als eine Mannschaft. Ich glaube, wir werden die beste Zeit unseres Lebens haben.«

Beim Einzug der neuen Crew in die Station kam nicht das Prinzip »Ladies first« zur Anwendung. Vielmehr musste der Leiter der Expedition offiziell die zweite Amtszeit als Erster antreten. Dennoch erfolgte der Einzug der ersten Dame des Hauses feierlich. Susan Helms trug den strahlend weißen russischen Skaphander wie ein Brautkleid:

»Wir wollten das Ganze ein wenig theatralisch gestalten. Der auffällige Raumanzug wird eigentlich nur im Notfall getragen – wenn die

Besatzung der Station mit der Raumkapsel Sojus, die als Rettungs- und Rückkehrschiff vor Anker liegt, zur Erde absteigen muß.«

Für diese Situation brachte Dr. Helms auch ihren maßgeschneiderten Konturensessel mit, den jeder Bewohner der ISS benötigt, wenn beim Wiedereintritt von Sojus in die Erdatmosphäre die negative Beschleunigung wirkt.

Im Vergleich zur MIR war die ISS selbst damals, in ihrem embryonalen Zustand, größer und geräumiger. Bei einer Gesamtlänge von etwa fünfzig Metern bestand sie aus vier linear verbundenen Hauptmodulen und zwölf weiteren Segmenten. Dreizehn Bullaugen und ein großes rundes Sichtfenster im amerikanischen Modul Destiny (Schicksal) erlaubten die Beobachtung des blauen Planeten Erde und des schwarzen Himmels mit seinen strahlenden Sternen. Dr. Helms beschrieb den Unterschied zwischen dem Leben in einer Raumfähre und dem in einer Raumstation so: »Das Space Shuttle mit sechs bis sieben Leuten an Bord gleicht einem vollbesetzten Volkswagenbus, in dem man zwei Wochen lang die Tür nicht öffnen kann. Die drei Besatzungsmitglieder der ISS können hingegen wie Batman von einem Ende zum anderen schweben. Diese Bewegungsfreiheit ist wundervoll.«

Der Kommandant stellte als echter Gentleman seiner Partnerin das komfortabelste Modul Destiny als Privatsphäre und Schlafraum zur Verfügung. Die einzige Konzession, die Susan an ihre Weiblichkeit machte, war, dass sie feminine Hygieneartikel und Büstenhalter mitnahm. Ihre Diät ergänzte sie durch mit Kalzium angereicherte Naschereien gegen den Knochenabbau infolge lang andauernder Schwerelosigkeit.

»Diesmal kam ich nicht wie beim Versorgungsflug der Atlantis als ›Packesel‹ zur ISS, dem das Umladen von Nachschubgütern und Arbeitsgeräten auferlegt worden war. Vielmehr konnte ich mich in den folgenden Monaten auf die Wartungs- und Reparaturarbeiten sowie auf die Forschung konzentrieren.«

Marsflug ohne Mikromanagement

Dazu gehörten die Montage einer Außenplattform, der Einbau neuer Batterien und die Überprüfung der elektrischen Systeme im Modul Sarja. Das wissenschaftliche Programm umfasste achtzehn Experimente, an deren Vorbereitung und Auswertung sich Forscher aus den USA, Russland, Japan, Kanada, Großbritannien und Deutschland beteiligten. Die Schwerpunkte bildeten Lebenswissenschaften, Erdfernerkundung und Materialwissenschaften.

Susan Helms kurz vor dem Ende ihres fünfmonatigen Aufenthaltes an Bord der ISS

Die medizinischen Forschungen bezogen sich auf die Wirkung von Vibration und Gravitation sowie von kosmischer Strahlung auf den menschlichen Organismus. Diese Arbeiten kommen auch der Grundlagenforschung für Erkrankungen wie Krebs und AIDS zugute. Biologische Versuche betrafen das Pflanzenwachstum unter kosmischen Bedingungen, insbesondere die Astrokulturen von Kohl und Rettich. Weitere Experimente dienten dem Kristallwachstum von Proteinen, das sind Eiweißkörper, über deren Bedeutung Friedrich Engels einmal sagte: »Leben ist die Daseinsweise der Eiweißkörper.«

Nach ihrem halbjährigen Aufenthalt auf der Internationalen Raumstation kehrte Susan Helms als »Obdachlose« auf die Erde zurück. Während auf ihren Landsmann Jim Voss in Houston seine Frau wartete und auf ihren Kommandanten Juri Usatschow Frau und Kind in Moskau, wurde Suzy, kinderlos und Single, nur von Schmusekatze Mango vermisst. Mehr noch: Kurz vor ihrem Abflug hatte die sympathische Hobbymusikerin ihr Appartement in Houston gekündigt, Telefon, Fernseher und Internet abgemeldet, alle Kreditkarten sperren lassen und sämtliche Wertgegenstände in einem Banksafe deponiert. Bei ihrem letzten Life-Interview von der Internationalen Raumstation witzelte sie darüber: »Momentan habe ich außer der ISS kein Zuhause, aber keiner kann sich vorstellen, wie viele Angebote ich mittlerweile von Leuten erhalten habe, die mich nach der Rückkehr gerne aufnehmen würden.« Susan Helms forderte aufgrund ihrer Erfahrungen, die sie auf der ISS sammeln konnte, ein Umdenken in der NASA von der »Shuttlementalität zur Stationsmentalität«:

»Es gab Crews von Space Shuttles, die nach ihrer Rückkehr erklärten, daß sie keine Zeit gehabt hätten, aus dem Fenster zu schauen, weil die Arbeit bis in die letzte Minute ›micromanaged‹ gewesen sei. Das Leben auf einer Raumstation verläuft hingegen völlig anders. Das Schöne daran ist, daß man nicht Tage lang gehetzt wird, sondern Monate lang Zeit hat, seine Aufgaben in Ruhe zu erfüllen. Man kann innehalten, eine Pause machen, über etwas nachdenken. So hatten Jim, Juri und ich Muße, die positiven Aspekte der Schwerelosigkeit für menschlich interessierende Ziele zu würdigen. Erst jetzt verstand ich, was mir bei den Kurzzeitflügen alles gefehlt hatte.

Ohne Zweifel hat die NASA Erfahrungen in der bemannten Raumfahrt, aber gewiß nicht jene, welche die Russen besitzen. Als ich zum ersten Mal ins Sternenstädtchen kam, konnte ich feststellen, daß sie die einzigen sind, die über alle erdenklichen Erkenntnisse aus Langzeitmissionen auf Raumstationen verfügen. Die Partnerschaft mit einem Land wie Rußland, das soviel zu bieten hat, ist für jeden von Vorteil.«

In der Tat entfallen von den 65 Jahren, die sich Menschen multipliziert mit der Flugzeit im Weltraum aufhielten, zwei Drittel auf die Sowjetunion und Russland. Und das, obwohl die Vereinigten Staaten von Amerika zwei Drittel der mehr als 400 Raumfahrer stellen. Die ersten 25 Plätze in der Rangliste für kosmische Flugzeiten nehmen 23 Russen und zwei Kasachen ein, von denen jeder mehr als 240 All-Tage für sich verbuchen kann – fünfzehn davon sogar mehr als ein Jahr und einer mehr als zwei Jahre. Zur dann folgenden Gruppe gehören die beiden Amerikanerinnen Shannon Lucid, Susan Helms und der Franzose Jean-Pierre Haigneré mit mehr als 200 Tagen Verweildauer im Kosmos.

Hinsichtlich der physischen und psychischen Anforderungen an den Menschen bilden Langzeitflüge die wissenschaftliche Grundlage, um die großen Raumfahrtvisionen des 21. Jahrhunderts zu verwirklichen: die Mondstation und den Marsflug. Technisch wären beide Ziele schon heute zu erreichen. Vorstellungen in der NASA, im Jahre 2019, anlässlich des 50. Jahrestages der ersten Mondlandung zum Roten Planeten zu reisen, sind durchaus real.

Der Hinderungsgrund ist finanzieller Art, könnte jedoch bei internationalen Anstrengungen durchaus überwunden werden, und zwar durch Abbau der wahnwitzigen Rüstungskosten. Das macht folgende Überlegung deutlich. Nach groben Schätzungen wurde für die gesamte Raumfahrt in mehr als vier Jahrzehnten etwa eine Billion Dollar ausgegeben. Die gleiche Summe verschlang der militärische Moloch weltweit allein im Jahre 1990. Zwar sanken diese Aufwendungen im vergangenen Jahrzehnt etwas, nähern sich jedoch wieder bedenklich dieser horrenden Höhe. Das bedeutet, dass in einem einzigen Jahr ebenso viel Geld für die Kriegsmaschinerie ausgegeben wurde wie in mehr als vierzig Jahren für die gesamte Raumfahrt, die wiederum nur zu einem Viertel friedlichen Zwecken diente.

Über die Zukunft der Raumfahrt äußerte sich Dr. Helms folgendermaßen:

»Der orbitale Flug einer Raumfähre und eine interplanetare Mission zum Mars lassen sich nicht miteinander vergleichen. Ersterer ähnelt eher einer kurzen Geschäftsreise, letzterer einer Expedition in die Antarktis. Die Teilnehmer einer Raumreise zum Nachbarplaneten müßten ihr Leben entsprechend gestalten. Auf diesem Wege sind uns die Russen weit voraus, weil sie so etwas schon viel länger tun als wir. Bereits auf einer Raumstation müssen wir verstehen, warum wir dort draußen leben und was das von uns fordert. Wir müssen lernen, was zu tun und was zu lassen ist. Diese Arbeit ist nur im Team zu leisten. Nicht alle Fragen lassen sich im voraus beantworten. Wir müssen in den Weltraum gehen und es tun, dann werden wir die Antwort erleben.«

Ohne Zweifel ist die Internationale Raumstation eine Trainingsstätte und ein Brückenkopf für zukünftige Mond- und Marsmissionen. Angesichts der Erfahrungen mit der russischen MIR ist für die ISS mit einer Lebensdauer von etwa fünfzehn bis zwanzig Jahren zu rechnen. Nach ihrer fast halbjährigen Arbeit auf der Station erklärte Susan Helms:

»Für den Betrieb der Internationalen Raumstation gibt es viele gute Gründe. Als erdumkreisendes Laboratorium bietet sie Wissenschaft und Technik einzigartige Bedingungen, die auf der Erde nicht nachgeahmt werden können. Sie ist aber auch die Straße für neue Ideen und Visionen. Zugleich stellt sie die gesellschaftspolitische Herausforderung dar, mit Menschen zusammenzuarbeiten, die im Kalten Krieg Feinde waren. Ich betrachte die Internationale Raumstation als ein Ultimatum für das Schicksal der Menschheit, für ihre nächsten folgerichtigen Schritte: Zum Mond zurückzukehren und für den Sprung nach vorn zum Mars.

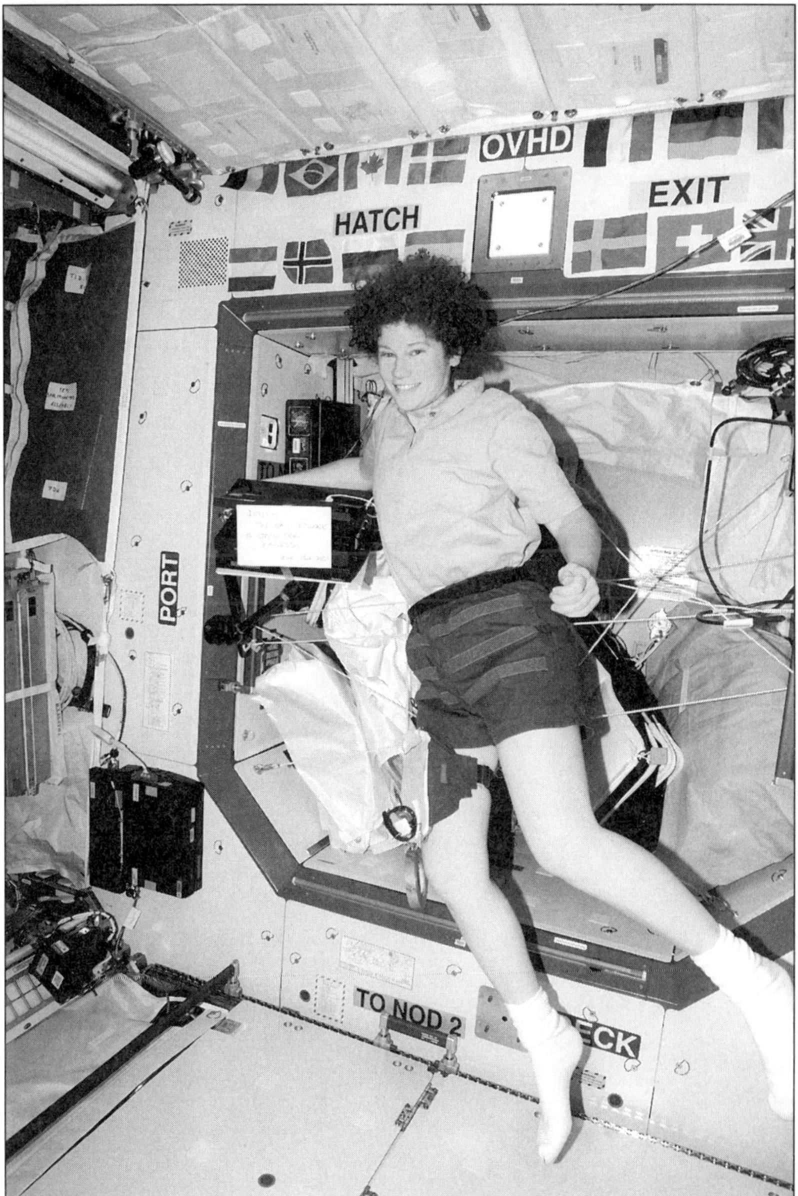

Susan Helms in der Trainingsstätte für künftige interplanetare Missionen

TEIL 4

FEMALE INTERNATIONALE

Weder Herkunft noch Geschlecht setzen dem Genie Grenzen.

CHARLOTTE BRONTE
englische Schriftstellerin
1816–1855

HELEN SHARMAN

Das Schokoladenmädchen

Sommer 1989. Slough, eine kleine Industriestadt an der Themse westlich von London in der Grafschaft Berkshire. Hier an dem Ort, wo 200 Jahre zuvor Caroline Herschel mit ihrem Bruder so erfolgreich wirkte, sitzt eine junge Frau am Steuer ihres Autos und ist auf dem Weg von der Arbeit nach Hause. Ihr Tagwerk als Chemikerin in der Mars Confectionery Ltd. ist vollbracht. Dort arbeitet sie in der Forschungsabteilung an der Entwicklung neuer Rezepturen für Schokolade – gegenwärtig ging es um Eispralinen. »Mars macht mobil«, lautet der Werbeslogan ihres weltweit bekannten Unternehmens. Nun freut sich der Single darauf, den Feierabend zu genießen und zwei ihrer Hobbys zu frönen: Kochen und Klavierspielen. Doch die Rush Hour macht wieder einmal einen Strich durch die Rechnung. Stau, Stehen, Schritttempo. Sie dreht das Autoradio lauter. Plötzlich ertönt eine sonore Stimme:

»Gesucht wird der erste britische Astronaut. Er oder sie soll 1991 mit einem sowjetischen Raumschiff des Typs Sojus zur Orbitalstation MIR fliegen und eine Woche an Bord weilen. An der Ausschreibung kann sich jeder beteiligen, der zwischen 21 und 40 Jahre alt und gesund ist, einen Hochschulabschluss besitzt und sich dazu eignet, mit wissenschaftlichen Geräten umzugehen. Die beiden Besten, die alle Prüfungen bestanden haben, werden zum achtzehnmonatigen Vorbereitungstraining in das Sternenstädtchen genannte Kosmonauten-Ausbildungszentrum ›Juri Gagarin‹ bei Moskau delegiert. Einer von ihnen fliegt als glücklicher Sieger in den Weltraum.«

Es folgte ein Bericht über die Vereinbarung zwischen der russischen Luft- und Raumfahrtbehörde Rosawiakosmos und der Londoner Fieldstone Private Capital Group Ltd. für den ersten sowjetisch-britischen Weltraumflug, die am 29. Juni 1989 in Moskau unterzeichnet worden war. Der Projektleiter Malcolm Magee-Brown informierte darüber, dass die Kosten von 25 Millionen US-Dollar für das Unternehmen Juno durch private Sponsoren aufgebracht werden sollten. Verantwortlich für die Auswahl der Kandidaten zeichnete Luftmarschall Peter Howard.

»Pat«, wie Freunde die am 30. Mai 1963 in Sheffield geborene Helen Patricia Sharman nennen, war wie elektrisiert. Das wäre eine einmalige Chance etwas zu erleben, von dem sie bisher nicht einmal zu träumen wagte. Alle genannten Voraussetzungen trafen auf sie zu. Sie war 26

Jahre alt und kerngesund, hatte einen Doktorhut und einen Ingenieurabschluss. Auf das Studium der Chemie an der Universität von Sheffield folgte die Promotion in Naturwissenschaften am Birbeck College. Drei Jahre arbeitete Dr. Sharman als Forschungs- und Entwicklungsingenieurin im international renommierten Unternehmen Marconi Osram Valve, einem Bereich der General Electric Company in London-Hammersmith. Monitore für Schiffe, Flugzeuge und medizinische Geräte waren dort ihr Spezialgebiet. Pat erblickte das Licht der Welt zwei Wochen, bevor Walentina Tereschkowa als erste Frau in den Weltraum flog. Als sie zehn Jahre alt war, erfolgten die drei Skylab-Missionen, und kurz vor ihrem zwanzigsten Geburtstag startete Sally Ride als erste Amerikanerin mit der Raumfähre Challenger ins All. Der Name Juno für die achttägige sowjetisch-britische Mission klang verheißungsvoll, tragen ihn doch gleichermaßen die bedeutendste Göttin des alten Rom, der größte und hellste der Planetoiden und eine vierstufige Trägerrakete. »Nomen est omen!«

Ihr Double war ein Mann

Luftmarschall Howard und sein Stab hatten es nicht leicht, meldeten sich doch 13.000 Anwärter. Die vier Finalisten Gordon Brook, Timothy Mace, Helen Sharman und Clive Smith wurden für weitere Unter-

Die vier britischen Kosmoskandidaten in Moskau: Gordon Brooks, Helen Sharman, Timothy Mace, ein russischer Arzt und Clive Smith (von links)

Helen Sharman vor dem Start

suchungen in die Sowjetunion gesandt. Übrig blieben letztendlich nur zwei: Pat und Tim wurden am 25. November 1989 ausgewählt und trainierten gemeinsam vom 30. November 1989 bis zum 18. Mai 1991 im Sternenstädtchen. Er, Timothy Kristian Charles Mace, war acht Jahre älter als sie, hatte an der Militäruniversität in Shrivenham, Swindon, Luftfahrttechnik studiert und wurde dann Offizier des Army Air Corps. Von 1985 bis 1989 war er, der 2.600 Absprünge auf seinem Konto hatte, Mitglied der britischen Fallschirmsprung-Nationalmannschaft. Er verfügte zudem über die Erfahrungen von 2.800 Flugstunden auf Helikoptern. Das britische Juno-Missionsmanagement entschied, Helen Sharman gegenüber Timothy Mace den Vorzug zu geben, was von der russischen Kommission bestätigt wurde. Deshalb war er beim Raumflug von Helen Sharman im Mai 1991 Double und Verbindungsmann im Flugleitzentrum. Danach bewarb er sich für das Astronautenkorps der ESA, kam aber nicht bis in die Endauswahl. Gegenwärtig lebt er in Südafrika, wo er als Hubschrauberpilot für Präsident Nelson Mandela arbeitete. Verheiratet ist er mit Jelena Sholobowa, der Tochter des ersten russischen Kosmonauten mit Bart, Witali Sholobow.

Anderthalb Jahre lang trainierten die Lady und der Gentleman aus Großbritannien gemeinsam mit ihren sowjetischen Kollegen am Stadtrand von Moskau und in der Steppe Kasachstans, am russischen Himmel und im Schwarzen Meer. Helens Kommandant Anatoli Arzebarski war ein erfahrener Fluglehrer und Testpilot, der nach seinem fünfmonatigen Raumflug Chef der zivilen Kosmonautengruppe der Akademie der Wissenschaften wurde und sich auf große Gerüst- und Gitterstrukturen im Weltraum spezialisierte. Bordingenieur Sergej Krikaljow kam aus der Raketenschmiede Energija und hatte schon einmal fünf Monate auf MIR gearbeitet. Diese beiden Männer bildeten die neunte Stammbesatzung der Orbitalstation. Dr. Sharman erinnerte sich an die Auswahl und Ausbildung:

»Die ersten Raumfahrer waren ausgebildete Kampfflieger. Aber ich wurde nach einem anderen psychologischen Profil ausgewählt. Heutzutage sollten Kosmonauten eher gelassen und psychisch stabil sein, einen Sinn für Humor haben und mit anderen Menschen gut auskommen. Zuerst musste ich Russisch lernen. Dann war die Astronavigation dran, um im Notfall das Raumschiff mit Hilfe einer Sternenkarte zu steuern. Es folgten die Theorie der Rakete und des Raumfluges. Im

Simulator lernten wir die Bordgeräte zu bedienen und die Experimente auszuführen. Beim Überlebenstraining ging es darum, wie wir am schnellsten zur Erde zurückkehren können, wenn ein Meteorit unsere Raumkapsel leckschlug, oder wie wir statt auf festem Land auf bewegter See niedergehen. Am meisten Spaß machten die Parabelflüge, bei denen wir kurzzeitig die Schwerelosigkeit am eigenen Leibe verspürten und frei in der Flugzeugkabine umherschwebten.«

Britische Löwin und Russische Bären

Nach der Juno-Mission erschien in der Zeitschrift für Raumfahrtgeschichte »Quest« (Suche) ein Beitrag, in dem behauptet wurde, Dr. Sharman sei sehr kühl und distanziert gewesen, habe ihre wissenschaftliche Kompetenz überbetont, und den Russen wäre es lieber gewesen, wenn sie ihre weiblichen Qualitäten mehr ins Spiel gebracht hätte. Abgesehen davon, dass vieles davon durchaus verständlich ist, bleibt der Autor den Beweis schuldig und fand keinen einzigen Kosmonauten, der seine Darstellung bestätigte. »Pat« jedenfalls berichtete über ihre Erfahrungen mit der Gleichberechtigung der Geschlechter in Russland:

»Es gibt eine merkwürdige Art von doppelter Moral. Im Berufsleben gilt die Frau ebenso viel wie der Mann. Dort ist sie unter den Lehrern und Ärzten, Bergleuten und Weltraummonteuren zu finden. Doch im täglichen Leben wird der Unterschied deutlich. Keine Frau wird für einen Mann die Tür aufhalten, selbst wenn er beide Hände voller Kartons und Schachteln hat. Das halte ich für unhöflich, weil er immer dazu verpflichtet ist, uns die Tür aufzuhalten, in den Mantel zu helfen und die Flasche zu öffnen.«

Am Tag vor dem Raumflug wurde die Crew offiziell von der staatlichen Kommission bestätigt und eine Pressekonferenz durchgeführt, bei der die drei Kosmonauten hinter Glasscheiben saßen, um sie vor Ansteckungen zu schützen. Traditionsgemäß signierte jeder von ihnen die Tür seines Hotelzimmers und erhielt einen kleinen blauen Reisepass, der ihn als Erdenbürger auswies. Das mit einem Passbild versehene Dokument trug neben russischen Stempeln auch das Symbol der Internationalen Vereinigung für Luftfahrt, der Fédération Aéronautique Internationale: einen stilisierten Vogel auf der Erdkugel mit den Buchstaben FAI. Diese Organisation mit Sitz in Paris beschloss im Jahre 1968, den 12. April, den Tag des historischen Weltraumfluges Juri Gagarins von 1961, jährlich als »Internationalen Tag der Luft- und Raumfahrt« zu begehen und vergibt für außergewöhnliche Leistungen im Raumflug die »Juri-Gagarin-Medaille«. Die FAI ist auch zuständig für die Anerkennung von Weltrekorden in der Luft- und Raumfahrt. Sojus TM-12 startete am 18. Mai 1991 von der Rampe Nummer Eins des kasachischen Kosmodroms Baikonur, von der aus schon Juri Gagarin seine Reise angetreten hatte. Die drei Besatzungsmitglieder nahmen die klassische Sitzordnung ein: in der Mitte Anatoli, der Kommandant, links von ihm Sergej, der Bordingenieur und rechts von ihm Helen, die Forschungskosmonautin. Die Triebwerke der Trägerrakete zündeten auf die Sekunde genau. Der mehr als acht Minuten dauernde Aufstieg in die Umlaufbahn verlief völlig normal. Eine auf Helens Gesicht gerichtete Kamera zeigte, dass sie während ihrer Sternstunde lächelte; von Ängstlichkeit bemerkte man jedenfalls nicht die geringste Spur:

»Wenn man beim Start eingekapselt in einem Raumschiff sitzt, hat man keine Zeit, zu denken: Mein Gott, ob wir wohl explodieren? Du musst einfach deinen Job machen. Ich empfand den Aufstieg eher als holprig. Die Beschleunigung drückte mich in meinen Konturensessel, und ich fühlte mich dreieinhalbmal so schwer wie auf der Erde. Nach 160 Sekunden wurde die Schutzhülle der Raketenspitze abgeworfen und wir sahen zum ersten Mal die Erde. Alles was ich sagen konnte, war ›Wow!‹. Das Blau der Meere und das Weiß der Wolken überwogen. Deutlich wie auf einem Globus zeichneten sich die Kontinente und Länder ab – in Grau-Braun, Braun und Ziegelrot. Auf einen Blick erfas-

Dr. Sharman am Tomline Refractor des Orwell Park Observatory

ste ich ganz Westeuropa. Auch die Krümmung der Erde konnte ich erkennen. Im Ganzen allerdings zeigte sich unser Planet aus einer Flughöhe von einigen hundert Kilometern noch nicht. Nachdem die letzte Raketenstufe abgeworfen war und der Aufstieg nach 530 Sekunden endete, fühlte ich zum ersten Mal ständige Schwerelosigkeit, ohne jeden Zweifel das Schönste an einem Raumflug.«

Fünfzig Stunden dauerte insgesamt der Anflug von Sojus bis zur Ankopplung an MIR. Während dieser Zeit erfolgten verschiedene Bahnmanöver, mit denen sich das Raumschiff von unten kommend allmählich der Orbitalstation annäherte. Die britische Löwin und ihre beiden russischen Bären waren bester Laune, freuten sich auf das Wiedersehen mit Wiktor Afanasjew und Mussa Manarow, die an Bord von MIR mit Brot und Salz auf sie warteten.

Auf Leben und Tod

Doch kurz vor dem Ziel, etwa 200 Kilometer von der MIR entfernt, schlug die Stimmung der kosmischen Troika plötzlich um. Helen Sharman berichtete:

»Wir merkten, daß etwas nicht stimmte, aber wir wußten nicht was. Die Menge des verbrauchten Treibstoffs, die verstrichene Zeit und unsere Geschwindigkeit – all das paßte nicht zusammen. Das automatische Annäherungssystem hatte versagt. Es war eine Situation auf Leben und Tod. Wir mußten eine Entscheidung treffen – entweder die Kapsel manuell steuern oder sterben. Das erforderte, daß wir uns völlig aufeinander verlassen mußten. Ich bediente das Periskop, damit wir wenigstens etwas sehen konnten, während wir uns an die Raumstation herantasteten.

Wir näherten uns MIR Zentimeter um Zentimeter. Wenn man die Station um einen Kilometer verfehlt, macht das nichts; man kann die Erde umrunden und es noch mal versuchen. Aber wenn man sich um ein paar Zentimeter vertut, und es zum Zusammenstoß kommt, bringt das alle in Lebensgefahr.

Wir kamen näher und näher, und dann gab es einen dumpfen Knall. Der Aufprall war härter als erwartet. Dreizehn qualvolle Sekunden lang dauerte das Manöver, um die elektrisch-hydraulischen Verbindungen herzustellen. Schließlich prüften wir, daß es kein Leck gab, öffneten die Luke und schwebten in die Station. Wir hatten es geschafft! Es war ein phantastisches Gefühl: dieser Teamgeist, die Nähe, die Kameradschaft. Das werde ich mein Leben lang nie vergessen!«

Die Kopplung von Sojus TM-12 gelang nach einer Umfliegung der Station mit nur fünf Minuten Verspätung. Stationskommandant Afanasjew begrüßte als Hausherr von MIR die erste Frau an Bord mit einem Bonsai-Bäumchen. Die schöne Helena hielt Einzug als erste Amazone des Alls, die nicht aus den beiden führenden Raumfahrtländern UdSSR oder USA stammte. Durch sie wurde Großbritannien zur zweiundzwanzigsten Weltraumnation.

Sechs Tage lang arbeitete die junge Frau gemeinsam mit ihren vier Männern auf der fünf Jahre alten Raumstation. Die Finanzierung ihres Raumfluges blieb bis zum Start mysteriös. Auch später wurde sie in der Öffentlichkeit nie restlos aufgeklärt. Der ausgehandelte Flugpreis wurde von dem Londoner Konsortium nur teilweise nach Moskau überwiesen. Infolge des Desinteresses großer britischer Industrieunternehmen mussten zwanzig ursprünglich geplante wissenschaftliche Tests nach und nach ersatzlos gestrichen werden.

Die übrig gebliebenen Versuche beschränkten sich darauf, die Auswirkungen der Schwerelosigkeit auf den Menschen und auf Pflanzen zu untersuchen und einige Kristalle zu züchten. So setzte Dr. Sharman das Gerät »Reflektron« zur raschen Blutanalyse im Weltraum ein. Bei dem Studenten-Experiment »Seeds« (Samen) wurden eine Viertelmillion Samen von Stiefmütterchen in der nicht entlüfteten Luftschleuse des Moduls Kwant verstärkter kosmischer Strahlung ausgesetzt. Über die volle Unterstützung ihrer russischen Kollegen sagte die Lebensmittelchemikerin:

»Teamwork ist besonders in den ersten Tagen einer Raumreise von großer Bedeutung. Um mit den anderen Mitgliedern der Crew erfolgreich zusammenzuarbeiten, muß man sie wirklich gut kennen. Die Russen haben ja schon immer großen Wert auf die psychologischen Aspekte gelegt und ihre Besatzungen sorgfältig ausgewählt. Natürlich hatten alle ihre Höhen und Tiefen, aber niemals wurden ernsthafte Differenzen bekannt. Bekanntlich tritt bei der Hälfte aller Raumfahrer die Weltraumkrankheit auf. Doch glücklicherweise litt keiner von uns darunter. Obwohl ich auf der Erde gewöhnlich mehr als sechs Stunden schlafe, reichten mir im All fünf Stunden pro Tag.«

Dabei wirkten sich natürlich die Kürze des Aufenthalts im Weltraum und der Wunsch aus, möglichst viel Zeit für die wissenschaftlichen Beobachtungen und Untersuchungen zu haben. Pat hatte sich eine der beiden Privatkojen der Station, mit bester Aussicht auf die Erde, als separate Schlafstelle ausgewählt.

Für das Schulprojekt »The Earth from Space« (Die Erde aus dem Weltraum gesehen) und die Dokumentation ihres Fluges setzte sie fast pausenlos ihre serienmäßig hergestellte Kompaktkamera ein. Zusätzliche Filme waren übrigens das Einzige, was Helen auf ihrer Raumreise vermisste.

Schwierigkeiten gab es mit dem Amateurfunkgerät, über das sie unter dem Rufzeichen GB1MIR auf der Frequenz 145,550 MHz zu erreichen war. Sechs Amateurfunksender des Harrogate Ladies College mit Hauptsitz in dem Kurbadeort der Grafschaft North Yorkshire, hielten unter dem Rufzeichen GB Ø JUNO Verbindung zu Dr. Sharman.

Am zweiten Tag ihres Aufenthaltes auf MIR wurde während eines Gesprächs mit englischen Schülern der Ton immer leiser. Die Spannung sank rapide bis auf den Nullpunkt, weil die Station infolge eines Computerfehlers nicht exakt zur Sonne ausgerichtet war. Gemeinsam mit dem Flugleitzentrum konnte jedoch das Problem gelöst werden. Helen berichtete später, dass so etwas auch schon vor ihrem Flug mehrmals passiert war. Es sollte auch nicht der letzte Stromausfall auf der MIR gewesen sein.

England und die ISS

Die acht All-Tage veränderten das Leben der Helen Sharman. Nach ihrer Rückkehr aus dem Weltraum mit dem »Order of the British Empire«, einem der höchsten Orden ihres Landes ausgezeichnet, sprach sie über ihre Erfahrungen:

»Im Weltall fehlt einem nicht das Auto, die Mikrowelle oder die Stereoanlage. Ich glaube, daß ich jetzt weiß, was den Menschen wirklich ausmacht. Die Wissenschaft hat es mir ermöglicht, phantastische Berufe auszuüben. Ich bin glücklich, daß sich mein Leben so erweitert hat, und ich bin überzeugt, daß sich mir auch in der Zukunft jeden Tag neue Möglichkeiten eröffnen.« Mit großer Energie widmete sich Helen der Popularisierung ihrer Erlebnisse und Erkenntnisse in Funk, Film und Fernsehen. In ihrem Buch »The Space Place« (Der Ort Weltraum) bringt sie Kindern zwischen acht und zwölf Jahren auf anschauliche und humorvolle Art und Weise das Abenteuer Weltraum nahe. Die Kritik würdigte das Kinderbuch als »ein wundervolles

Titelbild des Kinderbuches über Helen Sharmans Erlebnisse im Weltraum

Werk aus erster Hand für Leser, die vielleicht eines Tages selbst Astronauten werden.« Über ihre eigene Kindheit berichtet Pat:

»Ich wuchs auf mit meiner Mutter und meinem Vater, einer Schwester und einem Bruder, einem Hund, einer Katze, einem Wellensittich, Hamstern und Goldfischen. Natürlich nicht mit allen zur gleichen Zeit. Ich fuhr gern Fahrrad und spielte Klavier. In der Schule waren meine Lieblingsfächer Sport und Naturwissenschaften, Französisch und Deutsch. Damals glaubte ich nicht, daß es mir möglich sei, Astronaut zu werden. Doch versuchte ich immer, Wissenschaft und Technik zu nutzen.«

Ohne ihr Zutun wurde Helen Sharman eine der Darstellerinnen in dem Dokumentarfilm »Out of the Present« (Außerhalb der Gegenwart) – neben ihrem Kommandanten Anatoli Arzebarski, sowie den Kosmonauten Franz Viehböck aus Österreich und Klaus-Dietrich Flade aus Deutschland. Der rumänische Regisseur Andrei Ujica und der Kameramann Wadim Jusow, bekannt durch den Science-fiction-Film »Solaris«, schildern in diesem Kunstwerk das Schicksal Sergej Krikaljows, der als ein Held der Sowjetunion in den Weltraum flog, dort auf der MIR fast vergessen wurde, und dessen Staat bei seiner Rückkehr zur Erde nicht mehr existierte. Die Zeitschrift »The Independent« (Die Unabhängige) lobte den Film als »die magischste Dokumentation über Menschen im Weltall«. Auf die Frage von Mitgliedern des Rocket Clubs der Rutlish School, warum England nicht an der Internationalen Raumstation ISS teilnimmt, antwortete Dr. Sharman mit Bitterkeit:

»Vor einigen Jahren entschied die britische Regierung, sich nicht am internationalen bemannten Raumflugprogramm zu beteiligen. Obwohl das Vereinigte Königreich Mitglied der westeuropäischen Raumfahrtorganisation ESA ist, die ein Astronautenprogramm hat, machte London klar, daß es kein Geld dafür aufwenden werde. Die Internationale Raumstation ist vor allem für die Nutzung durch Astronauten bestimmt, so daß es gegenwärtig keine bedeutende britische Beteiligung gibt. Ich denke aber, daß die Regierung der bemannten Raumfahrt bald eine größere Rolle einräumen wird. Wenn sie das nicht tut, werden wir gegenüber den anderen Ländern zurückbleiben. Eine Beteiligung hingegen würde uns lebenswichtige Forschungen zum Nutzen des Volkes und des Landes für die Zukunft ermöglichen.«

ROBERTA BONDAR

Kindheitstraum verwirklicht

Von allen Raumfahrerinnen der Welt ist sie wohl die einzige, die im wahrsten Sinne des Wortes von Kindesbeinen an wie besessen darauf hingearbeitet hat, in den Weltraum zu fliegen: Roberta Lynn Bondar, geboren am 4. Dezember 1945 in Sault Sainte Marie, einer Industrie- und Hafenstadt in der kanadischen Provinz Ontario, gelegen am linken Ufer des kanalisierten Saint Mary's River, der ein Teil des Sankt-Lorenz-Stromsystems ist. Im selben Jahr ging der Zweite Weltkrieg zu Ende, und auf Hiroshima und Nagasaki wurden ohne militärische Notwendigkeit Atombomben abgeworfen. Im darauf folgenden Jahr eröffnete die aggressive Rede von Winston Churchill in Fulton den Kalten Krieg.

Schon die achtjährige Roberta zeigte gemeinsam mit ihrer älteren Schwester Barbara großes Interesse für Astronomie und Astronautik – zu einem Zeitpunkt, als noch nicht einmal der erste Sputnik gestartet, geschweige denn der erste Mensch oder gar die erste Frau in den Weltraum geflogen waren. Nach ihrem kosmischen Jungfernflug schrieb Roberta Bondar in ihrem Buch »Touching the Earth« (Berührung der Erde): »Ich widme dieses Buch meiner Mutter Mildred und meinem Vater Edward, die immer daran geglaubt haben, daß ich einmal in den Weltraum fliegen würde. Ihre Liebe zur Natur und zur Fotografie haben meine Welt zu einem Ort gemacht, in dem sich Wunderbares entdecken läßt.«

Ihre Mutter, eine pensionierte Lehrerin, und ihre Schwester, eine passionierte Schriftstellerin, halfen ihr bei der Konzeption und Redaktion des Buches. Der Vater starb zwei Monate vor der Challenger-Katastrophe und erlebte den Flug seiner Tochter

Als Dreijährige beim Blick über die Batchawan-Bucht am Oberen See

nicht mehr. Roberta schildert in ihren Erinnerungen ausführlich, wie die Geschwister von klein auf mit Modellen von Flugzeugen, Raketen, Satelliten und Raumschiffen spielten und mit Raumfahrerhelmen auf dem Kopf die Gegend zwischen McGregor Avenue, Edward's Lane und Upton Road auf ihren »Missionen« wie fremde Himmelskörper eroberten. Den Spielzeug-Rundfunkgeräten folgten Detektorempfänger, die ihnen ein Onkel schenkte; das herkömmliche Fernglas der Eltern wurde schon schnell durch das astronomische Fernrohr der Schule ersetzt.

»Der Funke der Raumforschung hatte schon früh in mir gezündet. Eigentlich habe ich jede freie Minute über den Weltraum nachgedacht, mich gefragt, wie ich es schaffen könnte, Raumfahrerin zu werden. Niemals war ich bereit aufzugeben, was ich als meine Bestimmung empfand. Zu jedem Geburtstag wünschte ich mir ein Raketenmodell aus Plastik oder einen Chemie-Experimentierkasten oder einen Arztkoffer. Drei Wochen später zu Weihnachten, bekam ich dann Hockeyschläger, Stabilbaukästen und Basketballzubehör.«

Die Eltern förderten die Interessen ihrer Töchter, fuhren mit ihnen im kleinen Auto zum Zelten an den schönen Oberen See (Lake Superior) und ließen sie an den Jugendlagern des Christlichen Vereins Junger Menschen und der Pfadfinderorganisation teilnehmen. Die Schwestern verschlangen Science-Fiction-Romane, und ihre Lieblingszeitschrift war die »National Geographic«. Auch in der Schule fand Roberta Unterstützung in ihrem Wunsch, die Erde zu fühlen, die Sterne zu sehen

Familie Bondar beim Zelten

und wie ein Vogel zu fliegen. Kein Wunder, dass sie das Symbol des Sir James Dunn Collegiate an der Vocational School, den Adler, auch zu ihrem Maskottchen machte. Besonderen Dank stattete die erste kanadische Astronautin ihren Lehrern ab, vor allem Helen Harshaw:

»Sie lehrte Physik zu einer Zeit, in der weibliche Lehrkräfte in den Naturwissenschaften noch selten waren, speziell in ihrem Fach. Sie war freundlich, aber streng. Sie verkörperte eine Mischung aus Disziplin, Humor und Professionalität – sie beherrschte ihr Gebiet.«

30 Jahre Arbeit für acht All-Tage

Unter ihrer Leitung arbeitete Roberta an einem Schülerprojekt über den Mond mit, als diesen noch kein Mensch betreten hatte. Drei Jahrzehnte vergingen, ehe sie ihren Kindheitstraum verwirklichte und sechsundvierzigjährig, im Januar 1992, mit der Raumfähre Discovery acht Tage lang die Erde umkreiste. Für diesen Augenblick hatte sie nach dem Schulabschluss achtzehn Jahre lang studiert und wissenschaftlich gearbeitet, anschließend acht Jahre am Kanadischen Astronautenprogramm teilgenommen, sich drei Jahre praktisch und theoretisch auf die Mission mit dem Space Shuttle vorbereitet und schließlich ein Jahr lang mit den sechs Männern ihrer Crew – fünf US-Amerikanern und dem Deutschen Ulf Merbold – trainiert. Dreißig Jahre Arbeit für acht Tage im Weltraum!

Roberta Bondar entschied sich zunächst für das Studium der Landwirtschaft und der Zoologie an der gerade gegründeten Universität von Guelph, in welcher die fast hundertjährige Landwirtschaftliche Hochschule aufging. In der kleinen Stadt im Südosten der Provinz Ontario werden vor allem elektrische und fernmeldetechnische Geräte hergestellt.

Die Motive für Robertas erste Studienwahl waren dreifacher Art: Die tiefe Liebe zur Natur mit ihrer wunderbaren Pflanzen- und Tierwelt, der heiße Wunsch, die bedrohte Umwelt unseres Planeten zu schützen, und der eiserne Wille, durch eine naturwissenschaftliche Bildung ihre Chancen für einen Raumflug als Frau zu erhöhen. Zu diesem Zeitpunkt gab es erst zehn Raumfahrer, darunter eine Frau – die Russin Walentina Tereschkowa. Sie alle waren Flugzeugführer oder Fallschirmspringer. Während ihres ersten Studienjahres flogen mit Konstantin Feokistow und Boris Jegorow in Woschod 1 dann erstmals ein Konstrukteur und ein Mediziner in den Kosmos. Als Roberta ihren Bakkalaureus, den untersten akademischen Grad erwarb, waren bereits vierzig Menschen im Weltraum, doch die Anzahl der Wissenschaftler unter ihnen blieb zunächst gering.

Der Stumme Frühling

Nachhaltige Wirkung auf die junge Kanadierin machte das Werk der amerikanischen Biologin und Publizistin Rachel Louise Carson (1907–1964), die kurz vor ihrem Tod das Buch »Silent Spring« (Der Stumme Frühling) schrieb. Darin schildert die Pionierin des Umweltschutzes die Auswirkungen der Pestizide auf Menschen und Tiere.

»Dieses Buch hat mich sehr beeindruckt, als ich Teenager war und es nur wenige Bücher gab, die sich mit der Umwelt beschäftigten. Heute gibt es eine Unmenge von Kalendern, Büchern und Zeitschriften zum Thema Umweltschutz. Es ist auch erfreulich, daß Menschen, die einander kaum kennen und früher meistens das Wetter als Gesprächsthema gewählt hatten, heute fast genauso selbstverständlich über Umweltfragen diskutieren.«

Um ihrem (T)Raumberuf näher zu kommen, nahm Roberta Bondar zusätzlich ein Studium der Medizin an der University of Western Ontario auf, das sie nach drei Jahren mit dem zweiten akademischen Grad, Master of Science, in Experimenteller Pathologie abschloss. In den darauf folgenden Jahren verteidigte sie erfolgreich ihre Promotion zum Dr. phil. in Neurobiologie und zum Dr. med. in Neurologie. Klinische Erfahrungen sammelte Dr. Bondar in verschiedenen Hospitälern in Kanada und den USA. Ihre akademische Karriere fand einen vorläufigen Höhepunkt, als die Siebenunddreißigjährige zur Professorin für Neurologie an der McMaster Universität berufen wurde.

Der Vorbereitung auf einen Raumflug dienten auch ihre Freizeitaktivitäten – Sportfliegen und Ballonfahren, Fallschirmspringen und Tiefseetauchen, Radfahren und Rollschuhlaufen. Die in Jahrzehnten erworbenen fotografischen Fertigkeiten schärften ihren Blick für die späteren Beobachtungen aus dem Weltraum.

Im Dezember 1983 gehörte Professor Bondar als einzige Frau zur ersten sechsköpfigen Astronautengruppe Kanadas. Ein halbes Jahr zuvor war Sally Ride als erste Amerikanerin sechs Tage lang mit der Raumfähre Challenger geflogen. Nach anderthalbjähriger Grundausbildung wirkte Dr. Bondar als Vorsitzende von Kanadas Lebenswissenschaftlichem Unterkomitee für die Internationale Raumstation und als Mitglied des Rates für Wissenschaft und Technologie beim Ministerpräsidenten. Von der ein Jahr zuvor gegründeten kanadischen Weltraumbehörde CSA (Canadian Space Agency) wurde sie im Frühjahr 1990 als Nutzlastspezialistin für die erste Mission des International Microgravity Laboratory (IML-1) nominiert.

Dieses im Mitteldeck der Discovery installierte Labor war ihre Forschungsstätte während der Mission STS-42 vom 22. bis 30. Januar 1992. An der Vorbereitung, Durchführung und Auswertung der Experimente beteiligten sich mehr als 220 Wissenschaftler aus vierzehn verschiedenen Ländern. Mit einigen dieser Versuche wurden Forschungen fortgesetzt, die der erste kanadische Astronaut Marc Garneau während seines Fluges mit der Challenger im Jahre 1984 begonnen hatte. An Bord der Discovery wurde in zwei Schichten – eine rote und eine blaue – rund um die Uhr gearbeitet. Dr. Bondar erläuterte:

»Ich hatte das Glück, zur blauen Tagesschicht zu gehören, so daß ich in der Nacht schlafen konnte. Wir leisteten harte Arbeit, aber wir fanden auch Zeit für Spaß und Spiel. Ich bekam eine Hauptrolle in ›The Great Coin Toss‹ (Der große Münzenwurf). Während einer Fernsehübertragung von Bord fing ich mit der Hand eine Münze, die mir von

Nach dem Flug – Begrüßung durch Mutter Mildred auf dem Flughafen der Heimatstadt

zwei der Crewmitglieder zugeworfen wurde. Ich wiederum versuchte das Geldstück so hoch und so unerreichbar wie möglich zu werfen, aber der Platz reichte leider nicht aus. Wir trieben dieses Spiel mit der Absicht, uns eine Aufgabe zu erleichtern, die sehr ernst und schwer war. Jedenfalls hatten wir eine Menge Spaß.«

Erster Neurologe im All

Roberta Bondar gehörte zu jenem Teil der Raumfahrer – nach neuesten Berechnungen sind das siebzig Prozent –, die an der so genannten Raumkrankheit leiden. Bei der NASA, wo es für alles eine Abkürzung gibt, heißt dieses Phänomen SAS, Space Adaption Syndrom, also Weltraumanpassungserkrankung. Sie tritt in der ersten Phase der Schwerelosigkeit infolge der Umverteilung des Blutes im Körper auf. Der Betroffene empfindet ein unangenehmes Druckgefühl im Schädel, so, als ob sein Kopf nach unten hänge. Bei jeder schnelleren Kopfbewegung und Körperdrehung wird ihm mulmig. Kopf- und Rückenschmerzen, Übelkeit, Schnupfen, visuelle Illusionen und körperliche Koordinierungsprobleme können weitere Folgen sein.

Dr. Bondar litt unter Magenbeschwerden und verminderter Fähigkeit, die Haltung ihrer Arme und Beine zu bestimmen. Doch jeder Astronaut führt in seiner Brusttasche ein Nasenspray und eine Brechtüte mit, die ja auch für jeden Passagier eines Verkehrsflugzeuges bereit liegt. Im allerschlimmsten Fall ordnet der Kommandant eine Spritze und Bettruhe an. Injiziert wird in diesem Fall Phenagran, ein in den USA bekanntes Beruhigungsmittel, das bei starker Seekrankheit angewandt wird. Zum Glück ist in ein bis zwei Tagen alles vorbei. Was aber wegen des ständigen Flüssigkeitsüberschusses bleibt, jedoch glücklicherweise keine Beschwerden macht, ist ein ständig leicht aufgedunsenes Gesicht.

Roberta Bondar wurde immer wieder gefragt, wie sie sich als Kanadas erste Frau im All gefühlt habe. Darauf antwortete sie, die zu den populärsten Persönlichkeiten in dem nach Russland flächenmäßig größten Land der Erde gehört:

»Ein kanadischer Astronaut zu sein, ist meiner Meinung nach bedeutsamer als ein weiblicher Raumfahrer. Dennoch ist es für alle Frauen von großer Bedeutung zu wissen, daß sie fähig sind, alle gesteckten Ziele zu erreichen. Ich persönlich bin aber auch stolz darauf, der erste Neurologe der Welt im Weltraum gewesen zu sein.«

Auf diesem Fachgebiet der Medizin ist Professor Bondar eine international anerkannte Koryphäe. Die Bezeichnung für diese Lehre von den Nervenkrankheiten prägte einst im siebzehnten Jahrhundert der englische Arzt Thomas Willis (1621–1675), der als erster den Zusammenhang zwischen dem Zentralnervensystem und allen Hauptorganen des menschlichen Körpers präzisiert und das Experiment in die Gehirnphysiologie eingeführt hatte. Doch erst um die Wende vom neunzehnten zum zwanzigsten Jahrhundert revolutionierten die Pioniere der modernen Psychotherapie und der Psychoanalyse diese Disziplin, und es wurden die ersten Lehrstühle für Neurologie eingerichtet. Heute untergliedert sich die das Nervensystem erforschende Lebenswissenschaft in viele einzelne Fachrichtungen, wie Neuroanatomie, Neurobiologie, Neurochemie, Neurochirurgie, Neurogenetik und Neurophysiologie. Professor Bondar ist eine hochspezialisierte Neurologin, die sich mit Studien des Blutflusses zum Gehirn beschäftigt, deren Ergebnisse es gestatten, eine Reihe schwerer Krankheiten zu diagnostizieren und zu behandeln. Dazu tragen auch die Untersuchungen bei, die während des Raumfluges bei der Anpassung an die Schwerelosigkeit und nach der Rückkehr bei der Wiederanpassung an die irdische Gravitation gewonnen wurden. Nach dem Motto: »Im Kosmos erprobt, in der Klinik gelobt« betrifft das verschiedene Herz- und Gefäßerkrankungen, Schlaganfälle, Rückenmarksverletzungen und Gehirnerkrankungen wie Alzheimer und Parkinson.

Dr. Bondar beteiligte sich auch an einem gemeinsamen Forschungsprojekt kanadischer Universitäten und reiste durch das ganze Land, um junge Menschen für dieses humanistische Anliegen zu begeistern. Der Präsident der Ryerson Polytechnic University in Toronto, Dr. Claude Lajeunesse erklärte 1996 dazu:

»In den vergangenen sechs Jahren entwickelte unser Team, das mit Dr. Bondar zusammenarbeitet, eine weltweit anerkannte Expertise. Die gewonnen Daten von den Missionen des Space Shuttles, die kontinuierlich weiter gesammelt und analysiert werden, erlauben bedeutende Einblicke in die Reaktionen des Gehirns auf körperliche Veränderungen. Dr. Bondars Mitarbeit verdient höchste Anerkennung, und wir erwarten noch viele Jahre weiterer gemeinsamer Erfolge.«

Hilfe nach Schlaganfall

Eine ihrer Arbeitsstätten ist das Pat Arato Aphasia Centre in North York, Ontario, das der Kommunikationshilfe für Überlebende von Schlaganfällen dient. Unter Aphasie, der Begriff ist von dem griechischen Wort für Sprechen abgeleitet, werden alle zentralen Störungen der Sprache verstanden. Den Betroffenen gelingt es nicht mehr, Begriffe in Worte und Sprachbilder umzusetzen. Zu ihrem Engagement erklärte Professor Bondar in einem Aufruf:

»Sie kennen mich als Astronautin, aber ich bin auch eine Neurologin mit speziellem Interesse an Aphasie. Dabei handelt es sich um eine verheerende chronische Kommunikationsstörung infolge von Gehirnschäden. Diese werden durch Schlaganfall oder Unfall verursacht und können Menschen jeden Alters treffen. Die Kranken haben nur begrenzte oder gar keine Möglichkeiten sich zu verständigen, sind unfähig sich auszudrücken oder andere zu verstehen, können nicht lesen und schreiben. Da diese Unfähigkeit bei erhaltener Intelligenz auftritt, sind die Leidenden oft frustriert, entfremdet und deshalb sozial isoliert.

Aphasiezentren helfen den Patienten mit dieser Schwierigkeit fertig zu werden oder sie zu überwinden. Sie stellen ein einzigartiges Programm bereit, mit dessen Hilfe spezielle Kommunikationsfertigkeiten gepflegt, der Zugang zur Konversation gefördert, die soziale Isolierung reduziert und die Lebensqualität der Kranken und ihrer Familie verbessert wird.

Entwickelt und überwacht von Experten verwirklichen speziell ausgebildete Freiwillige dieses Programm in einem Netzwerk sozialer Aktivitäten, unterstützt durch die betroffenen Familien und gesellschaftliche Organisationen. Das hat international Interesse und Anerkennung gefunden und verdient unsere Unterstützung.

Es gibt einen wachsenden Bedarf, mehr solcher Hilfsdienste für mehr Menschen an verschiedenen Orten aufzubauen. Nach Schätzungen gibt es allein in Ontario über 30.000 Patienten, die an Aphasie leiden. Wir können Veränderungen im Leben dieser Menschen herbeiführen. Tun wir es!«

Für die von Kindesbeinen an neugierige Fotografin Roberta Bondar war die Erdbeobachtung aus dem Weltraum ein einmaliges Erlebnis,

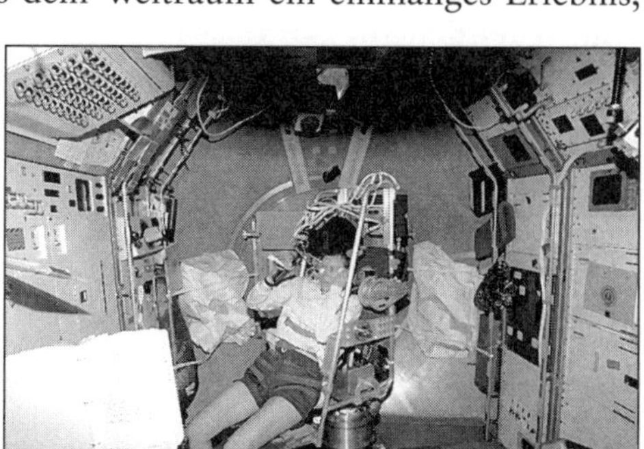

Dr. Roberta Bondar bei Experimenten im Spacelab während der Mission STS-42

vermittelte sie ihr doch völlig neue Blickwinkel und Bildmotive. Über den fünften Flugtag zum Beispiel berichtete sie:

»Ich erkannte meine Heimatstadt Sault Sainte Marie, als ich sie mit mehr als 25.000 Kilometern in der Stunde überflog. Es war erstaunlich! Auf der rechten Seite sah ich den Oberen See, den größten Nordamerikas, den wir auf einer Länge von 1.000 Meilen überquerten. Wir konnten Kanada und die Erde nicht im Ganzen sehen, sondern erblickten verschiedene Teile davon. Das Space Shuttle war nicht weit genug von der Erde entfernt, um sie als blaue und weiße Murmel wahrzunehmen. Mir erschien sie wie der Teil eines großen, sich drehenden Balls. Es war unglaublich!«

Die Fähigkeit, Gegenstände in großer Entfernung zu erkennen, hängt jedoch nicht nur von der Ausbildung und dem Wahrnehmungsvermögen des Beobachters ab, sondern auch von vielen logistischen und physischen Faktoren. So veränderte sich etwa bei jedem dritten Raumfahrer im Weltraum das Sehvermögen. Das belegte Dr. Bondar wie folgt:

»Möglicherweise wirkt sich eine andere Verteilung der Augenflüssigkeit auf die Form oder die Kontur der Netzhaut aus. Ich hatte Glück. Beim Start trug ich meine Brille, aber ich habe sie erst nach der Rückkehr zur Erde wieder gebraucht. Wenn ich sie während des Fluges trug, fühlte ich mich unwohl, und ich konnte auch ohne sie aus dem Bullauge des Raumlabors den Himalaja deutlich erkennen.«

Gegen gewalttätige Globalisierung

Nach dem Raumflug wandte Dr. Bondar einen großen Teil ihrer Zeit für die Vertiefung ihrer aus dem Weltraum gewonnenen Einblicke auf. Sie unternahm Forschungsreisen in die Arktis Kanadas, durch sechs Nationalparks, auf den Mount Logan, den höchsten Berg ihres Landes, sowie zum Frischwasser-Eisriff Ward Hunt in der nördlichsten Ecke Kanadas. Bis heute hält sie Vorträge an Schulen und Universitäten unter dem Thema: »Wörter und Bilder mit Perspektive: Ein Blick auf den Norden.« Damit will sie ihren Landsleuten, die größtenteils in den südlichen Städten leben, die Schönheit und den Reichtum ihres Hohen Nordens vor Augen führen und sie animieren, diese einzigartige natürliche Umwelt zu schützen. Auch der größte Teil von Roberta Bondars Buch ist den Problemen der Erforschung, der Nutzung und dem Schutz unseres schönen blauen Planeten gewidmet. Sie, die die Folgen des amerikanischen Unternehmens »Desert Storm« (Wüstensturm) aus dem Weltraum in Augenschein nehmen konnte, deklariert eindringlich:

»Nach dem Golfkrieg war die Gefährdung der Wüste für all jene überdeutlich zu erkennen, die versuchten, die verheerenden Auswirkungen zu beheben, die von ausgelaufenen Ölbohrlöchern, dem Ruß in der Luft und den kilometerlangen Spuren herrührten, die das Militär mit seinen Maschinen und seinen Soldaten hinterlassen hatte.«

Der Weltbevölkerungsbericht der Vereinten Nationen für das Jahr 2001 dokumentiert, dass Bevölkerungswachstum und steigender globaler Ressourcenverbrauch Hauptursachen für die fortschreitende Umweltzerstörung sind und jedes Jahr Millionen von Menschen das Leben kosten. Betroffen seien vor allem die Entwicklungsländer. Die Globalisierung habe den Reichtum zwar vergrößert, aber zu einer Verschärfung der Einkommensunterschiede geführt. Die reichsten Länder mit einem Fünftel der Weltbevölkerung genießen 86 Prozent des privaten Konsums, während dem ärmsten Fünftel nur 1,3 Prozent bleiben. Die Hälfte aller sechs Milliarden Menschen haben weniger als zwei Dollar pro Tag zur Verfügung. Gegenwärtig sind 800 Millionen Menschen chronisch unterernährt, über eine halbe Milliarde Menschen leiden unter Wasserknappheit oder chronischem Wassermangel. Bis 2025 könnte sich die Zahl versechsfachen. Wie ein Kommentar gegen die gewalttätige Globalisierung von heute, die schlimmer ist als der alte, sich zivilisatorisch gebärdende Kolonialismus, hören sich Dr. Bondars Worte von 1994 an: »Was wir im Westen tun, bewährt sich nicht notwendigerweise überall. Die Fähigkeit, ein Problem von mehreren Seiten zu sehen, unterscheidet uns von den Tieren. Die Menschheit hat gute Überlebenschancen, wenn wir unsere Ideen und schöpferischen Kräfte zusammentragen und begreifen, daß unsere Vielfalt für uns als Weltbürger ein Vorzug ist. Die Freude am Leben kann das beste Band sein, das uns vereint.

Im Bereich der internationalen Zusammenarbeit können die Industrieländer als Partner der Entwicklungsländer viel tun. Sie können beim Aufbau der Infrastruktur im Gesundheits- und Erziehungsbe-

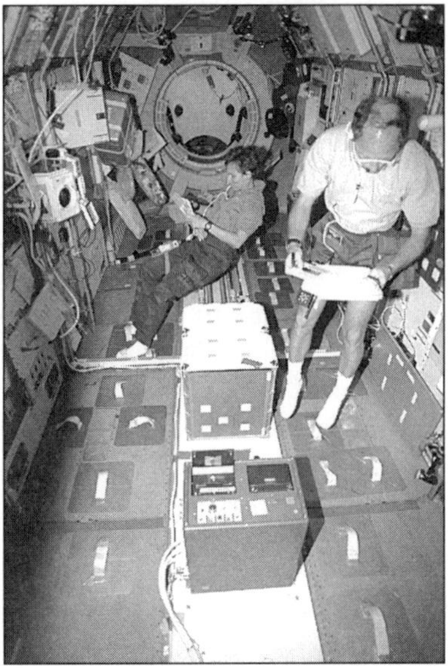

Roberta Bondar und Norman Thagard im International Microgravity Laboratory

reich helfen, was besonders den Frauen zugute kommt, die oft mehr als die Männer unter dem schwindenden Vorrat an Feuerholz und Wasser zu leiden haben. Oft ist es Aufgabe der Frauen, diese lebenswichtigen Vorräte zu beschaffen, wozu sie weite Wege zurücklegen müssen. Die Industrienationen können ihre Umweltschutzpolitik auch auf die Entwicklungsländer ausdehnen. Es ist unmoralisch, Ressourcen in unberührten Gegenden auszubeuten und dort jene Umweltschutzauflagen zu mißachten, die im eigenen Land in Kraft sind.«

Bondar reimt sich auf ponder

Keiner der inzwischen mehr als vierhundert Raumfahrer wurde von seinem Heimatland so mit Ehren überhäuft, wie die Kanadierin Roberta Bondar. Zwei Dutzend Ehrendoktorhüte erhielt sie von Universitäten und Hochschulen; mehr als ein Dutzend Orden und Preise wurden ihr verliehen, darunter die NASA-Weltraummedaille und der Hubertus-Strughold-Award, die höchste raumfahrtmedizinische Auszeichnung. Hinzu kommen zwanzig wissenschaftliche Ernennungen, so zur Patronin des Weltkongresses für Neurologie, zur Ehrenpräsidentin des Aphasia-Zentrums New York und zum Ehrenmitglied der Parkinson Foundation Kanadas.

Fünfzehn Einrichtungen tragen ihren Namen: Grund-, Ober- und Berufsschulen, Forschungszentren, ein Platz, ein Park und ein Pavillon in ihrer Heimatstadt, ein Kinderheim und eine pinkfarbene Rose. Professor Bondar ist Mitglied der Amerikanischen Akademie für Neurologie, der Schlaganfall-Gesellschaft Kanadas und der Amerikanischen Gesellschaft für Gravitations- und Weltraummedizin.

Die Multimediakünstlerin Diana McIntosh wurde durch Roberta Bondar zu ihrem Werk »Slipping the Bonds: From Birds to Bondar« (Sprengen der Fesseln: Von den Vögeln bis zu Bondar) inspiriert. Nach der Uraufführung der Show im April 1999 im Planetarium Theatre in Winnipeg erklärte die Autorin:

»Ich fand einen inneren Rhythmus in Bondars Sprache, den ich in die Komposition aufnahm. Ich verwandelte das in Passagen, in denen die Konturen und Rhythmen zu erkennen sind, die sie in verschiedenen Worten betonte. In der Performance wiederholte ich häufig Redewendungen und Worte von ihr.«

Das Geheimnis der außerordentlichen Vielzahl von Ehrungen für Roberta Bondar könnte auch im multikulturellen Milieu Kanadas liegen. Von den mehr als 25 Millionen Einwohnern sind fast die Hälfte

Angloamerikaner, mehr als ein Viertel Frankokanadier und knapp fünf Prozent deutscher Abstammung. Offensichtlich vermischten sich auf eigenartige Weise der französische Esprit (Geist) des freien Citoyens (Bürgers) mit der britischen Tradition des Commonwealth (Gemeinwesen), dem amerikanischen Praktizismus des dual use (doppelter Nutzen) und der deutschen Ehrfurcht vor Titeln. Roberta selbst äußerte sich zu ihrem Charakter:

»Bondar reimt sich auf ponder (nachdenken)! Die einzige persönliche Eigenschaft, die ich besitze: Ich gebe nie auf!«

CHIAKI MUKAI

Nippons Weltraumpoetin

»Chu gaeri/nandomo dekiru/mujuryoko« – zu Deutsch: »Schieße Purzelbäume soviel du willst – das ist die Schwerelosigkeit.« So lautet der Anfang eines Poems von Chiaki Mukai, der ersten japanischen Astronautin, über ihre Erlebnisse im Weltraum. Sie schrieb es in der Tradition des Tanka, einer in Japan heute noch populären Dichtung. Ihre höchste Blüte erreichte dieses Versmaß in der aristokratischen Kultur der Heianzeit (794–1185), als Kyoto Kaiserstadt war und sich der Ritterstand der Samurai etablierte. Die strengen Regeln des Tanka schreiben für jeden Vers zwei Hälften vor: einen »Oberstollen« mit dem Silbenrhythmus 5:7:5 und einen »Unterstollen« mit 7:7, also insgesamt 31 Silben. Chiaki Mukai gab die erste Hälfte vor und rief die Öffentlichkeit auf, die zweite zu dichten. Die japanische Regierung stiftete Preise und der Rundfunk- und Fernsehsender CNN Tokio (Cable News Network) organisierte 1998 einen landesweiten Wettbewerb. Mehr als 150.000 Menschen beteiligten sich; der jüngste war fünf, der älteste 101 Jahre alt.

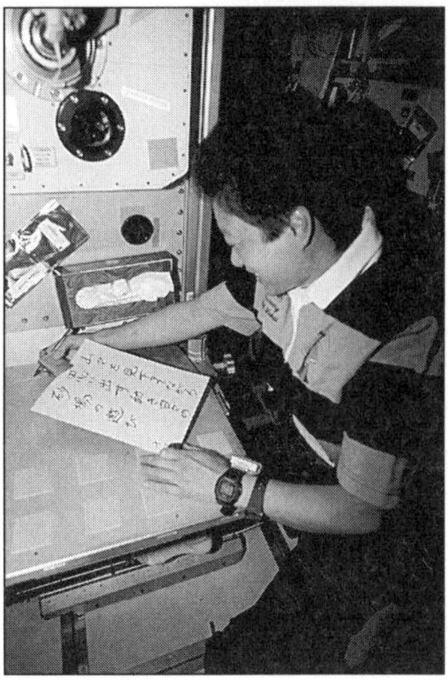

Beim Schreiben des Tanka-Poems an Bord

Den Preis des Premierministers und der Astronautin gewann Manami Tanno, eine Schülerin der vierten Klasse einer Grundschule in Omachi, Nagano mit »Mizu/no mari/tsuki/dekitara iina« – »Wie schön, wenn ich hüpfen kann wie ein Wasserball.« Das Mädchen, das Lehrerin für modernes Ballett werden möchte, wurde von einer Fernsehszene inspiriert, die zeigt, dass Wasser in der Schwerelosigkeit die Gestalt eines Balls annimmt. Chiaki Mukai unterstrich diesen Gedanken:

»Die Erde flutet in der Dunkelheit des Universums und sieht aus wie ein Wasserball. Sie ist elegant wie eine Dame, und ich bin stolz, zu wissen, daß ich diesen wundervollen Platz mit menschlichen Gefährten teile.«

Gewinner eines Preises des Erziehungsministers war Daisuke Anno aus der sechsten Klasse einer Schule in Tochigi mit: »Tsugi ni ikuno wa/bokatachi no ban« – »Das nächste wird sein, uns dem Aufenthalt im All zuzuwenden.«

In die dritte Klasse ging Yukiko Kondo aus der Präfektur Aichi, der mit folgendem Versteil den Preis der NASDA (National Space Development Agency – Nationale Weltraumentwicklungsbehörde) errang: »Chakuchi dekinai/kono modokashisa« – »Dem Universum werde ich mich in Zukunft widmen.« Einen weiteren der dreizehn Preise, von denen sechs an Schüler gingen, gewann Ichiro Sakamoto aus Kokubunji City, Tokio, mit: »Sich frei in der Badewanne drehen, ist meiner Kinder Weltraum.«

Den Endreim »Chakuchi dekinai/kono modokashisa« – »Aber warum kann ich nicht auf meinen Füßen landen?«, den die Astronautin selbst dichtete, erklärte sie so:

»Auf der Erde fallen wir immer auf den Boden. Das ist im Weltraum nicht der Fall, wo es so leicht ist, Saltos zu drehen. Seit einige Menschen das erlebt haben, bin ich vielleicht der erste, der ein Gedicht auf diese Weise beendet.«

Trockene Winde – robuste Weiber

Chiaki Mukai, geboren am 6. Mai 1952 in Tatebayashi, ist eine würdige Repräsentantin Nippons, des Landes der aufgehenden Sonne mit seinen 3.922 Inseln und 125 Millionen Einwohnern. Ihre Heimatstadt gehört zur Präfektur Gumna im Innern der Hauptinsel Honschu, nordwestlich von Tokio. Der Volksmund sagt von dieser Region, dass dort trockene Winde wehen und robuste Weiber leben. In der Woche ihrer Geburt wurde der Friedensvertrag von San Francisco besiegelt, der

Japan die Unabhängigkeit gewährte. Gleichzeitig wurde jedoch das Kaiserreich durch einen Sicherheitsvertrag an die USA gebunden, der deren Militärstützpunkte garantiert. Gegen diesen Vertrag und gegen ein »Gesetz zur Verhinderung subversiver Tätigkeit« richtete sich eine Welle von Demonstrationen und Streiks demokratischer Kräfte, die sich dadurch diffamiert fühlten.

Chiaki hatte schon immer eine sehr starke Beziehung zu ihrer Mutter Mitsu Naito, die als Neunzehnjährige das Ende des Zweiten Weltkrieges und den sinnlosen Abwurf der Atombomben auf Hiroshima und Nagasaki erlebt hatte. Die tapfere Frau arbeitete ihr Leben lang, um der Tochter den Besuch einer höheren Schule und einer Universität zu ermöglichen. Chiaki verglich die Mutter mit ihrem Vorbild, der polnisch-französischen Chemikerin und Physikerin Marie Curie:

»Meine Mutter gehört zur gleichen Art von Frauen. Sie verläßt sich nicht darauf, daß irgendwelche anderen Menschen ihren Lebensinhalt gestalten. Deshalb eröffnete sie auch in unserer Heimatstadt einen Kurzwarenladen, in dem sie heute noch tätig ist.«

Schon in der Grundschule hatte Chiaki den Wunsch, Ärztin zu werden, um anderen Menschen helfen zu können. Die Achtjährige hörte

Chiaki Mukai und ihre Mutter Mitsu Naito im Trainingslabor in Houston/Texas

vom Flug des ersten Menschen in den Weltraum und die Sechzehnjährige sah im Fernseher die Landung von Apollo 11 auf dem Mond. Als sie ihr Medizinstudium begann, startete die erste Raumstation Salut 1, und als sie ihre Arbeit als Kardiologin aufnahm, flogen die ersten Interkosmonauten. Ein Jahrzehnt lang sammelte Dr. Mukai klinische Erfahrungen als Herzchirurgin und wurde mit einunddreißig Jahren Assistenzprofessorin an der renommierten Keio-Universität in Tokio. Sie erinnert sich an diese Zeit:

»Vom Raumflug begann ich erst mit zweiunddreißig Jahren zu träumen, denn in meiner Kindheit hatte Japan noch kein Weltraumprogramm. Deshalb war mein erster Traum, Arzt zu werden. Doch dann las ich in der Zeitung, daß die NASDA einen Astronauten sucht, der im Kosmos wissenschaftliche Experimente ausführt. Ich dachte, oh mein Gott, nun wird auch ein japanischer Wissenschaftler in den Weltraum fliegen können. Das wäre ja eine wundervolle Chance, meine medizinischen Fachkenntnisse zu nutzen. Meine Mutter, mit der ich mich beriet, meinte: ›Oh, Chiaki, geh' nur in den Weltraum, das wird eine Ermutigung für viele Menschen sein.‹«

Doch drei Tage lang quälte sich die junge Frau noch, ehe sie ihre Bewerbung schrieb. Sie überlegte hin und her. Sicher gab es geeignetere Kandidaten als sie. Aber die Schwerelosigkeit bot sich für ihre medizinische Forschung geradezu an. Schließlich siegte die Überlegung: Wenn du es nicht versuchst, dann wirst du es für den Rest deines Lebens bereuen.

»Ich hatte keine Ahnung, was mich erwartete, aber an dem Tag, an dem ich meinen Antrag absandte, begann ich sofort mit zwei Trainingsprogrammen: Englisch zu lernen und mit Gewichten zu arbeiten ...«

Ihr Sprachstudium organisierte sie sich völlig selbstständig. Alles sollte so ablaufen, als ob sie in einem englischsprachigen Land lebte. Jedem Gegenstand in ihrem Haushalt verpasste sie ein Etikett mit der entsprechenden englischen Vokabel. Sie las Bücher in dieser Sprache und antwortete am Telefon auf Englisch.

Im Sommer 1985 wählte die NASDA unter den Bewerbern drei für die Ausbildung zum Nutzlastspezialisten für das japanische Weltraumlaboratorium Spacelab J aus, das an Bord eines Space Shuttles zum Einsatz kommen sollte. Die Kandidaten waren: Mamoru Mohri, der 1992 mit der Endeavour startete, Chiaki Mukai, die 1994 mit der Columbia flog und Takao Doi, der 1997 mit demselben Orbiter folgte.

Allerdings war keiner von ihnen der erste Japaner im All. Das blieb dem Fernsehjournalisten Toyohiro Akiyama vorbehalten, dessen Sender TBS (Tokyo Broadcasting System) 1990 einen siebentägigen Flug zur russischen Raumstation MIR finanziert hatte. Sein Double, die damals fünfundzwanzigjährige Kamerafrau Ryoko Kikushi, erkrankte kurz vor dem Start am Blinddarm. Die Entscheidung zugunsten des fast doppelt so alten Kollegen, der lange Zeit als Korrespondent in Washington gearbeitet hatte, war allerdings schon drei Monate zuvor gefallen.

Niemals aufgeben!

Neun Jahre musste Dr. Mukai warten, bis sie ihren Traumflug verwirklichen konnte. Das waren neun Jahre intensiver Vorbereitung in Japan und den Vereinigten Staaten von Amerika. Sie war glücklich, ausgewählt worden zu sein, doch sie wusste auch:

»Du darfst niemals aufgeben! Das lehrte mich Marie Curie, deren Schriften ich in dieser Zeit erneut las. Aus ihnen geht hervor, wie sich die große Gelehrte mit ihrem Heim, ihren Kindern und ihrem wissenschaftlichen Traum mühte. Sie erreichte ihre Ziele, jedoch auf Kosten ihres eigenen Lebens. Meine Mutter gab mir immer wieder zu bedenken: ›Du weißt niemals, was das Leben dir alles bringt. Deshalb mußt du das tun, was du wirklich willst.‹«

Als Chiaki mit ihrem Training begann, beschäftigte sie sich auch mit der Geschichte der bemannten Raumfahrt, die zu diesem Zeitpunkt

Oben: »Petri Heil!« der passionierten Anglerin in Florida
Unten: Auch mit Pfeil und Bogen macht Chiaki Mukai eine gute Figur

bereits auf ein Vierteljahrhundert zurückblicken konnte. Damit wuchs auch die Anzahl ihrer persönlichen Vorbilder:

»Juri Gagarin war der Pionier. Ich habe riesige Hochachtung vor seiner Leistung. Neil Armstrong vollbrachte eine große Tat. Das muß eine phantastische Reise gewesen sein. Aber auch die vielen anderen Menschen, mit denen ich in der NASA und NASDA zusammenarbeitete, haben auf ihre Art Großes vollbracht. Wen soll ich da nennen?«

Sie las die visionären Bücher des englischen Naturforschers und Schriftstellers Arthur C. Clarke, von dem auch der Science-Fiction-Roman »2001 – Odyssee im Weltraum« stammt. Auf Florida lernte sie die Wunderwelt des Walt Disney kennen:

»Clarke und Disney erkannten, was für ein kleiner Planet unsere Erde ist, ohne in den Weltraum zu fliegen. Im gewissen Sinne ist ihre Leistung größer als unsere, denn wir sahen mit unseren eigenen Augen, sie aber schauten mit ihren geistigen Augen.«

Unter den Dichtern verehrt Dr. Mukai besonders den Spanier Miguel de Cervantes Saavedra oder vielleicht besser gesagt, seinen Helden Don Quijote. »Ich liebe den ›Mann von La Mancha‹. In meiner Vorstellung sehe ich ihn und summe: ›Zu träumen den unmöglichen Traum.‹«

In den vielen Jahren ihrer Vorbereitung auf die Weltraummission nahm sie an mehr als tausend Parabelflügen teil, bei denen jeweils für zwanzig Sekunden Schwerelosigkeit simuliert wurde. Doch so wichtig solche Übungen sind: »Mit der Wirklichkeit im Weltall ist das nicht zu vergleichen.«

Diese begann für sie am 8. Juli 1994 mit dem Start der Raumfähre Columbia vom Kennedy Space Center als Missionsspezialistin für das zweite internationale Mikrogravitationslaboratorium. Gemeinsam mit sechs männlichen US-Astronauten arbeitete sie zwei Wochen lang im Orbit. Hunderte Kilometer über der Erde feierte die Crew am 20. Juli den 25. Jahrestag der Landung von Neil Armstrong und Edwin Aldrin mit der Mondlandefähre »Eagle« (Adler) im Mare Tranquillitatis (Meer der Ruhe) auf unserem natürlichen Trabanten. Doch Chiakis Blicke galten in erster Linie der guten alter Mutter Erde:

»Wenn ich auf ihre Krümmung herabschaute, konnte ich mir nicht anders helfen, als zu denken: ›Was für eine kleine Welt sie doch ist!‹ Verglichen mit allem anderen im All, erschien mir die Erde wie winziges Plankton, das in einem gewaltigen Ozean schwimmt. Doch schau auf die Fähigkeiten der Menschheit. Schau wo wir sind, 300 Meilen über der Erdoberfläche. Wir sind so zart, doch auch so stark.«

Das Forschungsprogramm stellte hohe Ansprüche an die Missionsspezialistin. Allein auf dem Gebiet der Lebenswissenschaften hatte sie 82 Experimente auszuführen – durchschnittlich sechs Versuche am Tag. Sie machte sich selbst zur Versuchsperson, indem sie am eigenen Körper die medizinisch-biologischen Wirkungen der Schwerelosigkeit untersuchte. Für das japanische Kinderfernsehen spielte Dr. Mukai die Hebamme für eine ganze Brut von Wassermolchen. Die Bedeutung der Untersuchungen unter den Bedingungen der Mikrogravitation machte sie durch folgende Analogie deutlich:

»Wenn du das Auge untersuchen willst, mußt du das bei sehr schwachem Licht tun. Wenn du das Ohr untersuchen willst, mußt du dafür einen ruhigen Raum nutzen. Unser Körper ist an die irdische Schwerkraft gewöhnt. Wenn wir wissen wollen, wie er wirklich funktioniert, müssen wir ihn in der Schwerelosigkeit untersuchen.«

Nach ihrer ersten Weltraummission kehrte Chiaki Mukai nach Japan zurück, um dort in Tsukuba ihre Arbeit fortzusetzen. In dieser zwischen 1963 und 1980 großzügig angelegten Wissenschaftsstadt, sechzig Kilometer nordöstlich von Tokio, gibt es zwei Universitäten, mehr als fünfzig Forschungsinstitute, darunter auch eines für Mikrogravitationsforschung sowie Unternehmen der High-Tech-Industrie. Über ihre Erlebnisse berichtete sie: »Die größte Überraschung für mich war nicht der Weltraumflug, sondern die Rückkehr zur Erde. Zwar habe ich mein Leben lang unter der Wirkung ihrer Schwerkraft gelebt, war mir dessen aber nicht bewußt. Nachdem ich mich jedoch während der zwei Wochen im Weltraum an die Schwerelosigkeit gewöhnt hatte, wurde ich nun auf Schritt und Tritt an die gewaltige Anziehungskraft unseres Planeten erinnert. Ich entwickelte sogar einen besonderen Sinn für diese Gravitation. Nicht nur jede Bewegung war ein Kampf mit ihr, sondern

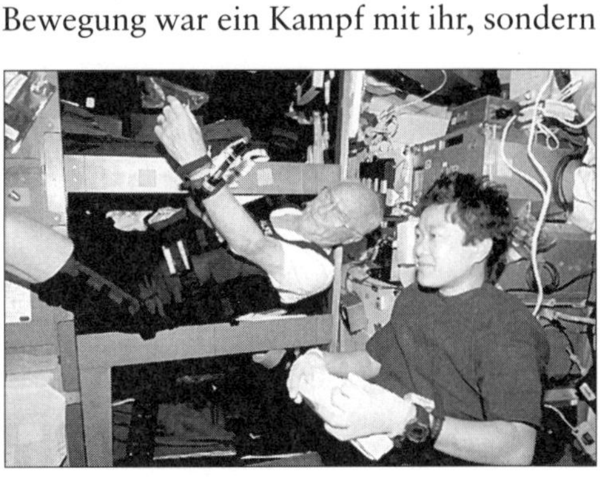

Der alte Mann und die Herzspezialistin – Senator Glenn und Dr. Mukai

ich empfand in den ersten Tagen sogar das Gewicht von Papier. Doch nach drei Tagen hatte sich mein Körper wieder daran gewöhnt. Wenn du nicht darauf vorbereitet bist, die Schwerkraft der Erde wieder zu erleben, wirst du überrascht sein!«

Beim zweiten achttägigen Raumflug, vier Jahre später mit der Discovery, wusste Dr. Mukai Bescheid. Auch während dieser Mission standen medizinische und biologische Forschungen im Mittelpunkt ihrer Arbeit. Die Zusammensetzung der siebenköpfigen Crew bot dafür besonders günstige Voraussetzungen. Neben fünf Amerikanern gehörten eine Japanerin und ein Spanier zur internationalen Besatzung. Noch nie zuvor gab es eine so große Alterspanne zwischen den Mitgliedern: Senator John Glenn, einst erster Raumfahrer der USA, war mit 77 Jahren der Älteste, Pedro Duque, der spanische ESA-Astronaut, mit 35 Jahren der Jüngste. Chiaki Mukai mit 46 Jahren und die anderen vertraten die Generation dazwischen. Einmalig war auch die Zeitdifferenz von 36 Jahren zwischen dem ersten Raumflug von Glenn 1962 und seinem zweiten 1998.

Wenige Sekunden vor dem Start der Discovery vom Kennedy Space Center auf Cape Canaveral ereignete sich eine Panne: Ein Teil der Verkleidung, die Abdeckung eines Bremsschirms, die sich nach der Landung öffnen sollte, hatte sich gelöst. Das fünf Kilogramm schwere Aluminiumstück traf die Düse eines Haupttriebwerks. Nach Ansicht des für die Shuttle-Missionen zuständigen Direktors Jeff Bantle hätte es katastrophale Folgen haben können, wenn das Teil nur etwa 30 Zentimeter höher ein Wasserstoffkühlrohr am Triebwerk getroffen hätte. Glücklicherweise kam es bei der Landung nicht zu einem vorzeitigen Auswurf des Schirms vor dem Aufsetzen des Orbiters auf der Piste.

Drei Stunden weniger Schlaf

Die Public Relations Manager der NASA hatten sich alle Mühe gegeben, den Start am 29. Oktober 1998 zu einem Medienspektakel zu machen. Eine Viertel Million Besucher waren am Cape zusammengeströmt, wie zu den Hochzeiten von Mercury, Gemini und Apollo in den sechziger Jahren. Veteranen der alten Garde von Astronauten saßen auf der Ehrentribüne und an den Mikrofonen. Präsident Bill Clinton wünschte seinem demokratischen Parteigenossen aus Ohio persönlich eine gute Reise. Die NASA dementierte, dass zur gesundheitlichen Betreuung von Glenn extra zwei Ärzte mitflogen – die Herzspezialistin Prof. Dr. Chiaki Mukai und der Notfallarzt Dr. Scott Parazynski. Deren

Aufgabe sei es vielmehr, neue Erkenntnisse über den Alterungsprozess des Menschen und über Schlafstörungen zu gewinnen. Kritiker wandten dagegen nicht unberechtigt ein, dass für eine solche Aufgabenstellung längere Missionen besser geeignet seien.

Bei einem der Experimente wurde die Umsatzrate des körpereigenen Proteins untersucht, jener Eiweißkörper, die durch die Kabinenatmosphäre und die Mikrogravitation eine Modifikation erfahren. Außerdem zeigen ältere und jüngere Menschen unterschiedliche Reaktionen. Während eines anderen Versuches ging es um die Wirksamkeit von Melatonin, eines Hormons aus der Zirbeldrüse, das als Zeitgeber für die innere Uhr gilt und dessen Konzentration nachts höher ist als am Tage. Es wirkt auch als Schlafmittel, das die Schilddrüsenfunktion hemmt und den Stoffwechsel senkt.

Dr. Parazynski nahm John Glenn zehn Blut- und fünfzehn Urinproben ab. Außerdem verabreichte er ihm die für den Eiweißstoffwechsel wichtigen Aminosäuren in Form von Tabletten und Injektionen. Damit sollte beantwortet werden, wie Proteine in den gewichtslosen Muskeln auf- und abgebaut werden. Die Wissenschaft verspricht sich davon auch Erkenntnisse für die Behandlung bettlägeriger Patienten, deren Muskeln schrumpfen. Der Altastronaut nannte seinen Spritzendoktor »Igor«, nach dem Laborgehilfen des Roman- und Filmmonsters Frankenstein.

Vier Nächte lang trugen Chiaki Mukai und John Glenn die gleichen Helme mit jeweils 23 Sensoren. Damit wurden die Gehirnströme und die Atmungsfrequenz, die Muskelbewegungen der Augen und des Kinns, das Schnarchen und Schniefen sowie viele andere Funktionen gemessen. Beide Probanden mussten morgens ihre Traumerinnerungen zu Protokoll geben. Die Auswertung und der Vergleich der Daten und Angaben einer Frau mittleren Alters und eines Mannes hohen Alters, sollten beantworten, warum ältere Menschen häufig an Schlafstörungen leiden und Raumfahrer bis zu drei Stunden pro Nacht weniger schlafen als auf der Erde. Dr. Mukai sagte dazu:

Im Schwebezustand durch das Spacelab

»Manche Phänomene, die im Weltraum oder nach der Rückkehr zur Erde auftreten, sind den Zuständen sehr ähnlich, von denen ältere Menschen geplagt werden. Einige dieser Probleme sind Schlafstörungen, Herz- und Kreislaufbeschwerden wie Bluthochdruck und Muskelschwund. Beim Astronauten treten diese Symptome nur für die Zeitspanne des Raumfluges und einige Zeit danach auf. Der Forscher kann den Verlauf solcher Krankheiten jedoch besser verstehen, wenn er die Ähnlichkeiten und Unterschiede solcher physiologischen Erscheinungen herausfindet, die Folgen eines Raumfluges oder des Alterungsprozesses sind. Dann werden wir auch die Ursachen der Leiden schneller erkennen und wirksamer bekämpfen können.«

Andere Experimente an Bord der Discovery galten dem Einsatz von Gamma Globulin, einer Eiweißart, gegen entzündliche Prozesse im menschlichen Körper. Ein weiterer Versuch beschäftigte sich mit einem Antikrebsmedikament in Mikrokapseln, mit dem auf einen Tumor selektiv gezielt wird und der sich in dem betroffenen Gebiet langsam freisetzt.

Nächster Flug 2004?

Ein biologisches Experiment von Dr. Mukai bestand darin, täglich das Wachstum von Gurkensamen in der Schwerelosigkeit zu beobachten. Mehr als 6.000 Schüler in Japan beteiligten sich ebenfalls an diesem Experiment, indem sie parallel dazu Beobachtungen mit der gleichen Gemüsesorte unter irdischen Bedingungen durchführten. Während des Raumfluges fanden über die Untersuchungen »Zwei-Wege-Seminare« zwischen Himmel und Erde statt. Nach ihrer Rückkehr besuchte Dr. Mukai Grund- und Oberschulen im ganzen Land, um Vergleiche durchzuführen. Den Abschluss bildete eine Multimediakonferenz nach dem System »Konet Plan«.

Im Reich der aufgehenden Sonne genießen alle fünf japanischen Astronauten hohes Ansehen. Die besondere Liebe genießt jedoch die einzige Frau unter ihnen, von der Jugend als »Chiaki-san«, die Große und Weise, verehrt. Die männlichen Chauvinisten, die auch Nippon noch heimsuchen, hat sie das Fürchten gelehrt.

Die weltbekannte Musikgruppe »Kodo«, auch bekannt als »Heartbeat Drummers of Japan« (Herzschlagtrommler von Japan), hat Chiaki Mukai 1995 ihren »Song of the Universe« (Gesang des Weltalls) gewidmet. Der Komponist Isao Tomita, der von der Astronautin inspiriert wurde, erklärte:

»Das ist der Traum von einer neuen Ära, in der alle Menschen auf der Erde und in Weltraumkolonien friedlich zusammenleben.«

Der japanische Premierminister Keizo Obuchi berief Chiaki Mukai 1999 in den Wissenschaftlichen Rat, der die Hauptaufgaben des Landes für das 21. Jahrhundert ausarbeiten sollte. Ihre Vision lautet:

»Unser Land sollte ein Land der Tugend und der Würde sein. Die Bildung und das Bewußtsein der Menschen, die in Japan leben, muß erhöht werden. Das gegenwärtige Erziehungssystem lehrt eher Kenntnisse, als das es das Volk bildet. Japan befindet sich gegenwärtig in einer Phase des Rückgangs. Viele Menschen haben ihr Selbstvertrauen verloren, und sie besitzen nichts mehr, an das sie glauben. Wir sollten aber an uns selbst glauben, Selbstbewußtsein und Selbstachtung entwickeln, so daß wir auch andere achten können.«

Chiaki Mukai feiert 2002 ihren fünfzigsten Geburtstag. Sie genießt international höchste wissenschaftliche Anerkennung. Und sie kann durchaus noch weitere Weltraumflüge unternehmen. Ihre Hoffnungen sind auf eine Mission im Jahre 2004 gerichtet. An Bord der Internationalen Raumstation ISS möchte sie tiefer in die Problematik der Schwerelosigkeit und der Strahlungswirkung auf den menschlichen Körper eindringen. John Glenn sagte über sie: »Sie hat mehr Energie als irgendein anderer, den ich kenne.« Auf der dritten Weltraumkonferenz der Vereinten Nationen UNISPACE '99 in Wien betonte Professor Mukai gegenüber meiner Mitarbeiterin Jacqueline Myrrhe:

»Gegenwärtig trainieren viele Frauen für einen Raumflug. Der Frauenanteil im NASA-Astronautenkorps liegt bei etwa 30 Prozent. Das bedeutet konkret, daß zukünftig mehr Frauen fliegen werden. Heute erleben wir Eileen Collins als erste und einzige Kommandantin einer Raumfähre, morgen werden Frauen auf der Internationalen Raumstation zu Hause sein. Da die Weltbevölkerung je zur Hälfte aus Männern und Frauen besteht – warum sollten da Besatzungen nicht auch aus Paaren bestehen? Junge Frauen möchte ich ermutigen: Wenn du etwas träumen kannst, kannst du es auch verwirklichen!«

CLAUDIE HAIGNERÉ

Madame Europe

Eine schöne junge Frau auf oder neben einem starken Stier – so kennen wir Europa, die Göttin unseres Kontinents, aus allegorischen Darstellungen. Der griechische Mythos erzählt, dass Zeus sich in die Tochter des Phönix und der Perimede verliebte, als er sie mit ihren Gespielinnen am Strand erblickte. Er nahm die Gestalt eines Stieres an, verlockte sie, seinen Rücken zu besteigen und entführte sie übers Meer nach Kreta. Auf der Insel verwandelte er sich in einen schönen Jüngling und machte Europa, die Schwester des Kadmos, zu seiner Geliebten. Sie gebar dem obersten Gott drei Heroen. Im Altertum verband man Europas Namen mit dem des Erdteils.

Wenn wir hier von »Madame Europe« sprechen, so meinen wir die Französin Claudie Haigneré, die erste Spationautin – so die Bezeichnung der Grande Nation für eine Raumfahrerin –, die vom Nationalen Raumforschungszentrum CNES ausgebildet und zweimal im Weltraum eingesetzt wurde. Sie ist die einzige Frau im Astronautenkorps Europas und arbeitete als erste Vertreterin der europäischen Raumfahrtorganisation ESA auf der Internationalen Raumstation. Mit ihrem Verstand und Mut leistete sie dem Vaterland, Europa und der ganzen Frauenwelt große Dienste.

Die schöne Burgunderin mit dem Vornamen der »Guten Königin« Frankreichs, Claude, aus dem 16. Jahrhundert ist ein Kind des Raumfahrtzeitalters, wurde sie doch im Jahr des Sputniks, am 13. Mai 1957, als Claudie André in Le Creusot geboren. Diese Metropole des Bergbaus und der Eisenindustrie liegt im Département Saône-et-Loire am Canal du Centre in einer Senke am nordöstlichen Rand des Zentralmassivs. Claudie war ein freundliches und ruhiges Kind, das gemeinsam mit Schwester und Bruder in einer Familie aufwuchs, in der einer für den anderen da ist. In ihrem autobiographischen Buch »Une Française dans l'espace« (Eine Französin im Weltraum), das sie gemeinsam mit der Publizistin Yolaine de la Bigne schrieb, erinnert sie sich:

»Meine Familie und ich waren glücklich und gleichzeitig geborgen durch eine Verläßlichkeit, einen Sinn für Moral. Mein Vater war ein sehr energischer Mann, der nicht das Glück hatte, studieren zu können. Er hätte es verdient gehabt. Als Autodidakt prägte er sich selbst und motivierte sich durch seine Arbeit. Er besaß einen starken Willen, und nichts war für ihn unmöglich. Ich erinnere mich daran, wie er Englisch lernte. Er kaufte sich Kassetten, schloß sich zu Hause ein und büffelte. Zwei Monate später sprach er Englisch. Nichts konnte ihn entmutigen und nie hat er sich beschwert. Natürlich wollte ich diesem Vorbild gleichen und alles schaffen, was ich mir vornahm.«

Die hochbegabte Claudie zeigte in der Schule so außerordentlich gute Leistungen, dass sie zwei Klassen überspringen konnte und ihr Abitur zwei Jahre früher absolvierte. Kein Wunder, dass sie in dieser Zeit etwas isoliert war. Sie sieht dieses Problem rückblickend so:

»Ich habe die Einsamkeit mehr gesucht, als daß ich unter ihr litt. Die Stille brauchte ich, um in meinem Rhythmus und in der Lust, das Leben zu erkunden, voranzukommen. Diese ganze Zeit ist eine wunderbare Erinnerung. Aber wenn der Abstand zu den Gleichaltrigen zu groß wird, ein paar Etappen übersprungen werden, und wenn man nicht die nötige Erfahrung besitzt, ist es schwierig, den Kontakt wieder herzustellen und um Ratschläge zu bitten. Wenn man klein ist und merkt, daß die anderen Kinder gleichen Alters langsamer verstehen, als man selbst, entsteht zwangsläufig eine Distanz, mit der es nicht so leicht ist umzugehen. Dennoch weiß ich jetzt, daß man sich nie völlig allein prägt.«

Zum Entsetzen ihrer Lehrer, doch zur Freude ihres Vaters wollte sie eine Karriere als Sportlerin machen. Gymnastik war ihr auf den Leib geschrieben, obwohl sie sich anfangs in dem hautengen Trikot schämte, weil es die weibliche Figur betonte. Heute erkennt sie, was sie dem Sport zu verdanken hat:

»Sport hat mir geholfen, meine Grenzen sowie die anderer Menschen zu erkennen. Oft ist es schwierig die eigene Begrenztheit zu verstehen, ohne sich davon bremsen zu lassen. Wie weit kann man gehen, um das zu bekommen, was man will? Ich glaube, daß ich oft sehr weit gegangen bin.«

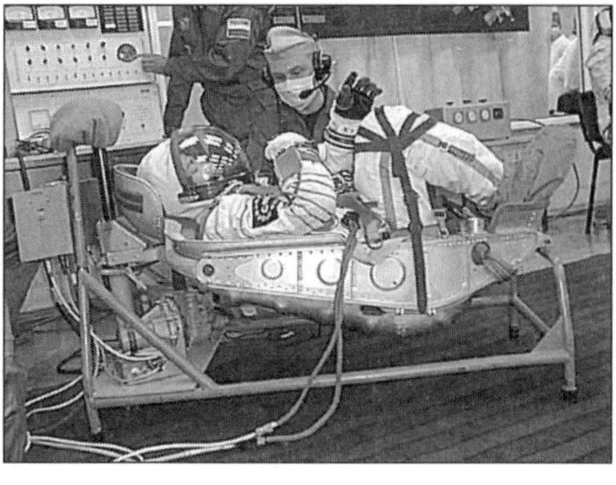

Claudie Haigneré bei Funktionstests ihres Druckanzuges

Sechsfache Fachärztin

Im Sommer 1969 gehörte Claudie zu jenen mehr als 500 Millionen Menschen auf der Erde, die vor dem Fernseher das wohl größte Abenteuer des 20. Jahrhunderts, den Mondflug von Apollo 11, miterlebten:

»Ich war gerade zwölf Jahre alt, als Neil Armstrong als erster Mensch den Mond betrat. Für mich war das eine Art Offenbarung. Ich erlebte, wie ein Traum Wirklichkeit wurde. Eine Tür stand offen! Natürlich konnte ich mir noch nicht vorstellen, daß sie auch für mich geöffnet worden war, doch die Mondlandung gab mir einen Vorgeschmack vom Weltraum. Ich las alles über die Eroberung des Kosmos, sah mir jeden Dokumentarfilm über die Raumfahrt an. Aber ich entschied mich Ärztin zu werden, und ich arbeitete als Medizinerin, bis es möglich wurde, meinen Traum vom Raumflug zu realisieren.«

Claudie André ließ sich an der mehr als 250 Jahre alten Universität von Dijon, der Hauptstadt von Burgund, immatrikulieren:

»Was für ein Gefühl an diesem Tag! Meine Mutter und meine Schwester begleiteten mich. Ich war sehr stolz und sehr verlegen. Als ich in dem vollen Hörsaal unter dem Beifall der Anwesenden die Treppe zum Podium heruntergehen mußte, um zwischen Humanmedizin und Zahnmedizin zu entscheiden, war ich so verwirrt, daß ich nicht einmal das Register signieren konnte.«

Nach erfolgreichem Studium legte Claudie im Verlauf von zwölf Jahren sechs Facharztexamen ab – in Sport-, Luft- und Raumfahrtmedizin sowie in Pathologie, Rheumatologie und Neurologie –, erwarb zwei Doktorhüte – einen in Medizin und einen in Philosophie für Neurowissenschaften – und wurde zur Professorin berufen. Klinische Erfahrungen sammelte sie an verschiedenen Pariser Krankenhäusern. Über ihren ersten Mann, dessen Namen Deshays sie nach der Heirat neben ihrem Mädchennamen annahm, erzählte sie:

»Ich habe nicht viel Zeit für mein persönliches Leben aufgewendet. Ständig war ich in meine Bücher vertieft, um mich auf Prüfungen vorzubereiten. Mein Mann dachte an alles für mich, kümmerte sich um die materiellen Probleme, die mich nie interessiert haben. Er gab mir die Liebe, die Lebenslust, das Verständnis und das Wohlbefinden, das ich brauchte, dieses emotionale Gleichgewicht, das nötig ist, um Energie zu sammeln und um voranzukommen. Ich habe Schwierigkeiten gehabt, erwachsen zu werden, wenn ich es überhaupt geschafft habe! Kosmonaut zu werden ist eine andere Möglichkeit, um ein bißchen Kind zu bleiben.«

Das Jahr 1985 brachte für Dr. André-Deshays die Wende. Aufmerksam hatte sie verfolgt, dass in den beiden vorangegangenen Jahren acht amerikanische Astronautinnen, darunter zwei Medizinerinnen, den beiden sowjetischen Kosmonautinnen gefolgt waren. Sie arbeitete zu dieser Zeit im Pariser Hospital Cochin:

»Eines Tages las ich am Anschlagbrett meiner Klinik die Anzeige der nationalen Weltraumorganisation CNES, die Wissenschaftler für ihr Forschungsprogramm zur Mikrogravitation suchte. Ich zweifelte keinen Moment daran, daß ich mir ein Antragsformular besorgen würde, erkannte ich doch, daß ich nunmehr meinen alten Traum verwirklichen konnte. Das war die Tür zum All, und sie stand offen! Danach folgte ein langer Auswahlprozeß; doch ich hatte das Gefühl, daß ich es schaffen würde. In der Tat wurden nur sieben von uns unter eintausend Bewerbern ausgewählt.«

Dazu gehörte auch ihr zweiter Ehemann Jean-Pierre Haigneré, mit dem sie seitdem eng zusammenarbeitet. Allerdings war Claudie nicht die erste französische Kosmoskandidatin. Suzy Oberlin erinnert in ihrer 1984 am Conservatoire National des Arts et Métiers (Nationale Hochschule für Kunst und Gewerbe) verteidigten Dissertation »La Femme dans l'Espace« (Die Frau im Weltall) daran, dass schon im Jahre 1977 eine Französin in die Vorauswahl für Astronauten der ersten Spacelab-Mission gelangte: Dr. Anny-Chantal Lavasseur-Regourd, eine erstklassige Astronomin. Sie war die einzige Frau unter 52 geeigneten Kandidaten aus den Mitgliedsländern der ESA. Doch sie durfte nicht an den entscheidenden Tests für die letzten fünf Auserwählten in Brétigny-sur-Orge teilnehmen, wo das CNES südlich von Paris seinen Hauptsitz hat. Der Grund: Sie hatte ein paar Wochen zuvor entbunden.

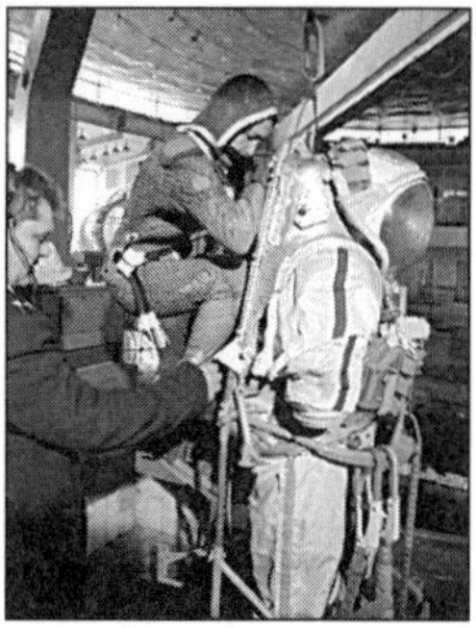

Training mit dem russischen »Ausgehanzug« Orlan, in den man von hinten einsteigt.

Elf Jahre Wartezeit

Zwischen der Auswahl von Dr. André-Deshays und ihrem kosmischen Jungfernflug vergingen elf Jahre. Sie waren angefüllt mit ständigem körperlichem Training, wissenschaftlicher und technischer Vorbereitung und mit Warten. In dieser Zeit betreute sie zweimal Spationauten bei deren Flugvorbereitung: 1988 Jean-Loup Chrétien für die 24-tägige Mission Aragaz mit Sojus TM-7 zu MIR, während der er in den freien kosmischen Raum ausstieg, und 1992 Michel Tognini für das 14-tägige Unternehmen Antares mit Sojus TM-15 zu MIR. Zweimal trug sie das schwere Los eines Doubles, beide Male für Jean-Pierre Haigneré: 1993 für die 14-tägige Mission Altair mit Sojus TM-17 zu MIR und 1998 für das 188-tägige Unternehmen Perseus mit Sojus TM-29 zu MIR.

Ihre beruflichen Qualifikationen konnte die Professorin für astronautische Aufgaben nutzen, so als Leiterin der Abteilung für Lebenswissenschaften und des Programms Raumfahrtmedizin des CNES. Dabei nahm sie selbst an Parabelflügen mit einer Spezialausführung des Strahlverkehrsflugzeugs Caravelle für das Schwerelosigkeitstraining teil. Auf die Frage, ob sie nun Wissenschaftlerin oder Astronautin sei, antwortete Claudie:

»Ich selbst halte mich mehr für einen Berufsastronauten mit speziellen Fachkenntnissen auf den Gebieten Weltraumsysteme und Mikrogravitationswissenschaften. Es ist hart, Arzt zu sein und keine Patienten zu haben, oder Wissenschaftler ohne persönliches Forschungsprogramm – und ohne genügend Zeit, um mit der Fachwelt Verbindung beziehungsweise mit den Publikationen Schritt zu halten. Noch besitzen alle von uns im europäischen Astronautenkorps ihre eigene berufliche Spezialisierung. So wende ich beispielsweise in den Perioden zwischen zwei großen Trainingsrunden einen großen Teil meiner Arbeitszeit für die lebenswissenschaftlichen Nutzlasten unseres zukünftigen ISS-Labors Columbus und für die Experimente auf, die wir damit ausführen können.«

Claudie nahm bisher an sechs großen Trainingsrunden teil. Neben der Grundausbildung durchlief sie viermal das Vorbereitungsprogramm für Flüge mit dem Raumschiff Sojus zu MIR beziehungsweise zur ISS als Forschungskosmonautin und Bordingenieurin. Zweimal gehörte sie zur Ersatz- und zweimal zur Einsatzcrew. Sie ist der einzige weibliche Kosmonaut, der ein »Kapitänspatent« für die Rückführung eines Sojus-Schiffes besitzt. Eine spezielle Ausbildung erhielt sie außerdem für die Arbeit im russischen Teil der Internationalen Raumstation. Über ihre Erlebnisse auf dem »Teufelsstuhl«, der die Kandidaten in verschiedenen

Ebenen und Richtungen beschleunigt, und im »Riesenkarussell« von Zentrifuge berichtete sie:

»Im Grunde genommen war es gar nicht so schlimm. Eigentlich möchte man nur brechen, das ist alles. Beängstigender ist jedoch die Zentrifuge. Meine Taufe erhielt ich 1991 während der Auswahl durch die ESA. Danach habe ich die Prozedur noch zweimal erlebt und finde sie immer noch sehr beeindruckend. Das große Gerät hat einen langen Arm, der auf einer senkrechten Achse montiert ist und an dessen Ende sich eine kleine Kabine befindet. Hat man darin Platz genommen, so wird die Tür zugeknallt und man befindet sich ganz allein im Dunkeln. Wenn die Maschine sich zu drehen beginnt, ist es zunächst unheimlich. Doch dann wird es ein richtiges ›Festspiel‹. Der Proband erlebt eine Beschleunigung von 8 g, sein Körper ist also achtmal schwerer als sonst. Wer kann sich das schon vorstellen! Um der enormen Belastung zu widerstehen, gibt es verschiedene Methoden. Es kommt besonders auf die Atmung und Muskelanspannung an. Es gilt, richtig zu atmen, schnell und oberflächlich, um dem Streß zu begegnen. Im Kopf sagt man sich: ›Ich muß gut atmen, sonst werde ich nicht in den Weltraum fliegen!‹ Das wiederholt man, um sich zu ermutigen, und dann schafft man es.«

Wahrer Luxus

Claudie lebte mehrere Jahre in Russland. In Paris hatte sie nur eine kleine Ein-Zimmer-Wohnung. Während des intensiven Trainings im Kosmonautenausbildungszentrum »Juri Gagarin« bei Moskau wuchs die Liebe zwischen ihr und Jean-Pierre Haigneré. Ihre gemeinsame Tochter wurde zwischen den beiden französisch-russischen Raumflügen geboren, an denen die Mutter teilnahm. Das Mädchen trägt den schönen Doppelnamen Karla Anastasia, der die männliche Form von Karl mit der weiblichen »Auferstehung« verbindet. »Nastjenka« wächst zweisprachig auf, spricht sie doch im Kindergarten des Sternenstädtchens genauso fließend russisch wie zu Hause französisch. Über ihre ersten Eindrücke aus der für sie fremden Welt berichtete Claudie:

»Was mir am meisten auffiel, als ich das Leben der russischen Kosmonauten kennen lernte, war die Art und Weise, wie sie im Sternenstädtchen behütet werden. Hier gibt es keinen Luxus, die Gebäude sind alt, und man findet nur das, was nötig ist. Das aber reicht, so daß man nichts anderes braucht. Für das Wesentliche ist gesorgt. Man lernt auf oberflächliche Dinge zu verzichten und wird doch gleichzeitig verwöhnt. Von jedem wird man auf Händen getragen, damit man sich so gut wie möglich fühlt und unter den besten Umständen arbeiten kann. Schließlich ist das wahrer Luxus!

Am Anfang war ich allein und habe das genießen können. Wäre ich mit Ehepartner und Kindern gekommen, wie die anderen, dann hätte es anders ausgesehen. Aber ich war alleinstehend. Auch wenn die Russen warmherzig sind, laden sie nicht zum Essen nach Hause ein, wie wir es in Frankreich tun. Ich verbrachte meine ganze Zeit damit, Russisch zu lernen, denn der Flug stand kurz bevor. Das Leben im Sternenstädtchen ist sehr angenehm und die Stimmung sehr ruhig. Ich fühlte mich sehr wohl, geschützt, entspannt – im Gegensatz zum Leben in Paris, das so stürmisch ist. Und Jean-Pierre hat mir sehr viel geholfen!«

Fast wäre es gar nicht zu Claudies erstem Raumflug im Sommer 1996 gekommen. Als kurz vor dem Start in Baikonur die letzten Elektrokardiogramme der Kosmonauten abgeleitet wurden, stellte sich beim Kommandanten Gennadi Manakow heraus, dass er einen Herzinfarkt erlitten hatte, von dem er selbst allerdings nichts bemerkte. Sein Einsatz war damit unmöglich geworden. Nach dem strengen Flugreglement hätte in einer solchen Situation die gesamte Crew durch die Ersatzmannschaft ausgewechselt werden müssen. Statt Claudie André-Deshays wäre in diesem Fall ihr Double Léopold Eyharts geflogen. Doch die Russen erfüllten die Bitte der Franzosen, ihre Spationautin fliegen zu lassen. Sie machten nach dem Motto »Ladies First« eine galante Ausnahme und wechselten nur ihren Kommandanten und Bordingenieur aus. Claudie erinnert sich in ihrem autobiographischen Buch, wie sie das damals erlebte:

»Nachdem ich das EKG von Gennadi gesehen hatte, wußte ich als Ärztin sofort, daß er nicht mehr fliegen kann. Es war viel zu gefährlich. Dann ging alles sehr schnell: Versammlungen, Entscheidungen. Ich hatte kaum Zeit, die Nerven zu verlieren oder mir Fragen zu stellen. Dann wurde auch schon verkündet, daß ich mit den beiden russischen Kollegen der Ersatzmannschaft fliegen darf. Ich war ganz verwirrt, doch glücklich zugleich, aber auch traurig, weil das die Zukunft Gennadis

Claudie André-Deshays bei ihrem ersten Einsatz an Bord der Raumstation MIR

als Kosmonaut in Frage stellte.« Zum Start in Baikonur war Claudies Familie angereist, die gerührte Mutter, die stolzen Geschwister und natürlich Jean-Pierre Haigneré. In den letzten Nächten vor dem Start kletterten immer wieder fünf Menschen auf das Hoteldach: Claudie und Jean-Pierre, ihr Double Léopold und seine Frau Dominique sowie der französische Leiter des Projektes »Cassiopée«, Lionet Suchet. Über eine Amateurradiostation konnten sie Funkverbindung zur Besatzung der Orbitalstation MIR aufnehmen, die ihre Gäste schon sehnsüchtig erwarteten. Nach langer Einsamkeit freuten sich die drei auf eine Abwechslung, auf die persönliche Post von zu Hause und auch auf die frischen Lebensmittel. Claudie offenbarte, was sie für ihren eigenen Bedarf mitnahm:

»Ich bereitete meine Sachen vor. Natürlich nahm ich meine Perlenkette mit, die mich nie verlassen hat. Die Leute lachen oft darüber, aber das ist mir egal. Für mich ist sie ein Symbol des Übergangs vom jungen Mädchen zur Frau. Ich mag es, sie unter meinem Raumanzug zu fühlen. Außerdem packte ich Feuchtigkeitscreme für das Gesicht ein, denn in der künstlichen Atmosphäre von MIR werde ich sie gebrauchen. Ein Lippenstift, ein schwarzer Stift für die Augen und ein bißchen Make-up waren auch dabei, um während der Fernsehverbindungen mit der Erde nicht so müde auszusehen. Sicher wird es sehr ›praktisch sein‹, sich durch eine Fußhalterung gesichert zu schminken. Bücher nahm ich nicht mit, würde ich doch keine Zeit zum Lesen haben. Ich wollte es völlig genießen, was ich im Weltraum zu sehen bekam. Fotos von meiner Familie, von meinem Neffen, von Jean-Pierre nahm ich mit, und Musik: Mozart. Ich hatte meine Karteien vorbereitet, um da oben nichts zu vergessen; denn ich würde viel zu tun haben: die Experimente, die Besichtigung der Station für die Fernsehsender, die Reportagen ...«.

Achte »Tour de France« im Orbit

Claudie André-Deshays flog als erste Spationautin der Grande Nation und machte Frankreich damit zum sechsten Land der Erde, das eine Frau in den Weltraum entsandte – nach Russland, den USA, Großbritannien, Kanada und Japan. Zugleich ging sie auf die achte Tour de France im Orbit, denn zuvor nahmen ihre sechs männlichen Landsleute an sieben Missionen teil – vier mit der Sowjetunion beziehungsweise Russland und drei mit den Vereinigten Staaten. Am Ende des Jahres 2001 konnte Paris Bilanz über die Beteiligung an 15 bemannten Weltraumunternehmen ziehen – acht mit der UdSSR oder Russland und sieben mit den USA. Die acht Spationauten brachten es zusammengerechnet auf mehr als ein Jahr Aufenthalt im All. Damit nimmt Frankreich den dritten Platz unter den Raumfahrtnationen ein. Claudie und Jean-Pierre Haigneré sind im Bereich der ESA das einzige Astronauten-Ehepaar und heute noch aktiv: sie als Spationautin, er als Chefastronaut. Ihre Tochter Klara Anastasia ist ein »Kosmoskind«, das gezeugt und geboren wurde, nachdem beide Elternteile im Weltraum waren.

Die Namen der beiden Missionen, die Claudie geflogen ist – Cassiopée und Andromède – sind symbolisch. In der griechischen Mythologie ist Kassiopeia die Gemahlin des Königs von Äthiopien Kepheus und Mutter der Andromeda. Nach einem Orakelspruch wurde die Tochter einem Meeresungeheuer preisgegeben, aber von Perseus befreit und zur Gattin genommen. Nach ihrem Tod versetzten die Götter beide Frauen an den Sternenhimmel. Kassiopeia bildet ein markantes Sternbild am Nordhimmel, dessen fünf hellsten Sterne das große Himmels-W ergeben. Das Sternbild Andromeda ist im Herbst und Winter am Abendhimmel sichtbar und birgt den gleichnamigen Spiralnebel M 31. Es ist das mit dem bloßen Auge wahrnehmbare Himmelsobjekt mit der größten Entfernung von der Erde.

Frankreich kann auf eine 35-jährige Tradition der Kosmoskooperation mit der Sowjetunion und Russland zurückblicken, deren Palette von gemeinsamen Beobachtungen der Bodenstationen und Aufstiegen von Ballonen und Höhenraketen über den Einsatz von Forschungs- und Anwendungssatelliten bis zu Experimenten an Bord von Raumsonden und Orbitalstationen reicht. Die erste vertragliche Grundlage dafür bildete das Regierungsabkommen über wissenschaftlich-technische Zusammenarbeit beider Länder, das anlässlich des Staatsbesuches von General Charles de Gaulle am 30. Juni 1966 in Moskau abgeschlossen wurde und eine Gültigkeitsdauer von zehn Jahren hatte. Der französische Präsident war übrigens auch der erste ausländische Staatsmann, der das kasachische Kosmodrom Baikonur besuchte und am Start eines Satelliten aus der Kosmos-Serie teilnahm. Nach weiteren vertraglichen Regelungen folgte im April 1979 anlässlich des Besuches von Staatspräsident Giscard d'Estaing in der Sowjetunion das Zehnjahresprogramm gemeinsamer Weltraumforschung für den Zeitraum von 1980 bis 1990. In der nationalen Dokumentation der UdSSR zur zweiten Weltraumkonferenz der Vereinten Nationen UNISPACE'82 in Wien hieß es:

»Die Zusammenarbeit mit Frankreich erfolgt auf allen Gebieten der modernen Naturwissenschaften. Mehr als 30 gemeinsame Projekte wurden allein in der Weltraumforschung während der vergangenen 15

Unterwassertraining im Sternenstädtchen

Jahre in Angriff genommen. Die Forschungsergebnisse fanden in mehr als 200 gemeinschaftlichen wissenschaftlichen Veröffentlichungen ihren Niederschlag.«

Diese Kooperation ermöglichte es Frankreich als drittem Land der Welt – nach der UdSSR und den USA – seit 1970 an Experimenten auf dem Mond und seit 1971 beziehungsweise 1972 an interplanetaren Expeditionen zum Mars und zur Venus teilzunehmen. Seit September 1980 bereitete sich der erste Spationaut Jean-Loup Chrétien im Kosmonautenausbildungszentrum »Juri Gagarin« bei Moskau, der »Cité des Étoiles«, wie die Franzosen das Sternenstädtchen nennen, auf seine einwöchige »Tour de France« zu Salut 7 vor. Im Sommer 1982 startete er als erster Ausländer mit einem Raumschiff des neuen Typs Sojus T-6 und arbeitete als erster Astronaut aus dem Westen auf einer sowjetischen Orbitalstation. Ihm stand ein »Wissenschaftspaket« mit einer Gesamtmasse von etwa 800 Kilogramm zur Verfügung, mit dem er rund 20 Experiment ausführte. Für Aufnahmen der Erdoberfläche nutzte er die an Bord von Salut 7 installierte Multispektralkamera MKF 6 von Zeiss Jena in der DDR. Der damalige CNES-Präsident Prof. Dr. Hubert Curien erklärte:

»Für Frankreich ist gewiß, daß zahlreiche Programme viel nutzbringender, viel effektiver in dieser Zusammenarbeit durchgeführt werden konnten, als wenn wir allein gewesen wären. Wir hätten gar nicht die Mittel gehabt, all diese Programme zu realisieren. Für uns Franzosen ist die Kosmoskooperation in mehrfacher Hinsicht förderlich: Erstens haben wir innerhalb der europäischen Weltraumforschung eine Stellung inne, die durch ein wissenschaftliches Programm von außerordentlicher Qualität besticht; zweitens haben wir Kontakte zu den beiden führenden Raumfahrtnationen – der UdSSR und den USA. Innerhalb dieser drei Pole tun wir unser Möglichstes, damit die Ausgewogenheit gewahrt bleibt.«

Die russische Seele

Dr. Claudie André-Deshays weilte vor ihrem Jungfernflug in den Weltraum einige Male auf dem Kosmodrom Baikonur, als Double und Betreuerin von Spationauten:

»Gemeinsam mit Menschen, die eine russische Seele besitzen, an einem Weltraumstart teilzunehmen, ist ein unglaublich starkes Erlebnis. Für die Slawen kann man gleichzeitig gefühlvoll und professionell sein. Sie verstecken sich nicht, wie bei uns, hinter einem Panzer von

Kälte und Würde. Wenn auf Cape Canaveral eine Raumfähre startet, kann man im Kontrollzentrum in Houston eine Fliege summen hören. Jeder schweigt und alle Augen hängen nur an den Monitoren und Zeitanzeigen. In Baikonur und im Moskauer Flugleitzentrum hingegen bilden sich kleine Gruppen, in denen man gern sein Herz ausschüttet, natürlich taktvoll, damit andere nicht gestört werden. Man zögert auch nicht, Tränen zu vergießen, obwohl gute Arbeit geleistet wurde.

Ich gebe zu, daß ich sehr gerührt war, als ich erlebte, wie Jean-Pierre startete. Ich weinte und die Generale in ihren schmucken Uniformen kamen, um mich zu trösten: ›Mach dir keine Sorgen Mädchen, er kommt ja wieder!‹

Andererseits ist das russische System sehr militärisch, rigoros, was einem jedoch Sicherheit bringt. So gibt es beispielsweise für die Startphase ein Rettungssystem, das die Besatzung des Raumschiffes bei Gefahr in ihrer Kapsel mit Hilfe von Raketen von der Rampe wegträgt. Das hat in der Praxis schon funktioniert, und es ist schon beruhigend zu wissen, daß man bei einer Havarie oder einem Brand gerettet werden kann.«

Dieses Havariesystem heißt auf Russisch Sistema Awariinowo Spasenija, kurz SAS genannt. Es besteht aus mehreren Feststofftriebwerken und einem Fallschirmsystem und befindet sich an der Spitze der startbereiten Rakete. Ausgelöst werden kann es durch die Leitzentrale oder den Bordcomputer, wenn bestimmte Grenzwerte nicht einzuhalten sind, Schubverlust oder Kursabweichung, Brand- oder Explosionsgefahr drohen. In einem solchen Notfall wird der obere Teil der Nutzlastverkleidung mit der Orbitalsektion und der Kommandokapsel des Raumschiffes automatisch von der Rakete abgesprengt und mit hoher Geschwindigkeit aus dem Gefahrenbereich entfernt. Die dabei auftretenden Beschleunigungen betragen bis zum Zehnfachen des Körpergewichts. Im Scheitelpunkt der Rettungsflugbahn wird die Kommandokapsel abgetrennt und landet am Fallschirm.

Seine Zuverlässigkeit bewies das SAS unter anderem am 28. Oktober 1983 beim Startversuch von Sojus T-10A, als durch ein schadhaftes Ventil Treibstoff auf die Startrampe floss und Feuer fing. Buchstäblich in letzter Sekunde konnten die Kosmonauten Wladimir Titow und Gennadi Strekalow gerettet werden, weil die Verbindungskabel zur Rakete zerstört worden waren und erst eine Ersatzfunkleitung aktiviert werde musste. Daraus ergab sich eine enorme Beschleunigung von 17 *g*. Sechs Sekunden nach der Zündung der Rettungsraketen explodierte die Rakete auf der Startrampe. Claudie erinnert sich an ihren ersten Start am 17. August 1996, der zum Glück undramatisch verlief:

Die Sojus-Trägerrakete für Sojus TM-33 wird auf der Startrampe in Baikonur aufgerichtet

»In der Rakete sitzt man tatsächlich wie auf einer Bombe. Doch ist der Start für denjenigen, der am Boden zurückbleibt, schwieriger, als für den, der sich in der Raumkapsel ganz auf seine Arbeit konzentriert. Das Zeitgefühl ist einfach anders. Für den unten dauert eine Sekunde viel länger, als für den oben. Mein Landsmann Michel Tognini hatte mir seine Erfahrungen vom Start und Aufstieg in allen Einzelheiten erläutert. Und mein Bordingenieur Sascha Kaleri beruhigte mich damit, daß unsere Rakete Kerosin als Brennstoff verwendet. Das garantiert einen langsameren und gleichmäßigeren Aufstieg in die Umlaufbahn als mit den klassischen Treibstoffen. Doch jede Trennung einer Raketenstufe empfand ich wie einen Tritt in den Hintern. Die Schwerelosigkeit erlebte ich zunächst nicht so intensiv, weil wir noch auf unseren Konturensesseln festgeschnallt waren. Aber mein kleiner Teddybär, den ich über mir aufgehängt hatte, fing auf einmal an, frei zu schweben. Am meisten beeindruckte mich der erste Blick durch das Bullauge auf die Erde. Da sich das Sichtfenster hinter mir befand, benutzte ich den Spiegel am Ärmel meines Raumanzuges als Rückspiegel. Es war einfach märchenhaft, die Erde, die Sonne, die Horizontlinie mit eigenen Augen zu sehen. Davon hatte ich so lange geträumt. Plötzlich mußte ich feststellen, daß ein blinder Passagier mitreiste – eine Mücke hatte mich gestochen!«

Petit Déjeuner

Beim Start von Sojus TM-24 wurde zum ersten Mal bei einem bemannten Raumflug eine Trägerrakete des Typs Sojus U-2 eingesetzt, die zuvor nur bei unbemannten Starts verwendet worden war. Sie ist nicht so leistungsstark wie die bisher genutzte Sojus U und arbeitet mit Kerosin statt Ziklin. Diesen superteuren Spezialbrennstoff konnte sich die finanzschwache russische Raumfahrtagentur nicht mehr leisten. Da Sojus TM-24 für einen Start mit der Sojus U-2 275 Kilogramm zu schwer war, wurde auf das automatische Dockingsystem Kurs verzichtet. Das bedeutete, dass die Ankopplung an MIR manuell erfolgen musste.

In ihrem elektronischen Tagebuch berichtete Claudie über die Ankunft auf der Orbitalstation MIR und den Empfang durch die Stammbesatzung – die beiden russischen Juris, Onufrijenko und Usatschow – und ihre amerikanische Gefährtin Shannon Lucid:

»Montag, den 19. August. Wir kommen an! Wahrlich, das Andocken ist sehr beeindruckend. Von weitem sieht man einen Punkt, der immer größer wird. Nach und nach sind die verschiedenen Module zu erkennen und endlich die Station in ihrer ganzen Schönheit mit der Erde genau unter ihr. Die Kopplung verläuft gut, ganz sanft. Wir ziehen unsere Raumanzüge aus, prüfen die Dichtheit der Verbindung unseres Schiffes mit der Station und sind voller Ungeduld! Wir hören sie auf der anderen Seite, nur noch wenige Minuten, und endlich machen wir die Tür auf! Es ist eigenartig, Freunde zu sehen, die uns vor sechs Monaten auf der Erde verließen. Sie haben sich fein gemacht, um uns zu empfangen, und unsererseits haben wir die Arme voll: Pakete, Briefe von ihren Familien, Geschenke und andere Überraschungen.

Mein erster Eindruck von der Station ist nicht der einer fröhlichen Unordnung, die Besucher meistens erstaunt, sondern ihre Größe. Nach dem Umstieg aus unserem kleinen Raumschiff scheint mir MIR riesig und sehr kompliziert zu sein, ein richtiges Labyrinth! Wo sollen wir hinschweben? Die Gastgeber zeigen uns den Weg zum Basisblock, wo wir gemäß der russischen Tradition des Wiedersehens Brot und Salz miteinander teilen.

Unsere erste gemeinsame Mahlzeit ist ein richtiges Fest. Wir bringen Gurken, Tomaten, Zitronen, Äpfel, Käse mit. Alles riecht nach unserer Erde. Für sie, die seit einem halben Jahr gefriergetrocknete Nahrungsmittel aus der Tüte essen, ist das ein großer Moment. Nach dem Essen zeigt mir Shannon Lucid, wie alles funktioniert. Sie hat in dem Modul, wo ich leben werde, schon alles vorbereitet: die Waschsachen, Shampoo, Wäsche, Pantoffeln, Kleider, kleine Wasserbeutel für den Fall, daß ich nachts aufwache und Durst habe, und ebenso einen Kassettenrekorder, damit ich Musik hören kann. Ich freue mich, weil ich meinen Rekorder nicht mitnehmen konnte. Wir mußten im letzten Moment das Gewicht unseres persönlichen Gepäcks reduzieren. Shannon ist wie eine Mutter für uns alle. Sie hat sehr viel Erfahrung und lebt hier schon seit vier Monaten. Die MIR ist ein bißchen ihr Haus, und sie spielt die Rolle als Gastgeberin perfekt. Dank Shannon ist mein Zimmer fertig!«

In den folgenden zwei Wochen ertönen nach dem Klingeln des Weckers jeden Morgen zwei Rufe: »Breakfast!« und »Petit Déjeuner!«. Meist serviert einer der vier Herren für die beiden Damen, weil die vier Männer einfach öfter mit dem Dienst dran sind.

Hurra, sie legen Eier!

Dr. André-Deshays begann unmittelbar nach der Begrüßungszeremonie mit den wissenschaftlichen Versuchen des Programms »Cassiopée«. Sie selbst erläuterte nach ihrer Rückkehr:

»Während der 16-tägigen Mission an Bord von MIR wurden viele Experimente durchgeführt. Dabei gab es zwei große Forschungsbereiche, die uns interessierten: das Gebiet der Biologie und der Physiologie, also das Verständnis, wie sich die Schwerelosigkeit auf die Entwicklung und die Bewegung eines Lebewesens, insbesondere des Menschen auswirkt. Wir wollen verstehen, wie sich das Gehirn in einer neuen Umgebung zurechtfindet, wie sich der Druck in den Arterien verhält, wie sich die Flüssigkeiten im Organismus im Gegensatz zu irdi-

Professorengespräch – Claudie Haigneré und Ernst Messerschmid am Rande der ESA-Ministerratstagung in Edinburgh, November 2001

schen Bedingungen verlagern. Es gab sehr interessante biologische Versuche zur Entwicklung eines Lebewesens. Dabei wollten wir wissen, in welchem Moment die Mikrogravitation bei der Befruchtung, bei der Entwicklung des Eies und in den ersten Wachstumsstadien eine Rolle spielt. Unsere Versuchstiere waren Lurche, kleine Salamander. Wir führten eine der ersten Studien auf dem Gebiet der Entwicklungsbiologie eines Lebewesens im Weltraum durch.«

Im »Physiolab« untersuchte Claudie auch an sich selbst den Bluttransport und den Arteriendruck, das Muskelsystem sowie die Nervenreflexe, und im »Cognilab« (vom lateinischen cognosco – wahrnehmen) die Arbeitsfähigkeit und das visuelle Verhalten. »Fertile« (vom lateinischen fertilitas – Fruchtbarkeit) hieß eine Studie darüber, ob es eine geschlechtsspezifische Anpassung an die Schwerelosigkeit gibt. Den Materialwissenschaften dienten die Experimente »Alice II« über das Verhalten von Mischungen verschiedener Flüssigkeiten und »Castor« über die Struktureigenschaften in der Schwerelosigkeit. Weitere sieben »Young-People«-Experimente waren von Schülern und Studenten vorbereitet worden. In ihrem Tagebuch vermerkte Claudie:

»Samstag, den 24. Wir haben immer noch eine Wahnsinnsarbeit! Noch um ein Uhr morgens war ich dabei, meine Elektroden des Dopplertests abzunehmen! Aber ich bin zufrieden, haben wir doch alles geschafft. Heute früh fingen meine Salamander an Eier zu legen, und abends sah ich die erste Zellteilung. Hurra! Sie legen zwar nicht viele Eier, aber sie legen. Die Stimmung an Bord ist prächtig. Das Einverständnis rührt wohl auch daher, daß wir fast alle gleichaltrig sind. Nur Shannon ist als einzige etwas älter und zurückhaltender. Sie leistet sehr viel Arbeit. Aber sie hat einen außergewöhnlichen Charakter, immer charmant, verfügbar, mütterlich. Sie ist die große Schwester unter fünf ziemlich stürmischen Gören!«

Pariser Starkoch kreiert »Gastronautik«

Natürlich gab es an Bord der orbitalen Station auch einen französischen Abend. Dabei wurden eingelegte Tomaten, Wachteln in Rotwein, Schwertfisch, Ente mit Kapern, Grieß mit Aprikosen, Reiskuchen und selbstverständlich Käse und Weine – Burgunder und Beaujolais, edle Tropfen aus der Provence und dem Elsaß – serviert. Kreiert wurde das köstliche Mahl vom Starkoch Richard Filippi, der eine vierzigjährige Karriere in einschlägigen Fünfsterne-Restaurants von Südfrankreich, Monte Carlo und Paris hinter sich hat und in Souillac nahe Bordeaux an der Akademie der Haute Cuisine, der Kochkunsthochschule, lehrt. Gemeinsam mit seinen Studenten bereitete er die Gaumenfreuden vor, die sie als »Gastronautik« bezeichneten. Noch elf Jahre zuvor beklagte der niederländische Astronaut Wubbo Ockels nach seinem Flug auf der D-1-Mission: »Wir hatten französische Computer an Bord und amerikanisches Essen. Mir hätte es viel besser gefallen, wenn es umgekehrt gewesen wäre.«

Am Sonntag, dem 25. August, klang die Stimme Claudies in ihrem elektronischen Tagebuch sehr gerührt:

»Der Tag war viel ruhiger. Zum ersten Mal hatte ich genug Zeit, um durch das Bullauge zu schauen, und ich werde es nicht satt. Jetzt bin ich in meinem Schlafsack, es ist sehr spät. Um mich herum meine persönlichen Bilder. Das Gesicht von Jean-Pierre lächelt mich an, mein Teddybär ist auch da, und die Kopfhörer von Shannon bedecken meine Ohren. Ich betrachte die Erde und höre zugleich schöne Musik. Vorhin war es die Callas, jetzt erklingt der ›Karneval der Tiere‹ von Saint-Saëns. Es ist schön! Ich habe gesehen, wie die Sonne mit ihren flammenden Farben Grün, Lila, Gelb über Kanada unterging. Jetzt ist es Nacht, und die Milchstraße kann ich gut ausmachen. Der Mond ist fast voll. Es ist äußerst packend. Hätte ich so einen Moment verpaßt, dann hätte ich viel in meinem Leben versäumt. Mich beherrscht ein so starkes, tiefes Glücksgefühl, wie ich es auf der Erde noch nie empfand. Das Fliegen im Weltraum ist so schön, daß ich vor Glück weine.«

Die gute Stimmung an Bord hielt während der gesamten Expedition an. Es wurde viel gescherzt und gelacht. Doch einmal bekam Claudie einen gehörigen Schreck. Als sie ihre Salamander besuchen wollte, schwebte ihr eine große Plastikkugel von 80 Zentimetern Durchmesser, gefüllt mit Wasser entgegen. Sie eilte zum Kommandanten, um ihn zu benachrichtigen. Es stellte sich heraus, daß es Probleme in einem Tank gab, wo sich die Kugel gebildet hatte. Das Umfüllen der Flüssigkeit machte allen viel Spaß.

In den letzten Stunden an Bord hatten alle vollauf zu tun: Aufräumen und Umräumen, Prüfen und Packen, Abschied nehmen und Abflug filmen. Die Rückkehr mit den beiden Juris der alten Stammbesatzung am 2. September erlebte Claudie so:

»Vier Uhr. Die Luke zwischen der Station und unserem Raumschiff wird geschlossen. Sechs Uhr. Abdocken. Wir warten auf den Bremsimpuls mit etwas Sorge. Wird der Raketenmotor gut funktionieren? O.K.! Alles ist perfekt. Unser Schiff trennt sich von der Station. Dann folgt die Trennung der drei Sektionen der Sojus-Kapsel – ein richtiges Feuerwerk! Es explodiert an allen Ecken und Enden. Durch die Bullaugen sieht man, wie die Metallstücke im Unendlichen verschwinden. Beeindruckend!

Danach durchqueren wir die dichten Schichten der Atmosphäre. Ich dachte, daß es nur eine Minute dauern würde. In Wirklichkeit aber sind es vier bis fünf Minuten. Es ist herrlich, als wir durch das Feuer aus wunderschönen Farben gehen – Rosa, Rot, Gelb. Die Bullaugen werden ganz schwarz. Doch vor der Öffnung der Fallschirme wird es wieder hell.

Was dann kommt, ist extrem gewalttätig. Man fühlt sich wie in einer riesigen Salatschleuder, hat den Eindruck, gegen das Armaturenbrett zu stoßen, macht die Augen zu und wartet, bis es vorbei ist.

Nach anderthalb Minuten heftigem Walzer tritt wieder Ruhe ein. Wir bereiten uns auf den Stoß der Landung vor, lehnen uns aneinander, um mit dem Fallen besser fertig zu werden. Bumms! Es ist wie in einem parkenden Auto, wenn plötzlich ein anderes Fahrzeug frontal aufprallt. Aber alles ist in Ordnung. Wir befinden uns in einem Getreidefeld mit großen Garben rundherum. Wunderschön! Wir danken dir, Erde, daß du uns so gut empfängst. Wir hören von weitem, wie sich die Hubschrauber nähern. In ein paar Minuten werden wir unsere Freunde, unsere Kollegen, unser normales Leben wiederfinden. Glück und Schwermut, es war so schön da oben. ›Sagt mal, Juris, wann fahren wir wieder die Sterne schauen?‹«

In den fünf Jahren zwischen ihren beiden Raumflügen gab es im persönlichen und beruflichen Leben der ersten Spationautin eine Reihe von wichtigen Ereignissen: Sie beging ihren 40. Geburtstag, heiratete Jean-Pierre Haigneré und brachte Karla Anastasia zur Welt; sie war Double ihres Mannes für einen halbjährigen Langzeitflug zu MIR, erwarb als erste Nichtrussin das Kapitänspatent für Sojus und wurde als einzige Frau in das europäische Astronautenkorps aufgenommen. Madame und Monsieur Haigneré sind im Bereich der ESA das einzige Astronautenehepaar und weltweit die einzigen Partner, die durchschnittlich alle drei Jahre in den Weltraum flogen – 1993 und 1999 Jean-Pierre sowie 1996 und 2001 Claudie. Der nächste fällige Termin wäre 2004!?

Die drei Haignerés können nicht immer zusammen an einem Ort sein. Claudie pendelt zwischen Paris und Moskau hin und her. Jean-Pierre hat als Chefastronaut der ESA seinen Hauptsitz im Europäischen Astronautenzentrum (EAC) in Köln, Karla Anastasia wiederum ist meist bei der Mutter. Nach einer Trainingsrunde für den amerikanischen Teil der ISS im Manned Spacecraft Center der NASA in Houston erzählte Claudie:

Die gemischte Crew von Sojus TM-33 ist abflugbereit

»Auf dem Rückweg legte ich einen Zwischenaufenthalt in Paris ein, um meine kleine Tochter von den Großeltern abzuholen. Wir hatten nach unserer langen Trennung ein wunderschönes Wiedersehen, zumal zufällig auch ihr Vater in Frankreich weilte, der sonst in Deutschland stationiert ist. Doch dann war es Zeit, zurück nach Rußland zu gehen und für Karla Anastasia in den Kindergarten des Sternenstädtchens. Sie freute sich darauf, mit ihren Freunden wieder russisch sprechen zu können.«

Während ihrer zweiten zehntägigen Weltraummission vom 21. bis zum 31. Oktober 2001 konnte Claudie Haigneré gleich drei Erstleistungen für sich verbuchen:

Sie saß als Erster Bordingenieur links neben dem Kommandanten des Raumschiffes und nahm diese wichtige Funktion als erste Frau wahr. Außer ihr haben nur noch der Deutsche Thomas Reiter und der Schwede Christer Fuglesang die Berechtigung, diesen Platz einzunehmen. Beide sind jedoch noch nicht in dieser Funktion geflogen.

Sie nahm als erste Frau an einem Taxiflug zum Auswechseln der als Rettungsboote für die Stammbesatzungen der ISS dienenden Sojus-Schiffe teil. Sie betrat als erste Europäerin die Internationale Raumstation – nach neun US-Amerikanerinnen und einer Kanadierin. Im Unterschied zu diesen Frauen, die bis auf Susan Helms als Mitglieder der Besatzungen von Space Shuttles auf Stippvisite kamen, führte sie anspruchsvolle Forschungsarbeit an Bord aus.

Über die Anforderungen, die an einen Ersten Bordingenieur von Sojus-Schiffen gestellt werden, berichtete Dr. Haigneré:

»Zu unseren operationellen Qualifikationen gehört es, die Annäherung des Raumschiffes an die Station auf den letzten fünf Kilometern mit der Hand steuern zu können. Wenn das automatische Kopplungssystem Kurs versagt, dann muß sich der Flugingenieur – das bin ich – in die Orbitalsektion begeben, dort das als Ersatz dienende Lasermeß-

Der letzte Abschiedsgruß vor dem Start

system aufstellen und durch eines der Bullaugen auf die ISS ausrichten. Dann sind alle Daten über die Geschwindigkeit und den Abstand abzulesen und dem auf dem Pilotensitz verbliebenen Kommandanten mitzuteilen. Das erlaubt es ihm, das Schiff sicher an die Station heranzumanövrieren. Die Zusammenarbeit ist eine Art von präzisem Ballett zwischen Kommandant und Ingenieur. Bei der manuellen Kopplung spielt der Kommandant die Hauptrolle. Er kontrolliert das Einschalten der Triebwerke und ihren Schub. Der Ingenieur hält Ausschau und achtet auf den Zeitablauf.

Jeder der beiden muß aber auch in der Lage sein, Sojus vom Wiedereintritt in die Erdatmosphäre bis zum Öffnen der Fallschirme mit der Hand zu steuern. Das ist notwendig, wenn die automatischen Systeme für die Landung ausfallen oder wenn die Flugbahn des Raumschiffes außerhalb der Grenzen des Autopiloten liegt. An Bord gibt es dafür eine nützliche kleine Box, die im Notfall das Schlingern kontrolliert und die Rückkehrbahn reguliert. Sie hilft uns auch, den besten Kompromiß zu finden, um die Beschleunigung unter 4 *g* zu halten und nicht mehr als zehn Kilometer vom Landepunkt abzuweichen.«

Vorspiel mit Andromeda

Das modern gestaltete Logo der Mission »Andromède« lässt eine schwebende Astronautin in einem Weltall voller Rätsel erkennen. Claudie hatte die CNES persönlich darum gebeten, Designerinnen aufzurufen, ein Logo zu entwerfen. Die Arbeit der Künstlerin Virginie Enl'art wurde letztendlich ausgewählt. Die zentrale rote Figur zeigt eine Frau im Stil der Höhlenzeichnungen von Südfrankreich. Diese Zeichnung symbolisiert die Entwicklung des Menschen im Laufe von mehr als 4.000 Jahren, aber die Silhouette kann auch als ein Mensch im Raumanzug und mit Helm gedeutet werden. Eine DNS-Doppelhelix zu Füßen der Gestalt soll die Kette versinnbildlichen, mit der Andromeda an den Felsen geschlagen wurde. Diese DNS-Spirale steht gleichsam für die Bindung des Menschen an den Planeten Erde. Die kräftigen Farben Blau, Gelb, Silber und Gold bilden den Rahmen für das besondere Raumfahrtlogo, auf dessen Rand die Hauptpartner der Mission, das CNES, Rosaviakosmos und RKK Energija vermerkt sind.

Vor der Andromède-Unternehmung war es im Mai 2001 auf Initiative des französischen Forschungsministers Roger-Gérard Schwartzenberg zu einer Vereinbarung zwischen der europäischen und der russischen Raumfahrtagentur gekommen, die es ESA-Astronauten ermöglicht, bis 2006 an Taxiflügen mit Sojus mit einer Dauer von bis zu drei Wochen teilzunehmen. Darüber hinaus sieht der Vertrag auch sogenannte Rotationsflüge, d.h. Wachablösungen für drei- bis viermonatige Aufenthalte an Bord der Station, vor. Das bietet »Euronauten« die Chance, noch vor der Inbetriebnahme des europäischen Labormoduls Columbus im Jahre 2004 auf der ISS zu arbeiten. Claudie Haignerés Flug, den das CNES bezahlte, war gewissermaßen das Vorspiel einer ganzen Serie bemannter Missionen von ESA-Astronauten mit Sojus zur ISS. Der Italiener Roberto Vittori soll im April 2002 folgen und der Belgier Frank De Winne im November 2002.

Das französische Forschungsprogramm »Andromède« umfasste zehn verschiedene Versuchskomplexe – fünf medizinisch-biologische, drei technologische und zwei geophysikalische, die in 33 Abschnitten ausgeführt wurden. Hinzu kamen noch eine Reihe von Experimenten, die europäische Schüler vorbereitet hatten. Diese Arbeiten fanden fast aus-

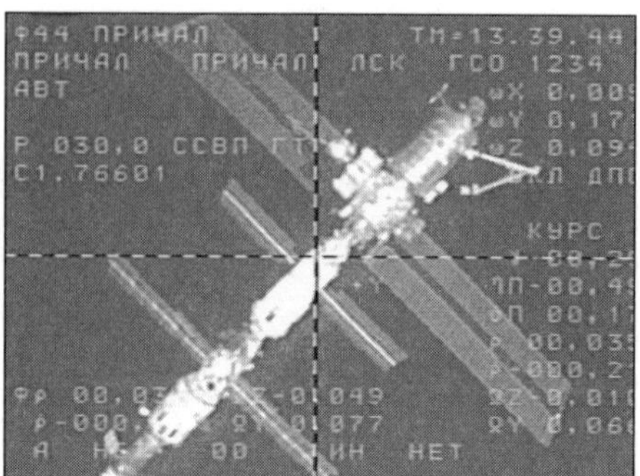

Kurz vor der Kopplung – die ISS auf dem Sichtschirm des Raumfahrzeuges Sojus TM-33

schließlich im russischen Teil der Raumstation statt, wo Dr. Haigneré vier Kosmonauten zur Seite standen: ihr Kommandant Wiktor Afanasjew, den sie schon seit zehn Jahren kannte, und mit dem Jean-Pierre 1999 ein halbes Jahr auf MIR arbeitete, und der Zweite Bordingenieur von Sojus TM-33, Konstantin Kosejew, sowie die beiden Flugingenieure der ISS-Stammbesatzung, Wladimir Deshurow und Michail Tjurin. Der amerikanische Stationskommandant Frank Culbertson schaute wohlwollend zu.

Zu den humanmedizinischen Untersuchungen gehörte das Experiment »Cardioscience« (Herzwissenschaft), das der Herz-Kreislaufforschung dient. Studiert wurde vor allem die Regulation des Herzrhythmus sowie der arterielle Druck und Blutfluss der Kosmonauten. Dafür konnte Dr. Haigneré jene medizinischen Geräte nutzen, die von russischer Seite auf der ISS montiert worden waren. Die Ergebnisse der Messungen im Weltall wurden mit jenen verglichen, die vor und nach dem Flug erfolgten. Daran beteiligten sich das CNES und das Institut für biomedizinische Probleme in Moskau.

»Cogni« (von cognosco – wahrnehmen) hieß eine Studie über die Fähigkeiten des Menschen, sich in drei Dimensionen zu orientieren und zu reagieren. Infolge der Wirkungen der Mikrogravitation, wie die Schwerelosigkeit wissenschaftlich exakt bezeichnet wird, kommt es besonders in den ersten Tagen des Raumfluges zu Desorientierungen. Für Dr. Haigneré stellten diese Arbeiten, die permanent durchgeführt werden, eine Fortsetzung ihrer Forschungen von 1996 im »Cognilab« auf MIR dar.

Babysitter für Krallenfrösche

Im Versuchskomplex »Aquarius-Xenopus« wirkte Claudie als Babysitter für die Eier und Larven von 96 südafrikanischen Krallenfröschen namens Xenopus laevis in verschiedenen Altersgruppen und unterschiedlichen Entwicklungsstufen. 60 von ihnen waren nur einige Stunden alt, 36 schon vier bis fünf Tage. In einem Miniaquarium wurden das Schwimmverhalten und der Gleichgewichtssinn der Tiere beobachtet und Videoaufnahmen gemacht. Bei vorangegangenen Versuchen an Bord von Space Shuttles war nur ein einziges der Tierchen gestorben. Alle anderen wiesen zwar Verhaltensänderungen auf, zeigten aber erstaunliche Leistungen bei der Anpassung an die Schwerelosigkeit.

Auf der ISS sollten nunmehr über längere Zeit nicht nur das Bewegungsverhalten von Augen und Gliedmaßen, sondern auch Verände-

Matrjoschka Claudie mit ihren Männern Wiktor Afanasjew und Konstantin Kosejew

rungen der Otolithen, der Zellbestandteile im Gleichgewichtsorgan der Tiere, beobachtet werden.

Die Wissenschaft erhofft sich von diesen Experimenten neue Erkenntnisse über die Wirkung der Gravitation auf im Entstehen begriffene Organismen, was letzten Endes auch menschlichen Raumfahrern zugute kommen soll. An der Vorbereitung und Auswertung dieser Versuche beteiligten sich neben dem Laboratorium für Experimentelle Biologie und Immunologie an der Henri-Poincaré-Universität von Nancy und dem Zentrum für Entwicklungsbiologie an der Universität von Toulouse auch Gravitationsphysiologen der Universität Ulm.

Claudie Haigneré setzte auf der ISS sechs verschiedene Aufnahmegeräte ein: Mit zwei Nikon-Kameras fotografierte sie den Weltraum, die Erde und die Station sowie ihre fünf Männer. Eine traditionelle und eine digitale Kamera dienten für Aufnahmen von Wäldern, Wüsten und Wolken, Küstenregionen und Biomassen, sowie der Suche nach Spurenelementen in der Erdatmosphäre. Zwei Mikrokameras wiederum registrierten ultrakurze Lichtemissionen in der mittleren Atmosphäre oberhalb von Stürmen, die von Röntgen- und Gammastrahlung begleitet werden. Von großer praktischer Bedeutung war ein Experiment mit der umständlichen Bezeichnung Spectre de particules et Influence sur les Composants Avancés, kurz »SPICA« genannt, das die Aufgabe hatte, das Teilchenspektrum und seinen Einfluss auf fortgeschrittene Komponenten zu untersuchen. Bei der vom CNES vorbereiteten Studie ging es darum, die Wirkung der kosmischen Umwelt und Strahlung auf die jüngste Generation elektronischer Bauteile zu untersuchen und damit ihre Weltraumtauglichkeit für die ISS zu garantieren.

Mit russischer und deutscher Beteiligung führte Dr. Haigneré das Experiment »Plasmakristall« aus, bei dem das Wachstum von Nanokristallen studiert wurde. Der praktische Nutzen reicht von der Beschichtung von Materialien über die dreidimensionale Bilddarstellung bis zur Medizintechnik. Die Experimentatorin wertete die Mission so:

»›Andromède‹ beweist, daß die wissenschaftliche Forschung immer stärker in den Mittelpunkt der Arbeiten an Bord der ISS tritt. Europa ist ein bedeutender Partner des Projektes und verfügt über Teams von Ingenieuren, Wissenschaftlern und Astronauten, deren Kompetenz von allen Beteiligten anerkannt wird, speziell von den Amerikanern und Russen. Wir hoffen, daß unsere jungen Leute erkennen, daß eine Karriere in der Wissenschaft und Technologie faszinierend und lebenserfüllend ist.«

RENATE BRÜMMER / HEIKE WALPOT

Auf der Erde geblieben

»Abgeschlossenes Hochschulstudium in Physik, Chemie, Biologie, Medizin oder in den Ingenieurwissenschaften; wissenschaftliche Berufserfahrungen; ausgezeichnete Englischkenntnisse; gute physische und psychische Kondition; einwandfreie Gesundheit auch der Vorfahren; Körpergröße zwischen 153 und 190 Zentimeter; nicht älter als 35 Jahre; deutsche Staatsbürgerschaft.«

So lauteten die von der Deutschen Forschungsanstalt für Luft- und Raumfahrt (DLR) aufgestellten Auswahlkriterien für Wissenschaftsastronauten, die für die zweite deutsche Mission mit dem Spacelab D-2 gesucht wurden. Im August 1986 wurden entsprechende Zeitungsanzeigen veröffentlicht und in den Medien eine Werbekampagne veranstaltet.

Bis zum 15. September desselben Jahres reichten 1.799 Bewerber ihre Unterlagen ein und füllten einen allgemeinen medizinischen Fragebogen aus. Die Bearbeitung des umfangreichen Materials erfolgte durch das private Institut für Personalplanung IFP in Köln, das damit beauftragt worden war.

Formal entsprachen 321 Antragsteller den Ausschreibungsbedingungen. Nach dieser Vorauswahl erfolgten psychologische und medizinische Untersuchungen, hinsichtlich wissenschaftlicher Kenntnisse und operationeller Leistungs- und Reaktionsfähigkeiten sowie allgemeiner Belastungsfähigkeit. Die psychologischen Auswahlkriterien bezogen sich auf allgemeine Fähigkeiten, Englischkenntnisse, physikalisch-technische Kenntnisse und deren Verständnis, auf mathematisch-logisches Denken, Merkfähigkeit, räumliche Orientierung, psychomotorische Koordination und Geschicklichkeit sowie Mehrfachbelastung. Diese Tests bestanden von den 245 erschienenen Teilnehmern 55.

Eine weitere Auswahlrunde galt den Persönlichkeitsmerkmalen, der Motivation, Festigkeit, Mobilität, Vitalität, Extrovertiertheit, persönlichen Ausstrahlung, Durchsetzungsvermögen, Dominanz und emotio-

Deutsche »Altkosmonauten« und »Neuastronauten« – Sigmund Jähn, Ulf Merbold, Gerhard Thiele, Heike Walpot, Renate Brümmer, Hans Schlegel und Ulrich Walter (von oben)

nalen Stabilität. Den hohen Anforderungen wurden noch 23 Bewerber gerecht.

Daran schlossen sich weitere medizinische Untersuchungen an, bei denen die Kandidaten im wahrsten Sinne des Wortes auf Herz und Nieren geprüft wurden: die Systeme von Herz-Kreislauf und hormoneller Regulation, die Funktionen von Augen, Hals, Nase, Ohren, Magen, Darm und Nerven sowie die vestibulare Belastbarkeit. Diese Durchleuchtung überstanden ganze dreizehn Kandidaten, darunter drei weibliche. Die Endauswahl erfolgte durch Gespräche mit einem dreizehnköpfigen Gremium von Experten verschiedener Disziplinen, um die Leistungsfähigkeit bei Ausdruck, Sprache, Selbstdarstellung und Identifikation mit dem Weltraumprogramm sicherzustellen. Bewertungskriterien waren akademische Ausbildung, operationelle Leistungsfähigkeit, Loyalität, öffentliches Auftreten, persönliche Integrität, Team-Integrationsfähigkeit und Belastbarkeit. Diese letzte entscheidende Auswahl bestanden fünf Kandidaten, darunter zwei Frauen.

Das Auswahlverfahren dauerte etwa ein Jahr und wurde von der DLR in enger Abstimmung mit dem Bundesministerium für Forschung und Technologie und auch in dessen Auftrag durchgeführt. Es entsprach voll den Kriterien, die von der NASA für Missionsspezialisten angewandt werden. Zusätzliche Anforderungen ergaben sich aus dem deutschen und europäischen Weltraumprogramm.

Am 1. August 1987 stellte Bundesforschungsminister Dr. Heinz Riesenhuber auf einer internationalen Pressekonferenz in Bonn die fünf ausgewählten deutschen Wissenschaftsastronauten vor: die Meteorologin Dr. Renate Brümmer (31), den Festkörperphysiker Hans Schlegel (36), den Umweltphysiker Dr. Gerhard Thiele (33), die Humanmedizinerin Heike Walpot (27) und den Festkörperphysiker Dr. Ulrich Walter (33). Sie nahmen Anfang 1988 ihre zweijährige Ausbildung bei der DLR in Köln-Porz auf, wo ein deutscher Crew Trainings Complex (CTC) entstand, der mit dem in unmittelbarer Nähe aufzubauenden European Astronaut Centre (EAC) eng zusammenarbeitet.

Ziel der zweijährigen Grundausbildung war es, deutsche Wissenschaftsastronauten für die vereinbarte Mission Spacelab D-2 auf dem amerikanischen Space Shuttle sowie für einen vorgesehenen Mitflug zur sowjetischen Orbitalstation MIR vorzubereiten. Ihre Qualifikation sollte aber auch ebenso für die damals noch geplanten Einsätze mit dem europäischen Raumgleiter Hermes und dem Weltraumlaboratorium Columbus sowie auf der internationalen Raumstation Freedom ausreichen.

Zum Ausbildungsprogramm gehörten die verschiedenen Disziplinen der Weltraumwissenschaft und Zweige der Raumfahrt- und Raketentechnik sowie die Nutzung der Quasi-Schwerelosigkeit beim Tauchen und die Kurzzeit-Schwerelosigkeit bei Parabelflügen. Außerdem sammelten die Kandidaten Erfahrungen als Piloten. Die Kosten der Ausbildung betrugen pro Person rund 2,5 Millionen DM. Nach Abschluss des Basisausbildung begann das etwa einjährige Spezialtraining. Für die Mission D-2 wurden Dr. Brümmer, Dipl.-Phys. Schlegel, Dr. Thiele und Dr. Walter nominiert; Dr. Walpot wurde für weitere Missionseinsätze und im Rahmen der ESA-Ausschreibung für Columbus-Astronauten vorbereitet.

Wetterfrosch aus Sankt Gallen

Die am 4. Mai 1955 in Sankt Gallen, Schweiz, geborene Renate Luise Brümmer hatte, als sie sich als Wissenschaftsastronautin bewarb, bereits zwei akademische Berufe: Pädagogin und Meteorologin. Nach dem Studium der Physik und Mathematik an der Universität München legte sie ihr Staatsexamen für das Lehramt an Gymnasien ab. Dann wandte sie sich der Wetterkunde, insbesondere den Spezialgebieten Erdfernerkundung und Strömungsdynamik zu. Mit einer Dissertation über den Nutzen von Daten über Höhenprofile für die numerische Wettervorhersage erwarb sie an der Universität von Miami den Doktor der Philosophie. Dr. Brümmer lebte viele Jahre in den USA und nahm an internationalen Forschungsprogrammen teil. So zeichnete sie 1982 während des Alpinen Experiments ALPEX zur Untersuchung der Wetterbeeinflussung durch Gebirge in der Schweiz verantwortlich für die Planung der Einsätze und Flugrouten und führte Messungen am Boden und aus der Luft aus. 1985 unternahm sie im Rahmen eines Experiments zur Verbesserung der Vorhersage schwerer Gewitter und Tornados in Texas Beobachtungen mit Hilfe von Radiometern, Radiosonden und Lidars (Light Detection and Ranging – Übertragung des Radarprinzips auf den Frequenzbereich des Lichts, bei dem das vom Zielobjekt zurückgestreute Licht aufgefangen und ausgewertet wird).

Am Institut für Umweltforschung der Universität von Colorado in Boulder wirkte Dr. Brümmer an regionalen Beobachtungs- und Vorhersagesystemen der National Geographic and Atmospheric Administration (NOAA) mit, die über ein eigenes Netz meteorologischer Satelliten verfügt. Aus ihrer Feder stammen eine Reihe wissenschaftlicher Publikationen.

Neben ihrer intensiven Forschungstätigkeit erwarb die verheiratete junge Frau Lizenzen als Geschäftspilotin, Sporttaucherin sowie für Ham Radio. Während die drei mit ihr zusammen ausgewählten männlichen Wissenschaftsastronauten 1993 und 2000 an Missionen des Space Shuttles teilnahmen, blieb sie auf der Erde zurück und wurde auch nicht in das Astronautenteam der ESA übernommen. Dr. Brümmer, die nach wie vor wissenschaftlich tätig ist, antwortete auf die Frage, ob sie sich noch einmal entscheiden würde, Raumfahrerin zu werden:

»Ja und nein. Ja, denn die Ausbildung zur Wissenschaftsastronautin war für mich eine einzigartige Gelegenheit, Einblick in ein großes Spektrum wissenschaftlicher und operationaler Gebiete zu bekommen.

Der »Wetterfrosch« Renate Brümmer beim Training im Spacelab

Renate Brümmer beim Gleichgewichtstraining im »Aero-Trimm«

Hätte man mir jedoch vor Beginn der Ausbildung angekündigt, daß nach nur einer Mission keine weiteren deutschen Spacelab-Missionen folgen werden, dann hätte ich es vorgezogen, meiner ursprünglichen Berufslaufbahn treu zu bleiben.«

Olympionikin und Verkehrspilotin

Die am 19. Juni 1960 in Düsseldorf geborene Heike John, verheiratete Walpot, war die jüngste der Auserwählten. Trotzdem verfügte sie bereits über beachtliche praktische und wissenschaftliche Qualifikationen. Während ihres Medizinstudiums an der Rheinisch-Westfälischen Technischen Hochschule (RWTH) in Aachen, die seit 1880 Universitätsstatus besitzt, leistete sie Nachtwachen im Klinikum ihrer Alma Mater und im Sankt Franziskus Krankenhaus. Später arbeitete sie als studentische Hilfskraft in der Abteilung Pathologie des Klinikums.

Als sie ihre Bewerbung zur Wissenschaftsastronautin abgab, hatte sie bereits alle drei medizinischen Staatsexamen abgelegt. Als sie angenommen wurde, hatte sie ihren Doktorhut erworben und arbeitete als Assistenzärztin in der Abteilung Anästhesiologie. Sie spezialisierte sich auf Intensivmedizin, Röntgenanalyse und Rasterelektronenmikroskopie.

Dr. Walpot konnte aber auch auf eine außerordentlich erfolgreiche Sportkarriere im Schwimmen zurückblicken. Schon mit sechzehn Jah-

Die Olympionikin Heike Walpot mit einem Modell des Space Shuttles

ren nahm sie als Mitglied der Deutschen Nationalmannschaft an den XXI. Olympischen Spielen 1976 in Montreal teil. Bei mehr als 50 internationalen Wettkämpfen war sie dabei; 50-mal stand sie auf dem Siegerpodest: achtmal als Deutsche Meisterin und neunmal als Vizemeisterin, mit dreizehn Deutschen Rekorden, neunzehn Titeln als Deutsche Hochschulmeisterin sowie einer Bronzemedaille bei der Europameisterschaft 1977. Zurückblickend erinnert sich die zweifache Mutter:

»Die Anzeige über die Wissenschaftsastronauten las ich am Schwarzen Brett meiner Hochschule. Ich habe mich sofort beworben. Für die Zusage, so vermute ich, war meine Vergangenheit als Leistungssportlerin verantwortlich. Wäre ich nicht Astronautin geworden, wäre ich jetzt bestimmt eine erfolgreiche Medizinerin.«

Nach Abschluss ihres Astronautentrainings arbeitete sie zunächst im Hermes Crew Office der ESA in Toulouse und war dann während der Mission Spacelab D-2 als Koordinatorin tätig. Mitte der neunziger Jahre wirkte sie in der Leitung des Projektes GLOBE (Global Learning and Observation to Benefit the Environment – Weltweites Lernen und Beobachten zum Nutzen der Umwelt) sowie an neuen Schulungs-, Trainings- und Arbeitskonzepten, dem sogenannten Teletraining und Teleworking mit. Nachdem die Chancen für einen Raumflug geschwunden waren, setzte Dr. Walpot eine andere Karriere fort, die schon Ende der achtziger Jahre begonnen hatte, als sie die Privatpilotenlizenz und die Instrumentenflugberechtigung sowie die Musterberechtigung für Piper-Flugzeuge erwarb. Die Piper Aircraft Corporation in Lock Haven, Pennsylvania, ist einer der größten Hersteller von Schul-, Sport-, Reise-, Arbeits- und Kleinverkehrsflugzeugen. Anfang der neunziger Jahre schaffte Heike Walpot zusätzlich die Lizenzen als Verkehrsflugzeugführerin und Fluglehrerin sowie die Kunstflugberechtigung. Schließlich erhielt sie 1992 die Musterberechtigung für die Boeing 737, ein zweistrahliges Verkehrsflugzeug für bis zu 130 Passagiere und einer Reichweite von bis zu 3.800 Kilometern. Im selben Jahr begann sie mit dem Linientraining bei der Lufthansa und gewann Flugerfahrung von 2.000 Stunden. In einer 1999 von den Unternehmen Daimler-Chrysler, Lufthansa und Volkswagen veranstalteten Diskussionsrunde zum Thema »Frauen und Speed« (Geschwindigkeit) erklärte die Überfliegerin:

»Glücklicherweise haben sich mittlerweile die Vorurteile gegenüber Frauen, gerade in den technischen Berufen, die sich zudem noch mit Autos, Flugzeugen und noch größerem befassen, gelegt.«

Die Ärztin und Pilotin Heike Walpot lebt gegenwärtig mit ihrem Partner Hans Schlegel in Houston. Beide lernten sich während des Astronautentrainings kennen. Er flog 1993 mit der Columbia die zehntägige Mission Spacelab D-2 und gehört heute zum Astronautenkorps der ESA, für die er bei der NASA den Flugstatus eines Missionsspezialisten für Flüge mit dem Space Shuttle erwarb. Das WDR-Fernsehen strahlte 1999 den Film »Astronautenblicke« über die deutschen Wissenschaftsastronauten aus. Darin wurden originelle private Videoaufnahmen von ihrem Training und Einsatz eingeblendet.

Die belgische Marianne

Die ESA begann mit ihrem bemannten Raumfahrtprogramm früher als die DLR. Bereits 1978, als der DDR-Kosmonaut Sigmund Jähn zur sowjetischen Raumstation Salut 6 flog, wählte die europäische Weltraumorganisation die ersten drei Astronauten für Missionen mit dem Space Shuttle aus: Ulf Merbold (BRD), Claude Nicollier (Schweiz) und Wubbo Ockels (Niederlande), die alle zum Einsatz kamen.

Eine zweite Auswahlrunde für die ESA-Hauptprogramme Hermes (inzwischen eingestellt) und Columbus fand 1992 statt. Von den 22.000

Die belgische Marianne im Kreise europäischer Astronautenkandidaten – Maurizio Cheli/Italien, Marianne Merchez/Belgien und Jean-François Clervoy/Frankreich (vordere Reihe), Christer Fuglesang/Schweden, Thomas Reiter/Deutschland und Pedro Duque/Spanien

Bewerbern aus allen Mitgliedstaaten erwiesen sich 5.500 als seriös. Zu den sechs Auserwählten gehörten: Maurizio Cheli (Italien), Jean-François Clervoy (Frankreich), Pedro Duque (Spanien), Marianne Merchez (Belgien), Christer Fuglesang (Schweden) und Thomas Reiter (BRD). Die erste belgische Kosmoskandidatin resignierte allerdings 1996 wegen zu geringer Flugchancen und verließ die Gruppe wieder.

Am 25. März 1998 beschloss die ESA-Ratstagung in Paris folgendes: »Die Europäische Weltraumorganisation (ESA) wird durch die Verschmelzung der bestehenden nationalen Astronautenprogramme mit dem ESA-Programm ein einheitliches europäisches Astronautenkorps aufbauen. Astronauten der nationalen Raumfahrtagenturen Frankreichs (CNES), Deutschlands (DLR) und Italiens (ASI) sollen zusammen mit den bisherigen ESA-Astronauten ein einziges Korps bilden, das sich auf die der ESA als europäischer Partner der Internationalen Raumstation gebotenen Fluggelegenheiten sowie auf Einsätze vorbereiten soll, die zwischen den betreffenden nationalen Agenturen und den Vereinigten Staaten von Amerika oder Rußland vereinbart werden. Außerdem sollen aus dem Kreis der vorhandenen Anwärter eine Reihe neuer Astronauten ausgewählt werden, um eine angemessene Vertretung der

Claudie Haigneré ist derzeit die einzige Frau im ESA-Astronautenkorps

ESA-Mitgliedstaaten zu gewährleisten. Die Eingliederung der nationalen Astronauten in das europäische Korps soll noch in diesem Jahr beginnen und bis Mitte 2000 abgeschlossen sein; das europäische Korps wird dann insgesamt 16 aktive Astronauten umfassen. Danach soll wieder das normale Auswahlverfahren der ESA angewandt werden, das alle zwei Jahre Neueinstellungen vorsieht, um die natürliche Fluktuation auszugleichen und für die geplanten Raumflüge der ESA die notwendige Kapazität aufrechtzuerhalten.

Alle Astronauten werden am Aufbau der Raumstation oder an künftigen Einsätzen auf der Station teilnehmen. Ihre Heimatbasis wird das Europäische Astronautenzentrum (EAC) der ESA in Köln sein. Vier der neuen ESA-Astronauten sollen ab Herbst dieses Jahres im Johnson Space Center der NASA in Houston ausgebildet werden, während die anderen im EAC stationiert bleiben. Das Astronautenzentrum wird auch die Schulung aller Astronauten – der europäischen wie auch der aus anderen Ländern – für die von der ESA bereitgestellten Raumstationselemente übernehmen.«

Gegenwärtig besteht das ESA-Astronautenkorps aus sechzehn Mitgliedern – je vier aus Frankreich und Deutschland, drei aus Italien und je einer aus Belgien, den Niederlanden, Schweden, der Schweiz und Spanien. Doch obwohl unter den Bewerbern der letzten Auswahl jeder fünfte eine Frau war, schaffte es nur eine, in das ESA-Astronautenkorps aufgenommen zu werden, die Französin Claudie Haigneré. Die bereits ausgebildete und eingesetzte Raumfahrerin ist seit November 1999 die einzige weibliche Astronautin der ESA.

Die »Eiserne Lady«

Hoffnung auf eine Verbesserung dieser Situation lässt auch die Tatsache aufkommen, dass auf der Ratstagung der Wissenschaftsminister aus den fünfzehn Mitgliedstaaten der ESA im November 2001 in Edinburgh zum ersten Mal in der fast zwanzigjährigen Geschichte dieses Gremiums eine Frau in das höchste Amt berufen wurde: die deutsche Bundesforschungsministerin Edelgard Bulmahn. »Der Spiegel« kommentierte in seiner Nummer 47/2001:

»Edinburgh ist ein entzückender Ort, mit den Briten versteht sie sich gut, und auch europapolitisch hob Edelgard Bulmahn letzte Woche ab: Sie glänzte in ihrer neuen Rolle als Vorsitzende des Ministerrats der europäischen Raumfahrtagentur ESA bei deren Tagung in der schottischen Stadt.

Freund und Feind – europäische Amtskollegen ebenso wie Mitglieder der deutschen Delegation – schwärmten von ihrem Verhandlungsgeschick: Im Kreise der Weltraumpolitiker erwarb sie sich jählings das Prädikat ›Eiserne Lady‹«.

Heute zeigen junge Frauen Selbstbewusstsein und Anspruch auf Gleichheit und Selbstbestimmung – zugleich aber noch Tendenzen zu Anpassungsbereitschaft und Selbstbeschränkung. Deshalb spricht man an der Jahrtausendwende vom Paradoxon der »ungleichen Gleichheit«. Zu dieser Feststellung gelangte eine Tagung der Akademie für politische Bildung/Tutzing in Zusammenarbeit mit der Landeskonferenz der Frauen- und Gleichstellungsbeauftragten an bayrischen Hochschulen im Mai 2000.

Im Jahre 1891, als an der Ruperto Carola zum ersten Mal das Frauenstudium zur Debatte stand, fanden viele Herren den Gedanken befremdlich. Heute sind mehr als die Hälfte der Studierenden an der Universität Heidelberg weiblich; das Professorenamt ist allerdings immer noch zu 94 Prozent eine Männerdomäne. Obwohl dort die Zahl der Doktorandinnen im vergangenen Jahrzehnt von 24 auf 37 Prozent und die der Habilitandinnen von 7,6 auf 14 Prozent gestiegen ist, haben Frauen in der Wissenschaft Nachteile. Ministerin Bulmahn äußerte sich dazu in »Bild der Wissenschaft« vom März 2000:

»Wir brauchen viel mehr Frauen in der Wissenschaft und in der Politik. Wir wollen Mädchen und Frauen dazu motivieren und auch finanziell unterstützen. Wir werden es in beiden Bereichen schaffen, daß wir Frauen bald nicht nur die Hälfte des Himmels, sondern auch der Erde haben.«

EAC-Chef: Frauen sind kooperativer

Der deutsche D-2-Astronaut Professor Ernst Messerschmid, seit dem 1. Januar 2000 Chef des europäischen Astronautenzentrums (EAC) in Köln, gab meiner Mitarbeiterin Jacqueline Myrrhe in Edinburgh folgendes Interview:

Ist es nach der so erfolgreich zu Ende gegangenen ESA-Ministerratstagung unter Vorsitz von Edelgard Bulmahn nicht offensichtlich, dass wir mehr Frauen in der Raumfahrt brauchen?

Natürlich! Wir arbeiten daran. Am Anfang der Tagung ist darüber diskutiert worden, was die ESA tun muss, um mehr Frauen in Positionen mit hoher Verantwortung zu bekommen. Wir benötigen in erster Linie Kandidaten auf Gebieten wie Naturwissenschaften, Ingenieurwissenschaften und Management. Aber gerade hier sind Frauen deutlich unterrepräsentiert. Deshalb müssen wir unser Denken ändern und Mädchen und Frauen anregen, Berufe dieser Art zu wählen. Wir haben im EAC gute Erfahrungen mit den Frauen gemacht, mit denen wir zusammenarbeiten, insbesondere auch mit unserer Astronautin Claudie Haigneré, die gerade ihre zweite Weltraummission erfolgreich beendete. Wir hätten kein Problem damit, wenn die Hälfte unserer Astronauten weiblichen Geschlechts wäre. Doch so ein Wunschdenken scheitert, wenn bestimmte Kriterien und Qualitätsmaßstäbe angelegt werden, allein schon daran, dass nicht genügend qualifizierte Bewerberinnen zu finden sind. Das gilt übrigens für Männer ebenso.

Für welche Aufgaben in der Raumfahrt halten Sie Frauen für besonders befähigt?

Vor allem auf den Gebieten, wo die Männer oftmals nicht kooperativ, nicht konsensorientiert sind, das heißt überall dort, wo eine teamorientierte Vorgehensweise benötigt wird. Da haben Frauen, wahrscheinlich über Menschengenerationen, über Jahrtausende hinweg, bestimmte Eigenschaften auf sich vereinigt, die hier helfen. Das erlebt man übrigens täglich in Gremien, wo eher eine Balance zwischen Männern und Frauen besteht als in so typisch technischen Berufen wie der Raumfahrt.

Wird es demnächst eine Aufstockung des europäischen Astronautenkorps geben?

Nein, wir sind froh, wenn es für die 16 Astronauten, von denen nur zwölf einen aktiven Flugstatus besitzen und die anderen in Projekten beschäftigt sind, genügend Raumfluggelegenheiten gibt. In den nächsten fünf Jahren ist nicht an eine Erweiterung des Teams zu denken. Dann allerdings schon, denn auch Astronauten werden älter. Wenn wir die neuen Leute 2005, plus minus ein Jahr, einstellen – eher plus –, dann dauert es drei, vier, fünf Jahre, bis der erste von ihnen fliegen kann. Das bedeutet konkret, dass wir mit den derzeitigen Astronauten nicht bis 2013 auf der ISS operieren können.

Wie bewerten Sie die Chancen für einen bemannten Marsflug?

Ich wäre überrascht, wenn nicht noch in diesem Jahrzehnt irgendwo, wahrscheinlich weniger in Europa, eine Initiative losgetreten wird, um zumindest wichtige Technologien dafür zu entwickeln. Aber die Europäer werden dann folgen, leider immer nachrangig. Ich denke also an eine amerikanische Initiative. Wenn wir in die Geschichte der Raumfahrt hineinschauen; dann kamen viele Ideen aus Europa, aus Frankreich, Deutschland, aber auch Russland, das man zum klassischen, historischen Teil Europas hinzurechnen muss. Umso weniger ist verständlich, dass wir auf den Zuschauerrängen sitzen oder nur die sind, die mitmachen. Unsere Gesellschaft ist wirtschaftlich genauso leistungsfähig wie die amerikanische. Darum sollte sie ihren Anteil an den Optionen und Visionen für die mittlere und jüngere Generation erbringen.

Frau Dr. Pratiwi Soedarmono aus Indonesien beim »Schnupperkurs« bei der französischen Raumfahrtagentur CNES – hier im Gespräch mit dem Spationauten Patrick Baudry. Ein Missionsvertrag kam jedoch nicht zustande

Ich bin nach wie vor optimistisch, dass sich das Verhältnis auch einmal umkehrt.

Wie beurteilen Sie die Rolle Deutschlands in der ESA?

Hier in Edinburgh hat sich wieder einmal gezeigt, dass Deutschland bei allen wichtigen Programmen dabei ist. Wir haben die Ratspräsidentin gestellt. Die Frau Ministerin hat das, um auf das Thema Frauen zurückzukommen, sehr gut gemacht und sich großen Respekt erworben. Sie war im entscheidenden Moment auf der Höhe des Balls und hat zum richtigen Zeitpunkt das Tor geschossen. Natürlich sind nicht alle Wünsche in Erfüllung gegangen. Aber wir wissen wieder, woran wir sind. Die Tür ist noch nicht zugeschlagen für die Mitgliedsländer, die noch ein paar Euro drauflegen wollen.

TEIL 4

SEX IM ALL

Sex ist die Kunst, Erwartungen zu wecken, die gar nicht geschlafen haben.

SENTA BERGER
österreichische Schauspielerin,
geboren 1940

HOCHZEITSNACHT MIT HINDERNISSEN

Liebesleben in der Schwerelosigkeit

Was hat Queen Elizabeth II. mit der Raumfahrt zu tun? Einiges, wie die Geschichte der vergangenen vier Jahrzehnte lehrt. Am 14. Juli 1961, die 35-jährige Königin saß gerade neun Jahre auf dem Thron des United Kingdom of Great Britain and Northern Ireland, empfing sie den Russen Juri Gagarin zu einem Frühstück im Buckingham Palace in London. Während des Small Talks fragte sie erwartungsvoll ihren Gast aus dem Weltraum, der ein Vierteljahr zuvor die Erde in 108 Minuten umrundet hatte:

»Glauben Sie, Major, dass Ihnen eines Tages eine weibliche Berufskollegin ins All folgen wird?«

Juri Gagarin, in England als »Kolumbus des Kosmos« gefeiert, antwortete mit jungenhaftem Lächeln:

»Daran zweifle ich keinen Augenblick, Majestät. Schon sehr bald wird eine Frau in den Weltraum fliegen.«

Zwei Jahre später war es soweit. Vom Kosmodrom Baikonur in der kasachischen Steppe startete die 26-jährige Walentina Tereschkowa mit ihrem Raumschiff Wostok 6, zwei Tage nach ihrem Kosmonautenkollegen Waleri Bykowski in Wostok 5, mit dem sie gemeinsam einen dreitägigen Gruppenflug ausführte. Bei diesem ersten Rendezvous zwischen einem Mann und einer Frau im Weltraum näherten sich ihre Raumkapseln bis auf eine Sichtweite von wenigen Kilometern.

Dreißig Jahre nach dem Frühstück mit Juri Gagarin konnte Queen Elizabeth die britische First Lady im All empfangen – die 27-jährige Dr. Helen Sharman, eine Lebensmittelchemikerin, die acht Tage lang an Bord von russischen Sojus-Schiffen und der Orbitalstation MIR gearbeitet hatte.

In der Zeit zwischen dem ersten Raumflug einer Russin und einer Engländerin sah die Queen ein Weltraumspektakel anderer Art, den britisch-französischen Science-Fiction-Film »James Bond: Moonraker Top Secret« – sinngemäß »Abzocker auf dem Mond. Streng geheim« – mit Superstar Roger Moore in der Hauptrolle

Dieser Streifen ist ein Paradebeispiel dafür, wie mögliche Liebesspiele in der Schwerelosigkeit die Phantasie von Autoren und Regisseuren anregen. In der Schlussszene, als der siegreiche westliche Raumkreuzer zur Erde zurückkehrt, passiert das Unvermeidliche. Der unwiderstehliche britische Special Agent 007 treibt Sex im All. Freischwebend verführt der Space Lover seine zeitweilige Gegenspielerin und nunmehrige Gespielin vom amerikanischen CIA vor aller TV-Augen. Fast wäre das Ganze ein Skandal geworden, gehörten doch die englische Queen und der amerikanische Präsident in der Fernsehpremiere ungewollt zu den Voyeuren. Glücklicherweise milderte eine Decke, unter der das Liebespaar steckte und aus der nur die für sich sprechenden Köpfe und Füße herausschauten, die heiße Situation.

Ob Sex im All schon praktiziert wurde, ist nicht bekannt. Offiziell jedenfalls verlautete nichts darüber, weder in Ost noch in West. Und das, obwohl in den vergangenen vierzig Jahren mehr als 400 Menschen am Raumreisen teilnahmen, davon fast jeder zehnte ein weiblicher. Diese Frauen lebten und arbeiteten zusammengerechnet fast vier Jahre im Weltraum. Außer bei Walentina Tereschkowa, die mutterseelenallein flog, waren bei allen anderen immer Männer dabei.

Die Nahe-Null-Gravitation, wie die Schwerelosigkeit wissenschaftlich exakt heißt, scheint ungeahnte Entfaltungsmöglichkeiten für individuellen Sex zu bieten. Immerhin schwebt ein Paar unbeschwert durch den Raum, wird durch kein Oben und Unten, kein Vorn und Hinten, kein Links und Rechts beeinträchtigt. Dagegen müsste der holländische Frauenarzt und Alt-Sexuologe Theodor Hendrik van de Velde, der mit seinem 1926 erschienenen Werk »Die vollkommene Ehe« einen Welterfolg erzielte, ein Waisenknabe sein. Denn was sind schon seine dort beschriebenen 36 Stellungen – oder waren es 38? – gegen die ungeahnten Möglichkeiten des Beischlafes in der Schwerelosigkeit!?

Doch ob dem wirklich so ist, hat noch keiner bewiesen. Andererseits scheint schon so viel sicher, dass die Liebenden im Weltraum nicht völlig haltlos sein dürfen, weil sie sonst Kopf und Kragen an allen Ecken und Enden riskieren. Vielmehr gilt es für Sex-Akrobaten im All, sich allzeit fest aneinander zu binden, denn nach den Gesetzen der Physik bewirkt jede Aktion eine Reaktion, jeder Stoß einen Gegenstoß, der schnell zur Trennung führen kann.

Die Leiden des jungen Weltraumreisenden

Der französische Schriftsteller Pierre Boulle lässt in seiner Kurzgeschichte »Die Liebe und die Schwerkraft« den Helden die Leiden eines jungen Weltraumreisenden in seiner Hochzeitsnacht an Bord eines Raumschiffes schildern:

»Ich nahm sie fest in meine Arme. Ich kalkulierte meinen Schwung, ja, Sir, man muß dabei immer kalkulieren. Mir brummte schon der Schädel davon. Ich gab dem Sessel einen Stoß, und ich schaffte es, mit ihr gerade auf dem Federbett zu landen. Ich hielt mich am Nachtschrank fest. Unter tausend Vorsichtsmaßnahmen legte ich sie flach auf's Bett und sagte ihr: ›Rühr dich nicht, Baby, vor allen Dingen rühr dich nicht. Keine Bewegung. Bleib so mit ausgestreckten Beinen liegen, wie wenn du beim Schwimmen Toter Mann machst. Hol nicht zu tief Luft ...

Ich konnte vernünftigerweise nicht erwarten, daß sie den ganzen Körper still hielt wie ein Stück Holz. Als sie sich aber windet, verständlicherweise, da löst sie sich auch und fängt an, wie ich, um die Achse zu kreisen, bis sie heftig gegen mich stößt, und dann kreist jeder wieder anders herum ...

Den Kopf nach unten, den Hintern oben, die Beine sonst wo, drehend, kreisend, wirbelnd, um unseren gemeinsamen Schwerpunkt kreisend, machten wir mitunter auch eine vollkommene Drehung um die Achse, die nun hin und her schwankte, wobei wir uns bald mit dem Bauch, bald mit dem Hinterteil von vorn und hinten berührten, um uns sofort wieder zu trennen, als ob wir Abscheu voreinander empfänden, nie schaffen wir es, zusammen zu bleiben ...

Es war ein fliegendes Trapez, es war ein Ringkampf in einem dreidimensionalen Ring, es gibt keinen Namen dafür ...

Wir haben alles versucht, Sir. Es gibt auf der Erde ganz Gerissene, die sprechen von verschiedenen Stellungen. Nun, Sir, meine Betty und ich, wir haben in dieser Nacht, das sage ich Ihnen, mehr Stellungen ausprobiert, als alle Wüstlinge dieses Planeten und aller anderen zusammengenommen, sich je erträumt haben. Stellungen, Sir, über die ich heute noch rot werde ...

Wir hielten uns bei den Händen, wir hielten uns bei den Füßen, einen Augenblick lang, verwickelten wir uns sogar im Brautschleier, der da immer herumschwebte. Immer war da etwas, was nicht recht klappen wollte. Dann kam uns eine rettende Idee. Wir krochen unter das Bett. Doch da war es zu eng, man kam sich wie in einer Konservendose vor. Schließlich haben wir doch dort unsere Hochzeitsnacht verbracht, unter dem Bett, Seite an Seite ausgestreckt wie zwei kleine Kinder, und ziemlich seekrank, das kann ich wohl sagen ...

In den folgenden Nächten war es das gleiche Theater, zwar mit kleinen Unterschieden, doch endete es immer mit dem gleichen Luftballett, nach dem wir aufgaben. Nichts ist geschehen ...

Es ist der letzte Ort in der Welt, den ich für eine Hochzeitsnacht empfehlen würde, wenn man nicht gerade einen widernatürlichen Geschmack hat.«

In den ersten beiden Jahrzehnten der bemannten Raumfahrt blieb es in der Öffentlichkeit relativ ruhig um den Sex im All. Für die NASA war das Thema angesichts der prüden Amerikaner sowieso tabu; die etwas lockeren Russen behandelten es lediglich in Fachkreisen. Schließlich gab es nur eine einzige Frau, die 1963 im Weltraum gewesen war – Walentina Tereschkowa.

Doch die Wissenschaftler dachten weiter und führten im September 1972 eine internationale Fachtagung für Weltraummedizin in Nizza, der Metropole der Cote d'Azur durch. Dort erklärte der Chefarzt der NASA, Dr. Charles Berry:

»Es ist gut möglich, daß das Fehlen heterosexueller Betätigungen bei Raumflügen von der Dauer eines Jahres und mehr erhebliche Spannungen auslösen kann. Vermutlich würden zwischengeschlechtliche Beziehungen die Lebensbedingungen im Raumschiff verbessern. Ich meine natürlich Frauen, die voll ausgebildete Mitglieder der Mannschaften und nicht nur für den Sex da sind. Die Moralvorstellungen in den USA haben sich sehr geändert. Die Öffentlichkeit würde es völlig normal finden, daß zukünftige Astronauten intime Verhältnisse zu Personen des anderen Geschlechts im Weltraum unterhalten.«

Dass für die letzte Äußerung des Doktors der Wunsch der Vater des Gedankens war, bewies nicht zuletzt ein Ereignis, das ein Jahr später stattfand. Die stellvertretende Leiterin des Programms für Chancengleichheit im Dienst, Ruth Bates Harris, wurde vom NASA-Direktor James Fletcher gefeuert, weil sie in einem Bericht folgendes erklärt hatte: »Die NASA hinkt hinsichtlich der Gleichberechtigung für Frauen und Farbige sowie Personen indianischer oder südamerikanischer Abstammung weit hinter dem hinterher, was in anderen Bundesbehörden üblich ist. Besonders benachteiligt sind Frauen. Bisher wurden nur drei Angehörige des weiblichen Geschlechts in den Weltraum geschickt. Zwei davon hießen Arabella und Anita und waren Spinnen. Die dritte war Miß Baker, eine Äffin.«

Noch zehn Jahre sollten vergehen, bis im Sommer 1983 Sally Ride als erste Amerikanerin sechs Tage lang mit der Raumfähre Challenger flog. Die erste Afroamerikanerin Mae Carol Jemison folgte sogar erst weitere neun Jahre später für acht Tage mit der Endeavour. Von den Ureinwohnern Amerikas ist bis heute nicht die Rede.

Zu der Frage, ob bei längeren Raumflügen Störungen im Menstruationszyklus auftreten könnten, trug Prof. Dr. med. Herbert Pichler 1977 eine originelle Theorie bei, die er auf der Tagung der Deutschen Gesellschaft für Luft- und Raumfahrtmedizin in München der Fachwelt vortrug. Im Internationalen Institut für Flugmedizin und Weltraummedizin in Wien, dessen Direktor er war, erläuterte er mir seine »Solartheorie des Kosmomontanus« anhand des folgenden Anagramms:

NLSIMF – I = SPR

In Latein:
NON LUNA SOL IMPERAT MENSTRUATIONES FEMINARUM – IMPERARE = SYNCRONISARE PER ROTATIONEM

Zu Deutsch:
Nicht der Mond, sondern die Sonne beeinflusst das Zyklusgeschehen der Frau in der Weise, dass Sonnenimpulse die Zyklusdauer synchronisieren und zwar auf eine Zeit von 25 bis 31 Tagen.

Daraus folgerte der Professor:
»Die Theorie des Kosmomontanus erlaubt nunmehr Prognosen bei Langzeitaufenthalten von Frauen im Weltraum. Sowohl auf erdumkreisenden Raumstationen als auch auf Mondbasen und selbst bei interplanetaren Reisen wären demgemäß nach Überwindung des Anpassungseffektes keine wesentlichen Störungen des endogenen (aus der besonderen Anlage des Körpers hervorgegangen, H.H.) Systems, das die Dauer des Menstruationszyklus regelt, zu erwarten, da die Zeitgeberimpulse von der Sonne ausgehen.«

Die Andenkrankheit

Wie jede Theorie bedarf jedoch auch diese endgültiger Beweise. Diese gibt es weder für die Solartheorie noch für die Mondtheorie. Die meisten Wissenschaftler sind der Meinung, dass beide Himmelskörper den menschlichen Organismus ebenso wie den der Tiere und Pflanzen beeinflussen. Über die Geschichte seines Instituts erzählte mir Professor Pichler, der aus der traditionsreichen Wiener Schule der Ontologie (Ohrenheilkunde) hervorging:

»Ende der fünfziger Jahre, nachdem die Hündin Laika als erstes Lebewesen in den Weltraum geflogen war, haben wir ein neues Konzept der Vestibularforschung (Vestibularapparat: Teil des inneren Ohres, entscheidend für das Gleichgewicht, H.H.) erarbeitet. Und 1965, als der erste Arzt und Spezialist unseres Fachgebietes, Dr. Boris Jegorow, im

All weilte, schlossen wir uns zu einer Gruppe für außerirdische Vestibularforschung zusammen – Mitarbeiter der Universitätsklinik für Ohrenheilkunde und der Universitätssternwarte, des Physikalischen und Geodynamischen Instituts. Schwerpunkte unserer Arbeit, für die sowohl eine Unter- wie Überdruckkammer zur Verfügung steht, sind biologische und medizinische Probleme der Aero-, Astro- und Aquanautik, wie beispielsweise Schwerelosigkeit und Schwerkraftersatz, aber auch praktische fliegerärztliche, raumfahrtmedizinische und taucherphysiologische Fragen.« Zu den Arbeitsergebnissen des Wiener Instituts gehören auch prophylaktische Empfehlungen gegen die sogenannte »Andenkrankheit«, die bei Stewardessen zu Unregelmäßigkeiten in den Monatsblutungen führt, sowie bei Störungen des tages- beziehungsweise jahreszeitlichen Rhythmus' bei Flügen über große Distanzen respektive beim Wechsel zwischen der Nord- und Südhalbkugel der Erde. Es war kein geringerer als Wernher von Braun, der »Vater« von Hitlers Terrorwaffe V2 und Kennedys Mondrakete Saturn V, der Mitte der siebziger Jahre die Prognose wagte, dass noch im 20. Jahrhundert eine Frau ein Kind im Weltraum gebären würde. Allerdings ließ er offen, ob es sich dabei um ein Wunschkind der Wissenschaft oder um einen »Betriebsunfall« auf einer Raumreise handelte. Nur leben wir bereits im 21. Jahrhundert und warten immer noch auf das große und freudige Ereignis, das sicher weiterhin eine Weile auf sich warten lassen wird. Tatsache jedenfalls ist, das die Auswirkung der Schwerelosigkeit auf Zeugungsakt, Empfängnis, Schwangerschaft und Geburt die Raumfahrtmediziner immer stärker beschäftigte. Dr. Eduard Burchard, Generalarzt und Leiter des Flugmedizinischen Instituts der Bundeswehr in Fürstenfeldbruck, 1973 bis 1976 Berater der NASA für die drei Skylab-Mannschaften, und der Münchener Gynäkologe Dr. Hans Guido Mutke erarbeiteten für die ESA bereits vor 25 Jahren ein Programm zur Erforschung der Veränderungen des Menstruationszyklus und aller mit Schwangerschaft und Entbindung zusammenhängenden Probleme. Das Fachblatt »euromed« 1/1976 war dieser interessanten Thematik mit folgenden Überlegungen gewidmet.

Spermafäden schwerelos?

Die weiblichen Genitalorgane sind wie alle anderen Körpersysteme auch, Lageveränderungen unterworfen, die durch den Wegfall der Schwerkraft beträchtliche Folgen auf die Funktion haben könnten. Auch die Verlagerung von anderen Organen wie Milz, Leber, Magen oder Darm wirken sich indirekt auf die Lage und die Funktion des weiblichen Geschlechts aus, so dass bei Schwerelosigkeit Veränderungen der Durchblutung und auch der Hormonproduktion – und damit unmittelbare Auswirkungen auf die Menstruation – die Folge sein könnten. Eine durch Mikrogravitation bedingte Veränderung des Blut- und Plasmavolumens könnte beispielsweise Einfluss auf Fruchtbarkeit oder Schwangerschaft haben und eventuell sogar Fehlgeburten auslösen.

Andererseits könne die Schwerelosigkeit aber auch durchaus positive Auswirkungen auf die normalerweise neunmonatige Schwangerschaft haben, bringt sie doch im wahrsten Sinne des Wortes eine Entlastung

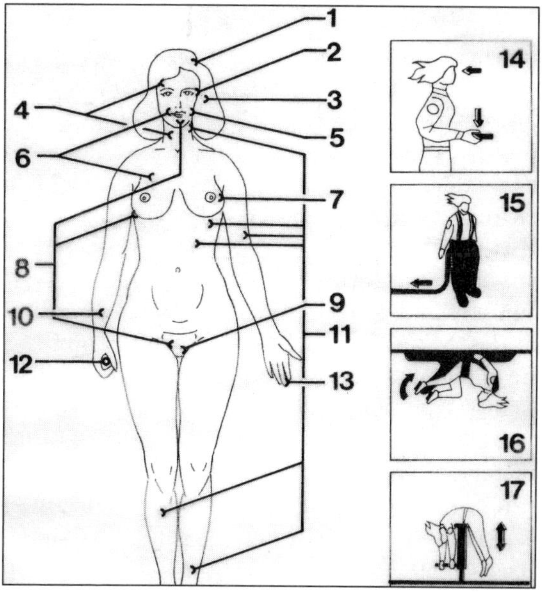

Die gläserne Weltraumfrau
Untersuchungs- und Messmethoden vor, während und nach dem Raumflug:

1 Hirnstromkurve (Elektro-Enzephaloghramm/EEG)
2 Sehleistung
3 Gehörkurve (Audiogramm)
4 Hirndurchblutung (Rheografie)
5 Geschmacksempfinden (Eelektrostigmotrie)
6 Atmung (Spirometrie)
7 Brustveränderung (Mammografie)
8 Mikroflora (Bakterienbesiedelung)
9 Vaginalveränderungen
10 Sauerstoffdruck der Haut (Oximetrie)
11 Herzstromkurve (Elektrokardiogramm/EKG); Brustkorbdurchblutung (Rheografie); Ultraschalluntersuchung des Herzens (Echokardiografie); Feinstkörperbewegung (Ballistokardiografie); Mechanik des Herzspitzenstoßes (Apexkardiografie); Blutdruckmessung; Pulsdruckkurve (Sphygmografie); Herzschall (Phonografie)
12 Muskelkraft (Dynamometrie)
13 Blutentnahme
14 Reaktionszeit
15 Gravitationssimulation (Unterdruckhose) 16 Körperbelastung (Ergometrie)
17 Körpermasse (Weltraumwaage)

des Skeletts, insbesondere des Beckens, und wirkt der Bildung von Krampfadern entgegen. Der Begriff Gravidität (vom lateinischen gravid – beschwert) für Schwangerschaft verliert im Weltraum seine Berechtigung. Denkbar wäre jedoch, dass sich in der Mikrogravitation die Tragzeit verlängert oder verkürzt. Bei einer Entbindung würden die Nachteile der Schwerelosigkeit überwiegen. Beim Blasensprung abgehendes Fruchtwasser und bei der Geburt oder Nachgeburt austretendes Blut fließt nicht wie normal zu Boden, sondern bliebe frei schwebend im Kreißsaal und müsste durch Absauggeräte aufgefangen werden. Auch die Nahrungsaufnahme, die beim Neugeborenen ein reflexgesteuerter Mechanismus ist, bei dem Schwerkraftfaktoren eine wesentliche Rolle spielen, dürfte im Zustand der Schwerelosigkeit problematisch werden. Diese Überlegungen liegen mehr als ein Vierteljahrhundert zurück, sind aber dennoch hochaktuell. Einige der Fragen konnten durch Tierversuche geklärt und einige durch Raumflüge von Frauen beantwortet werden; viele sind noch offen. Wie widersprüchlich Aussagen von Wissenschaftlern sein können, macht folgendes Beispiel deutlich. Dr. Mutke, der Mitbegründer der Deutschen Gesellschaft für Luft- und Raumfahrtmedizin und Leiter des Studienkreises »Die Frau in der Luft- und Raumfahrt«, untersuchte die Richtungs- und Halterungsveränderungen zwischen Uterus und Vagina und stellte 1977 fest:

»Die Schwerelosigkeit hat keinen wesentlichen Einfluß auf diese Veränderungen, wie auch auf das Sperma des Mannes; denn die Spermafäden sind wegen ihrer geringen Masse auch auf der Erde so gut wie schwerelos. Der Transport des Samens in Uterus und Eileiter dürfte daher keine wesentlichen Veränderungen erfahren.«

Nach einer Mitteilung der NASA vom November 2001 hat der Physiologe Dr. Joseph Tash von der Universität Kansas seit einigen Jahren die Auswirkungen der Nahe-Null-Gravitation auf Samenzellen beobachtet. Dabei entdeckte er, dass die biochemischen Prozesse in den Zellen und somit auch der Fortpflanzungsprozess verändert werden. Da man bei Langzeitmissionen im All darauf angewiesen sei, dass sich Menschen, Tiere und Pflanzen in der Schwerelosigkeit fortpflanzen, müsse diese Frage in der Forschung stärker beachtet werden.

Unterhalb der Gürtellinie

Wollen und Können sind bekanntlich zweierlei. Das gilt auch für das Liebesleben in der Schwerelosigkeit, zumindest, bis sich der Raumreisende an die im Grunde genommen widernatürlichen Zustände gewöhnt hat. Dafür gibt es sowohl physische als auch psychische Ursachen. Im Laufe der Jahrmillionen dauernden »Menschwerdung des Affen«, wie Friedrich Engels treffend die Evolution nannte, erfolgte der Übergang zum aufrechten Gang. Das forderte eine erhöhte Pumpleistung des Herzens, um den Kopf mit Blut zu versorgen. Die von der Erde gewohnte Schwere, die eine ausreichende Versorgung des gesamten Körpers mit dem Lebenssaft unterstützt, fehlt aber bei Eintritt der Nahe-Null-Gravitation im Weltraum. Das führt zu einem Defizit unterhalb der Gürtellinie. Der Penis wird nicht mehr genügend durchblutet, was seine normale Erektion problematisch macht. Doch nach einer gewissen Zeit hat sich der Kosmonaut der neuen Situation angepasst. Auftretende Potenzschwächen kann er mit einer Unterdruckhose, die das Blut in die Lenden zurückholt, ausgleichen.

Auf die Libido, die Begierde, wirken beim Mann aber auch noch andere Faktoren ein. So hat die Schwerelosigkeit starken Einfluss auf den Hormonhaushalt des Menschen, insbesondere auf das Testosteron. Dieses aus dem Hoden gewonnene maskuline Sexualhormon bewirkt eine Steigerung der Potenz, deren normaler Haushalt sich jedoch erst viele Wochen nach dem Start in den Weltraum wieder einpegelt. Auf die Libido, die nach Sigmund Freud nicht nur dem sexuellen, sondern jeglichem Lustgewinn zugrunde liegt, wirkt auch der Stress, dem Astronauten sowohl durch Überforderung als auch durch Unterforderung ausgesetzt sind.

Schließlich spielt die individuelle psychische Konstellation eine nicht zu unterschätzende Rolle. Dazu erklärte die seit Jahrzehnten im russischen Embryonalprogramm tätige Raumfahrtmedizinerin Professor Ljubow Serowa vom Moskauer Institut für medizinisch-biologische Probleme: »Das ist eine sehr komplizierte und komplexe Angelegenheit, die auch von der persönlich vorherrschenden Motivation des Betreffenden abhängt. Das Zentralnervensystem des Menschen konzentriert sich nämlich stets auf Leistungen, die auf ein bestimmtes Ziel ausgerichtet sind. Menschen, die beruflich hochmotiviert und zielorientiert arbeiten, benötigen Sex nicht unbedingt als emotionale Entspannung. Da es viel Kraft und Entschlossenheit kostet, Kosmonaut zu werden, ist der Wunsch, im Weltraum Zeit für Sex aufzuwenden, nicht so groß. Leute, die auf Abenteuer dieser Art aus sind, sollten als Passagiere in Raumschiffen mitfliegen – Journalisten, Politiker, Touristen.«

Obwohl diese Überlegungen wissenschaftlich durchaus berechtigt sind, stimmt ihnen nicht jeder zu. Schließlich ist der Mensch auch im Kosmos nicht gern alleine, braucht Liebe und Zärtlichkeit, besonders auf langen Raumreisen. Dr. Viktor Schneider, Chefarzt der NASA für das Shuttle-MIR-Programm, in dessen Rahmen zwischen 1995 und 1998 sieben amerikanische Astronauten – darunter eine Frau – an Langzeitmissionen mit einer Gesamtdauer von fast 1.000 Tagen teilnahmen, äußerte sich über diese Problematik:

»Offen gesagt, wissen wir nicht, ob Kosmonauten oder Astronauten masturbieren, um auf diesem Wege sexuelle Spannungen abzubauen. Das ist, solange sie es privat tun, ihre Sache und trägt zu einer Erleichterung des Problems bei. Wenn der Mensch auf der Erde ein Sexualwesen ist, warum soll er es nicht auch im Weltraum sein!?«

Der Kosmonaut und Arzt Dr. Waleri Poljakow, der mit 437 All-Tagen bei einem Raumflug den absoluten Weltrekord hält und mit fast zwei Jahren Aufenthalt im Weltraum den zweiten Platz in Bezug auf die Gesamtaufenthaltsdauer einnimmt, äußerte sich über dieses Thema:

»Ich glaube, es ist nicht nötig zu sagen, wonach wir uns alle im Kosmos am meisten sehnen. Jeder weiß, was ich meine. Niemand kann sich davon lösen. Doch mit der Zeit verblassen die Gedanken daran. Vielleicht gibt es eine Möglichkeit für den Abbau dieser Spannungen, doch hilft eine solche ›Umweltverschmutzung‹ nur vorübergehend, dann kommen die unterdrückten Gefühle wieder. Wenn wir uns auf die Rückkehr zur Erde vorbereiten, dann senden uns die Psychologen schöne ›bunte‹ Filme, die uns helfen sollen, wieder wie ein normaler Mann zu handeln. Es gibt keinen Grund, sich dessen zu schämen.«

Sexfull Meeting

Diese legere Haltung der Russen drückt sich auch in einem Trinkspruch aus, den sie gern bei internationalen Raumfahrttagungen auf Englisch ausdrücken, in dem sie ein »sexfull meeting«, ein Treffen voller Sex wünschen; statt eines »successful meeting«, einer erfolgreicher Begegnung.

Der Deutsche Thomas Reiter, der während seines EUROMIR'95-Fluges unerwartet seinen Langzeitaufenthalt von geplanten 135 Tagen auf 179 Tage verlängern musste, weil die russische Raumfahrtagentur ihre Missionsplanungen änderte, gab zum Jahrtausendwechsel in einem Interview mit dem »Tagesspiegel« diese bemerkenswerte Antwort:

»Eine gemischte Crew wäre abwechslungsreicher, klar. Und es wäre schön, die Ehefrau mitzunehmen. Aber dann gucken die anderen in die Röhre. Eifersucht kann man nie gebrauchen, schon gar nicht im All. Wir konnten einmal in der Woche mit unserer Familie reden. Und dann hört dabei die halbe Raumfahrt zu. Einen Satz wie: ›Du fehlst mir sehr!‹

kann man vor Publikum nicht so toll rüber bringen. Bedrückend war, dass ich nach einigen Wochen angefangen habe, mich nach den Sprechzeiten zu sehnen. Es ist Mittwoch, und du freust dich auf Samstag, wenn du deine Frau wiedersiehst. Es kommt der Donnerstag, du freust dich mehr. Und dann heißt es am Freitag: wegen technischer Probleme fällt die Übertragung aus. Da musst du schon zweimal schlucken. Gott sei Dank hatten wir drei unsere Durchhänger nie gleichzeitig. Man hat schon morgens gemerkt, wenn einer in seine Suppentüte gestarrt hat: Oh, oh, den müssen wir jetzt aufbauen. Einmal vor dem Einschlafen, ich lag schon im Schlafsack, habe ich auf eine grüne Sicherheitslampe gestarrt und gedacht, wie schön wäre es, wenn du jetzt durch einen Wald spazieren könntest – und die Lampe wäre ein grünes Blatt von einem Baum ...«

Interessant ist in diesem Zusammenhang auch der Bericht von Rhonda Foale, der Ehefrau des amerikanischen Astronauten Michael Foale, der fünfmal mit dem Space Shuttle flog und Monate auf der russischen Raumstation MIR arbeitete:

»Als ich ihn nach der Landung zum ersten Mal sah, saß er abgemagert und müde in einem Stuhl. Er konnte sich nur schwer bewegen und schleppend sprechen. Ihm war schwindlig. Als die Kinder, glücklich ihren Vater wiederzusehen, auf ihn zu rannten und ihn umarmten, schrie er auf, weil ihm das Schmerzen bereitete. Nach 144 Tagen Schwerelosigkeit musste sich sein Körper erst wieder an die Gravitation der Erde anpassen. Dem Sergeanten, der ihm Lasagne, Pizza, Eiscreme und Bier brachte, erzählte er, dass er kaum noch länger die konservierten und tiefgefrorenen Lebensmittel ertragen hätte, die mit heißem Wasser angerichtet werden müssen. Wir suchten ein Dutzend Ärzte auf, und bald ging es ihm besser. Das erste, was er sich wünschte, war, in den Ozean zu springen. Er erzählte mir, dass er da oben immer davon geträumt habe, den Wind und die Wellen am Körper und die Sonne auf dem Gesicht zu spüren. Mittlerweile geht er täglich zwei Stunden um unser Haus spazieren, um alles wiederzuerkennen. Ich habe den Eindruck, die große Nähe zu den beiden anderen Kosmonauten an Bord von MIR hat meinen Mann toleranter gemacht. Ich finde ihn tiefgründiger, besorgter um andere ...«

FRAUEN SIND DOCH BESSERE KOSMONAUTEN

Untersuchungsergebnisse über gemischte Besatzungen

Die technischen Voraussetzungen für den Einsatz gemischter Crews in der Raumfahrt waren relativ früh gegeben. In der Sowjetunion startete 1971 die erste Orbitalstation Salut 1. Sie verfügte über das zehnfache Volumen des Zubringerraumschiffs Sojus und bot genügend Platz für Männer und Frauen. Allerdings glich sie auch einem Forschungsschiff, auf dem das Leben an Bord durch die wissenschaftliche Arbeit bestimmt wird. Die Russen betrachteten Raumstationen als Hauptstraße der Menschheit in den Weltraum – im Dienst der Wissenschaft und zum Wohl der Gesellschaft. Sicher spielte bei dieser Betonung auch die Enttäuschung über ihre Niederlage beim Wettlauf zum Mond eine Rolle, dennoch ist die Strategie bis heute richtig. Daneben gab und gibt es aber auch Vorbehalte gegenüber Frauen. So sagte uns zu dieser Zeit Professor Oleg Gasenko, der russische Pionier der Raumfahrtmedizin, der schon Laika und Gagarin betreut hatte:

»Die Besatzung eines Marsschiffes sollte nur aus Männer bestehen, höchstens sechs bis acht Kosmonauten, die 30 bis 40 Jahre alt sind, Berufs- und Lebenserfahrung besitzen und an erdnahen Raumflügen von mindestens sechs Monaten Dauer teilgenommen haben. Zur Mannschaft sollten ein Arzt gehören, der in Therapie, Chirurgie und Psychologie beschlagen ist.«

Das freundliche Akademiemitglied, das die russischen Kosmonautinnen und Kandidatinnen wie ein Vater betreute, darf deshalb nicht als Frauenfeind betrachtet werden. Bei Tierversuchen setzte er vorwiegend weibliche Hunde und Affen ein – wegen ihrer größeren Widerstandsfähigkeit. Ihm ging es vielmehr darum, nichts zu überstürzen. Den späteren Einsatz von Frauen auf Salut 7 und MIR unterstützte er wohlwollend, weil bei Orbitalflügen im Falle einer Gefährdung die Betroffenen unverzüglich zur Erde zurückgeholt werden können.

In den USA wiederum ist seit 1981 das Space Shuttle im Einsatz. Zusammen mit dem Spacelab-Modul besaß es einen unter atmosphärischen Druck stehenden Rauminhalt von 166 Kubikmetern, was nur noch von der 1986 gestarteten Orbitalstation MIR mit 410 Kubikmetern übertroffen wurde. Die fünf Orbiter der Shuttle-Flotte – die Challenger explodierte 1986 – flogen mehr als 100 Missionen. Damen waren bei über 60 Einsätzen dabei, viele allein unter vier bis sechs Männern, einige zu zweit neben drei bis fünf männlichen Kollegen, und zweimal waren sie sogar zu dritt an der Seite von vier Herren. Die Sicherheit und der Komfort an Bord entsprechen – wenn man von der Start- und Landephase einmal absieht, denen in einem modernen Jumbo-Jet. Zwischen Männern und Frauen muss kaum noch ein Unterschied in der Unterbringung und Betreuung gemacht werden. Doch infolge der begrenzten Flugdauer der Raumfähren blieben nur drei für etwa zwei Wochen im Weltraum.

Ende der fünfziger Jahre, als die Hündin Laika dem Menschen den Weg in den Kosmos bahnte, gab es heftige Diskussionen unter den Medizinern und Psychologen über die in naher Zukunft zu erwartenden bemannten Raumflüge. Einige meinten damals, dass eine Frau und zwei Männer die ideale Zusammensetzung einer gemischten Raumschiffbesatzung wären. Sie gingen davon aus, dass die durch die weiblichen Reize entstehende erotische Spannung in einem solchen kosmischen Dreieckverhältnis die Leistungsfähigkeit aller Beteiligten steigere. Die in jeder Frau schlummernde Mütterlichkeit wiederum würde Gegensätze und Widersprüche ausgleichen.

»Schwere Jungs« und »Leichte Mädchen«

Zum ersten Mal wurde diese Empfehlung 1982 mit Erfolg verwirklicht, als Swetlana Sawizkaja, damals 34 Jahre alt und ledig, mit zwei Kosmonauten in Sojus T-7 für eine Woche zur Orbitalstation Salut 7 (gleich zwei Glückszahlen auf einmal!) flog, wo zwei weitere Herren auf sie warteten. Dass es bei diesem oder dem zwei Jahre später folgenden Unternehmen in der gleichen Zusammensetzung zu intimen Beziehungen zwischen der zierlichen jungen Frau und einem ihrer stattlichen Partner in den besten Jahren gekommen wäre, wurde von den Beteiligten entschieden verneint.

1991 reiste die 27-jährige Helen Sharman als erste britische Lady mit zwei russischen Gentlemen zur Raumstation MIR und kehrte nach einer Woche mit den beiden abgelösten Herren zur Erde zurück. Angeblich zeigt ein Videoband, das während ihres Aufenthaltes an Bord gedreht worden sein soll, das »Fräulein Doktor« in einem verführerischen roséfarbenen Nachthemd frei umher schwebend. Ihre sexgeladenen männlichen Kollegen, die wie Fledermäuse in Schlafsäcken an den Wänden und Decken der Station hingen, hätten sie mit Stielaugen verfolgt. Immerhin weilten die beiden Herren der Stammbesatzung schon länger als fünf Monate unbeweibt im Weltraum. Annäherungsversuche habe es jedoch nicht gegeben. Kommandant Anatoli Arzebarski jedenfalls charakterisierte die Besucherin als eine »Iron Lady« (Eiserne Dame).

Die Szene mit dem Negligé taucht immer wieder in diversen Pressebeiträgen auf, doch wen man auch fragt – niemand hat das Video wirklich gesehen. Helen Sharman berichtete nur, sie habe sich an Bord sehr wohl gefühlt. In den ersten zwanzig Jahren seit dem Flug von Walentina Tereschkowa flogen nur drei Frauen in den Weltraum – zwei Russinnen und eine Amerikanerin, was 2,5 Prozent aller Raumfahrer der damaligen Zeit ausmachte. Doch in den letzten beiden Jahrzehnten stieg die Teilnahme von Frauen stark an. Es starteten 34 Frauen – 29 Amerikanerinnen, zwei Kanadierinnen und je eine Britin, Japanerin und Französin. Diese Missionen bewiesen, dass Frauen doch die besseren Kosmonauten sind. Die Raumfahrtmediziner stellten fest, dass für »schwere Jungs« die Schwerelosigkeit ein besonders schweres Los ist. Sie gewöhnen sich nämlich nach der Rückkehr zur Erde viel mühsamer wieder an die Gravitation unseres Heimatplaneten als »leichte Mädchen«. Auch die Dicken haben es im Weltraum schwerer als die Dünnen. Der Verlust von roten Blutkörperchen, der bei längeren Raumreisen zu verzeichnen ist, fällt bei den Frauen weniger auf, ist doch der weibliche Organismus durch die monatliche Regel darauf eingerichtet, Blutverluste auszugleichen. Der Prager Stressforscher Dr. Jaroslav Sykora stellte fest:

»Frauen können besser mit Langeweile umgehen und sich auf die Gefühle ihrer Kollegen und Kolleginnen einstellen. Außerdem neigen sie unter Stress weniger zu Aggressionen. Das sind soziale Qualitäten, die im Weltall von großem Vorteil sind.«

Interessante Ergebnisse zu diesen Problemen zeitigte ein irdischer Isolationsversuch der ESA, der vom 7. September bis zum 6. November 1992 am Institut für Flugmedizin des DLR in Köln stattfand und die Bezeichnung EXEMSI'92 (Experimental Campaign for Manned Space Infrastructure – Versuchskampagne für die Infrastruktur bemannter Weltraumunternehmen) trug. Während der zwei Monate lebte und arbeitete eine gemischte Besatzung unter ähnlichen Bedingungen wie in einer Raumstation. Die Mitglieder betreuten 30 wissenschaftliche Versuchskomplexe und waren gleichzeitig selbst Objekte der Forschung. Als Kommandant der Crew, zu der eine Schwedin, ein Franzose und ein Niederländer gehörten, fungierte der österreichische Mediziner Dr. Clemens Lothallier, ehemaliges Double für den ersten »Austronauten« Franz Viehböck, der im Jahr zuvor an der österreichisch-sowjetischen Mission Austromir teilgenommen hatte.

Die einzige Frau an Bord wirkte als Friedensstifterin und übernahm eine Art Mutterrolle. Sie wurde keineswegs zum mittelbaren Auslöser erotisch-sexuell bedingter Spannungen. Vom eingeschlossenen Team kamen während der 60-tägigen Raumflugsimulation kaum jemals Klagen über psychosomatische Störungen. Psychopathologische Reaktionen blieben völlig aus. Allerdings wurden interne Konflikte zugunsten von Gruppendenken nach außen auf das Management als Blitzableiter abgelenkt.

Der Kuss des »Big Brother«

Disharmonisch hingegen verlief ein anderes Simulationsexperiment, das vom Juli 1999 bis zum März 2000 im Moskauer Institut für medizinisch-biologische Probleme (IMBP) durchgeführt wurde. Ziel des Unternehmens war es, Erkenntnisse über das Zusammenleben auf internationalen Raumstationen und interplanetaren Raumschiffen zu gewinnen. Zu diesem Zweck hatten die Raumfahrtbehörden Russlands (RKA), Japans (NASDA) und Kanadas (CSA) ein gemeinsames Versuchsprogramm ausgearbeitet. In einer Halle war eine große lange Röhre montiert worden, die aus zwei getrennten Sektionen bestand, zwischen denen es eine Verbindungsschleuse gab. Die eine ähnelte der Station MIR und diente der russischen Stammbesatzung für einen 240-tägigen Aufenthalt. Die andere Abteilung war moderner, einem Marsschiff nachempfunden, und bot Platz für die beiden internationalen Crews, die für jeweils 110 Tage zu Besuch kamen – Big Brother à la Moscow! Zur zweiten Besuchergruppe, die am 1. Dezember 1999 an Bord ging, gehörten die kanadische Sozialmedizinerin Judith Lapierre, der russische Wissenschaftler Dimitri Sajenko, der japanische Student Masataka Umeda und der österreichische Arzt Norbert Kraft, der für die NASDA arbeitete. Bei ihrer Ankunft lebte die russische Stammbesatzung bereits 150 Tage in Isolierung. Die Bezahlung der Versuchspersonen erfolgte allerdings sehr unterschiedlich. Die russischen Teilnehmer erhielten 40 Dollar pro Tag, die ausländischen 600 Dollar – das 15fache!

Dieser Fakt war aber nicht im Geringsten der Grund für die Missstimmung, die von Anfang an herrschte. Vielmehr kam sie von Seiten der privilegierten Ausländer, insbesondere von der einzigen Frau. Sie beschwerte sich umgehend darüber, dass es sehr unaufgeräumt sei, dass nur der Kommandant Englisch spreche, dass die Russen »Pin-up-Girls« an den Wänden hätten, in kurzen Hosen umherliefen und von außen

Alkohol einschmuggelten. Dimitri, der die Gäste gut kannte, meinte: »Judith und Norbert haben nie verstanden, daß sie nur Versuchspersonen sind. Wir waren hier als Probanden, nicht als Wissenschaftler. Es war ein Experiment. Aber sie wollten immer verhandeln, ändern, diskutieren. Es war eigentlich schon vor dem Einstieg klar, dass sie ungeeignet sind.«

Zum Eklat kam es in der Nacht vom 31. Dezember 1999 zum 1. Januar 2000, als alle gemeinsam den Beginn des neuen Jahrtausends feierten, obwohl dieses erst ein Jahr später begann. Gegen ein Uhr morgens gerieten zwei Russen aneinander und einer holte sich dabei eine blutige Nase. Später habe der Kommandant der Stammbesatzung, Wassili Lukjanuk, so klagte die Kanadierin, sie in die Küche gezogen und geküsst – mit einem Zungenkuss! Er verteidigte sich damit, es sei nur ein Neujahrskuss gewesen. Wie dem auch sei, die Stimmung war dahin, und die Beziehungen verschlechterten sich zunehmend. Sie sprach von »sexual harassment« (sexueller Belästigung) und Menschenrechtsverletzung. Über ihren Laptop forderte sie von der CSA, dafür zu sorgen, dass die beiden Russen – der Raufbold und der Unhold – aus dem Team ausgeschlossen werden. Doch Ottawa schwieg! Was sollte es auch sagen? Auf einem Flug zum Roten Planeten konnten auch nicht Besatzungsmitglieder rausgeschmissen werden. Die Probleme musste eine Crew schon alleine meistern.

An Bord des Moskauer »Raumschiffes« jedenfalls breitete sich das große Schweigen aus, und die Luke zwischen den beiden Crews blieb geschlossen. Daran änderte sich auch nichts, als der russische Arztkosmonaut und Weltraumrekordhalter Dr. Waleri Poljakow und der deutsche Raumfahrtmediziner Dr. Bernd Johannes zu Besuch kamen. Auf die Entschuldigung, die Wassili per Mail an Judith sandte, antwortete diese nicht. Tatjana Abgawtdewa, die zuvor am Isolierungsexperiment teilgenommen hatte, kommentierte sarkastisch:

»Ich verstehe nicht, worum es geht. Es war ein Feiertag. Vielleicht lernen wir daraus, daß unsere Kosmonauten zukünftig keine ausländischen Frauen küssen dürfen, nur noch russische.«

Sechs Menstruationsperioden

Der ehemalige Chef des sowjetischen Kosmonautenkorps, General Dr. Georgi Beregowoi, der 1968 den Raumschifftyp Sojus einflog, berichtete: »Wir haben festgestellt, daß schon beim Training die ganze Arbeitsatmosphäre und die Stimmung in einer gemischten Gruppe besser ist, als in einem Team, das nur aus Männern besteht. Irgendwie beeinflussen Frauen die Beziehungen in einer kleinen Gruppe sehr positiv, und das wiederum stimuliert die Arbeitskraft aller Beteiligten.«

Wenn einige Herren der Schöpfung sich durch besondere Ungeduld und hektische Betriebsamkeit auszeichnen, so sind sie nach neuesten wissenschaftlichen Erkenntnissen wahrscheinlich unschuldig daran. Forscher der Universität Cambridge wiesen nach, dass männliche Schafe schon im Mutterleib heftiger auf Stress reagieren als weibliche Tiere. Grund dafür, so das Team um Dr. Dino Giusanni, ist ein hoher Anteil des Stresshormons Cortisol. Männliche Ungeborene haben einen doppelt so hohen Anteil an Cortisol wie weibliche.

Das Forscherteam konnte auch feststellen, dass der Hormonspiegel von ungeborenen Männchen untereinander nur sehr geringfügig differiert. Auf der Jahrestagung der Gesellschaft für Endokrinologie (Wissenschaft von der Funktion und Regulation der Innersekretorischen Drüsen) in London erklärte Dr. Giusanni:

»Wir sind überzeugt, daß sich das Ergebnis auch auf den Menschen übertragen läßt. Uns ist schon seit langem bekannt, daß Männer in Stresssituationen anders reagieren als Frauen. Bisher ging die Wissenschaft davon aus, daß dies nur mit Umweltfaktoren zu tun hat.«

Die Untersuchungen deuten darauf hin, dass Männer in Stresssituationen im späteren Leben oft überreagieren. Nunmehr wollen die Wissenschaftler an menschlichen Föten den Gehalt von Cortisol untersu-

Raumfahrtmode für Frauen – »getragen« von Puppen des Raumfahrt Service International

chen. Die Ergebnisse der Forschungen könnten für die klinische Behandlung und auch für die Raumfahrtmedizin von großem Interesse sein. Die amerikanische Astronautin Dr. Bonnie Dunbar, die fünf Mal auf dem Space Shuttle flog und mit dem Astronauten Ronald Sega verheiratet ist, erklärte:

»Ich war die einzige Frau in einer siebenköpfigen Crew, gehörte aber auch gemeinsam mit einer Kollegin zu Besatzungen mit fünf, sechs, und sieben Mitgliedern – Amerikanern, Deutschen und Russen. Für mich gab es keinen Unterschied, ob jemand männlich oder weiblich war.«

Seit 1994 stieg die Aufenthaltsdauer von Frauen im Weltraum sprunghaft an – von zwei Wochen auf ein halbes Jahr. Die drei Spitzenreiterinnen sind die russische Ingenieurin Jelena Kondakowa mit 169 Tagen zur MIR, die amerikanische Chemikerin Shannon Lucid mit 188 Tagen ebenfalls zur MIR und ihre Landsmännin, die Ingenieurin Susan Helms, mit wiederum 169 Tagen zur ISS. Zusammengerechnet bringen es die »Langstreckenläuferinnen« allein mit diesen Missionen, die 1994/95, 1996 und 2001 stattfanden, auf rund anderthalb Jahre Weltraumerfahrung und 350 Millionen Flugkilometer – einmal zur Sonne und zurück. Doch Jelena flog zweimal, Shannon und Susan sogar je fünfmal, was insgesamt 611 All-Tage ausmacht.

Die wissenschaftliche Auswertung der Unternehmen bewies, dass es für Berufsastronauten gemischter Besatzungen keine unlösbaren Probleme gibt. Der Einfluss von Schwerelosigkeit, Dauerstress und Weltraumstrahlung über so lange Zeiträume stellt auch keine biologische Barriere für Frauen dar.

Das Durchschnittsalter aller Raumfahrerinnen während ihrer Missionen ist mit etwa 40 Jahren relativ hoch, erklärt sich aber aus langjähriger akademischer Ausbildung und wissenschaftlicher Berufserfahrung. Die meisten Damen verfügen nicht nur über Charme und Sex-Appeal, sondern sind auch promovierte Naturwissenschaftlerinnen, Technikerinnen und Medizinerinnen, einige obendrein Professorinnen. In militärischen Karrieren brachten sie es bis zum Oberst, eine – Dr. techn. Walentina Tereschkowa – sogar bis zum General. Sie war übrigens mit 26 Jahren die bisher jüngste zum Zeitpunkt des Starts. Als älteste absolvierte die Ärztin Prof. Dr. Roberta Bondar aus Kanada mit 46 Jahren ihren Jungfernflug. Dr. Lucid zählte bei ihrem fünften und bisher längsten Flug einer Frau sogar 53 Jahre.

Das Klimakterium, die Wechseljahre der Frau, umfasst die Zeitspanne, in der die Eierstöcke allmählich die Produktion reifer Eizellen einstellen, da der bei der Geburt vorhandene Vorrat an Eizellen weitgehend aufgebraucht ist. In diesen Lebensabschnitt, der meist zwischen dem 45. und 55. Lebensjahr, selten wesentlich früher oder später liegt, fällt auch die letzte Periodenblutung. In westlichen Ländern liegt das damit verbundene Ende der Fruchtbarkeit bei durchschnittlich 50,3 Jahren. Während ihrer Rekordflüge, die sich über sechs Monatsblutungen erstreckten, waren Jelena Kondakowa 37, Susan Helms 43 und Shannon Lucid 53 Jahre alt, was interessante Vergleiche erlaubte.

Unter den Amazonen des Alls gibt es ledige und verlobte, verheiratete und geschiedene, kinderlose und kinderreiche. Einige waren schon Mütter, als sie an den Start gingen, andere gebaren ihre Töchter und Söhne – letztere sind in der Minderzahl – nach ihren Raumflügen, Claudie Haigneré sogar zwischen zwei Missionen. Einige sind inzwischen Großmütter geworden.

SCHWANGERSCHAFTSTEST IST PFLICHT

Partner, Paare und Paarung in Raumschiffen

Anfang des Jahres 2000 stellte die Édition Calmann-lévy in Paris ein Buch vor, das internationales Aufsehen erregte. Es trägt den harmlos klingenden Titel »La dernière Mission – Mir, l'aventure humain« (Die letzte Mission – Mir, das menschliche Abenteuer). Autor ist der französische Publizist Pierre Kohler, der als Astronom und Astronautenanwärter angekündigt wurde. Eigentlich handelt es sich um eine populärwissenschaftliche Darstellung, in der die Geschichte der russischen Raumstation des 20. Jahrhunderts nachgezeichnet wird, die damals ihrem Ende entgegen flog. Doch ein Kapitel, das siebte, mit der Überschrift »Cosmic love« (Kosmische Liebe) hat es in sich. Die Nachrichtenagenturen und Boulevardzeitungen stürzten sich darauf und verbreiteten die angeblichen Enthüllungen als Sensationsmeldungen um die ganze Welt. Der relativ kleine Abschnitt beginnt mit folgenden Sätzen:

»Haben sich Astronauten oder Kosmonauten schon im Weltall geliebt? Wenn ja, wie viele und wer? Die Neugierigsten möchten es gern wissen, doch das Thema ist tabu! Die Luft- und Raumfahrtbehörden, die RKA in Russland, die NASA in den Vereinigten Staaten, sowie das CNES in Frankreich bewahren, was dieses Thema betrifft, keusches Schweigen. Die europäische Weltraumorganisation ESA ist keine Ausnahme ... In den USA, wo sich die öffentliche Meinung sehr lange an dem irdischen sexuellen Unfug ihres Präsidenten erfreute, hat die NASA eine jungfräuliche Scham. Alle Nachfragen über ein Interview zum Thema Sex im All wurden systematisch abgewiesen ...«.

Dann geht es ins Detail. Unter Berufung auf das NASA-Dokument Nummer 12-571-3570 und auf Konsultation mit Dr. Ray Noonon, der eine Dissertation zu diesem Thema geschrieben hatte, berichtet Kohler von Versuchen unter dem Codenamen »STS-XX«, die 1996 während der Mission STS-75 stattgefunden hätten. Sie dienten der Suche nach den besten Stellungen für den Geschlechtsverkehr in der Schwerelosigkeit. Von den zwanzig mit dem Computer simulierten Stellungen, die zunächst am Boden geübt wurden, erwiesen sich im Weltraum nur zehn als geeignet. Sechs wären durch »mechanische« Annäherung mit Hilfe eines elastischen Gurtes erfolgt, der die Partner in Höhe der Brust, des Beckens oder der Beine eng aneinander fesselte. In einem anderen Fall mussten die Probanden in einem aufblasbaren Tunnel kriechen, damit sie nicht durch ihren Trieb davongetrieben wurden. Bei vier weiteren »Leibesübungen« handelte es sich um »natürliche« Kopulationsstellungen, bei denen sich das Paar auf seine Muskelkraft verlassen musste. Am besten schnitt die »Sitznummer« ab, bei der sie auf ihm hockt; am schlechtesten die »Missionarsstellung«, weil sie der Schwerkraft bedarf. Das Astronautenpaar habe die Paarungsversuche im Unterdeck der Raumfähre durchgeführt und seine Zustimmung erteilt, die Tests ausschließlich für wissenschaftliche Zwecke zu filmen. Unmittelbar nach jedem Akt zeichneten die beiden »Versuchskaninchen« getrennt ihre persönlichen Bemerkungen und Beobachtungen auf. Damit sie nicht zu sehr ermüdeten, wurde nach jeder »Sitzung« eine Erholungspause von mindestens vier Stunden eingelegt.

Von dem ersten Astronautenpaar, Mark Lee und Jan Davis, die im September 1992 für eine Woche mit der Endeavour um die Erde kreisten, behauptet Kohler, dass sie ganz sicher ihre jungen Ehefreuden unter diesen exotischen Verhältnissen genossen hätten. Dann folgen Spekulationen über die Russin Swetlana Sawizkaja und die Engländerin Helen Sharman, die mit jeweils vier Männern allein im All waren.

Keine Flitterwochen im Orbit

Die NASA dementierte umgehend das Ganze als obszön und jeder Grundlage entbehrend. Der Autor sei einer »alten Ente« auf den Leim gegangen, die seit Jahren im Internet ihr Unwesen treibt. Brian Welsh, der Sprecher der amerikanischen Weltraumbehörde erklärte: »Es hat kein derartiges Experiment gegeben. Uns frustriert, daß die Presseagenturen offenbar keinen einzigen Gedanken daran verschwenden, bei uns nachzufragen, um die Geschichte zu prüfen.«

Selbst wenn man die Prüderie und Bigotterie vieler Amerikaner und die Angst der NASA vor dem Vorwurf, Steuergelder für »extraterrestrische Bordelle« zu verschleudern, berücksichtig, sprechen doch die Tatsachen für sich.

Pierre Kohler war niemals Astronautenanwärter, weder bei der ESA noch der NASA. Dr. Noonon bestreitet energisch, dass er in dieser Frage konsultiert worden sei. Der als Beweis angeführte NASA-Report ist nachweislich eine Fälschung – allerdings eine gut gemachte. Eine ähnliche Legende setzte bereits am 28. November 1988 die Website einer Newsgroup »alt.sex« in die Welt. Die Mission STS-75 mit der Columbia als angeblichem »Lustgarten« war ein ausgesprochenes »Männerasyl«, in dem sich fünfzehn Tage lang vier Amerikaner, zwei Italiener und ein Schweizer zur gemeinsamen Arbeit vereinigten. Allerdings gibt es bei der NASA wirklich ein Formular STS-XX. Es ist ein Dokument, auf dem die Trainingseinheiten für Nutzlasten beantragt und dokumentiert werden. Mark Lee und Jan Davis, die sich 1989 während des Trainings in Houston kennen lernten und zwei Jahre später heirateten, erklärten übereinstimmend, dass sie alles andere als Flitterwochen im Weltraum erlebten. Er meinte:

»Es wäre einfacher für mich gewesen, meine Frau zu sehen, wenn ich ohne Unterbrechung am Kontrollmonitor der Bodenkontrolle gesessen hätte, anstatt mit ihr an Bord der Raumfähre zu fliegen.«

Und sie ergänzte:

»Wir gehörten zu zwei verschiedenen Schichten, die jeweils zwölf Stunden Dienst hatten. Während der eine von uns arbeitete, schlief der andere.«

Eigentlich widersprach der Einsatz des Ehepaares den strengen Regeln der NASA. Doch die Kosten für ein Auswechseln wären angesichts der Spezialausbildung der beiden zu hoch gewesen.

Flotter Dreier à la Delphin

Doch was kümmert das die Reklamemacher der Buchindustrie, wenn nur der Rubel rollt. Der Weltraumwirbel, den Kohler verursachte, schlug sich im Verkaufserfolg nieder. Das fand sowohl Befürworter und Widersacher, als auch Nachahmer und Trittbrettfahrer. So verkündete

Die Astronautenfamilie Anna, Bill und Baby Kirsten Ann Fisher in der Fernsehsendung »Good Morning America«

der Pornostar Nick Lang, dass er bei einem Parabelflug über Budapest, der für zwanzig Sekunden Schwerelosigkeit simulierte, einen Orgasmus gehabt hätte. Morgenluft witterte die Lehrerin Elaine Lerner von einer Sonntagsschule in New England, die schon 1992 ein Patent für dieses heikle Metier erworben hatte; ein System aus Ösen und Riemen, das es einem der beiden himmlischen Partner ermöglicht, die Hüftbewegungen des anderen während des Geschlechtsaktes zu kontrollieren. Bei der NASA klopfte sie damit vergeblich an; vielleicht hätte sie es besser bei Beate Uhse probieren sollen.

Der amerikanische Autor Harry Stine gründete sogar einen exklusiven Kreis, den »Three Dolphins Club« (Klub zu den drei Delphinen), um einen »flotten Dreier« zu kultivieren. Er behauptete, dass die Paarungstestserie nicht im Weltraum, sondern in einem schwimmenden Tank bei simulierter Schwerelosigkeit erfolgt sei:

»Es war möglich, aber schwierig. Leichter ist es, wenn eine dritte Person mithilft und einen der Partner festhält. Das ist den Delphinen abgeschaut, die bei ihren Liebesspielen zu dritt schwimmen.«

Ob es sich nun bei dem dritten im Bunde und dem Festgehaltenen um eine männliche oder weibliche Person handelt, bleibt offen.

Ernst zu nehmen sind hingegen Vorschläge, die der Gynäkologe Dr. Mutke unterbreitete, um das Auseinanderdriften des schwerelosen Liebespaares zu verhindern. Das eine Gerät nannte er ABSA (Auxiliary Pole for Sexual Activities – Hilfsstange für geschlechtliche Handlungen). Um diese »Sexstange« herum soll sich das Paar vergnügen können. Die andere Methode nutzt eine »Liebesliege«, eine kurze feste Unterlage, an die ein Partner festgeschnallt wird, während sich der andere mit Händen und Füßen an Griffen und Schlingen festklammert.

Wir fragten den Kosmonauten und Kardiologen Professor Oleg Atkow, der als »Paganini des Ultraschalls« gilt, und der 1984 während seiner 237-tägigen Raumreise für zehn Tage Swetlana Sawizkaja an Bord von Salut 7 empfangen hatte, ob es schon Sex im All gab:

»Die Frage interessiert sicher viele, aber ich muß Sie enttäuschen. Ich selbst habe noch nicht an so einem Experiment in der Schwerelosigkeit teilgenommen. Ich weiß auch nicht, ob einer meiner Kollegen schon Sex im All hatte. Doch wenn jemand kommt und behauptet, dieser oder jener hätten es bereits getrieben, dann glauben Sie ihm nicht. Was die technische Seite betrifft, so gibt es für die Paarung keine großen Probleme. Es gilt, sich nur richtig zu fixieren. Doch die Folgen, die Schwangerschaft und die Geburt, werfen sehr ernste Fragen auf. Meiner Meinung nach liegt noch ein sehr langer Weg vor uns; denn wir müssen unerhört vorsichtig, sorgfältig und gründlich vorgehen. Die Entstehung menschlichen Lebens im Weltraum hat nicht nur physiologische Aspekte, sondern ist in erster Linie eine Frage der Ethik und der Perspektiven der Menschheit überhaupt. Wenn ein Kind in der Schwerelosigkeit gezeugt wird und dort zur Welt kommt, dann wird es, so denke ich, auch nur unter diesen Bedingungen leben können. Die irdische Gravitation wäre für dieses Lebewesen tödlich.«

Nur noch Ehepaare?

Während eines Live-Interviews nach der Kopplung der Atlantis an die MIR im Mai 1997, an der Eileen Collins als Pilotin des Space Shuttles und Jelena Kondakowa als Missionsspezialistin teilnahmen, wurde letztere danach gefragt, ob ihr jemand bekannt sei, der Sex im All gehabt habe. Die Mutter und Ehefrau antwortete:

»Ich verstehe den Sinn Ihrer Frage nicht. Ist das hier eine Versammlung von Leuten, die nicht verheiratet sind? Oder sprechen wir über das Leben im Weltraum? Laßt uns zuerst Versuche mit niederen Lebensformen durchführen. Dann werden wir sehen, wie sich das menschliche Leben in der Mikrogravitation entwickelt.«

Solche Experimente fanden mit verschiedenen Tierarten statt und führten zu unterschiedlichen Ergebnissen. Zu den Versuchstieren gehörten Zehntausende von Weichtieren, Amphibien und Fischen, Tausende von Fliegen und Kaulquappen, Hunderte von Ratten und Mäusen, Dutzende von Hunden und Affen. Bei der einen Gattung glückte die Fortpflanzung in der Schwerelosigkeit, bei der anderen nicht. Auf alle Fälle hat die Forschung hier noch ein weites Feld. Trotzdem bleibt die Frage nach dem Sex im All berechtigt. Die NASA-Psychologin mit dem schönen Namen Dr. Yvonne Clearwater – klares Wasser – erklärte

Nach der Rückkehr vom dritten Raumflug: Ellen Ochoa mit ihrem Sohn Wilson.

dazu: »Es liegt auf der Hand, daß kerngesunde, normale Weltraumprofis einen normalen sexuellen Appetit entwickeln. Die Aussicht, daß Frauen und Männer gemeinsam in engen Unterkünften arbeiten, scheint immer die Frage nach dem sexuellen Verhalten aufzuwerfen. Wenn wir Leute für die Dauer von Monaten einschließen, müssen wir die Möglichkeit intimer Beziehungen einkalkulieren.«

Weitgehende Übereinstimmung zwischen Ost und West besteht darüber, dass an sehr langen Raumreisen möglichst Paare teilnehmen sollten. So meinte Swetlana Sawizkaja, die mit einem Konstrukteur verheiratet ist:

»Für lange Expeditionen wäre es förderlich, Ehepaare einzusetzen.«

Dr. Anna Goncharowa vom Moskauer Institut für medizinisch-biologische Probleme, IMBP, legte dazu dar:

»Es wäre schön, wenn verheiratete Paare oder zusammengehörende junge Leute zu den Mitgliedern zukünftiger Raumschiffbesatzungen zählen. Sie werden einfach ihre irdischen sexuellen Beziehungen in den Weltraum ausdehnen. Das darf aber kein Sport werden. Wenn Crewmitglieder nur Kollegen oder Freunde sind, darf niemals von ihnen eine intime Beziehung nur um der ›physio-emotionalen Stabilität‹ wegen verlangt werden.

Ich bin zutiefst überzeugt, daß Langzeitflüge keinen negativen Einfluß auf die menschlichen Sexualfunktionen haben, wenn die Person überzeugt ist, daß es diesen nicht gibt. Wenn ein Mann oder eine Frau vor dem Raumflug keine sexuellen Probleme hatte, dann wird er oder sie diese auch nicht nach der Landung haben.«

Der bekannte russische Raumfahrtmediziner Professor Juri Nefedow vertritt sogar den Standpunkt:

»Auf langen Expeditionen, wie zum Mars, sollten nur Ehepaare arbeiten.« Demgegenüber meinte Dr. Poljakow kategorisch: »Ich bin ausdrücklich gegen die Entsendung einer Frau auf eine Marsmission!«

Safersex im Chambre Séparée

Zu welcher Meinung man auch neigt, auf alle Fälle müssen die entsprechenden wissenschaftlichen und technischen Schlussfolgerungen gezogen werden. Dr. Clearwater sagte völlig zu Recht, dass es nicht die Aufgabe der NASA sei, den Moralapostel zu spielen, sondern praktische Lösungen auch für den Sex an Bord von Raumschiffen zu finden. Zu diesem Zweck arbeiten Psychologen und Mediziner mit Architekten und Ingenieuren zusammen.

An Bord des Space Shuttles gibt es zur Zeit kein Chambre Séparée. Der einzige Raum, in den man sich zurückziehen könnte, wäre das Stille Örtchen im Mitteldeck. Doch das hat nur drei Quadratmeter Fläche und einen nicht sehr dichten Vorhang. Zukünftige Weltraumbehausungen wie Raumstationen, Mondbasen und Marsschiffe gilt es mit variablen Wänden auszustatten, weil nicht immer die gleiche Anzahl von Männer und Frauen an Bord weilen. Für Astronautenehepaare sollen schalldichte Abteile eingerichtet werden.

Wer A sagt, muss auch B sagen; wer das Liebesleben im Weltraum befürwortet, der muss sich auch mit den Konsequenzen befassen. Natürlich lässt sich Safersex auch in der Schwerelosigkeit praktizieren. Doch noch wissen wir wenig über die Wirkung der derzeit bekannten Verhütungsmittel unter den besonderen Bedingungen eines Raumfluges. Abgesehen davon kann wie auf Erden auch im Himmel immer mal ein »Malheur« passieren. Zwar lässt es sich verhindern, dass eine schwangere Frau startet, nicht aber, dass eine Raumfahrerin während einer Mission guter Hoffnung wird.

Deshalb ist es durchaus glaubwürdig, was der ehemalige NASA-Mitarbeiter Keith Cowling auf der von ihm herausgegebenen unabhängigen Website »NasaWatch« mitteilte. Danach werden alle Astronautinnen unmittelbar vor dem Start einem Schwangerschaftstest unterzogen, weil die Missionen heute zum Teil mehrere Monate dauern. Das Neueste aber würden die Anleitungen der NASA für Notfälle an Bord der ISS enthalten. Neben Hinweisen, was zu tun ist, wenn Nasenbluten, Zahnschmerzen, Durchfall, Raumkrankheit oder Psychosen auftreten, enthält dieser Hilfsdienst neuerdings auch Sets für einen Schwangerschaftstest. Das kann sich eindeutig nur auf sexuelle Beziehungen während des Fluges beziehen.

Sollte ein solcher Fall auf einer erdumkreisenden Raumstation auftreten, wäre gegenwärtig die Rückführung der Schwangeren geboten, denn niemand kann mit Sicherheit sagen, wie sich eine Zeugung in der Schwerelosigkeit auf den Embryo auswirkt. Der deutsche Luft- und Raumfahrtmediziner Dr. Burchard warnte:

»Nicht vorhersehbar sind die physiologischen Vorgänge, die sich im Rahmen einer Anpassung ergeben müssen, wenn ein Mensch unter den Bedingungen des freien Falls gezeugt oder konzipiert wurde, sich als Embryo entwickelt hat, ausgetragen wurde und einen Teil oder sogar die gesamte Zeit seines menschlichen Wachstums in der Schwerelosigkeit verbracht hat. Nicht vorhersehbar sind heute das Verhalten und die körperlich sowie geistig-seelische Entwicklung von Menschen, die sich – im wahrsten Sinne des Wortes – abgenabelt von der Erde, unter Umständen ohne mittelbaren oder unmittelbaren visuellen Kontakt zur Erde, in generativer Folge vermehrt oder fortgepflanzt haben werden.«

Geburtsort Kosmos

Das hindert findige Leute nicht daran, sich schon jetzt Gedanken über die Versorgung von Kosmoskindern zu machen. So erfand eine junge Mutter aus dem Elsaß eine Nuckelflasche für Weltraumbabys mit einem aufblasbaren Ballon. Der Unterelsässische Nationalrat erkannte die umlaufbahnbrechende Bedeutung dieser Erfindung und förderte sie im Jahre 2000 mit 100.000 Franc. Das beflügelte die Hebamme in spe zur Entwicklung eines Geburtensacks für die Schwerelosigkeit.

Der Katalog von Fragen, die von der Wissenschaft noch beantwortet werden müssen, ist lang. Er reicht von A wie Adaption oder Anpassung an die Nahe-Null-Gravitation und Wiederanpassung an die Erdanziehung bis Z wie Zentrifugalkraft zur Erzeugung von künstlicher Schwerelosigkeit. Dazu gehören physiologische Probleme wie Muskelschwund, Knochenabbau, Immunschwächung und Strahlenschutz, psychologische wie Stress durch Über- und Unterforderung bis hin zu technischen wie Operationsmethoden. Dennoch schrieb Professor Nikolai Gurowski, einer der führenden russischen Raumfahrtmediziner:

»Wir sind heute noch sehr weit von einer Geburt im Weltraum entfernt. Dennoch schließe ich für die ferne Zukunft nicht aus, daß auch der Tag kommt, an dem der erste Mensch in seiner Geburtsurkunde zu

Wieder vereint – Tamara Jernigan, die bereits ihren fünften Raumflug absolviert hat, begrüßt Ehemann Peter Wisoff nach der Rückkehr von seiner vierten Mission.

stehen hat: Geburtsort – Kosmos.« Auf alle Fälle sind die Chancen für Frauen gestiegen, an Weltraumexpeditionen teilzunehmen. Das gilt vor allem für die Vereinigten Staaten von Amerika, kaum für Russland, gar nicht für Deutschland. Seit drei Jahren ist Professor Kathie Olsen Chefwissenschaftlerin der NASA. Die Psychobiologin und Neurowissenschaftlerin arbeitete an einem wissenschaftlichen Buch über »Die Entwicklung von sexuellen Unterschieden und Gleichartigkeiten« mit. Dr. Olsen kritisierte die »phallokratische Gesellschaft«, die immer noch existiert und statuierte, dass der Sex im All auf der biologischen Tagesordnung der NASA steht.

Was noch alles zu tun bleibt, verdeutlichte die erste Shuttle-Kommandantin, Oberst Eileen Collins:

»Ich kann mir einen Patzer bei der Arbeit nicht erlauben, weil das die Chancen für junge Frauen als Pilotinnen und Astronautinnen mindern würde.« Die Zukunft der ISS ist angesichts der Finanzierungsprobleme in den USA keineswegs gesichert, und die Erweiterung der Arbeitsplätze an Bord von drei auf sieben steht zur Disposition. Gegenwärtig warten siebzehn gut ausgebildete Kandidatinnen auf ihren Jungfernflug in den Weltraum – fünfzehn Amerikanerinnen, eine Russin und eine Japanerin. Allein für das Jahr 2002 sind fünf Einsätze von Astronautinnen eingeplant, von denen zwei ihren Erstflug antreten:

- Die 43-jährige Biologin und Ingenieurin Dr. Nancy Currie startet Ende Februar mit der Columbia als Missionsspezialistin zu ihrem vierten Raumflug, der der Wartung des Weltraumteleskops Hubble dient.
- Die 43-jährige Physikerin spanischer Herkunft Dr. Ellen Ochoa geht im April als Missionsspezialistin mit der Atlantis auf ihre vierte Raumreise, deren Hauptaufgabe es ist, das zentrale Segment für die Tragestruktur zur ISS zu transportieren.
- Die 42-jährige Biochemikerin Dr. Peggy Whitson, Forschungsleiterin in der NASA, tritt im Mai ihren Jungfernflug mit der Endeavour an und wird vier Monate lang als Flugingenieurin der fünften ISS-Stammbesatzung arbeiten. Sie will unter anderem Citrate testen, die in Südfrüchten enthalten sind und die Bildung von Nierensteinen hemmen.
- Die 44-jährige Raumfahrtingenieurin indischer Herkunft Dr. Kalpana Chawla steigt im Juni als Missionsspezialistin mit der Columbia zu ihrem zweiten Forschungsflug auf.
- Die 37-jährige Materialwissenschaftlerin Dr. Sandra Magnus unternimmt im August als Missionsspezialistin ihren Erstflug mit der Atlantis zur ISS.

Geplant war auch der Flug von Nadjeshda Kuschelnaja für Sojus TM-34 Ende April 2002. Doch der südafrikanische Millionär und Weltraumtouristanwärter Mark Shuttleworth erhielt das Ticket gegen Cash, ansonsten wäre Nadjeshda als Bordingenieurin bei dieser dritten Taximission zur ISS mit von der Partie gewesen. Lange genug hat die Russin, deren Name noch immer »Hoffnung« bedeutet, auf ihr Weltraumdebüt gewartet.

MIXED CREW MARSWARD-HO!

Der enthaltsame Weg zum Roten Planeten

Marsward-Ho! So könnte in Anlehnung an den berühmten Schlachtruf »Moonward-ho!« John F. Kennedys bei der Verkündung des Apollo-Programms das Motto für die Reise zum Mars heißen. Experten schätzen, dass in den nächsten zwanzig Jahren sehr wohl mit einer bemannten Marsmission zu rechnen sei. Optimisten nennen 2019 als Termin, wenn sich die erste Landung von Menschen auf dem Mond zum fünfzigsten Mal jährt. Die Kritiker indessen stellen vehement den Sinn und Nutzen einer Expedition mit Menschen zum Roten Planeten in Frage. Die Entgegnung darauf ist so verblüffend einfach wie logisch: Die Technik war noch nie in der Lage, Wunder zu vollbringen, doch der Mensch schafft dies täglich – sowohl in positiver als auch negativer Hinsicht. Oder hören wir uns die Geschichte von Professor Boris Jewsejewitsch Tschertok, dem Stellvertreter des legendären Chefkonstrukteurs Sergej Koroljow, an, die er auf dem 14. Tag der Raumfahrt 1998 in Neubrandenburg zum Besten gab:

»Für unsere im Oktober 1962 konstruierte Marssonde mußte eine Gewichtsreduzierung erreicht werden. Darum wurden alle schweren Geräte auf absolute Tauglichkeit überprüft, so auch die Apparatur zum Nachweis von Leben auf dem Mars. Sie wurde in der Kasachischen Steppe aufgestellt und ausprobiert. Schon nach 24 Stunden hatten wir das Testergebnis: Auf der Erde gibt es kein Leben! Das Gerät war also nicht nur zu schwer, sondern auch noch funktionsunfähig.«

Bleibt dennoch die Frage: Was soll das Ganze? Angesichts der hohen Kosten ist es durchaus berechtigt, den Sinn von extraterrestrischen Reisen in Frage zu stellen. Was kann uns der Mars sagen? Auch wenn es kurios erscheint: Dieser unwirtliche Planet mit eisigen Temperaturen von durchschnittlich minus 53 Grad und lang andauernden Sandstürmen kann uns eine Menge über unsere Mutter Erde erzählen. Wie waren die Entwicklungswege in unserem Sonnensystem? Gab es auf dem Mars schon organisches Leben, als von Evolution auf der Erde noch nicht die Rede sein konnte? Wenn ja, sind die Einschlüsse in den auf der Erde eingeschlagenen Meteoriten vom Mars die Exporteure für marsianisches Leben gewesen? Hat sich demzufolge die Evolution auf der Erde durch einen Import vom Mars in Gang gesetzt? Sind WIR also die Marsianer?

Kein anderer Planet unseres Sonnensystems hat seit je die Aufmerksamkeit der Menschen so auf sich gezogen. Seine deutlich auszumachende rote Farbe verbanden unsere Vorfahren mit Blut und folglich mit Krieg. Mars – der Gott des Krieges verheißt nichts Gutes. Missernten, Seuchen, Unheil und Mörder – das kommt unter dem marsianischen Einfluss als Resultat heraus.

Heute wissen wir einiges mehr, aber noch immer erschreckend wenig über einen, der unser Nachbar ist. Schuld an dieser Misere tragen die bisher fehlgeschlagenen automatischen Missionen zum Mars. Von 1960 an starteten 30 unbemannte Missionen zum planetaren Kriegsgott. Sage und schreibe 17 davon schlugen völlig fehl, vier Missionen kann man beim Zudrücken beider Augen als Teilerfolg bezeichnen, und lediglich neun Missionen erfüllten die an sie gestellten Erwartungen. Die Ursachen waren anfangs Startprobleme, später der Verlust des Funkkontaktes zu den Sonden als auch inkorrekte Flugbahnen, so dass die Raumflugkörper den Mars verpassten oder in Bruchlandungen endeten. Die Erfolgsmissionen der NASA wie z.B. Mariner, Viking und Mars Pathfinder entschädigten dann mit einer reichlichen Datenflut und Farbaufnahmen der Planetenoberfläche.

Tausendtägige Raumreise

Der Mars umkreist die Sonne auf einer stark elliptischen Bahn. Das hat zur Folge, dass er auch der Erde unterschiedlich fern ist, nämlich zwischen 56,8 und 399,4 Millionen Kilometern. Immer dann, wenn der Mars relativ nah ist, werden die Marswissenschaftler rund um den Globus hektisch, da diese »Startfenster« eine besonders kurze Anreise zu unserem äußeren Nachbarplaneten erlauben. Mit anderen Worten: Dann ist die beste Gelegenheit für den Start von Planetensonden oder einer bemannten Expedition. Aktuelle Überlegungen gehen von einer rund tausendtägigen Unternehmensdauer aus. Niemand zieht in Zweifel, dass Astronauten hoch motivierte Frauen und Männer mit einer

Darstellung des möglichen Landeszenarios einer bemannten Marsmission

professionellen Einstellung sind, die psychologisch und körperlich auf höchste Leistungen während eines Raumfluges vorbereitet werden. Die Reisebedingungen bis zum Mars ergeben nüchtern betrachtet aber ein nachdenklich machendes Spektrum an Hindernissen, für die der Mensch einfach nicht ausgelegt ist.

Die große Entfernung, die zurückgelegt werden muss, ist verbunden mit dem starken Gefühl, von der Heimaterde zeitweilig, aber unwiderruflich abgekoppelt zu sein. Ein Sichtkontakt ist nicht mehr möglich. Den atemberaubenden Blick wie bisher aus der Umlaufbahn haben Teilnehmer einer Expedition zum äußeren Nachbarplaneten nicht. Die Kommunikation wird durch die lange Laufzeit der Funksignale von zirka acht Minuten erheblich erschwert. Die Raumreisenden wären weitestgehend auf sich alleine gestellt. Wenn die Bahn zum Roten Planeten erreicht ist, gibt es keine schnelle Rückkehr innerhalb von Tagen. Erst dann, wenn die Planetenkonstellation günstig ist, kann an die Rückreise vom Mars innerhalb von entweder 50 oder 500 Tagen gedacht werden. Die Besatzung müsste also mit Situationen fertig werden, die bisher in der bemannten Raumfahrt noch nicht vorkamen. Das könnte bis zu solchen Ereignissen wie Geburt und Tod im Raumschiff oder auf dem fremden Planeten reichen.

Die Bedingungen an Bord des Marsschiffes werden denen wie auf den ersten Stationen im Orbit gleichen – eng, spartanisch, keine Privatsphäre. Eine so geräumige Behausung wie die ISS kann vor allem aus finanziellen Gründen nicht auf eine Bahn bis zum Mars gebracht werden. Wenig weiß die Wissenschaft bis zum heutigen Tag auch über die Wirkung der kosmischen Strahlung im interplanetaren Raum auf den Menschen. Nachdenklich stimmt die Tatsache, dass einige Apollo-Astronauten an Krebs gestorben sind. Völlig unklar ist man sich bis heute, wie die Zusammenstellung einer Crew aussehen soll. Werden es fünf oder sechs Personen sein, werden es je zur Hälfte Frauen und Männer sein, werden es Astronautenehepaare sein oder Singles oder reine Männer- bzw. Frauenbesatzungen? Die bisherigen Überlegungen dazu nehmen konkrete Formen an, aber eine endgültige Empfehlung steht noch aus.

Ganz ohne Weiber geht die Chose nicht

Klar scheint zunächst nur zu sein, dass es nicht ohne Frauen zum männlichsten aller Planeten, dem des Kriegsgottes Mars, gehen wird. Die NASA steht auf dem Standpunkt, dass Marsastronauten eine andere Kategorie von Raumfahrern sein werden als bisher. Gesucht wird nicht mehr der standhafte Einzelkämpfer, der alle Entscheidungen mit sich alleine ausmacht. Astronauten, die nicht in der Lage sind, kommunikativ und sensibel Problemlösungen zu finden, wären für eine Drei-Jahres-Mission nicht tragbar. Gesucht werden einfühlsame Fachleute, die zwischenmenschliche Konflikte erspüren und sie vor deren Eskalierung entschärfen. Das sind nach den bisherigen Erfahrungen von Langzeitmissionen die psychologischen Hauptanforderungen. Eine Mission darf weder durch technische Pannen, noch durch zwischenmenschliche oder

Gewichtige Gründe sprechen dafür, auch Frauen an einer Marsmission zu beteiligen

interkulturelle Disharmonien gefährdet werden. Einmal ins Raumschiff eingestiegen, kann vor der Zeit niemand wieder heraus.

Kommunikative Kompetenz und Konfliktmanagement, Sensibilität und Einfühlungsvermögen – das sind zweifelsfrei die weiblichen Domänen. Vielleicht würde auch ein reines Frauenteam die geeignetere Marsbesatzung ausmachen. Claudie Haigneré, Europas Weltraumfrau, sieht die Rolle der Frauen im Kosmos jedoch erstaunlich einfach und ungeschminkt: »Die Beweislage macht deutlich, dass gemischte Crews am besten arbeiten – in der Organisation ihrer Arbeit, in der Findung von Entscheidungen, in der Bereinigung von Konflikten und im Kontakt mit dem Flugleitzentrum. Mann und Frau sind unterschiedlich, natürlich, aber sie sind komplementär. Wir müssen sie einfach nur auf ihre jeweilige Art und Weise zusammen leben und arbeiten lassen, ohne darauf zu drängen, dass sie sich identisch benehmen sollten. Die Erforschung anderer Planeten wird ein gewaltiger Schritt nach vorn für die gesamte menschliche Rasse sein. Und die menschliche Rasse hat zwei Geschlechter.«

Schätzt man die Verlautbarungen der NASA richtig ein, so lässt sich leicht der Schluss ziehen, dass man dort die Problematik gemischter Crews am liebsten gar nicht und überhaupt nie öffentlich debattieren möchte. Auch wenn man gelegentlich zugibt, dass eine gemischte Besatzung »gesünder« wäre, folgt im nächsten Nebensatz schon der Einwand, dass derartige Crews eigene psychologische Probleme verursachen würden – ein für das sich prüde gebende Amerika typisches Herumschleichen der Katze um den heißen Brei. Gemeint ist doch nichts anderes als: Wie können Frau und Mann über drei Jahre mit ihrer sexuellen Veranlagung umgehen? Diese Überlegung geht noch einen Schritt weiter: Ist es möglich, den Frauen und Männern über drei Jahre oder länger zu verbieten, den Beischlaf auszuüben und Kinder zu zeugen? Können in der Schwerelosigkeit oder der schwachen Schwerkraft auf dem Mars gezeugte oder geborene Kinder gesund sein und sich darüber hinaus auf der Erde normal weiterentwickeln? Können Frauen überhaupt ein Kind austragen, nachdem sie sich so lange in der Schwerelosigkeit an Bord aufgehalten haben?

Muskelschwund und Zahnausfall

Es ist hinlänglich bekannt, dass die Fähigkeit der menschlichen Knochen zur Regeneration in der Schwerelosigkeit zehnmal schneller als auf der Erde abnimmt. Durch die fehlende Schwerkraft baut sich die

Masse der Knochen infolge der Zerstörung der Mikroarchitektur ab. Das Skelett wird porös, instabil und neigt dazu, bei geringer Belastung zu brechen.

Ein Husten allein kann schon zu einem Rippenbruch führen, und die Knochenglieder der Wirbelsäule sacken von alleine in sich zusammen. Frauen sind durch ihre genetische Veranlagung und ihre generell leichteren und weniger dichten Knochen einem höheren Risiko ausgesetzt. Dieser Knochenabbau, die Osteoporose, tritt auch auf der Erde auf, allerdings erst bei Menschen nach dem 45. Lebensjahr und später. Der Vorteil der Astronauten ist, dass der Abbau der Knochen durch Trainingsmaßnahmen und entsprechende Ernährung nahezu reversibel ist. Bisher lebten Menschen bei einem Raumflug nur etwas länger als ein Jahr in der Schwerelosigkeit. Wie sieht der Prozess des Knochenschwundes aber nach drei Jahren aus, zumal es im weiteren Verlauf der Krankheit zum Zahnausfall kommt? Zahnausfall – so eine irdische Weisheit – wäre auch auf dem Mars irreversibel.

Waren die Frauen psychologisch gesehen noch im großen Vorteil, so sind sie physiologisch wieder im Nachteil. Was also tun? Die Frauen zu Hause lassen und die Männer zu Mönchen oder Neurotikern machen? Die Männer zu Hause lassen und den Frauen zumuten, nach der Rückkehr bei der Krankenkasse ein Gebiss zu beantragen?

Ein Ausweg wären Marsraumschiffe, die mit einer künstlichen Schwerkraft ausgestattet sind. Die einfachste Art zur Erzeugung von Schwerkraft wäre ein um seine eigene Achse rotierendes Raumschiff, wie es schon Hermann Oberth am Anfang des 20. Jahrhunderts skizzierte. Zwischenzeitlich wurden hierzu interessante Experimente durchgeführt. Eines, unter Bedingungen wie auf dem Mars, wo 38 Prozent der Erdgravitation herrschen, hat die amerikanische Abteilung der Mars Society vorgeschlagen. Die Mars Society will mit ihrer Translife Mission ein kleines rotierendes System für fünfzig Tage auf eine niedrige Erdumlaufbahn bringen. Durch die Rotation soll die marsianische Schwerkraft imitiert werden. In dem Raumflugkörper werden sich Mäuse aufhalten, die dort fast zwei Monate leben und sich fortpflanzen. Die Translife Mission ist ein Programm, um herauszufinden, ob Muttertiere unter den Bedingungen der Marsgravitation leben und gebären können und ihre Nachkommen sich normal entwickeln.

Ein einfaches Vorexperiment zu dieser Mission ist im Sommer 2001 erfolgreich abgeschlossen worden. Die Mars Society baute im Pioneer Astronautics Laboratory in Lakewood, Colorado, eine runde Rotationsplatte von einem Meter Durchmesser, die 25 Umdrehungen in der Minute ausführte. Vom August an wurde sie das Zuhause für ein halbes Dutzend Mäuse. Die Simulation war natürlich nur durch Einbeziehung der Erdanziehung möglich, aber die in rotierenden Systemen wirkende Corioliskraft ist auf der Erde die gleiche wie im Orbit. Diese Kraft wirkt in rotierenden Systemen nur scheinbar. Körper in derartigen Systemen erfahren die Corioliskraft senkrecht zu ihrer Bahn und zur Drehachse. Die Einschätzung der Corioliskraft ist deshalb wichtig, weil vermutet wird, dass sie zu einer Desorientierung von Astronauten führt, die in sich drehenden Systemen leben würden.

Mäuse machen mobil

Die Mäuse gewöhnten sich schnell an ihr rotierendes Heim, und sie benahmen sich völlig normal, fraßen, tranken, bauten Nester und spielten. Nach sieben Wochen, am Morgen des 15. Oktober 2001, gebar die Maus »Minnie« ihr erstes Baby. Daraus schlussfolgerten die Experimentatoren, dass die Corioliskraft kein Hindernis für die Durchführung des orbitalen Translife Experiments ist. Die Mars Society freute sich, die Geburt von insgesamt sechs gesunden Mäusebabys bekannt geben zu können. Mutter Minnie war wohlauf.

Eine andere hoffnungsvolle Versuchsreihe beendeten die NASA und das ihr angeschlossene National Space Biomedical Research Institut in Houston, Texas, im Herbst 2001. Wissenschaftler fanden heraus, dass kaum wahrnehmbare Vibrationen das Knochenwachstum stimulieren könnten. So wurden normal aktive Versuchstiere zehn Minuten pro Tag einer Hochfrequenzvibration von 90 Hertz bei einem Viertel der normalen irdischen Gravitation ausgesetzt. Nach einiger Zeit ließ sich eine Zunahme der Knochendichte nachweisen. Interessant ist auch der »Gegentest«: Tiere, die zehn Minuten pro Tag schwerkraftaufhebende

Noch ist nicht geklärt, ob der weibliche Organismus überhaupt für derart lange Raumflüge geeignet ist

Aktivitäten durchliefen, mussten einen Knochenverlust hinnehmen. Wurden beide Maßnahmen kombiniert, veränderte sich die Knochendichte nicht.

Die ermutigenden Resultate müssen noch durch klinische Studien bestätigt werden. Soviel scheint aber schon sicher: Viele ältere Menschen, Osteoporosekranke, Astronauten und Astronautinnen können große Hoffnung schöpfen.

Die derzeitige Situation bleibt schwierig. Selbst wenn sich das Problem des Knochenschwundes bei Marsflügen lösen lässt, sind die psychologischen Barrieren noch lange nicht beseitigt. Schon heute kann die Menschheit darauf gespannt sein, von welcher Art und Persönlichkeit ihre Vertreter sein werden, die als Nachfolger der Apollo-Astronauten den ersten Schritt auf dem Mars vollführen.

Eines jedoch lehrt uns die Marsforschung bereits heute: Der Weg zum Roten Nachbarn ist für uns Menschen mühsam, steinig und mit Rückschlägen verbunden. Einst berechnete Johannes Kepler als erster die Umlaufbahn des Planeten Mars um die Sonne. Anfänglich höchst euphorisch ließ er verlauten: »Den Mars bezwing' ich in acht Tagen!« Nachdem er seit dem Jahre 1600 genügend Beobachtungsdaten zur Verfügung hatte, brauchte er noch ganze acht Jahre bis 1609, um die starke elliptische Bahn des Mars zu erkennen. Die ersten Marsbesucher werden noch länger brauchen, bis sie auf die Reise gehen.

TEIL 6

ZEITZEUGEN GEBEN ZU PROTOKOLL

Wenn ein Geschehnis durch eines einzigen Zeugen Mund bekannt ist, so vertraut man ihm, ohne lange zu schwanken. Ratlos wird man erst, wenn die Ereignisse von zwei oder mehr Zeugen berichtet werden, denn ihre Aussagen widersprechen einander stets und sind stets unverträglich.

ANATOLE FRANCE
(eigentlich Jaques Anatole Thibault)
französischer Schriftsteller
1844–1924

DIE VERZAUBERTEN JAHRE

Dr. rer. nat. Irene Sänger-Bredt

Als ich mir Ende 1963 vornahm, ein Buch über mein Leben als Raketentechnikerin im Zeitalter der beginnenden Raumfahrt zu schreiben, hoffte ich, noch viele glückliche und beschauliche Jahre des gemeinsamen Alterns mit meinem Mann Eugen Sänger erleben zu dürfen. Ich hoffte, daß er nicht nur die baldige erste Landung eines Menschen auf der Oberfläche des Mondes erleben könne, sondern als Krönung seiner eigenen Arbeiten auch noch die Verwirklichung seines Lieblingsprojekts, des bemannten, wiederverwendbaren Raumtransporters.

Es ist anders gekommen.

Am 10. Februar 1964 starb Eugen Sänger im Alter von nur 58 Jahren an den Folgen eines Herzinfarkts, weil er dem Streß und den Praktiken nicht gewachsen war, die in der Bundesrepublik Deutschland zum Handwerk gehörten, seit Raumfahrt kein kühner Traum belächelter Narren mehr war, sondern sich allenthalben zu einem Objekt nationalen Prestiges und machtpolitischer Interessen entwickelt hatte, dem schließlich sogar die risikofeindliche Nachkriegsbürokratie des Heimatstaats der V2 fast widerwillig Tribut zahlen mußte.

Irene Sänger-Bredt bei der Arbeit in Echterdingen, Baden-Württemberg

Seit der Gründung eines interministeriellen Ausschusses für Weltraumforschung, der hier im Februar 1961 unter dem Druck gesamteuropäischer Organisationen erfolgt war, und der Schaffung eines eigenen Budgetpostens für Weltraum- und Raumfahrtforschung im Haushaltsplan für das Rechnungsjahr 1962 war nämlich Raumfahrt auch in der BRD endgültig gesellschaftsfähig geworden. Dabei trieb der Kampf um Ämter und Pfründe giftige Blüten.

Himmelstürmende Projekte

Sänger hat diese Wende zum Materiellen in der soziologischen Bewertung von Raumfahrt nur um knapp zwei Jahre überlebt. Aus Gründen, die in diesem Buch später zur Sprache kommen werden, habe ich nach Sängers Tod aufgehört, mich mit konkreten technischen oder physikalischen Detailproblemen der Raketen- und Raumfahrtforschung zu befassen, und statt dessen begonnen, Abhandlungen und Sachbücher zu schreiben, die sich mit Raumfahrt-Geschichte, ferner mit kosmologischen und biogenetischen Problemen – insbesondere mit dem Ursprung und den Entwicklungstendenzen der Menschheit – befassen. Diese Arbeit half mir nicht nur, die schweren Schicksalsschläge zu verkraften, denen ich seit Ende 1961 ziemlich wehrlos ausgesetzt war. Sie ermöglichte mir ferner, mich zu distanzieren, geistige und materielle Unabhängigkeit zu wahren von Menschen und Entwicklungen, die ich ablehnen mußte, wenn ich meine Selbstachtung nicht verlieren wollte. Sie schenkte mir darüber hinaus einen neuen Lebensinhalt, ein faszinierendes Ziel, das man noch im Alleingang – ohne maßlose materielle Subventionen, Mammut-Teams und Computerhilfe – angehen konnte, und vor allem eine Schau der kosmischen und biologischen Evolution, die allem, was ich bis dahin in meinem Leben getan hatte, erst einen befriedigenden Sinn gab.

Ungeachtet einer ausgefüllten Periode schriftstellerischen Schaffens, ungeachtet aller Zufriedenheit mit meinem jetzigen Leben und des tiefen Glücks, das ich immer wieder empfand, wenn es mir gelang, einen winzigen Zipfel des Schleiers zu lüften, der die Natur aller Dinge und Vorgänge im Kosmos vor menschlicher Wißbegier verhüllt, habe ich doch gut zwölf Jahre gebraucht, um den notwendigen Abstand zu gewinnen, der es mir ermöglicht, ohne Bitterkeit und subjektive Verzerrung über persönliche Dinge der Vergangenheit zu berichten und meinen Vorsatz aus dem Jahre 1963 zu verwirklichen. Bis zur Fertigstellung meiner Arbeit benötigte ich weitere sieben Jahre.

Es ist dies dennoch kein kühler, distanzierter Bericht über objektiv wichtige Ereignisse am Vorabend der Raumfahrt geworden, sondern ein weitschweifiges, durchaus subjektiv und gefühlsbetont angelegtes Mosaik aus wichtigen Daten der technischen Entwicklung und scheinbaren Belanglosigkeiten des persönlichen Alltags, denn ich wollte dieses Buch weniger für meine Fachkollegen als für meine Mitmenschen schlechthin schreiben, wobei eine streng wissenschaftliche Wiedergabe chronologischer Tatsachen dem Leser kaum den Zauber vermitteln könnte, der damals in der Luft lag und in dessen Bann die Pioniere der Raumfahrttechnik in der ersten Hälfte dieses Jahrhunderts ihre himmelstürmenden Projekte entwickelten.

Forscher – Träumer – Konstrukteure

Aus der gleichen Erwägung habe ich auch der Schilderung allgemein kultureller Hintergründe und historischer Voraussetzungen – so, wie ich sie erlebte – einen verhältnismäßig breiten Raum gewidmet, denn diese bildeten das Klima und den Nährboden, dank deren die »Forscher, Träumer und Konstrukteure« (Titel eines Buches von Heinz Gartmann, erschienen 1955 im ECON-Verlag Düsseldorf, H.H.) – zumindest im deutsch-österreichischen Raum – überhaupt erst gedeihen konnten.

Indem ich mir nach so vielen Jahren nun sorgfältig wieder bewußt zu werden versuchte, wie alles begann, wie es dann gekommen ist und warum es ausgerechnet so und nicht anders kommen mußte, dürfte dieses Buch auch eine Art Rechenschaftsbericht über mein Leben geworden sein – für mich selbst und für die Menschen, die sich dafür interessieren.

Ausgerechnet die an weltanschaulichen Gegensätzen und sozialen Wirren so überreiche Zeit nach dem ersten Weltkrieg, in der Arbeitslosigkeit und Geldentwertung in hoch entwickelten Industrieländern die jungen Menschen dort eigentlich zu illusionslosen Materialisten und Rationalisten hätten prägen müssen, brachte neben andern wunderlichen Menschheitsaposteln jene Handvoll genialer Träumer hervor, die ungeachtet aktueller materieller Not an die Möglichkeit der Eroberung des Weltraums glaubten und fest zur Durchführung dieser Aufgabe entschlossen waren. Und sie schufen tatsächlich im Verlauf von knapp fünfzig Jahren die Voraussetzungen zur Verwirklichung eines Menschheitstraums, der zuvor als unerfüllbare Sehnsucht galt und mindestens seit dem legendären Himmelsflug des sumerischen Königs Etam – vermut-

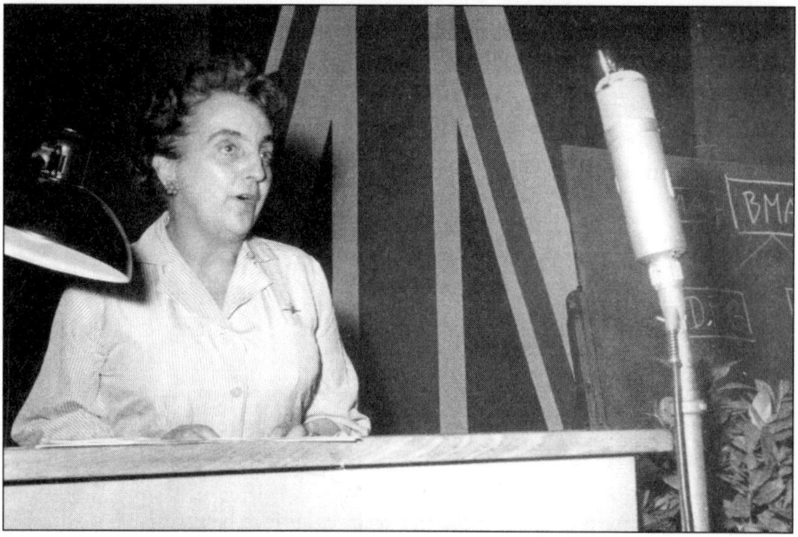

Irene Sänger-Bredt bei einem wissenschaftlichen Vortrag in London

lich aber sogar, seit Menschen denken konnten – die Gemüter ihrer Seher, Dichter und Bastler ohne spektakulären Erfolg beflügelt hatte.

Deshalb erschien es mir wichtig, den so erschreckend nüchternen und »vernünftigen« Vertretern der heute aktuellen Generation nicht nur kühle, historische Fakten zu übermitteln, sondern daneben auch ein wenig von der unwägbaren Atmosphäre, von der geistigen Welt, in der die »verrückten« Raumfahrtenthusiasten damals lebten, gedeihen konnten und – ungeachtet staatlicher oder ideologischer Schranken – eine verschworene internationale Gemeinschaft bildeten, für die Ziolkowskis Wahlspruch galt: »Nado mjetschtatj!« (»Der Mensch muß träumen können!«) In diesem Sinne habe ich versucht, auf nicht allgemeinverständliche wissenschaftliche Details, insbesondere auf mathematische Formeln, nach Möglichkeit zu verzichten und habe statt dessen neben den technisch bedeutsamen Ereignissen, die ich miterleben durfte, viele kleine, unscheinbare Episoden geschildert, die sich am Rand des großen Geschehens abspielten und mir besonders lebhaft im Gedächtnis haften blieben, weil sie die dürre Chronologie naturwissenschaftlichen und technischen Fortschritts durch menschliche Aspekte belebten und psychologisch verständlich machten. Weiterhin habe ich mich bemüht, die geistigen Strömungen jener Zeit in meinem Bericht anzudeuten und die kulturelle Umwelt zu skizzieren, in der die Wegbereiter der Raumfahrt damals lebten und mit der sie sich auseinandersetzen mußten.

Wenn ich nun aus meiner ganz persönlichen, begrenzten Sicht schildere, wie ich zur Raumfahrt kam, an welchen technischen Projekten ich mitarbeiten durfte, welchen erwähnenswerten Menschen ich dabei begegnet bin, was aus den Projekten der Arbeitsgruppe um Eugen Sänger wurde, in welche abenteuerlichen Ereignisse wir verstrickt wurden und welche persönlichen Konsequenzen ich aus allem zog, so bilden den äußeren Rahmen meiner Erzählung zwangsläufig die Fixpunkte des weltpolitischen Geschehens in den dreißiger bis sechziger Jahren unseres Jahrhunderts, einer Epoche, die durch Diktaturen, Maßlosigkeit, Intoleranz, Verfolgung, totalen Krieg, Bombenterror, Hunger, Revanchegreuel, Emigration, zaghafte Versuche zur Völkerverständigung und Demokratisierung, zunehmenden Materialismus und skrupelloses Profitstreben gekennzeichnet war. Sie hat das Schicksal der Menschen und ihrer Projekte nämlich entscheidend beeinflußt.

Für mich ist jene Epoche gleichbedeutend mit der Zeit, die ich gemeinsam mit dem deutsch-österreichischen Raumfahrtforscher Eugen Sänger verleben durfte als seine Schülerin, Assistentin, selbständige Mitarbeiterin im Rahmen seiner Projekte und schließlich als seine Ehefrau.

Wenn ich heute an diese Zeit zurückdenke, so erscheint sie mir wie verzaubert, so als hätte ich sie in einem fernen Märchenland – außerhalb des rationalen Raums – verlebt. Mir ist, als sei ich 1937 – wie Goldmarie aus der Geschichte von »Frau Holle« – in einen tiefen Brunnen gesprungen, habe ganz unten auf seinem Grund ein unvergleichlich schönes Wunderland entdeckt und durchwandert, in dem ich für immer hätte verweilen mögen, wenn mich nicht Anfang der sechziger Jahre einige häßliche Zwerge mit Gewalt herausgeangelt, aller Schätze beraubt und unsanft auf die trübe Erde geworfen hätten.

Seit der erste Sputnik im Oktober 1957 drei Wochen lang erfolgreich Kommunisten und Kapitalisten des Erdballs umkreist hatte, seit die »Großen« dieser Erde danach begonnen hatten, Raumfahrt ernst zu nehmen und ihren Zwecken dienstbar zu machen, waren mein Mann und ich bei unserer beruflichen Tätigkeit immer stärker unerfreulichen Erlebnissen ausgesetzt, die weniger mit der Eroberung des Kosmos als mit menschlichen Unzulänglichkeiten wie Neid, Profitsucht und Machtstreben zu tun hatten.

In diesem Zusammenhang bildeten wir bald ein dankbares Thema und wehrloses Objekt von Journalisten und leichtfertigen Sensationsschriftstellern. Entweder aus ideologischen Beweggründen oder wohl auch nur in der Annahme, daß Artikel oder Bücher, die einfach Tatsachen berichten und bei der Wahrheit bleiben, weder Zeitungsauflagen steigern noch Bestseller werden können, wurden von eifrigen Schreiberlingen und sogar von einigen – sogenannten »namhaften« – Autoren die unsinnigsten Schauermärchen über uns erfunden und verbreitet, ohne daß die Urheber solcher Geschichten dafür zur Verantwortung gezogen oder auch nur zu Berichtigungen veranlaßt werden konnten. Auf die Gefahr hin, daß mein Buch daraufhin kein »Bestseller« wird, möchte ich im Andenken an meinen Mann versuchen, der schlichten Wahrheit zu dienen und am Rande meines Erlebnisberichts einige der gröbsten Falschmeldungen richtig zu stellen, soweit mir die wirklichen Zusammenhänge bekannt geworden sind.

Fackelträger früher Kulturen

Die verzauberten Jahre sind längst vergangen ... Sie endeten spätestens mit dem Tod Eugen Sängers im Februar 1964.

Aus dem wunderbaren Traum von einer Menschheit, die sich anschickte, den Weltraum zu erobern, bin ich aufgewacht inmitten eines faden und erbarmungslosen Alltags, für den die Bezeichnung »November« noch viel zu optimistisch klingt. Angeschlagen sitze ich auf einer übervölkerten, ausgebeuteten Erde voller Ameisenstaaten, in denen

Das Forscherpaar bei einem Bummel in Venedig

schöpferische Individuen nicht mehr geduldet werden, sondern nur noch gegängelte, gehorsame Einheitswesen, die von Staatsbürokratien, Konzernen, Politverbänden oder Terroristen-Kommunen zu verstand-, seelen- und gewissenlosen Robotern geprägt wurden.

Ich habe erlebt, wie Träume auf dieser Erde zerstört, wie gute Menschen vernichtet wurden und wie Unrecht triumphiert hat. Ich habe die Hoffnungslosigkeit und Unwirtschaftlichkeit aller Bemühungen zur Verwirklichung von schöpferischen Ideen erfahren müssen und dabei die Lust zu persönlichem Einsatz, zu Anstrengungen oder gar Opfern für die Erreichung solcher Ziele gründlich verloren. Mit wachsender Bedrückung mußte ich wahrnehmen, wie mehr und mehr eine mittelmäßig begabte und manipulierbare Masse – anstelle der Fackelträger früher Kulturen – Tempo und Richtung der Menschheitsentwicklung bestimmt, wie die bahnbrechenden Erfindungen der modernen Technik nur einer hemmungslosen Bequemlichkeit degenerierter und satter Zeitgenossen dienstbar gemacht oder zu selbstzerstörerischen Kriegszwecken mißbraucht wurden. Ich erlebe ferner täglich aufs neue, wie die natürliche Umwelt unseres Lebensraums und sinnvoll gewachsenes Brauchtum gedankenlos zerstört, wie die endlich großen Rohstofflager der Erde in kurzsichtiger Habsucht geplündert werden, wie sich der Zivilisationsabfall unserer Wegwerf-Gesellschaft zu immer höheren, dauerhaften Schutthalden hochtürmt, wie die lebensnotwendige Lufthülle und die für das Gleichgewicht der Biosphäre ebenso wichtigen Gewässer der Erde aus Bequemlichkeit und Profitsucht systematisch vergiftet werden ...

Fassungslos habe ich miterleben müssen, wie oberflächlich und instinktlos die heutige Generation die Verwirklichung eines jahrtausendealten Menschheitstraums, den ersten Schritt zur Eroberung des Weltraums, lediglich als ein spektakuläres Tagesereignis hinnahm, ohne moralische Konsequenzen daraus zu ziehen. Nachdem am 21. Juli 1969 der erste Mensch die Oberfläche des Erdmonds betreten konnte, wurde dieses Ereignis von den Massenmedien nicht anders dargeboten und von der Öffentlichkeit nicht anders aufgenommen, als irgendein sensationeller Boxkampf, eine aufsehenerregende Entführung oder ein ähnlicher profaner Nervenkitzel, über den man bald danach zur Tagesordnung übergeht. Das »Volk« kostete die Fernsehübertragungen der wenigen bemannten Raumfahrt-Expeditionen aus wie Lageberichte über eine afrikanische Stammesfehde. Nach gelungener Mission starteten die zuständigen Behörden und Publizisten rasch ihre routinemäßigen Lobeshymnen und Dankbezeugungen gegenüber den unmittelbar am Erfolg beteiligten Pionieren. Dann erwog man machtpolitische Vorteile und unmittelbare wirtschaftliche Nutzbarkeit, die man aus diesem Erfolg ziehen könnte, und beeilte sich gleichzeitig, die technischen Einrichtungen und finanziellen Förderungsmittel der Raumfahrt auf das für solche kurzsichtigen Nutzanwendungen notwendige Minimum zu reduzieren. Die Pioniere und Piloten des Apollo-Projekts schickte man entweder in Pension oder wies ihnen zwar wohldotierte, aber für Männer ihres Schlages sterbenslangweilige Positionen in Industrie oder Verwaltung zu und degradierte sie so – ungeachtet ihrer voll erhaltenen Leistungsfähigkeit – zu lebenden Fossilien oder Museumsstücken. Für den »Mann auf der Straße« aber war die Mondlandung inzwischen längst ein »alter Hut« geworden, der ihm allenfalls noch ein müdes Lächeln entlockte.

Die Flamme des Prometheus

Der Massenmensch von heute und die Gesellschaftsorgane, die seinen Interessen dienen, werden wohl niemals begreifen können, daß es Menschen gibt, die mehr brauchen als Geld, zweifelhafte Vergnügungen, gesellschaftliche Macht und grenzenlose Freizeit zum Faulenzen. Sie werden niemals begreifen, daß es Menschen gibt, die zugrunde gehen müssen, wenn man ihnen die Möglichkeit nimmt, ihre Träume zu verwirklichen. Wernher von Braun war einer von ihnen, Eugen Sänger ein anderer. Einer Schnecke gleich habe ich mich nach all diesen Erfahrungen in mein Haus zurückgezogen. Meine psychische und nervöse Belastbarkeit ist im Kampf für offenbar allzu hoch gesteckte Ideale und gegen allzu menschliche Intrigen so weit erschöpft worden, daß ich »Entropieverluste« tunlichst einschränken muß, wenn ich überleben will, wenn ich noch erleben will, wie dieses makabre Spiel weitergeht, das sich »Entwicklung der Menschheit« nennt – und seinem natürlichen Ende so nahe scheint wie das Geschlecht der Dinosaurier gegen Ende der Kreidezeit. Ich habe den Mut verloren, frohe Erwartungen an Menschen oder Dinge zu knüpfen, wie man dies in der Jugend zu tun pflegt. Ich habe gelernt, die Menschen schlechthin, ihre Methoden und ihre Gesellschaft abgrundtief zu verachten, obwohl ich doch ihresgleichen bin und nicht für die Einsamkeit geboren wurde.

Doch das sogenannte Gesellschaftsleben, dieser Jahrmarkt der Eitelkeiten, des Prestigedenkens und Profitstrebens mit seinen kleinen und großen Intrigen, das platte Spiel zwischen Manipulatoren und Manipulierten in den modernen Industriestaaten widern mich so stark an, daß ich gesellschaftliche Veranstaltungen aller Art immer mehr scheue.

Auf der ersten internationalen Tagung des Forschungsinstituts für Physik der Strahlantriebe in Bad Freudenstadt, 1956: Irene Sänger-Bredt, Bundesverkehrsminister Hans-Christoph Seebohm und Eugen Sänger

Seit der Massentourismus alle erreichbaren Ziele der Erde systematisch kommerzialisiert, uniformiert, monotonisiert und damit zerstört hat, erscheinen mir auch Reisen eher als Strafe denn als Vergnügen, und ich freue mich lieber an den »kleinen Dingen« in meiner unmittelbaren Alltagsumgebung.

Geblieben ist mir die Erinnerung an eine zauberhaft reiche Vergangenheit, die ich erleben durfte und die mir niemand mehr nehmen kann. Geblieben ist mir ferner die zweifelhafte Genugtuung, daß Schlechtigkeiten – wo immer wir sie erleben mußten und wo immer sie unsere Kraft und die Früchte unseres Schaffens zerstörten – sich für keinen ihrer Initiatoren bisher gelohnt haben. Geblieben ist mir als gnädiges Geschenk des Schicksals schließlich noch immer die Lust zum Träumen und Fabulieren in den eigenen vier Wänden.

So schrieb ich die Geschichte der »verzauberten Jahre« in der törichten, unverbesserlichen Hoffnung, daß sie in irgendeinem Leser vielleicht doch wunderbarer Weise eine Saite zum Klingen bringen möge, deren Impuls dazu beitragen könnte, die Menschheit auf ihrem Weg in den Abgrund der Vermassung, Degeneration und schließlichen Selbstzerstörung aufzuhalten. Mein sehnlicher Wunsch ist, daß mein Bericht zumindest einen jungen Menschen zu dem Willen anregen möge, sich dem allgemeinen Trend zur Entgöttlichung des menschlichen Daseins entgegenzustemmen und ein Fackelträger der Zukunft zu werden, der die Flamme des Prometheus weiter hütet, jene Flamme, die erstmals aufleuchtete, als sich vor einigen Millionen Jahren aus vorprogrammiert dahindämmernden Tierwesen der erste Mensch entwickelte.

Vorwort und Epilog stammen aus einem unveröffentlichten Buchmanuskript, das Irene Sänger-Bredt fünf Jahre vor ihrem Tod schrieb, und das uns ihr Sohn Hartmut zur Verfügung stellte.

IM VISIER DER ÄRZTE

Dr. sc. Irina Ponomarjowa

Das kosmische Zeitalter begann mit zwei denkwürdigen Daten: dem 4. Oktober 1957 – Start von Sputnik 1 – und dem 12. April 1961 – Start von Juri Gagarin. Dem ersten Start eines Menschen in den Kosmos ging die Ausarbeitung der dazu notwendigen wissenschaftlichen und technischen Theorien durch Konstantin Eduardowitsch Ziolkowski zu Beginn des 20. Jahrhunderts voraus. Mehr als zwanzig Jahre suchte er nach einem Weg, um einen kosmischen Flugapparat zu entwickeln, der geeignet ist, die Erdanziehung zu überwinden. In seinen Werken widmete er den Problemen zur Schaffung von Lebenserhaltungssystemen, Raumanzügen und Schleusensystemen sowie den Fragen der Auswahl und Ausbildung für kosmische Flüge große Aufmerksamkeit. Was mich am meisten beim Lesen seiner Bücher beeindruckte, war die Empfehlung, zwanzig Leute auf die Reise zu schicken. Diese Zahl erwies sich als symbolisch, weil zu Beginn des Jahres 1960 die erste Kosmonautenmannschaft in unserem Lande tatsächlich aus zwanzig Personen bestand.

Diese kam im März 1960 nach Moskau an das Staatliche Wissenschaftliche Forschungsinstitut für Luftfahrt und Kosmische Medizin, wo eine Abteilung zur Auswahl und Ausbildung der Kosmonauten geschaffen worden war. An deren Spitze stand Professor N. N. Gurowski. Ich hatte das große Glück, unter seiner Leitung am Institut zu arbeiten. Es verging dann nach dem Start von Juri Gagarin kein ganzes Jahr, als das Zentralkomitee der Gesellschaft zur Förderung der Armee, Luftstreitkräfte und Flotte der UdSSR (DOSAAF) eine Auswahlkampagne unter den Fliegerinnen und Fallschirmspringerinnen der Sowjetunion organisierte, um weibliche Kosmonautenkandidaten zu finden. Mitte Januar 1962 waren bereits mehr als fünfzig Frauen namentlich erfasst.

General Nikolaj Kamanin, der Kommandeur der Kosmonautenabteilung in den Jahren von 1960 bis 1971, war davon überzeugt, dass Frauen in den Kosmos fliegen würden. Je früher man mit der Ausbildung beginne, so seine Ansicht, desto weniger Unannehmlichkeiten und Überraschungen würden auf diesem Weg auftauchen. Nach der Durchsicht der Personalakten und Vorgespräche wurden dreiundzwanzig Anwärterinnen nach Moskau an das Zentrale Wissenschaftliche Forschungshospital für Luftfahrt (ZNIAG) für die medizinische Musterung und Prüfung beordert. Anfang März 1962 wurden die Namen der Kandidatinnen der Gruppe der »Ersten weiblichen Kosmonautenmannschaft« bekannt gegeben: Tatjana Kusnezowa, Irina Solowjowa, Walentina Tereschkowa. Etwas später schlossen sich ihnen an: Shanna Jerkina und Walentina Ponomarjowa. Sie begannen sofort im Zentrum für die Ausbildung von Kosmonauten (ZPK) mit dem Training nach einem Spezialprogramm.

Heute, aus der Sicht am Beginn des 21. Jahrhunderts, fällt auf das Werden der russischen bemannten Kosmonautik ein gewisses romantisches Licht. Ihre verblüffenden Erfolge verwischten jene gewaltigen Schwierigkeiten und alltäglichen Anstrengungen, mit denen jeder Schritt zur Eroberung des Kosmos verbunden war. Von den Spezialisten verschiedener Fachrichtungen, darunter der neuen Weltraumwissenschaften – der kosmischen Biologie und Medizin – wurde eine große zielgerichtete Arbeit geleistet.

In der Isolierkammer ...

Das Programm der allgemeinen Ausbildung der ersten Kandidatinnen bestand aus folgenden Hauptfächern: Theorie, Technik, Flug, Fallschirmspringen, physische und medizinisch-biologische Ausbildung. Letztere beinhaltete das Sammeln von Erfahrungen am Rüttelprüfstand und an Rotationsgeräten, das Vestibulartraining mit dem Ziel der Erhöhung des stabilen Gleichgewichts unter diesen speziellen Einflüssen und ebenso die Erforschung des Verhaltens in Thermo-, Unterdruck- und Isolationskammern.

Was das Spezialtraining betrifft, so bestand es vor allem in der Ausführung von Übungen, die auf die Stabilisierung des physischen Zustandes, auf die Vervollkommnung sportlicher Fähigkeiten, die Entwicklung der Fähigkeit zur Orientierung des Körpers im Weltraum, die Erhöhung der Ausdauer bei Belastungen, die Anpassung an die Schwerelosigkeit und die Überwindung der Weltraumkrankheit gerichtet waren. Besondere Aufmerksamkeit wurde den Parabelflügen gewidmet, wo jeweils für etwa zwanzig Sekunden Schwerelosigkeit herrschte.

Während der Ausbildung zum ersten Flug ins All mussten sich die Kandidatinnen an einen längeren, alleinigen Aufenthalt in einer winzigen technischen Anlage gewöhnen. Die dabei entstehende Einsamkeit glich der Abgeschlossenheit in einer Weltraumkabine und konnte Schwierigkeiten psychologischer Art hervorrufen. Es fehlte eine bedeutende Anzahl gewöhnlicher Reize, die auf der Erde typisch sind, und umgekehrt wirkten auf die Probanden Faktoren, die ihnen bislang unbekannt waren. Vieles war unter den Lebensbedingungen im Raumschiff in Bezug auf die psychisch-emotionale Situation unklar.

Deshalb wurde den Fachleuten das Ziel gestellt, die Wirkung solcher Flugfaktoren auf den Menschen näher zu untersuchen. Zu diesen Faktoren zählten: die Einsamkeit, die Isolation, die sensorische Deprivation, das heißt, das Fehlen von Reizen, die Besonderheiten des psychophysiologischen Zustandes des Menschen, ebenso die individuellen Reaktionsbesonderheiten und deren Verhalten während des Aufenthaltes in einer schalldichten Isolationskammer. Sowohl die Analyse spezieller Materialien, literarischer Quellen und experimenteller Arbeiten, die zu jener Zeit verfügbar waren, als auch zufällige Beobachtungen zeugten davon, dass derartige Faktoren einen negativen Einfluss auf die Gesundheit und den psychischen Zustand des Kosmonauten ausüben können.

Prinzipielle Bedeutung in der Ausbildung der ersten Kosmonautenmannschaft hatten die Versuche in der schalldichten Kammer. Sie wurden unter Leitung von Professor F. D. Gorbow durchgeführt, dessen Name man gerechter Weise mit der Geburt der kosmischen Psychophysiologie verbindet.

Das Studium der neuro-psychologischen Belastbarkeit der Frauengruppe unter den Bedingungen der Isolation, das heißt des Entzugs von sensorischen Reizen, wurde im Verlauf von sieben Tagen in der schalldichten Kammer durchgeführt. Hierbei wurde ein gewöhnlicher Tagesrhythmus genutzt: Arbeit am Tage, Schlaf zur Nachtzeit – und das alles streng nach Plan. In die Kammer drangen weder Laute von außerhalb noch Tageslicht oder menschliche Stimmen ein. Es gab keinerlei Kontakt zur Außenwelt. In der Freizeit konnten die Kosmonautinnen Musik hören, zeichnen, Gedichte rezitieren, träumen oder anderes tun.

Die schalldichte Isolationskammer war bescheiden eingerichtet: ein kleiner Tisch, ein ausklappbarer Sessel, eine Lufterneuerungseinheit, eine Beobachtungskamera, ein Apparat für psycho-physiologische Untersuchungen, Lebensmittel als »kosmisches Rationspaket«, die in speziellen Tuben zubereitet und als Tagespakete abgepackt waren, Behälter mit Trinkwasser und andere lebensnotwendige Gegenstände.

... mit geschorenen Haaren

Verschiedene Laboratorien, die in die Ausführung der Untersuchungen eingebunden waren, nahmen an der Vorbereitung der Versuchsreihen aktiven Anteil. So hatte die Lebensmittelabteilung die Aufgabe, eine Nahrungsration für die Kandidatinnen zu entwickeln, die vollwertig in Quantität und Qualität, in der Berechnung der Kalorien, des Eiweißgehaltes, von Fett und Kohlenhydraten sein musste.

Vor Beginn des Experiments in der Isolationskammer brachten wir den Frauen bei, wie man die Elektroden zur Aufzeichnung eines Elektroenzephalogramms (EEG) am Kopf anzulegen hatte und haben ihnen sogar die Haare geschoren, um die Aufzeichnungen zu verbessern. Ebenso wichtig war, dass die Mädchen die Zeitintervalle berechnen konnten, dass sie deutlich und schnell auf das Blinken von farbigen

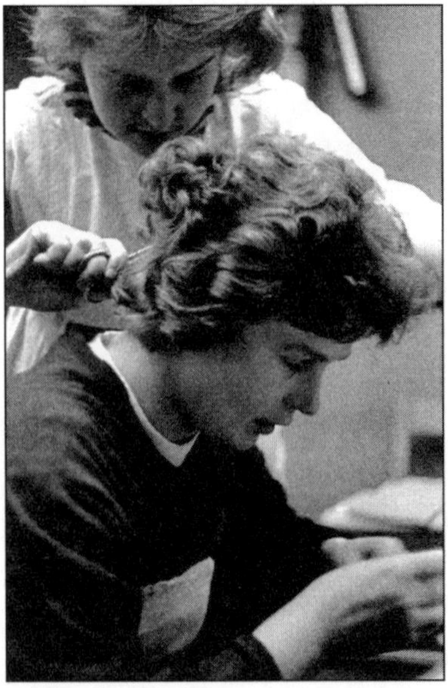

Walentina Tereschkowa beim Haareschneiden, damit die Elektroden besser am Kopf befestigt werden konnten

Lichtsignalen, die als Kommandos vom Leitpult gegeben wurden, reagierten, und dass sie die Arbeit mit rot-schwarzen Tabellen beherrschten.

Diese Tabellen bestanden aus jeweils neunundvierzig Quadraten, in denen sich in zufälliger Kombination ohne jegliche Folgerichtigkeit die Ziffern in Schwarz von 1 bis 25 und in Rot von 1 bis 24 abwechselten. Die Möglichkeit des Einprägens war ausgeschlossen. Der Prüfling musste abwechselnd die schwarzen Ziffern in aufsteigender Reihenfolge und die roten Ziffern in absteigender Ordnung finden und benennen. Zum Beispielist die Eins schwarz, befindet sich im Quadrat A5, die 24 ist rot und befindet sich auf C9. Die Zwei ist schwarz und ist im Quadrat D7, die rote 23 hat die Koordinaten B6. Während der Erfüllung dieser Aufgabe begann die schwierigste Etappe, als verschiedene Störungen erzeugt wurden: durch Stimmen, durch Laute, Lichtimpulse, musikalische Rhythmen und anderes. Die Geräte registrierten genau die benötigte Zeit für die Erfüllung einzelner Teilabschnitte der Aufgabe. Auf Tonband wurden die Stimmreaktionen der Testpersonen aufgezeichnet, die über ihren emotionalen Zustand während des Prozesses aussagen konnten. Gleichzeitig wurde ein Elektroenzephalogramm aufgezeichnet.

Zum Schluss wurde all das gegenüber gestellt und analysiert. Es zeigten sich Unterschiede bei der Erfüllung der Aufgaben am ersten, zweiten und den nachfolgenden Tagen des Aufenthaltes in der Kammer und ebenso die individuellen Reaktionen und Besonderheiten der Prüflinge. Diese Methode weckte den Kampfgeist der zukünftigen Kosmonautinnen, die sich konzentriert bemühten, fehlerfrei zu arbeiten und keine Aufmerksamkeit den sprachlichen und musikalischen Störungen zu widmen.

Das Gesamtexperiment hatte im höchsten Grade Imitationscharakter, oder anders gesagt, es kam den realen Bedingungen nahe: Ausbildung, Auswahl, Durchführung des Raumfluges und nach etwa sieben Tagen der herzliche, freudige Empfang.

Für die psychologischen Wissenschaften, insbesondere die kosmische Psychologie, stellten die Ergebnisse der Selbstbeobachtung, das heißt die Beobachtung durch die Kosmonautinnen selbst in Bezug auf ihr psychologisches Innenleben, ihre Äußerungen, ihren Seelenzustand, Gedanken, Gefühle und andere, einen großen Wert dar. Die Ergebnisse der Selbstbeobachtung wurden schriftlich fixiert und konnten in unterschiedlichen Dokumenten zum Ausdruck gebracht werden: in Briefen, Autobiografien, Fragebögen, in einigen Fällen auch als Selbsteinschätzung. Manchmal fügten die Kandidatinnen Beanstandungen ein, manchmal scherzhafte, lyrische oder einfach korrekte Antworten auf die gestellten Fragen. Diese Dokumente halfen, die Person, ihren Geschmack, ihre Gewohnheiten, das Verhalten in ungewöhnlichen Situationen besser zu erkennen. Sehr wichtig waren die Bewertungen der Arbeitsabläufe und der Erholung, der Kleidung und der Bordrationen.

In vollem Maße darf man diesen Resultaten jedoch nicht vertrauen. Dem Menschen ist die Neigung eigen, sich unter bestimmten Bedingungen in einem besseren Licht darzustellen. Dennoch stellte die subjektive Bewertung der zukünftigen Kosmonautinnen während des Aufenthaltes in der Isolationskammer ein interessantes und informatives Material dar. Es ist bekannt, dass verschiedene Menschen auf absolut gleiche Erscheinungen höchst unterschiedlich reagieren: Das, was den einen bewegt und berührt, braucht dem anderen nicht nahe zu gehen. Die Emotionen spiegelten das Erleben in Form der subjektiven Beziehungen des Menschen zu Gegenständen und Erscheinungen unterschiedlich wieder.

Walentina II. fliegt zum Eridan

Walentina Ponomarjowa wurde zusammen mit Irina Solowjowa zum Double von Walentina Tereschkowa ernannt. Die Benennung von zwei Doubles für den Frauenflug schien am zweckmäßigsten. Während des Aufenthaltes in der Isolationskammer schrieb Walentina Ponomarjowa neben der notwendigen Information auch ihre persönlichen »Lyrisch-kosmischen« Gedanken, die ich hier mit Zustimmung der Autorin veröffentlichen darf:

»20. Mai, 22 Uhr 25 min (dritter 24-Stunden-Zyklus)
Der Flug verläuft normal. Alle Systeme und Geräte des Raumschiffes arbeiten ausgezeichnet ... Die Mannschaft fühlt sich gut ... Die Stimmung ist gehoben. Die Schönheit ringsherum ist unbeschreiblich. In den Bullaugen ist etwas Schwarzes zu sehen, wie Ruß, am Himmel sind helle, nicht flimmernde Sterne. Das Raumschiff nähert sich dem Gestirn ERIDAN. Die Aufgabe ist, auf einem Planeten des Sternes ... ERIDAN zu landen. Nach Hinweis der Astronomen kann auf ihm vernunftbegabtes Leben existieren. Ich beende die Verbindung.

21. Mai, 19 Uhr 30 min (vierter 24-Stunden-Zyklus)
Es stellten sich einige Abweichungen des Raumschiffes von der berech-

neten Flugbahn heraus. Der Grund ist bislang ungeklärt. Ihr wißt, mir geht es hier sehr gut. Seitdem ich den Tee zubereitet habe, fühle ich mich hervorragend. Wasservorräte gibt es, Bücher sind da, viel Arbeit und für die Seele: Alexander Block. Ich habe weder Sehnsucht nach der lieben Sonne noch nach den Menschen ...

21 Uhr 25 min
Ich weiß nicht, soll ich zu ERIDAN fliegen oder in der Isolationskammer sitzen bleiben. Ich habe sie wahrscheinlich mit der Abweichung von der Flugbahn erschreckt. Ich werde zu ERIDAN fliegen, das ist interessanter ...

22 Uhr 25 min
Ich habe mich nicht getraut, zu ERIDAN zu fliegen. Dadurch hat sich meine Stimmung stark verschlechtert ...

22. Mai, 7 Uhr 55 min (fünfter 24-Stunden-Zyklus)
Der Grund für die Krümmung der Flugbahn ist, daß das Raumschiff in die Sphäre der Anziehungskraft eines gigantischen schwarzen Sternes geriet. Die Geräte und die Notantriebe sind eingeschaltet. Die Mannschaft bewahrt Ruhe, der Flug wird fortgesetzt ...

23. Mai, 22 Uhr 25 min (sechster 24-Stunden-Zyklus)
Ich fühle mich gut, bin ausgeglichen und ruhig. Das leidenschaftliche Verlangen, von hier abzuhauen, habe ich nicht. Mir scheint, wenn man mich hier noch eine Woche halten würde, hätte ich nur Vorteile davon. Ich würde eine Menge nützlicher Sachen tun und könnte vieles lernen.

24. Mai, 22 Uhr 25 min (siebter 24-Stunden-Zyklus)
Sehr interessant ist, daß ich keine Ahnung habe, welches Datum wir heute haben. Um festzustellen, daß heute der 24. Mai ist, muß ich in meine Aufzeichnungen sehen. Wie viele Tage ich hier verbrachte, kann ich auch nicht sagen. Das heißt ich weiß, daß es sieben sind, aber ich bemerke das nicht wie auf der Erde. Ich kann nicht sagen: ›Heute ist der dritte Tag.‹ Alle ›Tage‹ sind gleich. Einen ganzen Tag hier zu verlieren, kostet nichts ... Die Gedanken darüber, daß man mich morgen von hier entlassen wird, scheinen mir um vieles seltsamer ... Ich habe die ganze Zeit ein gutes Selbstgefühl und gute Laune. Ich mache eine gute gymnastische Aufwärmübung – und das mit Vergnügen ... Ich spare Zeit, wie auf der Erde. Sogar Krimis lese ich nicht. Die Zeit tut mir leid und mir ist nicht danach.

25. Mai, 10 Uhr 15 min, (die letzten 24 Stunden)
Der Flug nähert sich seinem Ende. An Bord ist alles in Ordnung ... Flughöhe 300 m. Wir gehen zum Gleitflug über, indem wir den Landeplatz auswählen. Unten sind Menschen zu sehen. Sie sind denen auf der Erde sehr ähnlich. Ich bin gespannt, wie sie uns empfangen werden? Es scheint, sie winken grüßend mit den Armen. Vielleicht bedeutet diese Geste auch kein Gutheißen, sondern Gefahr? Ganz gleich, kühn gehen wir zur Landung über! ... Die Mannschaft ist aufgeregt. Sie stirbt fast vor Aufregung. Dank Euch Menschen für die Mühe, die Aufmerksamkeit, dafür daß ihr so gut seid!«

(Hier ist anzumerken, dass der Stern ERIDAN der Fantasie von Walentina Ponomarjowa entsprang. Eridanus hingegen ist ein Sternbild am südlichen Sternhimmel, dessen hellster Stern Achernar von unseren nördlichen Breiten aus nicht sichtbar ist. H.H.)

Zum ersten Mal in Baikonur

Bei den einen fanden sich in den Tagebüchern zwischen ernsthaften, sachlichen Aufzeichnungen auch Skizzen des inneren Designs der Isolationskammer, bei den anderen Gedichte und literarische Auszüge. Hier einige sehr verschiedene Widerspiegelungen der Situation:

»Du empfindest Einsamkeit, da du nach Minuten lebst, ständig die Sorge um dich fühlst ...«

»Die Tage verliefen mit kosmischer Geschwindigkeit, und ich habe nicht einmal das geschafft zu tun, was vorgesehen war.«

»Die Anzahl der Tage bemerkst du durch das Anwachsen der leeren Konservendosen, der Gläser und Nahrungsmitteltuben ...«

Die Beobachtungsergebnisse und Daten der psycho-physiologischen Untersuchungen erwiesen die Zielgerichtetheit und innere Sammlung der Teilnehmerinnen am Experiment. Eine entsprechende Beziehung zu den besonderen Bedingungen, ein guter Kontakt zum Personal ließ sich erkennen. Auch die genaue Erfüllung aller Anforderungen des Tagesablaufes mit den obligatorischen Turnübungen muss hervorgehoben werden. Nicht nur während des Aufenthalts in der Isolationskammer, sondern auch in der Zeit zwischen den speziellen Experimenten bemühten sich die jungen Mädchen ständig, eine gute sportliche Form zu halten, machten Turnübungen und verbrachten viel Zeit in der Sporthalle. Der August 1962 brachte ein wichtiges Ereignis: Sie weilten das erste Mal auf dem kasachischen Kosmodrom Baikonur. Dort hielten die leitenden Konstrukteure und Wissenschaftler für sie Lektionen. Professor Boris Rauschenbach sprach über die Funktionsweise von handgesteuerten Orientierungssystemen für Raumschiffe, General Kamanin machte sie mit dem Notrettungssystem für Kosmonauten nach dem Start, den Regeln des Funkverkehrs und anderem bekannt.

Ende November bestanden alle Frauen die Prüfungen zum Raumschiff Wostok. Aus dem Fünferkleeblatt hoben sich drei hervor: Walentina Ponomarjowa, Irina Solowjowa, Walentina Tereschkowa – für sie wurden Skaphander maßgeschneidert.

Doktorin und Generalin

Walentina Tereschkowa ist zuteil geworden, die erste Frau der Welt zu werden, die Umkreisungen der Erde im Weltraum vollführte. Die übrigen flogen nicht in den Kosmos. Walentina startete am 16. Juni 1963 im Raumschiff Wostok 6 als erster weiblicher Kosmonaut zum dreitägigen Flug in den Kosmos. 1964 wurde ihre Tochter Jelena Nikolajewna geboren.

Treffend ausgewählt behielt die erste Kosmonautin ihren Funkcodenamen »Tschaika« (Möwe) bis heute. Sechs Jahre nach ihrem Flug beendete sie die Militärakademie für Luftfahrt »N. E. Shukowski«, verteidigte die Dissertation zur Erlangung der Doktorwürde für technische Wissenschaften. In der Anzahl der nach dem Flug erhaltenen Auszeichnungen und Ehrentitel in verschiedenen Ländern und Städten stand sie in keiner Weise den vorausgegangenen männlichen Kosmonauten nach und erhielt 1995 den Rang eines Generalmajors. Noch 1979 bestand sie wiederholt die Flugkontrollen der medizinischen Kommission.

»Der Flug Tereschkowas«, sagte Sergej Pawlowitsch Koroljow, »das ist vor allem einer der klarsten Beweise der Gleichberechtigung sowjetischer Frauen und deren Mutes. Zweitens ist der Flug einer Frau in den Kosmos der Beweis eines hohen Niveaus unserer Technik. Diese Technik gehorcht nicht nur einem erfahrenen Piloten, sondern auch einem Menschen, der keine Flugerfahrung hat ...«

Die Präsidentin der Internationalen Demokratischen Frauenföderation, Frida Braun, hob hervor: »Die erste Kosmonautin der Welt, gehört nicht nur ihrem Volk. Sie ist das Gemeingut und der Stolz des gesamten Planeten ...«

Die Möwe selbst erklärte: »Mit der Zeit werden die Raumschiffe nicht nur zu Planeten fliegen, sondern auch zu fernen Sternen. Und zu deren Besatzungen werden unbedingt Frauen gehören. Denn mein Flug hat noch einmal bewiesen, daß Frauen den Männern in allem gleich sind. Wer riskiert jetzt zu behaupten, daß wir das schwache Geschlecht sind?«

Nach dem Flug Walentina Tereschkowas setzte die Frauengruppe die Spezialausbildung und das Studium an der »Shukowski«-Militärakademie fort. Die Ingenieurin Ponomarjowa verteidigte ihre Dissertation zur Erlangung der Doktorwürde der technischen Wissenschaften. Nach Absolvierung des Studiums an der Akademie setzten alle Frauen ihre Arbeit im Zentrum für Kosmonautenausbildung fort, indem sie an einer Spezialausbildung als erfahrene Mentoren für Kandidaten teilnahmen. Irina Solowjowa verteidigte ihre Doktorarbeit für Psychologie.

Natürlich ist das Los eines Doubles nicht leicht, deshalb kann man die Gefühle Walentina Ponomarjowas verstehen, als bekannt wurde, dass als Kommandeurin des Raumschiffes Wostok 6 Walentina Tereschkowa benannt worden war.

»Was ich damals empfunden habe? Jene einmalige Chance, die mir das Schicksal gab, hat sich nicht realisiert. Danach sagte man uns, daß alles noch vor uns liegt. Die folgenden Flüge werden komplizierter und interessanter, und es gab Momente, als ich daran glaubte und sogar solche, als sich die Versprechungen zu realisieren begannen. Es sah damals so klar aus. So, als wenn plötzlich der Sturm den Blick zum Himmel frei blies, und die Perspektive eröffnete sich in einem hellen und scharfen Licht. Doch nichts folgte.«

Und weiter heißt es: »Diese Gruppe erhielt sich ihr Zusammengehörigkeitsgefühl bis heute. Im kosmischen Milieu ist das eine einmalige Erscheinung ... Die gegenseitige Anteilnahme am Leben ... Jede weiß: Wenn es notwendig ist, dann werden die Mädchen zu Hilfe kommen.«

Walentina Ponomarjowa findet sehr warmherzige Worte über die erste Kosmonautin: »Sie half uns immer, selbst unter schwierigen Umständen. Mich hat sie unterstützt und rettete mich in der schwersten Zeit meines Lebens. Wir alle können, wissend, daß es sie gibt, ruhiger leben.«

Ich möchte noch einen Gedanken aus ihrer Veröffentlichung anführen, der Aufmerksamkeit verdient:

»Ein beliebiger Beruf hinterläßt seine Spuren im Erscheinungsbild und dem Inneren des Menschen. Aber der Beruf des Kosmonauten verändert die innere Welt des Menschen gründlich, indem er die Persönlichkeit in Übereinstimmung mit seinen Forderungen formt. Diese Forderungen sind, wie ich sagte, nicht ganz einfach, sondern sogar sehr rigoros. Zu den Kosmonauten kommen Frauen, die von der Natur und Gesellschaft hauptsächlich aus männlichem Material geformt wurden, was verständlich ist und in der jetzigen Etappe natürlich scheint. Und diese, ihre Eigenschaften entwickeln sich und verstärken sich im Prozeß der beruflichen Tätigkeit, wie sie auch die Ausbildung darstellt. Ich meine damit die verallgemeinerte Gestalt der Kosmonautin, über die ein bekannter Psychologe sich so geäußert hat: ›Das wird nicht ganz eine Frau sein – ein Mensch weiblichen Geschlechts.‹«

Die zweite Generation von Kosmonautinnen

1978 wurde im Moskauer Institut für medizinisch-biologische Probleme (IMBP) eine neue Etappe der Auswahl von Frauen begonnen. Insgesamt wurden im Zeitraum von 1978 bis einschließlich 1999 72 Frauen im Alter von 22 bis 42 Jahren untersucht. Von Beruf waren das Ingenieurinnen, Ärztinnen, Wissenschaftlerinnen, Journalistinnen und Vertreterinnen anderer geistiger Berufe. Ihrer Gesundheit entsprechend wurden nur 36 Prozent von ihnen für die spezielle Ausbildung tauglich gehalten. Bei den anderen zeigten sich die einen oder anderen Abweichungen, die den Anforderungen für die Zulassung zum speziellen Training widersprachen.

1979 wurden für die damals empfohlene Teilnahme an einer Frauenexpedition zur Orbitalstation fünf Ärztinnen im Alter von 25 bis 32 Jahren ausgewählt, die über klinische Erfahrungen verfügten:

- Galina Wassiljewna Amjolkina – Zahnärztin,
- Larissa Grigorjewna Worobjowa (Poscharskaja) – Therapeutin,
- Jelena Iwanowna Dobrowkwaschina – Gastroenterologin,
- Tamara Sergejewna Sacharowa – Anästhesistin/Reanimatologin, und
- Olga Nikolajewna Kljuschnikowa – Hals-Nasen-Ohren-Ärztin als Reservistin.

Sie wurden in das IMBP aufgenommen. Diejenigen Medizinerinnen, die als Kosmonautenkandidaten ausgewählt wurden, beschäftigten sich mit der Suche nach prophylaktischen Mitteln sowie mit der Vervollkommnung der Kandidatenauswahl und Vorbereitungsmethoden. Außerdem bereiteten sie individuelle wissenschaftliche Programme für die Durchführung von Forschungen im Raumschiff vor und nahmen an der Schaffung und Herstellung von Bordgeräten und Apparaturen teil. Die medizinisch-biologische Ausbildung der Ärztinnen wurde ohne Unterbrechung ihrer Haupttätigkeit durchgeführt. Falls sie zur Trainingsmannschaft gehörten, setzten sie die Ausbildung im Zentrum für die Kosmonautenausbildung (ZPK) nun mit vollständiger Freistellung von der Arbeit fort. Die gesamtkosmische Ausbildung im ZPK durchliefen Larissa Worobjowa (Poscharskaja), Jelena Dobrowkwaschina und Tamara Sacharowa (Olga Kljuschnikowa befand sich in Reserve). Larissa Poscharskaja absolvierte im ZPK von 1983 bis 1988 sogar die Ausbildung in drei Mannschaften, in einer weiblichen und zwei gemischten. Aber keine von ihnen ist geflogen.

Mit Frauen ist die Arbeit leichter

Vor dem Langzeitflug von Frauen wurden auf der Erde Untersuchungen zum Studium von Reaktionen des weiblichen Organismus unter den Bedingungen der künstlich hergestellten Schwerelosigkeit, sowie ein siebentägiges und ein viermonatiges Experiment mit antiorthostatischer Hypokinese (kreilaufdestabilisierende Bewegungsarmut) durchgeführt. Auf Vorschlag von Spezialisten des ZPK wurden verschiedene Methoden aktiver und passiver antiorthostatischer Übungen und deren Kombinationen ausgearbeitet und approbiert. Die Ärzte-Kosmonautinnen nahmen unmittelbar an ihnen teil. 1993 schieden die Ärztinnen aus dem Kosmonautenkorps aus, aber sie setzen die Arbeit entsprechend ihrer medizinischen Qualifikation fort.

Die Erfahrungen, die bei der Arbeit der Raumstationen Salut 4 und Salut 6 gewonnen wurden, gestatteten es, die Teilnahme von Frauen an kosmischen Flügen zu planen, und zwar die einer Wissenschaftlerin und einer Bordingenieurin. In diesem Zusammenhang durchliefen am IMBP von 1979 bis 1980 zwei weibliche Kandidaten eine Untersuchung und erhielten die Zulassung zu einer Spezialvorbereitung:

- Swetlana Jewgenjewna Sawizkaja – Ingenieurin und Testfliegerin und
- Jekaterina Alexandrowna Iwanowa – Wissenschaftliche Mitarbeiterin.

Ich gestatte mir noch einiges aus den Erinnerungen von Professor I. J. Jakowlew und M. M. Korotajew zu zitieren, die sich über einen Zeitraum vieler Jahre mit der Auswahl von Kosmonauten aus zivilen Berufen beschäftigten:

»Swetlana Sawizkaja bestand im Jahre 1978 die Auswahl und befand sich von Mai 1979 bis September 1981 zur Flugvorbereitung im IMBP. Mit Freistellung vom Beruf nahm sie am physischen, vestibularen (das Gleichgewicht betreffend, H.H.) und antiorthostatischen Training teil

Zwei aus der zweiten Frauengruppe: Jekaterina Iwanowa (links) und Jelena Dobrokwaschina im Trainingslager von Feodosija am Schwarzen Meer

und ebenso an medizinischen Schulungen. Regelmäßig, dreimal in der Woche, beteiligte sie sich an der physischen Vorbereitung durch Vestibulartraining mit aktiven Methoden. Dreimal nahm sie an Lehr- und Übungskursen (1980 im Winter und Sommer in den Bergen Kirgisiens, 1981 im Winter auf dem Olympiastützpunkt in Zachkadsor, in der Nähe von Jerewan, Armenien) teil. Danach wurde sie in die Mannschaftsvorbereitung aufgenommen und in das Kosmonautenausbildungszentrum geschickt.«

Während ihrer beiden Raumflüge – 1982 acht Tage als Forschungskosmonautin und 1984 zehn Tage als Bordingenieurin – bewies Swetlana, dass sich die Frauen ohne Beeinträchtigungen ebenso im Kosmos aufhalten können wie die Männer und mit ihnen auf einem Niveau arbeiten. Als erste Frau stieg sie für dreieinhalb Stunden in den freien kosmischen Raum aus. Ihr Kommandeur Wladimir Dshanibekow gab folgende Wertung zu gemischten Mannschaften: »Wenn eine Frau neben dir ist, so geht die Arbeit leichter von der Hand.«

Swetlana Jewgenjewna befand sich von 1979 bis 1989 im IMBP unter Beobachtung für planmäßige medizinische Nachuntersuchungen und hielt sich immer tauglich zur Fortsetzung des Spezialtrainings. Zwei Jahre nach ihrem zweiten Raumflug wurde ihr Sohn Kostja geboren. Swetlana verabschiedete sich aus den Reihen der Kosmonauten, wurde

Abgeordnete der Staatsduma der Russischen Föderation und widmete sich der politischen Arbeit.

Der Bordarzt und die erste Langzeit-Kosmonautin

Die dritte Kosmonautin Russlands war Jelena Wladimirowna Kondakowa. Über seinen Flug mit Jelena erzählte mir der Kosmonaut Dr. Waleri Poljakow, der sich bei zwei Raumflügen als Bordarzt ein Jahr und 313 Tage im All aufhielt:

»Jelena Kondakowa durchlief die gesamte Vorbereitung zum kosmischen Flug. Sie ist die Frau des sehr erfahrenen Kosmonauten Waleri Rjumin. Sie wurde von den anderen als ein kommunikativer, willensstarker und disziplinierter Mensch eingeschätzt. Einige Befürchtungen riefen die fehlende Erfahrung bezüglich Langzeitflügen von weiblichen Kosmonauten hervor. Wie wird sich der weibliche Organismus unter den Bedingungen einer lang anhaltenden Schwerelosigkeit und der Wirkung der kosmischen Flugfaktoren verhalten?

Vor dem Flug führte unser Institut ein einmaliges Experiment von viermonatiger Dauer mit Hypokinese (Bewegungsarmut, H.H.) unter der Beteiligung von Frauen durch. Der Versuch verlief unter antiorthostatischer Lage unter Nutzung von Mitteln der Prophylaxe, experimenteller Mittel der persönlichen Hygiene, spezieller Kleidung und anderer Möglichkeiten.

Wir befanden uns schon bei der Vorbereitung auf den Flug, als wir die Teilnehmerinnen des Versuches besuchten. Diese standhaften Frauen hielten sich ungeachtet der Schwere ihres experimentellen Lebens sehr wacker und verstanden gut die Wichtigkeit ihres Beitrages zur medizinischen Absicherung eines Langzeitfluges mit Frauen.

Noch vor dem Flug gab mir der Direktor des Instituts, Akademiemitglied Anatoli Grigorjew, in seinen Abschiedsworten die ärztliche Obhut über Jelena Kondakowa während ihres Aufenthaltes im Orbitalkomplex MIR mit auf den Weg. Ich nahm diesen Auftrag sehr ernst. Ehrlich gesagt, war ich sehr gespannt, weil schwer vorauszusagen war, wie wir arbeiten würden, wenn eine Frau die unweigerlichen Belastungen unseres Lebens ertragen mußte. Und das Wichtigste: Würde sie im vollem Umfang das Flugprogramm erfüllen können? Anatoli Iwanowitsch hatte mir am Vorabend des Andockens sogar seine Ratschläge und Empfehlungen zum Verhalten und der abgestimmten und wechselseitigen Arbeitsweise von der Erde aus übermittelt. Ich filmte mit der Videokamera den Einstieg Jelenas in den Orbitalkomplex MIR. Ihr liebliches Gesicht errötete, in den Augen waren Fröhlichkeit und Wohlwollen. Sie war sozusagen sehr zufrieden und hat später die Aufzeichnungen an Bord und nach der Rückkehr zur Erde oft angesehen. Lena brachte mir von der Erde Souvenirs mit, so einen sehr guten holländischen Tabak, den ich irgendwann einmal geraucht hatte, natürlich ohne Pfeife, nur zum Riechen.

In den ersten Tagen in der Umlaufbahn traten die Symptome der kosmischen Bewegungskrankheit auf, an der etwa die Hälfte aller Raumfahrer leidet. Dazu kam, daß sie noch keine Erfahrung bei Weltraumflügen hatte. Aber sie, ein kluges Köpfchen, hielt sich tapfer und sehr sachkundig. Juri Malentschenko trat ihr seine Kabine ab, in der es für sie bequem und intim war. Man kann sagen, die Strategie ihres Verhaltens war richtig, und sie überstand den Streßzustand normal und sehr schnell. Im Verlaufe von zwei Tagen hatte sie es, wie man so sagt, durchgestanden. Sie kam zu sich und begann allmählich zu essen. Zu unserer Verwunderung brachte sie sich gut in die Arbeit ein.

Der lange Aufenthalt an Bord des Orbitalkomplexes ist zweifellos kompliziert, insbesondere durch die Enge, die Wechselbeziehungen und die Nahrungsaufnahme. Außerdem quälten uns die Journalisten, die sich dafür interessierten, wie sich eine Frau im Weltraum verhielt. Unsere Meinungen waren natürlich sehr schmeichelhaft. Lena hatte einen guten Kontakt zum Flugleitzentrum, wo sie einst arbeitete und wo man sie kannte. Sie erinnerte uns an die Geburtstage der Fachleute vom ZUP, und unsere Mannschaft schloß sich einmütig den Gratulationen für jene an, die uns auf der Erde geholfen hatten, die zu uns Verbindung hielten, den Flug sicherten und die psychologische Unterstützung gaben.

Einen Monat vor dem gemeinsamen Aufenthalt von sechs Personen an Bord passierten sehr ernsthafte Havarien, darunter im Steuerungssystem des Orbitalkomplexes. Damals standen alle Kopf. Angenehm war es, die selbständige Arbeit Lenas als Bordingenieur zu beobachten, zu sehen wie sie allen zu Hilfe kam, wie sie sich um uns Männer kümmerte, damit wir rechtzeitig den Tee oder Kaffee aufwärmten und zu Mittag aßen. Sie nahm aktiv teil an den Arbeiten der Überprüfungs- und Wachmethoden in den Nachtschichten, wenn in Dunkelheit und in Totenstille gearbeitet werden mußte. Keiner kam ungeschoren davon, alle hatten viel zu tun, aber Lena hat immer aktiv, ohne Müdigkeit gearbeitet.

Nach der Rückkehr von Mussabajew, Malentschenko und Merbold auf die Erde blieben wir allein und begannen allmählich unsere gemeinsame Arbeit und das Leben auf einen langen Halbjahreszeitraum einzustellen. Lena zeichnete sich durch Akkuratesse aus. Die Ergebnisse der Inventarisierung an Bord des Orbitalkomplexes gab sie gewissenhaft in den Computer ein, wobei sie dafür viel persönliche Freizeit opferte. Man muß dazu sagen, daß dies eine schwierige Arbeit war.

Rosig aus der Sauna

Was hat noch beeindruckt? Ihre Selbständigkeit. Der einzige Wunsch des Mannes war, ihr stürmisch zu Hilfe zu eilen, wenn es sich ergab, etwas abzuschrauben, fester zu drehen oder sonstiges zu bewegen. Lena wollte zuerst alles selbst machen, und wenn etwas nicht gelang, dann bat sie uns um Hilfe. Aber das war überaus selten.

Es gab viele interessante Momente. Zum Beispiel stand uns einmal in der Woche die Sauna zu, aber man mußte sich doch umkleiden und eine gewisse Zeit ausgezogen sein. Wir hielten uns an unseren Plan, bemühten uns, nicht ihre Ruhe zu stören. In der Zeit, in der sie sich in Ordnung brachte, warteten wir natürlich geduldig. Selbstverständlich brachten wir unser Entzücken zum Ausdruck, wenn sie nach der Sauna frisch, rosig und frisiert zu uns kam. Nun also, ich meine, ich habe darüber mit Sascha Wiktorenko debattiert, daß eine Frau ihren Charme einbringt. Auch wir haben uns bemüht, in ihrem Beisein sauber, akkurat, gut rasiert, gekämmt und natürlich gewaschen zu erscheinen.

Ich bemühte mich, Lena während der Übertragungszeit mit dem Flugleitzentrum zu loben und auch im Gespräch mit ihrem Ehemann, Waleri Rjumin, der uns übrigens während der Havarie über alle Maßen geholfen hatte. Er ist wirklich ein bemerkenswerter Mensch, ein erfahrener Kosmonaut. Er hatte alle mobilisiert, sogar nachts diejenigen aus dem Bett geholt, die schon vor Urzeiten in Rente gegangen waren. Er »warf« sie zur Rettung des MIR-Komplexes und in erster Linie zur Rettung der Besatzung »an die Front«.

Allmählich näherte sich das Ende der Expedition. Lena mußte mit uns gleichermaßen die prophylaktischen Maßnahmen einhalten. Natürlich waren für sie die Belastungen adäquat für den weiblichen Organismus ausgelegt. Dafür hatte die Kommission Daten mit weiblichen Freiwilligen am Experiment mit Hypokinese in antiorthostatischer Lage vor dem Flug ausgearbeitet. Zum Beispiel hatte sie die Hälfte des Pensums all jener Belastungen bestimmt, die auf dem Laufband und im Fahrradergometer zu absolvieren waren. Aber die eine Sache ist, diese Parameter zu bestimmen und eine andere, Lena zu zeigen und zu erzählen, was diese Hälfte bedeutet. Ich kontrollierte den Beginn ihrer

Übungen und wie sie ihren Rhythmus fand. Allmählich wählten wir jene Abläufe aus, bei denen sie sich sicher fühlte. Gleichzeitig waren diese Übungen eine hervorragende Prophylaxe möglicher unangenehmer Folgen des Fluges. Die Weltraumkrankheit erwähnte ich schon. Sie war nach zwei Tagen Aufenthalt vergessen. Lena war in der Tat aktiv, aber nicht bis zum Ende, vielleicht, weil sie verstand, daß sie ihre Kräfte schon vom Start an und bis zur Landung einteilen mußte. Denn mit den Belastungen, die bei der Rückkehr auf die Erde auftreten würden, war sie schließlich schon beim Start konfrontiert gewesen.

Fraulicher Charme harmonisiert

Mit einiger Einschränkung und Unaufmerksamkeit reagierte sie auf meine Empfehlungen vor der Rückkehr. Wir stritten uns nicht wirklich, aber haben doch den Tag über geschwiegen, den zweiten Tag und den dritten auch. Als uns dies dann doch belastete und um so mehr Sascha Wiktorenko darunter litt, haben wir uns ausgesprochen und verständigt.

In der Umlaufbahn war eine völlige Abgestimmtheit notwendig, eine uneingeschränkte Offenheit und eine Erklärung des Seelenzustandes. Alle Empfehlungen erfüllte Jelena gewissenhaft, aber daß sie sich nicht mit dem Vestibulartraining beschäftigen wollte, passierte ausgerechnet bei der Vorbereitung auf die Rückkehr. Ein paar Tage nach der Landung hat sie natürlich zugegeben, daß sie Unrecht hatte.

Ich bin stolz, daß ich zusammen mit Lena geflogen bin. Auch darauf, daß wir eine echte Freundschaft schlossen und daß wir auch jetzt sehr eng zusammenwirken. Ich bin wirklich froh und führe Jelena immer als Beispiel bei Treffen mit ausländischen Fachleuten an, wenn die Rede von der Teilnahme von Frauen an Raumflügen ist. Aufrichtig wünsche ich ihr ein weiteres erfülltes Leben. Ich bin überzeugt, daß eine Frau bei solchen Langzeitexpeditionen ihren Charme versprüht und die Atmosphäre harmonisiert. Eine Frau an Bord ist auch ein vollwertiger Mitarbeiter, ein guter Freund und auch ein wohlwollender Bewahrer der Traditionen der guten Beziehungen zueinander. Bei dem kosmischen Ehepaar Jelena Kondakowa und Waleri Rjumin wächst ihre Tochter Jewgenija, Geburtsjahr 1986, heran. Erfreulich ist, daß Jelena eine zivile Kosmonautin ist, daß sie in unserem Institut auserwählt wurde, daß sie sich die Liebe zu unserem Metier erhalten hat, immer bereit ist zu uns zu kommen, um einen Rat zu erhalten oder über sich zu erzählen, sowie, wenn es erforderlich ist, irgendwelche Ratschläge zu erteilen.«

Zum Schluss möchte ich die Worte des ersten Kosmonauten unseres Planeten, Juri Gagarin, anführen: »Die Besiedelung des Mondes, die Reisen zum Mars, wissenschaftliche Stationen auf den Asteroiden, der Kontakt zu anderen Zivilisationen ... all das ist Zukunft. Wir werden die Menschen der Zukunft nicht beneiden. Sie haben natürlich ordentliches Glück, für sie wird das zur Gewohnheit, wovon wir nur träumen können. Aber auch wir hatten großes Glück. Das Glück der ersten Schritte in den Kosmos, und mögen die Nachkommen uns um unser Glück beneiden.«

Dr. sc. Irina Ponomarjowa ist Leiterin einer Forschergruppe im Institut für Medizinisch-Biologische Probleme (IMBP)des Staatlichen Wissenschaftlichen Zentrums der Russischen Föderation in Moskau.

FORTPFLANZUNG IM WELTRAUM

Prof. Dr. Karl Hecht

Die Landung von Menschen auf dem Mars steht im Visier der Raumflugmediziner und -biologen. Immer mehr werden die vorausschauenden Worte von Konstantin Eduardowitsch Ziolkowski, des russischen »Vaters der Raumfahrt«, aus dem Jahre 1882 Realität: »Der Planet Erde ist die Wiege des Verstandes, aber man kann nicht ewig in der Wiege liegen. Die Menschheit wird nicht ewig auf der Erde bleiben, sondern auf der Jagd nach Licht und Raum, zuerst schüchtern, über die Grenzen der Atmosphäre hinausdrängen und sich dann den ganzen Raum um die Sonne erobern.«

Bei der günstigsten Konstellation zwischen Erde und Mars, die alle 26 Monate besteht, würde der Hinflug 259 Tage betragen. Günstige Bedingungen zum Rückflug würde es aber erst nach 455 Tagen Aufenthalt auf dem Mars geben; dann wäre ein Rückflug von ebenfalls etwa 259 Tagen Dauer möglich. Den längsten Aufenthalt in der MIR-Station absolvierte der Arzt Waleri Poljakow mit 437 Tagen. Seinem harten Training hatte er es zu verdanken, dass Weltraumosteoporose und -muskelschwund kaum in Erscheinung traten, so dass er die Sojus-Kapsel nach der Landung selbstständig verlassen konnte. Die meisten Raumfahrer müssen schon nach kürzeren Missionen herausgetragen werden. Der Kosmonaut Juri Romanenko, der 329 Tage an Bord der MIR arbeitete, hatte ebenfalls hart trainiert, so dass es ihm möglich war, nach der Rückkehr zur Erde und selbstständigem Verlassen der

Kapsel den staunenden Reportern einen einarmigen Handstand vorzuführen. Die amerikanische Astronautin Shannon Lucid, die ebenfalls auf der MIR-Station hart sportlich trainierte, war mit ihren 53 Jahren stets toppfit und nach der Landung in bester körperlicher und geistiger Verfassung. Wäre sie jünger gewesen, hätte sie ohne weiteres ein Kind austragen können, ohne dass Knochenskelettschäden, Wehenschwächen u.a. die Geburt beeinträchtigt hätten. Mit körperlichem Training und entsprechender Ernährung ließe sich eine gesunde Schwangerschaft realisieren, denn ein Fötus nimmt sich gewöhnlich das von der Mutter, was er für seine Entwicklung benötigt. Derartige Bedingungen können durchaus geschaffen werden.

Auf Grund der heutigen Erkenntnisse der Wissenschaft wäre es denkbar, dass eine Frau nach der Rückkehr von einem langen Raumflug auf der Erde einen normalen Geburtsakt vollziehen könnte, genau so wie eine Frau, die nicht im Orbit gewesen ist. Bei interplanetaren Flügen lautet aber die Fragestellung ganz anders: Kann unter den Bedingungen der Schwerelosigkeit menschliches Leben gezeugt und geboren werden und sich entwickeln? Diese Frage wirft wieder neue Fragen auf, zum Beispiel: Ist der Geschlechtsakt unter den Bedingungen von Nahenull-Gravitation überhaupt technisch möglich? Ist der Penis überhaupt zur Erektion fähig, wenn das Blut in den Kopf steigt und der Unterkörper an Blutleere leidet? Vorausgesetzt, eine Befruchtung ist möglich – kann sich dann ein Fötus normal entwickeln, und ist der Geburtsakt unter den Bedingungen der Schwerelosigkeit möglich? Sollte man so planen, dass die Geburt nach dem Flug auf der Erde stattfindet – übersteht dann der Fötus die Belastung der Landung und der Wiederanpassung an die Schwerkraft? Sollte eine Geburt ohne Komplikationen erfolgen und ein normales Baby im Raumschiff geboren werden – wird es sich normal entwickeln und wird es, wenn es zur Erde gelangt, die irdischen Bedingungen ertragen und weiterleben können? In welchem Alter wäre die günstigste Bedingung, das normale Weiterleben auf der Erde zu gewährleisten? Oder könnte man nicht an Bord eines Raumflugkörpers Gravitationsbedingungen wie auf der Erde schaffen? Weitere Fragen sind die nach der Strahlenwirkung der Sonne und solaren Magnetstürmen, nach dem Umgang mit dem Faktor Zeit sowie nach der Möglichkeit der Anpassung an die neuen extremen Umweltbedingungen.

Dieser Fragenkatalog, der keinesfalls Anspruch auf Vollständigkeit erhebt, zeigt bereits, dass der Zeitraum eines Marsfluges von 972 Tagen nicht ausreicht, die Probleme und Möglichkeiten der Fortpflanzung des Menschen außerhalb der irdischen Bedingungen zu klären. Außerdem sind nicht nur biologisch-medizinische Fragen, sondern auch ethische Probleme zu beachten, über die sich leider die heutige Medizin – wie beim Klonen und den Organtransplantationen – allzu häufig hinweg setzt. Der Mensch ist ein körperliches, seelisches und gesellschaftliches Wesen der Erde und müsste ein solches auch unter außerirdischen Bedingungen bleiben. Die aufgeworfenen Fragen sind aber bereits keine Fantasien mehr, sondern werden seit Beginn der medizinisch-biologischen Raumfahrtforschung durch entsprechende Projekte langsam und systematisch beantwortet.

Tiere im Karussell der Triebe

Die ersten Experimente zum Einfluss der Schwerelosigkeit und anderer kosmischer Bedingungen auf die Entwicklung von Embryos und Reproduktionsfunktionen von Tieren wurden 1979 im sowjetischen Biosputnik Kosmos 1129 durchgeführt. Dazu waren zwei Rattenmännchen und sieben Rattenweibchen an Bord. Sie hielten sich in einem automatisierten Lebenserhaltungssystem auf, in dem die beiden Geschlechter durch eine Wand voneinander getrennt waren. Unter diesen Bedingungen erfolgte auch der Start in den Kosmos. Am zweiten Flugtag erfolgte vom Flugleitzentrum aus die Beseitigung der Trennwand.

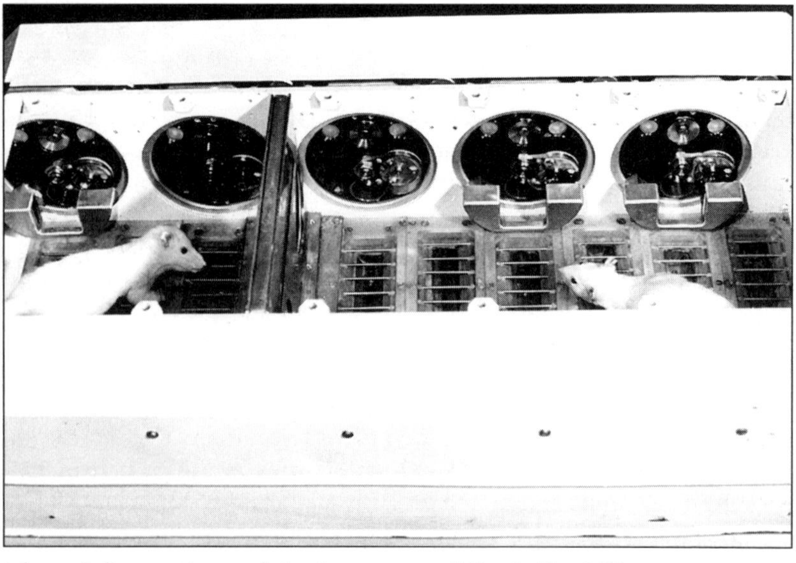

Lebenserhaltungssystem zur freien Bewegung von Ratten in Biosatelliten

Infolgedessen befanden sich nunmehr Männchen und Weibchen in einem gemeinsamen Käfig. Die Gesamtdauer des Fluges betrug achtzehneinhalb Tage. Unter Berücksichtigung der Tatsache, dass die Trächtigkeit der Ratte 22 Tage dauert, waren bei einer Befruchtung während des Fluges theoretisch Geburten von Jungtieren innerhalb von sieben bis zehn Tagen nach der Landung zu erwarten. Obgleich die Weibchen tatsächlich deutliche äußere Anzeichen einer Trächtigkeit zeigten, kam es jedoch zu keiner einzigen Geburt.

Entsprechende Untersuchungen lieferten Anhaltspunkte dafür, dass die Weibchen trächtig gewesen waren. Die Überbelastung bei der Rückkehr aus dem Kosmos hat jedoch offensichtlich dazu geführt, dass die Föten durch Wasser in der Gebärmutter aufgelöst wurden. Diese Reaktion wird als Schutzmechanismus für den mütterlichen Organismus aufgefasst. Zwischenzeitlich konnten ähnliche Befunde bei einer ständigen Belastung mit 2 *g*, dem Zweifachen des Körpergewichts, in einer Zentrifuge erhoben werden.

Von manchen wurde angezweifelt, ob diese Ratten überhaupt trächtig gewesen waren. Frau Professor Ljuba Serowa, mit der ich auch auf diesem Gebiet lange Jahre zusammengearbeitet habe, ist jedoch eine sehr seriöse und selbstkritische Wissenschaftlerin, die bei geringstem Zweifel an der Richtigkeit nicht mit solchen Ergebnissen an die wissenschaftliche Öffentlichkeit getreten wäre.

Untersuchungen der Entwicklung einzelner Lebewesen im Biosputnik Kosmos 1514 verliefen nach einem anderen Schema. Die weiblichen Tiere wurden in diesem Experiment vor dem kosmischen Flug befruchtet. Am Starttag befanden sich die Tiere im Zustand des dreizehnten Trächtigkeitstages, das heißt im letzten Drittel der Trächtigkeit. In diesem Zeitraum vollziehen sich gewöhnlich die aktiven Prozesse der Organbildung bei den Föten. Nach der Rückkehr zur Erde warfen die Rattenweibchen völlig normale Nachkommen, obwohl durch den Stress des kosmischen Fluges im Organismus der Muttertiere funktionelle Veränderungen verschiedener Lebensprozesse nachgewiesen werden konnten. Dieser Befund wird damit erklärt, dass im letzten Drittel der Trächtigkeit eine hohe Resistenz gegenüber psychischen Belastungen aus der Umwelt besteht.

Die Entwicklung der neu geborenen Ratten verlief standardgemäß, und pathologische Prozesse wurden nicht festgestellt. Die Nachkommenschaft der Muttertiere, die sich im Kosmos befunden hatten, entwickelte sich völlig normal und brachte wiederum gesunde Nachkommen zur Welt. Das von Professor Oleg Gasenko, dem Pionier der russischen Raumfahrtmedizin und -biologie, herausgegebene Buch »Die

Ontogenese von Säugetieren in der Schwerelosigkeit« bietet umfangreiche wissenschaftliche Daten tierexperimenteller Untersuchungen über die Entwicklung von Säugetieren, vorwiegend Ratten, in der Schwerelosigkeit. Aus diesem Buch, welches bis in alle Einzelheiten die Befruchtung, den Zustand des Mutterkuchens und der Nachkommen sowie die Generationsfolge u.a. beschreibt, ist zu entnehmen, dass bei kleinen Säugetieren die Befruchtung und die Entwicklung der Embryos sowohl in der Gebärmutter als auch nach der Geburt unter den Bedingungen der Schwerelosigkeit möglich sind.

Professor Boda aus Bratislava hat das Ausbrüten von Wachteleiern in künstlichen Brutanlagen an Bord von Biosputniks und der Raumstation MIR untersucht. In den Biosatelliten überstanden die Eier zunächst nicht den Startlärm und die Beschleunigung. Verstärkte Schutzmaßnahmen gegen diese Einflüsse schufen die Voraussetzung eines erfolgreichen Schlüpfens der Jungtiere auf der MIR-Station. Leider war es den Wachteln nicht möglich, unter den Bedingungen der Schwerelosigkeit das Fliegen zu erlernen, weil der Widerstand der Gravitation fehlte. Deshalb überlebten sie nicht.

Eine weitere Aufgabe, die mit Hilfe von Ratten gelöst werden konnte, war die Erzeugung künstlicher Schwerkraft an Bord des Biosatelliten Kosmos 936 im Jahre 1977. Bei der Rotation der Zentrifuge mit einem

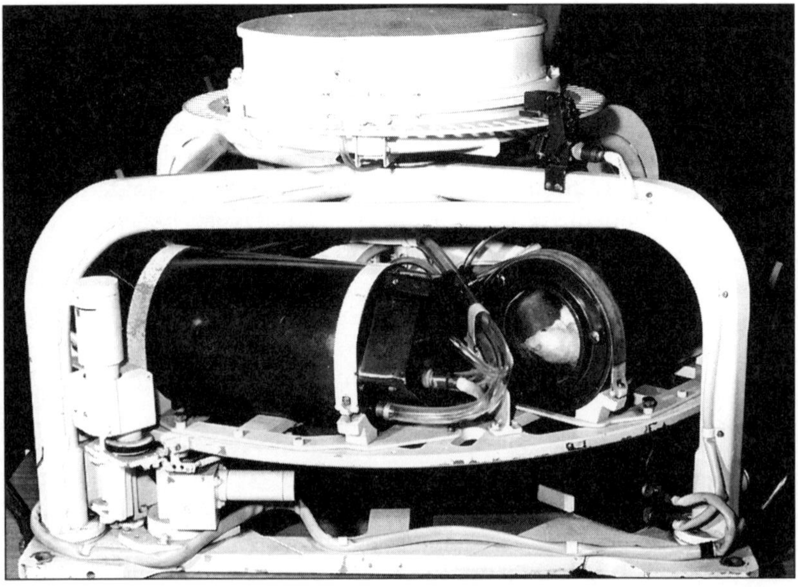

Zentrifuge zur Erzeugung künstlicher Gravitation an Bord des Biosatelliten Kosmos 936

Radius von 320 Millimetern und einer Geschwindigkeit von 53 Umdrehungen in der Minute entstand eine künstliche Schwerkraftwirkung von 1g im Aufenthaltskäfig der Ratte. Dadurch wurden Einflüsse der Nahenull-Gravitation vermieden.

Auf Grund dieser Ergebnisse wurde natürlich diskutiert, Raumschiffe dieser Art, also mit Erzeugung künstlicher Gravitation unter den Bedingungen der Schwerelosigkeit zu schaffen. Auf jeden Fall wäre es theoretisch möglich, in diesem Gravitationssystem die erdähnliche Reproduktion und Entwicklung der Nachkommenschaft zu sichern, wenn man noch zusätzliche Bedingungen für die psychosoziale Entwicklung des heranwachsenden Kindes schafft. Durch entsprechende Mutter-Kind-Beziehungen sowie durch optische und akustische Einwirkung, wie Lichteffekte und Musik, ist das durchaus möglich. Aus heutiger Sicht wäre jedoch ein solches technisches System extrem teuer und nur schwer realisierbar.

Unterdruckhose – besser als Viagra

Physiologisch gesehen kann einen Mann und eine Frau nichts hindern, sich während eines Raumfluges zu paaren. Wenn die Weltraumkrankheit, die bei etwa der Hälfte aller Raumreisenden in der Anfangsphase der Flüge auftritt, überstanden ist, dann könnte es eigentlich losgehen. Das Blut, welches nach Eintritt in der Schwerelosigkeit vermehrt in den Kopf strömt und wodurch ein Defizit in Körperteilen unterhalb der Gürtellinie entsteht sowie die Erektion wegen mangelnder Durchblutung des Penis eingeschränkt oder gar unmöglich ist, kann mittels der Tschibis-Hose durch Unterdruck nach Belieben wieder in den Unterkörper zurückgeführt werden. Raumfahrtmediziner meinen, dass diese Maßnahme sicherer und besserer wirkt als die Einnahme des Potenzmittels Viagra. Zudem sind keine Nebenwirkungen wie bei chemischen Präparaten zu erwarten. Nebenbei sei erwähnt, dass manche Pharmaka unter den Bedingungen der Nahenull-Gravitation ganz andere Effekte erzeugen, als unter irdischen Bedingungen. Das ist auch ein Faktor, der bei der extraterrestrischen Nachkommenschaft der Menschen zu beachten ist.

Da die Raumfahrer gewöhnlich in Schlafsäcken, die irgendwo an den Wänden im Raumfahrzeug befestigt sind, um Verletzungen oder Störungen anderer Art zu vermeiden, schlafen, sollte es auch möglich sein, zu zweit in einem solchen Schlafsack zu kuscheln. Dabei könnten Erfahrungen mancher Camper auf der Erde verwendet werden. Ich denke,

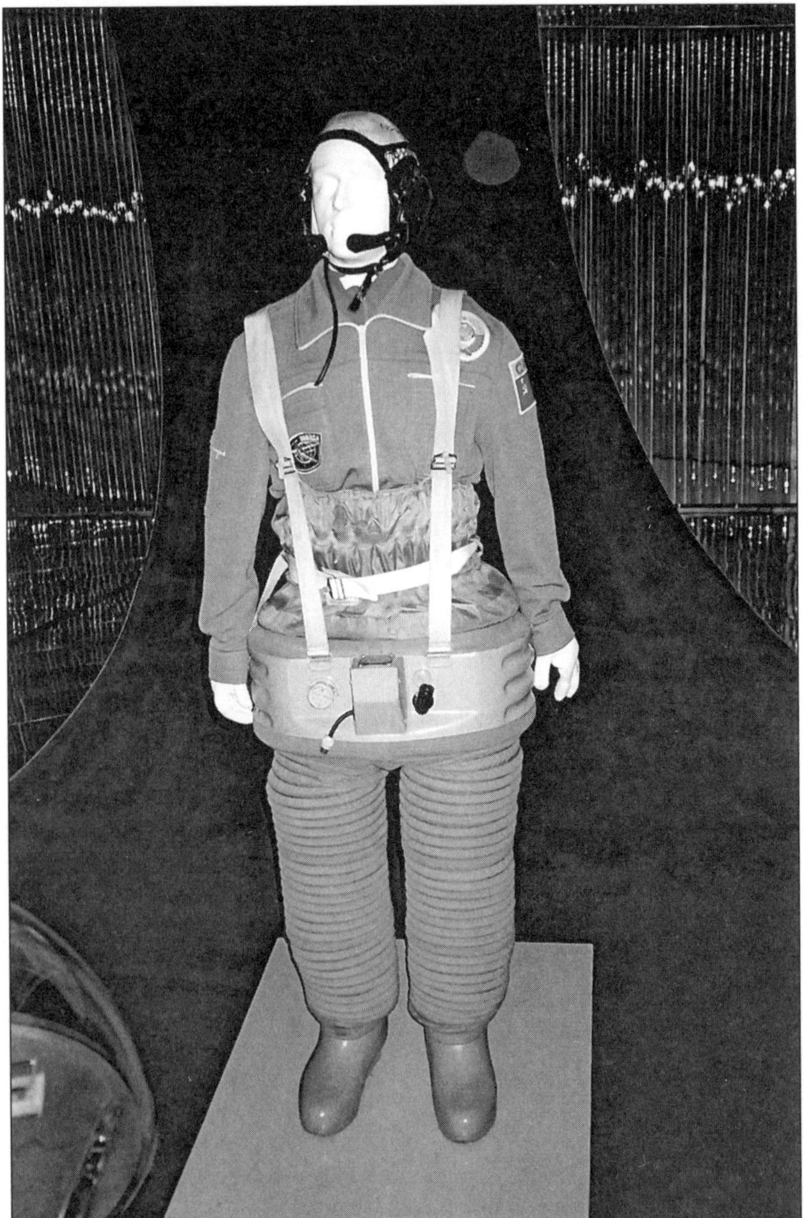

Die russische Unterdruckhose Tschibis pumpt in der Schwerelosigkeit Blut in den Unterkörper des Kosmonauten

dass man das spezielle System zur Gewährleistung des Geschlechtsaktes, welches sich Elaine Lerner 1992 hat patentieren lassen, nicht unbedingt dazu benötigt. Sich Liebende sind in Situationen der Paarung immer erfinderisch. Darum sollten sich Außenstehende auch keine Sorgen machen.

Einige Journalisten verbreiteten im Jahre 2000 die Nachricht, dass die NASA 1996 Experimente durchgeführt habe, bei denen der Sex unter den Bedingungen der Hypogravitation untersucht worden sei, und zwar mit der Fragestellung, welches die beste Stellung für die Paarung in einem Raumschiff sei. Dabei wird auch das NASA-Dokument Nr. 12-571-3570 angegeben. Angeblich sollen 20 Positionen, die zuvor auf dem Computer simuliert wurden, erprobt worden sein. Ich bin zwar dafür, dass man über Raumfahrtsexualität sprechen und forschen soll, und dies wird in Anbetracht eines geplanten Marsfluges auch mehr als bisher getan beziehungsweise angestrebt. Ich bin aber strikt dagegen, dass sich einige wenige Journalisten in unsere Arbeit einmischen und Ergebnisse seriöser Forschungen unseriös vermarkten wollen. Wenn ich ein Liebeserlebnis auf der MIR-Station gehabt hätte, wäre ich Journalisten gegenüber so begegnet, wie es die russischen Kosmonauten tun, die mit einem verschmitzten, alles und nichts sagenden Lächeln geantwortet haben. Als Leiter eines Forschungsprojekts wäre ich ohnehin meiner ärztlichen und wissenschaftlichen Schweigepflicht nachgekommen. Man sollte deshalb bitte warten, bis seriöse Wissenschaftler mit seriösen Forschungsergebnissen an die Öffentlichkeit treten.

Die sexuelle Abstinenz ist ein weiteres Problem, welches bei Raumfahrern eine Rolle spielt. Mir ist aus Gesprächen mit Raumfahrern bekannt geworden, dass sich besonders nach dem Gebrauch der Tschibis-Hose, mit der durch Unterdruck das Blut aus dem Oberkörper in die untere Körperhälfte zurück geholt wird, die sexuelle Erregung erheblich verstärken kann. Im medizinischen Betreuungsleitzentrum in Moskau wurde des weiteren, und das bereits seit Jahren, festgestellt, dass die Kosmonauten in den ersten Wochen des Aufenthalts im Orbit klassische Musik bevorzugt hätten. Mit zunehmender Dauer entwickelten sie aber eine Sehnsucht nach heißer Musik. Ähnliche Erscheinungen sind auch in langzeitigen Isolationsstudien, die einen Raumflug simulieren, beobachtet worden. Diese Beobachtungen werden als Ausdruck einer erhöhten sexuellen Erregung gedeutet.

Ein solcher Faktor ist bei geplanten Flügen zum Mars unbedingt zu beachten. Vielleicht sollte die Mannschaft überhaupt aus Ehepaaren oder Partnerschaften bestehen. Anderenfalls könnten diesbezüglich Konflikte entstehen, die eine derartig schwere Mission erheblich zu stören vermögen. Befragt, wie er die sexuelle Enthaltsamkeit während seines 437-Tage-Fluges ertragen habe, antwortete Waleri Poljakow humorvoll: »Es war sehr schwer, aber als Entschädigung dafür erhielten wir den Orden ›Held des Vaterlandes‹« Bei Marsflügen wäre sicherlich diesbezüglich außerordentliches Heldentum gefragt, besonders dann, wenn Männer und Frauen, die nicht in Partnerschaft zueinander stehen, die Besatzung repräsentierten.

Wer ein richtiges Gespür für wissenschaftliches Know-how hat, muss festgestellt haben, dass Untersuchungen zur Nachkommenschaft von Weltraumfahrern eigentlich schon lange Jahre laufen. Es ist bekannt, dass Andrijan Nikolajew, der 1962 mit Wostok 3 vier Tage lang im Orbit kreiste, und Walentina Tereschkowa, die 1963 mit Wostok 6 drei Tage lang flog, geheiratet und eine gesunde Tochter gezeugt haben. Sie ist heute eine gute Ärztin, ein freundlicher und lustiger Mensch Ende der Dreißig. Swetlana Sawizkaja, die 1982 acht und 1984 elf Tage lang an Bord von Salut 7 im Weltraum arbeitete, ist heute Mutter eines gesunden Sohnes, der aber lange nach ihrer Rückkehr aus dem All geboren wurde. Diese beiden Fälle besagen, dass erstens Frauen ohne weiteres Orbitalflüge ohne gesundheitliche Schäden der Reproduktionsorgane absolvieren können, und zweitens diese Frauen auch keine Schäden an ihrer Reproduktionsfähigkeit genommen haben und gesunde Kinder zur Welt bringen.

Seltsamerweise haben mehr als 80 Prozent der Raumfahrer nach ihren Flügen Mädchen gezeugt. Aber kann man eine wissenschaftliche Schlussfolgerung aus dem, was bis jetzt Einzelfälle sind, ziehen? Was die französischen Raumfahrer betrifft, so ist Patrick Baudry nach seinem Raumflug Vater der kleinen Tatjana geworden, Jean-Loup Chrétien von einer Tochter Loren, und Claudie Haigneré von einer Tochter Karla, die im Februar 1988 geboren wurde. Ihre Mutter ist 21 Monate vor ihrer Geburt im Weltall gewesen und ihr Vater vier Jahre davor zum ersten Mal. Eine Ausnahme: Leopold Eyharts, der einen Sohn bekommen hat, aber seine Frau Dominique war bereits schwanger, als er ins Weltall flog. Jean-Loup Chrétien weist darauf hin, dass auch von Kampffliegern vorwiegend Mädchen gezeugt werden. Sie schreiben es der Tatsache zu, dass sie regelmäßig starke Radarbündel durchqueren und dass die Mikrowellen vielleicht die männlichen Samenzellen verändern. Jedenfalls ist der Gesundheitszustand all dieser Kinder normal. Auch bei Kosmonauten, die der kosmischen Strahlung ausgesetzt waren, sind keine Schäden bei der Nachkommenschaft zu verzeichnen.

Die kosmische und die Strahlung von Magnetstürmen der Sonne zählen zu den vielen Einflussfaktoren, welche die Entwicklung gesunder Nachkommen während eines interplanetaren Fluges stören können. So weiß man, dass Artemia salina-Bakterien, die an Bord der letzten drei amerikanischen Mondmissionen (Apollo 15, 16 und 17) im Rahmen eines französisch-deutschen biologischen Versuchs mitgenommen wurden, einen Schaden durch die kosmische Strahlung erlitten. Ein französisches Experiment namens »Cytos«, das 1978 an Bord der Raumstation Salut 6 ausgeführt wurde, um die Teilungsgeschwindigkeit von Pantoffeltierchen unter den Bedingungen der Schwerelosigkeit und der kosmischen Strahlung zu vergleichen, zeigte, dass sich die Zellteilungsrate im Vergleich mit den Bakterien auf der Erde verdoppelte. Außerdem war ihr Stoffwechsel gestört, indem die intrazelluläre Flüssigkeit nicht mehr nach außen gelangte.

Eine seltener erwähnte, aber dennoch reale Gefahr ist die Strahlung, welche die Sterne und Galaxien aussenden, eine kosmische Strahlung, die aus energiereichen Röntgen- und Gammastrahlen besteht und deshalb auch den menschlichen Körper gut durchdringen kann. Hinzu kommen die elektromagnetischen Strahlen der Sonneneruptionen. Diese so genannten Magnetstürme treten verstärkt im Rhythmus von zirka elf Jahren auf. Im normalen Fall nimmt ein Astronaut, der ein Jahr im Orbit verbringt, eine zehnmal höhere Strahlungsdosis auf als der Durchschnitt der Menschen auf der Erde. Aber die plötzlichen, heftigen Eruptionen, wie sie im August 1972 und im Oktober 1989 stattgefunden haben, können die jährliche Dosis in ein paar Stunden um das Tausendfache übertreffen.

Solche Ereignisse sind zum Glück sehr selten. Dennoch ist es erforderlich, dass sich Raumfahrer bei interplanetaren Missionen in Schutzpanzerbereiche zurückziehen können. Derartige Schutzräume gab es bereits auf der MIR-Station, auf der übrigens einmal Strahlungsalarm ausgelöst werden musste. Damals begaben sich die Kosmonauten in das Modul Kwant, dessen Wände mit Schutzschilden gegen Strahlung versehen waren. Der bereits erwähnte Arzt und Kosmonaut Waleri Poljakow pflegte während seines Langzeitfluges im Modul Kristall der MIR-Station zu schlafen, in dem viele Batterien standen, deren Schwermetallanteile – Nickel, Kadmium u.a. – eine Strahlenschutzpanzerung darstellten.

Wenn ein solares Teilchen eine Zelle des Organismus trifft, ist die Wirkung ganz und gar schmerzlos. Der einzige Fall, in dem es der Betroffene überhaupt merkt, liegt dann vor, wenn eine Netzhautzelle im Auge getroffen wird. Das wird dann als Blitz wahrgenommen, wie es erstmalig Apollo-Astronauten auf dem Weg zum Mond bemerkten. Bis jetzt wurde dieses Phänomen aber noch nicht oft beobachtet, weil Raum-

fahrzeuge üblicherweise auf niedrigen Erdumlaufbahnen fliegen, wo sie teilweise durch das Magnetfeld der Erde geschützt werden. Wenn aber der so genannte Van-Allen-Gürtel des geomagnetischen Feldes durchquert worden ist, dann dringen die Teilchen in die Kabine und in den Körper des Raumfahrers ein. Der Amerikaner Jerry Linenger erzählte, dass er solche Blitze gesehen hat: »Ab und zu, wenn man die Augen schließt, bemerkt man einen Blitz, der das Gesichtsfeld durchquert. Man weiß dann, dass ein kosmisches Teilchen die Netzhaut getroffen hat. Wenn es von vorne kommt, sieht man nur einen kleinen, glänzenden Fleck.« Die Wirkung ist besonders auffällig, wenn man die Zone über dem Südatlantik überfliegt, wo der magnetische Schutzschild geschwächt und der Mensch erhöhter Sonnenstrahlung ausgesetzt ist.

Die im Weltall empfangenen radioaktiven Strahlungen entsprechen dennoch nur etwa 20 Prozent der verabreichten Dosen während der Ultraschalldiagnostik und der Röntgenaufnahmen, denen sich die Astronauten während der ärztlichen Untersuchungen unterziehen. Diese Strahlungen werden nichtsdestoweniger sehr ernst genommen, weil man noch nicht weiß, welche Wirkungen sie auf die Keimdrüsen der Menschen haben können.

Schließlich möchte ich noch einen nahezu völlig vernachlässigten Faktor, die innere Uhr und die mögliche Zerstörung der funktionellen Zeitstruktur des Menschen, aufgreifen. Folgende Einschätzung soll das belegen: »Nicht zu wissen, dass man keine Zeitstruktur hat, ist so, als wüsste man nicht, dass man ein Herz oder eine Lunge hat. ... In jedem Aspekt unserer Physiologie und unseres Lebens erkennen wir, dass wir der Ordnung unterworfen sind, die wir Zeit nennen.«

Das erklärte der Psychiater Gay Gear Luce 1970 in einem Report des Ministeriums für Gesundheit und Erziehung der USA. Derzeitig droht der Menschheit auf der Erde die Gefahr, einen Rhythmusinfarkt und die Zeitkrankheit zu erleiden, weil die natürlichen Rhythmen der Menschen, die seinen Zellen, seinen seelischen und geistigen Prozessen innewohnen, weder von der Medizin noch im praktischen Leben beachtet werden. Während einer Erdumkreisung eines Raumfahrzeuges erleben die Insassen innerhalb von 24 Stunden 16-mal Sonnenaufgang und -untergang. Deshalb spielt die konsequente Einhaltung von Zeitregimes, besonders des Wach-Schlaf-Rhythmus', der Essens- und Arbeitszeiten eine wesentliche Rolle für ihre Gesundheit.

Wenn ein Raumschiff die Erde verlässt und sich einem anderen Planeten nähert, gibt es Probleme in der Zeitwahrnehmung. Wir kennen auf der Erde das unangenehme Jetlag-Syndrom bei Flügen über mehrere Zeitzonen, und wir wissen auch, dass bereits die Umstellung von der Winter- zur Sommerzeit und umgekehrt manchen Menschen Beschwerden bereitet. Bei Entfernung von der Erde verschwindet die Bewegungswahrnehmung, das heißt, das Gefühl für Geschwindigkeit geht verloren. Dem Raumreisenden erscheint seine ganze Umwelt wie erstarrt. Monotonie erfasst ihn. Auf diese Weise hat der Mensch beim Entfernen von der Erde subjektiv das Gefühl eines »Überschusses« an Zeit. Monotonie ist ein starker negativer Stressor, ebenso wie die Bewegungsarmut, und müsste, wenn ein Kind im Raumschiff aufwachsen sollte, mit bestimmten Maßnahmen kompensiert werden.

Bei der Annäherung an einen Himmelskörper hingegen erlebt der Reisende ein Defizit an Zeit, das vor allem Hektik hervorruft. Diese Erscheinungen beeinflussen die gesamte Lebensweise an Bord. Auf der MIR-Station bestanden feste Tageszeitregimes, die den Verlust der Zeitstruktur verhinderten, denn diese bedeutet Schlaflosigkeit, Müdigkeit, Fehlleistungen bei langer Dauer, psychische Störungen und psychosomatische Erkrankungen, ja, es können sogar Zustände bis zur völligen Handlungsunfähigkeit auftreten. Außerdem wird der Alterungsprozess beschleunigt. Umgekehrt kann ein Leben mit der inneren Uhr das Leben verlängern. Wenn ein Kind in einem Raumschiff geboren werden soll, muss die Mutter bereits zuvor selbst ein strenges Zeitregime führen und nach der Geburt eine Synchronisation ihres Rhythmus' mit dem des Neugeborenen gewährleisten.

Wie gezeigt werden konnte, wird das Zeugen, Austragen, Gebären und Aufziehen von Kindern während eines interplanetaren Fluges von vielen, intensiv wirkenden Faktoren beinflusst. Diese sind durchaus in den Griff zu bekommen, wenn man systematisch an ihre Lösung heran geht. Völlig offen ist noch die Frage nach der Anpassungsmöglichkeit an die neuen Umweltbedingungen.

Der Mensch ist eigentlich sehr flexibel und kann durch Training viele extreme Situationen ausgleichen. Mir ist das Beispiel eines indischen Raumfahrtmediziners bekannt, der während der Reise von Bombay zu einem Experiment in einem gelandeten Satelliten nördlich des Polarkreises innerhalb weniger Stunden von plus 40 zu minus 40 Grad Celsius wechselte und bei dieser Differenz von 80 Grad keinerlei Adaptionsschwierigkeiten zeigte. Ein globales Forschungsprojekt »Extrater-

Rückkehr nach 900 Tagen extremer körperlicher und geistiger Anstrengung – sind Männer und Frauen gleichermaßen dafür geeignet?

restrische Nachkommenschaft des Menschen« würde nicht nur interplanetare Flüge betreffende Fragen klären, sondern auch für das Leben unserer chemisch, physikalisch und zeitverschmutzten Umwelt Erkenntnisse für das Überleben der Menschheit bringen. Noch mehr würden wir Erkenntnisse eines derartigen Forschungsprogramms benötigen, wenn wir vor der Alternative stünden, auf der von Menschen verschmutzten Erde als Menschheit zu verenden oder aber uns durch die Flucht auf einen anderen Planeten zu retten. Auch unter diesem Aspekt ist die Frage nach der Möglichkeit einer lebensfähigen extraterrestrischen Nachkommenschaft des Menschen keine akademische, sondern eine überaus praktische Angelegenheit.

Prof. em. Prof. Dr. med. Karl Hecht (Berlin) ist Mitglied der Internationalen Akademie der Wissenschaften in Tratzberg, Österreich, der Internationalen Astronautischen Akademie in Paris und der Russischen Akademie der Medizinischen Wissenschaften in Moskau. Er arbeitet seit vier Jahrzehnten auf den Gebieten der Stress-, Schlaf-, Chrono-, Umwelt- und Raumfahrtmedizin.

TEIL 6

ANHANG

LEBENSDATEN ALLER RAUMFAHRERINNEN

Biografien sind nur die Kleider und Knöpfe des Menschen – die Biografie des Menschen selbst lässt sich nicht schreiben.

MARK TWAIN,
(eigentlich Samuel Clemens)
amerikanischer Schriftsteller
1835–1910

BAKER, ELLEN LOUISE (USA)
geborene Shulman, drei Raumflüge

Qualifikation: Dr. med.

Zur Person:

1953: Am 27. April in Fayetteville, North Carolina geboren, betrachtet aber New York als ihre Heimatstadt. Sie ist verheiratet mit Kenneth Baker und hat zwei Töchter. Ihre Hobbys sind Schwimmen, Skifahren, Laufen, Filme, Musik und Lesen.

Laufbahn:

1970–1974: Studium der Geologie an der Universität von New York in Buffalo.

1974–1978: Studium der Medizin und Promotion an der Cornell University.

1978–1981: Praktikum als Internistin am Texanischen Zentrum für Gesundheitswissenschaften in San Antonio; Anerkennung durch das Amerikanische Amt für Innere Medizin als Fachärztin.

1981: Fachärztin für Luft- und Raumfahrtmedizin; Mitarbeiterin in der Flugmedizinischen Klinik des Johnson Space Centers in Houston, Texas.

1984: Am 23. Mai Auswahl für die Astronautengruppe der NASA.

1985–1989: Mitarbeit im Space-Shuttle-Programm und an der Entwicklung der Raumstation Freedom.

1989: Nominierung als Missionsspezialistin von STS-34/Atlantis.

1992: Nominierung als Missionsspezialistin von STS-50/ Columbia.

1995: Nominierung als Missionsspezialistin von STS-71/Atlantis.

1. Raumflug: 18. bis 23. Oktober 1989 als Missionsspezialistin von STS-34/Atlantis – gemeinsam mit Shannon Lucid und Donald Williams, Michael McCulley und Franklin Chang-Diaz. Aussetzen der Raumsonde Galileo, Studium des Anwachsens und der Verteilung der Hormonkonzentration.

Flugdauer: 4 Tage 23 Stunden 39 Minuten 21 Sekunden

2. Raumflug: 25. Juni bis 9. Juli 1992 als Missionsspezialistin von STS-50/Columbia – gemeinsam mit Bonnie Dunbar, Richard Richards, Kenneth Bowersox, Carl Meade, Lawrence DeLucas und Eugene Trinh. Erster längerer Flug des Space Shuttles mit dem Mikrogravitations-Laboratorium.

Flugdauer: 13 Tage 19 Stunden 30 Minuten 4 Sekunden

3. Raumflug: 27. Juni bis 7. Juli 1995 als Missionsspezialistin von STS-71/Atlantis – gemeinsam mit Bonnie Dunbar, Edward Gibson, Charles Precourt und Gregory Harbaugh sowie den russischen Kosmonauten Anatoli Solowjow und Nikolai Budarin. Erste Ankopplung eines Space Shuttles an den Orbitalkomplex MIR mittels des Orbiter Docking Systems (ODS) am Modul Kristall und Überstieg zur Station. Durchführung umfangreicher medizinischer Experimente. Rückflug mit der alten Stammbesatzung von MIR – Wladimir Deshurow, Gennadi Strekalow und Norman Thagard.

Flugdauer: 9 Tage 19 Stunden 22 Minuten 17 Sekunden

Gesamtflugzeit: 28 Tage 14 Stunden 31 Minuten 42 Sekunden

BONDAR, ROBERTA LYNN (KANADA)

erste kanadische Astronautin, ein Raumflug

Qualifikation: Prof. Dr. phil., Dr. med., Dr. h.c. mult., Oberst der Canadian Air Force

Zur Person:

1945: Am 4. Dezember in Sault Sainte Marie, Ontario geboren, unverheiratet. Zertifikationen als Taucherin und Fallschirmspringerin, Lizenz als Privatpilotin. 24 Ehrendoktorwürden, 15 wissenschaftliche Preise, 15 Ehrenmitgliedschaften in nationalen und internationalen Organisationen. 15 öffentliche Einrichtungen tragen ihren Namen. Hobbys: Fotografieren, Radfahren, Heißluftballonfahren, Rollschuhlaufen und Fliegen.

Laufbahn:

1964–1968:	Studium der Zoologie und Landwirtschaft an der Universität von Guelph.
1968–1971:	Studium der Medizin, Fachrichtung Experimentelle Pathologie an der Universität von West-Ontario.
1974:	Promotion zum Dr. phil. in Neurobiologie an der Universität von Toronto.
1977:	Promotion zum Dr. med. an der McMaster Universität.
1981:	Berufung an die Königliche Hochschule für Ärzte und Chirurgen als Spezialistin für Neurologie.
1982–1984:	Professur für Neurologie an der McMaster Universität.
1983:	Am 5. Dezember Auswahl in die Astronautengruppe der Kanadischen Weltraumagentur CSA.
1988:	Wissenschaftliche Mitarbeiterin des Sunnybrook-Medizinzentrums in Toronto.
1992–1994:	Professur an der Fakultät für Biologie an der Universität von New Mexico.
1992:	Berufung zur Professorin am Zentrum für fortgeschrittene Technologieausbildung CATE der Polytechnischen Universität Ryerson, Toronto.
1993–1994:	Gastforscherin in der Abteilung Medizin der Fakultät für Gesundheitswesen der McMaster Universität.
1993–1995:	Gastprofessur an der Sektion Neurologie der Universität von New Mexico.
1994:	Gastprofessur an der Fakultät für Kinesologie der Universität von West-Ontario.

1. Raumflug:	22. bis 30. Januar 1992 als Nutzlastspezialistin von STS-42/Discovery für das Internationale Mikrogravitations-Laboratorium IML-1 – gemeinsam mit den NASA-Astronauten Ronald Grabe, Stephen Oswald, Norman Thagard, William Readdy und David Hilmers sowie dem deutschen ESA-Astronauten Ulf Merbold.
Flugdauer:	8 Tage 1 Stunde 14 Minuten 45 Sekunden

CHAWLA, KALPANA (USA)

erste gebürtige Inderin im Weltraum, ein Raumflug

Qualifikation: Dr. phil.

Zur Person:

1957 (?): Das Datum ihrer Geburt in Kanal, nördlich von Neu Delhi, Indien ist unbekannt. Sie besitzt Lizenzen als Fluginstrukteurin und Geschäftspilotin für einmotorige Wasserflugzeuge und mehrmotorige Landflugzeuge sowie für Instrumentenflug und Personengleiter. Als Hobbys gibt sie an: Fliegen mit heckgetriebenen Maschinen, Luftakrobatik, Wandern und Lesen.

Laufbahn:

1976–1982: Studium der Luftfahrttechnik am Punjab Engineering College in Indien.

1984: Diplom in Luft- und Raumfahrttechnik von der Universität von Texas.

1988: Doktor der Philosophie in Luft- und Raumfahrttechnik an der Universität von Colorado.

1988–1993: Wissenschaftliche Mitarbeiterin des MCAT-Instituts in San Jose, Kalifornien, auf dem Gebiet der Modellierung, Simulierung und Analyse von Antrieben für das Ames Forschungszentrum der NASA.

1993: Vizepräsidentin der Overset Methods Incorporated in Los Altos, Kalifornien, Leiterin eines Spezialteams für die Entwicklung effizienter Techniken zur aerodynamischen Optimierung.

1994: Im Dezember Auswahl durch die NASA.

1995: Im März begann ein einjähriges Training am Johnson-Raumfahrtzentrum in Houston, Texas.

1996: Arbeit für das Astronautenbüro auf den Gebieten EVA, Roboter und Computer, Nominierung als Missionsspezialistin für den vierten Flug der amerikanischen Mikrogravitationsnutzlast.

1. Raumflug: 19. November bis 5. Dezember 1997 als Missionsspezialistin von STS-87/Columbia – gemeinsam mit Kevin Kregel, Steven Lindsey und Winston Scott sowie dem

Japaner Takao Doi und dem Ukrainer Leonid Kadenjuk. Beim Aussetzen der Plattform für die Sonnenbeobachtung SPARTAN begann das automatische Orientierungssystem des Satelliten nicht zu arbeiten, weil die Crew vergessen hatte, vorher den entsprechenden Computerbefehl korrekt zu erteilen. Dr. Chawla versuchte, den Raumflugkörper mit dem Robotarm der Raumfähre wieder einzufangen, aber die Kopplungsvorrichtung rastete nicht richtig ein. Ein zweiter Versuch setzte die Plattform in unkontrollierte Taumelbewegungen. Später gelang es bei einem Ausstieg von Scott und Doi, SPARTAN nach dreistündigen Bemühungen mit der Hand einzufangen. Bei einer weiteren EVA testeten die beiden Astronauten den Kran für die Internationale Raumstation (ISS).

Flugdauer: 15 Tage 16 Stunden 34 Minuten 4 Sekunden

CLEAVE, MARY LOUISE (USA)

zwei Raumflüge

Qualifikation: Dr. phil.

Zur Person:

1947: Am 5. Februar in Southampton, New York geboren, unverheiratet. Hobbys: Landdurchquerungen, Abfahrtslauf, Segeln, Wandern und Camping.

Laufbahn:

1965–1969: Studium der Biologie an der Staatsuniversität von Colorado.

1971–1980: Wissenschaftliche Mitarbeiterin am Ökologiezentrum und Wasserforschungslaboratorium der Staatsuniversität von Utah.

1975: Zweiter Akademischer Grad in Umwelttechnik dortselbst.

1980: Am 19. Mai Auswahl für die Astronautengruppe der NASA.

1980–1985: Arbeit im Laboratorium für Avionikintegration der Raumfähre.

1985–1990: Bei fünf Flügen des Space Shuttles wirkte sie als CAPCOM für die Verbindung zwischen Bodenkontrolle und Crew.

1985: Nominierung für die Mission STS-51A, die jedoch wegen des Ausfalls der Raketenstufe für den geplanten Satelliten TDRS gestrichen wurde, Nominierung für die Mission STS-61-B.

1989: Nominierung für die Mission STS-30.

1990: Spezialistin für fortgeschrittene Programme von Crewsystemen.

1. Raumflug: 27. November bis 3. Dezember 1985 als Missionsspezialistin von STS-61-B/Atlantis – gemeinsam mit Brewster Shaw, Bryan O'Connor, Jerry Ross, Sherwood Spring und Charles Walker sowie dem Mexikaner Rudolfo Neri Vela. Aussetzen von vier Satelliten, Durchführung biologischer Experimente.

Flugdauer: 6 Tage 21 Stunden 4 Minuten 49 Sekunden

2. Raumflug: 4. bis 8. Mai 1989 als Missionsspezialistin von STS-30/Atlantis – gemeinsam mit David Walker, Ronald Grabe, Norman Thagard und Mark Lee. Aussetzen der Venussonde Magellan. Neben wissenschaftlichen Experimenten wurde auch der militärische Test AMOS (Air Force Maui Optical Site) durchgeführt.

Flugdauer: 4 Tage 56 Minuten 27 Sekunden

Gesamtflugzeit: 10 Tage 22 Stunden 1 Minute 16 Sekunden

COLEMAN, CATHERINE (»Cady«) GRACE (USA)

zwei Raumflüge

Qualifikation: Dr. phil., Major der US Air Force

Zur Person:

1960: Am 14. Dezember in Charleston, South Carolina, geboren, verheiratet. Als Studentin gehörte sie zu den Spitzensportlern des Massachusetts Institute of Technology (MIT), der führenden Technischen Universität der USA. Ihre Hobbys sind Fliegen, Tauchen, Sport und Musik.

Laufbahn:

1978–1983:	Studium der Chemie am MIT in Boston.
1983:	Aufnahme in die US Air Force als Leutnant; Konzentration auf die Polymerforschung am MIT.
1988:	Aufnahme des aktiven Militärdienstes als Forschungschemikerin in der Abteilung Materialien des Laboratoriums der Luftwaffenbasis Wright-Patterson.
1990:	Beraterin für die Langzeit-Weltraumplattform LDEF an Bord von STS-41/Discovery. Freiwillig nahm sie als Testperson am Zentrifugen-Programm in der Abteilung Crewsysteme des Luftfahrtmedizinischen Armstrong-Laboratoriums teil.
1991:	Promotion zum Dr. phil. in Polymer-Wissenschaft und -Technik an der Universität von Massachusetts.
1992:	Am 31. März Auswahl für die NASA, im August Aufnahme der Arbeit im Johnson Raumfahrtzentrum Houston, Texas. Dort wirkte sie zunächst im Laboratorium für Avionikintegration des Space Shuttles und dann als Spezialassistentin des Zentrumsdirektors.
1995:	Nominierung als Missionsspezialistin für den Flug STS-73/Columbia.
1997:	Training als Double von Dr. Don Thomas für den Flug STS-83/Columbia, der sich beim Routinetraining den rechten Knöchel brach, aber dennoch zum Einsatz kam.
1999:	Nominierung als Missionsspezialistin für den Flug STS-93/Columbia. Danach Leitende Astronautin für Wohnmodule bei Langzeitraumflügen an Bord der ISS.

1. Raumflug:	20. Oktober bis 5. November 1995 als Missionsspezialistin von STS-73/Columbia – gemeinsam mit Kathryn Thornton und Kenneth Bowersox, Kent Rominger, Michael Lopez-Alegria, Fred Leslie und Albert Sacco. Arbeit im zweiten amerikanischen Mikrogravitations-Laboratorium an Experimenten für Materialwissenschaften und Biotechnologie.
Flugdauer:	15 Tage 21 Stunden 52 Minuten 21 Sekunden

2. Raumflug: 23. bis 28. Juli 1999 als Missionsspezialistin von STS-93/Columbia – unter dem Kommando von Eileen Collins, des ersten weiblichen Kommandanten eines Space Shuttles und Jeffrey Ashby, Steven Hawley sowie dem Franzosen Michel Tognini. Mit 122,5 Tonnen war dies die bis dahin schwerste Raumfähre und mit 19,7 Tonnen die schwerste Nutzlast. Infolge eines Kurzschlusses im Kontrollsystem der Haupttriebwerke und eines Lecks im Wasserstofftank waren Geschwindigkeit und Flughöhe geringer als geplant, und die Flugdauer musste verkürzt werden.

Flugdauer: 4 Tage 22 Stunden 49 Minuten 35 Sekunden

Gesamtflugzeit: 20 Tage 20 Stunden 41 Minuten 56 Sekunden

COLLINS, EILEEN MARIE (USA)

erste Pilotin und Kommandantin eines Space Shuttles, drei Raumflüge

Qualifikation: Oberstleutnant der US Air Force, Testpilotin mit 5.000 Flugstunden auf 30 verschiedenen Flugzeugtypen.

Zur Person:

1956: Am 19. November in Elmira, New York, geboren, verheiratet mit Pat Youngs, der aus San Antonio, Texas, stammt. Sie haben gemeinsam ein Kind. Eileens Hobbys sind Laufen, Golf, Wandern, Bergsteigen, Camping, Lesen, Fotografie und Astronomie.

Laufbahn:

1974–1978: Studium und Diplome in Mathematik und Ökonomie am Corining College und an der Universität von Syracuse.

1978–1982: Aufnahme in die US Air Force, Pilotenausbildung auf der Luftwaffenbasis Vance in Oklahoma, Instrukteurin für den Strahltrainer T-38.

1983–1985: Kommandantin eines strategischen Transporters C-141 »Starlifter« und Fluginstrukteurin auf der Luftwaffenbasis Travis, Kalifornien, Studentin am Luftwaffeninstitut für Technologie.

1986: Graduierung in Operationsforschung an der Stanford Universität.

1986–1989: Assistenzprofessur für Mathematik und Fluginstrukteurin für den Strahltrainer T-41 an der Air Force Academy in Colorado.

1989: Diplom für Projektmanagement von Raumfahrtsystemen an der Webster-Universität.

1990: Am 17. Januar Auswahl durch die NASA; als zweite Frau überhaupt absolvierte Eileen Collins die Testpilotenschule auf der Luftwaffenbasis Edwards in Kalifornien.

1991: Seit Juli Astronautenstatus, zunächst im Unterstützungsteam für die Startvorbereitung und die Landeaktivitäten der Astronauten.

1991–992: Als CAPCOM Verbindungsperson zwischen Bodenkontrolle und Raumfähre.

1994: Nominierung als erster weiblicher Pilot einer Raumfähre.

1998: Nominierung als erster weiblicher Kommandant eines Space Shuttles.

1999: Leiterin der Abteilung für Raumfahrtsysteme im Astronautenbüro der NASA.

1. Raumflug: 3. Februar bis 11. Februar 1995 Pilotin der Mission STS-63/ Discovery – gemeinsam mit der Missionsspezialistin Janice Voss und James Wetherbee, Bernard Harris, Michael Foale sowie dem russischen Kosmonauten Wladimir Titow. Das war der erste Flug im Rahmen des neuen, gemeinsamen russisch-amerikanischen Raumfahrtprogramms. Zu den Höhepunkten gehörten das Rendezvous mit dem Orbitalkomplex MIR, bei einer Annäherung bis auf elf Meter, ohne jedoch anzudocken, und ein Rundflug um die Station.

Flugdauer: 8 Tage 6 Stunden 28 Minuten 15 Sekunden

2. Raumflug: 15. bis 24. Mai 1997 als Pilotin der Mission STS- 84/ Atlantis beim sechsten Andocken an MIR – gemeinsam mit der russischen Kosmonautin Jelena Kondakowa und

	dem französischen Spationauten Jean-François Clervoy sowie den US-Astronauten Charles Precourt, Carlos Noriega, Edward Lu und Michael Foale, der an Bord von MIR blieb. Die Atlantis brachte 2278 Kilogramm Ausrüstungsgegenstände und Versorgungsmaterialien zu MIR und nahm den US-Gastastronauten Jerry Linenger sowie 1122 Kilogramm Forschungsergebnisse mit zur Erde zurück.
Flugdauer:	9 Tage 5 Stunden 19 Minuten 56 Sekunden
3. Raumflug:	23. bis 28. Juli 1999 Kommandantin der Mission STS-93/Columbia – gemeinsam mit der Missionsspezialistin Catherine Coleman, dem französischen Spationauten Michel Tognini und den US-Astronauten Jeffrey Ashby und Steven Hawley. Nur knapp entging die Columbia dem Schicksal der Challenger, die 1986 explodierte. Fünf Sekunden nach dem Start der Columbia führte ein Kurzschluss zum Ausfall von zwei der drei Kontrollsysteme für die Haupttriebwerke. Ein Wasserstoffleck führte zum Heißlaufen einer der Maschinen. Infolgedessen lagen Geschwindigkeit und Bahnhöhe zu niedrig und beschworen die Gefahr einer Notlandung. Dennoch flog die Columbia in die Umlaufbahn ein, und das 1,5 Milliarden teuere hochsensible Röntgenteleskop Chandra konnte ausgesetzt werden. Die Untersuchung der Raumfähre nach der Landung ergab, dass Löcher im Kühlsystem an der Düse eines Haupttriebwerks vorhanden waren. Schuld daran trug ein lockerer Reparaturstift, der schließlich abbrach. Der damalige NASA-Chef Daniel Goldin würdigte die Leistung der Kommandantin mit folgenden Worten: »Eileen Collins repräsentiert das Allerbeste dieses Landes. Sie war ruhig und gelassen und hat die Probleme, die es gab, bewältigt.«
Flugdauer:	4 Tage 22 Stunden 49 Minuten 35 Sekunden
Gesamtflugzeit:	22 Tage 10 Stunden 37 Minuten 46 Sekunden

CURRIE, NANCY JANE (USA)
geborene Sherlock, drei Raumflüge

Qualifikation: Dr. phil., Major der US Air Force, 3.500 Flugstunden auf verschiedenen Flugzeugen und Hubschraubern

Zur Person:

1958:	Am 29. Dezember in Wilmington, Delaware, geboren, betrachtet jedoch Troy, Ohio, als ihre Heimatstadt. Verheiratet mit David Currie, Oberst der Heeresflieger, aus Hookstone, Pennsylvania, eine Tochter. Ihre Hobbys sind Laufen, Schwimmen, Triathlon, Gewichtheben, Skilaufen und Tauchen.

Laufbahn:

1977–1980:	Studium der Biologie an der Staatsuniversität von Ohio.
1980–1981:	Forschungsassistentin für Neuropathologie an der Medizinischen Fakultät der Staatsuniversität von Ohio.
1981:	Aufnahme als Leutnant in die US Army.
1981–1987:	Grundkurs für Luftverteidigung an der Heeresfliegerschule, Instrukteurpilotin für Hubschrauber in Fort Rucker, Alabama, Sektionsleiterin, Zugführer und Offizier für Standardisierung aller Arten von Kampfhubschraubern in einer Flugbrigade, Kurs für fortgeschrittene Fliegeroffiziere und für Mehrfachantriebe von Starrflüglern sowie Besuch der Heeresschule für Stabsoffiziere.
1985:	Diplom für Sicherheitstechnik von der Universität von Südkalifornien.
1987:	Im September Kommandierung an das Johnson-Raumfahrtzentrum in Houston, Texas, als Flugsimulationsingenieurin für das Training mit dem Space Shuttle.
1990:	Am 17. Januar Aufnahme in die Astronautengruppe der NASA.
1991:	Im Juli Flugstatus als Missionsspezialistin.
1991–1993:	Verschiedene technische Aufgaben innerhalb des Astronautenbüros – für die Ausrüstung der Crews, für den ferngesteuerten Manipulator des Orbiters und als CAP-

COM für die Verbindung zwischen den Bodenkontrolleuren und den Flugcrews.

1993: Nominierung als Missionsspezialistin für STS-57/Endeavour.

1995: Nominierung als Missionsspezialistin für STS-70/Discovery.

1997: Doktorat für Industrietechnik von der Universität von Houston, Texas.

1998: Nominierung als Missionsspezialistin von STS-88/Endeavour.

1. Raumflug: 21. Juni bis 1. Juli 1993 als Missionsspezialistin von STS-57/Endeavour – gemeinsam mit Janice Voss sowie Ronald Grabe, David Low, Brian Duffy und Peter Wisoff. Bei dieser Mission wurde das erste Arbeits- und Wohnmodul Spacehab 1 mitgeführt und die europäische Forschungsplattform EURECA eingeholt. Neben verschiedenen materialwissenschaftlichen Versuchen fand auch ein Experiment für Funkamateure und das militärische Unternehmen AMOS (Air Force Maui Optical Site) statt.

Flugdauer: 9 Tage 23 Stunden 44 Minuten 54 Sekunden

2. Raumflug: 13. bis 22. Juli 1995 als Missionsspezialistin von STS-70/Discovery – gemeinsam mit Mary Weber sowie Terence Henricks, Kevin Kregel und Donald Thomas. Während der Mission wurde der Satellit TDRS-7 ausgesetzt und eine Vielzahl technischer, materialwissenschaftlicher und biologisch-medizinischer Experimente durchgeführt. Dem Pentagon diente das MAST (Military Applications of Ship Tracks) für die Ortung von Schiffen.

Flugdauer: 8 Tage 22 Stunden 20 Minuten 5 Sekunden

3. Raumflug: 4. bis 16. Dezember 1998 als Missionsspezialistin von STS-88/Endeavour – gemeinsam mit den NASA-Kollegen Robert Cabana, Frederick Sturckow, Jerry Ross und James Newman sowie dem russischen Kosmonauten Sergej Krikaljow. Während dieser ersten Mission zur Internationalen Raumstation meisterte Dr. Currie mit Hilfe des Robotarms die schwierigen Manöver, das amerikanische Verbindungsmodul Unity (Einheit) aus der Ladebucht der Raumfähre in eine Position zu bringen, die mit Hilfe des Orbiter Docking Systems eine Ankopplung an das russische Frachtmodul Sarja (Morgenröte) ermöglichte. Ross und Newman verlegten dann bei drei EVAs die Kabel und versorgten die embryonale Station mit Werkzeugen für die nächsten Monteure. Anschließend wurden noch die beiden Satelliten SAC-A und Mightysat auf ihre Bahn gebracht.

Flugdauer: 11 Tage 19 Stunden 17 Minuten 55 Sekunden

Gesamtflugzeit: 30 Tage 17 Stunden 22 Minuten 54 Sekunden

DAVIS, NANCY JAN (USA)

erste Frau, die gemeinsam mit ihrem Ehemann ins All flog, drei Raumflüge

Qualifikation: Dr. phil.

Zur Person:

1953: Am 1. November in Cocoa Beach, Florida, geboren, betrachtet aber Huntsville, Alabama, als ihre Heimatstadt. Verheiratet mit dem Astronauten Mark Lee aus Vioqua, Wisconsin. Ihre Hobbys sind Fliegen, Schlittschuhlaufen, Skilaufen, Wassersport und Stricken.

Laufbahn:

1971–1975: Studium der Angewandten Biologie am Georgia Institute of Technologie.

1975–1977: Studium des Maschinenbaus an der Auborn University.

1977–1979: Erdölförderungsingenieurin bei der Texaco in Bellaire, Texas.

1979–1987: Wissenschaftliche Mitarbeiterin der NASA, zunächst als Luft- und Raumfahrtingenieurin am Marshall Space Flight Center.

1983: Diplom für Maschinenbau von der Universität von Alabama in Huntsville.

1985: Doktorat in Maschinenbau von der Universität von Alabama, Huntsville.

1986: Leiterin des Teams für die Strukturanalyse, Abnahme und Wartung des Hubble Space Telescopes (HST) sowie für Fortgeschrittene Astrophysikalische Einrichtungen für die Erforschung der Röntgenstrahlung.

1987: Leitende Ingenieurin für die Rekonstruktion der Ringhalterungen der Feststoffraketen des STS, die Ursache für die Challenger-Katastrophe waren. Dr. Davis veröffentlichte mehrere wissenschaftlich-technische Arbeiten und erhielt ein Patent. Am 5. Juni Auswahl als Missionsspezialistin.

1987–1992: Zunächst sorgte sie im Astronautenbüro für die technische Ausstattung der Nutzlasten für das Space Shuttle. Dann diente sie bei sieben Missionen der Raumfähre als CAPCOM für die Verbindung zwischen den Bodenkontrolleuren und den Crews.

1992: Nominierung als Missionsspezialistin für STS-47/Endeavour.

1993: Verantwortlich für das Training, die Operationen und die Nutzlasten des ferngesteuerten Manipulatorsystems RMS.

1994: Nominierung als Missionsspezialistin für STS-60/Discovery, Vorsitzende der NASA-Arbeitsgruppe für Ausbildung und Leiterin der Nutzlastabteilung des Astronautenbüros für alle Missionen des Space Shuttles und der Internationalen Raumstation.

1997: Nominierung als Missionsspezialistin für STS-85/Discovery.

1. Raumflug: 12. bis 20. September 1992 als Missionsspezialistin von STS-47/Endeavour – gemeinsam mit Mae Jemison und den NASA-Astronauten Robert Gibson, Curtis Brown, Mark Lee und Jerome Apt sowie dem Japaner Mamoru Mohri. Auf dieser 50. Mission eines Space Shuttles wurde das japanische Weltraumlaboratorium Spacelab-J mitgeführt, in dem die USA und Japan gemeinsam 43 Experimente auf den Gebieten Lebens- und Materialwissenschaften durchführten. Jans Jungfernflug war zugleich die erste kosmische Hochzeitsreise mit ihrem Ehemann Mark, der bereits zum zweiten Mal flog. Die beiden hatten sich beim Training in der NASA kennen gelernt, doch während der Raumreise gehörten sie zwei

	verschiedenen Schichten an, die getrennt rund um die Uhr arbeiteten – er im roten, sie im blauen Team.
Flugdauer:	7 Tage 22 Stunden 30 Minuten 24 Sekunden
2. Raumflug:	3. bis 11. Februar 1994 als Missionsspezialistin von STS-60/Discovery – gemeinsam mit den männlichen NASA-Kollegen Charles Bolden, Kenneth Reightler, Donald Sega und Franklin Chang-Diaz sowie dem russischen Kosmonauten Sergej Krikaljow. Das war die erste Mission des Space Shuttles mit einem Gast aus Russland und die zweite mit einem SPACEHAB. Dabei wurde der Kleinsatellit der Universität Bremen BREMSAT ausgesetzt und mit dem Robotarm in der Wake Shield Facility ein Experiment zum Kristallwachstum durchgeführt.
Flugdauer:	8 Tage 7 Stunden 9 Minuten 22 Sekunden
3. Raumflug:	7. bis 19. August 1997 als Missionsspezialistin von STS-85/Discovery – gemeinsam mit den US-Astronauten Curtis Brown, Kent Rominger, Robert Curbeam und Stephen Robinson sowie dem Kanadier Bjarni Tryggvason. Zum zweiten Mal wurde während dieser vierten gemeinsamen Mission der NASA mit der Deutschen Agentur für Raumfahrtangelegenheiten (DARA) die Forschungsplattform CRISTA-SPAS-2 (Cryogenic Infrared Spectrometers and Telescopes for the Atmosphere – Shuttle Pallet Satellite) zum Studium der mittleren Erdatmosphäre ausgesetzt und wieder eingeholt.
Flugdauer:	11 Tage 20 Stunden 26 Minuten 59 Sekunden
Gesamtflugzeit:	28 Tage 2 Stunden 6 Minuten 45 Sekunden

DUNBAR, BONNIE JEANNE (USA)

fünf Raumflüge

Qualifikation: **Prof.** Dr. phil., 200 Flugstunden als Privatpilotin von einmotorigen Landflugzeugen, 700 Flugstunden als Kopilotin des Strahltrainers T-38, 100 Flugstunden als Kopilotin des Strahlflugzeugs Cessna Citation.

Zur Person:

1949: Am 3. März in Sunnyside, Washington, geboren; verheiratet.

Laufbahn:

1967–1971: Studium der Keramiktechnik an der Universität von Washington.

1971–1973: Systemanalytikerin bei Boeing Computer Services.

1973–1975: Forschungen für den zweiten akademischen Grad in Keramiktechnik, den sie mit summa cum laude von der Universität Washington erhielt.

1975: Einladung zur Teilnahme an Forschungen in den Harwell Laboratories von Oxford in England.

1976–1978: Forschungsingenieurin der Raumfahrtabteilung von Rockwell International in Downey, Kalifornien. Mitarbeit an der Entwicklung und Herstellung des Hitzeschutzschilds für das Space Shuttle in Palmdale, Kalifornien. Mitglied des von Dr. Kraft Ehricke geleiteten Komitees für die zukünftige Industrialisierung des Weltraums.

1978: Verantwortlich für die Flugkontrolle von Nutzlasten im Johnson Raumfahrtzentrum der NASA in Houston, Texas.

1979: Flugkontrolleurin für die Steuerung und Navigation beim Wiedereintritt des Weltraumlaboratoriums Skylab in die Erdatmosphäre.

1979–1981: Projektleiter für die Integration von Nutzlasten für das Space Shuttle.

1980: Am 19. Mai Auswahl für die Astronautengruppe der NASA.

1981: Im August Status als Missionsspezialistin; Mitarbeit im Shuttle Avionics Integration Laboratory (SAIL); Mitglied der Kontrollgruppe für die Ausrüstung der Flugcrews.

1983: Doktorat in Maschinenbau/Biomedizintechnik an der Universität von Houston, Texas, mit einer multidisziplinären Dissertation – Materialwissenschaften und Physiologie – mit einer Bewertung der Auswirkungen simulierter Schwerelosigkeit auf das Knochengerüst.

1985: Nominierung als Missionsspezialistin von STS-61-A/Challenger.

1986:	Nominierung als Missionsspezialistin für STS-61-I. Der Start war für den 27. September vorgesehen. Die Mission wurde jedoch nach der Challenger-Katastrophe gestrichen.
1986–1989:	Mitglied der Gruppe Wissenschaftliche Unterstützung des Astronautenbüros; Mitarbeit an der Entwicklung des ferngesteuerten Manipulatorsystems RMS.
1990:	Nominierung als Missionsspezialistin für STS-32/Columbia.
1990–1992:	Leiterin der Entwicklungsabteilung für Raumfährenmissionen und der Gruppe Wissenschaftliche Unterstützung im Astronautenbüro.
1992:	Nominierung als Nutzlastkommandantin von STS-50/Columbia.
1993:	Stellvertretende Direktorin des Büros für Lebens- und Mikrogravitationswissenschaften im NASA-Hauptquartier in Washington, D.C.
1994–1995:	13-monatiges Training im Kosmonauten-Ausbildungszentrum »Juri Gagarin« im Sternenstädtchen bei Moskau als Double von Norman Thagard, dem ersten Amerikaner, der mit Sojus TM-21 für drei Monate zur russischen Raumstation MIR flog.
1995:	Nominierung als Missionsspezialistin für STS-71/Atlantis
1995–1996:	Assistenzdirektorin für Missionsoperationen im Johnson-Raumfahrtzentrum der NASA in Houston, Texas, wo sie verantwortlich für die Trainingsunterlagen der internationalen Raumstation und die russisch-amerikanischen Operations- und Ausbildungsstrategien zeichnete.
1996:	Assistenzprofessorin für Maschinenbau an der Universität von Houston, Texas.
1998:	Nominierung als Missionsspezialistin für STS-89/Endeavour.
1999:	Assistenzdirektorin für Universitätsangelegenheiten

1. Raumflug:	30. Oktober bis 6. November 1985 als Missionsspezialistin von STS-61-A/Challenger – gemeinsam mit ihren amerikanischen Kollegen Henry Hartsfield, Steven Nagel, James Buchli und Guion Bluford sowie den Deutschen Reinhard Furrer und Ernst Messerschmid und dem Niederländer Wubbo Ockels. An dieser Mission nahmen

erstmals acht Besatzungsmitglieder Teil, und zum ersten Mal wurden die Nutzlastaktivitäten von außerhalb der USA kontrolliert. Hauptnutzlast war das erste deutsche Spacelab D-1. Mehr als 75 Experimente erfolgten auf den Gebieten Physiologie, Materialwissenschaften, Biologie und Navigation. Dr. Dunbar war verantwortlich für den Betrieb des Spacelab und seiner Untersysteme und führte verschiedene Experimente aus. Dafür hatte sie sich sechs Monate lang in der BRD, in Frankreich, der Schweiz und den Niederlanden vorbereitet. Sechs der acht Besatzungsmitglieder arbeiteten aufgeteilt in ein blaues und rotes Team jeweils in Zwölf-Stunden-Schichten, was einen Betrieb rund um die Uhr gewährleistete.

Flugdauer: 7 Tage 44 Minuten 51 Sekunden

2. Raumflug: 9. bis 20. Januar 1990 als Missionsspezialistin von STS-32/Columbia – gemeinsam mit Marsha Ivins und den männlichen Kollegen Daniel Brandenstein, James Wetherbee und David Low. Während dieser Mission wurde mit Hilfe des RMS der Nachrichtensatellit Syncom IV-F5 ausgesetzt und die Langzeitplattform LDEF eingeholt. Im Mitteldeck erfolgten verschiedene materialwissenschaftliche und biomedizinische Versuche; eines davon – AMOS-4 – diente dem Pentagon. Dr. Dunbar trug die Hauptverantwortung für das Experiment zur Untersuchung von Störungen durch die Mikrogravitation.

Flugdauer: 10 Tage 21 Stunden 37 Sekunden

3. Raumflug: 25. Juni bis 9. Juli 1992 als Nutzlastkommandantin von STS-50/Columbia – gemeinsam mit Ellen Baker und den männlichen Kollegen Richard Richards, Kenneth Bowersox, Carl Meade, Lawrence DeLucas und Eugene Trinh. Die Hauptnutzlast dieser ersten ausgedehnten Mission bildete das United States Microgravity Laboratory (USML-1) in der Ladebucht der Raumfähre. Die Nutzlastcrew von vier Mitgliedern führte zwei Wochen lang rund um die Uhr mehr als 30 Experimente auf den Gebieten Materialwissenschaften und Humanphysiologie durch, die von 100 Forschern vorbereitet worden waren.

Flugdauer: 13 Tage 19 Stunden 30 Minuten 4 Sekunden

4. Raumflug: 27. Juni bis 7. Juli 1995 als Missionsspezialistin von STS-71/Atlantis – gemeinsam mit Ellen Baker und den NASA-Astronauten Robert Gibson, Charles Precourt und Gregory Harbaugh sowie den russischen Kosmonauten Anatoli Solowjow und Nikolai Budarin. Das war die erste Mission bei der ein Space Shuttle an den russischen Orbitalkomplex MIR andockte und ein Überwechseln der Besatzungen erfolgte. Dafür führte die Atlantis ein kompatibles Kopplungssystem mit. Solowjow und Budarin blieben als neue Stammbesatzung auf MIR, die alte – Wladimir Deshurow und Gennadi Strekalow – kehrten mit ihrem amerikanischen Dauergast Norman Thagard in der Raumfähre zur Erde zurück. Sie wurden in dem in der Ladebucht des Orbiters montierten Spacelab noch während des Fluges umfassenden medizinischen Untersuchungen unterzogen.

Flugdauer: **9 Tage 19 Stunden 22 Minuten 17 Sekunden**

5. Raumflug: 23. bis 31. Januar 1998 als Missionsspezialistin von STS-89/Endeavour – gemeinsam mit ihren NASA-Kollegen Terrence Wilcutt, Joe Edwards, James Reilly, Michael Anderson und Andrew Thomas sowie dem russischen Kosmonauten Salischan Scharipow. Auf dieser vorletzten Kopplungsmission des Space Shuttles mit MIR wurde David Wolf als Dauergast durch Andrew Thomas abgelöst. Im Orbiter erfolgten zwei deutsche Werkstoffexperimente, zwei deutsch-amerikanische Versuche mit Fischen und Schnecken sowie ein chinesisches Experiment zu materialwissenschaftlichen Problemen. Vor ihrem Heimflug führte die Atlantis einen Rundflug um MIR aus.

Flugdauer: 8 Tage 19 Stunden 46 Minuten 54 Sekunden

Gesamtflugzeit: 50 Tage 8 Stunden 24 Minuten 43 Sekunden

FISHER, ANNA LEE (USA)
geborene Tingle, ein Raumflug

Qualifikation: Dr. med.

Zur Person:

1949:	Am 24. August in New York City geboren, betrachtet aber San Pedro in Kalifornien als ihre Heimatstadt. Verheiratet mit dem Astronauten Dr. William Fisher aus Dallas, Texas; zwei Töchter. Als Hobbys gibt sie Schnee- und Wasserski, Laufen, Fliegen, Lesen und Fotografie an.

Laufbahn:

1967–1971:	Studium der Chemie an der Universität von Kalifornien in Los Angeles (UCLA).
1971–1972:	Wissenschaftliche Mitarbeiterin an der Fakultät für Chemie der UCLA.
1972–1976:	Studium an der medizinischen Fakultät der UCLA.
1976:	Doktor der Medizin von der UCLA.
1976–1977:	Praktikum als Internistin am Harbor General Hospital in Torrance, Kalifornien.
1977–1978:	Notfallmedizinerin in verschiedenen Hospitälern von Los Angeles.
1978:	Am 16. Januar Auswahl als Astronauten-Kandidatin durch die NASA.
1979:	Nach einjährigem Training Bestätigung als Missionsspezialistin für das Space Shuttle.
1979–1982:	Mitarbeit an der Entwicklung und Erprobung des ferngesteuerten Manipulatorsystems RMS, der Ausstiegsluke in der Ladebucht der Raumfähre und dem »besonders kleinen« Raumanzug für Frauen; Vorbereitung der Missionen STS-2 bis STS-4 mit der Columbia.
1982–1983:	Vorbereitung der Missionen STS-5 bis STS-7 mit der Columbia und der Challenger; CAPCOM für die Mission STS-9 mit der Columbia.
1984:	Nominierung als Missionsspezialistin für das Unternehmen STS-41-H, bei dem ein Satellit für das Pentagon ausgesetzt werden sollte. Der für den 1. September 1984 vorgesehene Start wurde jedoch wegen Ausfall der Rake-

tenoberstufe IUS für den Einschuss in die Erdumlaufbahn gestrichen.

1984: Nominierung als Missionsspezialistin für STS-51-A/Discovery.

1986: Nominierung als Missionsspezialistin für das Unternehmen STS-61-H, bei dem Kommunikationssatelliten ausgesetzt werden sollten. Der für den 24. Juni 1986 vorgesehene Start wurde jedoch nach der Challenger-Katastrophe gestrichen.

1987: Mitarbeit im Ausschuss für die Auswahl von Astronauten. Eine Zeit lang wirkte Dr. Fisher an Konzeptionen für das Training der Besatzungen von Raumstationen, ihre Arbeitsweise und die Gesundheitseinrichtungen mit. Einige Jahre zog sie sich von der aktiven Astronautentätigkeit zurück, um sich ihren Töchtern zu widmen.

1996: Rückkehr in das Astronautenbüro der NASA, wo sie sich an der Planung der Flugdaten und der Vorbereitung der Besatzungen für die internationale Raumstation beteiligt.

1. Raumflug: 8. bis 16. November 1984 als Missionsspezialistin von STS-51A/Discovery – gemeinsam mit Frederick Hauck, David Walker, Joseph Allen und Dale Gardner. Während dieser Mission wurden die beiden Nachrichtensatelliten Anik D-2 und Leasat-1 ausgesetzt und zum ersten Mal in der Geschichte der Raumfahrt ausgefallene Satelliten – Palapa B-2 und Westar VI – eingeholt und zur Erde zurückgebracht.

Flugdauer: 7 Tage 23 Stunden 44 Minuten 56 Sekunden

GODWIN, LINDA MAXINE (USA)

Verheiratet, drei Raumflüge, eine EVA

Qualifikation: Dr. phil.

Zur Person:

1952: Am 2. Juli in Cape Girardeau, Missouri, geboren, Heimatstadt Jackson, Missouri. Verheiratet mit dem ehemaligen Astronauten Oberst a.D. Steven Nagel aus Houston, Texas, der viermal mit dem Space Shuttle flog; eine Stieftochter. Ihre Hobbys sind das Spielen von Saxophon und Klarinette, Lesen und Fliegen als Privatpilotin.

Laufbahn:

1970–1974: Studium der Mathematik und Physik an der State University von Südost-Missouri.

1974–1976: Zweiter akademischer Grad in Physik von der Universität von Missouri.

1976–1980: Arbeit als Forschungsassistentin in verschiedenen physikalischen Laboratorien; Veröffentlichungen über die Ergebnisse in Fachjournalen.

1980: Doktorat in Physik an der Universität von Missouri.

1980–1985: Mitarbeiterin für die Integration des Spacelab in der Abteilung Nutzlastoperationen des NASA-Direktorats für Missionsoperationen; Flugkontrolleurin und Nutzlastverantwortliche bei verschiedenen Missionen des Space Shuttles.

1985: Am 4. Juli Auswahl als Astronautenkandidatin der NASA.

1986: Im Juli Flugstatus als Missionsspezialistin.

1986–1990: Mitarbeit im Shuttle Avionics Integration Laboratory (SAIL) für Flugsoftware, Raketenoberstufe IUS, aussetzbare Nutzlasten und Spacelab-Missionen; Chefin für die Ausstattung der Astronauten; Leiterin der Sektion Missionsentwicklung des Astronautenbüros.

1991–2000: Verbindungsastronautin zur Arbeitsgruppe Ausbildung; Vizechefin des Astronautenbüros.

1991: Nominierung als Missionsspezialistin von STS-37/Atlantis.

1994: Nominierung als Nutzlastkommandantin von STS-59/Endeavour.

1996: Nominierung als Missionsspezialistin von STS-76/Atlantis.

1. Raumflug: 5. bis 11. April 1991 als Missionsspezialistin von STS-37/Atlantis – gemeinsam mit ihrem Ehemann Steven Nagel, Kenneth Cameron, Jerry Ross und Jerome Apt. Während dieser Mission wurde die zu diesem Zeitpunkt 15.875 Kilogramm schwere Nutzlast, das Gammastrahlen-Observatorium GRO, mit dem Manipulatorsystem RMS ausgesetzt. Außerdem fanden eine Reihe technischer, materialwissenschaftlicher und biologischer Experimente sowie ein militärischer Versuch statt.

Flugdauer: 5 Tage 23 Stunden 32 Minuten 44 Sekunden

2. Raumflug: 9. bis 20. April 1994 als Nutzlastkommandantin von STS-59/Endeavour – gemeinsam mit Sidney Gutierrez, Kevin Chilton, Jerome Apt, Thomas Jones und Michael Clifford. Hauptnutzlast war das aus drei großen Radargeräten bestehende Space Radar Laboratory (SLR) zum Studium der Oberfläche und Atmosphäre der Erde. Die multispektralen Fähigkeiten der Anlage ermöglichten vielfältige Messungen und neuartige Informationen. Die Crew konnte mehr als 14.000 Fotoaufnahmen gewinnen.

Flugdauer: 11 Tage 5 Stunden 49 Minuten 30 Sekunden

3. Raumflug: 22. bis 31. März 1996 als Missionsspezialistin von STS-76/Atlantis – gemeinsam mit Shannon Lucid und den männlichen Kollegen Kevin Chilton, Richard Searfoss, Ronald Sega und Michael Clifford. Mit dieser dritten Kopplungsmission eines Space Shuttles mit der russischen Raumstation MIR und dem Überwechseln von Dr. Lucid, die fünf Monate an Bord arbeitete, begann für die nächsten zwei Jahre die kontinuierliche Präsenz amerikanischer Astronauten an Bord der russischen Raumstation. Die Atlantis beförderte 2.200 Kilogramm Fracht – wissenschaftliche Geräte sowie Lebensmittel, Wasser und Luft – zu MIR und 500 Kilogramm amerikanische und russische Forschungsergebnisse und -geräte zur Erde zurück.

Flugdauer: 9 Tage 5 Stunden 15 Minuten 53 Sekunden

EVA Am 27. März 1996 führten Linda Godwin und Michael Clifford eine EVA aus – die erste aus dem gekoppelten Komplex MIR/Space Shuttle, der mit 237.494 Kilogramm das bis dahin schwerste von Menschenhand geschaffene Forschungslabor im Weltraum war. Sie montierten an der Außenwand eine Messplatte für Partikeltreffer und einen Container mit 1.000 Materialproben, um die geeignetsten für den Bau der Internationalen Raumstation auswählen zu können.

Ausstiegsdauer: 6 Stunden 1 Minute 48 Sekunden

4. Raumflug: 5. bis 17. Dezember 2001 als Missionsspezialistin von STS-108/Endeavour – gemeinsam mit Dominic Pudwill-Gorie, Mark Kelley und Daniel Tani zur ISS. Hinflug mit der vierten Stammbesatzung Juri Onufrijenko, Carl Walz und Daniel Bursch, Rückflug mit der dritten ISS-Mannschaft Frank Culbertson, Waleri Deshurow und Michail Tjurin. Diese Mission war der erste Nutzungsflug UF 1 (Utilization Flight 1), bei dem das wieder verwendbare Transportmodul Raffello neue Forschungs- und Serviceschränke für das Labormodul Destiny brachte.

Flugdauer: 11 Tage 19 Stunden 35 Minuten 42 Sekunden

2. EVA: Am 10. Dezember führten Dr. Godwin und Daniel Tani einen Ausstieg aus, um die beiden Motoren für die Steuerung der Solarzellenflächen abzudecken. Diese hatten zu hochtourig gearbeitet, weil das Schmieröl zu starken Temperaturschwankungen ausgesetzt war.

Ausstiegsdauer: 4 Stunden 11 Minuten

Gesamtflugzeit: 38 Tage 06 Stunden 13 Minuten 49 Sekunden

Gesamtausstiegsdauer: 10 Stunden 12 Minuten 48 Sekunden

HAIGNERÉ, CLAUDIE (FRANKREICH)

geborene André, geschiedene Deshays, erste Spationautin, zwei Raumflüge

Qualifikation: Prof. Dr. med., Dr. phil., erste Kommandantin für die Rückführung von Raumfahrzeugen des Typs Sojus TM

Zur Person:

1957: Am 13. Mai in Le Creusot, Departement Soane-et-Loire,

Burgund, geboren. Sie hat eine Tochter aus zweiter Ehe mit dem Spationauten Jean-Pierre Haigneré. Ritter der Französ. Ehrenlegion. In der Freizeit beschäftigt sie sich mit Lesen, Malerei, Bildhauerei, Gymnastik und Golf.

Laufbahn:

1976–1981: Studium der Humanmedizin an der Universität von Dijon.

1981: Fachärztin für Sportmedizin und Doktor der Medizin an der Universität Paris.

1982: Fachärztin für Luft- und Raumfahrtmedizin.

1984: Fachärztin für Rheumatologie.

1984–1992: Ärztin in der Klinik für Rheumatologie und Readaption im Cochin-Hospital von Paris; Forschung und Anwendung diagnostischer und therapeutischer Techniken in der Rheumatologie und der Sporttraumatologie; Professorin für Rheumatologie.

1985: Am 18. September wurde sie als einzige Frau für die siebenköpfige Spationauten-Gruppe – vier Piloten und drei Wissenschaftler – des Nationalen Zentrums für Weltraumforschung Frankreichs (CNES) unter rund tausend Kandidaten ausgewählt.

1985–1990: Ärztin im Laboratorium für neurosensorische Physiologie, Vorbereitung der Experimente für die 24-tägige Mission »Aragatz« des Spationauten Jean-Loup Chretién mit Sojus TM-7 zu MIR.

1986: Fachärztin für Biomechanik und Bewegungsphysiologie.

1989–1992: Vorbereitung der lebenswissenschaftlichen Experimente für die 14-tägige Mission »Antares« des Spationauten Michel Tognini mit Sojus TM-15 zu MIR.

1990–1992: Leiterin der Abteilung Lebenswissenschaften des CNES; Verantwortliche des franz. und europäischen Programms für Weltraummedizin; Teilnahme an Parabelflügen mit der »Caravelle« zur Simulation der Schwerelosigkeit.

1992: Fachärztin für Neurologie und Doktor der Philosophie in Neurowissenschaften. Am 16. Oktober Nominierung als Double des Spationauten Jean-Pierre Haigneré für die 24-tägige Mission »Altair« mit Sojus TM-17 zu MIR.

1993–1995: Vorbereitung der französischen Experimente für die 31-tägige Mission Euromir'94 von Ulf Merbold mit Sojus TM-20 zu MIR.

1994: Am 11. Juli Nomin. als Forschungskosmonautin für die

15-tägige Mission »Cassiopée« mit Sojus TM-24 zu MIR.

1997: Repräsentantin des französisch-russischen Unternehmens Starsem in Moskau.

1998: Am 12. Februar Geburt der Tochter Karla Anastasia. Am 11. Juni Nominierung als Double des Spationauten Jean-Pierre Haigneré für die 188-tägige Mission »Persée« mit Sojus TM-29 zu MIR.

1999: Am 7. Juli Erteilung des Patents als Kommandantin von Raumschiffen des Typs Sojus TM für die Rückkehrphase. Am 1. November Aufnahme in das ESA-Astronautenkorps für den Einsatz auf der ISS.

2000: Nominierung als Erste Bordingenieurin für die 10tägige Mission »Andromède« während des zweiten Taxifluges zur ISS, gemeinsames Training mit Reinhold Ewald für die russischen Stationselemente Sarja und Swjesda.

1. Raumflug: 17. August bis 2. September 1996 als Forschungskosmonautin mit Kommandant Waleri Korsun und Bordingenieur Alexander Kaleri in Sojus TM-24 zu MIR (noch unter dem Namen Claudie André-Deshays). Das war der erste bemannte Start mit einer Trägerrakete des Typs Sojus U nach zwei Fehlschlägen mit Militärsatelliten. Zwei Tage später erfolgte das manuelle Ankoppeln am vorderen Kopplungsstutzen von MIR und der Überstieg zur Stammbesatzung – Kommandant Juri Onufrijenko, Bordingenieur Juri Usatschow und Gastastronautin Shannon Lucid (USA). Zu den mehr als einem Dutzend Versuchskomplexen des französischen Forschungsprogramms »Cassiopée« gehörten vorwiegend Experimente der Lebens- und Materialwissenschaften. Claudie André-Deshays landete gemeinsam mit Juri Onufrijenko und Juri Usatschow in Sojus TM-23.

Gesamtflugzeit: 15 Tage 18 Stunden 23 Minuten 37 Sekunden

2. Raumflug: 21. bis 31. Oktober 2001 als Erste Bordingenieurin mit Kommandant Wiktor Afanasjew und Konstantin Kosejew in Sojus TM-33 zur ISS. Das war der zweite Taxiflug zum Auswechseln der als »Rettungsboote« für die Stammbesatzungen der Station dienenden Sojus-Raumfahrzeuge, die eine garantierte Funktionsdauer von 200

Tagen haben. Zwei Tage später erfolgten die automatische Kopplung radial am russischen Stationsmodul Sarja und der Überstieg zur dritten Stammbesatzung der ISS – Kommandant Frank Culbertson (USA) sowie Wladimir Deshurow und Michail Tjurin (Russland). Claudie Haigneré war die erste Europäerin an Bord der ISS. Sie führte 14 Experimente des französischen Forschungsprogramms »Andromède« in 33 Sektionen durch: in 14 medizinisch-biologischen, zwölf geophysikalischen, fünf technologischen und zwei biotechnologischen. Von den 26 eingesetzten Ausrüstungen stellte Frankreich 21 und Russland fünf bereit. 70 der 85 kg der dafür benötigten wissenschaftlichen Nutzlast waren vorher bereits mit einem Progress-Frachter zur ISS befördert worden; der Rest kam mit Sojus TM-33. Die Rückkehr der russisch-französischen Gästecrew erfolgte mit Sojus TM-32.

Flugdauer: 9 Tage 19 Stunden 59 Minuten 54 Sekunden

Gesamtflugzeit: 25 Tage 14 Stunden 23 Minuten 31 Sekunden

HELMS, SUSAN (»Sue«) JANE (USA)

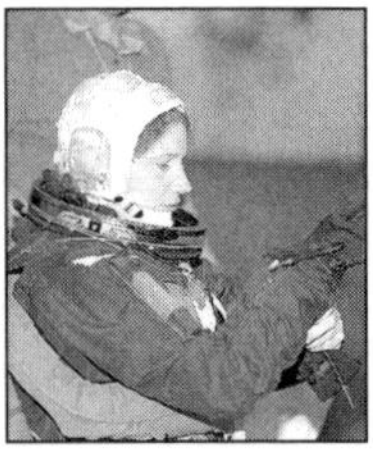

erste Flugingenieurin auf der Internationalen Raumstation, längste Aufenthaltsdauer einer Frau im freien Raum, fünf Raumflüge, eine EVA

Qualifikation: Prof. Dr. phil., Oberst a.D. der US Air Force, flog als Testingenieurin 30 verschiedene Typen am. und kan. Militärflugzeuge.

Zur Person:

1958: Am 26. Februar in Charlotte, North Carolina geboren, betrachtet sie Portland, Oregon als ihre Heimatstadt. Sie ist ledig und liebt Musik – spielt Jazzpiano und Keyboard in der Band »MAX-Q«. Außerdem gibt sie Laufen, Reisen, Lesen, Computer und Kochen als Hobbys an.

Laufbahn:

1976–1980: Studium der Luftfahrttechnik an der Akademie der US Air Force.

1980–1982: Ingenieurin im Rüstungslaboratorium der Luftwaffe auf der Eglin Basis in Florida für das Kampfflugzeug F-16.

1982–1984:	Leitende Ingenieurin für den Waffenabwurf von der F-15.
1984–1985:	Doktorat in Luft- und Raumfahrttechnik von der Stanford University.
1985–1987:	Assistenzprofessur an der Luftwaffenakademie.
1987–1988:	Besuch der Testpilotenschule auf der Edwards Air Force Base; Training als Flugtestingenieurin.
1988–1989:	Austauschoffizier im Versuchszentrum der kanadischen Luftwaffe in Gold Lake, Alberta, wo sie als Flugtestingenieurin für die CF-18 arbeitete.
1990:	17. Januar Auswahl durch die NASA.
1991:	Im Juli Bestätigung als Astronautin.
1991–1996:	Mitarbeit im Astronautenbüro an der Entwicklung von Weltraumrobotern; CAPCOM für die Mission STS-57, STS-51, STS-58, STS-60 und STS-61.
1993:	Nominierung als Missionsspezial. für STS-54/Endeavour.
1994:	Nominierung als Flugingenieur für Orbiteroperationen bei STS-64/Discovery.
1996:	Nominierung als Nutzlastkomm. für STS-78/ Columbia.
1997:	Branchenchefin für Nutzlasten, Wohn- und Arbeitssektionen des Astronautenbüros.
2000:	Nominierung als Missionsspezial. für STS-101/ Atlantis.
2001:	Nominierung als Mitglied der 2. Stammbesatzung der ISS.

1. Raumflug:	13. bis 19. Januar 1993 als Missionsspezialistin von STS-54/Endeavour – gemeinsam mit John Casper, Donald McMonagle, Gregory Harbaugh und Mario Runco. Die Hauptaufgabe bestand darin, den 200 Millionen US-Dollar teuren Datenrelaissatelliten TDRS-6 auszusetzen. Mit dem Röntgenstrahlen-Spektrometer DXS wurden mehr als 80.000 Sekunden wertvolle Daten gewonnen, die dazu beitrugen, den Ursprung unseres Milchstraßensystems zu erforschen. Die Crew demonstrierte den Grundschülern in den USA physikalische Prinzipien des Raumfluges und den Nutzen von Raumstationen.
Flugdauer:	5 Tage 23 Stunden 38 Minuten 47 Sekunden

2. Raumflug:	9. bis 20. September 1994 als Flugingenieurin für Orbiteroperationen während der Mission STS-64/Discovery – gemeinsam mit Richard Richards, Blaine Hammond, Jerry Linenger, Carl Meade und Mark Lee. Der wichtigste Versuch war das Lidar in Space Technology Expe-

riment (LITE) zur Gewinnung von Daten über die Troposphäre und Stratosphäre. Der freifliegende Satellit Spartan-201 zur Untersuchung der Sonnenkorona wurde ausgesetzt und wieder eingeholt. Dr. Helms war Hauptoperateurin des ferngesteuerten Manipulators.

Flugdauer: 10 Tage 22 Stunden 49 Minuten 57 Sekunden

3. Raumflug 20. Juni bis 7. Juli 1996 als Nutzlastkommandantin und Flugingenieurin von STS-78-Columbia – gemeinsam mit den amerikanischen Kollegen Terence Henricks, Kevin Kregel, Richard Linnehan und Charles Brady sowie dem französischen Spationauten Jean-Jacques Favier und dem kanadischen Astronauten Robert Thirsk. Auf dieser bis dahin längsten Mission eines Space Shuttles wurden Forschungen durchgeführt, an denen sich fünf Raumfahrtagenturen und zehn Nationen beteiligten. Zum ersten Mal erfolgten Mikrogravitationsstudien kombiniert mit lebenswissenschaftlichen Forschungen. Das Laboratorium für Leben und Mikrogravitation diente als Modell für zukünftige Studien an Bord der internationalen Raumstation ISS.

Flugdauer: 16 Tage 21 Stunden 47 Minuten 45 Sekunden

4. Raumflug: 19. bis 29. Mai 2000 als Missionsspezialistin von STS-101/Atlantis – gemeinsam mit Ellen Weber und den männlichen Kollegen James Halsell, Scott Horowitz, Jeffrey Williams und James Voss sowie dem russischen Kosmonauten Juri Usatschew. Das Spacehab-Modul in der Ladebucht enthielt mehr als eine Tonne Versorgungsgüter für die ISS, die nach dem Ankoppeln umgeladen wurden. Zu Ehren von Susan ertönte als erstes Wecklied »Free Fallin« von Tom Petty. Sie betrat gemeinsam mit Juri Usatschow als Erste die embryonale Station. Zu ihren Aufgaben gehörte die Sammlung von Luftproben aus den beiden Modulen Sarja und Unity sowie der Austausch einer Batterie.

Flugdauer: 09 Tage 20 Stunden 09 Minuten 07 Sekunden

5. Raumflug: 8. März bis 22. August 2001 als Flugingenieurin der zweiten Stammbesatzung der Internationalen Raumstation, gemeinsam mit Kommandant Juri Usatschow und

Flugingenieur James Voss. Hinflug mit STS-102/Discovery, Rückflug mit STS-105/Discovery. Ursprünglich sollte die Mission 136 Tage bis zum 22. Juli dauern. Wegen Problemen mit dem amerikanischen Zentralcomputer und dem kanadischen Roboterarm wurden jedoch die folgenden Shuttle-Starts verschoben. Die Crew fertigte die beiden russischen Frachtraumschiffe Progress M-44 und Priogress M1-6 ab, empfing die Mannschaft des ersten Taxifluges Sojus TM-32 sowie die Raumfähre STS-104/Atlantis. Susan Helms bediente beim Umladen der Luftschleuse Quest (Suche) den Roboterarm. Das Forschungsprogramm der Stammbesatzung umfasste 17 Versuchskomplexe auf den Gebieten Humanmedizin, Materialwissenschaften und Technologie.

Flugdauer: 167 Tage 06 Stunden 40 Minuten 49 Sekunden

1. EVA: Am 11. März 2001 stieg Susan Helms gemeinsam mit James Voss aus der Raumfähre aus, um acht Kabelverbindungen des Kopplungsadapters an der Unterseite des Moduls Destiny zu lösen sowie eine Antenne des provisorischen Kommunikationssystems zu demontieren, damit er zur Backbordseite umgesetzt werden konnte. Die Arbeiten verzögerten sich, weil sich eine zu montierende Fußhalterung von ihrer Sicherungsleine löste und davon driftete. Voss musste erst eine neue aus einer Werkzeugbox an der Außenwand der Station holen. Außerdem wurde ein Gestell von der Nutzlastplattform der Raumfähre abgebaut und auf der Oberseite von Destiny montiert, wo es später das zentrale Element des 100 Meter langen Gittermastes aufnehmen soll. Schließlich installierten sie die Strom- und Datenverbindungen an der Unterseite des Labormoduls. Die 17. EVA an der ISS war die bis dahin längste und zugleich die längste einer Frau überhaupt.

Ausstiegsdauer: 08 Stunden 56 Minuten

Gesamtflugzeit: 210 Tage 23 Stunden 06 Minuten 25 Sekunden

HIRE, KATHRYN (»Kay«) PATRICE (USA)
ein Raumflug

Qualifikation: Fregattenkapitän der US-Marinereserve, erste Amerikanerin einer Flugzeugcrew für Kampfeinsätze

Zur Person:

1959: Am 26. August in Mobile, Alabama, geboren; unverheiratet. Sie liebt Segeln, Skilaufen, Tauchen und Angeln.

Laufbahn:

1977–1981: Studium von Maschinenbau und Management an der Marineakademie der USA.

1982–1988: Nach der Ernennung zum Flugoffizier der Navy führte sie im Ozeanographischen Entwicklungsgeschwader in Patuxent River, Maryland, weltweit luftgestützte Forschungsarbeiten durch. Sie diente als Projektkoordinatorin, Missionskommandantin und Offizier für besondere Aufgaben an Bord eines Aufklärungsflugzeuges P-3 »Orion«. Auf der Luftwaffenbasis Mather in Calif. bildete sie Marineflieger am Simulator und im Cockpit des Flugzeuges T-43 aus. Durch Kurse qualifizierte sie sich zur Navigationsinstrukteurin und Lehrplanmanagerin.

1988–1989: Kommandiert zur Reserve der Marineflieger in Jacksonville, Florida, gehörte zu ihrem Aufgabenbereich die Auffülleinheit und das Zentrum für Kriegsführung gegen Unterseeboote.

1989–1993: Systemingenieurin für den Orbiter im Kennedy Raumflugzentrum auf Cape Canaveral in Florida; Zertifikat als Testprojektingenieurin für das Space Shuttle. Im Startkontrollzentrum integrierte sie die Wartungsarbeiten des Orbiters von der Landung bis zum nächsten Start. Zusätzlich leitete sie die Kontrolle der mobilen Space Suits für die EVAs und das Dockungssystem für MIR.

1993: Am 13. Mai wurde Kathryn Hire als erste Frau in den USA einer Flugzeugbesatzung für Kampfeinsätze zugeteilt. Als Offizier für Navigation und Kommunikation nahm sie an Patrouillenflügen über Island, Porto Rico und Panama teil.

1994: Verantwortlich für den Mechanismus des Orbiters und

	den Schwenkarm an der Abschussrampe; am 9. Dezember Auswahl für die Astronautengruppe der NASA.
1995:	Abschluss der Ausbildung als Missionsspezialistin.
1996–1997:	CAPCOM für die Verbindung zwischen dem Kontrollzentrum in Houston und den Besatzungen im Space Shuttle.
1998:	Nominierung als Missionsspezialistin für STS-90/ Columbia.

1. Raumflug: 17. April bis 3. Mai 1998 als Missionsspezialistin von STS-90/Columbia – gemeinsam mit den NASA-Kollegen Richard Searfoss, Scott Altman, Richard Linnehan, Jay Buckey und James Pawelczyk sowie den kanadischen Astronauten Daffy Williams. Hauptnutzlast war das Neurolab, untergebracht in der langen Ausführung des Spacelab. Im Mittelpunkt standen Untersuchungen über die Auswirkung der Schwerelosigkeit und anderer Raumflugfaktoren auf den menschlichen Organismus, insbesondere die Nerven und Sinnesorgane.

Flugdauer: 15 Tage 21 Stunden 49 Minuten 59 Sekunden

HUGHES-FULFORD, MILLIE ELIZABETH (USA)

ein Raumflug

Qualifikation: Prof. Dr. phil., Major der US-Heeresreserve

Zur Person:

1945:	Am 21. Dezember in Mineral Wells, Texas, geboren; verheiratet mit George Fulford, ehemaliger Kapitän der United Airlines. Ihre Tochter lebt mit ihrem Mann in Mills Valley. Millies Interessen sind Schwimmen, Tauchen und Bootfahren, Gartenarbeit, Fotografieren und Computergrafiken.

Laufbahn:

1962–1968:	Studium der Chemie und Biologie an der Staatsuniversität Tarleton.

1968–1971:	Arbeitsstudium der Plasmachemie an der Frauenuniversität von Texas.
1971–1972:	Mitarbeit in der Amerikanischen Vereinigung von Universitätsfrauen.
1972:	Doktorat in Chemie an der Frauenuniversität von Texas.
1972–1991:	Forschungsarbeit auf dem Gebiet des Cholesterin-Stoffwechsels an der medizinischen Fakultät der Universität von Texas. Veröffentlichungen von mehr als 70 wissenschaftlichen Arbeiten über Knochenerkrankungen und Krebswachstum.
1981:	Auswahl durch die NASA als Missionsspezialistin.
1986:	Nominierung als Double für die Mission STS-71E, die am 1. März starten sollte, sowie als Nutzlastspezialistin von STS-81M, die für den Juli 1988 vorgesehen war. Beide Flüge wurden nach der Challenger-Katastrophe gestrichen.
1991:	Nominierung als Nutzlastspezialistin für STS-40/Columbia. Nach dem Raumflug schied Dr. Hughes-Fulford aus der NASA aus.
1991–1994:	Wissenschaftliche Beraterin für das Staatssekretariat für Veteranenangelegenheiten.
1995:	Professorin am Medizinischen Zentrum der Universität von Kalifornien in San Francisco; Direktor des Laboratoriums für Zellwachstum und -teilung; Vizestabschef des Medizinischen Zentrums für Altersforschung; Studien zur Kontrolle des Krebswachstums beim Menschen.
1996–1997:	Vorbereitung der Experimente Osteo, Osteogene und Osteomars zum besseren Verständnis des Knochenschwundes bei Raumflügen.

1. Raumflug:	5. bis 14. Juni 1991 als Nutzlastspezialistin von STS-40/Columbia – gemeinsam mit Tamara Jernigan und Rhea Seddon sowie den männlichen Kollegen Bryan O'Connor, Sidney Gutierrez, James Bagian und Andrew Gaffney. Hauptnutzlast war das Spacelab Life Science SLS-1, das erste Laboratorium für ausschließlich biomedizinische Studien. Außerdem wurden rund zwanzig lebenswissenschaftliche Versuche im Mitteldeck und außerhalb des Orbiters durchgeführt.
Flugdauer:	9 Tage 2 Stunden 14 Minuten 20 Sekunden

IVINS, MARSHA SUE (USA)
fünf Raumflüge

Qualifikation: Luft- und Raumfahrtingenieurin, 5.700 Flugstunden in zivilen und NASA-Flugzeugen.

Zur Person:

1951: Am 15. April in Baltimore, Maryland geboren; geschieden; liebt das Fliegen, Lesen und Backen.

Laufbahn:

1969–1973: Studium von Luft- und Raumfahrttechnik an der Universität von Colorado.

1974–1984: Ingenieurin im Johnson-Raumfahrtzentrum Houston, Texas; Arbeit an Orbiter-Displays und Kontrollsystemen, insbesondere auf dem Gebiet der Mensch-Maschine-Beziehung.

1980: Flugingenieurin für das Shuttle-Trainingsflugzeug und Kopilotin des NASA-Dienstflugzeuges »Gulfstream 1«; Pilotenlizenz für mehrmotorige Transportflugzeuge und einmotorige Land- und Wasserflugzeuge, sowie Lizenz als Fluginstrukteurin für Gleiter.

1984: Am 23. Mai Auswahl für die Astronautengruppe der NASA als Missionsspezialistin.

1984–1997: Ingenieurin für die Unterstützung der Crews bei Start und Landung, für die Sicherheit und Zuverlässigkeit des Orbiters und des Cockpits im Shuttle Avionics Integration Laboratory (SAIL). CAPCOM für die Verbindung zwischen Flugkontrollzentrum und Besatzungen; verantwortlich für die Fotoaufnahmesysteme und die Flugausrüstung der Crews; Chefin des Teams zur Unterstützung der Astronauten bei Start und Landung im Kennedy Raumfahrtzentrum auf Cape Canaveral, Florida.

1990: Nominierung als Missionsspezialistin für STS-32/Columbia.

1992: Nominierung als Missionsspezialistin für STS-46/Atlantis.

1994: Nominierung als Missionsspezialistin für STS-62/Columbia.

1997: Nominierung als Missionsspezialistin für STS-81/Atlantis.

2000: Nominierung als Missionsspezialistin für STS-98/Atlantis.

1. Raumflug: 9. bis 20. Januar 1990 als Missionsspezialistin von STS-32/Columbia – gemeinsam mit Bonnie Dunbar und den männlichen Kollegen Daniel Brandenstein, James Wetherbee und David Low. Aussetzen des Nachrichtensatelliten Syncom und Einholen der Langzeitplattform LDEF. Außerdem wurden materialwissenschaftliche und biomedizinische Experimente ausgeführt.
Flugdauer: 10 Tage 21 Stunden 37 Sekunden

2. Raumflug: 31. Juli bis 8. August 1992 als Missionsspezialistin von STS-46/Atlantis – gemeinsam mit den NASA-Kollegen Loren Shriver, Andrew Allen, Jeffrey Hoffman und Franklin Chang-Diaz sowie dem Schweizer Claude Nicollier und dem Italiener Franco Malerba. Die Hauptaufgaben der Mission bestanden darin, den wieder verwendbaren europäischen Satelliten Eureca auszusetzen und das erste gefesselte Satellitensystem TSS zu testen.
Flugdauer: 7 Tage 23 Stunden 15 Minuten 3 Sekunden

3. Raumflug: 4. bis 18. März 1994 als Missionsspezialistin von STS-62/Columbia – gemeinsam mit John Casper, Andrew Allen, Pierre Thuot und Charles Gemar. Hauptnutzlasten waren die amerikanische Mikrogravitationsversuchsanlage USMP 2 und der Komplex für Luft- und Raumfahrttechnologie OAST 2. Damit wurden die Auswirkungen der Schwerelosigkeit auf Raumflugmaterialien studiert.
Flugdauer: 13 Tage 23 Stunden 16 Minuten 41 Sekunden

4. Raumflug: 12. bis 22. Januar 1997 als Missionsspezialistin von STS-81/Atlantis – gemeinsam mit Michael Baker, Brent Jett, Peter Wisoff, John Grunsfeld und Jerry Linenger. Während dieser fünften Dockungsmission mit MIR wechselte zum zweiten Mal ein amerikanischer Astronaut – Linenger – zur russischen Raumstation. Mehr als zwei Tonnen Ausrüstungen und Materialproben, Lebensmittel und Wasser wurden zu MIR umgeladen, gut eine Tonne Forschungsergebnisse und verbrauchte Geräte mit der Atlantis zur Erde befördert.

Flugdauer: 10 Tage 4 Stunden 55 Minuten 21 Sekunden

5. Raumflug: 7. bis 20. Februar 2001 als Missionsspezialistin von STS-98/Atlantis, gemeinsam mit Kenneth Cockrell, Robert Curbeam und Thomas Jones. Hauptaufgabe der Mission war die Ankopplung des US-Labormoduls Destiny (Schicksal) an die Internationale Raumstation, womit die Grundlage für das weit reichende wissenschaftliche Arbeitsprogramm der Stammbesatzungen geschaffen wurde. Marsha Ivins bediente den Greifarm, mit dem das erste Forschungslaboratorium ausgeladen und angekoppelt wurde.

Flugdauer: 12 Tage 21 Stunden 20 Minuten 03 Sekunden

Gesamtflugzeit: 55 Tage 21 Stunden 47 Minuten 45 Sekunden

JEMISON, MAE CAROL (USA)

erste Afroamerikanerin im All, ein Raumflug

Qualifikation: Prof. Dr. med., Dr. h. c. mult.

Zur Person:

1956: Am 17. Oktober in Decatur, Alabama geboren und in Chicago, Illinois aufgewachsen; Single mit umfangreichen Interessen: leidenschaftliche Leserin; hilfsbereite Reisende sowie ausgezeichnete Jazztänzerin und Choreographin. Sie spricht fließend Russisch, Swahili und Japanisch und spielte in einer Folge der Fernsehserie »Star Trek – The Next Generation« mit. Außerdem gibt sie als Hobbys an: Skilaufen, Gewichtheben, Fotografieren und Nähen, graphische Arbeiten sowie das Sammeln von afrikanischer Kunst.

Laufbahn:

1973–1977: Mit 16 Jahren erhielt Mae ein Stipendium der Stanford Universität und studierte dort Chemie, Afrikanistik sowie Afroamerikanistik und erwarb in allen drei Fächern den ersten akademischen Grad.

1977–1981: Studium der Medizin und Doktorat an der Cornell University, New York.

1981–1982: Internistin am Medizinischen Zentrum der Universität von Südkalifornien und praktische Ärztin in Los Angeles. Technik und Medizin verbindend, arbeitete sie auf den Gebieten Computerdiagnose, Nuklearmedizin und Tropenkrankheiten.

1983–1985: Dr. Jemison ging freiwillig als Ärztin des amerikanischen Friedenskorps in die westafrikanischen Länder Sierra Leone und Liberia. Sie half dort das Gesundheitswesen und den Rettungsdienst zu organisieren und beteiligte sich an einem Forschungsprojekt zur Bekämpfung der Hepatitis B.

1985–1987: Arbeit als Allgemeinmedizinerin in Los Angeles, Mitarbeit am Gesundheitsplan für Kalifornien und gleichzeitig Qualifizierung als Ingenieurin; Studienreisen führen nach Kuba, Kenia und Thailand.

1987: Am 5. Juni Auswahl mit 14 anderen Bewerbern; Beginn des einjährigen Trainings.

1987–1993: Mitglied des Astronautenkorps der NASA.

1988: Im August Bestätigung als Missionsspezialistin. Danach nahm Dr. Jemison folgende Aufgaben wahr: Vertreterin des Astronautenbüros im Kennedy-Raumflugzentrum auf Cape Canaveral, Florida, was die Teilnahme an den Startvorbereitungen des Space Shuttles, seiner Ausrüstung mit Nutzlasten und am Countdown einschloss; Mitarbeit im Shuttle Avionics Laboratory (SAIL).

1991: Ehrendoktorwürden für Wissenschaft vom Lincoln College in Pennsylvania und für Literatur vom Winston-Salem-College, North Carolina; Wahl zu den »Zehn hervorragendsten Frauen der neunziger Jahre« und zu »Eine Frau für das kommende Jahrhundert«.

1992: Nominierung als Missionsspezialistin von STS-47/Endeavour; Gründung der Mae C. Jemison Akademie in Detroit als alternative öffentliche Schule.

1993: Im März verließ Dr. Jemison die NASA und gründete in Houston ein eigenes Unternehmen, die Jemison Group Incorporated, die sich auf die soziale, kulturelle, politische und wirtschaftliche Integration fortgeschrittener Technologien konzentriert, speziell in den Ländern der Dritten und Vierten Welt. Zu den Projekten gehört auch die Verbesserung des Gesundheitswesens in Afrika. Professorin für Umweltstudien und Direktorin des Jemison-Instituts für fortgeschrittene Technologien in den Entwicklungsländern am Dartmouth College, New Hampshire. Wahl als eine der »Fünfzig einflussreichsten Frauen« und der »Fünfzig schönsten Menschen der Welt«.

1993–2000: Nationale und internationale Aktivitäten; Kurse über die Technologie des Raumfahrtzeitalters und die Entwicklungsländer; Beraterin und Gast der wöchentlichen Sendung »World of Wonders« im »Discovery«-Kanal; Sprecherin ziviler und staatlicher Organisationen, Schulen und Vereinigungen in den USA und weltweit.

1999: Berufung zum »Professor-at-Large« an der Cornell University in New York.

1. Raumflug: 12. bis 20. September 1992 als Missionsspezialistin von STS-47/Endeavour – gemeinsam mit Nancy Davis und den männlichen NASA-Kollegen Robert Gibson, Curtis Brown, Mark Lee und Jerome Apt sowie dem japanischen Astronauten Mamoru Mohri. Das war die 25. Mission nach der Challenger-Katastrophe und der 50. Shuttle-Flug überhaupt. Hauptnutzlast war das japanische Weltraumlaboratorium Spacelab-J mit mikrogravitatorischen und biologischen Experimenten. Außerdem fanden in neun Spezialkanistern Versuche statt, sowie für die Israelische Raumfahrtagentur Untersuchungen mit Hornissen.

Flugdauer: 07 Tage 22 Stunden 30 Minuten 24 Sekunden

JERNIGAN, TAMARA (»Tammy«) ELIZABETH (USA)

fünf Raumflüge, eine EVA

Qualifikation: Dr. phil.

Zur Person:

1959: Am 7. Mai in Chattanooga, Tennessee geboren. Verheiratet mit dem Shuttle-Astronauten Peter Wisoff. Ihre

Hobbys sind Volleyball, Racquetball, Softball (Baseball für Damen) und Fliegen. Als Studentin war sie Mitglied des Volleyballteams der Universität Stanford und nahm an Wettkämpfen teil.

Laufbahn:

1977–1981: Studium der Physik an der Stanford Universität, Carolina; erster akademischer Grad mit Auszeichnung.

1981–1985: Wissenschaftliche Mitarbeiterin in der Sektion für Theoretische Studien des Ames-Forschungszentrums der NASA in Moffet Field, Kalifornien. Ihre Studien betrafen Phänomene der Sternenbildung, Gammastrahlenausbrüche und Schockwellen im interstellaren Medium.

1983: Zweiter akademischer Grad als Ingenieurin an der Stanford University.

1985: Zweiter akademischer Grad in Astronomie an der Universität von Kalifornien in Berkeley. Am 4. Juni Auswahl für die Astronautengruppe der NASA.

1986: Im Juli Bestätigung als Missionsspezialistin.

1986–2000: Verschiedene Aufgaben im Shuttle Avionics Integration Laboratory (SAIL), Koordinatorin für zusätzliche Nutzlasten, CAPCOM für STS-30, STS-28, STS-34, STS-33 und STS-32; leitende Astronautin für die Entwicklung der Flugsoftware, Chefin der Missionsentwicklung im Astronautenbüro, Vizechefin des Astronautenbüros.

1988: Doktorat in Kosmischer Physik und Astronomie an der Rice University in Texas.

1991: Nominierung als Missionsspezialistin für STS-40/Columbia.

1992: Nominierung als Missionsspezialistin für STS-52/Columbia.

1995: Nominierung als Missionsspezialistin für STS-67/Endeavour.

1996: Nominierung als Missionsspezialistin für STS-80/Columbia.

1999: Nominierung als Missionsspezialistin für STS-96/Discovery.

2001: Ausscheiden aus der Astronautenabteilung der NASA. Wissenschaftliche Mitarbeiterin am Lawrence Livermore National Laboratory in Nordkalifornien.

1. Raumflug: 5. bis 14. Juni 1991 als Missionsspezialistin von STS-40/Columbia – gemeinsam mit Rhea Seddon und Millie

	Hughes-Fulford sowie den männlichen Kollegen Bryan O'Connor, Sidney Gutierrez, James Bagian und Andrew Gaffney. In der Hauptnutzlast, Spacelab Life Science (SLS-1), und zwölf Außenbehältern erfolgten Untersuchungen über die Anpassung von Menschen, Tieren und Zellen an die Mikrogravitation im Orbit und die Wiederanpassung an die irdische Schwerkraft. Weitere Experimente dienten materialwissenschaftlichen, pflanzenbiologischen und strahlungsphysikalischen Untersuchungen.
Flugdauer:	9 Tage 2 Stunden 14 Minuten 20 Sekunden
2. Raumflug:	22. Oktober bis 1. November 1992 als Missionsspezialistin von STS-52/Columbia – gemeinsam mit den US-Astronauten James Wetherbee, Michael Baker, Charles Veach und William Shepherd sowie den kanadischen Astronauten Steven MacLean. Aussetzen des italienischen geodynamischen Lasersatelliten Lageos, mit dem die Bewegung der Erdkruste gemessen wurde. Das kanadische Space Vision System testete die Crew an einem kleinen Zielobjekt, das der Manipulator freisetzte. Das SVS soll für den Aufbau von Raumstationen genutzt werden. Die amerikanische Mikrogravitationsnutzlast USMP-1 diente der materialwissenschaftlichen und biologischen Grundlagenforschung sowie der Anwendungsforschung für Raumstationen.
Flugdauer:	9 Tage 20 Stunden 56 Minuten 14 Sekunden
3. Raumflug:	2. bis 18. März 1995 als Missionsspezialistin von STS-67/Endeavour – gemeinsam mit Wendy Lawrence und den männlichen US-Astronauten Stephen Oswald, William Gregory, John Grunsfeld, Samuel Durrance und Ronald Parise. Mit Astro-2 kam zum zweiten Mal ein aus drei Ultraviolett-Teleskopen bestehendes astrophysikalisches Observatorium zum Einsatz. Es diente dem Studium von schwachen Himmelsobjekten, heißen Sternen und fernen Galaxien. Im Mitteldeck wurden verschiedene materialwissenschaftliche Experimente durchgeführt.
Flugdauer:	16 Tage 15 Stunden 8 Minuten 47 Sekunden

4. Raumflug: 19. November bis 7. Dezember 1996 als Missionsspezialistin von STS-80/Columbia – gemeinsam mit Kenneth Cockrell, Kent Rominger, Thomas Jones und Story Musgrave. Die Crew setzte das Ultraviolett-Spektrometer Orfeus und die freifliegende Versuchsanlage Wake Shield Facility (WSF) aus und holte beide wieder ein. Mit dem Orfeus wurde der Ursprung und die Entstehung von Sternen studiert, mit dem WSF ein Hochvakuum zur Herstellung von Halbleitermaterialien erzeugt. Ursprünglich sollten Tamara Jernigan und Thomas Jones in den freien kosmischen Raum aussteigen. Da sich jedoch die Ausstiegsluke nicht öffnen ließ, wurden diese und weitere geplante EVAs der Mission gestrichen.

Flugdauer: 17 Tage 15 Stunden 53 Minuten 18 Sekunden

5. Raumflug: 27. Mai bis 6. Juni 1999 als Missionsspezialistin von STS-96/Discovery – gemeinsam mit der Amerikanerin Ellen Ochoa und der Kanadierin Julie Payette, den NASA-Astronauten Kent Rominger, Rick Husband und Daniel Barry sowie dem russischen Kosmonauten Waleri Tokarew. Das war der zweite Flug und die erste Kopplung eines Space Shuttles mit der embryonalen Internationalen Raumstation, die zu diesem Zeitpunkt erst aus zwei Modulen bestand – dem russischen Funktionsblock Sarja (Morgenröte) und dem amerikanischen Verbindungsknoten Unity (Einheit). Die Discovery brachte anderthalb Tonnen Versorgungsmaterialien zur kosmischen Großbaustelle – Bauteile und Werkzeuge, Kameras und Kleidung, Laptops und Drucker, die von der Crew umgeladen wurden. Während des fünftägigen Verbundfluges erfolgte auch die Installation von Schaumisolierstoffen an einigen Aggregaten und Klimaanlagen, um den Lärmpegel von 70 auf 62 Dezibel zu senken. Mission Control in Houston spielte als ersten Weckruf für Tamara Jernigan das Lied »California Dreamin« der Beach Boys. Nach der Abkopplung wurde der kleine Studentensatellit Starshine für Bildungszwecke ausgesetzt.

Flugdauer: 9 Tage 19 Stunden 13 Minuten 1 Sekunde

1. EVA Am 30. Mai führten Tamara Jernigan und Daniel Barry

	Arbeiten im freien Raum aus, die anderthalb Stunden länger dauerten als vorgesehen. Das Duo montierte an den Außenwandungen der ISS 350 Kilogramm verschiedener Arbeitsmittel; darunter zwei Lastkräne – den russischen Strjela und den amerikanischen OTD sowie Behälter für Werkzeuge.
Ausstiegsdauer:	7 Stunden 55 Minuten
Gesamtflugzeit:	63 Tage 1 Stunde 25 Minuten 40 Sekunden

KAVANDI, JANET LYNN (USA)

geborene Sellers, drei Raumflüge

Qualifikation: Dr. phil.

Zur Person:

1959:	Am 17. Juli in Springfield, Missouri, geboren; verheiratet mit John Kavandi; hat einen Sohn und eine Tochter. Hobbys sind Skilaufen, Wandern, Camping, Reiten, Windsurfen, Fliegen, Tauchen und Klavierspielen.

Laufbahn:

1977–1980:	Studium der Chemie am Missouri Südstaaten College in Joplin; Abschluss mit magna cum laude.
1980–1982:	Erlangen des zweiten akademischen Grades in Chemie an der Universität von Missouri in Rolla.
1982–1984:	Entwicklungsingenieurin für neue Batterien zu militärischen Zwecken bei Eagle Picher Industies in Joplin, Missouri.
1984–1994:	Ingenieurin für Forschung und Entwicklung in der Abteilung Antriebssysteme der Boeing Aerospace Company in Seattle, Washington. Mitarbeit an Waffensystemen wie der Kurzstrecken-Angriffsrakete SRAM II, der maritimen Rakete Sea Lance, der luftgestützten Cruise Missile ALCM, den Interkontinentalraketen Minuteman und Peacekeeper sowie außeratmosphärischen Abfangprojektilen. Mitwirkung an Studien zur Raumstation,

Mond- und Marsbasen, Orbitaltransferfahrzeugen, Außenplattformen und kleinen Raumflugkörpern.

1990: Doktorat in Analytischer Chemie an der Universität von Washington. Publikation verschiedener Forschungsergebnisse auf technischen Konferenzen und in wissenschaftlichen Journalen; Erteilung von zwei Patenten.

1994: Am 9. Dezember Auswahl als Astronautenkandidatin durch die NASA.

1995–1996: Einjährige Grundausbildung im Johnson Space Center, Texas.

1996–2000: Mitarbeit in der Abteilung für Nutzlasten und Wohnmodule für die Internationale Raumstation.

1998: Nominierung als Missionsspezialistin von STS-91/Discovery.

2000: Nominierung als Missionsspezialistin von STS-99/Endeavour.

1. Raumflug: 2. bis 12. Juni 1998 als Missionsspezialistin von STS-91/Discovery – gemeinsam mit Wendy Lawrence und den männlichen NASA-Kollegen Charles Precourt, Dominic Gorie und Franklin Chang-Diaz sowie dem russischen Kosmonauten Waleri Rjumin. Während dieses letzten Kopplungsfluges eines Space Shuttles zu MIR wurde zum ersten Mal ein superleichter Außentank aus einer Aluminium-Lithium-Legierung erprobt, mit dem sich die Nutzlast der Raumfähre um vier Tonnen erhöhen lässt. Der russische Raumfahrtchef Rjumin inspizierte den Orbitalkomplex MIR, und der amerikanische Langzeitgast Andy Thomas wurde von der Station zurückgeholt.

Flugdauer: 9 Tage 19 Stunden 53 Minuten 57 Sekunden

2. Raumflug: 11. bis 22. Februar 2000 als Missionsspezialistin und Flugingenieurin von STS-99/Endeavour – gemeinsam mit Janice Voss und den männlichen NASA-Kollegen Kevin Kregel und Dominic Gorie sowie dem japanischen Astronauten Mamoru Mohri und dem deutschen ESA-Astronauten Gerhard Thiele. Dr. Kavandi gehörte mit Kommandant Kregel und Dr. Thiele zum »Roten Team«, das einen 60 Meter langen Mast ausfuhr, an dem ein X-Band-Radarsystem angebracht war. Dabei handelte es sich um das längste starre Gebilde, das jemals im Weltraum errichtet wurde. Die zweite Antenne lag in der Nutzlastbucht. Die gleichzeitigen Messungen mit zwei »Radaraugen« ermöglichten es, dreidimensionale Bilder der Erdoberfläche zu gewinnen, die insbesondere für die Zielgenauigkeit von Marschflugkörpern wichtig sind. 99,98 Prozent der zu erfassenden Landmasse konnten präzise kartiert werden. Gemeinsam mit dem Kommandanten Kregel und dem Piloten Fregattenkapitän Gorie testete Dr. Kavandi zur Landevorbereitung die Gerätschaften zur Flugüberwachung und die Düsen des Reaktionskontrollsystems.

Flugdauer: 11 Tage 05 Stunden 38 Minuten 50 Sekunden

3. Raumflug: 12. bis 25. Juli 2001 als Missionsspezialistin von STS-104/ Atlantis, gemeinsam mit Steven Lindsey, Charles Harbough, Michael Gernhardt und James Reilly. Hauptaufgabe waren der Transport und die Ankopplung des sechs Tonnen schweren US-amerikanischen Kopplungsmoduls Quest (Suche) an die Internationale Raumstation. Janet Kavandi steuerte von der Raumfähre aus den kleinen Manipulator, während Susan Helms von der ISS aus den großen kanadischen Roboterarm bediente. Beide Frauen mussten darauf achten, dass ihre Greifer nicht unbeabsichtigt miteinander »fingerhakelten«. Es dauerte zwölf Erdumläufe lang, bis Quest fest mit Unity verbunden war.

Flugdauer: 12 Tage 18 Stunden 34 Minuten 56 Sekunden

Gesamtflugzeit: 33 Tage 20 Stunden 07 Minuten 43 Sekunden

KONDAKOWA, JELENA (»Lena«) WLADIMIROWNA (UdSSR/Russland)

erste Raumfahrerin im Langzeiteinsatz, zwei Raumflüge

Qualifikation: Luft- und Raumfahrtingenieurin, Testkosmonautin

Zur Person:

1957:	Am 30. März in der Siedlung Rabotschi des Kreises Puschkin im Gebiet Moskau geboren; verheiratet mit dem vierfachen Kosmonauten Waleri Rjumin, der länger als ein Jahr im Weltraum arbeitete; eine Tochter. Sie liebt Theater und Reisen, Lesen und Flussfischen.

Laufbahn:

1976–1980:	Studium der Luft- und Raumfahrttechnik an der Technischen Hochschule »Nikolai E. Bauman« in Moskau.
1980–1989:	Ingenieurin in der Wissenschaftlichen Produktionsvereinigung »Energija«, der russischen Raketenschmiede, in Koroljow nördlich von Moskau. Dort arbeitete sie unter anderem auch in der Flugkontrolle der Raumstation MIR.
1983:	Abschluss in Geschichte der Kunst und Ästhetik an der Lomonossow-Universität Moskau.
1986:	Geburt der Tochter Jewgenija.
1989:	Am 25. Januar Auswahl für die Kosmonautengruppe der NPO Energija.
1990–1992:	Grundausbildung Kosmonauten-Ausbildungszentrum »Juri Gagarin« im »Sternenstädtchen« nordöstlich von Moskau.
1992:	Am 13. März Qualifizierung als Testkosmonautin.
1994:	Nominierung als Double des kasachischen Kosmonauten Talgat Mussabajew, der als Bordingenieur mit Sojus TM-19 für 125 Tage zu MIR flog; sowie als Bordingenieurin der 17. Stammbesatzung von MIR, die mit Sojus TM-20 startete.
1995:	Berufung als Instrukteurin für Testkosmonauten.
1996:	Am 19. August Auswahl für den Mitflug von STS-84/Atlantis; Aufnahme des Trainings am Johnson Space Center der NASA in Houston, Texas.
1997–1999:	Aktive Kosmonautin der Gruppe NPO Energija.
1999:	Am 31. Dezember Ausscheiden aus dem Kosmonautenkorps.
2000:	Abgeordnete der Staatsduma für den Wahlblock »Vaterland – Ganz Russland«.

1. Raumflug:	3. Oktober 1994 bis 22. März 1995 als Bordingenieurin des Raumfahrzeuges Sojus TM-20 und des Orbitalkomplexes MIR unter dem Kommandanten Alexander

Wiktorenko. Am Anfang arbeitete sie einen Monat lang mit dem deutschen ESA-Forschungskosmonauten Ulf Merbold im Programm Euromir 94 zusammen, und am Ende eine Woche mit dem amerikanischen Astronauten Norman Thagard. Während der gesamten Flugzeit wurde sie medizinisch von dem Bordarzt Dr. Waleri Poljakow betreut. Die Ankopplung von Sojus TM-20 an MIR führten Wiktorenko und Kondakowa manuell aus. An Bord wurden sie von der alten Stammbesatzung, dem Russen Juri Malentschenko und dem Kasachen Talgat Mussabajew sowie von Dr. Poljakow begrüßt. Vier Wochen lang bestand die Crew aus sechs Mitgliedern aus drei Ländern. Infolge Überlastung des Stromversorgungssystems fiel die automatische Lageregelung aus. Die Kosmonauten mussten mit Hilfe der Triebwerke von Sojus TM-19 die Station zur Sonne ausrichten, um die Batterien wieder aufzuladen. Später stellte sich heraus, dass der Kontakt zu MIR für viereinhalb Stunden total abgebrochen war. Zur Überprüfung des Kopplungssystems Kurs koppelten Wiktorenko, Kondakowa und Poljakow am 11. Januar 1995 das Raumschiff Sojus TM-20 ab, entfernten sich 160 Meter weit und dockten nach 26 Minuten wieder an. Der erfolgreich verlaufene Test gab grünes Licht für den Start des neuen Moduls Spektr. Jelena Kondakowa war am Ent- und Beladen der beiden Frachtraumschiffe Progress M-25 und Progress M-26 beteiligt. Gemeinsam mit ihrem Kommandanten führte sie astrophysikalische Beobachtungen, Strahlungsmessungen, geophysikalische Experimente sowie Aufräumarbeiten aus.

Flugdauer: 169 Tage 5 Stunden 21 Minuten 35 Sekunden

2. Raumflug: 15. bis 24. Mai 1997 als Missionsspezialistin von STS-84/Atlantis – gemeinsam mit ihrer amerikanischen Kollegin Eileen Collins, die als Pilotin arbeitete, dem französischen Spationauten Jean-François Clervoy, sowie den NASA-Astronauten Charles Precourt, Carlos Noriega, Edward Lu und Michael Foale, der für fünf Monate auf MIR blieb. Jerry Linenger kehrte nach mehr als vier Monaten auf der russischen Station mit der Atlantis zur Erde heim. Die Crew brachte 2,2 Tonnen Fracht

– wissenschaftliche und technische Ausrüstungen, Wasser und verschiedene Materialien – zu MIR und führte 1,1 Tonnen – amerikanische, russische und europäische Forschungsergebnisse und -materialien – zurück. Jelena, die von den Amerikanern den Spitznamen »Betty Sue« erhalten hatte, beteiligte sich aktiv an allen entsprechenden Arbeiten in der amerikanischen Raumfähre und der russischen Orbitalstation.

Flugdauer: 9 Tage 5 Stunden 19 Minuten 56 Sekunden

Gesamtflugzeit: 178 Tage 10 Stunden 41 Minuten 31 Sekunden

LAWRENCE, WENDY BARRIEN (USA)

drei Raumflüge

Qualifikation: Fregattenkapitän der US Navy, 1.500 Flugstunden auf sechs verschiedenen Typen von Hubschraubern, 800 Landungen auf Schiffen.

Zur Person:

1959: Am 2. Juli in Jacksonville, Florida, als Tochter von Vizeadmiral William P. Lawrence geboren; Single. Ihre Hobbys sind Laufen, Rudern, Triathlon und Gartenarbeit.

Laufbahn:

1977–1981: Studium der Ozeantechnik an der Marineakademie der USA.

1981–1982: Besuch einer Schule für Marineflieger.

1982–1987: Hubschrauberpilotin des Helikopter-Kampfunterstützungs-Geschwaders HC-6. Sie war einer der ersten beiden weiblichen Hubschrauberpiloten, die bei langen Einsätzen einer Kampfgruppe im Indischen Ozean Flugerfahrungen sammelte.

1988: Zweiter akademischer Grad in Ozeantechnik am Massachusetts Institute of Technology (MIT) in Boston und an der Woods Hole Oceanographic Institution (WHOI).

1988–1990: Dienst beim Hubschraubergeschwader für U-Boot-Bekämpfung HSL-30.

1990-1992: Instrukteurin für die Ausbildung von Hubschrauberpilotinnen an der Marineakademie der USA.

1992: Am 31. März Auswahl für das NASA-Astronautenkorps; Beginn der Grundausbildung.

1993: Aktiver Status als Missionsspezialistin.

1993–1995: Mitarbeit im Shuttle Avionics Integration Laboratory (SAIL); Trainingsassistentin im Astronautenbüro der NASA.

1995: Nominierung als Missionsspezialistin von STS-67/ Endeavour; nach diesem Flug wurde sie am 20. September als »Ersatz« von Scott Parazynski für die Ausbildung zur Langzeitastronautin auf MIR ins Moskauer Sternenstädtchen nachnominiert. Scott war mit 1,88 Meter zu groß – Spitzname »To Tall« – für die Sojus-Kapsel, mit der er im Notfall zur Erde hätte zurückkehren müssen. Doch am 24. Oktober musste auch Wendy wieder ausscheiden, weil sie mit 1,60 Meter dafür zu klein war – Spitzname: »To Short«.

1996: März bis August Operationsmanagerin für die Koordinierung der Ausbildung von NASA-Langzeitastronauten für MIR im Kosmonauten-Ausbildungszentrum »Juri Gagarin«. Am 16. August wurde sie erneut für einen MIR-Langzeitflug nominiert. Die russische Seite hatte inzwischen zugesichert, Sojus-Konturensitze in den entsprechenden Größen zur Verfügung zu stellen.

1997: Ursprünglich war geplant, im September zur MIR zu fliegen und im Januar 1998 von David Wolf abgelöst zu werden. Doch die Kollision von Progress M-34 mit dem MIR-Modul Spektr am 25. Juni warf alle Pläne über den Haufen. Nun war sie für den russischen EVA-Skaphander Orlan zu klein, mit dem sich auch amerikanische Astronauten an notwendigen Außenarbeiten beteiligen sollten. Ihre Langzeitmission wurde gestrichen, und an ihrer Stelle flog David Wolf. Zum Trost durfte Wendy Lawrence an dieser Shuttle-Mission zu MIR teilnehmen, musste aber nach zehn Tagen mit der Atlantis zurückkehren.

1998: Nominierung als Missionsspezialistin von STS-91/Discovery.

1998: Stellvertretende Direktorin für Strategie und Planung im National Reconnaissance Office (NRC), der Regierungsstelle, die auch für die Aufklärung aus dem Weltraum zuständig ist.

1. Raumflug: 2. bis 18. März 1995 als Missionsspezialistin von STS-67/Endeavour – gemeinsam mit Tamara Jernigan und den männlichen NASA-Kollegen Stephen Oswald, William Gregory, John Grunsfeld, Samuel Durrance und Ronald Parise. Hauptaufgabe dieser Mission waren astronomische Beobachtungen mit Hilfe des Ultraviolett-Teleskops Astro 2. Außerdem wurden materialwissenschaftliche und technische Experimente durchgeführt.

Flugdauer: 16 Tage 15 Stunden 8 Minuten 47 Sekunden

2. Raumflug: 26. September bis 6. Oktober 1997 als Missionsspezialistin von STS-86/Atlantis – gemeinsam mit den amerikanischen Kollegen James Wetherbee, Michael Bloomfield, Scott Parazynski und David Wolf, der Michael Foale auf MIR ablöste, sowie dem russischen Kosmonauten Wladimir Titow und dem französischen Spationauten Jean-Loup Chrétien. Während des Kopplungsfluges von MIR und Atlantis stiegen Titow und Parazynski in den freien Raum aus, installierten den Verschluss der Solarzellenausleger am Modul Spektr und demontierten vier Außennutzlasten. Nach der Abkopplung vollführte die Atlantis einen Rundflug um MIR, deren Besatzung Luft in das Modul Spektr pumpte. Auf diese Weise konnte das Leck am Fuß der beschädigten Sonnenpaddel lokalisiert werden.

Flugdauer: 10 Tage 19 Stunden 20 Minuten 50 Sekunden

3. Raumflug: 2. bis 12. Juni 1998 als Missionsspezialistin von STS-91/Discovery – gemeinsam mit Janet Kavandi und den männlichen NASA-Kollegen Charles Precourt, Dominic Gorie und Franklin Chang-Diaz sowie dem russischen Kosmonauten Waleri Rjumin. Hauptaufgabe dieser letzten Mission eines Space Shuttles zu MIR war die Lieferung von Versorgungsgütern, die Rückholung von Andrew Thomas und von Forschungsergebnissen, die

	Inspektion des Orbitalkomplexes und die Erprobung eines leichten Außentanks für die Raumfähre.
Flugdauer:	9 Tage 19 Stunden 53 Minuten 57 Sekunden
Gesamtflugzeit:	37 Tage 6 Stunden 23 Minuten 34 Sekunden

LUCID, SHANNON MATILDA (USA)

geborene Wells, fünf Raumflüge, Weltrekorde für Frauen: fünf Raumflüge mit 223 Tagen Dauer, davon ein Raumflug mit 188 Tagen

Qualifikation:	Dr. phil., 1.700 Flugstunden als Pilotin mehrmotoriger Geschäftsflugzeuge

Zur Person:

1943:	Am 14. Januar in Shanghai, China geboren, betrachtet aber Bethany in Oklahoma als ihre Heimatstadt. Verheiratet mit Michael F. Lucid aus Indianapolis, Indiana; zwei Töchter und ein Sohn. Sie liebt das Fliegen, Camping, Wandern und Lesen.

Laufbahn:

1960–1963:	Studium der Chemie an der Universität von Oklahoma.
1963–1964:	Lehrassistentin für Chemie dortselbst.
1964–1966:	Leitende Labortechnikerin in der Stiftung für Medizinische Forschung in Oklahoma-City.
1966–1968:	Chemikerin im Unternehmen Kerr-McGee in Oklahoma-City.
1969–1973:	Wissenschaftliche Assistentin in der Abteilung Biochemie und Molekularbiologie des Gesundheitswissenschaftlichen Zentrums der Universität von Oklahoma.
1970:	Zweiter akademischer Grad in Chemie an der Universität von Oklahoma.
1973:	Doktorat in Biochemie an der Universität von Oklahoma.
1974–1978:	Forschungsmitarbeiterin der Stiftung für Medizinische Forschung in Oklahoma-City

1978:	Am 16. Januar Auswahl für die Astronautengruppe der NASA; Beginn der einjährigen Grundausbildung.
1979–1985:	Mitarbeit im Shuttle Avionics Integration Laboratory (SAIL), im Flight Software Laboratory in Downey, Kalifornien, Vertreterin des Astronautenbüros im Kennedy Raumflugzentrum, Florida. Mitwirkung an Tests von Raumfähren und ihren Nutzlasten sowie an den Startvorbereitungen und Missionsführungen. CAPCOM für die Verbindung des Flugleitzentrums im Johnson Raumfahrtzentrum Houston, Texas zu den Crews bei verschiedenen Missionen; Chefin der Missionsunterstützung und verantwortlich für das Auftreten der Astronauten.
1985:	Nominierung als Missionsspezialistin von STS-51-G/Discovery.
1985–2001:	Aktive Missionsspezialistin und Mitarbeiterin des Astronautenbüros der NASA.
1989:	Nominierung als Missionsspezialistin von STS-34/Atlantis.
1991:	Nominierung als Missionsspezialistin von STS-43/Atlantis.
1993:	Nominierung als Missionsspezialistin von STS-58/Columbia.
1995–1996:	Vorbereitung auf einen MIR-Langzeitflug im Kosmonauten-Ausbildungszentrum »Juri Gagarin« bei Moskau.
1996:	Nominierung als Forschungskosmonautin von STS-76/Atlantis/MIR/STS-79/Atlantis.

1. Raumflug:	17. bis 24. Juni 1985 als Missionsspezialistin von STS-51-G/Discovery – gemeinsam mit den männlichen NASA-Kollegen Daniel Brandenstein, John Creighton, John Fabian und Steven Nagel sowie dem saudi-arabischen Astronauten Sultan Salman Abdelaziz Al Saud und dem französischen Spationauten Patrick Baudry. Hauptaufgabe der Mission war das Aussetzen der drei Nachrichtensatelliten Morelos 1 für Mexiko, Arabsat 1B für die Arabische Liga und Telstar 3D für die USA, sowie die Freisetzung und Wiedereinholung der autonomen astronomischen Forschungsplattform Spartan. Zu den französischen Experimenten gehörte eines zur Echokardiographie.
Flugdauer:	7 Tage 1 Stunde 38 Minuten 52 Sekunden

2. Raumflug: 18. bis 31. Oktober 1989 als Missionsspezialistin von STS-34/Atlantis – gemeinsam mit Ellen Baker und den männlichen NASA-Kollegen Donald Williams, Michael McCulley und Franklin Chang-Diaz. Im Verlauf dieser Mission wurde die interplanetare Raumsonde Galileo auf ihre Flugbahn zum Jupiter gebracht. Außerdem wurden die Ozonschicht in der Erdatmosphäre, die Rückstrahlung der Sonne, das Kristallwachstum und die Wirkung der Schwerelosigkeit auf Pflanzen untersucht.

Flugdauer: 4 Tage 23 Stunden 39 Minuten 21 Sekunden

3. Raumflug: 2. bis 11. August 1991 als Missionsspezialistin von STS-43/Atlantis – gemeinsam mit den NASA-Kollegen John Blaha, Michael Baker, David Low und James Adamson. Hauptziel der Mission war das Aussetzen des Bahnverfolgungs- und Datenübertragungs-Satelliten TDRS 5. Außerdem erfolgten 32 physikalische, materialwissenschaftliche und biologisch-medizinische Experimente sowie der militärische Versuch Amos.

Flugdauer: 8 Tage 21 Stunden 21 Minuten 25 Sekunden

4. Raumflug: 18. Oktober bis 1. November 1993 als Missionsspezialistin von STS-58/Columbia – gemeinsam mit Rhea Seddon und den männlichen Landsleuten John Blaha, Richard Searfoss, William McArthur, David Wolf und Martin Fettman. Dr. Lucid war für die Durchführung von Experimenten im Rahmen der Mission Space Life Science (SLS 2) zuständig. Dazu gehörten diverse Untersuchungen an den sechs Besatzungsmitgliedern sowie an 48 Ratten. Zusätzlich wurden 20 medizinische Langzeitversuche und 16 technologische Tests durchgeführt. Das Unternehmen gestaltete sich zu einem der erfolgreichsten und leistungsfähigsten Spacelab-Flüge.

Flugdauer: 14 Tage 12 Minuten 32 Sekunden

5. Raumflug: 22. März bis 26. September 1996 als Forschungskosmonautin und zweite Bordingenieurin auf der russischen Raumstation MIR. Hinflug mit STS-76/Atlantis gemeinsam mit Linda Godwin und den männlichen NASA-Kollegen Kevin Chilton, Richard Searfoss, Ronald Sega und Michael Clifford zur dritten Kopplung. Rückflug mit

STS-79/Atlantis zusammen mit William Readdy, Terence Wilcutt, Jerome Apt, Thomas Akers und Carl Walz. Auf dem Orbitalkomplex MIR arbeitete Dr. Lucid mit Juri Onufrijenko und Juri Ussatschew von der 21. Stammbesatzung fünf Monate und mit Waleri Korsun und Alexander Kaleri von der 22. Stammbesatzung fünf Wochen zusammen. Gut zwei Wochen lang waren sie sogar zu sechst an Bord, arbeitete doch auch die französische Spationautin Claudie André-Deshays als Gast auf MIR. Shannon Lucid erfüllte ein umfangreiches Forschungsprogramm, erlebte die Ankopplung des Moduls Priroda (Natur) mit dem deutschen Kamerasystem MOMS für Erderkundung, war »Alleinherrscherin« während der fünf Ausstiege der beiden Juris, die zusammen gerechnet einen Tag dauerten, und half beim Ent- und Beladen der beiden Frachtraumschiffe Progress M-31 und Progress M-32. Ursprünglich sollte der Langzeitflug von Shannon Lucid 143 Tage dauern. Doch der Start von STS-79/Atlantis, die sie zurückholte, verzögerte sich um mehr als sechs Wochen. Beim Start von STS-78/Columbia traten nämlich Probleme an den Dichtungsringen der Feststoffraketen auf, die 1986 zur Challenger-Katastrophe geführt hatten. Deshalb mussten die Booster aller Orbiter nachgebessert werden.

Flugdauer: 188 Tage 4 Stunden 11 Sekunden

Gesamtflugzeit: 223 Tage 2 Stunden 52 Minuten 21 Sekunden

McAULIFFE, SHARON CHRISTA* (USA)

geborene Corrigan

Qualifikation: »Lehrer im Weltraum«

Zur Person:

1948: Am 2. September in Boston, Massachusetts geboren; verheiratet mit dem Juristen Steven McAuliffe, ihrem Jugendfreund; ein Sohn und eine Tochter. Hobbys: Joggen und Schwimmen.

1986: Am 28. Januar bei der Explosion der Raumfähre Challenger tödlich verunglückt.

Laufbahn:

1967–1970: Ausbildung als Geschichtslehrerin am State College in Boston.

1970–1978: Lehrerin für amerikanische Geschichte und soziale Studien an Grundschulen im Gebiet von Washington D.C.; zweiter akademischer Grad von der Bowie State University in Maryland.

1978–1984: Lehrerin an der Concord High School in New Hampshire; Bewerbung für einen Mitflug auf dem Space Shuttle als »Lehrer im Weltraum«.

1985: Am 19. Juli Auswahl durch die NASA unter 11.500 Mitbewerbern; im September Beginn der Vorbereitung als Nutzlastspezialistin mit der Aufgabe, Schüler in den USA in zwei Lektionen direkt aus dem Weltraum mit den Problemen der Raumfahrt vertraut zu machen.

1986: Am 28. Januar Start von Cape Canaveral zur Mission STS-51-L/Challenger – gemeinsam mit Judith Resnik sowie den männlichen NASA-Astronauten Francis Scobee, Michael Smith, Ronald McNair, Ellison Onizuka und Gregory Jarvis. Explosion der Raumfähre 73 Sekunden nach dem Start in 17 Kilometern Höhe.

* *Obwohl Christa McAuliffe keinen Raumflug ausführte, wird sie hier als Raumfahrerin mitgezählt.*

MELROY, PAMELA ANN (USA)

ein Raumflug

Qualifikation: Oberstleutnant der US Air Force, 4.000 Flugstunden auf 45 verschiedenen Flugzeugtypen

Zur Person:

1961: Am 17. September in Palo Alto, Kalifornien geboren, betrachtet aber Rochester, New York als Heimatstadt. Verheiratet mit Christopher Wallace aus Wilton, Connecticut. Ihre Lieblingsbeschäftigungen sind Theater und Tanzen, Lesen, Kochen und Fliegen.

Laufbahn:

1979–1983: Studium der Physik und Astronomie am Welleslay College.

1983–1985: Eintritt in den Dienst der Luftstreitkräfte; Pilotenausbildung auf der Reese Air Force Base in Lubbock, Texas.

1984: Zweiter akademischer Grad in Erd- und Planetenwissenschaften vom Massachusetts Institute of Technology (MIT) in Boston.

1985–1991: Pilotin, Flugzeugkommandantin, Fluginstrukteurin und Kommandeurin der Übungsstaffel für Maschinen der Typen KC-135 und KC-10 des 32. Luftbetankungs-Geschwaders auf der Luftwaffenbasis Barksdale in Bossier City, Lousiana. Während dieser Dienstzeit war sie an den Operationen »Just Cause« (Gerechte Sache) und »Desert Storm« (Wüstensturm) gegen Panama und den Irak beteiligt und flog 30 Kampfeinsätze.

1991–1992: Besuch der Testpilotenschule der US Air Force auf der Luftwaffenbasis Edwards, Kalifornien, und danach Testpilotin des 413. Test-Geschwaders.

1992–1994: Testpilotin, Instrukteurin und Flugkommandeurin des 412. Flugtestgeschwaders der C-17-Verbindungsstreitkraft auf Edwards.

1994: Am 8. Dezember Auswahl für die Astronautengruppe der NASA.

1995–1996: Grundausbildung und Qualifizierung als Pilotin des Space Shuttles.

1996–2000: Mitarbeit im Astronautenbüro für die Unterstützung bei Start und Landung sowie für Zukunftsprojekte.

2000: Nominierung als Pilotin von STS-92/Discovery.

1. Raumflug: 11. bis 24. Oktober 2000 als Pilotin von STS-92/Discovery – gemeinsam mit ihren männlichen NASA-Kollegen Brian Duffy, Peter Wisoff, Leroy Chiao, William McArthur und Michael Lopez-Alegria sowie dem Japaner Koichi Wakata. Hauptaufgabe der Mission war, mit vier Ausstiegen in den freien kosmischen Raum vier Stationselemente an der ISS zu montieren: ein Gittergerüst für Solarzellenausleger, einen druckbelüfteten Kopplungsadapter, eine Anlage für Datenübertragung und Fernsehempfang sowie ein Kreiselsystem für die Lagekontrolle.

Flugdauer: 12 Tage 21 Stunden 42 Minuten 41 Sekunden

MUKAI, CHIAKI (Japan)
erste Japanerin und erste Asiatin im All, zwei Raumflüge

Qualifikation: Prof. Dr. med., Dr. phil.

Zur Person:

1952: Am 6. Mai in Tatebayashi, Präfektur Gunma, Japan geboren; verheiratet mit Makio Mukai. Zu ihren Interessen gehören Skilaufen, Angeln, Tauchen, Tennis, Golf, Foto grafieren, amerikanische Literatur und Reisen.

Laufbahn:

1971–1977: Studium der Medizin und Doktorat an der Keio Universität in Tokio.

1977–1979: Ärztin für allgemeine Chirugie an der Keio-Universitätsklinik, am Shimizu-Hospital der Präfektur Shizuoka und in der Notfall-Chirurgie des Saiseikai-Kanagawa-Hospitals.

1980–1982: Herzchirurgin in der Keio-Universitätsklinik und im Saiseikai-Utsunomiya-Hospital in Tochigi.

1983–1986: Chefärztin und Assistenzprofessorin für Herzchirurgie an der Keio Universität.

1985: Am 1. August Auswahl als einer von drei Wissenschaftsastronauten der japanischen Weltraumbehörde NASDA; Kandidatin als Nutzlastspezialistin für das erste Mikrogravitationslaboratorium Japans (Spacelab-J), das an Bord von STS–47/Columbia 1992 mit Mamoru Mohri flog.

1987–1988: Gastwissenschaftlerin für Herz-Kreislauf-Physiologie im biomedizinischen Forschungsinstitut des Johnson-Raumfahrtzentrums der NASA und Forschungsinstruk-

	teurin für Herzchirurgie am Baylor College für Medizin in Houston, Texas.
1988:	Doktorat in Physiologie an der Keio-Universität; Nominierung als Nutzlastspezialistin des Spacelab-J auf STS-81G. Die Mission, die am 1. Februar beginnen sollte, wurde jedoch nach der Challenger-Katastrophe gestrichen.
1989:	Anerkennung als Herzchirurgin durch die Chirurgische Gesellschaft Japans.
1989–1992:	Wissenschaftliche Arbeit für die NASDA.
1992:	Mitglied der Ersatzcrew für die Mission STS-47/Endeavour.
1992–2000:	Gastprofessur für Chirugie an der medizinischen Fakultät der Keio Universität.
1994:	Nominierung als Nutzlastspezialistin von STS-65/Columbia.
1998:	Mitglied der Ersatzcrew für die Mission STS-90/Columbia. Nominierung als Nutzlastspezialistin von STS-95/Discovery.
1999:	Berufung in den wissenschaftlichen Beirat des Premierministers für die Entwicklung Japans im 21. Jahrhundert.

1. Raumflug:	8. bis 23. Juli 1994 als Nutzlastspezialistin von STS-65/Columbia – gemeinsam mit den US-Astronauten Robert Cabana, James Halsell, Richard Hieb, Leroy Chiao, Donald Thomas und Carl Walz. Dr. Mukai war an 82 medizinisch-biologischen Experimenten beteiligt, die im International Microgravity Laboratory (ILM-2) erfolgten.
Flugdauer:	14 Tage 17 Stunden 55 Minuten 1 Sekunde

2. Raumflug:	29. Oktober bis 7. November 1998 als Nutzlastspezialistin von STS-95/Discovery – gemeinsam mit den NASA-Kollegen Curtis Brown, Steven Lindsey, Stephen Robinson, Scott Parazynski und John Glenn, sowie dem spanischen ESA-Astronauten Pedro Duque. Während dieser Mission wurde der Studentensatellit der US Navy Pansat ausgesetzt, sowie die Plattform zur Erforschung der Sonnenkorona Spartan 201 nach drei Tagen wieder eingeholt. Dr. Mukai beschäftigte sich mit medizinischen

Problemen, insbesondere mit Schlafstörungen und Träumen. Dafür war die große Altersspanne zwischen dem 35-jährigen Pedro Duque und dem 77-jährigen John Glenn interessant.

Flugdauer: 8 Tage 21 Stunden 43 Minuten 57 Sekunden

Gesamtflugzeit: 23 Tage 15 Stunden 38 Minuten 58 Sekunden

OCHOA, ELLEN LAURI (USA)

erste spanischstämmige Astronautin, drei Raumflüge

Qualifikationen: Dr. phil.

Zur Person:

1958: Am 10. Mai in Los Angeles, Kalifornien geboren, betrachtet aber Le Mesa, Kalifornien als Heimatstadt. Verheiratet mit Coe Flumer Miles aus Molalla, Ohio. Sie ist klassische Flötistin und Privatpilotin, liebt auch Volleyball und Radfahren.

Laufbahn:

1975–1980: Studium der Physik an der Staatsuniversität von San Diego.

1981: Zweiter akademischer Grad von der Stanford Universität.

1981–1990: Forschungsarbeit im Sandia National Laboratory und im Ames-Forschungszentrum der NASA; Spezialisierung auf optische Systeme. Als Chefin für die Technologie Intelligenter Systeme des Ames-Zentrums leitete sie eine Gruppe von 35 Ingenieuren und Wissenschaftlern zur Forschung und Entwicklung von Computersystemen für Luft- und Raumfahrtmissionen. Dr. Ochoa hat Anteil an drei Patenten zur Methodik von optischen Systemen und veröffentlichte verschiedene Forschungsergebnisse auf technischen Konferenzen und in wissenschaftlichen Journalen.

1985: Doktorat in Elektrotechnik an der Stanford University.

1990: Am 17. Januar Auswahl für die Astronautengruppe der NASA; Beginn der Grundausbildung.

1991: Im Juli Status als Missionsspezialistin.

1991–2001: Mitarbeit im Shuttle Avionics Integration Laboratory (SAIL); Vertreterin der Crews für die Entwicklung von Flugsoftware und Computerhardware, sowie für Entwicklung, Erprobung und Ausbildung von und an Robotern.

1993: Nominierung als Missionsspezialistin von STS-56/Discovery.

1994: Nominierung als Missionsspezialistin von STS-66/Atlantis.

1999: Nominierung als Missionsspezialistin von STS-96/Discovery.

1. Raumflug: 8. bis 17. April 1993 als Missionsspezialistin von STS-56/Discovery – gemeinsam mit den männlichen Kollegen Kenneth Cameron, Stephen Oswald, Michael Foale und Kenneth Cockrell. Wichtigste Nutzlast war das Atmosphärische Laboratorium für Anwendung und Wissenschaft (Atlas 2). Zu den Hauptaufgaben gehörten das Aussetzen und Einholen der astronomischen Forschungs-Plattform Spartan-201, sowie eine Vielzahl von astrophysikalischen, materialwissenschaftlichen, physiologischen und anatomischen sowie funktechnischen Experimenten.

Flugdauer: 9 Tage 6 Stunden 8 Minuten 19 Sekunden

2. Raumflug: 3. bis 14. November 1994 als Missionsspezialistin von STS-66/Atlantis – gemeinsam mit den US-Astronauten Donald McMonagle, Curtis Brown, Scott Parazynski und Joseph Tanner sowie dem französischen Spationauten Jean-François Clervoy. Während dieser Mission kamen das Labor Atlas 3 und das Kryogene Infrarote Spektrometer und Teleskop für die Untersuchung der Atmosphäre (Crista) zum Einsatz, das auf dem Shuttle Pallet Satellite (SPAS-1) ausgesetzt und wieder eingeholt wurde. Weitere Experimente galten astrophysikalischen, materialwissenschaftlichen, technologischen sowie physiologischen und anatomischen Untersuchungen.

Flugdauer: 10 Tage 22 Stunden 34 Minuten 2 Sekunden

3. Raumflug: 27. Mai bis 6. Juni 1999 als Missionsspezialistin von STS-96/Discovery – gemeinsam mit der Kollegin Tamara Jernigan und der Kanadierin Julie Payette, sowie den US-Astronauten Kent Rominger, Rock Husband und Daniel Barry und dem russischen Kosmonauten Waleri Tokarew. Nach der Ankopplung an die Internationale Raumstation wurden 1,5 Tonnen Versorgungsgüter, Werkzeuge und zwei Lastkräne, ein russischer und ein amerikanischer, umgeladen und installiert. Dr. Ochoa arbeitete als »Lademeisterin« der Mission. Sie reichte den Kollegen die umfangreichen »Koffer« aus der Ladebucht, die diese dann in die ISS beförderten und dort verstauten – vom Müllbeutel bis zum Laptop. Schließlich erprobte sie ein System, das Abwasser in Trinkwasser umwandeln soll.

Flugdauer: 9 Tage 19 Stunden 13 Minuten 1 Sekunde

Gesamtflugzeit: 29 Tage 23 Stunden 55 Minuten 22 Sekunden

PAYETTE, JULIE (Kanada)

ein Raumflug

Qualifikation: Pilotenlizenz für mehrmotorige Geschäftsflugzeuge, 700 Flugstunden mit verschiedenen Flugzeugtypen, 120 Stunden Parabelflüge mit reduzierter Schwerkraft

Zur Person:

1963: Am 20. Oktober in Montreal, Quebec geboren; verheiratet mit François Brisette, Professor für Ingenieurwissenschaften; keine Kinder. Sie betreibt Triathlon, Skifahren, Tennis, Tauchen und Federball. Julie spielt Klavier und sang im Kammerchor des Montrealer Symphonieorchester, bei den Piacare Vocale in Basel und im Chor des Tafelmusik-Barockorchesters in Toronto. Sie spricht fließend Französisch und Englisch und kann sich in Spanisch, Italienisch, Deutsch und Russisch unterhalten.

Laufbahn:

1982–1986: Studium des Maschinenbaus am United World International College of the Atlantic in Südwales, Großbritannien.

1986–1988: Systemingenieurin in der kanadischen Abteilung für Wissenschaft und Technik von IBM.

1988–1990: Mitarbeit an einem Projekt für einen Hochleistungscomputer.

1990: Zweiter akademischer Grad in Angewandter Wissenschaften an der Universität Toronto.

1991–1992: Gastwissenschaftlerin in der Abteilung für Kommunikations- und Computerwissenschaften des IBM-Forschungslaboratoriums in Zürich.

1992: Aufnahme der Arbeit in der Sprachforschungsgruppe von Bell Northern Research in Montreal. Am 9. Juni Auswahl als Astronautin der Canadian Space Agency (CSA); Beginn der Grundausbildung in Kanada.

1993–1996: Technische Beraterin für den kanadischen Beitrag zur internationalen Raumstation; Mitbegründerin der Gruppe »Mensch-Computer-Zwischenbeziehungen« des kanadischen Astronautenprogramms; Mitarbeit in der internationalen Forschungsgruppe der NATO für Sprachprozesse. In Vorbereitung auf ihren Raumflug lernte Julie Russisch und führte Mikrogravitationsexperimente während Parabelflügen mit Flugzeugen der Typen KC-135 und DC-9 durch.

1995: Training von 95 Flugstunden mit dem Strahltrainer CT-114 auf der kanadischen Luftwaffenbasis Moose Jaw, Saskatchewan.

1996: Trainingsprogramm für Tiefseetauchen in Vancouver; Zertifikat als Tauchoperateurin.

1996–1988: Zweijährige Ausbildung und Auswahl als Missionsspezialistin für verschiedene technische Aufgaben.

1999: Nominierung als Missionsspezialistin von STS-96/Discovery.

1. Raumflug: 27. Mai bis 6. Juni 1999 als Missionsspezialistin von STS-96/Discovery gemeinsam mit Tamara Jernigan und Ellen Ochoa sowie den US-Astronauten Kent Rominger, Rick Husband und Daniel Barry und dem russischen Kosmonauten Waleri Tokarew. Hauptaufgabe der Mission war die Versorgung der internationalen Raumstation, in die 1,5 Tonnen Ausrüstungen, darunter Werkzeuge und Kräne, umgeladen wurden. Julie Payette und Waleri Tokarew tauschten 18 Ladekontrollgeräte an den Batterien des russischen Moduls Sarja aus. Diese hatten zu Kapazitätsverlusten während des Ladevorgangs geführt. Für die Zirkusleute der Welt führte Julie eine Clownsnase des »Cirque Soleil« mit.

Flugdauer: 9 Tage 19 Stunden 13 Minuten 1 Sekunde

RESNIK, JUDITH ARLENE (USA)

ein Raumflug

Qualifikation: Dr. phil.

Zur Person:

1949: Am 5. April in Akron, Ohio, als Tochter des Optometristen Dr. Marvin Resnik geboren und im jüdischen Glauben aufgewachsen; Single.

1986: Am 28. Januar bei der Explosion der Challenger tödlich verunglückt.

Laufbahn:

1967–1970: Studium der Elektrotechnik an der Carnegie-Mellon Universität in Pennsylvania.

1970–1974: Mitarbeiterin der RCA Corp. in verschiedenen Positionen.

1974–1977: Forschungsarbeit im Laboratorium für Neurophysiologie des Nationalen Instituts für Gesundheitswesen in Bethesda, Maryland.

1977: Dr. phil. in Elektrotechnik an der Universität von Maryland.

1978: Am 16. Januar Auswahl für die erste sechsköpfige Gruppe von weiblichen NASA-Astronauten.

1978–1979: Grundausbildung als Missionsspezialistin.

1979–1984: Verschiedene Positionen innerhalb des Space-Shuttle-Programms der NASA in Houston, Texas.

1984: Nominierung als Missionsspezialistin von STS-12, eine der Missionen, die nach der Challenger-Katastrophe gestrichen wurde.

1984: Nominierung als Missionsspezialistin von STS-41D/Discovery.

1986: Nominierung als Missionsspezialistin von STS-51L/Challenger.

1. Raumflug: 30. August bis 5. September 1984 als Missionsspezialistin von STS-41D-Discovery – gemeinsam mit den männlichen Kollegen Henry Hartsfield, Michael Coats, Richard Mullane, Steven Hawley und Charles Walker. Während dieses Jungfernflug des Orbiters Discovery wurden drei Nachrichtensatelliten auf ihre Bahnen gebracht; das Satellite Business System (SBS-4), Leasat 1 und Telstar 3 C. Außerdem wurde ein großes Solarzellenfeld zu Testzwecken ausgesetzt und wieder eingeholt. Das Büro für Luft- und Raumfahrttechnologie der NASA führte in seinem Labor OAST-1 verschiedene materialwissenschaftliche Experimente durch.

Flugdauer: 6 Tage 56 Minuten 4 Sekunden

2. Start: Am 28. Januar 1986 als Missionsspezialistin von STS-51-L/Challenger – gemeinsam mit der Lehrerin Christa McAuliffe sowie den männlichen Kollegen Francis Scobee, Michael Smith, Ronald McNair, Ellison Onizuka und Gregory Jarvis. Explosion der Raumfähre 73 Sekunden nach dem Start in 17 Kilometer Höhe.

Gesamtflugzeit: 6 Tage 57 Minuten 17 Sekunden

RIDE, SALLY KIRSTEN (USA)

erste Amerikanerin im All, zwei Raumflüge

Qualifikation: Prof. Dr. phil., Privatpilotin

Zur Person:

1951: Am 26. Mai in Encino, Südkalifornien geboren; Vater

Professor für politische Wissenschaften, Mutter Anwältin der Frauenrechtsbewegung; verheiratet mit dem Astronauten Alan Hawley von 1982 bis 1987. Als Schülerin errang sie 18 Preise bei nationalen Tennismeisterschaften der Jugend, eine Karriere als Profi stand ihr offen. Zu ihren Hobbys gehören Laufen, Wandern und Fliegen, Himmelsbeobachtung und Briefmarken sammeln. Spitzname: »Mustang Sally«.

Laufbahn:

1968–1973:	Studium der Physik und aus Liebe zu Shakespeare der Englischen Literatur an der Stanford Universität mit Abschluss in beiden Disziplinen.
1973–1975:	Zweiter akademischer Grad in Physik an der Stanford Universität.
1975–1978:	Doktorat für Astrophysik an der Stanford Universität.
1978:	Am 16. Januar Auswahl für die erste Gruppe von sechs weiblichen Astronauten aus 1.251 Kandidatinnen.
1978–1983:	Grund- und Spezialausbildung als Missionsspezialistin und Flugingenieurin; erster weiblicher CAPCOM für die Missionen STS-2 und STS-3.
1983:	Nominierung als Missionsspezialistin von STS-7/Challenger.
1984:	Nominierung als Missionsspezialistin von STS-41-G/Challenger.
1986:	Berufung durch USA-Präsident Reagan mit zwölf anderen Persönlichkeiten in die so genannte »Rogers-Kommission« zur Untersuchung der Challenger-Katastrophe; Veröffentlichung ihres ersten Kinderbuches »In den Weltraum und zurück«.
1986–1987:	Berufung als Assistentin des NASA-Chefs für Langzeitplanung ins Hauptquartier nach Washington; kreierte dort das »Büro für Forschung« und erarbeitete das Perspektivprogramm »Führerschaft und Amerikas Zukunft im Weltraum«, kurz »Ride Report« genannt. Danach verließ sie die NASA.
1986:	Nominierung als Missionsspezialistin von STS-61-M; die Mission wurde jedoch nach der Challenger-Katastrophe gestrichen.
1987–1989:	Wissenschaftliche Mitarbeiterin des Zentrums für Internationale Sicherheit und Rüstungskontrolle in Palo Alto, Kalifornien.

1989–2000: Direktorin des California Space Institute.

1989: Mitglied des Beraterkomitees für Wissenschaft und Technik beim US-Präsidenten.

1992: Veröffentlichung des Buches: »Voyager: Ein Abenteuer am Rande des Sonnensystems«.

1994: Publikation des Buches »Der dritte Planet – Erforschung der Erde aus dem Weltraum«.

1996: Veröffentlichung des Buches »Geheimnis des Mars« gemeinsam mit Tom O'Shaughnessy.

1999: Berufung zur Ordentlichen Professorin für Astrophysik an der Universität von Kalifornien in San Diego; Wahl zur Präsidentin der »Spacecom«, eines Informationsportals zu allen Aspekten der Raumfahrt.

1. Raumflug: 18. bis 24. Juni 1983 als Missionsspezialistin und erster weiblicher Astronaut auf STS-7/Challenger – gemeinsam mit ihren männlichen Kollegen Robert Crippen, Frederick Hauck, John Fabian und Norman Thagard. Sally Ride assistierte Kommandant Crippen und Pilot Hauck als Flugingenieurin.
Sie setzte das erste Mal Raumflugkörper mit dem von ihr mitentwickelten Robotarm aus – die Nachrichtensatelliten ANIC C-2 für Kanada und Palapa-B 1 für Indonesien. Der deutsche Shuttle Palette Satellite (SPAS-01), eine Forschungsplattform, wurde in Formation frei fliegend erprobt und wieder eingeholt. Im Auftrag des NASA-Büros für kosmische und irdische Anwendung erfolgten Experimente mit dem OSTA-2. Sieben technologische Versuche wurden in der speziellen Außenanlage GAS durchgeführt.

Flugdauer: 6 Tage 2 Stunden 23 Minuten 59 Sekunden

2. Raumflug: 5. bis 13. Oktober 1984 als Missionsspezialistin von STS-41G-Challenger – gemeinsam mit Kathryn Sullivan und den männlichen NASA-Kollegen Robert Crippen, Jon McBride, Paul Scully-Power, David Leestma sowie dem Kanadier Marc Garneau. Während dieser Mission wurde das Nachtanken von Raumflugkörpern im Orbit durch Außenbordaktivitäten erprobt. Dr. Ride setzte mit dem Roboterarm den Satelliten zur Erforschung des Strahlungshaushalts der Erde ERBS aus. Außerdem er-

	folgten Experimente im Rahmen von OSTA-3 und mit der hochauflösenden Großformatkamera IMAX.
Flugdauer:	8 Tage 5 Stunden 23 Minuten 33 Sekunden
Gesamtflugzeit:	14 Tage 7 Stunden 47 Minuten 32 Sekunden

SAWIZKAJA, SWETLANA (Swjeta) JEWGENIJEWNA (UdSSR/Russland)

erste Frau im freien kosmischen Raum, zwei Raumflüge, eine EVA

Qualifikation:	Major der Luftstreitkräfte, Weltmeisterin im Motorkunstflug, dreifache Weltrekordlerin im Fallschirmspringen
Zur Person:	
1948:	Am 8. August in Moskau als Tochter von Luftmarschall Jewgenij Sawizka, Jagdflieger-Ass des Zweiten Weltkrieges und stellvertretender Oberkommandierender der sowjetischen Luftverteidigung, geboren. Verheiratet mit Wiktor Chatowski, Entwicklungsingenieur bei Iljuschin; ein Sohn. Sie liebt Musik und Literatur und gibt als Hobbys Laufen, Schwimmen und Schlittschuhlaufen an.
Laufbahn:	
1964:	Mit 16 Jahren ersten Fallschirmabsprung, später durch einen Weltrekord gekrönt: Absprung aus 14.252 Metern Höhe, Öffnung des Schirmes erst nach fast 14 Kilometern freien Falls in etwa 500 Metern Höhe.
1965:	Bis zu ihrem 17. Geburtstag hatte sie bereits 450 Fallschirmabsprünge absolviert.
1966:	Beginn des Pilotentrainings im Zentralen Fliegerklub »W. P. Tschkalow«.
1966–1972:	Studium am Moskauer Luftfahrtinstitut MAI mit Abschluss als Diplomingenieurin für Flugzeugbau.
1967:	Erster Alleinflug mit einer Jak-18.
1969:	Aufnahme in die Nationalmannschaft für Motorkunstflug.

1970: Weltmeisterin im Motorkunstflug bei den Meisterschaften in Hullavington, Großbritannien. In der dortigen Presse als »Miss Sensation« gefeiert.

1971: Absolventin der Zentralen Vereinigten Flugtechnischen Schule der DOSAAF (Freiwillige Gesellschaft zur Förderung von Armee, Luftstreitkräften und Marine).

1972: Abschluss des Studiums am Moskauer Luftfahrtinstitut (MAI).

1972–1973: Fluglehrerin an der Zentralen Vereinigten Flugtechnischen Schule der DOSAAF.

1973: Beginn des Überschalltrainings mit der MiG-17.

1974–1976: Besuch der Testpilotenschule des Ministeriums für Zivilluftfahrt mit dem Abschluss als Versuchsfliegerin 2. Klasse.

1975: Geschwindigkeitsweltrekord für Frauen mit 2.683 km/h mit einer Mikojan E-133.

1976–1980: Testpilotin der Moskauer Maschinenfabrik »Skorost« MMS, die dem Konstruktionsbüro Jakowlew untersteht.

1980: Am 30. Juli Auswahl als eine von acht Frauen für das Kosmonautenkorps.

1981: Testkosmonautin von »Skorost«.

1982: Ab 24. Februar Flugstatus als Kosmonautin; Nominierung als Forschungskosmonautin von SOJUS T-7. Wahl zum Mitglied des Zentralkomitees des Kommunistischen Jugendverbandes Komsomol.

1983: Testkosmonautin bei Energija.

1984–1993: Ingenieurin in der »Raketenschmiede« NPO Energija und Mitglied der Kosmonautengruppe NPOE-5.

1984: Nominierung als Bordingenieurin von Sojus T-12.

1985: Instrukteurin für Testkosmonauten und stellvertretende Abteilungsleiterin bei NPO Energija.

1986: Am 7. Oktober Geburt des Sohnes Konstantin. Nominierung als Kommandantin einer dreiköpfigen Frauencrew, zunächst verschoben wegen zunehmender technischer Probleme mit Salut 7, im Mai 1987 endgültig gestrichen.

1987: Stellvertretende Chefkonstrukteurin von NPO Energija.

1989: Wahl als Abgeordnete in den Volkskongress.

1992: Nominierung für eine abschließende Inspektion von Salut 7; gestrichen, nachdem die Station außer Kontrolle geraten war.

1993: Am 27. Oktober verließ Swetlana Sawizkaja das Kosmonautenkorps.

1994–1995: Dozentin am MAI für Ökonomie und Investitionen.

1995: Wahl zur Abgeordneten der Staatsduma für den Wahlblock »Gemeinsame Sache«, Wechsel zur Kommunistischen Fraktion.

1. Raumflug: 19. bis 27. August 1982 als Forschungskomonautin der zweiten Gastmannschaft von Salut 7 mit Leonid Popow und Alexander Serebrow; Aufenthalt sieben Tage; Hinflug mit Sojus T-7, Rückflug mit Sojus T-5. An Bord wurde ein umfangreiches Programm wissenschaftlicher und technischer Experimente gemeinsam mit der Stammbesatzung – Anatoli Beresowoi und Walentin Lebedew – durchgeführt. Swetlana Sawizkaja war nach einer Pause von 19 Jahren die zweite Frau im Weltraum.

Flugdauer: 7 Tage 21 Stunden 52 Minuten 24 Sekunden

2. Raumflug: 17. bis 29. Juli 1984 als Bordingenieurin der vierten Gastmannschaft von Salut 7 mit Wladimir Dshanibekow und Igor Wolk; Aufenthalt elf Tage; Zubringer-Raumschiff Sojus T-12. Gemeinsam mit der Stammbesatzung – Leonid Kisim, Wladimir Solowjow und Oleg Atkow – wurden 24 verschiedene wissenschaftliche und technische Experimente ausgeführt.

Flugdauer: 11 Tage 19 Stunden 14 Minuten 36 Sekunden

1. EVA Am 25. Juli 1984 stieg Swetlana Sawizkaja als erste Frau in den freien kosmischen Raum aus. Gemeinsam mit ihrem Kommandanten Wladimir Dshanibekow führte sie dort verschiedene Arbeiten – Schweißen, Schneiden und Löten – aus. Zuvor hatte sie sich für diese Aufgabe im Kiewer Paton-Institut für Schweißtechnik vorbereitet.

Ausstiegsdauer: 3 Stunden 35 Minuten

Gesamtflugzeit: 19 Tage 17 Stunden 7 Minuten

SEDDON, MARGARET RHEA (USA)

drei Raumflüge

Qualifikation: Dr. med.

Zur Person:

1947: Am 8. November in Murfreesboro, Tennessee geboren; verheiratet mit dem ehemaligen Astronauten Robert L. Gibson aus Cooperstown, New York; drei Kinder.

Laufbahn:

1965–1970: Studium der Physiologie an der Universität von Kalifornien in Berkeley.

1970–1973: Vorbereitung auf das Doktorat in Medizin an der Universität von Tennessee.

1973–1978: Assistenzärztin für Chirugie; Notärztin in verschiedenen Kliniken in Mississippi und Tennessee; allgemeine chirurgische Praxis im Memphis mit besonderem Interesse für die Ernährung frisch operierter Patienten.

1978: Am 16. Januar Auswahl als Kandidatin für die Astronautengruppe der NASA; Beginn der Grundausbildung.

1979: Im August Flugstatus als Missionsspezialistin.

1979–1998: Mitglied der NASA-Astronautenabteilung; Mitarbeit auf verschiedenen Gebieten: Orbiter- und Nutzlastsoftware, Avionikintegration, Flugdatendokumentation, medizinische Ausrüstung und Kontrolle, Bordärztin für die Rettungshubschrauber bei Start und Landung der Raumfähren, Crewausrüstung. Mitglied des luft- und raumfahrtmedizinischen Beraterkomitees der NASA, technische Assistentin des Direktors für die Flugoperationen der Crews, CAPCOM für die Verbindung des Missionskontrollzentrums zu den Raumfähren und Assistentin des Direktors für die Flugoperationen von Besatzungen mit Nutzlasten bei Shuttle-MIR-Missionen.

1983: Mitglied der Unterstützungscrew von STS-6/Columbia.

1984: Nominierung als Missionsspezialistin von STS-41F für das Aussetzen kommerzieller Nachrichtensatelliten. Diese Mission wurde wegen Verzögerung bei der Fertigstellung der Nutzlasten gestrichen.

1985: Nominierung als Missionsspezialistin von STS-51E für das Aussetzen eines Datenrelais-Satelliten TDRS. Die

	Mission wurde gestrichen, weil die dafür notwendige Antriebsstufe IUS ausfiel. Nominierung als Missionsspezialistin von STS-51-D/Discovery.
1991:	Nominierung als Missionsspezialistin von STS-40/Columbia.
1993:	Nominierung als Nutzlastkommandantin von STS-58/Columbia.
1. Raumflug:	12. bis 19. April 1985 als Missionsspezialistin von STS-51-D/Discovery – gemeinsam mit den männlichen NASA-Astronauten Karol Bobko, David Williams, David Griggs, Jeffrey Hoffman, Charles Walker und Jacob Garn. Die Crew setzte die Satelliten Anik-C für die kanadische Telesat und Syncom IV-3 für die US Navy aus. Eine Fehlfunktion des Marinesatelliten führte zum ersten ungeplanten Ausstieg und dem Versuch, Syncom mit Hilfe des Robotarms zu aktivieren. Außerdem wurden verschiedene medizinische Experimente und gefilmte Versuche mit Spielzeugen durchgeführt.
Flugdauer:	6 Tage 23 Stunden 55 Minuten 23 Sekunden
2. Raumflug:	5. bis 14. Juni 1991 als Missionsspezialistin von STS-40/Columbia – gemeinsam mit Tamara Jernigan und Millie Hughes-Fulford sowie den männlichen Kollegen Bryan O'Connor, Sidney Gutierrez, James Bagian und Andrew Gaffney. Hauptnutzlast war das Spacelab Life Science (SLS-1) für Lebenswissenschaften. Die Crew untersuchte, wie Menschen, Tiere und Zellen auf die Schwerelosigkeit und die Wiederanpassung an die irdische Gravitation reagieren. Andere Untersuchungen galten den Materialwissenschaften, der Pflanzenbiologie und der kosmischen Strahlung. Für die geplante Raumstation Freedom wurde Hardware getestet.
Flugdauer:	9 Tage 2 Stunden 14 Minuten 20 Sekunden
3. Raumflug:	18. Oktober bis 1. November 1993 als Nutzlastkommandantin von STS-58/Columbia – gemeinsam mit Shannon Lucid und den männlichen Kollegen John Blaha, Richard Searfoss, David Wolf, William McArthur und Martin Fettman. Die Mission war die bisher längste, leistungsfähigste und erfolgreichste in der bis dahin

zwölfjährigen Geschichte der Space Shuttles. Dr. Seddon leitete die Vielzahl von Experimenten im lebenswissenschaftlichen Weltraumlaboratorium SLS-2, die sowohl an den Besatzungsmitgliedern als auch an 48 Ratten erfolgten. Diese Arbeiten erhöhten unsere Kenntnisse über die menschliche und tierische Physiologie auf der Erde und während eines Raumfluges. Neben neun medizinischen Langzeitversuchen wurden zehn technische an Bord ausgeführt.

Flugdauer: 14 Tage 12 Minuten 32 Sekunden

Gesamtflugzeit: 30 Tage 2 Stunden 22 Minuten 15 Sekunden

SHARMAN, HELEN PATRICIA (»PAT«) (GROSSBRITANNIEN)

erste Britin im All, ein Raumflug

Qualifikation: Dr. phil.

Zur Person:

1963: Am 30. Mai in Sheffield, South Yorkshire geboren; unverheiratet. Hobbys: Klavierspielen, Radfahren, Laufen und Squash.

Laufbahn:

1981–1984: Studium der Chemie an der Universität von Sheffield.

1984–1987: Ingenieurin in der Abteilung Forschung und Entwicklung bei Marconi Osram Valve (MOV), einem Bereich der General Electric Company in Hammersmith, London. Doktorarbeit am Birbeck College.

1987–1989: Lebensmittelchemikerin in der Forschungsabteilung der Mars Confectionary Limited, Entwicklung neuer Rezepturen.

1989: Am 30. November wurde Dr. Sharman unter 13.000 Bewerbern als Kandidatin für die britisch-russische Weltraummission Juno ausgewählt.

1989–1991: 18 Monate Training im Kosmonauten-Ausbildungszentrum »Juri Gagarin« bei Moskau. Da es bei der Finanzierung dieses kommerziellen Fluges durch das britische

	Sponsorenkonsortium Schwierigkeiten gab, wurde er mit einer sehr begrenzten Zahl englischer Experimente durchgeführt.
1991:	Nominierung als Forschungskosmonautin von Sojus TM-12.
1991–2000:	Wissenschaftliche und publizistische Tätigkeit, unter anderem als Fernseh-Kommentatorin.
1997:	Veröffentlichung des Kinderbuches »The Space Place« (Wohnort Weltraum).

1. Raumflug: 18. bis 26. Mai 1991 als Forschungskosmonautin von Sojus TM-12 – gemeinsam mit Anatoli Arzebarski und Sergej Krikaljow zur Orbitalstation MIR. Da die Automatik versagte, musste die Ankopplung per Hand ausgeführt werden, wobei Dr. Sharman das Teleskop für die Sicht bediente. Durchführung verschiedener Experimente, darunter auch für den Amateurfunkverkehr. Rückkehr zur Erde mit der alten Stammbesatzung – Wiktor Afanasjew und Mussa Manarow in Sojus TM-11.

Flugdauer: 7 Tage 21 Stunden 13 Minuten 45 Sekunden

STILL-KILRAIN, SUSAN LEIGH (USA)

zwei Raumflüge

Qualifikation: Korvettenkapitän der US Navy, 2.000 Flugstunden auf 30 verschiedenen Flugzeugtypen

Zur Person:

1961:	Am 24. Oktober in Augusta, Georgia geboren; verheiratet. Sie spielt gern Klavier, sammelt Militaria und betreibt Triathlon.

Laufbahn:

1979–1982:	Studium der Luftfahrttechnik an der Embry-Riddle-Universität in Florida und Mitarbeit an einem Windtunnelprojekt der Firma Lockheed Corp. in Marietta.
1982–1985:	Studium und zweiter akademischer Grad in Luft- und Raumfahrttechnik am Georgia Institute of Technology.

1985–1987: Aufnahme in die US Navy; Ausbildung als Marinefliegerin.

1987–1995: Fluginstrukteurin für die TA-4J Skyhawk; Pilotin der EA-6A Electric Intruder im 33. Geschwader für elektronische Kriegsführung in Key West, Florida. Nach dem Besuch der Marine-Testpilotenschule kam sie zum Jagdfliegergeschwader 101 in Virginia Beach zum Training auf der F-15 Tomcat.

1995: Im März Auswahl als Kandidatin für die Astronautengruppe.

1995–1996: Grundausbildung im Johnson-Raumfahrtzentrum Houston, Texas; Spezialausbildung als Raumfährenpilotin.

1996–2001: Mitarbeit in der Abteilung für Raumflugkörpersysteme und –operationen des Astronautenbüros der NASA.

1997: Nominierung als Pilotin von STS-83/Columbia und von STS-94/Columbia.

1. Raumflug: 4. bis 8. April 1997 als Pilotin von STS-83/Columbia – gemeinsam mit Janice Voss und den Astronauten James Halsell, Michael Gernhardt, Donald Thomas, Roger Crouch und Gregory Linteris. Diese erste Mission mit dem Microgravity Science Laboratory (MSL-1) sollte eigentlich 16 Tage dauern und ein umfangreiches wissenschaftliches Programm erfüllen. Doch bereits nach einem Tag stellte die Crew einen Spannungsabfall in einem der drei Generatoren für die Bordenergieversorgung fest. Obwohl die Besatzung zeitweise, um Strom zu sparen, sogar nur im Licht von Taschenlampen arbeitete, entschied die Flugkontrolle in Houston aus Sicherheitsgründen den Abbruch des Unternehmens. Die Enttäuschung der Crew, insbesondere der drei Neulinge Still, Crouch und Linteris, war groß, hatten sie doch erst 15 Prozent der gestellten Aufgaben lösen können. Deshalb erhielten sie nach der Landung von der NASA die Zusicherung eines kompletten Wiederholungsfluges, der schon drei Monate später unter der Bezeichnung STS-94 erfolgte.

Flugdauer: 3 Tage 23 Stunden 12 Minuten 39 Sekunden

2. Raumflug: 1. bis 17. Juli 1997 als Pilotin von STS-94/Columbia – gemeinsam mit Janice Voss und den Astronauten James

Halsell, Michael Gernhardt, Donald Thomas, Roger Crouch und Gregory Linteris. Dieser Wiederholungsflug wurde ein voller Erfolg. Im MSL-1 erfolgten erstmals auch Tests für Versuchsanlagen, die auf der Internationalen Raumstation ISS zum Einsatz kommen sollten. Auch alle anderen Experimente konnten abgeschlossen werden.

Flugdauer: 15 Tage 16 Stunden 44 Minuten 34 Sekunden

Gesamtflugzeit: 19 Tage 15 Stunden 57 Minuten 13 Sekunden

SULLIVAN, KATHRYN (»Kathy«) DWYER (USA)

erste Amerikanerin im freien kosmischen Raum, drei Raumflüge, eine EVA

Qualifikation: Prof. Dr. phil., Korvettenkapitän der US Marinereserve, Pilotenlizenz für Motorflugzeuge und Gleiter

Zur Person:

1951: Am 3. Oktober in Paterson, New Jersey geboren, betrachtet aber Woodland Hills, Kalifornien als Heimatstadt; Single. In ihrer Freizeit betreibt sie Fliegen, Squash, Radfahren, Wandern und Lesen.

Laufbahn:

1969–1973: Studium der Geowissenschaft an der Universität von Kalifornien in Santa Cruz, Abschluss mit Auszeichnung.

1971–1972: Austauschstudentin an der Universität von Bergen in Norwegen.

1973–1978: Wissenschaftliche Arbeit und Doktorat in Geologie an der Dalhousie-Universität in Halifax, Neuschottland. Teilnahme an verschiedenen ozeanographischen Expeditionen unter Leitung des Amtes für Geologische Vermessung der USA, des Ozeanographischen Instituts Wood's Hole und des Bedford-Instituts. Ihre Forschungen schlossen den Mittelatlantik-Kamm, das Neufundlandbecken und geschädigte Zonen in der Höhe der südkalifornischen Küste ein.

1978: Am 16. Januar Auswahl als Kandidatin der NASA.

1979: Im August Flugstatus als Missionsspezialistin.

1978–1983: Mitglied der Astronautenabteilung der NASA. Zu ihren Aktivitäten gehörten zunächst die Entwicklung von Software, der Test von Orbitern und Nutzlasten, die Kontrolle und Unterstützung der Starts auf dem Kennedy-Raumflugzentrum in Florida, die Hilfe für Außenbordaktivitäten sowie als CAPCOM für die Verbindung des Flugleitzentrums Houston zu den Crews an Bord der Space Shuttles. Später konzentrierte sich Dr. Sullivan auf die Fernerkundung der Erde aus dem Luft- und Weltraum. Sie qualifizierte sich zur Systemingenieurin und Operateurin für das NASA-Höhenflugzeug WB-57F und nahm an diversen Projekten in Alaska teil. In der US Marinereserve dient Dr. Sullivan als Ozeanographieoffizier.

1984: Nominierung als Missionsspezialistin von STS-41-G/Challenger.

1985: Ehrendiplom von der Dalhousie-Universität; Adjunkt-Professorin für Geologie an der Rice Universität in Houston, Texas.

1986: Nominierung als Missionsspezialistin von STS-61-J, die ursprünglich für das Aussetzen des Weltraumteleskops Hubble vorgesehen war. Doch nach der Challenger-Katastrophe wurde dieser Flug gestrichen.

1990: Nominierung als Missionsspezialistin von STS-31/Discovery.

1991: Ehrendiplom von der Staatsuniversität von New York.

1992: Nominierung als Nutzlastkommandantin von STS-45/Atlantis.

1993: Am 31. Mai verließ Dr. Sullivan die NASA. Wissenschaftliche Tätigkeit.

1. Raumflug: 5. bis 13. Oktober 1984 als Missionsspezialistin von STS-41-G/Challenger – gemeinsam mit Sally Ride und den Astronauten Robert Crippen, Jon McBride, David Leestma und Paul Scully-Power, sowie dem kanadischen Astronauten Marc Garneau. Die Crew führte Messungen des Stahlungshaushalts der Erde (ERBS) und wis-

	senschaftliche Beobachtungen der Erde (OSTA-3) durch. Dr. Sullivan war maßgeblich am Experiment mit dem Shuttle Imaging Radar (SIR-B) beteiligt.
Flugdauer:	8 Tage 5 Stunden 23 Minuten 33 Sekunden
1. EVA	Am 11. Oktober 1984 arbeiteten Dr. Sullivan und Kapitän Leestma außerhalb der Raumfähre, um das Nachtanken eines Satelliten mit Hydrazin zu demonstrieren, was eine Stunde in Anspruch nahm. Außerdem testeten sie einen Werkzeugkasten und neue Ausstiegsstiefel, inspizierten und verstauten Antennen.
Ausstiegs-dauer:	3 Stunden 29 Minuten
2. Raumflug:	24. bis 29. April 1990 als Missionsspezialistin von STS-31/Discovery – gemeinsam mit den NASA-Kollegen Loren Shriver, Charles Bolden, Bruce McCandless und Steven Hawley. Hauptaufgabe war das Aussetzen des Hubble Space Telescopes (HST). Im Mitteldeck führten sie verschiedene materialwissenschaftliche Experimente sowie Untersuchungen über die Auswirkungen von Schwerelosigkeit und Magnetfeldern durch. Für die Fernerkundung der Erde kamen diverse Kameras in der Kabine und im Laderaum zum Einsatz; für die Air Force erfolgte das Projekt Amos-05.
Flugdauer:	5 Tage 1 Stunde 16 Minuten 6 Sekunden
3. Raumflug:	24. März bis 2. April 1992 als Nutzlastkommandantin von STS-45/Atlantis – gemeinsam mit den Amerikanern Charles Bolden, Brian Duffy, David Leestma, Michael Foale und Byron Lichtenberg sowie dem Belgier Dirk Frimout. Hauptnutzlast war das Atmosphärische Laboratorium für Anwendungen und Wissenschaft (Atlas-1). Darüber hinaus gab es neun weitere Versuchsanordnungen für diverse wissenschaftliche Disziplinen, darunter auch solche für den Amateurfunk und das Militär.
Flugdauer:	8 Tage 22 Stunden 9 Minuten 25 Sekunden
Gesamt-flugzeit:	22 Tage 4 Stunden 49 Minuten 4 Sekunden

TERESCHKOWA, WALENTINA (»Walja«) WLADIMIROWNA (UdSSR/Russland)
erste Frau im All, ein Raumflug

Qualifikation: Dr. techn., Generalmajor der Luftstreitkräfte, 126 Fallschirmsprünge

Zur Person:

1937: Am 6. März in Maslennikowo, einem Dorf im Gebiet Jaroslaw geboren. Der Vater, ein Traktorist, fiel im Zweiten Weltkrieg, die Mutter, eine Textilarbeiterin brachte die drei Kinder, eine ältere Schwester und einen jüngeren Bruder, allein durch. Von 1963 bis 1982 war Walja mit dem Kosmonauten Andrijan Nikolajew verheiratet; ihre gemeinsame Tochter Jelena wurde am 8. Juni 1964 geboren und arbeitet heute als Chirurgin Ihr zweiter Ehemann, General Dr. med. July Schaposchnikow verstarb 1999.

Laufbahn:

1947–1953: Schulbesuch, der erst nach Beendigung des Krieges beginnen konnte.

1954–1955: Zuschneiderin im Jaroslawler Reifenwerk.

1955–1960: Arbeiterin im Jaroslawler Kombinat für technische Gewebe »Krasnyi Perekop«; Fernstudium am Technikum der Leichtindustrie mit Spezialisierung Baumwollverarbeitungstechnologie.

1959–1962: Training als Fallschirmspringerin im Aeroklub von Jaroslaw.

1962: Am 12. März Auswahl für die erste Frauengruppe des Kosmonautenkorps – gemeinsam mit vier anderen Kandidatinnen unter 400 Bewerberinnen; 3. April: Beginn der Ausbildung im Sternenstädtchen bei Moskau. Am 15. Dezember Ernennung zum Unterleutnant der Luftstreitkräfte.

1963: Nominierung als Pilotin des Raumschiffes Wostok 6. Am 16. Juni Beförderung zum Leutnant.

1964–1969: Studium an der Shukowski-Akademie der Luftstreitkräfte, Abschluss als Fliegerkosmonaut-Ingenieur.

1966:	Instrukteur-Kosmonautin im Kosmonautenausbildungszentrum.
1966–1974:	Deputierte des Obersten Sowjets der UdSSR.
1968–1987:	Vorsitzende des Komitees der Sowjetfrauen.
1969–1991:	Mitglied des Zentralkomitees der Kommunistischen Partei der Sowjetunion.
1969:	Am 1. Oktober Auflösung der ersten Frauengruppe des sowjetischen Kosmonautenkorps.
1974–1989:	Mitglied des Präsidiums des Obersten Sowjets der UdSSR.
1977:	Am 6. April Verteidigung der Dissertation über ein Raumflugzeug, Verleihung des Titels Kandidat der Technischen Wissenschaften (Dr. techn.).
1989:	Wahl in den Kongress der Volksdeputierten der UdSSR.
1987–1991:	Präsidentin des Komitees der Freundschaftsgesellschaften der UdSSR.
1992:	Leiterin des Russischen Zentrums für die internationale wissenschaftliche und kulturelle Zusammenarbeit bei der Regierung der Russischen Föderation in Moskau.
1995:	Ernennung zum Generalmajor der Luftstreitkräfte.
1997:	Im April wird General Tereschkowa auf Ukas des Präsidenten der Russischen Föderation aus Altersgründen aus den Streitkräften und dem Kosmonautenkorps in den Ruhestand entlassen.

1. Raumflug:	16. bis 19. Juni 1963 als Pilotin des Raumschiffes Wostok 6 im Gruppenflug mit Waleri Bykowski in Wostok 5; Annäherung bis auf 4,5 Kilometer. Die von Sergej Koroljow angeregte Mission war mit der Aufgabe verbunden, die Systeme der Raumkapsel den Anforderungen für eine Frau anzupassen, die Auswirkungen eines Raumfluges auf den weiblichen und männlichen Organismus gleichzeitig zu untersuchen und spezielle biomedizinische Forschungen durchzuführen. Am zweiten Flugtag kam es wegen Problemen mit dem Receiver zeitweilig zur Unterbrechung des Funkverkehrs für mehrere Stunden.
Flugdauer:	2 Tage 22 Stunden 50 Minuten

THORNTON, KATHRYN (»Kathy«) RYAN (USA)

geborene Cordell, vier Raumflüge, drei EVAs

Qualifikation: Dr. phil.

Zur Person:

1952: Am 17. August in Montgomery, Alabama geboren; verheiratet mit Dr. phil. Stephen T. Thornton aus Oak Ridge, Tennessee; fünf Kinder – zwei Stiefsöhne und drei Töchter. Sie liebt Tauchen und Skifahren.

Laufbahn:

1970–1974: Studium der Physik an der Auburn-Universität, Alabama.
1974–1977: Zweiter akad. Grad an der Universität von Virginia.
1977–1979: Doktorat der Philosophie in Physik von der Universität von Virginia.
1979–1980: NATO-Preis für die Fortsetzung ihrer Forschungen am Max Planck-Institut für Nukleare Physik in Heidelberg, BRD.
1980–1984: Physikerin am Zentrum für ausländische Wissenschaft und Technologie der US Army.
1984–1996: Mitglied der NASA-Astronautenabteilung.
1984: Am 23. Mai Auswahl als NASA-Kandidatin, Beginn der Ausbildung.
1985: Im Juli Flugstatus als Missionsspezialistin. Danach betätigte sich Dr. Thornton im Shuttle Avionics Integration Laboratory (SAIL), diente als Mitglied des Testteams für Raumfahrzeuge am Kennedy Space Center und als CAPCOM.
1989: Nominierung als Missionsspezialistin von STS-33/Discovery.
1992: Nominierung als Missionsspezialistin von STS-49/Endeavour.
1993: Nominierung als Missionsspezialistin von STS-61/Endeavour.
1995: Nominierung als Nutzlastkommandantin von STS-73/Columbia.
1996: Ausscheiden aus der Astronautengruppe.

1. Raumflug: 23. bis 28. November 1989 als Missionsspezialistin von STS-33/Discovery – gemeinsam mit Frederick Gregory,

John Blaha, Manley Carter und Story Musgrave. Dabei handelte es sich um eine geheime militärische Mission des Department of Defense (DoD – Verteidigungsministerium).

Flugdauer: 5 Tage 6 Minuten 46 Sekunden

2. Raumflug: 7. bis 16. Mai 1992 als Missionsspezialistin von STS-49/Endeavour – gemeinsam mit den männlichen Kollegen Daniel Brandenstein, Kevin Chilton, Richard Hieb, Bruce Melnick, Pierre Thuot und Thomas Akers. Während dieses Jungfernfluges des Orbiters Endeavour testete die Crew die neue Raumfähre und stellte mit vier Ausstiegen in den freien kosmischen Raum einen Rekord auf. Der internationale Nachrichtensatellit Intelsat-VI wurde eingeholt, repariert und wieder ausgesetzt. Neben einem kommerziellen Experiment zum Wachstum von Proteinkristallen erfolgte für die Luftwaffe der Air Force Maui Optical Site Calibration Test (Amos).

Flugdauer: 8 Tage 21 Stunden 17 Minuten 38 Sekunden

1. EVA: Am 14. Mai 1992 verließen Dr. Thornton und Oberstleutnant Akers die Endeavour, um Werkzeuge und Technologien für die Montage der Internationalen Raumstation zu erproben. Darunter befand sich eine 4,6 Meter lange pyramidale Struktur für Solarzellenausleger.

Ausstiegsdauer: 7 Stunden 44 Minuten

3. Raumflug: 2. bis 13. Dezember 1993 als Missionsspezialistin von STS-61/Endeavour – gemeinsam mit den NASA-Kollegen Richard Covey, Kenneth Bowersox, Jeffrey Hoffman, Story Musgrave und Thomas Akers sowie dem Schweizer Astronauten Claude Nicollier. Diese Mission diente der Wartung und Reparatur des Hubble Space Telescopes (HST), das zu diesem Zweck eingefangen werden musste. Dabei wurde von vier Astronauten mit fünf Ausstiegen ein neuer EVA-Rekord aufgestellt. Außerdem erfolgten Aufnahmen mit der IMAX-Kamera aus der Ladebucht und für die Air Force ein Amos-Experiment. Der Start und die Landung der Endeavour fanden nachts statt.

Flugdauer:	10 Tage 19 Stunden 58 Minuten 33 Sekunden
2. EVA:	Am 5. Dezember 1993 verließen Dr. Thornton und Oberstleutnant Akers die Raumfähre, um die beiden Solarzellenausleger des HST zu erneuern, von denen jeder zwölf Meter lang und 2,8 Meter breit ist.
Ausstiegsdauer:	6 Stunden 36 Minuten
3. EVA:	Am 7. Dezember 1993 stiegen Dr. Thornton und Oberstleutnant Akers erneut in den freien Raum aus. Sie installierten das Gerät Costar zur Korrektur der fehlerhaften Optik des HST, auch »Brille« genannt.
Ausstiegsdauer:	6 Stunden 50 Minuten
4. Raumflug:	20. Oktober bis 5. November 1995 als Nutzlastkommandantin von STS-73/Columbia – gemeinsam mit Catherine Coleman und den männlichen Kollegen Kenneth Bowersox, Kent Rominger, Michael Lopez-Alegria, Fred Leslie und Albert Sacco. Während dieser zweiten Mission mit dem United States Microgravity Laboratory (USML-2) wurde eine Vielzahl von materialwissenschaftlichen, biotechnologischen, verbrennungstechnischen und flüssigkeitsphysikalischen Experimenten durchgeführt.
Flugdauer:	15 Tage 21 Stunden 52 Minuten 21 Sekunden
Gesamtflugzeit:	40 Tage 15 Stunden 15 Minuten 18 Sekunden
Gesamtausstiegszeit:	21 Stunden 10 Minuten

VOSS, JANICE ELAINE (USA)

fünf Raumflüge

Qualifikation: Dr. phil.

Zur Person:

1956: Am 8. Oktober in South Bend, Indiana geboren, betrachtet aber Rockford, Illinois als ihre

Heimatstadt; geschieden. Ihre Hobbys sind Lesen von Science-Fiction-Literatur, Tanzen, Volleyball und Fliegen.

Laufbahn:

1972–1975: Studium der Ingenieurwissenschaften an der Purdue-Universität in Indiana.

1973–1975: Mitarbeiterin des Johnson Space Center der NASA in Houston, Texas für Computersimulationen; Kurse in kosmischer Physik an der Universität von Oklahoma.

1975–1977: Zweiter akademischer Grad in Elektrotechnik am Massachusetts Institute of Technologie (MIT) in Boston.

1977–1978: Rückkehr ins Johnson-Raumfahrtzentrum als Crewtrainerin und Lehrerin für Steuerung und Navigation.

1978: Abschluss in Weltraumphysik an der Rice Universität in Texas.

1979–1989: Wissenschaftliche Mitarbeiterin der Orbital Sciences Corp., wo sie Anteil an der Entwicklung der Raketenoberstufe TOS (Transfer Orbiter Stage) hatte, mit der 1992 die Raumsonde Mars Observer von einer Titan-Rakete und 1993 der fortgeschrittene Nachrichtentechnologiesatellit ACTS von der Raumfähre STS-51/Discovery aus gestartet wurde.

1987: Doktorat in Luft- und Raumfahrt am MIT in Boston.

1990: Am 17. Januar Auswahl als Kandidatin durch die NASA.

1991: Im Juli Flugstatus als Missionsspezialistin. Mitarbeit an Spacelab und Spacehab für das Astronautenbüro der NASA.

1993: Nominierung als Missionsspezialistin von STS-57/Endeavour.

1995: Nominierung als Missionsspezialistin von STS-63/Discovery.

1997: Nominierung als Missionsspezialistin von STS-83/Columbia und STS-94/Columbia.

2000: Nominierung als Missionsspezialistin von STS-99/Endeavour.

1. Raumflug: 21. Juni bis 1. Juli 1993 als Missionsspezialistin von STS-57/Endeavour – gemeinsam mit Nancy Currie sowie den männlichen Kollegen Ronald Grabe, Brian Duffy, David Low und Peter Wisoff. Mitgeführt wurde das Stau- und

Experimentiermodul Spacehab-1 und zurückgeholt die europ. Forschungsplattform Eureca. Im Mittelpunkt standen materialwissenschaftliche Versuche. Außerdem erfolgten die Experimente Shuttle Amateur Radio Experiment (SAREX) und Amos für die US Air Force.

Flugdauer: 9 Tage 23 Stunden 44 Minuten 54 Sekunden

2. Raumflug: 3. bis 11. Februar 1995 als Missionsspezialistin von STS-63/Discovery – gemeinsam mit Eileen Collins als Pilotin und den NASA-Astronauten James Wetherbee, Bernard Harris und Michael Foale sowie dem russ. Kosmonauten Wladimir Titow. Zum ersten Mal erfolgte ein Rendezvous zwischen einem Space Shuttle und der Raumstation MIR. Die Discovery näherte sich bis auf elf Meter und umflog einmal den Orbitalkomplex, ohne jedoch anzukoppeln. Zur Nutzlast gehörten das Spacehab-3 sowie die astronomische Forschungsplattform Spartan 2-04, die ausgesetzt und wieder eingeholt wurde. Weitere Versuche dienten der Tieftemperaturforschung, der Trümmerregistrierung und der Militärtechnik.

Flugdauer: 8 Tage 6 Stunden 28 Minuten 15 Sekunden

3. Raumflug: 4. bis 8. April 1997 als Missionsspezialistin von STS-83/Columbia – gemeinsam mit Susan Still als Pilotin und den männlichen Kollegen James Halsell, Michael Gernhardt, Donald Thomas, Roger Crouch und Gregory Linteris. Eigentlich sollte dieser Flug mit dem Weltraumlaboratorium Spacelab an Bord 16 Tage dauern. Doch bereits nach einem Tag stellte die Crew einen Spannungsabfall in einem der drei Generatoren für die Bordenergieversorgung fest. Obwohl die Besatzung zeitweise, um Strom zu sparen, sogar nur im Licht von Taschenlampen arbeitete, entschied sich die Flugkontrolle aus Sicherheitsgründen für einen Abbruch. Die enttäuschte Crew, die nur etwa 15 Prozent der vorgesehenen Arbeiten erledigen konnte, erhielt nach der Landung die Zusicherung für einen kompletten Wiederholungsflug.

Flugdauer: 3 Tage 23 Stunden 12 Minuten 39 Sekunden

4. Raumflug: 1. bis 17. Juli 1997 als Missionsspezialistin von STS-94/Columbia – mit der selben Besatzung, Ausrüstung und

	Aufgabenstellung wie bei STS-83/Columbia. Hauptnutzlast war das Laboratorium für Mikrogravitationswissenschaften (MSL-1), in dem auch der erste Test einer Versuchsanlage für die Internat. Raumstation stattfand. Diese Mission gestaltete sich zu einem vollen Erfolg.
Flugdauer:	15 Tage 16 Stunden 44 Minuten 34 Sekunden
5. Raumflug:	11. bis 22. Februar 2000 als Missionsspezialistin von STS-99/Endeavour SRTM (Shuttle Radar Topography Mission) – gemeinsam mit Janet Kavandi, den NASA-Kollegen Kevin Kregel und Dominic Gorie sowie dem Japaner Mamoru Mohri und dem Deutschen Gerhard Thiele. Hauptnutzlast war eine 14,5 Tonnen schwere Radaranlage. Sie bestand aus der zwölf Meter langen Innenbord- und einer etwas kleineren Außenbordantenne, die an einem 60 Meter langem Gittermast ausgefahren wurde. Mit diesem Doppelradarsystem gelang eine digitale und dreidimensionale Kartierung von 123 Millionen km² Erdoberfläche, das sind 99,98 Prozent der zu erfassenden Landmasse. An dem Gemeinschaftsvorhaben beteiligten sich: die amerikanische NASA, die italienische ASI und das deutsche DLR. In den USA war die NIMA (National Imagery and Mapping Agency – Nationale Bildaufnahme- und Kartierungsagentur) und damit das Pentagon tonangebend. Um einen Betrieb rund um die Uhr zu gewährleisten, gab es ein rotes und ein blaues Team. Zum letzteren gehörten neben Dr. Voss Fregattenkapitän Gorie und Dr. Mohri.
Flugdauer:	11 Tage 5 Stunden 38 Minuten 50 Sekunden
Gesamtflugzeit:	49 Tage 3 Stunden 49 Minuten 12 Sekunden

WEBER, MARY ELLEN (USA)

zwei Raumflüge

Qualifikation: Dr. phil., 2.500 Absprünge mit verzögerter Fallschirmöffnung, Pilotenlizenz

Zur Person:

1962: Am 24. August in Cleveland, Ohio, geboren, aber in Bedford Hights, Ohio aufgewachsen; verheiratet mit Jerome L. Elkind aus Bayonne, New Jersey. Sie ist aktiver »Skydiver« (Himmelstaucherin), gewann zweimal die Silbermedaille bei den nationalen Meisterschaften (1991 und 1995) und nahm 1996 am längsten freien Fall der bis dahin größten Formation von 297 Fallschirmspringern teil. Außerdem liebt sie Tauchen und Fliegen.

Laufbahn:

1980–1984: Studium der Chemietechnik an der Universität in Indiana; gleichzeitig arbeitete sie bei Ohio Edison, Delco Electronics und 3 M.

1984–1988: Vorbereitung auf die Promotion in Physikalischer Chemie an der Universität von Kalifornien in Berkeley; Arbeiten zur Silikonforschung.

1988–1992: Wissenschaftliche Mitarbeiterin von Texas Instruments zur Erforschung neuer Technologien in der mikroelektronischen Industrie; delegiert in die Seamtech, ein Konsortium zur Herstellung von Halbleitern; und später zu Applied Materials and Technology für die Entwicklung eines Hochdichte-Plasmareaktors von Weltklasse, der 1993 in die Produktion ging. Dr. Weber ist Inhaberin eines Patents und veröffentlichte acht wissenschaftlich-technische Publikationen.

1992–2002: Mitglied der Astronautenabteilung der NASA.

1992: Am 31. März Auswahl als Kandidatin und im August Beginn der Ausbildung.

1993: Seit August aktiver Flugstatus als Missionsspezialistin. Zu ihren technischen Aufgaben innerhalb des Astronautenbüros gehörten die Unterstützung der Weiterentwicklung und der Starts von Space Shuttles am Kennedy Space Center sowie die Entwicklung von Nutzlasten und Robotern. Dr. Weber arbeitete auch als Vorsitzende eines Ausschusses für die Bewertung und Erteilung eines biotechnologischen Vertrages, und als Mitglied des Überprüfungskomitees für die Kosten der Forschungseinrichtungen auf der Internationalen Raumstation. Sie hält die Verbindung zwischen der Abteilung Gesetzgebende Angelegenheiten des NASA-Hauptquartiers und dem US-Kongress in Washington D.C. Ebenso arbeitet sie an den Verbindungen zur Industrie, um die kommerzielle

Nutzung von Forschungen in der Schwerelosigkeit zu verbessern.

1. Raumflug: 13. bis 22. Juli 1995 als Missionsspezialistin von STS-70/Discovery – gemeinsam mit Nancy Currie sowie Terence Henricks, Kevin Kregel und Donald Thomas. Hauptaufgabe war das Aussetzen des Bahnverfolgungs- und Datenübertragungssatelliten TDRS-G. Außerdem fand eine Vielzahl materialwissenschaftlicher, biomedizinischer und technischer Experimente statt, darunter auch kommerzielle und ein militärischer (MAST) für die Verfolgung von Schiffen. Mary Weber zeichnete für die Überprüfung und das Aussetzen des Nachrichtensatelliten und die Betreuung der biotechnologischen Versuche verantwortlich, übernahm die Aufgabe eines medizinischen Betreuers und war auf einen eventuellen Außenbordeinsatz vorbereitet.

Flugdauer: 08 Tage 22 Stunden 20 Minuten 05 Sekunden

2. Raumflug: 19. bis 29. Mai 2000 als Missionsspezialistin von STS-101/Atlantis – gemeinsam mit Susan Helms, den NASA-Astronauten James Halsell, Scott Horowitz, Jeffrey Williams und James Voss sowie dem russischen Kosmonauten Juri Usatschow. Hauptnutzlast war das Spacehab mit 1.225 Kilogramm amerikanischen und 998 Kilogramm russischen Ausrüstungsgegenständen für die Internationale Raumstation. Ferner erfolgten zehn Experimente auf den Gebieten Technologie, Navigation, Medizin, Biologie und Gentechnik. Dr. Weber testete erfolgreich den Roboterarm, den sie während der Außenbordaktivitäten bediente, um Oberst Voss und Oberstleutnant Williams zwischen der Atlantis und der ISS hin- und herzubewegen. Danach aktivierte sie das Kopplungssystem der Raumfähre. Außerdem bereitete sie mehr als eine Tonne Versorgungsgüter für den Transport in die Raumstation vor.

Flugdauer: 09 Tage 20 Stunden 09 Minuten 07 Sekunden

Gesamtflugzeit: 18 Tage 18 Stunden 29 Minuten 12 Sekunden

MEILENSTEINE

Für das Können gibt es nur einen Beweis: das Tun!

MARIE VON EBNER-ESCHENBACH
österreichische Dichterin
1830–1916

Ende des 4. /Anfang des 5. Jahrhunderts: Die Griechin Hypatia lehrt in Alexandria als erste Frau Philosophie, Mathematik und Astronomie und entwickelt zu diesem Zweck ein Planetenmodell sowie ein Astrolabium, mit dem Gestirnsörter gemessen und Aufgaben der sphärischen Astronomie gelöst werden konnten.

1620–1622: Katharina Kepler, der Mutter von Johannes Kepler, wird ein Hexenprozess gemacht, an dessen gesundheitlichen Folgen sie stirbt.

1678: Die Italienerin Elena Lucrezia Carnaro Piscopia erlangt als erste Frau der Welt mit einer philosophischen Dissertation die Doktorwürde.

1745–1747: Die Französin Gabrielle-Emilie du Châtelet übersetzt Newtons Werk »Principia Mathematica« und macht Leibniz' Naturphilosophie populär.

1765: Die französische Schriftstellerin Marie Anne Raumer beschreibt in ihrem Roman »Voyage de Milord Ceton dans les sept planetes« (Die Reise von Lord Ceton zu den sieben Planeten) die Landung von Bewohnern des Merkurs auf der Erde. Für ihre Raumreise benutzen die Merkurianer elektrisch angetriebene Flugkörper. Das ist eine kühne Idee zu einer Zeit, da die männlichen Kollegen der frühen Science Fiction noch vorwiegend Heißluftballone, Luftschiffe und Wasserdampfraketen verwenden.

1781, 13. März: Die deutsch-englische Astronomin Caroline Lucretia Herschel entdeckt gemeinsam mit ihrem Bruder Friedrich Wilhelm Herschel den Uranus als ersten Planeten, der nicht schon im Altertum bekannt war.

1786, 1. August: Caroline Herschel entdeckt als erste Frau einen Kometen, der jedoch später »Enckescher Komet« benannt wird, weil Johann Franz Encke dessen Periode mit drei Jahren und 115 Tagen bestimmte und damit seine Wiederkehr vorhersagen kann.

1789: Caroline Herschel entdeckt den Kleinplaneten 281, der ihr zu Ehren den Namen »Lucretia« (nach ihrem zweiten Vornamen) erhält.

1804: Madeleine Sophie Blanchard beginnt ihre Laufbahn als erste professionelle Luftschifferin.

1835: Caroline Herschel wird als erste Frau in die »Royal Society« aufgenommen.

1865: Maria Mitchell, Professorin für Astronomie und Direktorin des Observatoriums am Vassar College sowie Entdeckerin eines Kometen, wird als erste Frau in die American Academy of Arts und Sciences aufgenommen.

1924: Für den sowjetischen Stummfilm »Aëlita – Der Flug zum Mars« zeichnet Alexandra Exter für die Kostüme und Spezialeffekte verantwortlich.

1929, 15. Oktober: Welturaufführung des Stummfilms »Frau im Mond« im UFA-Palast am Berliner Zoo. Die Autorin Thea von Harbou ist zeitweilig mit dem Regisseur Fritz Lang verheiratet. Der Raumfahrtpionier Hermann Oberth wirkt als wissenschaftlicher Berater mit.

1937: Die Naturwissenschaftlerin Dr. Irene Bredt, spätere Gattin des österreichischen Raketenpioniers Eugen Sänger, nimmt ihre Arbeit an der von ihm geleiteten »Raketenversuchsstelle Trauen« auf.

1944: Eugen Sänger und Irene Bredt veröffentlichen in dem Geheimdokument UM 35 38 der »Deutschen Luftfahrtforschung« unter dem Titel »Über einen Raketenantrieb für Fernbomber« das Projekt eines Raketengleiters für bemannte Erdumkreisungen. Auf dieser Grundlage basieren spätere Entwicklungen wie X-15 in den USA und T-4 in der UdSSR.

1957, 4. Oktober: Mit dem Start des ersten künstlichen Erdsatelliten Sputnik 1 initiiert die sowjetische Astronomin Alla Massewitsch an der Moskauer Akademie der Wissenschaften der UdSSR den Aufbau eines internationalen Zentrums für Satellitenbeobachtung.

1957, 3. November: An Bord von Sputnik 2 startet das erste Lebewesen, die Eskimohündin Laika, in den Weltraum.

1959: In den USA melden sich 25 Pilotinnen für das Projekt WISE (Woman in Space Education – Ausbildung für Frauen im Weltraum), von denen 13 die Eignungsprüfung bestehen, aber keine zum Einsatz kommt.

1959: In den USA qualifizieren sich dreizehn Frauen an der Lovelace Clinic in Albuquerque für einen Raumflug.

1960: Nancy Roman wird die erste Chef-Astronomin der NASA und konzipiert ein Weltraum-Astronomie-Programm.

1961: Die NASA streicht weiter Tests mit weibl. Kosmoskandidatinnen. Von denen, die alle Prüfungen bestanden, kommt keine zum Einsatz.

1962, 13. März: Aufstellung der ersten Gruppe von fünf Frauen als Kandidatinnen für einen Raumflug in der Sowjetunion.

1963, 16. Juni: Die Russin Walentina Tereschkowa startet mit ihrem Raumschiff Wostok 6 als erste Frau in den Kosmos.

1963, 3. November: Walentina Tereschkowa und Andrijan Nikolajew schließen in Moskau die erste Kosmonauten-Ehe.

1964, 7. Juni: Jelena Andrijanowa Tereschkowa-Nikolajewa erblickt als erstes »Weltraumkind« das Licht der Welt, dessen beide Elternteile vor ihrer Zeugung Raumflüge unternommen haben.

1965: Marjorie R. Townsend ist die erste Frau, die einen US-amerikanischen Raumschiffstart koordinierte.

1965: Vera Rubin, geb. Cooper, Professorin am Carnegie Institut of Washington, wird als erste Frau Beobachterin am Observatorium auf dem Mount Palomar. Sie ist Mitentdeckerin des Rubin-Ford-Effektes und trägt wichtige Aspekte zur Theorie der Dunklen Massen bei.

1967: Jocelyn Susan Bell Burnell von der Cambridge University entdeckt gemeinsam mit ihrem Doktorvater Antony Hewich die Pulsare, ohne aber einen Anteil an dem dafür vergebenen Nobelpreis zuerkannt zu bekommen.

1978, 16. Januar: In den USA werden die ersten sechs Frauen für das Astronautenkorps der NASA ausgewählt.

1981, Juli: June Gibbs Brown wird als erste Frau zum Generalinspekteur der NASA ernannt.

1982, 19. August: Vom kasachischen Kosmodrom Baikonur aus startet mit Swetlana Sawizkaja, Leonid Popow und Alexander Serebrow an Bord von Sojus T-7 die erste gemischte Besatzung.

1983, 18. Juni: Vom Cape Canaveral aus fliegt mit der Raumfähre Challenger Sally Ride als erste Amerikanerin ins All.

1983: Beginn der Auswahl von Kandidatinnen für Raumflüge in Kanada, Japan, Frankreich, Indonesien, der Bundesrepublik Deutschland, Großbritannien und Belgien.

1984, 17. Juli: Die Russin Swetlana Sawizkaja wird als erste Frau zum zweiten Mal für einen Raumflug eingesetzt.

1984, 25. Juli: Swetlana Sawizkaja steigt als erste Frau aus der Orbitalstation Salut 7 in den freien kosmischen Raum aus und führt dort Schweißarbeiten durch.

1984, 5. Oktober: Zum ersten Mal starten zwei Frauen – Sally Ride und Kathryn Sullivan – gemeinsam mit einem Space Shuttle in den Weltraum.

1984, 8. November: Die Amerikanerin Ann Fisher fliegt als erste Mutter mit der Raumfähre Discovery in den Weltraum.

1985, Juli: Für das Programm »Teacher in Space« (Lehrer im Weltraum) werden zwei Kandidatinnen für einen Mitflug im Space Shuttle ausgewählt.

1986, 28. Januar: Die Berufsastronautin Judith Resnik und die Lehrerin Christa McAuliffe finden gemeinsam mit ihren fünf männlichen Kollegen 73 Sekunden nach dem Start der Raumfähre Challenger infolge einer Explosion den Tod.

1991, 18. Mai: Helen Sharman fliegt als erste Britin mit Sojus TM-12 in den Weltraum.

1992, 22. Januar: Roberta Bondar startet als erste Kanadierin mit der amerikanischen Raumfähre Discovery.

1992, 24. März: Kathryn Sullivan gehört als erster weiblicher Nutzlastkommandant zur Crew der Atlantis:

1992, 12. September: Mae Jemison fliegt als erste afro-amerikanische Astronautin mit der Endeavour.

1992, 22. Oktober: Jan Davis und Mark Lee nehmen als erstes Ehepaar gemeinsam an einem Raumflug mit der Endeavour teil.

1993, 26. März: Die erste weibliche Concorde-Pilotin, Barbara Harmer, startet zu ihrem Jungfernflug von London nach New York.

1993, 8. April: Ellen Oacha startete als erste hispano-amerikanische Astronautin mit der Discovery.

1993, September: Frances Anne Cordova erhält als erste Frau den Posten eines Chef-Wissenschaftlers der NASA.

1994, Januar: Carolyn Huntoon leitet als erste Frau das NASA Johnson Space Flight Center.

1994–1998: Dr. Donna Lee Shirley leitet das Marsforschungsprogramm des Jet Propulsion Laboratory in Pasadena.

1994, 8. Juli: Chiaki Mukai fliegt als erste Japanerin mit der Columbia.

1995, 3. Februar: Eileen Collins startet als erster weiblicher Pilot einer Raumfähre mit der Discovery.

1995, 27. Juni bis 7. Juli: Bonnie Dunbar und Ellen Baker gehören zur ersten Mannschaft, die an die MIR ankoppelt.

1996: Shannon Lucid stellt den Langzeitrekord für den Aufenthalt von Frauen im Weltraum ein.

1996, 17. August: Claudie André-Deshays fliegt als erste französische Spationautin mit dem Raumschiff Sojus TM-24 in den Weltraum zur Orbitalstation MIR.

1997, 19. November: Kalpana Chawla nimmt als erste aus Indien stammende US-Astronautin an einer Mission der Columbia teil.

1998, März: Hillary Clinton, First Lady der Vereinigten Staaten, gratuliert Eileen Collins anlässlich ihrer Ernennung zur ersten Kommandantin eines Space Shuttles.

1999, 23. Juli: Eileen Collins startet als erster weiblicher Kommandant eines Space Shuttles mit der Columbia.

1999: Die als die drei besten Manager der Deep-Space-D2-Mission Ausgezeichneten sind Frauen: Sarah Gavit, Kari Lewis und Suzanne Smrekar.

2001, 8. März bis 22. August: Die NASA-Astronautin Susan Helms arbeitet als erstes weibliches Mitglied einer Stammbesatzung auf der Internationalen Raumstation ISS.

2001, 21. Oktober bis 31. Oktober: Die französische Spationautin Claudie Haigneré nimmt als erste ESA-Astronautin am zweiten Taxi-Flug mit Sojus TM-33 zur ISS teil.

STATISTIKEN

Statistik ist das Märchen der Vernunft.

MARTIN KESSEL
deutscher Schriftsteller
1901–1990

RAUMFLÜGE VON FRAUEN

MISSION STS-51L VON C. MCAULIFFE UND J. RESNIK IST NICHT BERÜCKSICHTIGT

Anzahl der Frauen	Häufigkeit ihrer Flüge	Anzahl der Einsätze
	einmal	11
9	zweimal	18
9	dreimal	27
2	viermal	8
6	fünfmal	30
37		94

LÄNDERBILANZ (REIHENFOLGE NACH DEN ERSTSTARTS)

MISSION STS-51L VON C. MCAULIFFE UND J. RESNIK IST NICHT BERÜCKSICHTIGT

Land	Anzahl der Frauen	Anzahl der Einsätze	Raumflugdauer in Tagen (gerundet)
UdSSR/ Russland	3	5	201
USA	29	82	1.155
GB	1	1	8
Kanada	2	2	18
Japan	1	2	24
Frankreich	1	2	25
6	37	94	1.431

EINGESETZTE RAUMFLUGKÖRPER

MISSION STS-51L VON C. MCAULIFFE UND J. RESNIK IST NICHT BERÜCKSICHTIGT

Typ	Fraueneinsätze	Bordtage (gerundet)
Wostok	1	3
Sojus T	2	4

Sojus TM	4	8
Salut 7	4	15
MIR-Langzeitmissionen	4	373
MIR-Stippvisiten	9	5
Russische	24	408
Challenger	6	30
Discovery	24	217
Atlantis	22	197
Columbia	23	281
Endeavour	15	161
Amerikanische	90	886
ISS-Crew	1	163
ISS-Besucher	11	58
ISS gesamt	12	221
Total	126	1515

AUSSENBORDTÄTIGKEIT (EVA – EXTRA VEHICULAR ACTIVITY)

Land	Anzahl der Frauen	Anzahl der EVAs	Dauer d. EVAs (in h)
UdSSR	1	1	3,58
USA	5	8	51,72
2	6	9	55,30

ENTWICKLUNG DER LANGZEITFLÜGE
MIT EINER MISSION, ZAHLEN ABGERUNDET

Frauen	1963	3 Tage	Tereschkowa
	1982	8 Tage	Sawizkaja
	1984	12 Tage	Sawizkaja
	1992	14 Tage	Baker
	1994/95	169 Tage	Kondakowa
	1996	188 Tage	Lucid
Männer	1961	1 Tag	UdSSR
	1962	4 Tage	UdSSR
	1963	5 Tage	UdSSR
	1965	14 Tage	USA
	1970	18 Tage	UdSSR
	1971	24 Tage	UdSSR
	1973	28 Tage	USA
	1973	59 Tage	USA
	1973/74	84 Tage	USA

1977/78	96 Tage	UdSSR
1978	140 Tage	UdSSR
1979	175 Tage	UdSSR
1980	185 Tage	UdSSR
1982	211 Tage	UdSSR
1984	237 Tage	UdSSR
1987	326 Tage	UdSSR
1988	366 Tage	UdSSR
1994/95	438 Tage	Russland

TODESOPFER IN DER RAUMFAHRT

	Anzahl	Prozentualer Anteil
Raumfahrer (Stand vom 31.12.01)	409	100 %
Männer	372	91 %
Frauen	37	9 %
davon Todesopfer	11*	100 %
Männer	9*	81,8 %
Frauen	2*	18,2 %
Anteil gesamt	11 von 412*	2,7 %
Männer	9 von 374*	2,4 %
Frauen	2 von 38*	5,3 %

* Hier wurde Christa McAuliffe mitgezählt, obwohl sie zwar als Raumfahrerin startete, aber keinen orbitalen Raumflug ausführte. Ebenso wurden Michael Smith und Gregory Jarvis einbezogen.

GEMISCHTE BESATZUNGEN (ZUSAMMENSETZUNG BEIM START)

Mission STS-51L von C. McAuliffe und J. Resnik ist berücksichtigt

Kombinationen	Anzahl der Starts
eine Frau/zwei Männer	6
eine Frau/vier Männer	13
eine Frau/fünf Männer	10
eine Frau/sechs Männer	17
eine Frau/sieben Männer	1
zwei Frauen/drei Männer	4
zwei Frauen/vier Männer	5
zwei Frauen/fünf Männer	12
drei Frauen/vier Männer	2
9	70

AUSWAHLGRUPPEN VON RAUMFAHRERINNEN

UDSSR/RUSSLAND 1962–1994

WWS (Wojenno Wosduschnyje Silyi–Luftstreitkräfte)

12.03.1962	
Kusnezowa, Tatjana Dmitrijewna	14.07.1941
Solowjowa, Irina Bajanowna	06.09.1937
Tereschkowa, Walentina Wladimirowna	06.03.1937
03.04.1962	
Jerkina, Shanna Dmitrijewna	06.05.1939
Ponomarjowa, Walentina Leonidowna	18.09.1933

NPOE 5 (Nautschno Proiswodstwennoje Objedinenije Energija – Wissenschaftliche Produktionsvereinigung Energija)

30.07.1980	
Kuleschowa, Natalja Dmitrijewna	14.03.1956
Pronina, Irina Rudolfowna	14.04.1953
09.03.1983	
Iwanowa, Jekaterina Alexandrowna	03.10.1949
16.05.1983	
Sawizkaja, Swetlana Jewgenjewna	08.08.1949

KBJ (Konstruktionsbüro Jakowlew)

20.07.1980	
Sawizkaja, Swetlana Jewgenjewna	08.08.1949

AN 2 (Akademija Nauk – Akademie der Wissenschaften)

30.07.1980	
Latyschewa, Irina Dmitrijewna	09.07.1953

IMBP 3 (Institut Mediko-Biologitscheskich – Problem-Institut für Biologisch-Medizinische Probleme beim Ministerium für Gesundheitswesen)

30.07.1980	
Amelkina, Galina Wassiljewna	22.05.1954
Dobrokwaschina, Jelena Iwanowa	08.10.1947
Posharskaja, Larissa Grigorjewna	15.03.1947
Sacharowa, Tamara Sergejewna	22.04.1952

NPOE 9

25.01.1989	
Kondakowa, Jelena Wladimirowna	30.03.1957

KKSSH (Kosmitscheskaja Komissija Sojusa Shournalistow – Raumfahrtkommission der Journalisten-Union)

11.05.1990

Omeltschenko, Swetlana Oktjabrewna	28.08.1951

NPOE 11

01.04.1994

Kushelnaja, Nadjeshda Wassiljewna	06.11.1962

Insgesamt:

Acht Gruppen mit 17 Kandidatinnen (zehn Ingenieurinnen, vier Ärztinnen, je eine Lehrerin, Journalistin und Studentin) in 32 Jahren, von denen drei zum Einsatz kamen.

USA 1978–2000

NASA 8

16.01.1978

Missionsspezialistinnen

Fisher, Anna Lee	24.08.1949
Lucid, Shannon Wells	14.01.1943
Resnik, Judith Arlene	05.04.1949
Ride, Sally Kristen	26.05.1951
Seddon, Margaret Rhea	08.11.1947
Sullivan, Kathryn Dwyer	03.10.1951

NASA 9

29.05.1980

Missionsspezialistinnen

Cleave, Mary Louise	05.02.1947
Dunbar, Bonnie Jeanne	03.03.1949

NASA 10

23.05.1984

Missionsspezialistinnen

Baker, Eileen Louise (Shulman)	27.04.1953
Ivins, Marsha Sue	15.04.1951
Thornton, Kathryn Cordell	17.08.1952

NASA 11

04.06.1985

Missionsspezialistinnen

Godwin, Linda Maxine	02.07.1952
Jernigan, Tamara Elizabeth	07.05.1959

NASA 12

12.06.1987

Missionsspezialistinnen

Davis, Nancy Jan	01.11.1953
Jemison, Mae Carol	17.10.1956

NASA 13

17.01.1990

Pilotin

Collins, Eileen Marie	19.11.1956

Missionsspezialistinnen

Currie, Nancy Jane (Sherlock)	29.12.1958
Helms, Susan Jane	26.02.1958
Ochoa, Ellen	10.05.1958
Voss, Janice Elaine	08.10.1956

NASA 14

31.03.1992

Missionsspezialistinnen

Coleman, Catherine Grace	14.12.1960
Lawrence, Wendy Barrien	02.07.1959
Weber, Mary Ellen	24.08.1962

NASA 15

08.12.1994

Pilotinnen

Melroy, Pamela Ann	17.09.1961
Still, Susan Leigh	24.10.1961

Missionsspezialistinnen

Chawla, Kalpana	01.07.1961
Hire, Kathryn Patrice	26.08.1959
Kavandi, Janet Lynn	17.07.1959

NASA 16

01.05.1996

Missionsspezialistinnen

Cagle, Yvonne D.	24.04.1959
Clark, Laurel B.	10.03.1961
Higginbotham, Joan E.	03.08.1964
Magnus, Sandra H.	30.10.1964
Nowak, Lisa M.	10.05.1963
Stefanyshyn-Piper, Heidemarie M.	07.02.1963
Whitson, Peggy A.	09.02.1966
Wilson, Stephanie D.	27.09.1966

NASA 17

05.06. 1998

Missionsspezialistinnen

Hilliard-Robertson, Patricia Consolatrix (am 29. Mai 2001 beim Absturz mit einem Privatflugzeug tödlich verunglückt) 12.03.1963

Morgan, Barbara Radding 28.11.1951

Williams, Sunita Lyn 19.09.1965

NASA 18

26.07.2000

Missionsspezialistinnen

McArthur, Katherine Megan 30.08.1971

Nyberg, Karen L. 07.10.1969

Stott, Nicole P. 19.11.1962

Nutzlastspezialistinnen

SL-2 (Spacelab)

09.08.1978

Prinz, Dianna Kasnic 29.09.1938

MSE 2 (Manned Spaceflight Engineer – Ingenieur für bemannten Raumflug der USAF (United States Air Force)

September 1982

LaComb, Maureen Cecil 16.11.1956

Roberts, Katherine Eileen 25.06.1954

SL-3

05.06.1983

Johnston, Mary Helen 17.09.1945

SL-4/SLS-1 (Spacelab Life Science – Weltraumlaboratorium für Lebenswissenschaften)

09.01.1984

Hughes-Fulford, Millie Elizabeth 21.12.1945

TIS (Teacher in Space – Lehrer im Weltraum)

19.07.1985

McAuliffe, Sharon Christa Corrigan 02.09.1948

Morgan, Barbara Radding 28.11.1951

MSE 3

September 1985

Tittle, Theresa Mary (Stevens) 25.11.1951

WOSE (Weather Observation Service = Wetterbeobachtungsdienst der USAF)

Februar 1988

Weaver, Carol Lynn (Belt)	30.01.1953

Insgesamt:

18 Gruppen mit 50 Kandidatinnen in 22 Jahren, von denen 30 zum Einsatz kamen.

ANDERE LÄNDER 1983–1999

STC Kanada
Space Team Canada

05.12.1983

Bondar, Roberta Lynn	04.12.1945

NASDA Japan (National AeroSpace Development Agency – Nationale Luft- und Raumfahrt-Entwicklungsbehörde Japans)

01.08.1985

Mukai, Chiaki (Naito)	06.05.1952

10.02.1999

Sumino, Naoko	27.12.1970

CNES Frankreich (Centre National de Etudes Spatiales = Nationales Raumfahrtforschungszentrum Frankreichs)

1977

Lavasseur-Regourd, Anny-Chantal	?

18.09.1985

André-Deshays, Claudie	13.05.1957

Indonesien

30.10.1985

Sudarmono, Pratiwi	31.07.1952

DLR Deutschland (Deutsches Zentrum für Luft- und Raumfahrt)

01.09.1987

Brümmer, Renate	04.05.1955
Walpot, Heike	19.06.1960

TBS Japan (Tokyo Broadcasting System)

Kikuchi, Ryoko	15.09.1964

JUNO GROẞBRITANNIEN (PRIVATE SPONSORENGRUPPE)

25.11.1989

Sharman, Helen Patricia	30.05.1963

ESA BELGIEN (EUROPEAN SPACE AGENCY
EUROPÄISCHE RAUMFAHRTORGANISATION)

15.05.1992

Merchez, Marianne	25.10.1960

CSA KANADA (CANADIAN SPACE AGENCY – KANADISCHE WELTRAUMBEHÖRDE)

08.06.1992

Payette, Julie	20.10.1963

INSGESAMT:

Elf Gruppen mit zwölf Kandidatinnen aus sieben Ländern in 16 Jahren; davon kamen fünf zum Einsatz.

TOTAL:

37 Gruppen mit 79 Kandidatinnen aus neun Ländern in 38 Jahren; davon kamen 38 zum Einsatz (mit McAuliffe).

HOCHSCHULABSCHLÜSSE

Grundstudium

Ingenieurwissenschaften	15
Naturwissenschaften	14
Lebenswissenschaften	8

Fachrichtungen

- Afrikanistik
- Allgemeinmedizin
- Amerikanistik
- Anglistik
- Astronomie
- Astrophysik
- Bewegungsphysiologie
- Biochemie
- Biologie
- Biomedizin
- Chemie
- Chirugie
- Computertechnik
- Elektrotechnik
- Geowissenschaften
- Keramiktechnologie
- Mechanik
- Mikrobiologie
- Molekularbiologie
- Neurobiologie
- Neurophysiologie
- Notfallmedizin
- Ökologie
- Ökonomie
- Ozeantechnik
- Pathologie
- Physik
- Raumfahrtmedizin
- Raumfahrttechnik
- Rheumatologie
- Sportmedizin

Kunstgeschichte	Strahlentherapie
Landwirtschaft	Systemanalyse
Lebensmitteltechnologie	Textiltechnologie
Luftfahrtmedizin	Umwelttechnik
Luftfahrttechnik	Zoologie
Maschinenbau	
Mathematik	

Akademische Grade	
Hochschuldiplome	37
Promotionen (Dr.)	27
Professuren (Prof.)	9
Militärische Ränge	
General	1
Oberst	3
Oberstleutnant/Fregattenkapitän	3
Major/Korvettenkapitän	6

ASTRONAUTINNEN IM AKTIVEN MILITÄRISCHEN DIENST

Teilstreitkraft	Astronautin	Geburtsdatum
US Air Force	Coleman, Catherine Grace, Major	14.12.1960
	Collins, Eileen Marie, Oberst	19.11.1956
	Melroy, Pamela Ann, Oberstleutnant	17.12.1961
Air Force Canada	Bondar, Roberta Lynn, Oberst	04.12.1945
US Army	Currie, Nancy Jane, Major	29.12.1958
US Army Reserve	Hughes-Fulford, Millie Elizabeth, Major	21.12.1945
US Navy	Still-Kilrain, Susan Leigh Korvettenkapitän	24.10.1961
	Lawrence, Wendy Barrien Fregattenkapitän	02.07.1959
US Navy Reserve	Hire, Kathryn Patrice Fregattenkapitän	26.08.1959
	Sullivan, Kathryn Dwyer Korvettenkapitän	03.10.1951

EHESTAND

Ledig	10
Verheiratet	23
Geschieden	4

KINDER

	Anzahl	
keine Kinder	22	
mit Kindern	15	28 Kinder
ein Kind	7	7
zwei Kinder	5	10
drei Kinder	2	6
fünf Kinder	1	5

HOBBYS

Art der Freizeitbeschäftigung	Anzahl der interessierten Frauen
Fliegen	19
Lesen	15
Tauchen	10
Musik/Instrument spielen	10
Schilaufen	9
Laufen	9
Wandern	8
Fotografieren	6
Schwimmen	5
Camping	4
Radfahren	4
Triathlon	4
Wassersport	3
Fallschirmspringen	3
Fischen	3
Reisen	3
Volleyball	3
Golf	3
Squash	3
Gartenarbeit	2
Gewichtheben	2
Grafik/Malerei	2
Rollschuhlaufen	2
Tanzen	2
Tennis	2

Eislauf	2
Himmelsbeobachtung	2
Segeln	2
Computer	2
Backen	1
Ballonfahren	1
Kunst sammeln	1
Military sammeln	1
Nähen	1
Reiten	1
Rudern	1
Skydiver (Sturzflug)	1
Softball (Ladies Baseball)	1
Stricken	1
Wasserschi	1
Windsurfen	1
Kunstflug	1
Abfahrtslauf	1
Football	1
Bergsteigen	1
Gymnastik	1
Theater	1
Briefmarken sammeln	1

Insgesamt:
163 (jede Raumfahrerin betreibt durchschnittlich vier Hobbys)

ERSTLEISTUNGEN UND WELTRAUMREKORDE

- Die erste Frau im Weltraum war die Russin Walentina Tereschkowa, die vom 16. bis zum 19. Juni 1963 mit ihrer Raumkapsel Wostok 6 die Erde umkreiste.
- Das erste Rendezvous im All hatte Walentina Tereschkowa am 16. Juni 1963 mit Waleri Bykowski, als sich ihre Raumkapseln Wostok 6 und Wostok 5 auf 4,5 Kilometer Entfernung bis auf Sichtweite annäherten.
- Die erste Ehe zwischen zwei Kosmonauten schlossen Walentina Tereschkowa und Andrijan Nikolajew am 3. November 1963, nachdem beide im Weltraum weilten.
- Das erste Kind, das nach dem Raumflug seiner Eltern gezeugt wurde, ist Jelena Nikolajewa-Tereschkowa, die am 7. Juni 1964 das Licht der Welt erblickte.
- Die erste gemischte Besatzung bildeten die Russin Swetlana Sawizkaja mit ihren Landsleuten Leonid Popow und Alexei Serebrow, die am 19. August 1982 mit Sojus T-7 zu Salut 7 starteten.
- Den ersten Ausstieg in den freien kosmischen Raum wagte die Russin Swetlana Sawizkaja am 25. Juli 1984, als sie für dreieinhalb Stunden Salut 7 verließ, um Schweißarbeiten durchzuführen.

- Die jüngste Raumfahrerin war Walentina Tereschkowa, die 1963 im Alter von 26 Jahren startete.
- Die älteste Raumfahrerin war die Amerikanerin Shannon Lucid, die 1996 ihre fünfte Mission mit 53 Jahren absolvierte.
- Den längsten Raumflug führte die Amerikanerin Shannon Lucid mit 188 Tagen aus, die 1996 auf der russischen Station MIR arbeitete.
- Die kürzeste Flugzeit wurde mit 73 Sekunden für Christa McAuliffe verzeichnet, da die Raumfähre Challenger am 28. Januar 1986 kurz nach dem Start explodierte (als Raumflug gilt mindestens eine Erdumkreisung).
- Den längsten Ausstieg in den freien kosmischen Raum führte die Amerikanerin Susan Helms am 11. März 2001 aus, als sie für acht Stunden und 56 Minuten die Internationale Raumstation ISS verließ, um Montagearbeiten auszuführen.
- Die meisten Ausstiege verbuchte Kathryn Thornton, die zwischen 1993 und 1995 dreimal für insgesamt 21,21 Stunden im freien kosmischen Raum arbeitete.
- Die meisten Raumflüge in kürzester Zeit kann Tamara Jernigan für sich verbuchen, die zwischen 1991 und 1999 – innerhalb von acht Jahren – an fünf Missionen teilnahm.
- Die längste Pause zwischen zwei Missionen verzeichnete Margaret Seddon mit sechs Jahren, die am 19. April 1985 mit der Discovery landete und am 5. Juni 1991 mit der Columbia startete.
- Die kürzeste Pause zwischen zwei Raumflügen hatte Janice Voss mit knapp drei Monaten, die am 8. April 1997 mit der Columbia landete und schon am 1. Juli 1997 mit derselben Raumfähre wieder startete.
- Am längsten musste die Französin Claudie André-Deshays auf ihren Weltraumeinsatz warten, lagen doch zwischen ihrer Auswahl am 9. September 1985 und ihrem Start zu MIR am 17. August 1996 fast elf Jahre.
- Die derzeit älteste Raumfahrerin ist Walentina Tereschkowa, geboren am 6. März 1937.
- Die derzeit jüngste Raumfahrerin ist die Kanadierin Julie Payette, geboren am 20. Oktober 1963.
- Die meisten Kinder – fünf – hat Kathryn Thornton, die viermal in den Weltraum flog.
- Die meisten Ehrendoktorwürden – vierundzwanzig – erhielt die kanadische Astronautin Roberta Bondar.
- Das erste Ehepaar, das gemeinsam in den Weltraum flog, bildeten 1992 Jan Davis und Mark Lee an Bord der Endeavour.

RAUMFAHRER-EHEPAARE

Walentina Tereschkowa/Andrijan Nikolajew (UdSSR/Rußland)
Walentina flog 1963 als erste Frau der Welt mit Wostok 6 für drei Tage in den Kosmos. Sie hielt sich länger in der Schwerelosigkeit auf, als die vier US-Astronauten vor ihr zusammengerechnet. Andrijan absolvierte seinen ersten Raumflug bereits 1962 mit Wostok 3 für vier Tage und seinen zweiten 1970 als Kommandant von Sojus 9 für mehr als 17 Tage. Das war damals absoluter Weltrekord. Zusammen brachten sie es in der Frühzeit der Kosmonautik auf gut 24 Tage Raumflugerfahrungen. Die beiden heirateten 1963 und wurden 1982 wie-

Walentina Tereschkowa/Andrijan Nikolajew (UdSSR/Rußland)
Walentina flog 1963 als erste Frau der Welt mit Wostok 6 für drei Tage in den Kosmos. Sie hielt sich länger in der Schwerelosigkeit auf, als die vier US-Astronauten vor ihr zusammengerechnet. Andrijan absolvierte seinen ersten Raumflug bereits 1962 mit Wostok 3 für vier Tage und seinen zweiten 1970 als Kommandant von Sojus 9 für mehr als 17 Tage. Das war damals absoluter Weltrekord. Zusammen brachten sie es in der Frühzeit der Kosmonautik auf gut 24 Tage Raumflugerfahrungen. Die beiden heirateten 1963 und wurden 1982 wieder geschieden. Walentina bekam nach ihrem Raumflug eine Tochter, deren Vater ebenfalls vor ihrer Zeugung im All weilte. Jelena Andrijanowa, heute Ärztin, ist in diesem Sinne bisher das einzige »Weltraumkind«.

Sally Ride/Steven Hawley (USA)
Sally flog 1983 als erste Amerikanerin in den Weltraum und arbeitete als Missionsspezialistin sechs Tage lang auf der Challenger. Bei ihrem zweiten Einsatz auf der selben Raumfähre hielt sie sich 1984 mehr als acht Tage an Bord auf. Steven kommt auf fünf Missionen: 1984 mit der Discovery über sechs Tage, 1986 mit der Columbia über sechs Tage, 1990 mit der Discovery über fünf Tage, 1997 mit der Discovery über zehn Tage und 1999 mit der Columbia über fünf Tage. Die 1982 geschlossene Ehe, die kinderlos blieb, wurde 1987 geschieden.

Anna Tingle-Fisher/William Fisher (USA)
Beide führten je einen Raumflug aus: Anna 1984 als Missionsspezialistin der Raumfähre Discovery über acht Tage und Bill 1985 als Nutzlastspezialist mit der Discovery über sieben Tage. Die beiden promovierten Natur- und Ingenieurwissenschaftler haben zwei Kinder.

Rhea Seddon/Robert Gibson (USA)
Rhea führte drei Raumflüge als Missionsspezialistin aus: 1985 mit der Discovery über sieben Tage, 1991 mit der Columbia über neun Tage und 1993 mit der Columbia über vierzehn Tage. Bob kam auf fünf Einsätze: 1984 als Pilot der Challenger über acht Tage, 1986 als Kommandant der Columbia über sechs Tage, 1988 als Kommandant der Atlantis über vier Tage, 1992 als Kommandant der Endeavour über acht Tage und 1995 als Kommandant der Atlantis zum ersten Koppungsmanöver mit MIR über fast zehn Tage. Beide zusammen bringen es auf 51 Flug-Tage. Sie haben drei Kinder.

Bonnie Dunbar/Ronald Sega (USA)
Bonnie absolvierte fünf Raumflüge als Missionsspezialistin: 1985 mit der Challenger über sieben Tage, 1990 mit der Columbia über knapp elf Tage, 1992 mit der Columbia, auf der sie auch als Nutzlastkommandant arbeitete, über fast zehn Tage, 1995 mit der Atlantis zu MIR über fast zehn Tage und 1998 mit der Endeavour nochmals zu MIR über knapp neun Tage. Ron, der für das Training der US-Astronauten im Moskauer Sternenstädtchen verantwortlich war, nahm an zwei Missionen als Spezialist teil: 1994 mit der Discovery über acht Tage und 1996 mit der Atlantis zu MIR über neun Tage. Zusammen verbuchen sie 68 All-Tage.

Linda Godwin/Steve Nagel

Beide führten 1991 einen gemeinsamen sechstägigen Raumflug mit der Atlantis aus – sie als Missionsspezialistin, er als Kommandant. Die Physikerin Dr. Godwin nahm an drei weiteren Missionen teil: 1994 mit der Endeavour über neun Tage zur MIR, sowie 2001 über zwölf Tage zur ISS. Dabei stieg sie zweimal in den freien kosmischen Raum aus. Air Force-Oberst Nagel absolvierte außerdem 1985 je eine siebentägige Mission mit der Discovery und mit der Challenger, sowie 1993 einen fast zehntägigen Flug mit der Columbia. Zusammen können sie 78 All-Tage für sich verbuchen.

Tamara Jernigan/Peter Wisoff (USA)

Die Physikerin Dr. Jernigan führte fünf Raumflüge als Missionsspezialistin aus: 1991 über neun Tage und 1992 über fast zehn Tage – beide Flüge mit der Columbia –, 1995 über sechzehn Tage mit der Endeavour, 1996 über siebzehn Tage mit der Columbia und 1999 über neun Tage mit der Discovery zur ISS. Der Physiker Dr. Wisoff flog drei Mal: 1993 über fast zehn Tage mit der Endeavour, 1994 über elf Tage ebenfalls mit der Endeavour, 1997 über zehn Tage mit der Atlantis zur MIR und 2000 über zwölf Tage mit der Discovery zur ISS. Beide arbeiteten außenbords. Zusammen verzeichnen sie bei neun Raumflügen 107 Tage Aufenthalt im Weltraum für sich.

Jan Davis/Mark Lee (USA)

Sie sind das erste Astronauten-Ehepaar, das einen gemeinsamen Raumflug ausführte: 1992 als Nutzlastspezialisten mit der Endeavour über knapp acht Tage. Jan nahm darüber hinaus an zwei weiteren Missionen teil: 1994 mit der Discovery über acht Tage und 1997 ebenfalls mit der Discovery über knapp zwölf Tage. Mark absolvierte drei weitere Flüge: 1989 mit der Atlantis über vier Tage, 1994 mit der Discovery über fast elf Tage und 1997 mit der Discovery über zehn Tage. Die Eltern von zwei Kindern verzeichnen zusammen 61 All-Tage für sich.

Jelena Kondakowa/Waleri Rjumin (UdSSR/Rußland)

Jelena nahm 1994 als erste Frau der Welt an einer Langzeitmission teil. Als Bordingenieurin in der 17. Stammbesatzung von MIR arbeitete sie 169 Tage im Weltraum. 1997 gehörte sie neun Tage lang als Missionsspezialistin zur Besatzung der amerikanischen Raumfähre Atlantis, die mit MIR koppelte. Waleri hat bereits vier Raumflüge absolviert und kann 271 Tage Aufenthalt im Kosmos für sich verbuchen: 1977 als Bordingenieur von Sojus 25 zwei Tage, 1979 als Bordingenieur der dritten Stammbesatzung von MIR 175 Tage, 1980 als Bordingenieur der vierten Stammbesatzung von MIR 184 Tage und 1998 als Missionsspezialist der US-Raumfähre Discovery zu MIR zehn Tage. Die beiden Ingenieure aus der Raketenschmiede Energija bringen es zusammengerechnet auf 549 All-Tage oder anderthalb Jahre Raumfahrterfahrungen. Waleri war maßgeblich an der Entwicklung der Orbitalstationen des Typs Salut beteiligt und ist heute Chef der Entwicklung des Unternehmens. In zweiter Ehe heiratete er Jelena und hat einen Sohn mit ihr.

Claudie André-Deshays/Jean-Pierre Haigneré (Frankreich)
Claudie ist die erste und bislang einzige Spationautin, die 1996 als Forschungskosmonautin für fast 16 Tage zur russischen Raumstation MIR flog. Als einzige nichtrussische Frau erwarb sie die Qualifikation eines Kommandanten für das Raumschiff Sojus TM. 2001 nahm sie als 1. Bordingenieurin am zweiten zehntägigen Taxiflug von Sojus TM-33 zur Internationalen Raumstation teil und arbeitete als erste Europäerin auf der ISS. Jean-Pierre nahm an zwei Missionen zu MIR teil: 1993 als Forschungskosmonaut für zwanzig Tage und 1999 als Bordingenieur der zwanzigsten Stammbesatzung für 188 Tage. Gemeinsam stehen ihnen 235 All-Tage zu Buche. Beide sind in zweiter Ehe verheiratet und haben eine gemeinsame Tochter. Claudie gehört zum Astronautenteam der ESA für die ISS; er ist Ausbildungsleiter des European Astronauts Center in Köln.

LITERATURQUELLEN

Autorenkollektiv: Die Sterne rücken näher – Enzyklopädie der Weltraumfahrt. Bertelsmann Verlag, Gütersloh, 1968.
Autorenkollektiv: Statistiken, Die Astronauten aktuell, Russische Kosmonauten, Bemannte Raumfahrt, laufend. Raumfahrt-Info-Dienst, Essen.
Bar-Zohar, Michel: Die Jagd auf die deutschen Wissenschaftler. Verlag Ullstein, Frankfurt/Main–Berlin–Zürich, 1970.
Barth, Hans: Herman Oberth – Titan der Weltraumfahrt. Kriterion Verlag, Bukarest, 1974.
Barth, Hans: Herman Oberth: Leben-Werk-Wirkung. Uni Verlag, Feucht, 1985.
Baumann, Günther: Wilhelm Herschel – Leben und Werk. Wissenschaftliche Verlagsgesellschaft mbH, Stuttgart, 1961.
Bondar, Roberta: Eine Frau an Bord der Raumfähre Discovery. Frederking & Thaler Verlag GmbH, München, 1997.
Boulle, Pierre: Die Liebe und die Schwerkraft. Verlag Volk und Welt, Spektrum, Berlin, 1972.
Brunier, Serge: Aufbruch ins All – Menschen erobern den Weltraum. Franckh-Kosmos Verlags GmbH & Co., Stuttgart, 2001.
Buedeler, Werner: Geschichte der Raumfahrt. Sigloch Edition, Künzelsau, 1979.
Carson, Rachel: Der stumme Frühling. C.H.Beck'sche Verlagsbuchhhandlung, München, 1963.
Denz, Cornelia (Hrsg.): Von der Antike bis zur Neuzeit – der verleugnete Anteil der Frauen an der Physik. Katalog zur Wanderausstellung, Technische Hochschule Darmstadt, 1996.
Diegelmann, Karin (Hrsg.): Einstieg zum Aufstieg – Frauen in der Luftfahrt, Frauen in der Technik. FiT-Verlag, Darmstadt, 1997.
Eisfeld, Rainer: Mondsüchtig – Wernher von Braun und die Geburt der Raumfahrt aus dem Geist der Barbarei. Rowohlt Verlag GmbH, Reinbeck bei Hamburg, 1986.
Engelhardt, Wolfgang: Enzyklopädie Raumfahrt. Verlag Harry Deutsch, Frankfurt am Main, 2001.
Eyermann, Karl-Heinz: Beiträge im Wochenblatt »Freie Welt«, Berlin, 1982ff.
Filkin, David: Stephen Hawkings Universum. Wilhelm Heyne Verlag, München, 1999.
Freeman, Marsha: Hin zu neuen Welten – Die Geschichte der deutschen Raketenpioniere. Dr. Böttiger Verlagsgesellschaft mbH, Wiesbaden, 1995.
Fritz, Alfred: Der Weltraumprofessor Herman Oberth – ein Leben für die Raumfahrt. Ensslin & Laiblin Verlag, Reutlingen, 1969.
Gallai, Mark: Mit einem Menschen an Bord. Brandenburgisches Verlagshaus, Berlin, 1990.
Gartman, Hans: Träumer, Forscher, Konstrukteure. Econ, Düsseldorf, 1955.
Gemsa, Thorsten: Beiträge in der Zeitschrift »Fliegerrevue«, 1994ff.
Geser, Guntram: Fritz Lang – Metropolis und Die Frau im Mond – Zukunftsfilm und Zukunftstechnik in der Stabilisierungszeit der Weimarer Republik. Corian-Verlag Heinrich Wimmer, Meiningen, 1996.

Gründer, Matthias: SOS im All – Pannen, Probleme und Katastrophen der bemannten Raumfahrt. Schwarzkopf & Schwarzkopf Verlag, Berlin, 2000.
Gründer, Matthias: Lexikon der bemannten Raumfahrt. Lexikon Imprint Verlag, Berlin, 2001.
Gugerell, Alfred: Von Gagarin bis zur Raumstation Mir. Eigenverlag, Traisen, Österreich, 1998.
Hamel, Jürgen: Friedrich Wilhelm Herschel. BSB B.G. Teubner Verlagsgesellschaft, Leipzig, 1988.
Hartl, Hans: Hermann Oberth – Vorkämpfer der Weltraumfahrt. Theodor Opperman Verlag, Hannover, 1958.
Hawking, Stephen W.: Einsteins Traum – Expeditionen an die Grenzen der Raumzeit. Rowohlt Verlag GmbH, Reinbek bei Hamburg, 1993.
Herschel, Frau John (Hrsg.): Caroline Herschel's Memoiren und Briefwechsel (1750-1848). Verlag von Wilhelm Hertz, Berlin, 1877.
Hoffmann, Horst: Frauen in der Raumfahrt. Raumfahrt-Info-Dienst,1995.
Hoffmann, Horst: Die Deutschen im Weltraum. edition ost, Berlin, 1998.
Jähn, Sigmund: Erlebnis Weltraum. Militärverlag der DDR, Berlin, 1983.
Karamanolis, Stratis: Der Flug zum Mars – Die erste bemannte Marsmission. Elektra Verlags-GmbH, Neubiberg bei München, 2000.
Keiner, Reinhold: Thea von Harbou und der deutsche Film bis 1933. Georg Olms Verlag, Hildesheim – Zürich – New York, 1984.
Kelley, Kevin (Hrsg.): Der Heimatplanet. Zweitausendeins, Ff. Main, 1989.
Kowalski, Gerhard: Die Gagarin-Story – Die Wahrheit über den Flug des ersten Kosmonauten der Welt. Schwarzkopf & Schwarzkopf Verlag, Berlin, 1999.
Kingley, Charles: Hypatia oder Neue Feinde mit altem Gesicht. G.Grote'sche Verlagsbuchhandlung, Berlin, 1912.
Kohler, Pierre: La dernière Mission – Mir l'aventure humain. Calman-Lévy, Paris, 2000.
Kohn, Anette (Hrsg.): Die Chronik der Frauen, Chronik Vlg, Dortmund, 1992.
NASA: Encyclopedia Astronautic, Astronauts Fact.
Newsletter der Mars Society Nr. 3/2001. RID: Raumfahrt-Info-Dienst, Essen.
Rjabtschikow, Jewgenij: Rote Raketen. Deutsche Verlags-Anstalt, Stuttgart, 1971.
Sagan, Carl: Unser Kosmos – Eine Reise durch das Weltall. Verlag Droemer Knaur, München, 1983.
Schad, Martha: Frauen, die die Welt bewegten – Geniale Frauen, der Vergangenheit entrissen. Pattloch Verlag, München, 2000.
Sänger-Bredt, Irene: Die geopferte Intelligenz – Warnungen einer Biologin. Econ Verlag, Düsseldorf–Wien, 1981.
Sänger-Bredt, Irene: Entwicklungsgesetze der Raumfahrt. Mythos – Wunschbild – Wirklichkeit. Krausskopf-Flugwelt-Verlag, Mainz, 1964.
Smolders, Peter: Living in Space. A Manual for Space Travellers. Airlife Publishing Ltd., Shlensbory, England, 1986.
Stache, Peter: Raumfahrer von A bis Z. Militärverlag der DDR, Berlin, 1988.
Walter, Ulrich: In 80 Minuten um die Erde. Stürz Verlag GmbH, Würzburg, 1997.
Zaganescu, Rodica und Nicole/**Popa**, Lucia und George: A Life for Astronautics – Irene Sänger-Bredt. Vortragsmanuskript. 50. IAF-Kongreß, Amsterdam, 1999.

PERSONENREGISTER

Der mysteriöse Raumflug Gagarins

Das Buch zum 40. Jahrestag des Fluges des ersten Kosmonauten der Welt

Gerhard Kowalski

DIE GAGARIN-STORY

Die Wahrheit über den Flug des ersten Kosmonauten der Welt

288 Seiten, 100 Abbildungen
ISBN 3-89602-184-2, Broschur,
15,90 EUR

Wäre das Buch von Gerhard Kowalski »Die Gagarin-Story« nicht schon in der zweiten, ergänzten und erweiterten Auflage auf dem Markt, müsste es spätestes jetzt erscheinen. Denn am 12. April feiert die internationale Raumfahrtgemeinde - und nicht nur sie - den 40. Jahrestag des historischen Fluges des russischen Bauernsohns als erster Mensch ins All. Schon im März veranstalten in Berlin das Haus der Russischen Wissenschaft und Kultur sowie das Deutsche Zentrum für Luft- und Raumfahrt (DLR) und das Institut für Raumfahrtmedizin (IBMP) der Russischen Akademie der Wissenschaften (RAN) zwei Kongresse zur bemannten Raumfahrt und ihrem Nutzen, die ganz im Zeichen des Gagarin-Jubiläums stehen. Höhepunkt der Feierlichkeiten ist jedoch das International Space Forum 2001 in Moskau. Unter dem Motto »Der Weltraum ohne Waffen - Arena der internationalen Zusammenarbeit im XXI. Jahrhundert« ist es ganz dem 40. Jahrestag des Fluges von Gagarin gewidmet. Erwartet werden dazu in der russischen Metropole das Gros der rund 400 Astronauten und Kosmonauten sowie die namhaftesten Raumfahrtwissenschaftler und -praktiker aus aller Welt. Leider muss die Veranstaltung ohne Gagarin stattfinden, der heute erst 67 Jahre alt wäre, aber schon 1968 bei einem tragischen Flugzeugabsturz ums Leben kam.

Kowalski, seit über 25 Jahren Raumfahrtjournalist, trägt in seinem Buch erstmals für den deutschsprachigen Raum alle aktuellen Erkenntnisse über die zu damaliger Zeit streng geheimen Einzelheiten des Fluges von Gagarin, des politischen und technischen Umfeldes sowie nicht zuletzt über die Person des Kosmonauten zusammen. Dazu wertete er Geheimdokumente aus, die nach dem Zusammenbruch der Sowjetunion zugänglich wurden, und sprach zudem mit den noch lebenden Kosmonautenkameraden Gagarins und Konstrukteurs-Legenden wie Boris Tschertok und Wassili Mischin. Dabei wurde so manches Geheimnis gelüftet und so manche »kosmische« Lüge entlarvt. Zudem zeichnet er ein Bild von Gagarin, das den Kosmonauten von einer »sozialistischen Lichtgestalt in einen normalen Menschen zurückverwandelt« (Frankfurter Rundschau). »Der Autor hat die Originalquellen gründlich studiert. In seinem lesenswerten Buch zeichnet Kowalski das Bild eines sympathischen Menschen, der sich in der Öffentlichkeit nur bedingt darstellen durfte. Erst jetzt fügen sich die Mosaiksteinchen zu einem realistischen Ganzen zusammen«, schrieb die FAZ. Offen bleibt die Frage, was aus Gagarin geworden wäre, hätte er nicht schon mit 34 Jahren sein Leben verloren: Wissenschaftler? Hoher Militär? Oder gar Minister?

WEITERE PRESSESTIMMEN:

»Kowalski ist ein guter Kenner der Materie. Systematisch räumt er die Lügen und Halbwahrheiten der Sowjets in seinem Buch Die Gagarin-Story zur Seite. Er blättert die Stationen sowjetischer Raumfahrtforschung auf. Gagarin wird von der sozialistischen Lichtgestalt in einen normalen Menschen zurückverwandelt.« *Frankfurter Rundschau*

Lexikon der bemannten Raumfahrt

Raketen, Raumfahrzeuge und Astronauten: WOSTOK und MERCURY, GEMINI und APOLLO, SALUT, SKYLAB und SPACELAB, SOJUS und Space Shuttle, Armstrong und Gagarin ...

Matthias Gründer

LEXIKON DER BEMANNTEN RAUMFAHRT

Raketen, Raumfahrzeuge und Astronauten

352 Seiten, 100 Abbildungen
ISBN 3-89602-287-3, Broschur,
15,90 EUR

Die bemannte Raumfahrt übt, nicht zuletzt seit der Inbetriebnahme der Internationalen Raumstation, einen zunehmenden Reiz auf breite Kreise der Bevölkerung aus. In unserer schnellebigen Zeit vergißt man jedoch beinahe, daß sich am 12. April 2001 bereits zum 40. Male der erste Flug eines Menschen ins All jährt. In diesen 40 Jahren hat sich die Raumfahrt stürmisch entwickelt. War sie in den ersten Jahren noch deutlich von der Systemauseinandersetzung, vom Streben nach Erst- beziehungsweise Bestleistungen gekennzeichnet, so hat sich das Geschehen in unserer heutigen Zeit zunehmend auf das Feld der internationalen Kooperation verlagert.

Das Lexikon will einen Beitrag dazu leisten, daß die Geschichte des »Abenteuers Raumfahrt« in den Gedanken der Menschen präsent bleibt und soll demzufolge der Erinnerung dienen - an WOSTOK und MERCURY, an GEMINI und APOLLO, an SALUT, SKYLAB und SPACELAB, an SOJUS und Space Shuttle, sowie an die Menschen, die den Traum vom Flug ins All wahr gemacht haben.

Damit erfüllt es zugleich eine ergänzende Funktion zum im Frühjahr 2000 erschienenen Buch »SOS im All - Pannen, Probleme und Katastrophen der bemannten Raumfahrt« des gleichen Autors. In alphabetischer Reihenfolge werden Begriffe aus der Raumflug- und Raketentechnik, aus der Bahnmechanik, von den Bodenanlagen und natürlich den Raumfahrzeugen beschrieben.

Dazu werden die wichtigsten Persönlichkeiten rund um die bemannte Raumfahrt vorgestellt - Pioniere, Konstrukteure und Raumfahrer.

Was war das Ziel des Apollo-Programms? Wer war Neil Armstrong und wer Juri Gagarin? Wann flog Sigmund Jähn ins All, und warum stürzte die US-Raumstation SKYLAB unkontrolliert zur Erde zurück? Wie sah die sowjetische Militärraumstation ALMAS aus, auf welcher Bahn gelangt ein Raumfahrzeug zum Mond, und wie werden die Feststoffbooster der Space Shuttles geborgen? Auf all diese und viele weitere Fragen gibt das Lexikon ausführliche Antworten, und für weiterführende Informationen werden, wo immer es möglich ist, die dazugehörigen Internetadressen angegeben.

Der Autor Matthias Gründer ist Redakteur für Raumfahrt und Technik bei der Zeitschrift »Flug Revue« in Bonn. Er arbeitete davor als Nachrichten- und Wirtschaftsredakteur einer Wochenzeitung und als Luftfahrtredakteur der Berliner Fachzeitschrift »Fliegerrevue«, die er von 1992 bis 1994 als Chefredakteur leitete. Gründer verfaßte Hunderte von Artikeln zur Luft- und Raumfahrtproblematik in verschiedenen Medien.

Im Frühjahr 2000 erschien bei Schwarzkopf & Schwarzkopf sein Buch »SOS im All - Pannen, Probleme und Katastrophen der bemannten Raumfahrt«, das mit dem »Hugo-Junkers-Preis der Deutschen Luftfahrtpresse« des Jahres 2000 ausgezeichnet wurde.

Houston, wir haben ein Problem!

SOS im All – Pannen, Probleme und Katastrophen der bemannten Raumfahrt

Raumfahrt war von Anfang an – und ist es auch noch heute – ein gefährliches Unterfangen. Das spannend geschriebene Buch nennt zahlreiche Beispiele für teilweise erhebliche Schwierigkeiten bei der Einführung und Etablierung der neuen Technologien zur Eroberung der vierten Umwelt des Menschen – einer zutiefst lebensfeindlichen Umwelt. Sie sind Belege dafür, daß die Beherrschung der komplexen und komplizierten Raumfahrttechnik von unglaublich vielen und oftmals nicht vorhersehbaren Faktoren abhängt, deren wichtigster nach wie vor der fehlbare Mensch ist. Sie zeigen aber auch, daß Katastrophen in der zugespitzten Situation der Auseinandersetzung zwischen den Systemen vorprogrammiert waren und kaltblütig auf beiden Seiten in Kauf genommen wurden.

Matthias Gründer

SOS IM ALL

Pannen, Probleme und Katastrophen der bemannten Raumfahrt

352 Seiten, 70 Abbildungen
ISBN 3-89602-339-X, Broschur,
15,90 EUR

Die konzentrierte Zusammenfassung mag beim Laien den Eindruck erwecken, als seien derartige Zwischenfälle an der Tagesordnung. Doch dieser Schein trügt: Nur bei etwa drei Prozent aller Missionen der Raumfahrtgeschichte gab es wirklich ernste Vorfälle. An der Tagesordnung des Raumflugbetriebs dagegen sind technische Pannen, wie sie überall auftreten, wo komplizierte hochtechnologische Systeme arbeiten. Und so wird die Raumfahrt noch für lange Zeit einigen wenigen Auserwählten vorbehalten bleiben, die sich der Gefahren ihres Berufes wohl bewußt sind.

Zahlreiche internationale Quellen, viele davon in Deutschland bislang unbekannt, versetzten den Autor in die Lage, Pannen, Probleme und Katastrophen der fast 40-jährigen Geschichte der bemannten Raumfahrt zu recherchieren und im zeitgeschichtlichen Zusammenhang zu beschreiben. Dabei reicht die Bandbreite der Schilderung menschlicher und technischer Katastrophen – deren bekannteste wohl die Explosion der Raumfähre »Challenger« ist – bis zu komischen oder grotesken Pannen, bei denen oftmals kleine Ursachen nicht selten schwerwiegende Folgen, einschließlich des Abbruchs von Raumflügen, hatten. Vieles davon war in der Vergangenheit geheim oder wurde heruntergespielt, noch mehr ist in unserer Zeit der schnellebigen Medien einfach in Vergessenheit geraten.

In sechs Kapiteln beschreibt der Autor die ersten Schritte des Menschen ins All, den riskanten Wettlauf zum Mond, Probleme mit Raumstationen und Zubringerraumschiffen, beleuchtet kritisch die Geschichte des Space Shuttles und gibt einen Ausblick auf künftige Vorhaben. In großem Umfang geht er auch auf Sicherheitsfragen, Ausbildungsprobleme und Rettungsmittel ein. Heute machen ausgeprägtes Kostendenken und fehlender Zeitdruck die Raumfahrt sicherer. Sie wird auch in Zukunft nicht vor Katastrophen gefeit sein, sosehr man auch nur alle denkbaren Gefahren auszuschließen sucht. Doch die Unglücksfälle führen zu neuen Erkenntnissen und zu größeren Herausforderungen. Sie werden die Menschheit nur behindern, nicht aber hindern, weiter ins All vorzustoßen. Das Buch *SOS im All* wurde mit dem »Hugo-Junkers-Preis der Deutschen Luftfahrtpresse« des Jahres 2000 ausgezeichnet.

Der Autor

Horst Hoffmann, Jahrgang 1927, war Soldat und Kriegsgefangener im Zweiten Weltkrieg. Danach studierte er an der Humboldt-Universität zu Berlin Rechtsphilosophie bei Arthur Baumgarten und Zeitungswissenschaften bei Emil Dovifat. Seit dem Start des ersten Sputniks wirkt er als Raumfahrtpublizist und lebt als freier Autor in Berlin und Sarmstorf. Er besuchte Kosmoskongresse und Raumfahrtzentren in vierzig Ländern auf vier Kontinenten und interviewte viele der mehr als vierhundert Raumfahrer und Raumfahrerinnen. Aus seiner Feder stammen zahlreiche Bücher wie: »Der Mensch im All« (1961), »Raketenwaffen« (1962), »Kosmonautenfibel« (1964), »Raketenpioniere« (1965), »cosmic secret« (1988), »Die andere deutsche Raumfahrt« (1998) und »Sigmund Jähn - Der fliegende Vogtländer« (1999); Drehbücher zu Filmen wie »Himmels-stürmer« (1979), »Hammer und Zirkel im All« (1992) und »Der fliegende Vogt-länder« (1995); Rundfunk-Features wie »Sex im All« (1993), »Die erste Mondlandung« (1996) und »Die erste Frau im All« (1997), sowie mehr als zweitausend Beiträge für in- und ausländische Zeitungen und Zeitschriften, für Funk und Fernsehen.

Die Mitarbeiterin

Foto: Stöhr & Struck

Jacqueline Myrrhe, Jahrgang 1967, ist seit 1998 Leiterin des Verlages »Initiative 2000 plus« in Neubrandenburg, der die Zeitschrift »Raumfahrt Concret« herausgibt. In dieser Eigenschaft führten sie Arbeitsaufenthalte sowie Studien- und Vortragsreisen zu Raumfahrteinrichtungen in Russland, Indien, Frankreich, auf La Réunion und in den Niederlanden. Sie berichtete von der dritten Weltraumkonferenz der Vereinten Nationen UNISPACE III 1999 in Wien und der ESA-Ministerratstagung 2001 in Edinburgh. Sie ist zugleich Redakteurin für den Newsletter der Mars-Society Deutschland. Gegenwärtig absolviert sie ein Praktikum im Europäischen Zentrum für Raumfahrttechnik (ESTEC) in Noordwijk (Niederlande).

Bildnachweis

Archiv DLR: S. 302, 305, 306, 307, 309 / Archiv Energija: S. 279, 290, 298, 296 / Archiv ESA: S. 281 links und rechts, 287, 297, 300, 310/ Archiv Gemsa: S.180, 181 / Archiv Gründer: S. 26, 36 oben, 43, 45, 50, 61, 70, 119, 128, 139, 129, 145, 146, 148, 159, 161, 162, 165, 249, 251, 254, 255, 386 / Archiv Hecht: S. 382, 384 / Archiv Hoffmann: S. 14, 20, 24, 36 unten, 57, 58, 60, 105, 111, 115, 117, 125, 147, 168, 171, 248, 256, 257, 260, 314 / Archiv MBB: S. 81 / Archiv Myrrhe: S. 52, 292 / Archiv NASA: S. 174, 176, 177, 54, 189, 194, 195, 200, 202, 205, 206, 208, 209, 211, 213, 214, 216, 218, 222, 224, 225, 226, 228, 230, 232, 237, 238, 240, 242, 245, 263, 265, 267, 269, 271 oben und unten, 273, 275, 284, 338, 340, 343, 347, 348, 351, 392 / Archiv Naumann: S.134, 157 / Archiv Ponomarjowa: S.127, 143, 154, 178, 366, 375 / Archiv Römisch: S. 333 / Archiv Sänger: S. 77, 92, 98, 354, 357, 359, 362 / Archiv Tiedt: S. 175.

Impressum

Horst Hoffmann:
FRAUEN IM ALL
Visionen und Missionen der Raumfahrt. Mit einem Vorwort von Claudie Haigneré
Mitarbeit: Jacqueline Myrrhe / Herausgeber: Matthias Gründer
ISBN 3-89602-399-3

Katalog

Wir senden Ihnen gern unseren kostenlosen Katalog.
Schwarzkopf & Schwarzkopf Verlag, Abt. Service • Kastanienallee 32, 10435 Berlin.
Service-Telefon: 030 – 44 33 63 00 • Service-Fax: 030 – 44 33 63 044

Internet / Email

www.schwarzkopf-schwarzkopf.de / www.lexxxikon.de / info@schwarzkopf-schwarzkopf.de